国家电网公司
电力科技著作出版项目

U0643201

抽水蓄能机组及其辅助设备技术

CHOUSHUI XUNENG JIZU JIQI FUZHU SHEBEI JISHU

水泵水轮机

国网新源控股有限公司　组编

中国电力出版社
CHINA ELECTRIC POWER PRESS

内 容 提 要

随着我国经济和电力工业的快速发展,我国抽水蓄能事业取得了非凡成就,尤其在抽水蓄能机组自主化方面,积累了很多成功经验。为了全面展示抽水蓄能机组自主化工作成就,提高抽水蓄能设备研发、设计、制造、安装、调试、运维水平,促进我国抽水蓄能领域技术人才培养,满足我国当前抽水蓄能事业快速发展的需要,国网新源控股有限公司组织编写了《抽水蓄能机组及其辅助设备技术》丛书,共 8 个分册,本丛书填补了同类技术书籍的市场空白。

本书为水泵水轮机分册。主要讲述水泵水轮机发展历程、工作原理、水力开发与模型试验、结构设计与刚强度疲劳分析、制造工艺、安装与运行维护、水力过渡过程仿真分析以及技术与工艺创新及其在实际工程中的应用等内容。全书共分 11 章,对水泵水轮机从研发、试验、设计、制造到安装、运行及维护的相关技术与知识进行了全面介绍。

本书既有理论知识,又有研发、设计、制造、安装和运维的实践与方法,同时还附有工程实例,适合从事抽水蓄能行业工程设计、建设,以及水泵水轮机研发、设计、制造、安装、调试、运维等方面的专业技术人员阅读,同时也可供相关科研技术人员和大专院校师生参考使用。

图书在版编目(CIP)数据

抽水蓄能机组及其辅助设备技术. 水泵水轮机 / 国网新源控股有限公司组编 . —北京:中国电力出版社,2019.10(2023.4 重印)

ISBN 978-7-5198-1566-0

Ⅰ . ①抽… Ⅱ . ①国… Ⅲ . ①抽水蓄能发电机组-水泵水轮机 Ⅳ . ① TM312

中国版本图书馆 CIP 数据核字(2017)第 314052 号

出版发行:中国电力出版社
地　　址:北京市东城区北京站西街 19 号(邮政编码 100005)
网　　址:http://www.cepp.sgcc.com.cn
责任编辑:姜　萍(010-63412368)　杨伟国
责任校对:黄　蓓　常燕昆
装帧设计:赵姗姗
责任印制:吴　迪

印　　刷:廊坊市文峰档案印务有限公司
版　　次:2019 年 10 月第一版
印　　次:2023 年 4 月北京第三次印刷
开　　本:787 毫米 ×1092 毫米　16 开本
印　　张:26.25　插页 16
字　　数:628 千字
印　　数:2801—3800 册
定　　价:145.00 元

丛书编委会

主　　　任：高苏杰

副　主　任：黄悦照　贺建华　陶星明　吴维宁　张　渝

委　　　员：（按姓氏笔画排序）

王永潭　王洪玉　冯伊平　乐振春　刘观标　任志武

李　正　吴　毅　张正平　张亚武　张运东　陈兆文

陈松林　邵宜祥　郑小康　宫　奎　姜成海　徐　青

覃大清　彭吉银　曾明富　路振刚　魏　伟

执行主编：高苏杰

执行副主编：衣传宝　李璟延　胡清娟　常　龙　牛翔宇

本分册编审人员

主　　　编：魏显著　高苏杰

副　主　编：王国海　张全胜　曾明富　唐数理　张国良

参编人员：王　威　胡清娟　张　韬　常　龙　黎　辉　陈　鹏

石清华　郭彦峰　杨　斌　赵　阳　牛翔宇　于鹏飞

张　涛　常喜兵　孙　旺　桂中华　张　芳　肖　微

孔凡瑞　刘　聪　付之跃　陈建福　郑　凯　张美琴

茹松楠　姜国华　张成华　郑津生　阎海滨　马萧萧

于　强　毕　扬　李全胜　姚　尧　张佩伦　高　欣

文树洁　赵　越

主　　　审：陈顺义　王正伟　于亚军　李德友

序 一

抽水蓄能是当今世界容量最大、技术经济性能最佳的物理储能方式。截至 2019 年，全球已投运储能容量达到 1.8 亿 kW，抽水蓄能装机容量超过 1.7 亿 kW，占全球储能总量的 94%。我国已建成抽水蓄能电站 35 座，投产容量 2999 万 kW；在建抽水蓄能电站 32 座，容量 4405 万 kW，投产和在建容量均居世界第一。

抽水蓄能电站具有调峰填谷、调频调相、事故备用等重要功能，为电网安全稳定、高质量供电提供着重要保障，也为风电、光电等清洁能源大规模并网消纳提供重要支撑。随着坚强智能电网的不断建设和清洁能源大规模的开发利用，我国能源供给正在发生革命性的变化，发展抽水蓄能已成为能源结构转型的重要战略举措之一。

20 世纪 60 年代，河北岗南抽水蓄能电站投运，拉开了我国抽水蓄能事业的序幕。但在此后二十多年，我国抽水蓄能发展缓慢。20 世纪 90 年代，我国电力系统高速发展，电网调峰需求日趋强烈，随着广东广蓄、北京十三陵、浙江天荒坪三座大型抽水蓄能电站相继投产，抽水蓄能迈入快速发展阶段，但抽水蓄能装备技术积累不足，未能掌握核心技术，机组全部需要进口，国家为此付出巨大代价。

为了尽快实现我国抽水蓄能技术自主化，提高我国高端装备制造业水平，加速我国抽水蓄能电站建设，国家部署以引进技术为切入点开展抽水蓄能机组自主化工作。2003 年 4 月，在国家发展改革委、国家能源局主导下，国家电网公司牵头，联合国内主要装备制造、勘测设计、科研院所等单位，以工程为依托，启动了抽水蓄能机组自主化研制工作。经过"技术引进-消化吸收-自主创新"三个阶段，历时十余年，实现了抽水蓄能机组成套装备的自主化。安徽响水涧、福建仙游、浙江仙居等抽水蓄能电站相继投产，标志着我国已完全掌握大型抽水蓄能机组核心技术。大型抽水蓄能机组成功研制，是践行习近平总书记"大国重器必须牢牢掌握在我们自己手中"的最好体现。

为了更好地总结大型抽水蓄能机组自主化研制工作的技术成果，进一步促进我国抽水蓄能事业快速健康发展，国网新源控股有限公司牵头组织哈尔滨电机厂有限责任公司、东方电机集团东方电机有限公司、南瑞集团有限公司等单位，编写了这套《抽水蓄能机组及其辅助设备技术》著作，为我国抽水蓄能事业做了一件非常有意义的事。这套著作的出版，对促进抽水蓄能领域技术人才培养，支撑抽水蓄能事业快速发展将发挥至关重要的作用。

最后，我衷心祝贺这套著作的出版，也衷心感谢所有参加编写的同志们。我坚信，在广大技术人员的不断努力下，我国抽水蓄能事业发展道路将更加宽广，前途将更加光明！

是为序。

中国电机工程学会名誉理事长　郑宝森

2019 年 8 月 15 日

序　二

　　《抽水蓄能机组及其辅助设备技术》这一系统全面阐述抽水蓄能机电技术领域专业知识的"大部头"即将付梓，全书洋洋洒洒二百余万字，共 8 个分册，现嘱我作序，我欣然应允。

　　1882 年，抽水蓄能电站诞生于瑞士苏黎士，经过近 140 年的发展，抽水蓄能机组已由早期的水泵配电动机、水轮机配发电机的四机式机组，逐渐发展为发电电动机、水泵水轮机组成的两机式可逆式机组。在主要参数上，抽水蓄能正沿着更高水头、更大容量、更高转速的技术路线不断迈进，运行水头已提升至 800m 级，单机容量已达到 40 万 kW 级，转子线速度可达到 200m/s，世界上最大的抽水蓄能电站——河北丰宁抽水蓄能电站，装机容量已达到 360 万 kW。

　　大型抽水蓄能机组是公认的发电设备领域高端装备，因其正反向旋转、高水头、高转速、多工况频繁转换的运行特点，使得机组在稳定性与效率上难以兼顾，结构安全性难以保证，精确控制难度极大，被誉为水电技术领域"皇冠上的明珠"。

　　我国对抽水蓄能机组的研究起步较晚，长期未能掌握机组研制核心技术，机组全部需要进口，严重制约了我国抽水蓄能事业的发展。2003 年，在国家有关部门和相关单位的共同努力下，正式启动了抽水蓄能机组成套设备的自主化研制工作。攻关团队历经十年艰苦卓绝的努力，"产、学、研、用"联合攻关，顶住压力，坚持技术引进与自主创新相结合，在大型抽水蓄能机组研制的关键技术上取得了重大突破，成功研制出具有完全自主知识产权的大型抽水蓄能机组，并在安徽响水涧、福建仙游、浙江仙居等抽水蓄能电站实现工程应用，使我国完全掌握了大型抽水蓄能机组研制核心技术。

　　通过自主化研制工作，我国在大型抽水蓄能机组关键技术研发及成套设备研制方面实现了全面突破，在水泵水轮机、发电电动机、控制设备、试验平台和系统集成所需的关键技术方面均实现了自主创新，在水泵水轮机水力开发、发电电动机结构安全设计等专项技术上实现了重大突破，积累了深厚的理论知识、丰富的试验数据和宝贵的实践经验。

为了更好地传承知识、继往开来，国网新源控股有限公司肩负起历史责任，牵头组织编写了这套著作，对我国大型抽水蓄能机组自主化工作进行了全面技术总结，在国内外首次对抽水蓄能机组在研发、设计、制造、安装、调试、运维各领域关键技术进行系统梳理，同时也就交流励磁等抽水蓄能机组技术未来发展方向进行介绍，著作内容完备、结构清晰、语言精练，具有极高的学习、借鉴和参考价值。这套著作的出版，既填补了国内外抽水蓄能技术领域的空白，也为我国抽水蓄能专业技术人才的培养提供了十分重要的参考资料，为我国抽水蓄能事业的健康快速发展奠定了坚实的基础。

是为序。

中国工程院院士

2019 年 8 月 1 日

前　言

　　抽水蓄能是当今世界容量最大、最具经济性的大规模储能方式。抽水蓄能电站在电力系统中承担调峰填谷、调频调相、紧急事故备用和黑启动等多种功能，运行灵活、反应快速，是电网安全稳定和风电等清洁能源大规模消纳的重要保障。发展抽水蓄能是构建清洁低碳、安全高效现代能源体系的重要战略举措。

　　长期以来，我国大型抽水蓄能机组设备被国外垄断，严重束缚了我国抽水蓄能事业的发展。国家高度重视抽水蓄能机组设备自主化工作，自 2003 年开始，在国家发展和改革委员会及国家能源局的统一组织、指导和协调下，我国决定以工程为依托，通过统一招标、技贸结合的方式，历经"技术引进—消化吸收—自主创新"三个主要阶段，历经十余年产学研用联合攻关，关键技术取得重大突破，逐步实现了抽水蓄能机组设备自主化，使我国大型抽水蓄能机组设备自主研制能力达到了国际水平。2011 年 10 月，我国第一座机组设备完全自主化的抽水蓄能电站——安徽响水涧抽水蓄能电站成功建成，标志着我国成功掌握了抽水蓄能机组设备研制的核心技术。随着 2013 年 4 月福建仙游抽水蓄能电站的正式投产发电，2016 年 4 月仙居抽水蓄能电站单机容量 37.5 万 kW 机组的成功并网，我国大型抽水蓄能机组自主化设备不断获得推广应用，强有力地支撑了我国抽水蓄能行业的快速发展。

　　近年来，随着我国经济和电力工业的快速发展，我国抽水蓄能事业取得了非凡成就，在大型抽水蓄能机组设备自主化方面，更是取得了丰硕的科技成果。为了全面展示我国抽水蓄能机组自主化工作成就，提高我国抽水蓄能设备研发、设计、制造、安装、调试、运维水平，促进我国抽水蓄能领域技术人才培养，满足我国当前抽水蓄能事业快速发展的需要，为我国抽水蓄能建设打下更坚实的基础，国网新源控股有限公司决定组织编撰出版《抽水蓄能机组及其辅助设备技术》丛书。

　　本丛书共分为水泵水轮机、发电电动机、调速器、励磁系统、静止变频器、继电保护、计算机监控系统、机组调试及试运行八个分册。丛书具有如下鲜明特点：一是内容全面，涵盖抽水蓄能机组的各个专业。二是反映了我国抽水蓄能机组设备最高技术水平。对我国抽水蓄能机组目前主流的、成熟的技术进行了详尽介绍，着重突出了近年来出现的新技术、新方法、新工艺。三是具有一定的技术前瞻性。对大容量高水头机组、变速抽水蓄能机组、智能抽水蓄能电站等新技术进行了展望。四是理论与实践相结合，突出可操作性和实用性。五是填补了国内抽水蓄能机组及其辅助设备技术的空白。本丛书适合从事抽水蓄能行业研发、设计、制造、安装、调试、运维等专业技术人员阅读，同时也可供相关科研技术人员和大专院校师生参考使用。

本丛书由国网新源控股有限公司组织编写，哈尔滨电机厂有限责任公司、东方电气集团东方电机有限公司、南瑞集团水利水电技术分公司、国电南瑞电控分公司、南京南瑞继保电气有限公司、国网新源控股有限公司技术中心等单位分别负责丛书分册的编写任务，中国电力出版社负责校核出版任务。本丛书凝聚了我国抽水蓄能机组设备研发、设计、制造、调试、运维等单位专业技术骨干人员的心血和汗水，同时丛书编写过程中也得到了许多行业内其他单位和专家的大力支持，在此表示诚挚的感谢。

本书是《水泵水轮机》分册，编写任务由哈尔滨电机厂有限责任公司、东方电气集团东方电机有限公司和国网新源控股有限公司承担，魏显著、高苏杰担任主编，王国海、张全胜、曾明富、唐数理、张国良担任副主编，陈顺义、王正伟、于亚军、李德友担任主审。

本书主要内容有：水泵水轮机的结构型式、工作原理和特性、发展现状；水泵水轮机的初步设计、水力设计理论与方法、过流部件水力设计及性能优化；水泵水轮机模型试验条件、模型试验台、模型试验、模型试验验收；水泵水轮机主要部件应力、疲劳及固有频率分析、转轮动应力分析计算、过流部件水中固有频率分析计算、水泵水轮机动静干涉现象分析；水泵水轮机总体结构、转轮结构、主轴结构、水导轴承结构、主轴密封、导叶操作机构、顶盖、底环及泄流环、蜗壳、座环、尾水管、管路系统设计；转轮制造加工、主轴制造加工、导水机构制造加工、装配及试验、座环及蜗壳制造加工、尾水管制造工艺、材料工厂检验和验收试验；进水阀型式与作用、结构设计、刚强度分析、控制系统和进水阀制造；水力过渡过程分析基本理论、水泵水轮机的特性、典型计算工况的选择、导叶关闭规律、水力过渡过程数值计算和实例；水泵水轮机安装前准备及安装基本要求、埋入部分安装、转轮与导水机构安装、转动部分安装、机组盘车、管路及辅助部分安装；水泵水轮机运行、维护与检修。

本书共分八章。第一章由王威、张韬、胡清娟编写，第二章由孔凡瑞、张韬、郑津生、常龙、陈鹏编写，第三章由郭彦峰、黎辉、赵越、石清华、杨斌编写，第四章由赵阳、牛翔宇、张涛编写，第五章由于鹏飞、孙旺、高欣、桂中华、肖微编写，第六章由姜国华、阎海滨、刘聪、付之跃编写，第七章由张芳、赵阳、于强、姜国华、阎海滨、郑凯、茹松楠编写，第八章由张美琴、陈建福、孔凡瑞、王威、张成华、马萧萧编写，第九章由李全胜、张佩伦、毕扬、姚尧编写，第十章由于鹏飞、孙旺、文树洁编写，第十一章由王威、于鹏飞、孙旺、常喜兵编写。

鉴于水平和时间所限，书中难免有疏漏、不妥或错误之处，恳请广大读者批评指正。

编　者

2019 年 7 月 1 日

目　录

第一章

概　　述

水泵水轮机是集水泵与水轮机两个相反功能于一体的特殊水力机械，是抽水蓄能机组的重要组成部分和能量转换的核心。抽水蓄能机组也称可逆式机组，通常称单一发电的水能发电机组为常规水轮发电机组、常规机组，单一水泵功能设备称为离心泵、大泵、泵等。抽水蓄能机组在电力系统负荷低谷时，水泵水轮机作水泵运行，从下水库向上水库抽水，将电能转换成水的势能存储起来；在电力系统负荷高峰时，水泵水轮机作水轮机运行，上水库向下水库放水发电，将水的势能转换为电能。随着水力设计技术的发展和进步，水泵水轮机的能量转换效率大幅提升，近期研制的水泵水轮机在抽水工况和发电工况的最优效率均能达到 92% 以上，我国最新投产的机组达到了 94%，整个抽水蓄能电站综合转换效率可达 80% 以上。由于抽水蓄能机组运行方式高效、经济、清洁，使得抽水蓄能电站成为目前世界上应用最为广泛的大规模物理储能设施，可承担电网高峰、填谷、调频、调相和事故备用等任务，为电网经济高效、安全稳定运行提供保障。

抽水蓄能机组有多种型式，由于混流式水泵水轮机具有应用水头范围宽广、单机容量大、布置便利、经济技术综合优势突出等特点，成为目前世界上应用最为广泛、技术最为先进的机型，代表着大型、超大型抽水蓄能机组的发展方向。

⸭ 第一节　水泵水轮机的结构型式

水泵水轮机的结构型式取决于抽水蓄能机组的型式。抽水蓄能机组型式主要有四机分置式、三机串联式和二机可逆式等。本节简单介绍这几种型式的特点和应用情况，重点介绍二机可逆式混流式水泵水轮机的典型结构及拆卸方式。

一、抽水蓄能机组型式

抽水蓄能机组按组合方式与结构型式来分，主要有四机分置式、三机串联式和二机可逆式三种型式，其中四机分置式和三机串联式为抽水蓄能机组发展的早期型式，二机可逆式为当前的主流型式，各机型的结构特点见表 1-1。

表 1-1　　　　　　　　　　　　抽 水 蓄 能 机 组 型 式

型式	四机分置式	三机串联式	二机可逆式
组成	由各自独立的抽水机组（水泵＋电动机）和发电机组（水轮机＋发电机）相互配合独立完成抽水发电功能	由水泵、水轮机、发电电动机组成，三者串联在同一轴上，水泵和水轮机可联接在发电电动机的一端或分置在两端	由水泵水轮机和发电电动机组成

续表

型式	四机分置式	三机串联式	二机可逆式
特点	抽水和发电分别由水泵机组和发电机组实现。电站的工程量大，成本高	机组的结构比较复杂，水泵和水轮机可分别按电站的具体要求进行专门设计，运行成本高	机组能够双向旋转，一个方向旋转实现水轮机功能，反向旋转实现水泵功能。机组结构紧凑，部件少，质量轻、造价低，但机组设计难度很大
应用	在抽水蓄能发展早期有应用实例，目前已基本不见应用	目前较少应用	现代抽水蓄能电站均采用的机型

二、水泵水轮机的型式和结构

水泵水轮机和常规水轮机一样，以其转轮型式可以分为混流式、斜流式、轴流式和贯流式。在实际应用中，混流式水泵水轮机应用最为广泛，工作水头范围可从30m到800m；斜流式水泵水轮机主要应用于140m以下水头变化幅度较大的电站；轴流式水泵水轮机极少应用；贯流式水泵水轮机主要用于海洋潮汐电站，水头一般不超过20m。图1-1为不同型式水泵水轮机的水头应用范围，给出了不同型式水泵水轮机的水头 H_T 与比转速 n_{ST} 之间的关系。表1-2列出了不同型式水泵水轮机的特点和应用情况。

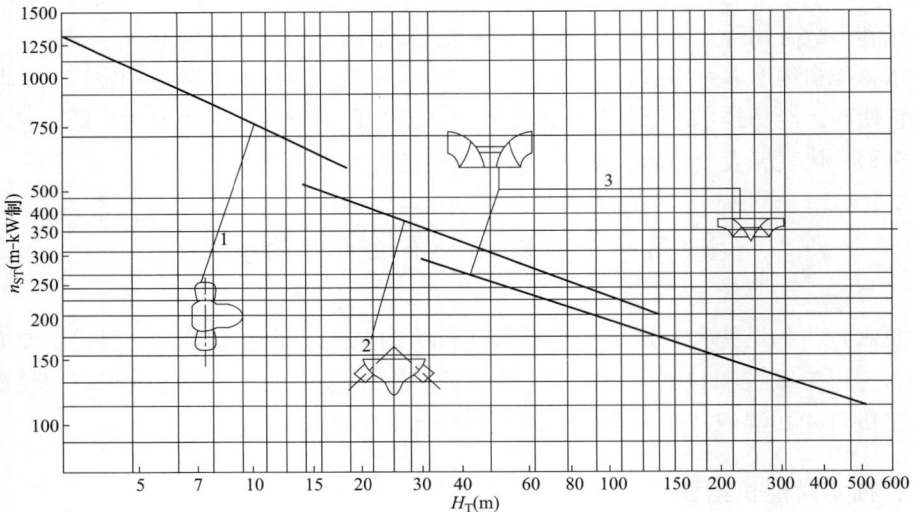

图1-1　不同型式水泵水轮机水头应用范围

1—贯流式；2—斜流式；3—混流式

表1-2　　　　　　　　不同型式水泵水轮机的特点和应用情况

型式	混流式	斜流式	贯流式
适用水头（m）	30~800	15~140	0.5~20
特点	水轮机工况下，水流沿垂直于主轴的方向进入转轮，然后基本上沿主轴方向从转轮流出；在抽水工况下，水流沿相反方向流动	水流以倾斜于主轴方向进、出转轮。转轮叶片可以调节，能适应较大的水头变化	水流流向与机组主轴的方向基本一致。在潮汐电站中可以实现两个方向发电、泄水、抽水

型式	混流式	斜流式	贯流式
应用前景	结构简单，适用的水头范围广，应用最多	适用于较低水头且水头变幅较大的抽水蓄能电站	主要用于抽水蓄能型的潮汐电站
电站实例	响水涧、仙居抽水蓄能电站	岗南、密云水电站	江厦水电站

混流式水泵水轮机（简称水泵水轮机）技术，已经发展到高水头、大容量阶段。水泵水轮机的主要部件包括转轮、主轴、水导轴承、主轴密封、活动导叶及操作机构、顶盖、底环（及泄流环）、蜗壳、座环、尾水管等。各部件具体结构、功能、特点如下：

1. 转轮

水泵水轮机转轮是水泵水轮机进行能量转换的核心部件。水轮机工况上水库向下水库放水，转轮将水的势能转换为机械能，驱动发电机旋转发电；在水泵工况作水泵运行，向电站上水库抽水，转轮将机械能转换为水的势能。水泵水轮机的转轮兼顾水轮机和水泵功能，形状与离心泵更为相似。高水头转轮的外形更加扁平，在水轮机工况，转轮进口直径与出口直径的比值为 2：1 或更大，进口高度（导叶高度）一般在进口直径的 10% 以下。

2. 主轴

主轴是水泵水轮机与发电电动机的连接部件，上端连接发电电动机轴，下端连接水泵水轮机转轮，其作用是传递机组转矩，用于水泵水轮机转轮与发电电动机之间的动力传递。对于中拆机组，两者之间还需增加一段短轴，便于水泵水轮机部件的拆装。

3. 水导轴承

水导轴承是导向、支撑部件，承受机组转动部分下部（靠近转轮端）的水力、机械及电磁径向不平衡力，使主轴保持中心位置。水泵水轮机水导轴承需要满足发电和抽水两种工况不同旋转方向的相同轴承特性，并能承受水泵水轮机的甩负荷、水泵断电等过渡过程中可能发生的转轮最大水力径向力。

4. 主轴密封

水泵水轮机转轮上止漏环后有少量漏水，这些漏水会沿着主轴与顶盖之间的间隙进入机坑，会妨碍其他设备的正常运行，故在主轴上设置止漏密封装置，简称主轴密封。

水泵水轮机主轴密封需要满足在双向旋转条件下，在机组发电、抽水运行和停机工况时，阻止输水系统内水进入顶盖，在机组充气压水工况过程中阻止压缩空气从转轮室逸出，运行条件更为苛刻。

5. 活动导叶及操作机构（导水机构）

活动导叶是圆周分布在转轮与座环之间的引流部件。水泵水轮机活动导叶通常设计成近似对称的流线形叶片，头尾都做成渐变圆头以适应双向水流。导叶操作机构用于操作导叶实现机组运行过程中对水流的流量控制和利用导叶对水流进行引流。

6. 顶盖

水泵水轮机顶盖是水泵水轮机的主要支承部件，布置在导水机构过流通道的上部，承受机组各种运行工况的水压力和水压力脉动，以及支承导水机构、水导轴承、主轴密封等部件。机组的顶盖必须具有足够的刚度，以使变形量减至最小。因此，顶盖需要采用厚度很大的箱形结构，其厚度可达到导叶高度的4～5倍。

7. 底环

底环（含泄流环）布置在机组导水机构过流通道的下部，支承活动导叶下端轴，承受并传递水压力、导叶的支反力，保证导叶端面附近的变形量在允许范围。高水头机组的底环采用厚度很大的箱形结构，在结构上，底环和顶盖止漏环上下对称布置。

8. 蜗壳

蜗壳是水泵水轮机的引水部件，因形似蜗牛壳而得名，一端与进水阀相连，内部与座环相接。在水轮机工况，蜗壳与座环一起将水流均匀而轴对称地引入转轮前的导水机构，并形成速度环量；在水泵工况，汇集转轮出流，转换水流动能为压力能。

9. 座环

座环既是重要的固定过流部件又是机组的基础结构部件，座环的布置方向和中心高程决定整个水泵水轮机的安装位置。立式机组的顶盖和底环分别安装在座环的上方和下方。座环由固定叶片与上、下环板焊接而成，蜗壳的各段直接焊到座环的外缘上。

10. 尾水管

尾水管是水泵水轮机水力流道的一部分，除引、排水作用外，在水轮机工况下，还具有回收能量的作用。水轮机工况要求尾水管的断面为缓慢扩散型，水泵工况则要求为收缩型，因两者流动方向相反，固在断面规律上没有矛盾。

图1-2为单机容量375MW的仙居抽水蓄能电站混流式水泵水轮机主要结构。

三、立式水泵水轮机拆卸方式

在水泵水轮机运行过程中，转轮可能出现裂纹、空蚀、磨损、撞击等破坏，会影响机组稳定高效运行，需要拆出修理。因此，在设计时需要确定水泵水轮机转轮的拆卸方式。一般有三种拆卸方式：拆卸尾水锥管和底环，转轮由下方取出；拆除一段中间轴并拆卸顶盖后，将转轮由机坑取出；或吊出发电电动机转子并拆除顶盖后，由上方取出转轮。以上三种拆卸方式分别称为下拆、中拆和上拆方式。我国在20世纪90年代最初建设的三座大型抽水蓄能电站分别采用了这三种拆卸方式：广州抽水蓄能电站（Ⅰ期）（简称广蓄Ⅰ期）机组为下拆方式；广州抽水蓄能电站（Ⅱ期）（简称广蓄Ⅱ期）和天荒坪抽水蓄能电站机组为中拆方式；十三陵抽水蓄能电站机组为上拆方式。从抽水蓄能机组运行经验来看，水泵水轮机泥沙磨损和空蚀情况并不严重，大修间隔基本达到8年以上，在机组稳定性和噪声控制方面，上拆方案有其优势，是应用最多的拆卸方式。

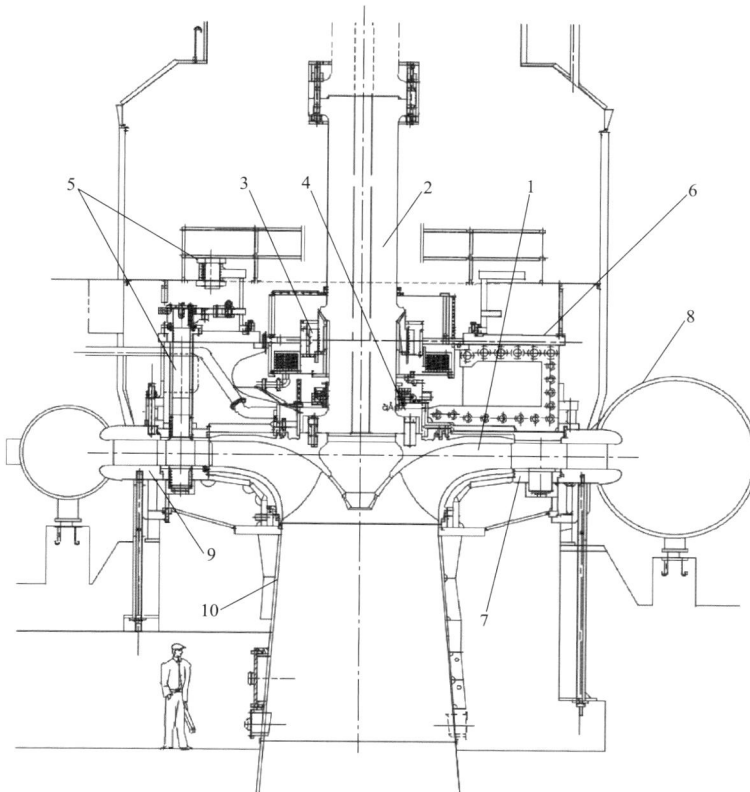

图 1-2 仙居抽水蓄能电站混流式水泵水轮机

1—转轮；2—主轴；3—水导轴承；4—主轴密封；5—导叶及操作机构；6—顶盖；
7—底环；8—蜗壳；9—座环；10—尾水管

∰ 第二节 水泵水轮机的工作原理和特性

水泵水轮机的工作原理基于水力机械的可逆性，其设计遵循基本的水力机械原理和速度三角形分析法。水泵水轮机的工作特性除具有常规水轮机的能量特性、空化特性、压力脉动特性外，还具有独特的水轮机工况空载不稳定区（"S"区）特性和水泵高扬程不稳定区（"驼峰"区）特性。

一、工作原理

（一）水力机械的可逆性

叶片式水力机械具有可逆性，可以双向运行，无论水泵或水轮机都可以反向运转，以相反的方式工作。水泵水轮机的旋转方向有两种情况，一种是在水轮机工况，转轮旋转方向为俯视顺时针方向，水泵工况是俯视逆时针方向；另一种情况是在水轮机工况，转轮旋转方向为俯视逆时针方向，反之为水泵工况。图 1-3 给出了水泵水轮机双向工况下水流流动的方向及相应转轮的旋转方向，图中的水泵水轮机在水轮机工况时转轮旋转方向为俯视顺时针方向。

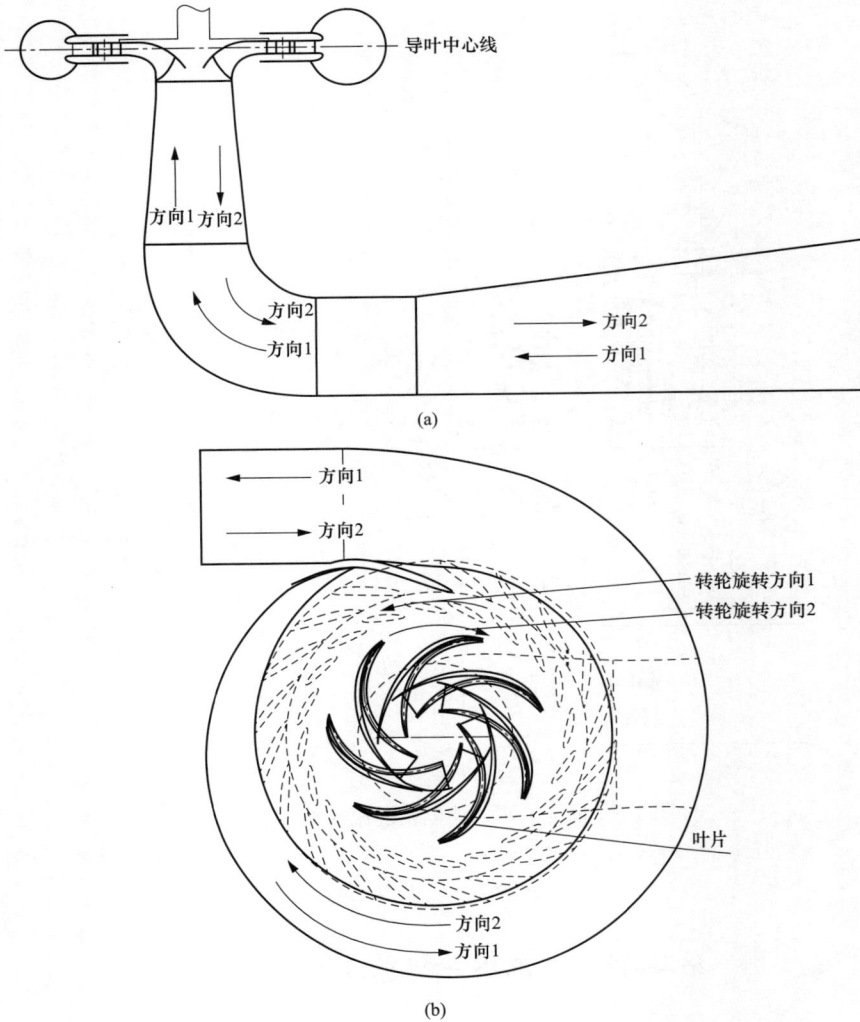

图 1-3　水泵水轮机双向工况水流方向及转轮旋转方向示意图

（a）主视图；（b）俯视图

在图 1-3 中，方向 1 为水泵工况下的水流方向，方向 2 为水轮机工况下的水流方向。水泵工况时，转轮按俯视逆时针方向旋转（转轮旋转方向 1），水在转轮的旋转带动下按方向 1 流动，能量由转轮的动能转换为水的动能和势能，将水从下水库抽送到上水库。水轮机工况时，由于上、下水库水位形成水位差，水的能量由势能转换为动能和压能，转轮在水流动能和压能的作用下按俯视顺时针方向旋转（转轮旋转方向 2），带动水轮机主轴驱动发电机发电。

常规水泵和常规水轮机虽然都可以双向运行，但离心泵的可逆性反映在外特性（流量、水头/扬程、效率等）上要比水轮机好。如果在离心泵叶轮四周装上和水轮机一样的活动导叶，则离心泵作水泵水轮机运行在水轮机工况的耗水量要比常规水轮机作水泵水轮机运行在水轮机工况时的耗水量要低，且效率还高。水轮机和水泵两种工况最优效率点的水头/扬程，离心泵比常规水轮机更接近些。因此，目前抽水蓄能电站中广泛使用的混流式水泵水轮机就是以离心泵（或混流泵）的叶轮（转轮）为基础，配以近似水轮机的活动导叶和固定导叶而设计的。

从理论分析上也可以证明叶片式水力机械的可逆性，即同一机械（叶片系统）在一种情况下可作水轮机运行，在另一种情况下可作水泵运行。水力机械工作时，转轮叶片对水流中一个微元所产生的力矩为：

$$M = \rho\left[\int_{A_2} v_m(v_u r)\mathrm{d}A - \int_{A_1} v_m(v_u r)\mathrm{d}A\right] \pm \frac{\mathrm{d}\omega}{\mathrm{d}t}\int_V r^2\rho\mathrm{d}V \pm \int_V r\frac{\partial\omega_u}{\partial t}\mathrm{d}V \tag{1-1}$$

式中　M——力矩，N·m；

ρ——水的密度，kg/m³；

v_m——轴面流速分量，m/s；

v_u——绝对速度的切向分量，m/s；

A——微元断面积，m²；

ω——角速度，rad/s；

ω_u——切向角速度，rad/s；

t——时间，s；

V——微元体积，m³；

r——距旋转轴半径，m；

下标 1 和 2 分别代表转轮进口和出口。

通常水泵水轮机可以看作是稳定运转，即 $\mathrm{d}\omega/\mathrm{d}t = \partial\omega_u/\partial t = 0$，则由于水流惯性引起的力矩（上式右侧第二项）和水流流量改变时引起水流相对流速变化产生的力矩（右侧第三项）可不考虑。现定义 $Q = \int v_m\mathrm{d}A$，则式（1-1）可写为：

$$M = \rho Q\left[(v_u r)_2 - (v_u r)_1\right] \tag{1-2}$$

式中　Q——流量，m³/s。

在水泵工况下，转轮将由电机输入的机械能转换为水流能量，泵出口能量高于进口能量，即 $(v_u r)_2 > (v_u r)_1$，故 $M > 0$，说明转轮对水流做功。在水轮机工况下，转轮将水流能量转换为机械能，水轮机进口水流能量高于出口水流能量，即 $(v_u r)_1 > (v_u r)_2$，故 $M < 0$，说明水流对转轮做功。

（二）基本原理及速度三角形分析法

在理想流体中，水流作用的力矩为 $M = \rho g QH/\omega$，考虑水力效率之后，在水轮机工况时，式（1-2）将变为常规水轮机的基本方程式：

$$H_T\eta_{hT} = \frac{1}{g}(u_1 v_{u1} - u_2 v_{u2})_T \tag{1-3}$$

式中　H_T——水轮机工况水头，m；

η_{hT}——水轮机工况水力效率，%；

u——圆周速度，m/s；

v_u——绝对速度的切向分量，m/s；

g——重力加速度，m/s²。

下标 1、2 分别代表进口和出口；下标 T 代表水轮机工况。

如果出口水流为法向，则 $v_{u2}=0$，于是：

$$H_T = \frac{1}{\eta_{hT} g}(u_1 v_{u1})_T = \frac{1}{\eta_{hT}}\frac{u_{1T}^2}{g}\left(\frac{v_{u1}}{u_1}\right)_T \tag{1-4}$$

对于水泵工况，由于叶轮流道为扩散型，要考虑流动旋转的影响，即需对扬程做有限叶片数的修正，考虑水力效率之后，式（1-2）将变为水泵的基本方程式：

$$\frac{H_P}{\eta_{hP}} = \frac{K}{g}(u_2 v_{u\infty 2} - u_1 v_{u\infty 1})_P \tag{1-5}$$

式中　η_{hP}——水泵工况水力效率，%；

K——有限叶片数修正系数，又称滑移系数。

下标 ∞ 表示叶片无限多条件；下标 P 表示水泵工况。

同样，如果水泵转轮进口水流为法向，则 $v_{u\infty 1}=0$，于是：

$$H_P = \eta_{hP} K \frac{1}{g}(u_2 v_{u\infty 2})_P = \eta_{hP} K \frac{u_{2P}^2}{g}\left(\frac{v_{u\infty 2}}{u_2}\right)_P \tag{1-6}$$

通过以下的分析，可以进一步说明水轮机和水泵双向运行特性的关系。

图 1-4（a）中实线所示为常规混流式水轮机的进出口速度三角形。从图 1-4 中可以看出水轮机转轮叶片比较短，流道断面变化大，叶片进口角 β_{1T} 也较大（70°～90°），所以在水轮机工况运行时能产生较大的分量 v_{u1}。图 1-4（a）中虚线表示水轮机作水泵运行时的速度三角形，由于 β_{2P} 角度大，水泵出口的绝对流速 v_{2P} 很大，因而转轮出口和蜗壳中的损失过大，这样的转轮作泵运行的效率不高。同时，流道的扩散度过大，也会引起水流脱流，对泵工况的运行性能很不利。

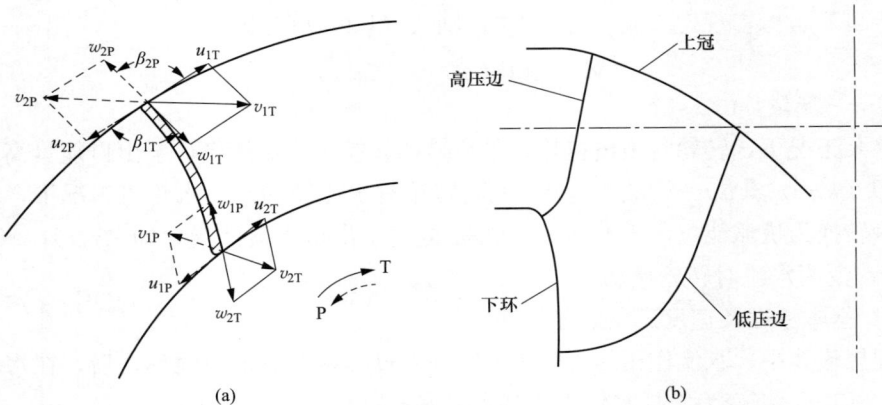

图 1-4　混流式水轮机双向运行流速三角形图及轴面图

（a）混流式水轮机速度三角形图；（b）混流式水轮机轴面图

图 1-5（a）中实线为离心泵转轮的进出口速度三角形。因泵叶片的流道长而扩散平缓，叶片出口角 β_{2P} 较小，使得高压侧流态变好，能得到较好的性能。图 1-5（a）中虚线表示离心泵作水轮机运行时的速度三角形，因叶片进口角 β_{1T} 很小，会产生一定的撞击损失，但由于叶片长而流道变化平缓，使水流有足够的空间进行流态调整，故使离心泵作水轮机运行时的效率仍然较高。由图可见，这种转轮在水轮机工况的进口绝对流速

小，其 v_{u1} 值比常规水轮机的小，因而在相同水头和相同功率条件下，用离心泵作水泵水轮机要比常规水轮机作水泵水轮机所需的转轮直径要大。

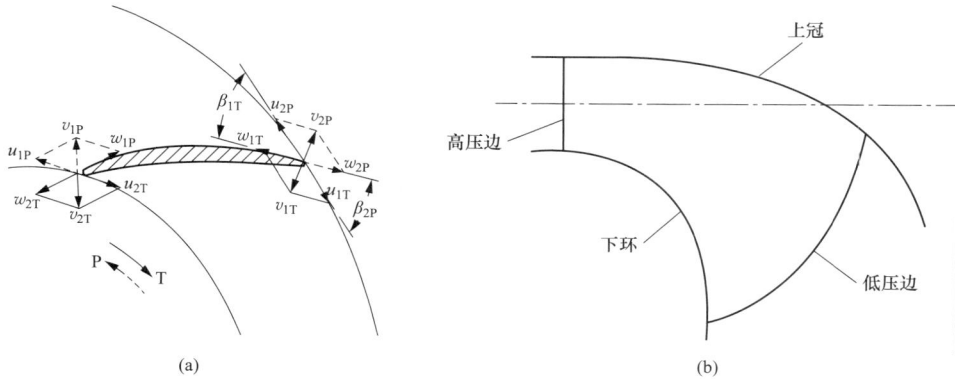

图 1-5 离心泵双向运行速度三角形图及轴面图

（a）离心泵双向运行速度三角形图；（b）离心泵轴面图

在以上分析的基础上所发展出来的水泵水轮机具有如图 1-6 所示的进出口速度三角形，图中 v 为绝对速度，u 为圆周速度，w 为相对速度；下标 1 代表水流进口，下标 2 代表水流出口；T 代表水轮机工况，P 代表水泵工况。转轮基本上为离心泵叶轮形状，配有水轮机型的活动导叶，在两种工况运行时都具有良好的水力性能。

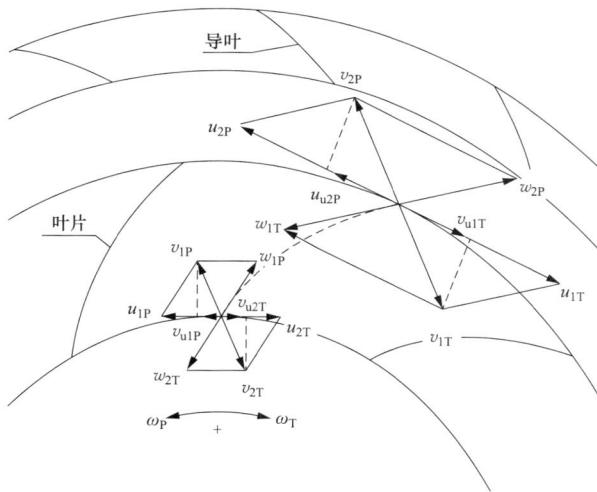

图 1-6 混流式水泵水轮机进出口速度三角形

二、水泵水轮机工作特性

水泵水轮机的工作特性包括能量特性、空化特性、压力脉动特性、"S"特性和"驼峰"特性等，这些特性决定了水泵水轮机的运行效率和稳定性，对抽水蓄能电站的经济性，机组和厂房的安全、稳定至关重要。

（一）能量特性

能量特性即水泵水轮机的效率特性，它揭示了水泵水轮机两种工况下，效率值随运行工况点变化的规律和特征。水泵水轮机两种工况的能量特性是通过模型试验得到的。通常将试验得到的参数分别绘成水泵和水轮机两种工况下的特性曲线，以供水泵水轮机的性能分析和选型使用。随着计算流体动力学（Computational Fluid Dynamics，CFD）分析技术的发展，现在也可以采用 CFD 技术得到近似的水泵水轮机能量特性，其与模型试验得到的特性数据的差距在逐步缩小。

1. 水轮机工况能量特性曲线

在水泵水轮机水力设计中，首先根据相似准则（将在第二章详细介绍）设计出尺寸较小的模型水泵水轮机进行模型试验，选定最优方案后，再将模型试验结果换算到尺寸较大的真机上。单位转速 n_{11} 和单位流量 Q_{11} 等无量纲量就是连接模型特性与真机特性的桥梁。也就是说，对于相似准则换算的模型与真机，其单位转速和单位流量分别相等。其中 $n_{11} = nD/\sqrt{H}$，$Q_{11} = Q/D^2/\sqrt{H}$，式中 n 为转速，D 为转轮的标称直径，H 为水头。单位转速 n_{11} 表示几何相似的水泵水轮机当转轮直径为 1m，有效水头为 1m 时的转速；单位流量 Q_{11} 表示几何相似的水泵水轮机当转轮直径为 1m，有效水头为 1m 时的有效流量。通过这两个单位量就可以直观地了解某个水泵水轮机的水轮机工况的水力特性，以便进行水力分析。

水泵水轮机的水轮机工况特性曲线和常规水轮机特性曲线的形式一样，如图 1-7 所示。该曲线对相应效率值进行了处理，将每个效率圈的效率值都除以最高效率，单位流量值均除以最优单位流量，得到相对效率和相对单位流量；同时对单位转速也都进行了变换，其他特性保持不变。图 1-7 中虚线为导叶等开度线，表示水轮机工况某特定导叶开度下的各工况点（水头和流量）具有的效率。将所有相同效率的工况点用样条线连接，就形成了图 1-7 中用细实线表示的等效率圈。

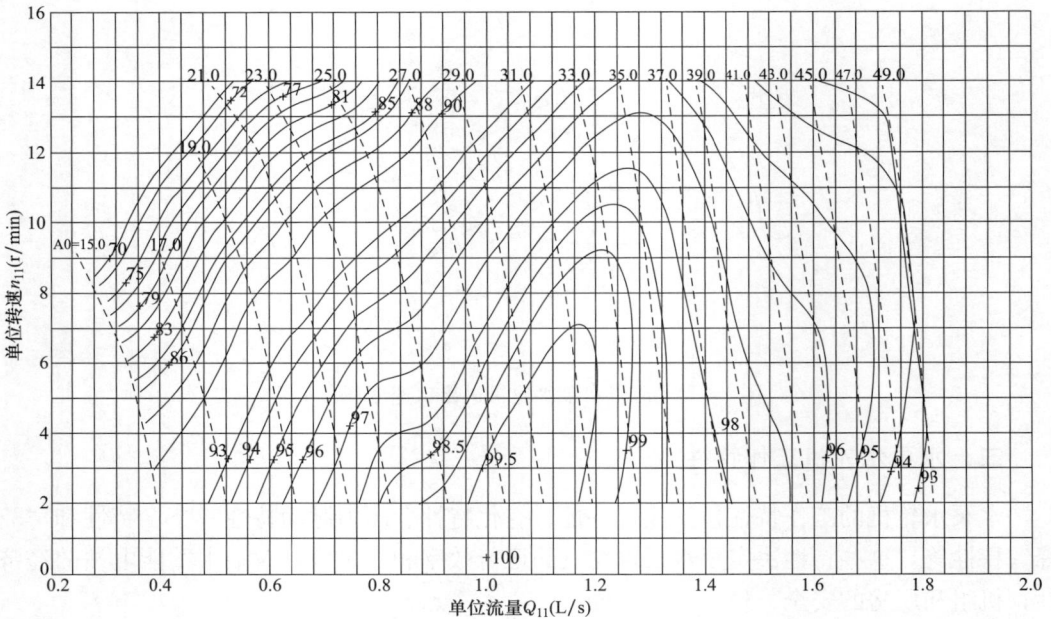

图 1-7　水泵水轮机的水轮机工况能量特性曲线（又称综合特性曲线）

2. 水泵工况特性曲线

水泵水轮机的水泵工况包含三种特性曲线，分别为扬程与流量变化规律曲线（H-Q 曲线），如图 1-8（a）所示；效率与流量变化规律曲线（η-Q 曲线），如图 1-8（b）所示；输入功率与流量变化规律曲线（P-Q 曲线），如图 1-8（c）所示；这三种特性曲线共同揭示了水泵工况的能量特性。

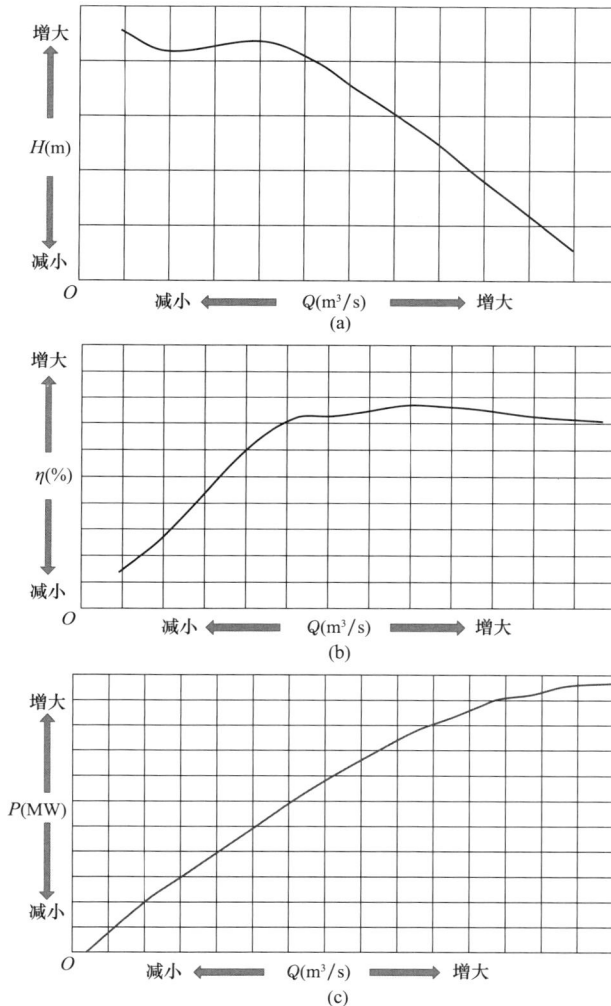

图 1-8　水泵水轮机的水泵工况特性曲线

（a）水泵工况 H-Q 曲线；（b）水泵工况 η-Q 曲线；（c）水泵工况 P-Q 曲线

（二）空化特性

在液体中，当压力降低到一定程度时，液体内部将发生体积破坏，产生空泡或空穴，这一物理现象称为空化。空化只在液体中发生，以天然水为介质的叶片式水力机械中，在某些通流部位流速较高、压力较低，容易发生空化，对应发生空化时的压力称为空化压力。水中因压力降低产生第一批气泡时的空化压力称为初生空化压力；当产生大量气泡，使水处于犹如沸腾状态且水力机械的效率发生明显降低时的空化压力称为临界空化压力。

水的空化压力值与水的纯度、海拔高度等多种因素有关。一般认为水的空化压力值与水的纯度、海拔高度具有强相关性，水越纯净则越不容易发生空化，海拔越高越容易发生空化。对于叶片式旋转机械，空化压力还与叶片的叶型设计有关。总之，在水泵水轮机水力设计改善空化特性时，要对叶片翼型进行细致优化，在充分考虑电站实际情况的前提下，留出充足的空化余量，确保真机运行时不发生空化现象。实践表明，水泵水轮机水泵工况比水轮机工况易产生空化。

1. 水泵工况和水轮机工况空化特性比较

水泵水轮机在早期应用时，就已发现水泵工况的空化性能比水轮机工况的空化性能差。因此，在设计水泵水轮机时，一般认为如果水泵工况满足了空化要求，则水轮机工况也能满足。水力机械容易发生空化的部位有两个，一个是沿叶片表面上的低压区，另一个是叶片头部和水流发生撞击后的脱流区。在水泵工况时，因为进口撞击和低压区都发生在叶片进口处，所以动压降比较大，空化性能差。而在水轮机工况，水流撞击发生在进口边上，叶片低压区在出口附近，动压降比较缓和，空化性能要好些。为便于评价空化性能，引入空化系数的概念，空化系数越大，水泵水轮机越容易发生空化。

从空化系数定义上也可以分析出水轮机和水泵两种工况的差别。水泵空化系数定义为：

$$\sigma = \frac{\Delta h}{H} = \frac{1}{H}\Big(\lambda_1 \frac{\omega_1^2}{2g} + \lambda_2 \frac{v_1^2}{2g}\Big) \tag{1-7}$$

式中 Δh——$\lambda_1 \frac{\omega_1^2}{2g} + \lambda_2 \frac{v_1^2}{2g}$，泵进口的净正吸入水头（或称空化裕量，国际标准中称为净正吸入水头），m；

λ_1——水流绕流叶片的动压降系数，离心泵的 λ_1 一般在 0.2～0.4 之间；

λ_2——水流进入叶片以前的综合损失系数，离心泵的 λ_2 一般在 1.0～1.4 之间。

水轮机空化系数一般写成：

$$\sigma = \frac{1}{H}\Big(\lambda \frac{\omega_2^2}{2g} + \eta_s \frac{v_2^2}{2g}\Big) \tag{1-8}$$

式中 λ——叶栅空化系数，混流式水轮机的 λ 值一般在 0.05～0.15 之间；

η_s——尾水管恢复系数，混流式水轮机的 η_s 一般为 0.6～0.7。

因此从式（1-7）和式（1-8）可以看出，如水泵的进口相对流速 ω_1 和绝对流速 v_1 分别和水轮机出口相对流速 ω_2 和绝对流速 v_2 相等，则水泵的空化系数将比水轮机高，容易产生空化。通常，中高比转速混流式水泵水轮机两种工况的空化系数相差比较大，但对于低比转速水泵水轮机，两种工况的空化系数相差要小些，可能出现水轮机工况空化系数比水泵工况的空化系数大的情况。因此，进行低比速水泵水轮机空化试验时需要对两种工况进行全面的空化试验，才能判定最不利的空化条件。

2. 水泵工况空化的特点

水泵水轮机的空化与空蚀特性主要取决于水泵工况的空化特性，因此，对水泵工况空化过程的观察成为空化试验的重要组成部分，以研究、探索转轮的空化特性，避免转轮在运行区发生空化现象。图 1-9 是水泵水轮机水力开发阶段对模型转轮进行水泵工况空化试验时发生空化现象的观测结果（图 1-9 和彩图 1-9 中叶片表面发生大面积空化的情况在电站实际运行时是不允许发生的）。在做空化试验时，为了与电站真实水位特征相对应，通过将模型试验台尾水箱的压力不断降低的方式模拟电站真实尾水位的降低，

当尾水压力降低到一定程度，叶片表面开始出现气泡，考虑制造误差等因素后，认为当 2～3 个叶片表面出现气泡时，称该状态为初生空化；随着压力进一步降低，所有叶片表面都出现大量气泡以至于此时水泵水轮机的效率开始降低，当效率降低至一定程度时（0.5% 或 1%），就称该状态为临界空化。一般在能量特性发生变化前就可观察到气泡的出现，如果同时用噪声传感器探测泵的进口水流，则在一般情况下都会发现，在能看到气泡以前已可记录到噪声的增强。众所周知，

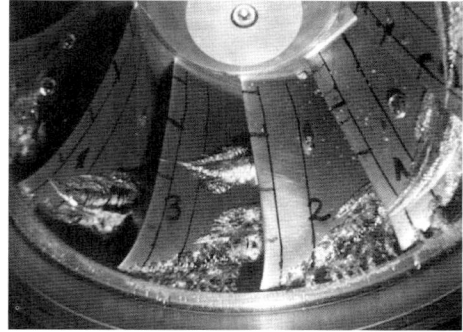

图 1-9　水泵水轮机水泵工况
空化现象的观测结果

空化现象的发生，首先被"听到"，其次被"看到"，最后才能在外特性上反映出来。

由于水泵工况叶片进水边的形状对空化的发生有很大影响，叶片形状上微小的差别可以造成很大的空化特性变化，因此在设计转轮时会关注叶片叶型的设计，以取得好的空化性能。

（三）压力脉动特性

水泵水轮机的压力脉动特性是指在一定运行时间内，各过流部件压力测点的压力值相对于某一基准值发生脉动变化的现象。该特性是引起水力机械振动的主要原因之一，特别是在大型机组中，由于尺寸较大，刚度相对较低，水流的不稳定流动导致机组产生振动，影响其正常运行，严重时可导致机组构件发生疲劳破坏。近年来，已把压力脉动特性作为衡量大型水力机组性能的重要参数，而抽水蓄能机组具有水轮机、水泵两工况转换频繁运行、过渡过程转换复杂等运行特点，因此应更加注意其压力脉动特性。

1. 压力脉动产生的水力因素

水泵水轮机产生压力脉动的水力因素主要有：

（1）水泵水轮机作为调峰和调频机组，启动和停止频繁，水利条件恶劣。

（2）水轮机工况导叶后转轮前的无叶区水流与叶片的撞击，水泵工况出口水流与活动导叶、固定导叶的撞击。

（3）压力脉动还可以由水流的特殊流态引起，如水流绕流叶片产生的卡门涡列、水流自叶片上脱流后的旋涡、由水轮机工况尾水管涡带引起的水流振荡等。

2. 压力脉动特征量

压力脉动通常有两个特征量，分别为压力脉动振幅和压力脉动频率。压力脉动振幅，一般用 ΔH 来代表峰谷之间的振幅绝对值，用 $\Delta H/H$ 代表振幅的相对值（H 为电站水头）。而压力脉动频率，通过压力脉动频谱图可以发现若干较强的频率成分，可分析得出相应工况和部位压力脉动较大的成因。

3. 压力脉动随流量的变化关系

水泵水轮机的水轮机工况与水泵工况的压力脉动随流量均呈一定变化规律。在水轮机工况时，活动导叶存在与转轮进口角匹配最佳的最优开度。在最优开度两侧，转轮进口液流角与叶片进口安放角均存在一定冲角，且偏离越大，冲角越大，效率越低，压力脉动越大；同时，在转轮出口，存在速度环量最小的机组过流量，在该流量两侧转轮出口环量均呈增大趋势，效率降低，压力脉动增大。活动导叶的开度决定了机组的过流量，因此水泵水轮机水轮机工况的压力脉动随流量呈一定变化规律，如图1-10所示。

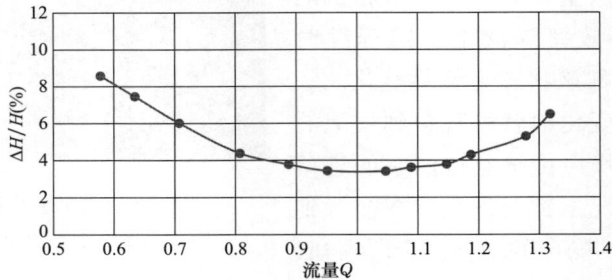

图1-10 模型水泵水轮机水轮机工况无叶区压力脉动变化规律

在水泵工况，转轮出口压力脉动随流量也呈一定变化趋势，如图1-11所示。在效率最高点，流量为最优时，转轮出口水流对导叶的撞击最小，因此压力脉动幅值最低。当流量大于最优流量时，转轮出口水流对导叶的撞击增加，在导叶的压力面上产生脱流，$\Delta H/H$ 随流量增加而上升；当流量小于最优流量时转轮出口水流向导叶的另一侧撞击，在导叶的负压面（又称吸力面）上产生脱流，$\Delta H/H$ 随流量的减小而上升。同时在流量减小到一定程度时，在转轮进口处会产生振动性很大的回流，产生的振动直接传递到转轮出口。这两种因素都使转轮出口处的 $\Delta H/H$ 增高，且流量小于此点时压力脉动值会快速上升。

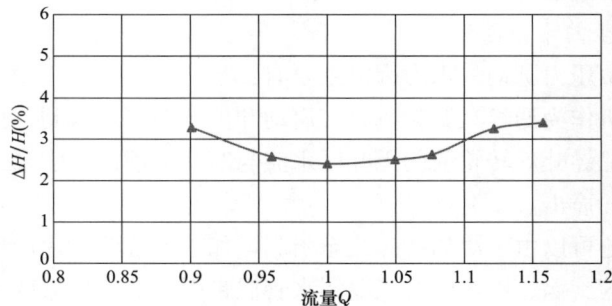

图1-11 模型水泵水轮机水泵工况无叶区压力脉动变化规律

4. 工程中重点关注的压力脉动

（1）无叶区压力脉动。活动导叶与转轮之间（无叶区）是机组内部压力脉动最大的部位（见图1-12），这是活动导叶与转轮之间动静干涉的结果，是水泵水轮机的典型特征。尤其水轮机工况无叶区的压力脉动是整个水泵水轮机正常运行范围内最大的，这是由于在水轮机工况下，高速流动的水流通过导叶后立刻进入旋转部件，冲击叶片工作面，在无叶区形成非常大的动静干涉，是形成较大压力脉动幅值、造成机组振动的重要原因，无叶区压力脉动幅值随流量的变化如图 1-10 所示。而在水泵工况下，水流通过转轮低压边进入转轮，经过叶片间较长的流道，在转轮出口处流速降低和流态相对稳定，转轮泵出的水流直接撞击到活动导叶的进水边，撞击损失和影响大大小于水轮机工况，如图 1-11 所示。因此水泵工况无叶区压力脉动幅值要小于水轮机工况。

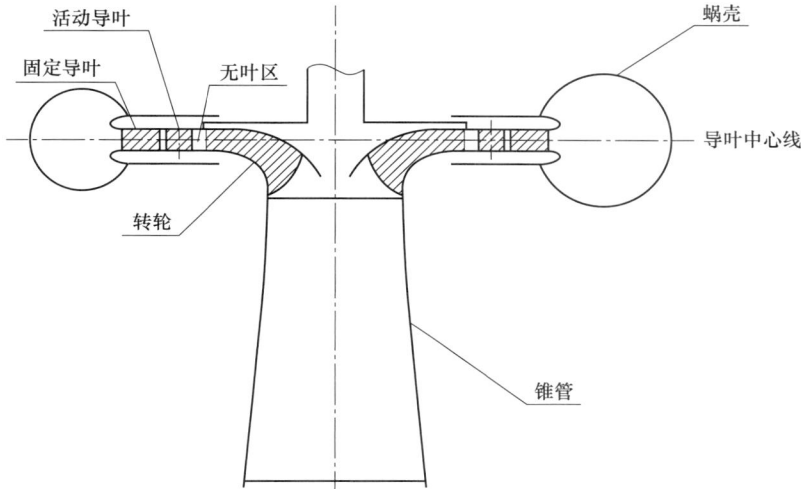

图 1-12 模型水泵水轮机通流部件示意图

（2）水轮机工况尾水管压力脉动。水轮机工况尾水管压力脉动主要是由尾水管涡带引起的，但其本质上还是由转轮出口流速的分布规律决定的。图 1-13 和彩图 1-13 为水轮机工况涡带的观测图。对于不同的电站参数，水头、流量和转速不同，影响尾水管压力脉动的转轮出口流速分布就不同。要设计出尾水管压力脉动很低的转轮，对于转轮叶片低压边几何参数的变化规律要仔细研究。在水轮机工况最优点附近，水流为法向出口，因此压力脉动振幅最小。当流量小于最优流量时，转轮出

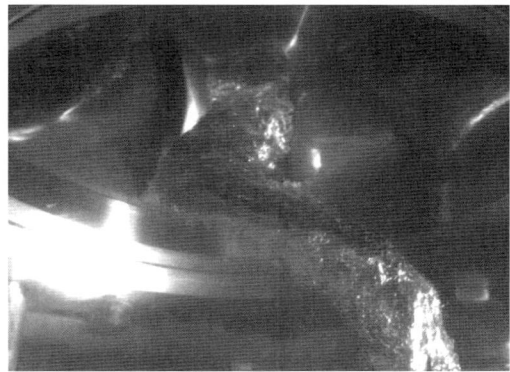

图 1-13 模型水泵水轮机水轮机工况涡带观测图

$H_m = 39.965m$; $\sigma = 0.095$; $n_{11} = 50.690r/min$;

$Q_{11} = 0.576m^3/s$; $H_s = -27.431m$

口水流具有正的速度矩；当流量大于最优流量时，出口水流具有负的速度矩，两种情况下均形成较大的旋涡，压力脉动都有上升，如图 1-14 所示。

图 1-10、图 1-11 和图 1-14 中横坐标流量做了相应的变换，即将流量值均除以最优流量，得到流量的相对值。

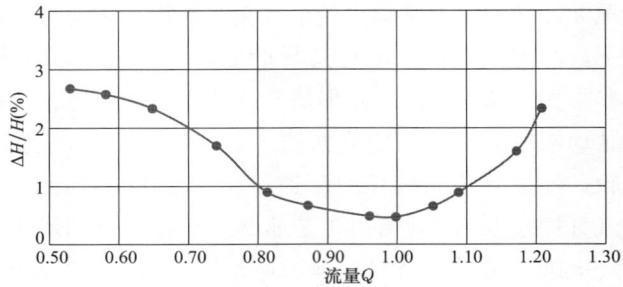

图 1-14 模型水泵水轮机水轮机工况锥管压力脉动试验结果

（四）"S"特性

水泵水轮机在制动工况（见第三章）与反水泵工况（见第三章）存在巨大的水力波动，在 Q_{11}-n_{11} 曲线图上此区域的导叶开度线呈反 S 形状（见图 1-15），因此将此区域水泵水轮机所反映出来的水力特性称为"S"特性。"S"特性是水泵水轮机的固有特性。

"S"特性存在的区域是水泵水轮机所具有的不稳定运行区域，该区域的存在，容易造成机组并网困难或甩负荷后不能达到空载稳定以致跳机。因此需积极探索、研究"S"特性形成的原因以及消除、减轻"S"特性的方法。图 1-15 展示了全特性曲线的"S"区部分。

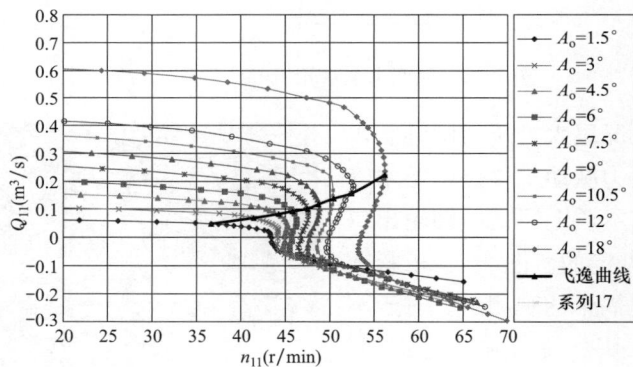

图 1-15 水泵水轮机"S"特性曲线

早期，由于对"S"特性认识不足，普遍采用布置非同步导叶的方法解决"S"区并网困难的问题。这种方法虽然实现了机组并网，但结构布置和控制复杂，增加了设计和制造成本，且带来较大的振动噪声问题，是迫不得已的补救方案，并未从根本上解决"S"特性区不稳定问题。随着对"S"特性形成机理认识的深入和水力设计方法的进步，已经从水力设计源头上消除了该区域的不稳定因素，不采用非同步导叶就能实现稳定并网。图 1-16 给出了采用水力设计手段改善"S"特性的试验结果示意图。由图可知，优化后的"S"特性曲线，S 形状程度要明显弱于优化前，该种形状特征对机组安全并网发电更加有利。

16

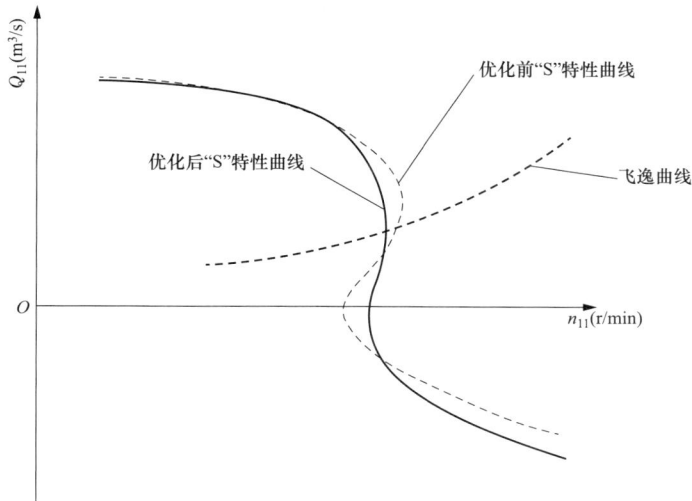

图 1-16　水泵水轮机 "S" 特性优化前后对比曲线

（五）"驼峰"特性

水泵水轮机在水泵工况的小流量、高扬程区域存在一个不稳定区域，该区域在 Q-H 曲线上表现出近似"驼峰"的形状（见图 1-17），因此该区域的水力特性称为水泵水轮机工况的"驼峰"特性。在"驼峰"区会出现同一扬程对应多个流量的情况，这种特性会导致机组在该区域运行时流量的快速变化，造成机组运行状态的不稳定。因此，在水泵水轮机水泵工况 H-Q 曲线上，需要保持一定的驼峰裕度，以保证水泵工况运行时不会进入该区域。驼峰裕度定义为驼峰区内最低扬程与机组运行最高扬程的差值和机组运行最高扬程之比（见图 1-17）。但驼峰裕度并不是越大越好，过大的驼峰裕度会使启动扬程过高，转轮、导叶等过流部件容易发生空化等问题。

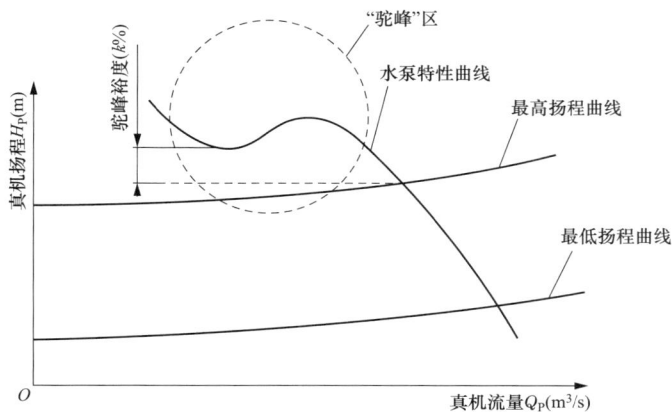

图 1-17　水泵水轮机水泵工况"驼峰"特性示意图

近年来，有学者发现，"驼峰"特性及"S"特性均存在迟滞效应。迟滞效应是指一物理系统的状态，不仅与系统的输入有关，更会因其输入过程的路径不同，而产生不同的结果。常见的迟滞效应有磁滞现象、弹性迟滞及电迟滞效应等。对于水泵水轮机"驼峰"特性迟滞现象是指当进行水泵能量试验时，运行工况点从大流量到小流量与从小流量到大流量所获得的能量特性曲线在"驼峰"区出现明显差异，"驼峰"特性谷峰值出现偏移（见图1-18）；同理，在"S"区也存在同样的现象。

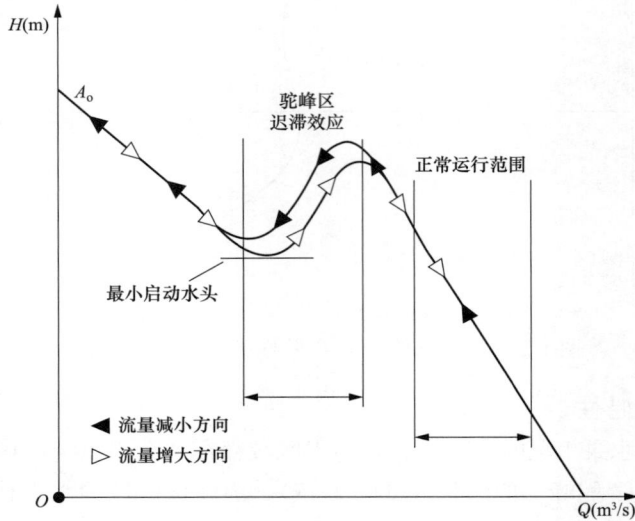

图1-18 水泵水轮机水泵工况"驼峰"区迟滞效应

❖ 第三节 水泵水轮机发展现状

抽水蓄能电站发展至今已有100多年的历史。1882年瑞士建成了世界上最早的抽水蓄能电站——苏黎世内特拉抽水蓄能电站，水轮机最大输出功率0.515MW，水泵最高扬程153m。目前世界最高扬程的抽水蓄能电站为日本葛野川抽水蓄能电站，水轮机最大输出功率412MW，水泵最高扬程778m；单机容量最大抽水蓄能电站为日本神流川抽水蓄能电站，水轮机最大输出功率482MW，水泵最高扬程728m，两座电站均安装可变速机组，抽水蓄能电站的设计技术水平不断提高。

表1-3是世界上部分600m以上水头抽水蓄能电站的参数统计表，从表中可以看出，世界抽水蓄能电站的发展趋势为高水头、大容量、高转速，电站的设计难度不断刷新，给抽水蓄能电站的设计、施工、研发都带来新的挑战。

表1-3 部分600m以上高水头单级水泵水轮机参数统计表（截至2018年底）

序号	电站	国家	装机容量（MW）	最高扬程（m）	水轮机最大输出功率（MW）	额定转速（r/min）	投运年份（1号机组）
1	葛野川	日本	1600	778	412	500（480～520）	1999
2	神流川	日本	2820	728	482	500	2005
3	小丸川	日本	1200	714	310	600（576～624）	已建

序号	电站	国家	装机容量（MW）	最高扬程（m）	水轮机最大输出功率（MW）	额定转速（r/min）	投运年份（1号机组）
4	茶拉	保加利亚	816	701	216	600	1994
5	巴吉那·巴斯塔	南斯拉夫	600	621.63	315	428.6	1983
6	天山	日本	600	602	308	400	1986
7	木洲	韩国	600	601	336	450	1995
8	西龙池	中国	1200	703	306	500	2008
9	绩溪	中国	1800	643	306.1	500	预计2019
10	敦化	中国	1400	712	357	500	预计2020
11	长龙山	中国	2100	764.2	357	500或600	在建
12	阳江	中国	2400	705.9	406.1	500	在建

1. 高水头化——向更高水头发展

（1）随工作水头的提高，由于上下水库水位波动而形成机组水头的变化幅度相对值的减小，使水泵水轮机可以长时间在较优的效率区工作，从而达到最高的效益。

（2）水泵水轮机的工作水头提高后，对于同样的加工难度，可以生产更大容量的机组，增加电站的功率。

（3）在同样功率条件下，通过高水头机组的流量要小些，机组本身尺寸随之减小，管道的尺寸也可以减小，这有助于降低电站造价。

（4）高水头水力机组的转速高，对提高发电电动机的效率并减小其尺寸很有好处。

（5）纯抽水蓄能电站可以在具有适当地形的高地上人工修建水库，因此更有条件选择接近电网负荷中心的高水头站址，而不像常规水电站那样受河流和地形的限制。

但提高使用水头也有一系列技术困难：

（1）高水头单级水泵水轮机的水力效率必然要比中、低水头机组的效率低些。

（2）水泵水轮机的空化性能将随水头提高而下降，要求机组有更大的淹没深度。

（3）水泵水轮机过流部件所承受的水应力增大，要求使用强度更高的材料，或改变某些部件的结构型式。

（4）在高水头条件下，机组内的水压脉动的趋势增大，使机组在某些工作范围内产生由水力原因引起的振动。

（5）引水系统承压增大，管道强度要相应增强，过渡工况的不稳定性增加。可能需要增设上游或尾水调压井。

随着水电工程和机械制造业的技术进步，高水头所带来的困难不断被克服，故近年出现了很多运用成功的高水头抽水蓄能电站。

2. 大容量化——增大单机容量

随着电力系统总容量及新能源比重日益增大，电力负荷的峰谷差和波动随之增大，需要加快建设更多抽水蓄能电站，研发更大单机容量的抽水蓄能机组。

实际上对同样容量电站而言，机组的容量增大，所需使用的金属材料和机械加工量实际上是降低的。另外，使用数目较少的机组可以简化电站的控制系统，降低电站的造价和运行费用，故在一定范围内，单机容量的增长能带来直接的经济效益。

水泵水轮机单机容量的增大也带来相应技术难题，如转轮、顶盖、底环等大尺寸部件可能受到运输条件限制而不得不做成分瓣结构，因而降低其结构刚性并增加制造工作量。

3. 高转速化——采用更高的比转速

为了达到与水泵水轮机工作水头相适应的转轮线速度，可以使用较大直径的转轮或较高的转速。很明显，转轮直径应保持在一定限度内而尽量提高机组的转速。对水力特性而言，就是采用尽量高的比转速。

水轮机工况比转速：
$$n_{st}=n_r\sqrt{P}/H_T^{\frac{5}{4}} \tag{1-9}$$

水泵工况比转速：
$$n_{sq}=n_r\sqrt{Q_P}/H_P^{\frac{3}{4}} \tag{1-10}$$

式中　n_r——机组额定转速，r/min；

$\quad H_T$——水轮机水头，m；

$\quad P$——水轮机出力，kW；

$\quad H_P$——水泵扬程，m；

$\quad Q_P$——水泵流量，m^3/s。

根据目前技术水平，水泵水轮机比转速 n_{st} 如选在 110～180（对应 n_{sq} 的范围为 30～50）范围内可以得到最高的水力效率，低于此比转速范围，水力效率就有下降趋势。目前 500m 级的水泵水轮机所用比转速 n_{st} 在 100（$n_{sq}=27$）左右，一般希望比转速 n_{st} 不要低于 90（$n_{sq}=25$）。

我国抽水蓄能电站发展起步较晚，20 世纪 90 年代兴建了广蓄 I 期、北京十三陵、浙江天荒坪 3 座大型抽水蓄能电站。"十二五"规划期间响水涧、仙游、仙居、清远、溧阳、深圳等一批抽水蓄能电站相继投产发电。截至 2017 年底，全国抽水蓄能电站投产规模达到 2876.55 万 kW，约占全国发电装机总容量的 1.61％。成为世界上抽水蓄能装机容量最大的国家。"十三五"期间正在建设敦化、绩溪、丰宁、长龙山、阳江、文登等 32 座抽水蓄能电站。截至 2018 年，我国已建和在建抽水蓄能电站见表 1-4。

表 1-4　　　　我国已建和在建抽水蓄能电站（截至 2018 年底）

序号	电站名称	机组构成（MW）	容量（MW）	制造难度系数	备注
1	十三陵	4×200	800	6260	已建
2	潘家口	3×90	270	—	已建
3	泰山	4×250	1000	—	已建
4	张河湾	4×250	1000	7431	已建
5	岗南	1×11	11	—	已建
6	密云	2×11	22	—	已建

序号	电站名称	机组构成（MW）	容量（MW）	制造难度系数	备注
7	西龙池	4×300	1200	12626	已建
8	呼和浩特	4×300	1200	8625	已建
9	天荒坪	6×300	1800	9727	已建
10	桐柏	4×300	1200	6542	已建
11	响洪甸	2×40	80		已建
12	宜兴	4×250	1000	7879	已建
13	琅琊山	4×150	600	3247	已建
14	仙游	4×300	1200	8150	已建
15	响水涧	4×250	1000	5925	已建
16	沙河	2×50	100	1334	已建
17	溪口	2×40	80	1389	已建
18	溧阳	6×250	1500	6521	已建
19	仙居	4×375	1500	11613	已建
20	回龙	2×60	120	2005	已建
21	宝泉	4×300	1200	8328	已建
22	白莲河	4×300	1200	5911	已建
23	黑麋峰	4×300	1200	8421	已建
24	天堂	2×35	70	1088	已建
25	洪屏	4×300	1200	8667	已建
26	白山	2×150	300	3384	已建
27	蒲石河	4×300	1200	6850	已建
28	羊卓雍湖	4×22.5	90		已建
29	寸塘口	2×1	2		已建
30	广蓄Ⅰ期	4×300	1200	8112	已建
31	广蓄Ⅱ期	4×300	1200	8007	已建
32	惠州	8×300	2400	8079	已建
33	清远	4×320	1280	9666	已建
34	深圳	4×300	1200	8206	已建
35	琼中	3×200	600	—	已建
36	丰宁一期	6×300	1800	7934	在建
37	丰宁二期	6×300	1800	7934	在建
38	绩溪	6×300	1800	11395	在建
39	金寨	4×300	1200	8300	在建
40	长龙山	6×350	2100	14052	在建
41	永泰	4×300	1200	7815	在建
42	沂蒙	4×300	1200	8343	在建

序号	电站名称	机组构成（MW）	容量（MW）	制造难度系数	备注
43	文登	6×300	1800	9447	在建
44	周宁	4×300	1200	7795	在建
45	厦门	4×350	1400	12142	在建
46	天池	4×300	1200	8075	在建
47	荒沟	4×300	1200	7491	在建
48	敦化	4×350	1400	12542	在建
49	清原	6×300	1800	8617	在建
50	蟠龙	4×300	1200	7919	在建
51	梅州	4×300	1200	8795	在建
52	阳江（一期）	3×400	1200	12460	在建

注 制造难度系数＝水泵水轮机水轮机工况最大水头×转轮进口直径的平方。

第二章

水泵水轮机水力开发与特性研究

水力设计是水泵水轮机研发的核心技术。水力设计主要解决水泵水轮机水力通道的能量性能、稳定性能、空化性能及其相互之间的制约与依存关系。其中最关键、难度最大的技术难点是水泵水轮机的水轮机工况"S"区特性、水泵工况"驼峰"区特性、"无叶区"压力脉动特性及稳定性与效率平衡兼顾等，解决这些问题，是成功研制稳定、高效的高性能水泵水轮机的前提。本章对水泵水轮机的初步设计、水力设计理论及通流部件的水力优化设计方法等内容进行介绍。

▦ 第一节 水泵水轮机的初步设计

水泵水轮机的初步设计是抽水蓄能电站设计中的初始环节，机组的主要参数设计在这个环节完成。机组参数选择的合理性直接影响电站建设、运行的经济性和机组的安全稳定性。本节对水泵水轮机初步设计的基本条件、主要设计任务、基本原则和设计方法等内容进行介绍。

一、水泵水轮机初步设计的基本条件

机组初步设计过程，就是根据电站给定的参数条件，综合比较各方案，选择最适合电站特点的机组性能参数、结构型式，在保证机组安全稳定、运行的条件下，最大限度地提高电站综合效益的过程。进行水泵水轮机初步设计，需要根据给定的电站装机容量、机组台数及如下电站参数进行：

（1）机组额定功率、发电电动机单机容量、发电电动机在发电和抽水工况下的功率因数；水轮机工况最大输出功率，水泵工况最大输入功率。

（2）水泵水轮机的发电、抽水工况日运行小时数。

（3）机组运行的水力特性，包括水泵水轮机安装高程，输水系统特征参数，上、下游水位，水轮机工况运行水头范围和额定水头，水泵工况运行的扬程范围。

（4）机组性能要求，如水泵及水轮机工况运行时的效率，水泵、水轮机运行工况及工况转换过程中机组各部位压力脉动、空化等性能要求。

（5）机组过渡过程要求。

二、水泵水轮机初步设计的主要任务

水泵水轮机初步设计的主要任务包括以下几方面：

（1）确定水泵水轮机主要具体参数，如水泵水轮机转速、转轮直径、水轮机工况额定输出功率和最大输出功率、水泵工况最高和最低扬程下输入功率，以及考虑机组频率

变化和制造偏差后的水泵工况最大输入功率，水泵水轮机吸出高度及安装高程等参数。

（2）计算详细的水泵水轮机参数，如水轮机和水泵工况下的效率、流量、单位转速及空化系数等，并绘制水泵和水轮机工况机组运转特性曲线。

（3）根据选定的水泵水轮机参数，估算水泵水轮机重量和造价。

（4）根据电站条件进行电站水力过渡过程仿真分析计算，以满足电站设计要求。

过渡过程仿真分析计算的具体内容将在本书第八章"水力过渡过程计算分析"部分进行叙述。

三、水泵水轮机初步设计的基本原则

在具体的水泵水轮机初步设计过程中，要结合电站具体参数情况，充分考虑电站所在地水文、水能、地形、地质情况和枢纽布置方式，以及电站在电网中的作用和功能定位、运行特点等具体情况，综合比较各方案参数，从中选择综合指标最优的方案。

由水泵水轮机特性可知，不能同时保证机组在水泵和水轮机两种工况下都处于最优性能范围内，所以在初步设计过程中需要进行综合比较研究，有所取舍和侧重。对水泵水轮机而言，水泵工况运行条件一般比水轮机工况运行条件更加难以满足，故在初步设计时一般会优先满足水泵工况运行条件，以水轮机工况参数作为校核。

如果将水泵和水轮机工况主要参数绘制在一张图中，就可以看出两种不同工况下的参数趋势。如图 2-1 所示，因为流道中的水力损失方向相反，所以水泵和水轮机工况下的运行范围不完全重叠，水泵最优单位转速较水轮机最优单位转速稍高；水泵工况效率较水轮机工况效率下降更快；水泵工况输入功率和流量随单位转速的提高有明显的上升趋势，而水轮机工况则相反，呈现下降趋势，但下降速度比较平缓。

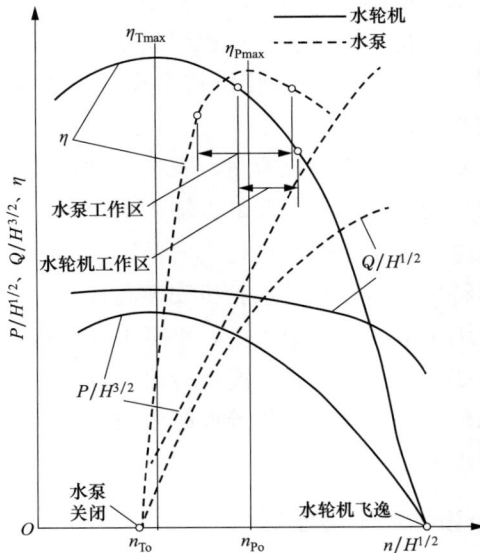

图 2-1 水泵及水轮机工况工作特性曲线

P—水轮机工况输出功率或水泵工况输入功率，kW；H—水轮机工况水头或水泵工况扬程，m；
Q—水轮机工况或水泵工况流量，m³/s；η_{Tmax}—水轮机工况最优效率，%；η_{Pmax}—水泵工况最优效率，%

在具体的初步设计过程中，一般要遵循如下基本原则：

（1）必须保证水轮机工况输出功率和水泵工况最大输入功率。水轮机工况输出功率不得小于电站设计要求，水泵工况最大输入功率不得超过电站设计要求。

（2）保证在选定参数下机组运行的安全和稳定性。例如，机组振动特性预判，各部位压力脉动预控制，能满足电站要求吸出高度条件下的空化性能。

（3）在选定的机组水力参数和结构参数下，机组要有较高的效率。

（4）机组的水力参数和结构参数应具有经济性和竞争性。

（5）机组结构型式应先进、合理，易损部件应易于更换，便于安装、运行与维护。

（6）机组参数应符合当前设计、制造、安装和试验技术发展水平，并满足电站实际运输要求。

四、水泵水轮机初步设计的基本方法

（一）水泵水轮机型式选择

水泵水轮机初步设计时首先根据电站运行的水头和扬程情况，选择合适的机组类型，如选择贯流式、斜流式还是混流式水泵水轮机。

在电站水头、扬程较低情况下，可以进行斜流式与混流式机型的选择比较。在较低水头条件下，斜流式水泵水轮机较混流式水泵水轮机可以适应更大的水头变幅，且其运行效率较高，但其结构型式、运行维护较复杂。混流式水泵水轮机则可以适应更高的水头和扬程范围。具体水泵水轮机型式选择请参照第一章第一节图 1-1。

电站水头、扬程较高情况下，一般选择混流式水泵水轮机，混流式水泵水轮机的最高应用水头和扬程随着技术进步和材料的发展也在不断提高。从 1975 年日本太平电站的 545m 扬程，到 1994 年保加利亚柴拉电站 701m 扬程，再到 2005 年日本神流川抽水蓄能电站 728m 扬程和葛野川抽水蓄能电站 778m 扬程，应用最高扬程已接近 800m。但是，当水头、扬程过高时，混流单级式水泵水轮机的水力效率下降，结构应力大幅增加，制造难度加大，此时就要考虑多级式水泵水轮机或其他型式。

国内抽水蓄能电站起步较晚，但起点较高，山西西龙池抽水蓄能电站最高扬程达到 703m。目前正在建设的广东阳江抽水蓄能电站最高扬程 705.9m，吉林敦化抽水蓄能电站最高扬程 711.8m，浙江长龙山抽水蓄能电站最高扬程 764.2m。

（二）水泵水轮机参数统计估算

在水泵水轮机初步设计过程中，往往会面对有现成的参考模型特性和无模型特性两种设计情况。

1. 无模型资料下的水泵水轮机初步设计

在电站的可行性研究阶段，往往无法得到与电站参数相对应的模型特性，只能根据对以往机组参数的统计，预估水泵水轮机的几何参数和主要性能参数，并在得到最终模型特性后对这些预估参数进行修正。

根据水泵水轮机自身技术特点，机组在水泵和水轮机工况下的机组性能有比较大的差异。对于给定水头、机组容量和转速的电站，一般较难找到恰好与之完全匹配的模

型，需要根据电站实际参数开发新的水泵水轮机模型。这就给水泵水轮机初步设计工作带来困难，也就需要对世界上近期投运的机组进行统计分析，找出其中关键技术的发展规律，并以此为基础进行电站水头变幅选取、水泵水轮机转速选择、转轮直径预估、吸出高度预估等设计工作，初步得到相对合理的水泵水轮机参数。

（1）电站水头变幅选取。由水泵水轮机特性可知，在水轮机工况下，因为导叶的调节作用，一般可以得到较宽的高效率运行范围。而在水泵工况下，因为水泵进口无导叶进行调节，因此其高效区范围较窄。水泵在低扬程、大流量区域运行时会受到叶片空化限制，在高扬程、小流量区域运行时，又会在水泵入口处产生回流现象。因此，水泵水轮机的水头和扬程的变幅会对机组初步设计造成较大影响，如图2-2所示。一般认为，混流式水泵水轮机的水泵工况最大扬程（H_{Pmax}）和水轮机工况最小水头（H_{Tmin}）的比值 K_1 不宜超过1.2，最大不超过1.4。随着技术进步，一些中低水头段机组也超过了这些限制。美国垦务局曾建议单转速水泵水轮机水泵工况扬程变化限制范围，见表2-1。从表中数据统计可以看出，高水头电站的水头、扬程较高，相同水头、扬程变化情况下，其相对水头、扬程变幅较小，水泵水轮机运行综合效益较高，这就是水泵水轮机有向高水头、大容量趋势发展的重要原因之一。电站水头、扬程变幅过大，或水轮机工况额定水头相对过低，会导致水泵水轮机运行范围较大地偏离最优区域，加大模型开发难度，甚至很难得到理想的水泵水轮机水力模型。因此，在电站的前期设计和论证过程中，必须详细论证水泵水轮机的最大水头、加权水头、额定水头、最小水头等特征水头和水头变幅。

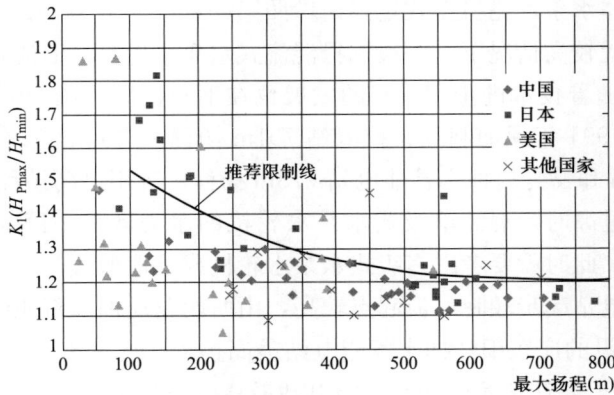

图2-2　水头、扬程变幅统计曲线

表 2-1　　　　　　　　　　　　　　　水头/扬程变幅推荐表

水泵工况比转速 n_{sq}	<29	30～39	40～68	>68
水轮机工况比转速 n_{st}	<105	110～140	140～250	>250
H_{max}/H_0	1.1	1.15	1.2	1.3
H_{min}/H_0	0.95	0.9	0.8	0.7
H_{max}/H_{min}	1.16	1.28	1.5	1.85

　　注　H_{max}为最大水头/扬程；H_{min}为最小水头/扬程；H_0为水轮机工况设计水头。

（2）水泵水轮机转速选择。从理论角度来说，水泵水轮机的转速越高，机组的尺寸就会越小，机组造价也越低，但实际初步设计中提高水泵水轮机转速却会受到很多实际因素的影响。选择水泵水轮机转速时，优先考虑水泵水轮机比转速和比速系数。国内常以水轮机比转速、水泵比转速、水轮机比速系数和水泵比速系数来表征水力机械参数水平和经济性。其中，比速系数是反映水力机械参数水平和经济性的一项综合指标。一方面，它直接影响电站机电设备投资、土建投资等经济性；另一方面，又影响水泵水轮机模型转轮开发、加工制造、运输、安装和安全稳定运行。水泵水轮机比转速可以用水轮机工况比转速表示，也可以用水泵工况比转速表示。

1）水轮机工况比转速定义为：

$$n_{st} = 3.13 n_{11} (Q_{11}\eta)^{1/2} \tag{2-1}$$

或

$$n_{st} = n_r P_T^{1/2} / H_T^{5/4} \tag{2-2}$$

2）水轮机工况比速系数定义为：

$$K_T = n_{st} H_T^{1/2} = n_r P_T^{1/2} / H_T^{3/4} \tag{2-3}$$

3）水泵工况比转速定义为：

$$n_{sq} = n_r Q_P^{1/2} / H_P^{3/4} \tag{2-4}$$

4）水泵工况比速系数定义为：

$$K_P = n_{sq} H_P^{3/4} = n_r Q_P^{1/2} \tag{2-5}$$

式中　H_T——水轮机水头，m；

P_T——水轮机工况输出功率，kW；

H_P——水泵扬程，m；

Q_P——水泵流量，m^3/s；

n_r——机组额定转速，r/min。

从以上公式可以看出，提高水泵水轮机比转速最有效的方法是提高机组转速。转速的提高可以有效减小水泵水轮机和发电电动机尺寸，减小机组平面尺寸和高度，从而减小厂房尺寸，降低主机设备和土建部分造价。但是，从技术上来说，过高比转速又会使水泵水轮机流道内的流速提高，水泵和水轮机工况空化性能降低，稳定性变差，水泵水轮机水力开发难度加大，原型机组生产制造难度增加，同时也增加发电电动机结构安全风险。因此，比转速的选择既要考虑电站建设的经济性，又要兼顾机组设计、制造难度和运行的安全稳定性，综合分析、比较。而通过对已建电站的参数统计可以为比转速的选择提供重要参考，图 2-3 和图 2-4 为国内、外大型水泵水轮机的比转速统计曲线。统计中以水轮机最大水头工况和水泵最低扬程工况下的参数来表征水泵水轮机比转速和比速系数水平高低。从图 2-3 和图 2-4 可以看出，在电站水头/扬程参数、单机容量确定的情况下，机组水轮机工况下的比转速就会对应一个较为合理的参数区间，可以根据水泵和水轮机工况的比转速公式反算出其对应的合理转速范围，从而选取最为合适的机组转速。在电站前期实际设计中，很难直接采用转速作为电站机组参数高低的衡量标准，而一般采用与机组转速相关的比转速或比速系数作为参考值。根据以往电站统计经验，对于水轮机工况，建议其对应比速系数不超过 2500，最高限制在 2650 以下为宜；水泵工况，建议比速系数不超过 3700，最高限制在 4000 以下为宜。表 2-2～表 2-5 是对国内外多个大型抽水蓄能电站水泵水轮机的参数统计，对后续抽水蓄能电站的水泵水轮机设计有一定的借鉴意义。

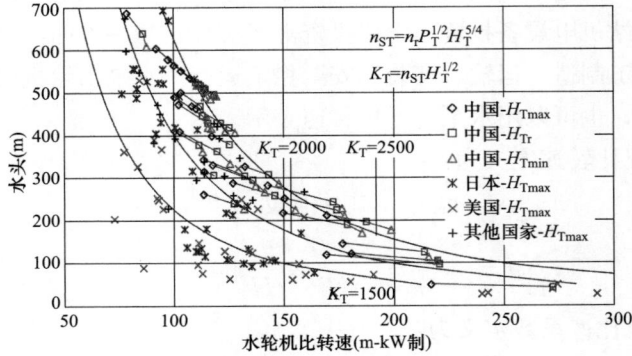

图 2-3　水轮机工况比转速统计曲线

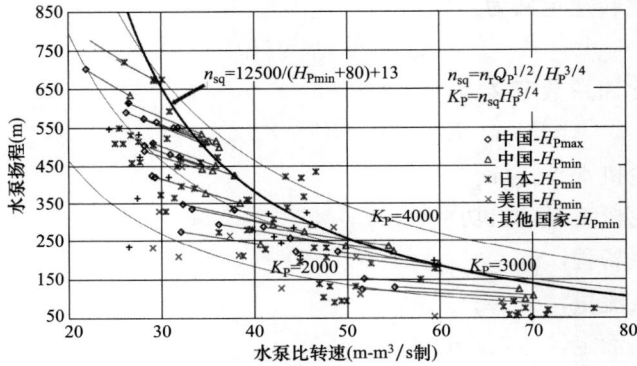

图 2-4　水泵工况比转速统计曲线

表 2-2　　　　　　　　　　　　国内部分混流式水泵水轮机主要参数

序号	电站名称	机组台数	单机容量	水轮机工况				水泵工况			
				转速	输出功率	H_{Tmax}	H_{Tr}	H_{Tmin}	H_{Pmax}	H_{Pmin}	输入功率	H_s
		台	MW	r/min	MW	m	m	m	m	m	MW	m
1	广蓄Ⅰ期	4	300	500	306	537.2	496	496	550	514.5	326	−70
2	广蓄Ⅱ期	4	300	500	306	536	512	494	550	514.5	308.7	−70
3	十三陵	4	200	500	204	474.8	430	418.2	488.6	440.4	218	−56
4	明湖	4	250	300	255	316.5	307	269.5	326	283	265	−38
5	明潭	6	267	400	275	400.7	380		411		280	−53
6	天荒坪	6	300	500	306	607	526	520	614.6	533.2	336	−70
7	桐柏	4	300	300	306	283.7	244	230.2	288.3	237.6	312	−58
8	泰安	4	250	300	255	253	225	212.4	259.6	223.6	274	−53
9	宜兴	4	250	375	255	410.7	363	335.2	420.5	352.3	275	−60
10	张河湾	4	250	333.3	255	345	305	282.8	350.1	294.9	268	−48
11	西龙池	4	300	500	306	687.7	640	611.6	703	634	319.6	−75
12	惠州	8	300	500	306.1	553.6	517.4	506	564	512.1	330	−70
13	宝泉	4	300	500	306	566.9	510	487.3	573.9	528.6	497.9	−70

序号	电站名称	机组台数	单机容量	转速	水轮机工况				水泵工况			
					输出功率	H_{Tmax}	H_{Tr}	H_{Tmin}	H_{Pmax}	H_{Pmin}	输入功率	H_s
		台	MW	r/min	MW	m	m	m	m	m	MW	m
14	白莲河	4	300	250	306	213.7	197	178.3	222.1	222.7	191	−50
15	白山	2	150	200	139	123.9	105.8	105.8	130.4	123	108.2	−25
16	天堂	2	35	157.9	36.1	51.6	43	35.9	53	53	38.5	−9.6
17	黑麋峰	4	300	300	306	331.5	295	268.2	337.6	315	276.2	−50
18	蒲石河	4	300	333.3	306.1	328	308	288	335	325	295	−64
19	呼和浩特	4	300	500	306	580.4	521	491.8	590.1	550.5	508.4	−75
20	响水涧	4	250	250	254	219.3	190	172.1	222.3	213.4	179.5	−54
21	仙游	4	300	428.6	306.1	471.4	430	412.3	479.3	436.9	424.2	−65
22	溧阳	6	250	300	255	290	259	227	295.3	263.1	238.8	−57
23	仙居	4	375	375	382.7	492.2	447	420.9	502.9	475.2	437.3	−71
24	敦化	4	350	500	357	693.37	655	630.9	711.8	661.7	373	−94

表 2-3 　　　　　　　　日本部分混流式水泵水轮机主要参数

序号	电站名称	机组台数	转速	水轮机工况				水泵工况			
				输出功率	H_{Tmax}	H_{Tr}	H_{Tmin}	H_{Pmax}	H_{Pmin}	输入功率	H_s
		台	r/min	MW	m	m	m	m	m	MW	m
1	大森川	1	400	12.2	118	114	74	128	92		−5
2	畑薙	1	200	51.8	102	83.5	50	103	57	34.2	−9.5
3	畑薙第一	2	200	45.4	102	82	50	103	57	32.5	−9.5
4	城山	2	300	65	182	153	123	186	133	64.9	−18
5	矢木沢	1	150	88	111	97	53	112.5	63	87	−9
6	池原	2	180	73	130	116.5	90	132	95	80.5	−9
7	新成羽川	3	144	77.4	95	81.3	47.4	96.4	57.2	73	−9
8	长野	2	150	113	107.5	92	66	111	71	120	−15
9	安昙	2	187.5	107	134.9	104	76	138.2	79.4	106	−9
10	喜撰山	1	225	216	220	206	182	230	197	255	−30
11	沼原	3	375	230	500	478	422	528	458	250	−46
12	太平	1	400	256	512	490	467	545	509	275	−51
13	奥多多良木	2	300	310	406	374	338	423.9	374.8	314	−47.5
14	南原	2	257	318	317.5	294	250.5	340.5	280.6	350	−46
15	嘉濑川	2	214.3	327	241.7	229	203	264.4	229.6	320	−33
16	奥清津	4	375	260	490	470	432	512	461	280	−53
17	玉原	4	428.6	309	524		467	559	505.1	310	−65
18	奥矢作	3	360	267	434	414.5		441	397.3		−46
19	本川	2	400	307	557.4	530	507	576.6	530.9	320	−67
20	下乡	4	375	260	421	387		440	392	270.4	−51
21	俣野川	4	400	309	529.1		454	568.8	513.4	316	−53
22	葛野川	1×400	500	412	728	714	681	778	722	438	−98

序号	电站名称	机组台数	转速	水轮机工况				水泵工况			
				输出功率	H_{Tmax}	H_{Tr}	H_{Tmin}	H_{Pmax}	H_{Pmin}	输入功率	H_s
		台	r/min	MW	m	m	m	m	m	MW	m
23	小丸川1、4号	1×300	600	310	671.8	649	624	720.4		330	
24	奥清津第二		428.6	308	494	470	432	514	459	313.6	−65
25	大河内	2	360	331	415.6			432	362.2		
26	神流川	4+2×450	500	460	695	653	617	728	677	469	−104

表 2-4　　　　　　　　　　　　美国部分混流式水泵水轮机主要参数

序号	电站名称	机组台数	转速	水轮机工况				水泵工况			
				输出功率	H_{Tmax}	H_{Tr}	H_{Tmin}	H_{Pmax}	H_{Pmin}	输入功率	H_s
		台	r/min	MW	m	m	m	m	m	MW	m
1	弗莱蒂隆 Flatiron	1	257	8.9	91.4	88.4	42.7	91.5	51.8	8.2	−2.6
2	海瓦西 Hiwassee	1	105.9	60	77.6	52.9	41.4	77.6	41.1	68	−4.6
3	立为斯顿 Lewiston	12	112.5	20.6	29	22.9	16.2	30.2	17.4	26.7	0.6
4	汤姆造克 Taum Sauk	2	200	220	255	240.8	233	266.7	233	166	−10
5	亚德格里克 Yards Creek	3	240	124	229	213	220	232	211		−7.6
6	圣·路易斯 San Luis	8	150	51	97.5	66.5	40.5	100.3	34.4	20	−4.6
7	马迪·兰 Muddy Run	8	180	100	125.6	118	108	130	112		−10.7
8	凯宾·格里克 Cabin Creek	2	360	115	363	328	297	378		135	−12.5
9	撒兰 Saline	3	171.4	41.8	74.7	71.6	68.6	77.7	71.6		−2.2
10	奥利维兰 Oroville	3	189.5	89.5	206	187	125	201	152	100.7	−5.4
11	瑟莫里托 Thermolito	3	112.5	24.5	30.8	25.9		31.1	25.9	27.6	−2.8
12	毛蒙福莱特 Mormon Flat	1	138.5	41.8	41.1	39.3	30.5	45.3	33.5	45.5	−3.1
13	久卡斯 Jocasse	4	120	170	100	89.5	85	104.8	88		−3.7
14	C.山谷 C. Canyon	1	75	32	32.6	22.6	18	22.9	18.3		−2.7

续表

序号	电站名称	机组台数	转速	水轮机工况				水泵工况			H_s
				输出功率	H_{Tmax}	H_{Tr}	H_{Tmin}	H_{Pmax}	H_{Pmin}	输入功率	
		台	r/min	MW	m	m	m	m	m	MW	m
15	凯斯泰克 Castaic	6	257	205	328	274	274	381	265		−21.4
16	熊泽 Bear Swamp	2	225	298	229	210	201	241	200	249	−21.3
17	卡特斯大坝 Carters Dam	2	150	129.1	130	105.2	97.5	123.5	100	136	−5
18	蒙特·艾伯特 Mount Elbert	3	180	103	149	123.5	119	148	125		−8.8
19	菲尔·菲尔德 Fairfield	8	150	61.9	50.9	45.7		52.7	48.2		−9.8
20	德哥里 De Gray	1	128.6	33.2	65.8	52.1	43.9	58	45.7		
21	瑞肯山 Raccoon Mountain	4	300	347	323	286.6	258	323	287		−38.5
22	巴斯康蒂（改造前）Bath County	6	257.1	380	393	329	328	387	334		−25.3
23	海姆斯 Heims	3	360	358	532	495	436	541	448	357	−61
24	洛奇山 Rocky Mountain	3	225	320	210.3		187	218.5	193		−21

表 2-5 **其他国家部分混流式水泵水轮机主要参数**

序号	电站名称	机组台数	转速	水轮机工况				水泵工况			H_s
				输出功率	H_{Tmax}	H_{Tr}	H_{Tmin}	H_{Pmax}	H_{Pmin}	输入功率	
		台	r/min	MW	m	m	m	m	m	MW	m
1	劳敦得Ⅱ Rodund Ⅱ（奥地利）	1	375	271	348.2	337		357.4	324	246	−36
2	奎泰 Kuehtai（奥地利）	2	600	148.2	430	398	306	447.5	326	106.5	−48
3	奇亚拉 Chaira（意大利）	4	600	200	676.8	626.1	578	701	613.5	220	−62
4	勒万 Revin（法国）	4	300	201.6	250	240.6	212	249.4	212		−30
5	蒙特齐克 Montezic（法国）	3	428.6	286	423	419	386	426.5		252	−46
6	巴斯莫纳 Brasimone（意大利）	2	375	169	384.3	378	334	392	365	150	−35
7	塔诺罗 Taloro（意大利）	2	500	88.2	311.4	310	254	317.2	263		−34.5

序号	电站名称	机组台数	转速	水轮机工况				水泵工况			
				输出功率	H_{Tmax}	H_{Tr}	H_{Tmin}	H_{Pmax}	H_{Pmin}	输入功率	H_s
		台	r/min	MW	m	m	m	m	m	MW	m
8	清平 Chongpyong （韩国）	2	450	206	473	452	438	499	474	206	−52
9	尤克坦 Juktan （瑞典）	1	300	334	269	260	251		199		−60
10	德拉肯斯堡 Drakensburg （南非）	4	375	269	451.7	422	411	473.5	420.5	270	−65
11	索里亚· 贾里斯 S. Jares （西班牙）	2	500	30.2	230	217	210	244.7	235	24.1	−12.3
12	柏腊阁 Bolargue （西班牙）	4	600	49	260.6		220	283.6	246	50	−30
13	比利亚里诺 Villarino （西班牙）	4	600	125	395.3	376		410.6			−50
14	巴吉娜· 巴斯塔 Bajina Basta （塞尔维亚）	2	428.6	294	600.3	554.3	497.5	621.3	531.7	310	−54
15	奥布罗瓦茨 Obrovac （克罗地亚）	2	600	140	550	517	510	559	546	118	−43
16	青松（韩国）		300	306.1	340.3	307.9	273.9	350.9	286.1	318	−54.9

（3）转轮高、低压侧直径预估。混流式水泵水轮机的高、低压侧直径的相对大小对水泵水轮机的水力性能影响较大。水泵水轮机高压侧的直径影响水泵工况扬程，故在纯水泵设计过程中常采用切割泵轮高压侧直径的方式调整水泵扬程；水泵水轮机低压侧直径则会对水泵及水轮机的流量产生影响。因此，对不同水头、扬程段的水泵水轮机，其转轮高、低压侧直径的比值有一定规律性，而统计工作给出了这个比值的基本数值范围。在水泵水轮机初步设计过程中，需要同时兼顾水轮机和水泵工况运行性能，特别是水泵工况运行的性能。要在选定的额定转速下考虑频率变化引起的水泵扬程特性变化，以保证水泵工况运行的稳定性。同时还要考虑最大输入功率，因为最大输入功率选择的合理性关系到水泵工况运行时的流量，关系电站运行的抽水时间，以及水泵水轮机在水轮机和水泵两种工况运行时的电量平衡和综合效益。另外，应将水泵工况尽量控制在高效率区运行，以提高作水泵运行时的经济效益，同时在扬程变化范围内平衡"驼峰"区裕量和水泵工况高效运行之间的关系。上述水泵水轮机的参数选择和平衡与水泵水轮机直径的选取均有直接关系。水泵水轮机需要同时兼顾水轮机和水泵两个工况下的运行稳定性，故即使是水头相近的电站，模型的通用性也很差。两个容量相同、转速相等的电

站会因为水头、扬程的微小差异而不得不重新开发水力模型。对混流式水泵水轮机来说，转轮高压侧直径 D_1 主要受水泵最大扬程的限制，D_1 过大可能会造成水泵工况输入功率过大，而 D_1 过小会造成水泵扬程不够或运行范围不合理。因此，合理地确定 D_1 将为开发、设计工作打下良好的基础，避免初步设计过程中发生方向性错误。通过对国内外多个电站进行统计回归分析，推荐水泵水轮机转轮高压侧直径 D_1 与水泵工况最高净扬程 H_{Pmax} 的计算公式如下：

$$D_1 = \left[(6120.5 H_{Pmax} + 265568)/n_r^2 \right]^{1/2} \tag{2-6}$$

式中　n_r——额定转速，r/min；

　　　D_1——水泵水轮机转轮高压侧直径，m；

　　H_{Pmax}——水泵工况最高净扬程，m。

推荐转轮低压侧直径 D_2 计算公式如下：

$$D_2/D_1 = 4.589 \times 10^{-6} n_{st}^2 + 7.522 \times 10^{-4} n_{st} + 3.824 \times 10^{-1} \tag{2-7}$$

式中　n_{st}——水轮机额定工况比转速（m-kW 制）。

式（2-6）和式（2-7）是通过对已建电站转轮高、低压侧直径的统计分析得来的，因此，不排除在电站实际初步设计过程中，由于电站参数选择的特殊性而出现实际转轮直径与按照推荐计算公式计算的直径存在较大偏差的情况。

（4）吸出高度预估。水泵水轮机吸出高度直接影响电站引水系统和机组安装高程，较浅的挖掘深度可以降低土建成本，但会增加水泵水轮机运行的空化风险。所以，电站初步设计时水泵水轮机安装高程估算的准确性在电站设计工作中十分重要。抽水蓄能电站吸出高度选择时都是按照可以满足机组最危险工况确定的。近些年修建的国内、外抽水蓄能电站，一般都比较重视机组的空化性能，多经过模型试验验证。因此，按照这些电站水泵水轮机比转速统计出的电站装置空化系数一般认为是较为可靠的（见图 2-5），可以在进行电站水泵水轮机吸出高度初步设计时采用。根据对抽水蓄能电站的统计，推荐电站装置空化系数按下式计算：

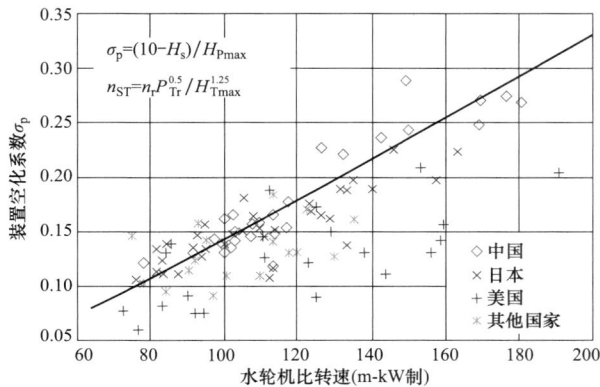

图 2-5　电站装置空化系数统计曲线

P_{Tr}—水轮机额定功率，kW；H_{Pmax}—水泵工况最高净扬程，m

$$\sigma_p = 10^{-8} n_{st}^3 + 7 \times 10^{-6} n_{st}^2 + 9 \times 10^{-4} n_{st} \tag{2-8}$$

式中　σ_p——电站装置空化系数；

$\quad\quad n_{st}$——水轮机工况比转速值，m-kW 制。

水泵水轮机参数选择过程中，可以根据输出功率、水头和选定转速，计算得到水轮机工况比转速，然后按照式（2-8）计算得到电站统计规律下的装置空化系数，并以如下公式给出电站吸出高度：

$$H_s = 10 - H_{Pmax}\sigma_p \tag{2-9}$$

式中　H_s——计算得到的电站吸出高度，m；

$\quad\quad H_{Pmax}$——水泵工况最高净扬程，m。

在计算吸出高度时以电站装置空化系数乘以电站最大扬程，给机组留有一定空化余量。例如，某电站水泵水轮机水轮机工况比转速为 100（m-kW 制）时，通过公式计算其对应装置空化系数为 0.15，乘以电站最大扬程就可以得到其吸出高度。按照以上统计公式计算的电站吸出高度只是考虑转轮空化因素而得出的，在实际设计中还要根据电站实际情况考虑其他因素，如机组过渡工况下的尾水管水柱分离等因素。

2. 水泵水轮机参数参考模型换算（有模型资料）

在已有水泵水轮机模型资料的条件下，可以根据相应的水力特性公式，将模型参数转换为真机参数，以选择合理的水泵水轮机参数。计算时，可以先从水轮机工况参数开始计算，也可以先从水泵工况参数开始计算，从两种工况计算得到的水泵水轮机初步设计最终结果是一致的。

在水泵水轮机初步设计过程中，在水泵工况要在选定转速下考虑频率变化下水泵"驼峰"特性区裕度、水泵最大入力及水泵流量，以满足水泵工况运行要求。在水轮机工况，需要考虑高单位转速下"S"特性区裕量和水轮机运行范围，保证水轮机工况运行的稳定性。

在水泵水轮机参数选择过程中，水泵和水轮机两种工况的参数往往是相互制约甚至是矛盾的。初步设计的最终目标是根据电站自身特点，综合考虑水泵和水轮机工况的性能并选择合理的参数。在水泵工况，较大的"驼峰"特性区裕量要求会使转轮直径增加，导致水轮机方向单位转速上升，在水轮机模型曲线中，水轮机的运行范围整体向左上方移动，运行范围更加远离最优单位转速区域，并更加靠近振动较大的高单位转速、小流量区，使得水轮机的总体效率降低。水轮机工况的高单位转速、小单位流量区是其振动较大区域，增大水泵水轮机转轮直径必然导致水轮机运行工况更加深入此区域，加剧机组振动。另外，转轮直径增大会导致水轮机单位转速的升高，使水轮机工况"S"特性区裕量变小，可能导致水泵水轮机启动并网困难或失败。因此，在选择水泵水轮机直径时，不建议追求过大的"驼峰"特性区裕量。实际运行过程中"驼峰"特性区裕量不够的情况鲜有发生，如果遇到"驼峰"特性区裕量不足情况，可以通过减小导叶开度等措施补救。

同样，水轮机方向的"S"特性区裕量过大，会减小初步设计时转轮的直径，同时影响水泵方向的"驼峰"特性区裕量。因此，合理的参数是初步设计合理的关键。

从水轮机工况或水泵工况开始的水泵水轮机参数计算的过程如下：

（1）从水轮机工况开始的参数计算过程。

1）从水轮机工况开始参数计算，首先要选定水轮机工况参数，再计算相应的水泵工况参数。如果水泵工况参数不符合电站要求，则返回调整水轮机工况参数，反复试算。

2）根据水轮机综合特性曲线初步判断，选取一对单位转速和单位流量数值作为计算的起点，用如下公式进行计算：

转轮直径：

$$D_1 = \left(\frac{P_{\mathrm{T}}}{9.8 \eta_{\mathrm{T}} Q_{11\mathrm{T}} H_{\mathrm{T}}^{1.5}} \right)^{1/2} \tag{2-10}$$

转速：

$$n = \frac{n_{11\mathrm{T}} H_{\mathrm{T}}^{1/2}}{D_1} \tag{2-11}$$

式中 $Q_{11\mathrm{T}}$——水轮机设计点的单位流量，可取为最优点单位流量的 1.1～1.2 倍；

$n_{11\mathrm{T}}$——水轮机额定点的单位转速，可取为最优点单位转速的 1.11～1.15 倍；

P_{T}——输出功率，kW；

H_{T}——水头，m；

η_{T}——初步估算的额定点原型效率。

根据计算得到的转速 n 取最接近的同步转速。

3）初步选定转轮直径 D_1 和同步转速 n 后，先校核水泵工况参数。因为水泵工况的高效率区比水轮机工况的窄，为满足水泵工况的要求，很可能还需要返回修改水轮机工况参数。将水泵工况两个扬程 $H_{\max}$、$H_{\min}$ 用 D_1 和 n 按相似原理换算成模型数值。

$$H_{\mathrm{M}} = \left(\frac{n_{\mathrm{M}}}{n} \right)^2 \left(\frac{D_{\mathrm{M}}}{D_1} \right)^2 H = K_{\mathrm{H}} H \tag{2-12}$$

式中 n_{M}、D_{M}——分别为模型转轮的转速和直径，可从模型试验报告中得到；

K_{H}——模型扬程与原型水泵扬程之比。

在模型曲线上试绘出这两个扬程点。在最大扬程 $H_{\max}$ 时泵的流量应不小于回流发生的界限（为最优流量的 60%～70%），在最大和最小扬程点的空化系数应不超出电站吸出高度的限制。对于扬程变幅小的高水头电站，有时希望将 $H_{\min}$ 点放在效率最高点上，而使 $H_{\max}$ 点的流量向小流量偏移，这样能获得更好的运行稳定性。如果在模型曲线上两个扬程点的分布不理想，可重新选择转速 n，并相应调整 D_1，形成新的 K_{H} 组合值，重新计算。如果只需要微调整参数以适应运行范围的变化，只需调整 D_1 就可以，转速的调整范围通常较大。按照以上步骤进行重复计算，可以得到最优的效率和直径组合。

4）在转速和转轮直径选定以后，按相似原理计算水泵工况两个扬程点的原型流量：

$$Q = \frac{n}{n_{\mathrm{M}}} \left(\frac{D_1}{D_{\mathrm{M}}} \right)^3 Q_{\mathrm{M}} \tag{2-13}$$

5）由模型曲线选取这两个点的模型效率 η_{m}，按照相应效率换算公式，换算为相应真机效率 η_{P}，并按如下公式计算真机水泵工况输入功率：

$$P = \frac{9.8 H_{\mathrm{P}} Q_{\mathrm{P}}}{\eta_{\mathrm{P}}} \tag{2-14}$$

6）计算上述两点对应吸出高度 H_s 的值。

7）由水轮机模型曲线计算两个水头点的流量 Q_T、效率 η_T 和功率 P_T，由于调整水泵参数时改变了原来估算的直径，水轮机出力可能与预期值有所不同，可根据模型曲线实际单位流量情况，适当调整单位流量 Q_{11T} 来满足水轮机工况输出功率 P_T 要求。

8）将上述各项计算结果填入表 2-6，进行最后分析比较。

表 2-6　　　　　　　　　　　　参 数 计 算 表

项目	水轮机工况		水泵工况	
H(m)	H_{max}	H_{min}	H_{max}	H_{min}
Q(m³/s)				
η(%)				
P(kW)				
H_s(m)				

（2）从水泵工况开始的参数计算过程。

1）先从水泵工况模型曲线上选取设计点模型扬程 H_M 和流量 Q_M。根据原型水泵扬程 H_P，可计算得到模型和原型扬程的比值：

$$K_H = \frac{H_M}{H_P} \tag{2-15}$$

2）由相似原理有：

$$K_H = \frac{n_M^2 D_M^2}{n^2 D_1^2} \text{ 或} (K_H)^{1/2} = \frac{n_M D_M}{n D_1} \tag{2-16}$$

在选择和设计水泵水轮机时，一方面要求在设计条件下能使水力性能优化，同时也希望能充分利用发电电动机容量。对电机设计来说，希望水泵和水轮机两个方向运行时视在功率相等。假设水泵工况时电动机端电压比水轮机工况时发电机端电压低 5%，在水泵工况和水轮机工况电机容量相等的条件下，有如下能量关系：

$$Q_P = \frac{0.95 \eta_P \eta_G \eta_M \eta_T H_T \cos\theta_M}{H_P \cos\theta_T} Q_T \tag{2-17}$$

式中　Q_P——水泵工况流量，m³/s；

　　　Q_T——水轮机工况流量，m³/s；

　　　H_P——水泵工况扬程，m；

　　　H_T——水轮机工况水头，m；

　　$\cos\theta_M$——抽水工况下发电电动机功率因数；

　　$\cos\theta_T$——发电工况下发电电动机功率因数；

　　　η_P——水泵工况效率；

　　　η_G——发电工况发电电动机效率；

　　　η_M——抽水工况发电电动机效率；

　　　η_T——水轮机工况效率。

3）由相似原理按式（2-18）计算得到水泵转速 n 和转速直径 D_1。

$$K_Q = \frac{Q_M}{Q_P} = \frac{n_M}{n_p} \left(\frac{D_M}{D_1}\right)^3 \tag{2-18}$$

4）因为 K_H 和 K_Q 值已经确定，此时可以在模型曲线上读取相应的模型效率 η_M，然后根据效率修正公式计算得到相应的真机效率，接着可以计算出水泵水轮机 H_{max}、H_{min} 两个水头对应的流量、输出功率和吸出高度等参数。

5）使用上述 n 和 D_1 数值，计算水轮机工况三个水头的单位转速和单位流量，在综合特性曲线上校验。如果水轮机工况输出功率 P_T 不符合要求，调整 Q_{11T}，此时 Q_T 和 Q_P 的关系已经不再符合公式的比率，初步设计计算时可以不再重新计算。

（三）效率修正

在水轮机及水泵水轮机相似原理公式推导过程中，往往假定几何相似的水轮机及水泵水轮机在相似工况下运行，它们的效率相等。而实际上这一假设并不完全准确，实际的模型与真机效率存在一定的偏差。究其原因，是因为在实验室中进行模型试验时，模型与真机不可能保持完全相似，其雷诺数并不相等，那么由黏性力引起的水力摩擦相对损失在模型和真机中也就不相等。为了更准确地计算出真机水泵水轮机的效率，需要对模型试验所得到的效率数据进行修正。

效率的修正方法并不是唯一的。目前国际普遍采用国际电工委员会 IEC 60193：1999《水轮机、蓄能泵和水泵水轮机水轮机模型验收试验》中给出的两步法进行模型到真机的效率换算。

将模型试验效率换算到雷诺数 Re_{uM} 下效率的公式为：

$$\Delta\eta_{hMt\to M} = \delta_{ref}\left[\left(\frac{Re_{uref}}{Re_{uMt}}\right)^{0.16} - \left(\frac{Re_{uref}}{Re_{uM}}\right)^{0.16}\right] \tag{2-19}$$

其中：

$$\delta_{ref} = \frac{1 - \eta_{hoptM}}{\left[\left(\dfrac{Re_{uref}}{Re_{uoptM}}\right)^{0.16} + \dfrac{1 - V_{ref}}{V_{ref}}\right]} \tag{2-20}$$

式中 $\Delta\eta_{hMt\to M}$ ——试验值到模型值的效率修正值；

δ_{ref} ——在雷诺数为 Re_{uref} 点且满足 $\delta_{ref} = (1-\eta_{ref})V_{ref}$ 条件工况点处的相对可换算损失；

Re_{uref} ——参考点雷诺数，一般取值为 7×10^6；

Re_{uMt} ——试验点雷诺数；

Re_{uM} ——模型雷诺数；

Re_{uoptM} ——模型最优工况点雷诺数；

η_{hoptM} ——模型最优水力效率，%；

V_{ref} ——损失分布系数，水轮机工况 $V_{ref}=0.7$，水泵工况 $V_{ref}=0.6$。

（四）绘制水泵水轮机运转特性曲线

1. 水轮机工况运转特性曲线绘制

水轮机工况运转特性曲线与常规水轮机运转特性曲线一样，在水轮机工况运行时，额定转速不变。但是当功率和水头变化时，流量、效率和所需的吸出高度随之发生变化。在机组转速不变的情况下，其各主要工作参数之间的关系，可概括地表示在水轮机运转特性曲线上。

水轮机工况运转特性曲线是在转轮直径 D 和转速 n 为常数的条件下，以水头 H、输出功率 P 为纵、横坐标的一组性能曲线，包括等效率线 $\eta = f(P, H)$、等吸出高度线 $H_s = f(P, H)$、等导叶开度线以及输出功率限制线。图 2-6 为水泵水轮机的水轮机工况运转特性曲线。由于水泵水轮机的吸出高度主要由水泵工况限制，该特性曲线上也可以不绘制等吸出高度线。在额定水头至最小水头间的运行水头，一般按照等导叶开度绘制。

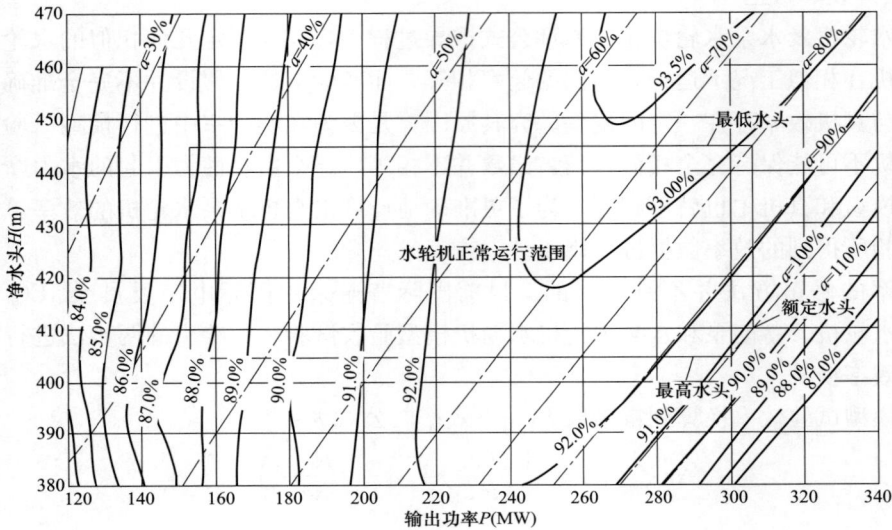

图 2-6 水轮机工况运转特性曲线（一）

水轮机工况运转特性曲线也可表示为以水头 H、流量 Q 为纵、横坐标的一组曲线，同样包含等效率线 $\eta = f(Q, H, P)$、等导叶开度线及输出功率限制线。图 2-7 为水轮机工况运转特性曲线，图 2-8 为水泵水轮机的模型综合特性曲线。

原型水泵水轮机输出功率限制线表示在不同水头下可发出或允许发出的最大输出功率。在水轮机与发电电动机配套情况下，水轮机工况输出功率受发电电动机额定输出功率的限制，因此实际的输出功率限制线是以额定水头 H_r 为分界的两部分。在 H_{max} 和 H_r 之间，水轮机的输出功率受发电电动机额定容量限制，是一条 $P = P_r$ 的等出力线；在 H_r 和 H_{min} 之间一般按最大导叶开度限制，是一条以额定开口为界限的等开度线。

由模型到真机的数据换算，一般可采用式（2-21）～式（2-32）。

国内常用计算公式：

$$n_{11} = \frac{nD}{H^{1/2}} \quad Q_{11} = \frac{Q}{D^2 H^{1/2}} \tag{2-21}$$

IEC 60193：1999 推荐公式：

$$n_{ED} = \frac{nD}{E^{1/2}} \quad Q_{11} = \frac{Q}{D^2 E^{1/2}} \tag{2-22}$$

$$n_{11} = 60 g^{1/2} n_{ED} \quad Q_{11} = g^{1/2} Q_{ED} \tag{2-23}$$

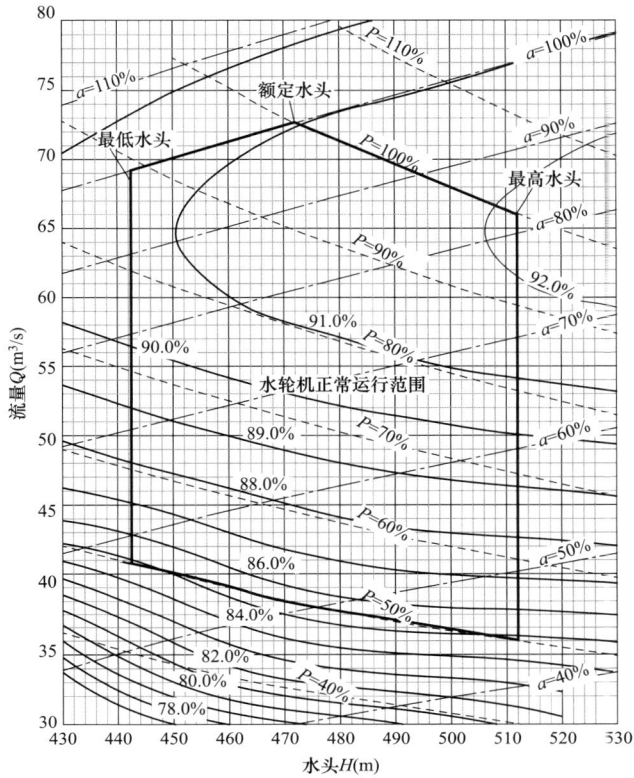

图 2-7　水轮机工况运转特性曲线（二）

国外厂家常用公式：

$$n_1 = \frac{n}{H^{1/2}} \quad Q_1 = \frac{Q}{H^{1/2}} \qquad (2-24)$$

$$n_{11} = n_1 D_1 \quad Q_{11} = \frac{Q_1}{D^2} \qquad (2-25)$$

$$\psi_1 = \frac{2gH}{u_1^2} \quad \Phi_1 = \frac{Q}{\frac{\pi}{4} D_1^2 u_1} \qquad (2-26)$$

$$n_{11} = \frac{84.7}{\psi_1} \quad Q_{11} = \frac{3.84 \Phi_1}{\psi^{\frac{1}{2}}} \qquad (2-27)$$

式中　D——转轮标称直径，m；

　　　n——机组转速，r/min；

　　　Q——机组流量，m³/s；

　　　H——水头或扬程，m；

　　n_{11}——单位转速，r/min；

　　Q_{11}——单位流量，m³/s；

　　　u_1——机组旋转角速度，rad/s；

　　n_{ED}——转速因数；

Q_{ED}——流量因数；

ψ_1——压力系数；

Φ_1——流量系数。

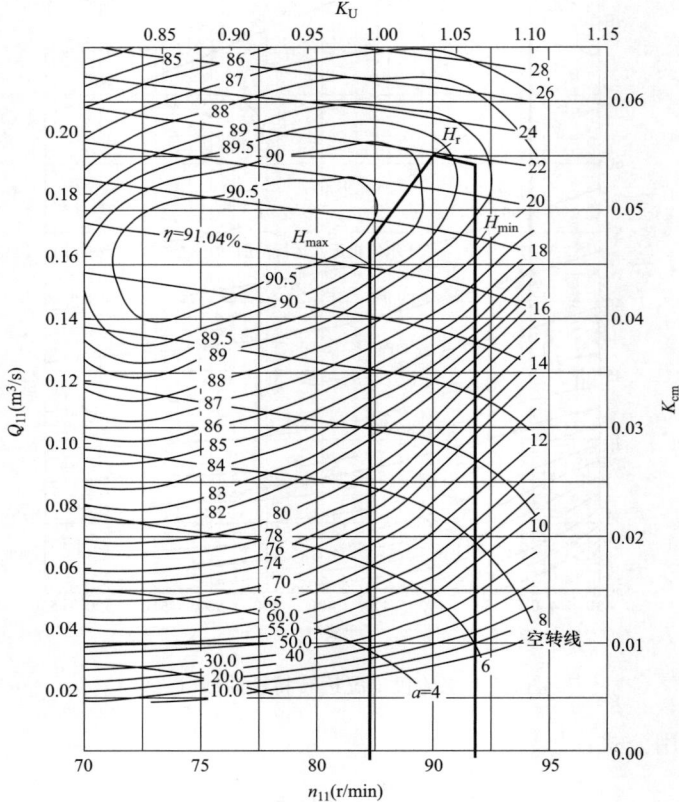

图 2-8 水轮机工况模型综合特性曲线

换算时可直接转换，也可先转换为单位转速 n_{11} 和单位流量 Q_{11} 下的数据。根据水轮机相似原理，当水轮机直径 D_1 和 P 为常数时，具有下列关系存在：

$$H = f(n_{11}) = \left(\frac{nD_1}{n_{11}}\right)^2 \tag{2-28}$$

$$Q = f(Q_{11}) = Q_{11} D_1^2 H^{1/2} \tag{2-29}$$

$$\eta = \eta_{\mathrm{m}} + \Delta\eta \tag{2-30}$$

$$P = g Q_{11} H^{3/2} \eta D_1^{1/2} \tag{2-31}$$

$$H_{\mathrm{s}} = 10 - \frac{\nabla}{900} - K H \sigma_{\mathrm{c}} \tag{2-32}$$

式中 K——电站空化安全系数；

σ_{c}——临界空化系数；

∇——下水库水面相对于海平面的海拔高度。

根据上述关系式，可以把模型综合特性曲线换算成以 P-H 或 Q-H 为坐标系的真机运转特性曲线。

2. 水泵工况运转特性曲线绘制

水泵水轮机在水泵工况运行时，由于受电网频率的影响，机组转速在额定转速附近不断变化，绘制水泵的特性曲线时需要根据电网频率的变化范围分别绘制。以中国电网标准频率 50Hz 为例，一般情况下应至少绘制电网频率为 49.8Hz、50Hz 和 50.2Hz（具体需根据机组实际运行频率范围选定）的运转特性曲线。并且对电网频率 51.0Hz 和 49.0Hz 两种情况下的水泵输入功率、"驼峰"特性区裕度和空化性能进行评估。

在选定电网频率的情况下（如 49.8Hz），水泵工况各主要工作参数之间的关系，可概括地表达在运转特性曲线上。

水泵工况运转特性曲线由水泵工况模型综合特性曲线换算得到。水泵工况运转特性曲线是以转轮高压或低压侧直径为参数，在选定电网频率的情况下，以流量为横坐标，以扬程、输入功率、效率、装置空化系数、临界空化系数叶片正背面空化线为纵坐标的一组曲线，如图 2-9 所示。水泵水轮机水泵工况特性曲线也可以扬程为横坐标、以流量、输入功率、效率、装置空化系数、临界空化系数叶片正、背面空化线为纵坐标的一组曲线。

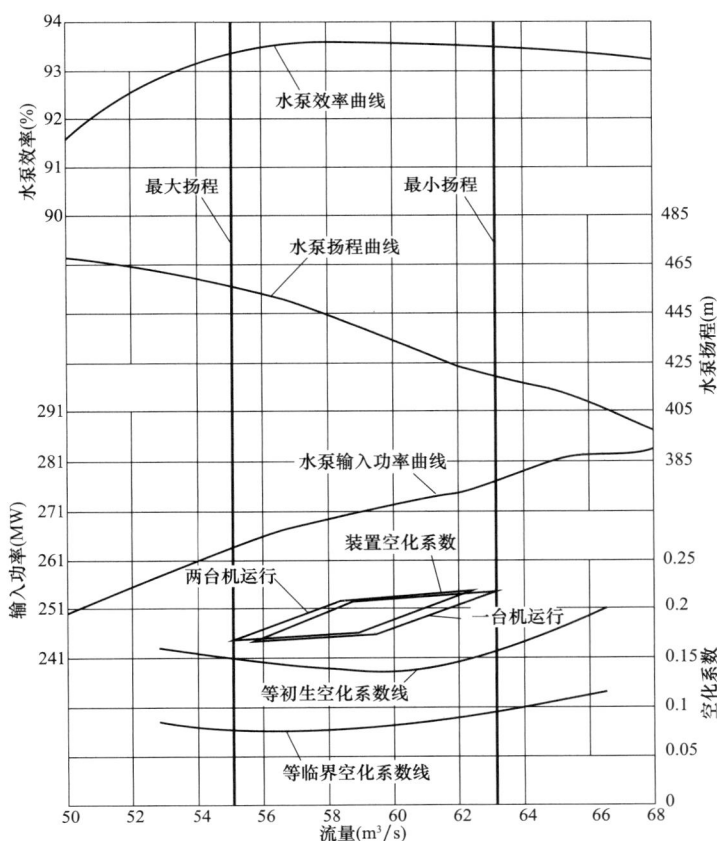

图 2-9 一管二机水泵综合特性曲线

图 2-10 为水泵水轮机水泵工况的模型综合特性曲线。水泵工况特性曲线都会给出该曲线所对应的试验转速，该转速为某一选定值。试验转速一般是在满足标准规定雷诺数条件下，结合实验室具体条件的一个转速范围。常见的水泵水轮机模型试验转速范围

从 800r/min 到 1800r/min。另外，还应绘出不同扬程下导叶最佳开度与效率曲线。根据相似原理，水泵水轮机的模型参数与真机参数之间具有如下关系：

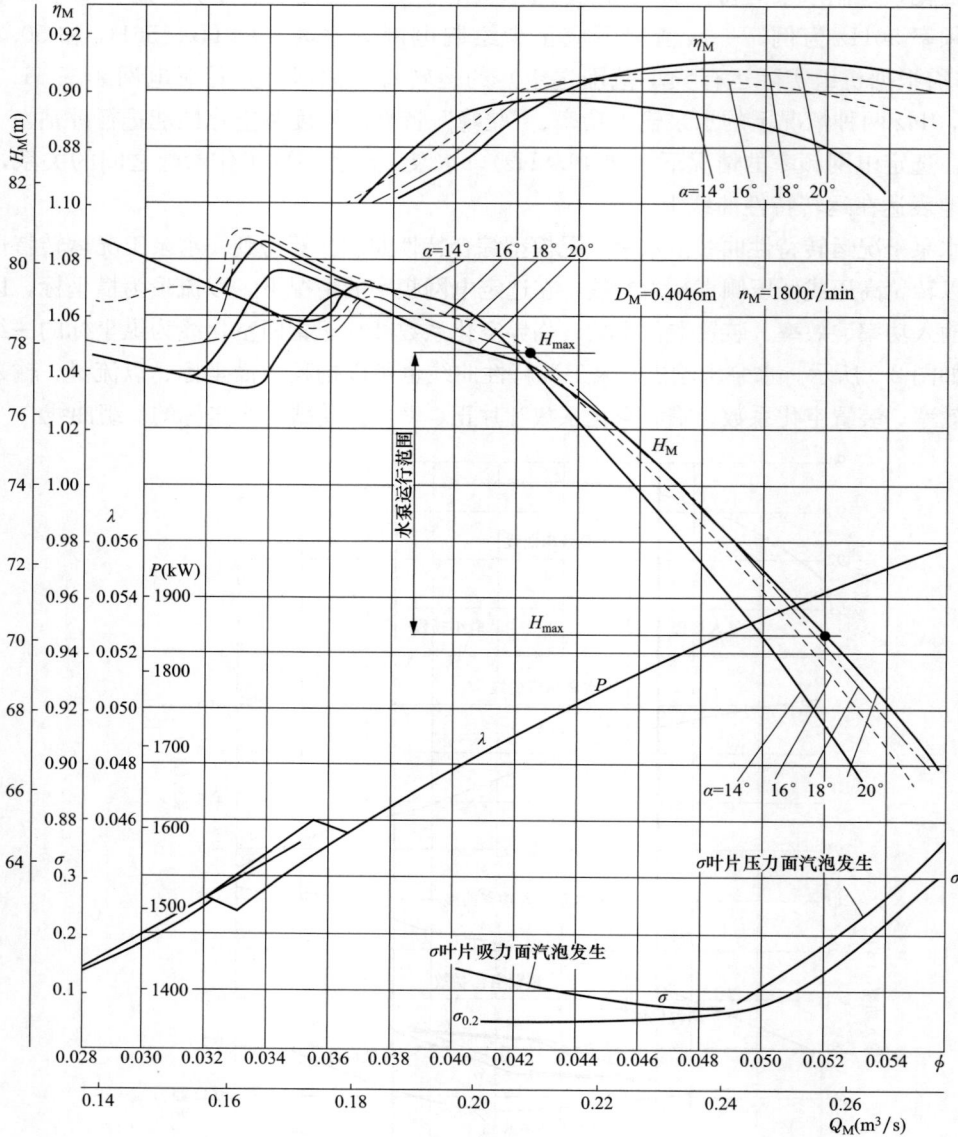

图 2-10　水泵水轮机水泵工况的模型综合特性曲线

真机水泵工况流量 Q_P：

$$Q_P = Q_M \left(\frac{n_P}{n_M}\right) \left(\frac{D_P}{D_M}\right)^3 \tag{2-33}$$

真机水泵工况扬程 H_P：

$$H_P = H_M \left(\frac{g_M}{g_P}\right) \left(\frac{n_P D_P}{n_M D_M}\right)^2 \tag{2-34}$$

真机水泵功率 P_P：

$$P_P = P_M(\rho_P/\rho_M)\left(\frac{n_P}{n_M}\right)^3\left(\frac{D_P}{D_M}\right)^5(\eta_M/\eta_P) \qquad (2\text{-}35)$$

式中　Q_P——真机水泵工况流量，m^3/s；

$\quad\quad Q_M$——模型流量，m^3/s；

$\quad\quad n_P$——真机水泵工况转速，r/min；

$\quad\quad n_M$——模型转速，r/min；

$\quad\quad D_P$——真机水泵工况转轮直径，m；

$\quad\quad D_M$——模型转轮直径，m；

$\quad\quad H_P$——真机水泵工况水头（扬程），m；

$\quad\quad H_M$——模型水头（扬程），m；

$\quad\quad g_P$——电站所在地重力加速度，m/s^2；

$\quad\quad g_M$——试验所在地重力加速度，m/s^2；

$\quad\quad P_P$——真机水泵功率，kW；

$\quad\quad P_M$——模型功率，kW；

$\quad\quad \eta_P$——真机水泵工况水力效率，%；

$\quad\quad \eta_M$——模型水力效率，%；

$\quad\quad \rho_P$——电站水的密度，%；

$\quad\quad \rho_M$——试验用水的密度，kg/m^3。

根据上述关系，可以把水泵工况模型综合特性曲线转换为水泵工况真机运转特性曲线。

水泵水轮机在水轮机和水泵工况工作时，对应的电站上、下水库水位在不断变化，导致机组水头、扬程也随之不断改变。上、下水位的变化组合，形成了机组的运行水头、扬程范围。而这一过程中的下水库水位变化也使机组吸出高度不断变化，从而形成了吸出高度范围。

图 2-11 给出了电站上、下水库运行水位示意图。将各点流量和装置空化系数绘制在图 2-12 中便可连成一个四边形"1-2-3-4"区域，水泵水轮机水泵工况将在此四边形内运行。

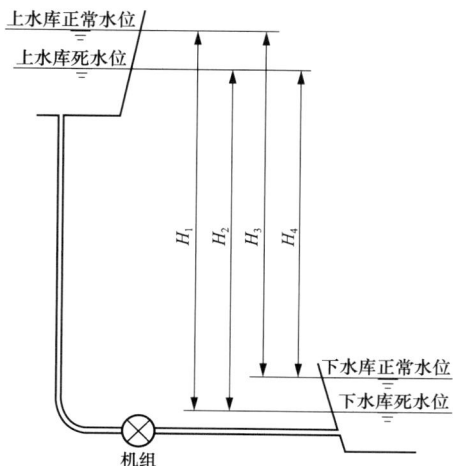

图 2-11　抽水蓄能电站水位变化示意图　　图 2-12　水泵工况吸出高度与空化系数关系

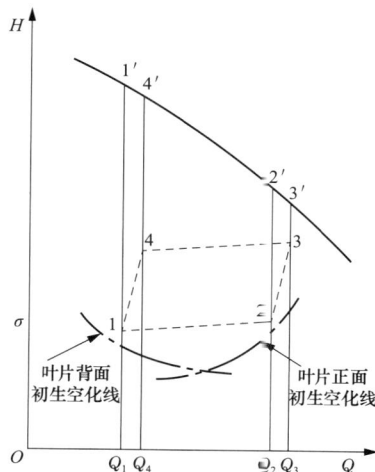

由图 2-12 可以看出，1 点和 2 点是决定机组吸出高度的临界点，其距离初生和临界空化线最近。若 1 点或 2 点与初生或临界空化线相交，则需调整转轮直径或增加淹没深度，保证 1 点和 2 点不进入机组的初生空化线以内，并需给出一定的空化安全余量，然后检查 1 点和 2 点与叶片正、背面空化线关系。

第二节　水泵水轮机水力设计理论与方法

水泵水轮机的过流部件包括转轮、蜗壳、固定导叶、活动导叶和尾水管等，水力设计的目的就是根据具体的电站参数，通过优化以上过流部件型线等几何参数使水泵水轮机的能量、空化、压力脉动等各项水力性能满足电站运行要求。水泵水轮机水力设计工作分以下几部分：

(1) 根据初步设计选型结果确定基础水力通道。

(2) 转轮的水力性能优化。

(3) 双列叶栅的水力性能优化。

(4) 蜗壳及尾水管的水力性能优化。

(5) 进行水泵水轮机全流道数值计算，并预测转轮的外特性。

本节对不同的水力设计理论方法、相似理论及水泵水轮机 CFD 数值模拟进行介绍。

一、水力设计理论和方法

水泵水轮机流道中流体流动是一种湍流运动，十分复杂，现阶段无法用解析法得到流道中任意时刻流体的流动特征。因此，在水泵水轮机等水力机械转轮叶片的设计中，为了能够应用数学和流体力学的方法来研究水流的运动，通常采用一些假设，用近似于实际的较简单且有一定规律的流动来代替转轮中的复杂流动。根据流动情况的不同进行相应的假设和简化，分别称为一元理论、二元理论和三元理论设计方法。

一元理论内容，作如下假设：①液流运动是轴对称的；②过水断面、轴面速度均匀分布。这样，水流在转轮中的轴面速度只要用一个能表明质点所在过流断面位置的坐标即可确定。低比转速的混流式水轮机、水泵水轮机、离心泵转轮轴面流道拐弯的曲率半径较大，而且转轮叶片大部分位于拐弯外侧的径向流道内，流道的拐弯对轴面速度的影响较小，沿过水断面轴面速度的分布比较均匀，接近于一元理论的假设，因此一元理论在水轮机产生初期的很长时间用于设计低比转速的转轮。

二元理论内容，作如下假设：①液流运动是轴对称的；②轴面速度沿过水断面不均匀分布。因此，轴面上任一点的运动必须由确定该点在轴面上的位置的两个坐标来决定。中高比转速混流式水轮机、水泵水轮机转轮轴面流道拐弯的曲率半径小，叶片大部分或全部位于流道的拐弯区，水流拐弯对轴面流速的影响较大，即沿过水断面轴面速度自上冠向下环增大，这与二元理论中假定轴面有势流动（$w_u = 0$，w_u 是相对速度沿圆周方向的分量）的分布规律比较接近，因此二元理论方法过去多用于设计中高比转速的混流式水轮机和水泵水轮机转轮。

但随着计算机计算能力的快速发展以及 CFD 的广泛应用，以上两种理论方法现在通常为转轮初始设计时分析转轮性能的估算手段，更多的是应用 Fluent 或 CFX 等 CFD 软件来实现性能预测，进行模型水力开发。三元理论方法是在一元理论方法和二元理论方法的基础上加入转轮流道圆周方向维度的信息，即液流不是轴对称的，不同轴面上的流动情况各不相同，这样可以更加全面地分析转轮流道内的流态信息，有利于开发出性能更加优良的转轮。

二、相似理论

1. 相似理论的基本概念

根据水电站的条件和要求，运用长期积累下来的实践经验和水流运动理论以及相应设计方法，可设计出水泵水轮机。但由于这些理论设计方法都不够成熟，在诸多设计方案中无法确定设计出的水泵水轮机哪一个更符合实际要求，哪一个技术经济指标最高，而且每个方案都不可能做成实际尺寸的水泵水轮机安装到水电站上去验证。为了解决这个问题，依据相似原理按一定比例将真机换算成尺寸较小的模型在实验室中进行模型试验以选定最优方案，然后将模型试验结果按照相似准则换算成真机结果。

水泵水轮机相似首先是几何相似，如果几何相似的水泵水轮机在相应点上的速度三角形相似，那么就可以称它们是运动相似。一般情况下，保持严格的几何相似和运动相似必然存在动力相似，即相应点上所受的力成比例。几何相似、运动相似和动力相似是水泵水轮机相似的必要和充分条件。

对于动力相似，模型和真机过流部分相应点液体的对应力比值相同，也就是流动液体所受的外部作用力 F 与流体在外力作用下产生的惯性力 F_i 的比值相同，$F_i = ma$。该比值称为牛顿数，用 Ne 表示，即 $\dfrac{F_i}{ma} = Ne$。

Ne 值表示流动的一般动力相似条件，即 Ne 相等，流动液体动力相似。作用在液体上的外力 F 有黏性力（摩擦力）、压力、重力、表面张力、弹性力等。要使这些力都满足动力相似条件是不可能的。在处理具体问题时只能选择起主导作用的某种力或某些力满足相似条件，而忽略那些次要力的相似。以下是几种常用的动力相似准则。

（1）管内流动的相似准则——雷诺准则。在研究管内的流动阻力时，黏性摩擦力是起主导作用的力，而重力、压力等对阻力影响不大，可以忽略，因此惯性力可以表示为：

$$ma = m\frac{v}{t} = m\frac{v^2}{L} = \frac{\rho L^3 v^2}{L} = \rho L^2 v^2 \quad \left(t = \frac{L}{v}\right) \tag{2-36}$$

式中　　m——质量，kg；

a——加速度，m/s²；

v——速度，m/s；

ρ——流体密度，kg/m³；

L——管道长度，m。

黏性力可以表示为：

$$F = \tau A = \mu \frac{v}{L} L^2 = \mu v L \quad \left(A = L^2, \tau = \mu \frac{\mathrm{d}v}{\mathrm{d}L} \right)$$

同时 $Re = \dfrac{\rho v L}{\mu}$，则：

$$Ne = \frac{\mu v L}{\rho L^2 v^2} = \frac{1}{Re} \tag{2-37}$$

由此可以得到结论，两液流动力相似的条件是雷诺数相等，即 $Re = Re_M$。

（2）有自由表面的液流的相似准则——弗劳德准则。明渠和吸入池中的流动就属于这种情况。因为具有自由表面，水静压力和重力作用相平衡，所以重力是起主导作用的力，而黏性力和表面张力可以忽略，因为重力可以表示为 $F = \rho L^3 g$，则：

$$Ne = \frac{\rho L^3 g}{\rho L^2 v^2} = \frac{Lg}{v^2} \ \text{或} \ Ne = \frac{\sqrt{Lg}}{v} = \frac{1}{Fr} \tag{2-38}$$

由此得出的结论是，两液流动力相似的条件是弗劳德数 Fr 相等。

（3）叶轮内液流的相似准则——欧拉准则。叶轮内液流的主要作用力是叶片对液体作用产生的压力，而黏性力、重力与此相比是次要的力，可以不计。当忽略黏性力时的扬程 H 与理论扬程 H_t 相等，即 $H_t = H$，压力 $p = H_p \rho g = \rho g \rho_i H$，$H_p$ 为势扬程。在叶轮中单位体积液体的压力可以表示为：

$$\frac{p}{V} = \frac{\rho g H \rho_i D_2 \pi b_2}{D_2 \pi b_2 \Delta R} = \frac{\rho g}{\Delta R} \rho_i H = \frac{\rho g}{\Delta R} \frac{u_2 v_{u2}}{g} \left(1 - \frac{1}{2} \frac{v_{u2}}{u_2} \right) \Delta v_{u2} \tag{2-39}$$

式中　ΔR——液流在叶轮中流过的径向距离；

　　　ρ_i——反击系数；

　　　D_2——叶轮出口直径，m；

　　　b_2——叶轮出口边高度，m；

　　　u_2——叶轮出口圆周速度，m/s；

　　　v_{u2}——叶轮出口绝对速度的切向分量，m/s；

　　　Δv_{u2}——Δt 时间内，叶轮出口绝对速度的切向分量的变化量。

因为叶片对液体的作用是沿圆周方向进行的，所以水流的惯性作用只考虑流动的切向分量。因液流运动相似，Δv_{u2} 和 v_{u2} 成正比，这样可以用 v_{u2} 来作为反映惯性力的特征速度。因此，液流的切向加速度为：

$$a_u = \frac{\Delta v'_{u2}}{\Delta t} \infty \frac{v_{u2}}{\Delta t} = \frac{v_{u2} v_{m2}}{\Delta R} \quad \left(v_{m2} = \frac{\Delta R}{\Delta t} \right) \tag{2-40}$$

单位体积液流具有的惯性力为：

$$\frac{ma_u}{V} = \rho a_u = \rho \frac{v_{u2} v_{m2}}{\Delta R} \tag{2-41}$$

压力和惯性力之比称为欧拉数 Eu：

$$Eu = \frac{\dfrac{p}{V}}{\dfrac{ma_u}{V}} = \frac{\rho \dfrac{v_{u2} u_2}{\Delta R}}{\rho \dfrac{v_{u2} v_{m2}}{\Delta R}} \left(1 - \frac{1}{2} \frac{v_{u2}}{u_2} \right)$$

即，

$$Eu = \frac{u_2}{v_{m2}}\left(1 - \frac{1}{2}\frac{v_{u2}}{u_2}\right)$$ (2-42)

式中　v_{m2}——叶轮出口绝对速度的轴面流速分量，m/s。

由式（2-42）可以看出，欧拉数只和速度比值有关，所以几何、运动相似的转轮，自然满足动力相似。反之，如果叶轮满足动力相似的条件，即欧拉数相等，则叶轮内的液流运动相似。

2. 水泵水轮机相似定律

严格讲，真机和模型的液流力学相似，也必须满足几何相似、运动相似和动力相似的条件。但是，只要几何相似、运动相似，转轮内的流动可以自然满足压力相似。另外，在流动中虽然黏性力占主导地位，但通常流速很高，液流的雷诺数很大，处于阻力平方区，在此范围内液流的摩擦阻力与雷诺数无关，只随表面粗糙度而变化。这样在几何相似（包括粗糙度相似）的条件下，自然近似满足黏性力相似。所以通常在水泵水轮机中不考虑动力相似，只根据几何相似、运动相似来推导相似定律。运动相似又称工况相似，有了几何相似才有运动相似，因此，几何相似是前提条件。由于水泵水轮机的设计关键在于水泵工况的性能，因此下面着重介绍在水泵工况设计中常用的几种相似定律。

（1）第一相似定律——真机与模型流量之间的关系。流量可以表述为 $Q = D_1\pi b_1\varphi v_{m1}\eta_v$，故：

$$\frac{Q_M}{Q} = \frac{(D_1\pi b_1\varphi v_{m1}\eta_v)_M}{D_1\pi b_1\varphi v_{m1}\eta_v}$$ (2-43)

式中　Q_M——模型流量，m³/s，下标 M 表示模型；

　　　D_1——水泵工况叶轮出口直径，m；

　　　b_1——水泵工况叶轮出口高度，m；

　　　φ——排挤系数；

　　　η_v——容积效率，%。

对于模型和真机，因几何相似，所以排挤系数相等，$\varphi_M = \varphi$。因此：

$$\frac{Q_M}{Q} = \left(\frac{D_{1M}}{D_1}\right)^3\frac{n_M}{n}\frac{\eta_{vM}}{\eta_v} = \left(\frac{D_{2M}}{D_2}\right)^3\frac{n_M}{n}\frac{\eta_{vM}}{\eta_v}$$ (2-44)

式中　D_2——水泵工况叶轮进口直径。

式（2-44）表明，对于几何相似的水泵水轮机叶轮，在相似的运行工况下，其流量之比与叶轮外径的 3 次方成正比，与其转速一次方成正比，与其容积效率成正比。

（2）第二相似定律——真机与模型水头之间的关系。水头可以写成：

$$H = \frac{(u_1v_{u1} - u_2v_{u2})}{g}\eta_h$$ (2-45)

式中　η_h——水力效率，%。

因此：

$$\frac{H_M}{H} = \frac{u_{1M}v_{u1M} - u_{2M}v_{u2M}}{u_1v_{u1} - u_2v_{u2}}\frac{\eta_{hM}}{\eta_h}$$ (2-46)

因为运动相似，模型与真机的速度比值相同，根据比例公式，则有：

$$\frac{u_{1M}v_{u1M} - u_{2M}v_{u2M}}{u_1 v_{u1} - u_2 v_{u2}} = \frac{u_{1M}v_{u1M}}{u_1 v_{u1}} = \frac{u_{2M}v_{u2M}}{u_2 v_{u2}} = \left(\frac{D_{1M}n_M}{D_1 n}\right)^2 \tag{2-47}$$

$$\frac{H_M}{H} = \left(\frac{D_{1M}}{D_1}\right)^2 \left(\frac{n_M}{n}\right)^2 \frac{\eta_{hM}}{\eta_h} = \left(\frac{D_{2M}}{D_2}\right)^2 \left(\frac{n_M}{n}\right)^2 \frac{\eta_{hM}}{\eta_h} \tag{2-48}$$

式（2-48）表明，对于几何相似的水泵水轮机叶轮，在相似的运行工况下，其泵工况水头之比与叶轮外径的平方成正比，与其转速的平方成正比，与其水力效率成正比。

（3）第三相似定律——真机与模型轴功率之间的关系。水泵工况的轴功率可以表示为：

$$P = \rho g Q H \frac{1}{\eta} \tag{2-49}$$

其中 $\eta = \eta_m \eta_h \eta_v$，所以：

$$\frac{P_M}{P} = \frac{\rho_M g Q_M H_M}{\rho g Q H} \frac{\eta_m \eta_h \eta_v}{\eta_{mM} \eta_{hM} \eta_{vM}} = \frac{\rho_M}{\rho} \left(\frac{D_{2M}}{D_2}\right)^5 \left(\frac{n_M}{n}\right)^3 \frac{\eta_m}{\eta_{mM}} \tag{2-50}$$

式（2-50）表明，对于几何相似的水泵水轮机叶轮，在相似的运行工况下，其轴功率之比与其液体的密度成正比，与其转轮外径的 5 次方成正比，与其转速的 3 次方成正比，与其机械效率成反比。

相似定律中的尺寸 D_1、D_2、转速 n 对真机叶轮和模型叶轮来说，都是很容易确定的值，但是要精确确定两者的各种效率却十分困难。在实际应用中，如果模型叶轮和真机叶轮的尺寸、转速相差不太大，可以认为在相似工况下运转时各种效率相等，这时式（2-44）、式（2-48）和式（2-50）变为：

$$\frac{Q_M}{Q} = \frac{n_M}{n} \left(\frac{D_{2M}}{D_2}\right)^3 \tag{2-51}$$

$$\frac{H_M}{H} = \left(\frac{n_M}{n}\right)^2 \left(\frac{D_{2M}}{D_2}\right)^2 \tag{2-52}$$

$$\frac{P_M}{P} = \left(\frac{n_M}{n}\right)^3 \left(\frac{D_{2M}}{D_2}\right)^5 \frac{\rho_M}{\rho} \tag{2-53}$$

三、水泵水轮机 CFD 数值模拟

计算流体动力学（Computational Fluid Dynamics，CFD）是通过计算机数值计算和图像显示，对流体流动和热传导等物理现象进行分析。CFD 数值计算的基本思想可表述为：把原来在时间域和空间域上连续物理量的场（如压力场、速度场）用一系列有限离散点变量值的集合来代替，通过一定的原则和方式建立起来关于这些离散点场变量之间关系的代数方程组，然后求解该代数方程组获得变量的近似值。

利用 CFD 数值计算方法可以对水泵水轮机进行优化设计，得到性能更加优良的水泵水轮机模型。此外，通过 CFD 技术进行三维数值计算，不仅能在模型设计阶段对水泵水轮机的外特性进行预测，而且还能预测内部流动的不稳定结构，如漩涡、二次流等。因此，在模型设计阶段就能消除可能发生的故障和隐患。

CFD 数值计算的流程如图 2-13 所示。三维造型就是将水泵水轮机的所有过流部件（包括蜗壳、导叶、转轮、尾水管等）进行三维建模；网格划分是将水泵水轮机的过流

部件进行空间离散，使其被划分成多个控制方程能够求解的单元；CFD 求解是指在选择合适的湍流模型、边界条件、速度压力耦合算法的基础上，给定计算收敛条件进行 CFD 数值计算；后处理是指获得水泵水轮机的扬程、功率、效率等能量特性及其内部的速度矢量、压力云图等内流状态。

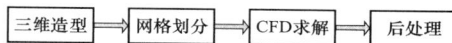

图 2-13　CFD 数值计算流程图

1. 控制方程

水泵水轮机输送的介质为水，可认为是不可压缩介质，所以数值计算所涉及的方程一般采用不可压缩流体模型的方程。该方程组一般包括连续方程、动量方程，但在工程应用中常采用雷诺时均化的动量方程组求解，本节简要介绍这些方程及水泵水轮机数值计算中的湍流模型等。

（1）连续方程。连续方程是质量守恒定律的数学表达式，其微分方程的张量形式可以写成：

$$\frac{\partial \rho}{\partial t} + \frac{\partial (\rho u_j)}{\partial x_j} = 0 \tag{2-54}$$

式中　ρ——流体密度，kg/m^3；

u_j——与坐标轴 x_j 平行的速度分量，$j=1，2，3$。

对于不可压缩流体，连续方程可表示为：

$$\frac{\partial u_i}{\partial x_i} = 0 \tag{2-55}$$

（2）动量方程。动量方程，即 N-S（Navier-stokes）方程，是动量守恒定律的数学表达式。不可压缩黏性流体动量方程的微分方程用张量形式可以写成：

$$\frac{\partial u_i}{\partial t} + u_j \frac{\partial u_i}{\partial x_j} = f_i - \frac{1}{\rho} \frac{\partial p}{\partial x_i} + v \frac{\partial^2 u_i}{\partial x_j \partial x_j} \tag{2-56}$$

（3）雷诺时均方程。湍流是一种复杂的三维非稳态不规则流动。从物理结构上可以将湍流流动看成由各种不同尺度的涡旋叠合而成的流动。这些涡旋可分为大尺度涡和小尺度涡，大尺度涡是引起低频脉动的原因，由流动的边界条件决定，它不断地从主流获得能量并通过涡间的相互作用将能量传递给小尺度涡；小尺度涡是引起高频脉动的原因，主要由黏性力决定，小尺度涡不断地从大尺度涡中得到能量并在黏性作用下不断地消失而将能量耗散掉。虽然 N-S 方程组可以描述湍流的运动，但由于湍流流场中时间及空间特征尺度之间的巨大差异，我们在实际的工程中很难通过直接求解 N-S 方程来解决问题，当前工程上一般采用雷诺时均方程进行求解。雷诺时均方程是由 N-S 方程经过时均化处理后得到的，其张量表达式如下：

$$\frac{\partial \overline{u_i}}{\partial t} + \overline{u_j} \frac{\partial \overline{u_i}}{\partial x_j} = \overline{f_i} - \frac{1}{\rho} \frac{\partial \overline{p}}{\partial x_i} + v \frac{\partial^2 \overline{u_i}}{\partial x_j \partial x_j} - \frac{\partial \overline{u_i' u_j'}}{\partial x_j} \tag{2-57}$$

式中　u_i'——速度脉动量。

对于定常、不可压缩流体，上述方程可以写成下列形式：

$$\overline{u_j} \frac{\partial \overline{u_i}}{\partial x_j} = \overline{f_i} - \frac{1}{\rho} \frac{\partial \overline{p}}{\partial x_i} + \frac{\partial}{\partial x_j} \left(v \frac{\partial \overline{u_i}}{\partial x_j} - \overline{u_i' u_j'} \right) \tag{2-58}$$

2. 湍流模型

目前，湍流的数值模拟方法分类如图 2-14 所示，本节只列出该方法的分类图，具体方程请参考相应书籍。不同的湍流模型所耗费的计算机资源是不同的，通常在工业领域，对过流部件进行数值模拟时，由于 DNS（Direct Numerical Simulation，直接数值模拟）和 LES（Large Eddy Simulation，大涡模拟）需要消耗大量的计算资源和计算时间（图 2-15 给出了各湍流模型与计算机计算能力的大体对应关系），无法满足工业设计周期的需要。为了平衡计算时间和计算精度，我们通常选用 Reynolds 平均法（Reynolds Average Navier-Stokes，RANS）中的两方程模型进行数值计算，在计算精度可以接受的条件下，用相同的时间计算尽量多的设计方案。

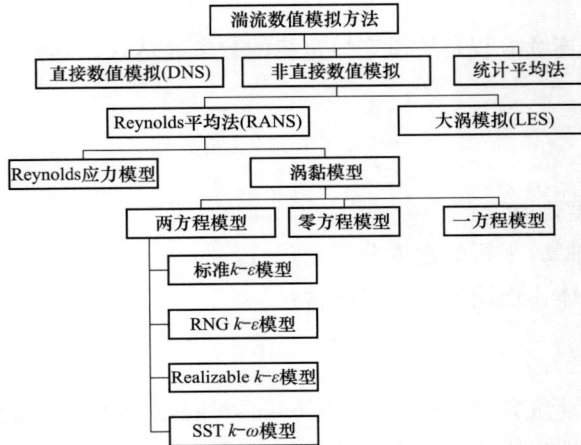

图 2-14　湍流数值模拟方法分类图

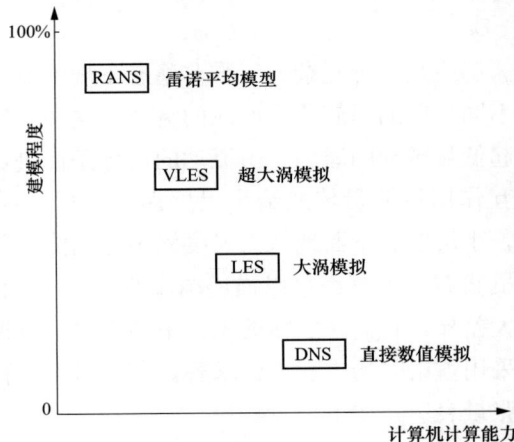

图 2-15　湍流数值模拟方法的建模程度与计算机计算能力匹配关系图

3. 离散方法

为实现流动的数值计算，还必须对控制方程做适当的离散。目前常用的离散方法有有限差分法、有限体积法、有限元法等，这里简要介绍前两种。

有限差分法（Finite Difference Method，FDM）：数值解法中最经典的方法。它是将求解域划分为差分网格，用有限个网格节点代替连续的求解域，然后将偏微分方程的导数用差商代替，推导出含有离散点上有限个未知数的差分方程组。求差分方程组的解，就是求微分方程定解问题的数值近似解，这是一种直接将微分问题变为代数问题的近似数值解法。这种方法发展较早，比较成熟，较多用于求解双曲线形和抛物线形问题。用它求解边界条件复杂问题，尤其是椭圆形问题不如有限元法或有限体积法方便。

有限体积法（Finite Volume Method，FVM）：近年发展非常迅速的一种离散化方法，计算效率高，目前在 CFD 领域有广泛的应用。大多数商用 CFD 软件都采用这种方法。有限体积法可以直接对物理空间内守恒方程的积分形式进行离散。该方法最初是由 McDonald（1971）、MacCormack 与 Paullay（1972）提出的，用来求解二维时域欧拉方程，后来由 Rizzi 和 Inouye（1973）拓展到三维流动问题的求解。计算域被划分成一系列的有限数目的相邻控制体单元，每个控制体单元内相关物理量用守恒方程精确地描述，并计算控制体质心上各变量的值。然后根据质心值，利用差值方法来得出控制体表面上各变量的值。选定合适的求积公式来近似面积分和体积分，这样每个控制体体积就可以得到由临近节点组成的代数方程。

⾣ 第三节　过流部件水力设计及性能优化

水泵水轮机过流部件由转轮、蜗壳、固定导叶、活动导叶和尾水管构成，尾水管又可分为锥管、肘管、扩散段三部分，如图 2-16 和图 2-17 所示。各部件相应的几何特征参数共同决定了水泵水轮机整体的效率、空化性能和稳定性等指标，因此对各过流部件几何形状的设计和优化设计十分重要，通常水力设计流程如图 2-18 所示。

下面分别介绍各过流部件的水力设计方法。

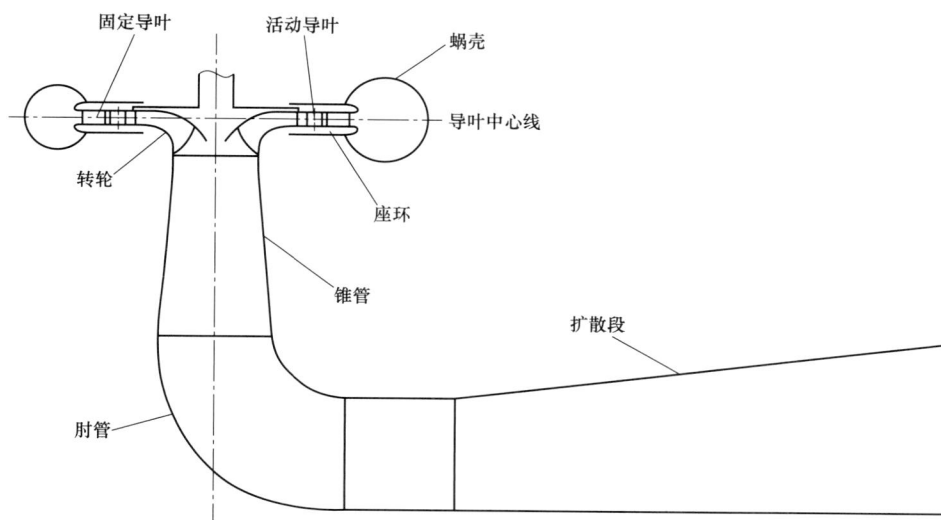

图 2-16　水泵水轮机流道轴面示意图

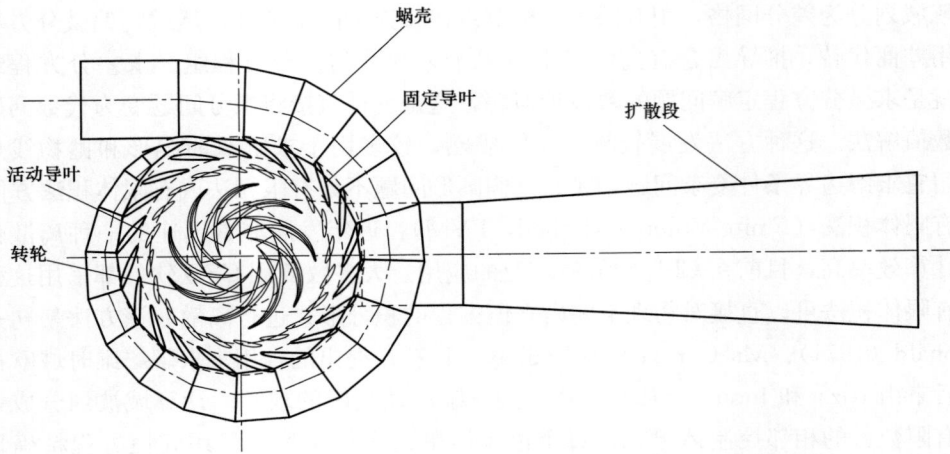

图 2-17　水泵水轮机流道俯视示意图

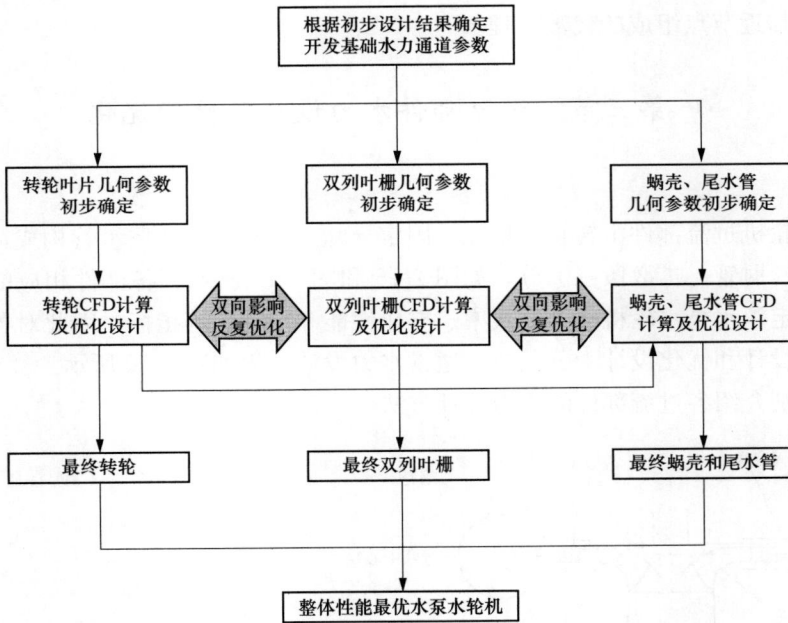

图 2-18　水力设计流程图

一、转轮的水力设计

水泵水轮机需同时满足水轮机和水泵两种工况，但由于水泵工况的水力特性较难满足，所以一般首先对水泵工况进行优化设计，在满足水泵工况性能的基础上，再进行水轮机工况性能校核和优化。水泵水轮机转轮的形状和离心泵很相似，故其设计过程与常规水泵相似。水泵水轮机转轮设计主要包括转轮尺寸设计、轴面流道设计、转轮叶片进出口位置选定、低压侧叶片角及开口设计、高压侧叶片角设计、叶片数及包角设计等。

1. 转轮尺寸设计

转轮设计的两个主要特征尺寸是高压侧和低压侧直径。高压侧和低压侧两处面积之比（即水流进出口面积之比）是决定转轮性能的重要因素。转轮在水轮机工况时高压侧是进口，低压侧是出口；而在水泵工况则相反，低压侧是进口，高压侧是出口。为避免符号上的混淆，用 D_1 代表高压侧直径，用 b_d 代表高压侧高度；用 D_2 代表低压侧直径，用 β_2 和 β_1 分别代表高压侧和低压侧的叶片角度，如图 2-19 所示。如以 D_1 为基准，则可以使用相对直径 $\overline{D}_2 = D_2/D_1$ 和相对高度 $\overline{b}_d = b_d/D_1$ 的表示方法。另外，高压侧高度 b_d 和导叶高度 b_0 略有差别，但在初步确定几何参数时可以认为两者数值相同。

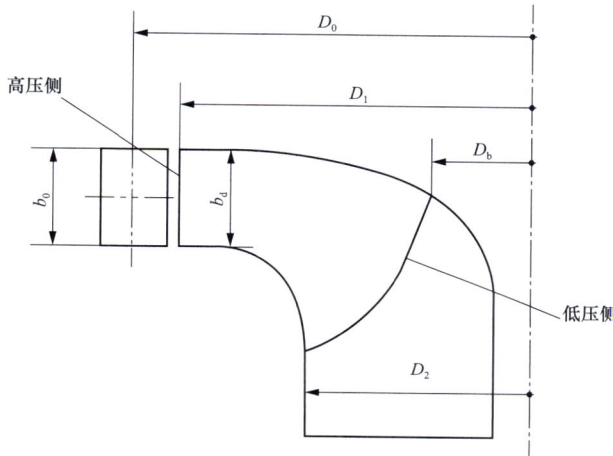

图 2-19　转轮轴面尺寸符号示意图

在常规离心泵设计中，叶片出口高度趋向于选取较小数值，目的是要避免在小流量时流道内过早出现脱流。但对水轮机设计而言，为降低进口流速、减小撞击损失，要求进口高度取得大一些。这两种不同的设计考虑在开发水泵水轮机时须取得某种统一，叶片高度应介于水泵和水轮机要求之间。水泵水轮机布置有活动导叶，因此适当加大高压侧高度对水泵工况的不利影响可以在一定程度上得到缓和。

2. 轴面流道面积变化规律

为使水泵工况具有良好的能量性能和稳定性，需要保证流场内部水流速度梯度变化均匀。水泵工况下，水流在转轮内为减速过程，流道断面呈扩散变化，理想的轴面流道面积变化规律为由低压侧到高压侧形成一条单调的光滑曲线，如图 2-20 所示。轴面流道面积是垂直于轴面流线的母线绕轴线旋转而成的旋转面面积（见图 2-21）。该母线可用下述方法近似求出。

在转轮轴面流道内做内切于上冠、下环曲线的公切圆，自该圆圆心 O 分别向内切点 A、B 作连线，通过 A 和 B 并与 OA 和 OB 相切的圆弧即为所求的母线，其长度为：

$$\sigma = \frac{2}{3}(S + \rho) \tag{2-59}$$

式中　S——弦 AB 的长度，mm；

ρ——流道轴面投影内切圆的半径，mm。

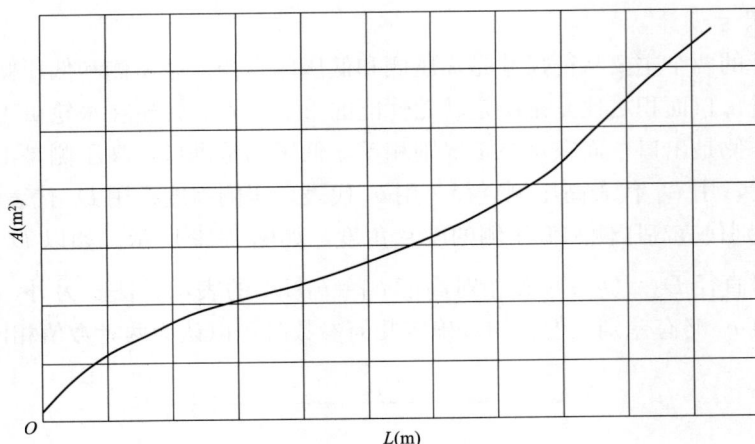

图 2-20　转轮轴面流道过流面积变化规律

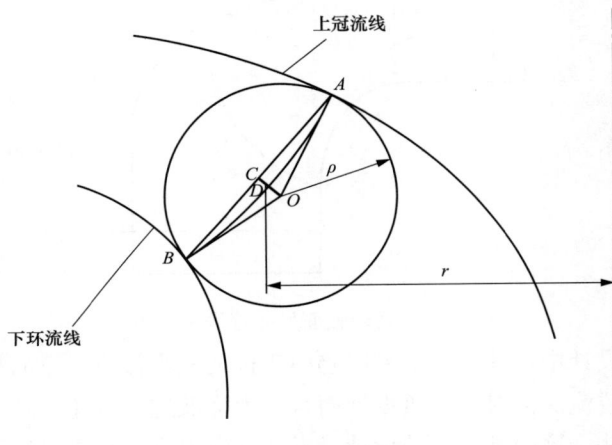

图 2-21　转轮轴面流道面积计算参数示意图

过流断面母线 σ 的形心在垂直于弦 AB 的直线 OC 上的 D 点，$CD = \frac{1}{3}OC$，D 点至转轮轴心线的距离为 r，则过流断面面积为：

$$A = 2\pi r\sigma \tag{2-60}$$

为得出轴面过流面积变化规律，从转轮水泵工况进口侧到出口侧，作许多内切于上冠、下环的公切圆，按上述过程分别求出相对应的过流断面面积，从而可得出各过流断面面积与 L 的关系曲线，这里 L 是各断面分别至起始断面的流线长度，可在各内切圆圆心上量得。

实践证明，轴面流道面积呈现光滑变化是获得优秀转轮性能的一个重要条件，但由于其他影响因素的存在，实际过流断面面积变化规律与理想的过流断面面积变化规律产生一定程度的偏离。

3. 转轮叶片进出口位置选定

转轮叶片低压侧位置的选定十分重要。在水泵设计实践中早已知道低压侧如向吸水口延伸可以改善泵的空化性能,不过低压侧如伸出过多,叶片内直径 D_b 必将减小而造成单位转速降低,泵的效率也将受影响,因此 D_b 值的选择应有限度。

转轮的高压侧一般位于圆柱面内,高压侧有时做成垂直的,有时做成向后倾斜的。转轮外缘与导叶之间的间隙很小,从转轮出来的水流撞击到导叶上将形成压力振荡,是水泵工况压力脉动的主要来源。有研究表明,把叶片出口做成倾斜状可以分散水流的撞击力,降低压力脉动幅值。

4. 低压侧叶片角及开口设计

叶片低压侧是水泵工况的进口,又是水轮机工况的出口。叶片低压侧的设计应满足两方面的要求:首先是使水泵工况有良好的空化特性,其次使水轮机工况有足够的过水能力(叶片开口要足够大)。

根据离心泵设计经验,叶片进水侧具有一定量的正冲角对空化特性有利。如图 2-22 所示,β_{1k} 为水泵工况转轮低压侧水流角,冲角为 $\beta_{in} = \beta_{1k} - \beta_1$,该值为正值时称此时叶片具有正冲角,为负值时称叶片具有负冲角。β_1 为水泵工况的进口角,β_2 为水泵工况的出口角,ψ 为叶片的包角,L_{min} 为水轮机出水侧开口。

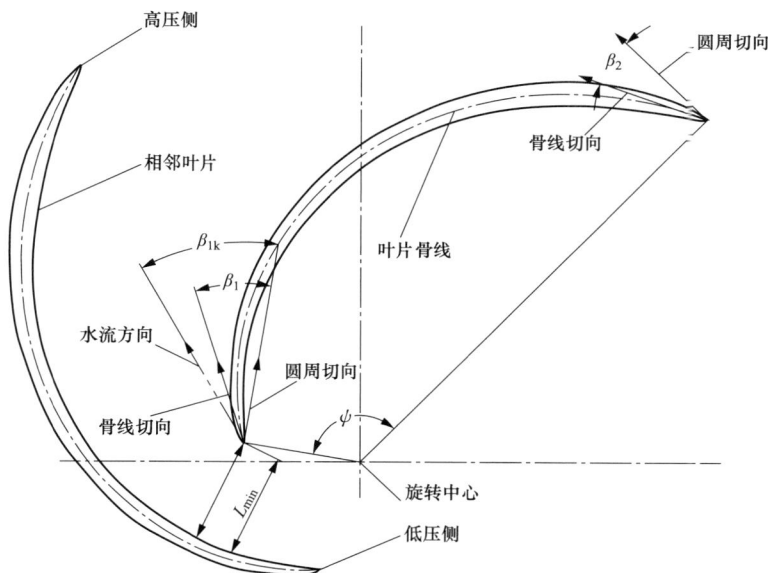

图 2-22 叶片进出口角、包角及开口的示意图

在叶片优化时,一般在水泵工况进水边上冠侧冲角加得少,而在下环侧加得多,这样有助于减小叶片的扭曲度,提高水泵工况的效率。然而根据不同电站实际参数,在设计时有在水泵工况进水边加等量冲角的情况,也有在上冠侧加大冲角而在下环侧减小冲角的情况。

对于水泵水轮机转轮,根据模型试验流场测量,发现在水轮机工况低压侧出口水流角度在上冠侧相当大而在下环侧较小，沿低压侧水流角度的变化要比水泵工况进口水流角变化程度大。根据这一发现，设计的新转轮虽然叶片低压侧扭曲度大些，但水轮机工况效率有改善，水泵工况效率和空化性能未下降。而采用较大的低压侧角度等于加大水轮机出水边开口，对于水轮机工况过流量有利，但过大的低压侧角度，在水泵工况时会产生过大的进口冲角，对水力性能肯定是不利的。

5. 高压侧角度 β_2 设计

水泵水轮机转轮叶片高压侧是水泵工况的出口，也是水轮机工况的进口。在一般情况下，两种工况所要求的叶片角度有较大的差别，因此选择合适的叶片角度十分关键。在设计过程中，如叶片高压侧角度取得大，则流道较为宽敞，$Q\text{-}H$ 曲线将变得平缓；反之，如角度取得小，$Q\text{-}H$ 曲线将变得陡。随抽水蓄能电站的运用条件不同，对 $Q\text{-}H$ 曲线的斜率要求也不同。

如在仙居抽水蓄能机组水泵水轮机转轮水力开发中，设计了几种不同高压侧角度的转轮叶片方案，图 2-23 给出了其中两个方案的水泵工况 $Q\text{-}H$ 对比曲线。高压侧角度分别为 19°和 22°，其余叶片翼型控制参数相同，从图中可知 19°方案的转轮水头明显低于22°方案的转轮水头，并且 $Q\text{-}H$ 曲线的斜率也大于 22°方案转轮。图 2-24 和彩图 2-24 为两种方案转轮单流道水泵工况最优流量的 CFD 计算结果的流线图对比，可以看出高压侧角度为 22°的转轮流道内部流线比 19°转轮略微光滑、流畅，这是流道较为宽畅所致。

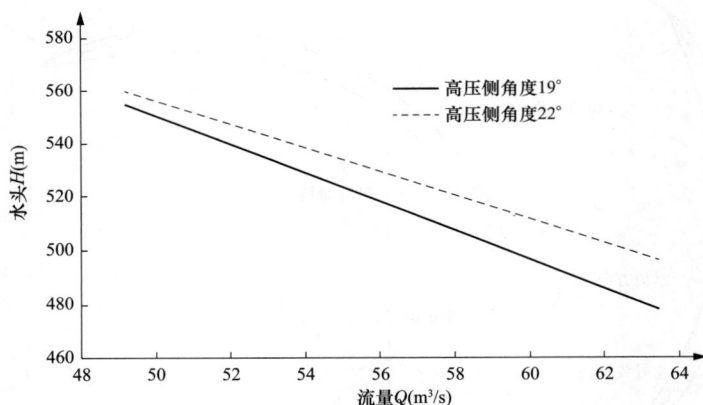

图 2-23　不同高压侧角度转轮水泵工况 $Q\text{-}H$ 对比曲线

在水泵水轮机的开发中，由于水泵水轮机的过流量较小，水轮机工况在最优流量下叶片高压侧水流角可能在 12°左右（此处导叶开度较小），如果叶片角度按水泵工况要求取为 20°～25°，则水轮机工况进口冲角将达到 10°～15°，大大超过常用范围。为验证水轮机工况能否适应过大的进口冲角，国内有研究者曾采用高压侧角度相当小（16°）的转轮进行试验，结果表明这样小的进口角对水轮机工况性能并无显著改善，而对水泵工况有不利影响。此外，试验还发现高压侧角度较大的转轮反而都有相当好的水轮机性能，因此推断这种特性应该是由于水泵水轮机转轮的流道相对水轮机流道长，这段长度可使由大冲角引起的进口水流的扰动有条件得以平息，可更充分地完成所必需的能量转换。

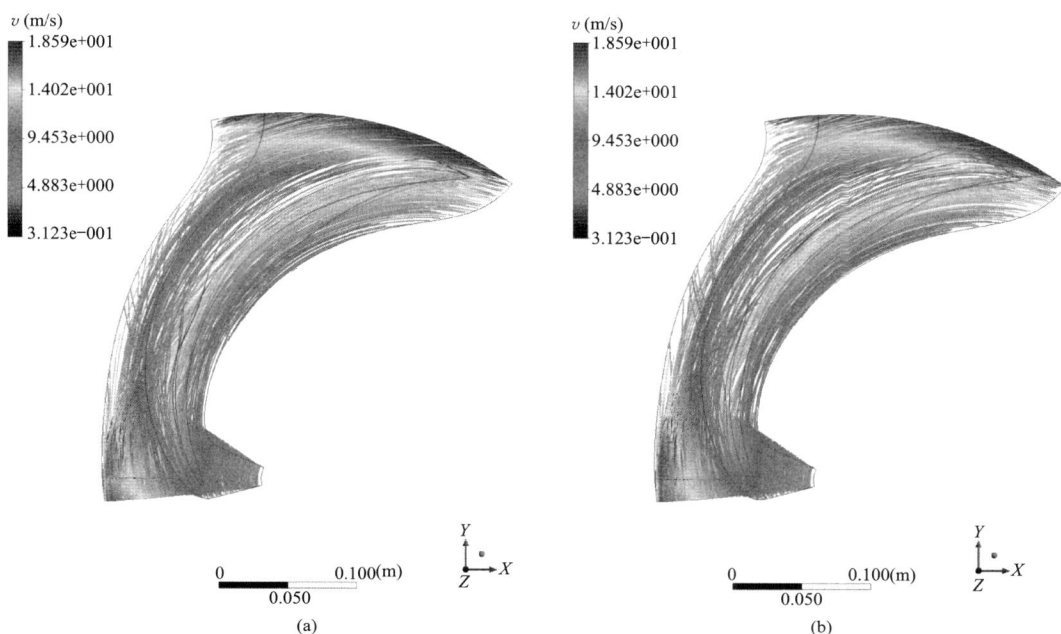

图 2-24 不同叶片高压侧角度转轮单流道水泵工况最优流量 CFD 计算流线图
（a）高压侧角度为 19°转轮；（b）高压侧角度为 22°转轮

国外有文献推荐使用尽量小的高压边角度 β_2，其用意是保证水轮机工况在低水头或小负荷时的水流稳定性。然而叶片角度不是决定性能的唯一因素，轴面流道的形状、叶片包角、叶片曲率变化和叶片系统的整体特点都对转轮性能有决定性影响。

6. 叶片数及包角

转轮叶片数对水泵和水轮机工况的水力性能均有一定影响，尤其对水泵工况的扬程、水轮机工况的流量影响明显。水泵水轮机转轮常用的有 6 叶片、7 叶片和 9 叶片，高水头转轮有时采用长短叶片形式，如 5+5 长短叶片、6+6 长短叶片。另外由于水泵水轮机各性能指标不仅与叶片形式有关，还与叶片的翼型设计、双列叶栅参数设计等有较大关系，因此不能简单说哪种叶片形式更好，要根据特定电站参数具体分析。同一电站采用不同叶片数也可能达到相同或相近的水力性能。图 2-25 和彩图 2-25 为某抽水蓄能电站水泵水轮机水力开发时设计的 6+6 长短叶片转轮和 9 叶片转轮，从 CFD 计算结果来看，两种叶片形式的转轮流态相差无异。

另一方面，近年来个别电站出现了机组运行时机组和厂房异常振动且噪声较高的情况，经现场振动试验结果分析，可能由这几方面原因造成：①水轮机工况无叶区动静干涉较强；②电站开发时确定的叶片数、导叶数、机组转速三个机组参数的组合，导致机组相位共振的发生，造成机组和厂房的强烈振动；③振动激发了厂房局部构件共振，引起厂房异常振动。因此在水力设计阶段还需要考虑机组转速、叶片数、导叶数之间的关系，避免出现机组、厂房异常振动。

叶片包角的大小与叶片数及叶片角度有关，用大包角可以形成较长的流道而使水流平稳，但伴随而来会有较大的摩擦损失。小包角是和较大的叶片角度配合使用的，对形成宽阔的流道有利。

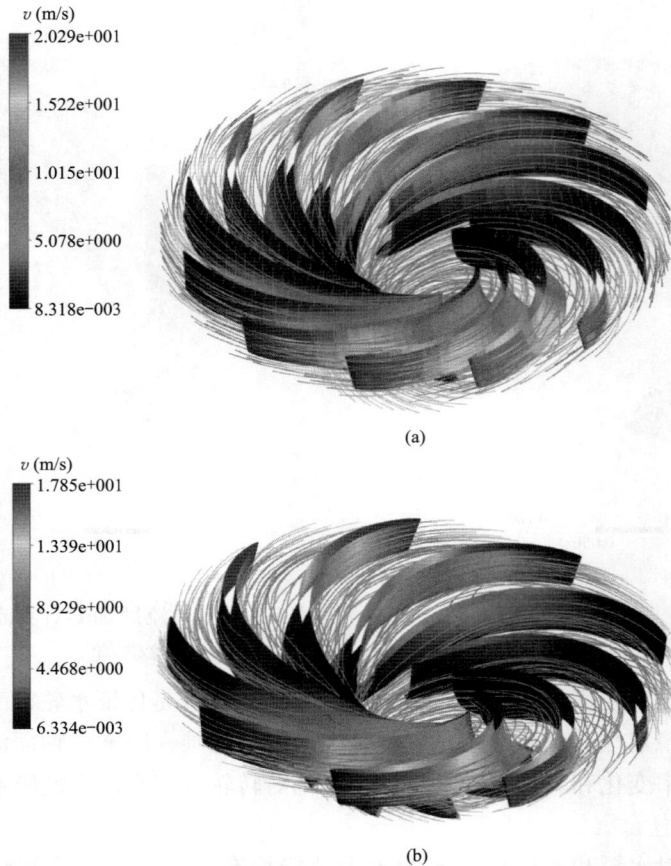

(a)

(b)

图 2-25　不同叶片形式转轮流道 CFD 流线图
（a）6 个长叶片、6 个短叶片转轮；（b）9 个叶片转轮

二、蜗壳水力设计

1. 蜗壳断面的几何控制参数

混流式水轮机和轴流式水轮机蜗壳断面形状有圆形、椭圆形、多边形等，而水泵水轮机的蜗壳断面一般为圆形。蜗壳断面的控制尺寸参数如图 2-26 所示，其中图 2-26（a）中给出蜗壳断面轴向控制尺寸，图 2-26（b）给出蜗壳断面俯视平面控制尺寸。

各参数具体含义如下：r_w 为各断面的半径，R_c 为各断面圆形距中心线的距离，R_o 为各断面最大外径处距中心线距离，α_w 为各断面与第一个断面或 $+X$ 方向的夹角。以上各参数共同影响蜗壳部分及水泵水轮机整体的水力性能。

2. 蜗壳断面的选择

常规水轮机蜗壳的设计原则是在结构条件和经济条件许可的情况下采用较大的断面，使水流能量更均匀地进入转轮四周，当然导叶也起一部分均匀水流的作用。常规水泵蜗壳的作用除了汇集转轮出流，还需同时完成水流动能转为压能的任务，断面的大小和扩散程度必须适当。因此常规水泵的蜗壳出口断面一般比同样流量水轮机蜗壳断面要小很多。

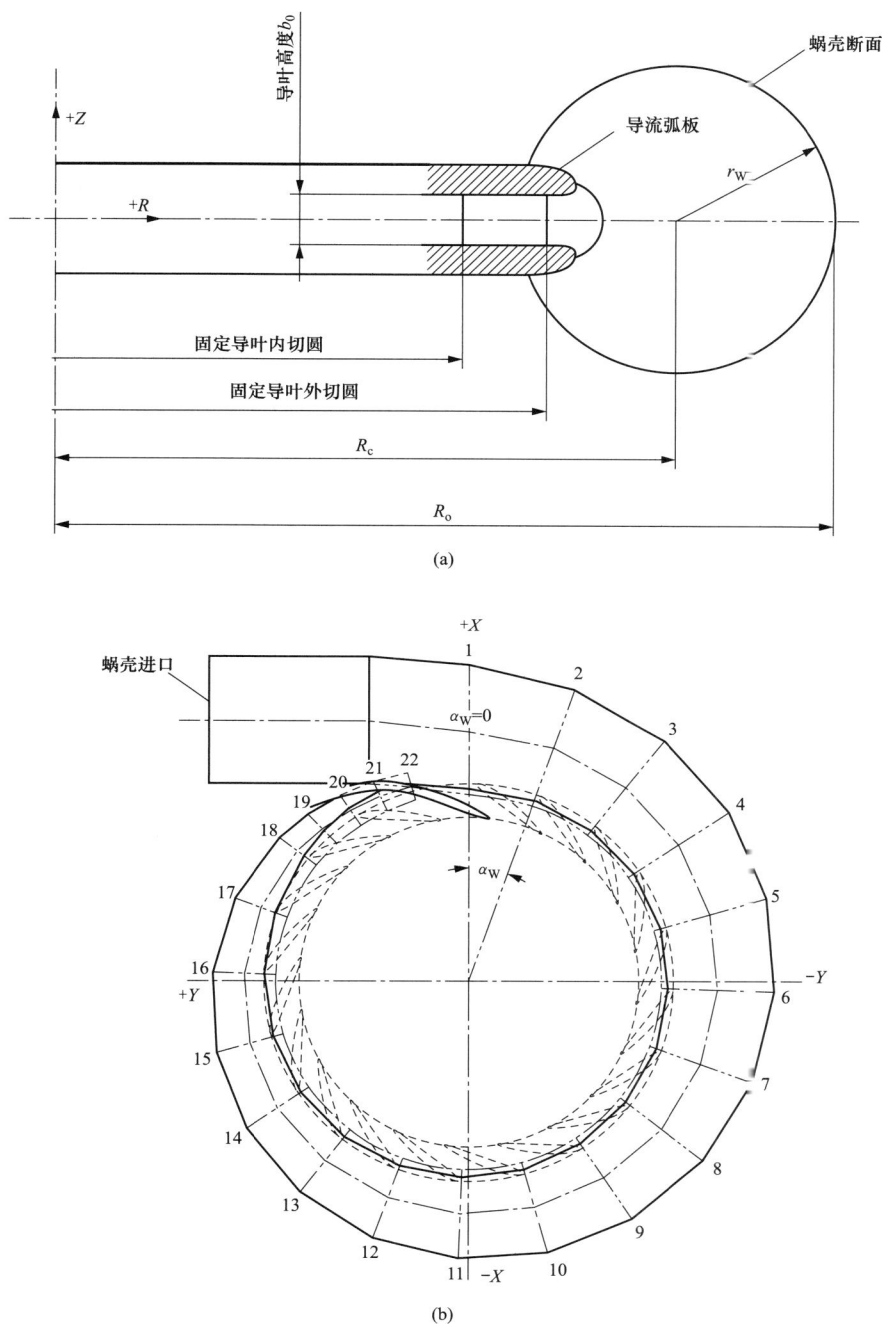

(a)

(b)

图 2-26　蜗壳断面几何控制参数示意图

（a）蜗壳断面轴向控制尺寸；（b）蜗壳断面俯视平面控制尺寸

　　水泵水轮机的蜗壳需同时满足两种工况的要求，在设计上有一定难度。所幸在水泵水轮机转轮的外部都装有活动导叶和固定导叶，水泵工况时水流通过这两道叶栅时已得到相当程度的扩散（固定导叶外缘的圆周面积可达到转轮出口面积的 1.6～1.8 倍），对蜗壳扩散作用的依赖性已大大减小，因此两种工况对蜗壳断面的不同要求容易得到调和。从具体尺寸看，水泵水轮机蜗壳比较接近水轮机蜗壳，而与水泵蜗壳相差较多。

3. 蜗壳断面对水泵水轮机性能的影响

蜗壳断面面积大小对水泵水轮机的水力性能有一定影响。水轮机工况下，蜗壳断面宽大，对降低蜗壳部分水力损失、提高效率有好处，而对水泵工况性能影响较小。蜗壳断面对转轮性能的影响大致如下：

（1）蜗壳尺寸对水轮机工况最优点的单位转速和单位流量影响较小，采用大蜗壳时效率稍有提高。

（2）大蜗壳对水泵工况扬程影响很小，但流量稍有增加。

（3）大蜗壳水泵水轮机水泵工况和水轮机工况在小流量区性能均有下降，但其他范围的性能都有改善。

（4）蜗壳断面面积变化规律对水轮机工况和水泵工况的水力性能均有影响。

水泵水轮机蜗壳的设计可先按水轮机工况水力性能为主要性能指标来优化设计，再校核水泵工况性能。当蜗壳设计较好时，蜗壳内部流场压力分布均匀，速度流线光滑，如图 2-27 和彩图 2-27 所示。

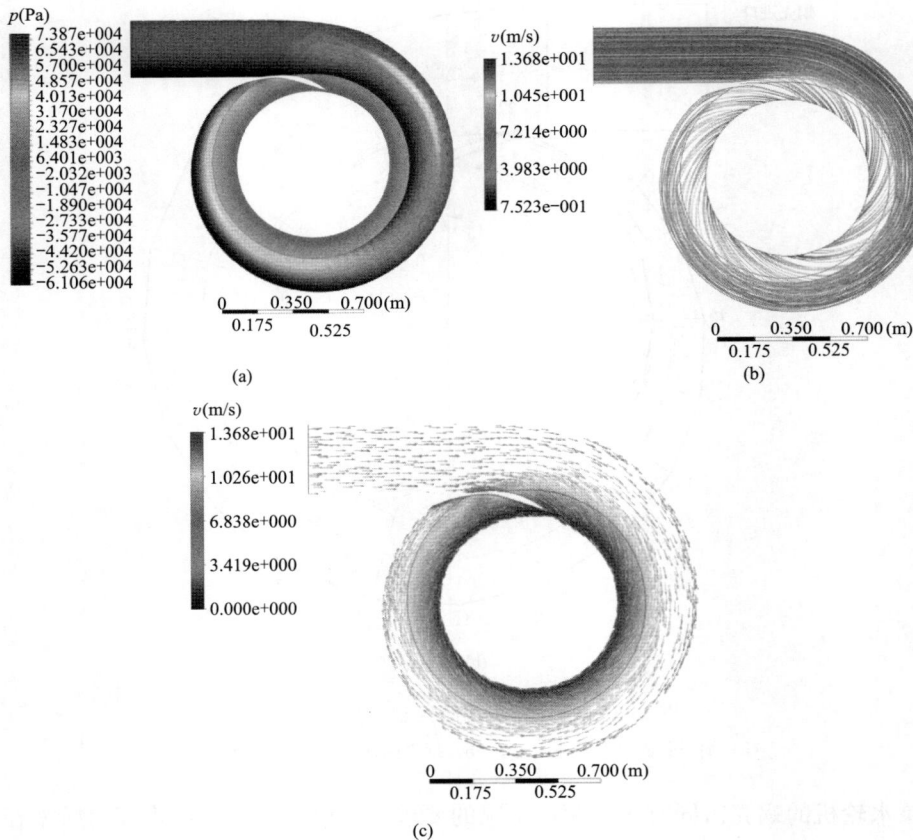

图 2-27　水泵水轮机蜗壳 CFD 计算结果

（a）蜗壳表面压力分布图；（b）蜗壳流线图；（c）蜗壳速度矢量图

蜗壳断面面积变化规律也在一定程度上影响水泵水轮机的整体水力性能。图 2-28（a）给出了两种不同的蜗壳断面面积变化规律，方案 1 第一个断面面积比方案 2 大，其余断面面积均小于方案 2，且方案 1 面积变化曲线的斜率要大于方案 2；而图 2-28（b）展示了两种蜗壳水轮机工况下蜗壳水力损失随流量变化的结果，可知方案 1 的水力损失要大于方案 2，因此方案 2 的水轮机工况水力性能要优于方案 1。尽管如此，由于水泵水轮机的水力设计非常复杂，需要兼顾的水力性能指标非常多，蜗壳断面面积变化规律的最终选择还需全面考虑各性能指标。在离心泵的设计实践中有用理论公式估算蜗壳性能的方法。这种方法主要是将蜗壳环量公式变换成 $Q=KH$ 形式，在 $Q\text{-}H$ 坐标上成为一条由零点向右上方倾斜的直线（如图 2-29 中直线 1），再把转轮的基本方程式改写成 $H=A-BQ$ 方式，在 $Q\text{-}H$ 坐标上为一条由左上方向右下方倾斜的直线（见图 2-29 中直线 2）。两条直线的交点 A 就是此转轮在蜗壳内的工作点，此点的流量对应于水泵效率的最高点。

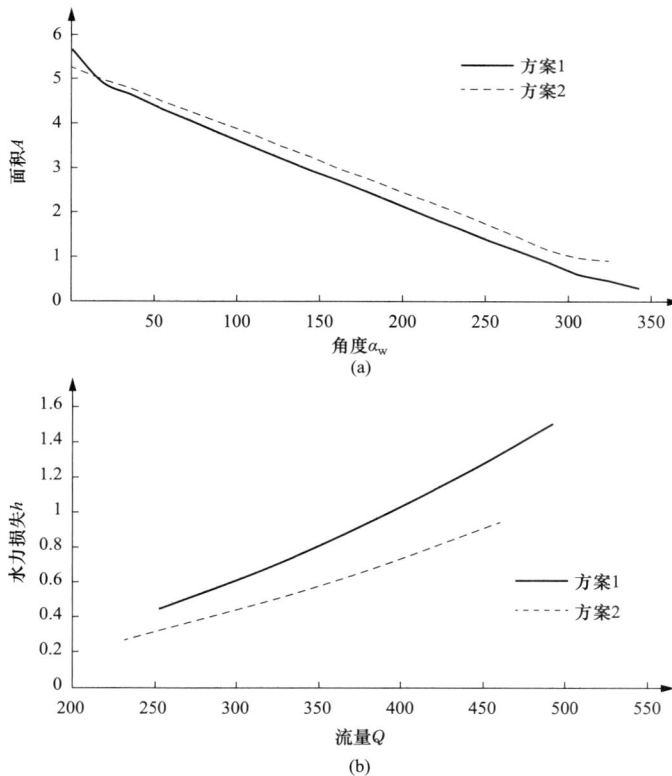

图 2-28 不同蜗壳断面面积变化规律的水力损失图
（a）蜗壳断面面积变化规律图；（b）两种蜗壳水轮机工况 CFD 计算结果

对于某些已知水力性能的离心泵，用这种算法可以相当准确地估算水泵的最优流量，也可以用来反求所需的蜗壳进口断面尺寸。但是水泵水轮机在装上活动导叶和固定导叶后，水流通过这两道叶栅后环量将有所改变，蜗壳环量已不再和转轮环量相等，上述方法不能直接应用，但可用于蜗壳和转轮的匹配程度的初步判断。

三、双列叶栅的水力设计

双列叶栅包括固定导叶与活动导叶，它的水力性能直接影响着水泵水轮机的效率、压力脉动、"驼峰"特性、"S"特性等诸多性能，因此常将固定导叶与活动导叶一起进行水力优化。一般固定导叶数与活动导叶数相等。

1. 导叶设计

固定导叶起引导水流的作用，同时用于传递上部结构的重量。以往设计多使用数目较少而厚度较大的固定导叶，近代设计则趋向于使用数目较多的长而薄的导叶，如图 2-30 所示。

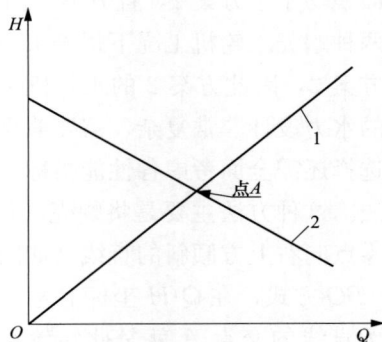

图 2-29 水泵工作蜗壳及转轮水力损失变化的示意图

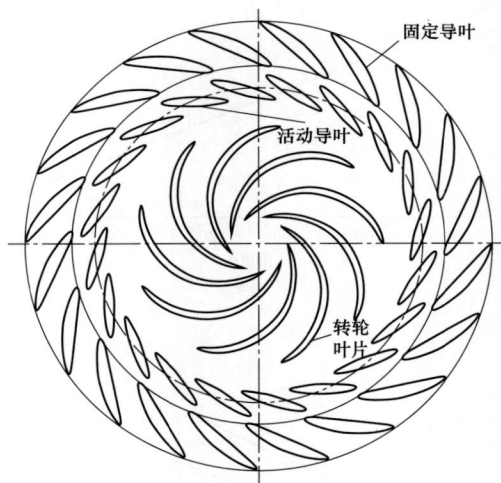

图 2-30 双列叶栅与转轮叶片布置关系示意图

活动导叶在水泵水轮机中有两个作用：一是在水轮机工况时控制机组流量（功率）；二是在水泵工况时调整出口水流方向，使其与蜗壳水流相适应。两种工况下活动导叶都有切断水流的作用。

由于水泵水轮机双向运转，为适应双向水流，水泵水轮机活动导叶没有明显的头、尾部几何形状差异，而水轮机的活动导叶头、尾部几何形状差异较为明显，见图 2-31。

在设计上要求导叶的转轮侧和蜗壳侧都具有良好的进水和出水条件，所以导叶的设计一方面要减轻阻力，同时也要满足两种工况对水流的不同要求。

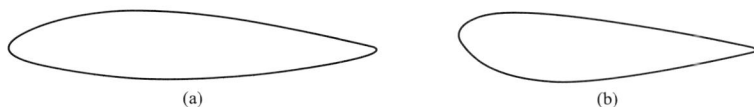

图 2-31 水泵水轮机与水轮机活动导叶翼型图

（a）水泵水轮机活动导叶；（b）水轮机活动导叶

2. 活动导叶的型式及布置

应用于水泵水轮机的活动导叶是专门为双向工作设计的。活动导叶翼型一方面要适应给定的水流条件，另一方面要满足水作用力和水力矩的要求。

设计活动导叶翼型需要考虑以下几个问题：

（1）按强度要求选取最小的叶片厚度。

（2）导叶长度的选择应综合考虑导叶水力矩原型机限制要求及水泵工况能量特性和稳定性要求。

（3）对于给定的翼型，可以在一定范围内改变其旋转轴位置来调整导叶的开关趋势和水力矩大小。但过多地改变旋转轴位置不但会影响机组效率，而且会破坏水泵水轮机的稳定性。

水泵水轮机采用的导叶需要承受水流强烈冲击，须具备较高的强度。大中型水泵水轮机的导叶数目一般在 $16\sim24$ 范围内，26、28 的情况也有。水泵水轮机的相对导叶分布圆直径 $\overline{D_0}$ 和常规水轮机差不多，$\overline{D_0}$ 值在 $1.16\sim1.18$ 范围内。但有时为减轻导叶与转轮之间的水流干扰所引起的高频压力脉动，$\overline{D_0}$ 可达 1.20 以上。

根据电站参数统计，转轮叶片数和导叶数的组合没有十分严格的规律，例如，我国广州抽水蓄能电站 I 期机组使用转轮的叶片数为 7，II 期机组叶片数增至 9，导叶数均为 20；天荒坪抽水蓄能电站机组则使用转轮的叶片数为 9，导叶数为 26；仙游、响水涧、仙居等抽水蓄能电站机组，转轮叶片数为 9，导叶数为 20；泰安抽水蓄能电站机组转轮叶片数为 9，导叶数为 22。

3. 活动导叶和固定导叶相互间的关系

水泵水轮机水轮机工况运行时，座环固定导叶的尾流会影响活动导叶入口流动状况，同时活动导叶在不同角度时尾流也在变化。机组实际运行中，转轮叶片存在一个水力条件最好的导叶角度（开度），也存在一个在圆周分布上导叶相对于固定叶片的最优位置。水泵水轮机水泵工况运行时，虽不用活动导叶来调节流量，但存在一个活动导叶水力损失最小的位置，水力设计时需要充分考虑。为使总水力损失最小，存在一个活动导叶和固定导叶最优相对位置，水力开发时需通过数值计算及模型试验结果予以确定。

图 2-32 给出了定义活动导叶与固定导叶相对位置的 3 个参数，t 表示固定导叶的间距，h 表示活动导叶相对固定导叶的位置，角 α_{gv} 表示活动导叶在圆周方向的位置。当固定导叶位置固定后，角 α_{gv} 也可以表示活动导叶相对固定导叶的位置。

图 2-33 为 CFD 计算的某水泵水轮机水轮机工况效率随活动导叶相位变化的关系曲线。从图中可以看出，活动导叶在不同位置时水泵水轮机效率不同，随 α_{gv} 角呈现"波浪"式变化，在 $\alpha_{gv}=10°$ 附近转轮效率最优。而对于水泵工况，不同的导叶相位对扬程、效率、压力脉动等特性也有不同程度的影响。

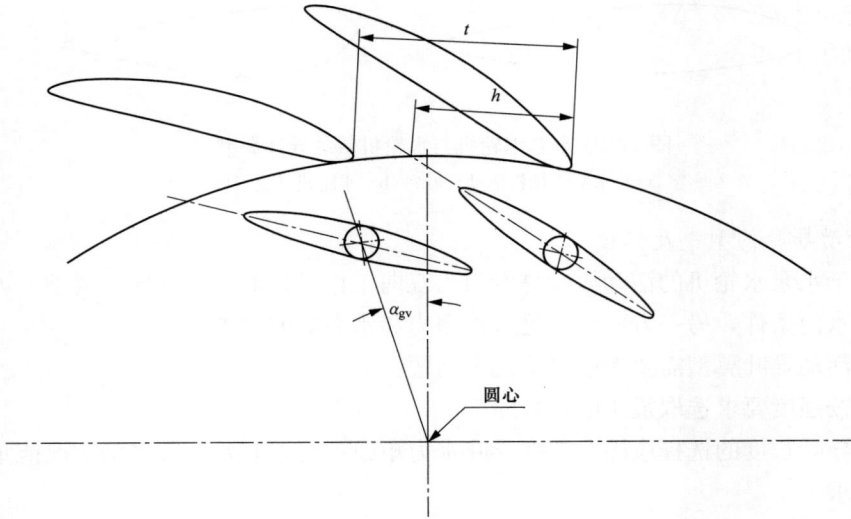

图 2-32　双列叶栅相对位置关系示意图

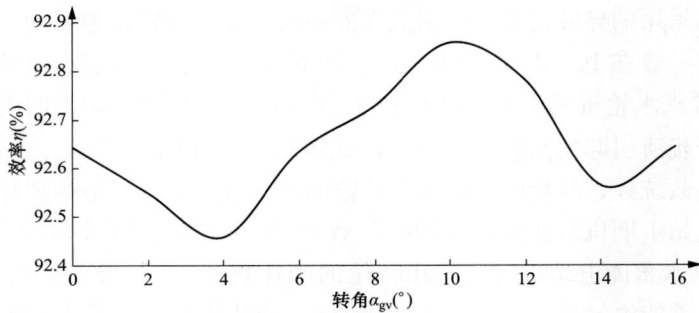

图 2-33　某水泵水轮机水轮机工况效率随活动导叶相位变化的关系曲线

一般情况下，在水轮机工况，活动导叶相对于固定导叶的位置 h/t 约为 0.2 时水流流态好，水力损失小；而在水泵工况，h/t 在 0～0.5 范围内水流流态平稳，水力损失小，因此在双列叶栅的水力优化设计中，可以通过调整 h/t 值的方法达到优化双列叶栅相对位置，使水力通道整体最优的目的。

四、尾水管水力设计

尾水管性能的好坏直接影响水泵水轮机的效率、空化特性和运行稳定性。除尾水管锥管和水平扩散段对水流起主要扩散作用外，肘管的作用也很关键。尾水管断面有两种形式：一种为两侧半圆中间用直线连接的"扁状断面"［见图 2-34（a）］，另一种为全圆断面［见图 2-34（b）］。两种断面形状的尾水管均有较为广泛的应用实例。

尾水管断面面积变化规律对水泵水轮机的性能有一定影响，从锥管进口到扩散段出口，整体来看都是不断扩散的。但在肘管部分的断面面积变化规律分为两种：一种为"扩散—收缩—扩散"规律形式的肘管（见图 2-35 中的曲线 1），利用断面的局部收缩来防止水流在弯段从壁面脱离；另一种为连续扩散形式的肘管（见图 2-35 中的曲线 2），具体采用哪一种形式需根据水力开发具体情况而定。通过 CFD 计算可知尾水管内部水流的具体流态，用于判断尾水管几何参数设计的合理性。图 2-36 和彩图 2-36 为两种断面尾水管流道内部水轮机工况流线图，虽然两幅图的计算工况点并不相同，但可以看出，两种断面形式的尾水管流态均较为均匀，无涡流产生，两种尾水管并没有明显的不同。

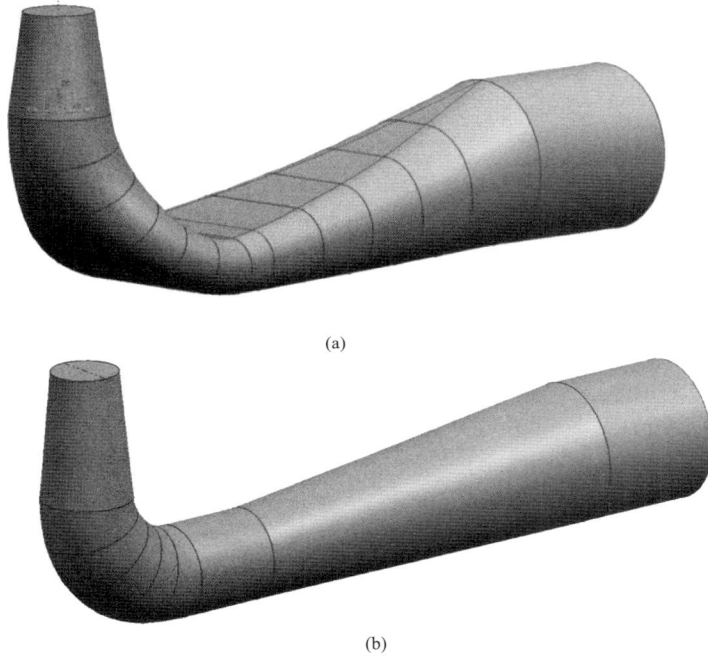

(a)

(b)

图 2-34　尾水管造型

（a）"扁平"断面尾水管造型；（b）"全圆"断面尾水管造型

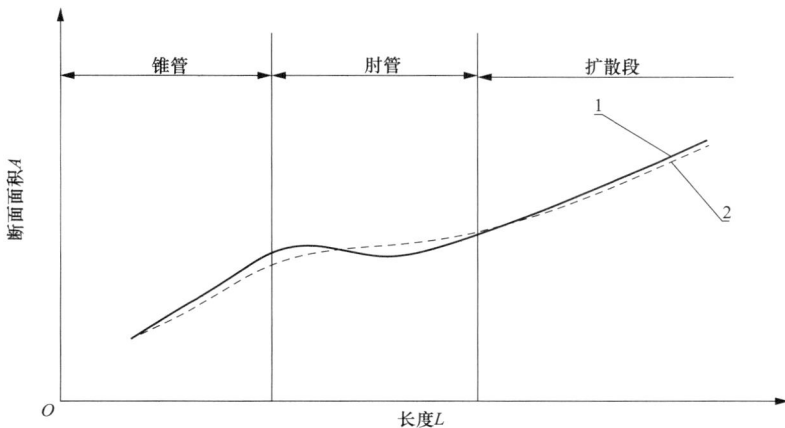

图 2-35　尾水管面积变化规律

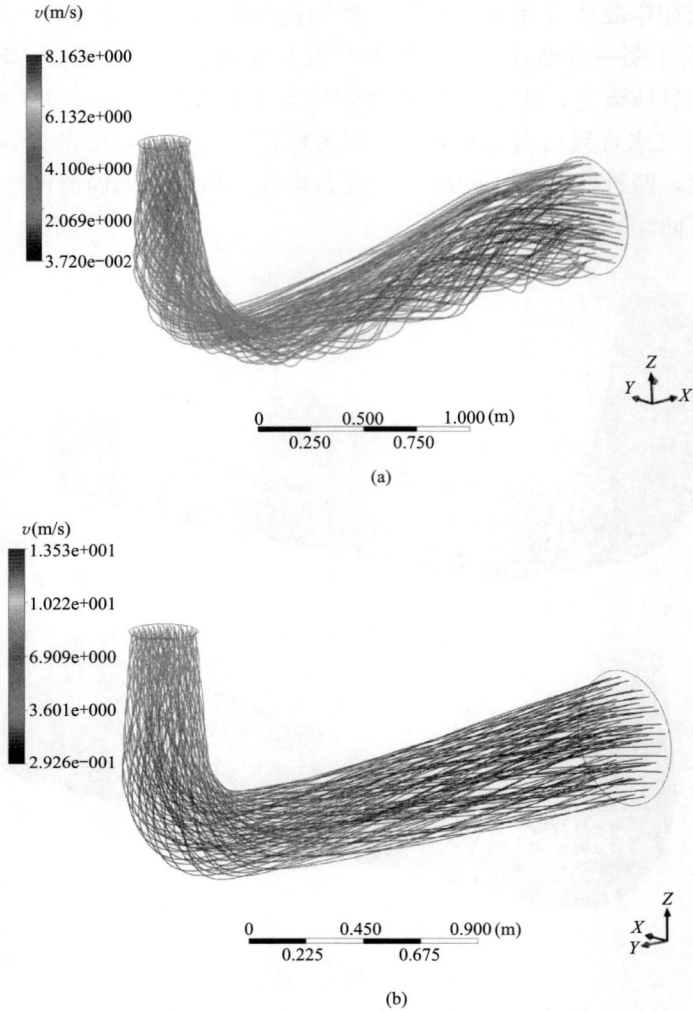

图 2-36　水泵水轮机水轮机工况尾水管流线图

（a）"扁平"断面尾水管 CFD 计算结果；（b）"全圆"断面尾水管 CFD 计算结果

五、"驼峰"特性与"S"特性的形成机理和水力优化

在第一章第二节中简要介绍了水泵水轮机的诸多特性，其中"驼峰"特性、"S"特性对水泵水轮机机组运行的稳定性至关重要，也是水力设计中的难点。

1. "驼峰"特性的形成机理与优化

水泵在"驼峰"特性区运行时，可能会在同一个扬程对应三个不同流量的工况，并在这三个工况间来回波动，水力稳定性极差。模型试验结果表明，"驼峰"特性区压力脉动幅值急剧上升，最高值甚至达到正常运行范围的 6～8 倍。

到目前为止，国内外对水泵、水泵水轮机的"驼峰"不稳定性流动机理研究较少。有观点认为，"驼峰"特性的形成与转轮入口的复杂旋涡流动有关，入口的旋涡结构改变了叶片从入口到出口的负荷变化。有研究表明，在水泵工况能量特性、空化特性和"驼峰"特性区压力脉动特性试验中，无叶区内的压力脉动幅值最大，并且随着活动导叶开度的增大，"驼峰"特性区的压力脉动也增大，同时发现流量的减少使蜗壳进口、顶盖和转轮间、转轮后导叶前的脉动幅值增加。在试验研究的基础上，采用雷诺时均方法（RANS）选取两方程 RNG k-ε 湍流模型求解定常和非定常不可压缩三维 N-S 方程进行了单流道数值模拟计算，成功预测了水泵工况能量特性曲线，并利用速度三角形对水泵水轮机水泵工况下"驼峰"特性形成的原因进行了分析，认为转轮出口靠近上冠处二次流和转轮入口靠近下环的回流可能对于"驼峰"特性的形成有重要影响。目前国内外对"驼峰"特性的形成机理还没有统一的解释，但根据各自的研究成果和对"驼峰"特性形成机理的理解，大体形成了优化"驼峰"特性的水力设计技术。

优化"驼峰"特性水力设计技术的基本步骤如下。首先，采用现代 CFD 手段，基于三维定常和非定常 N-S 方程以及 RNG k-ε、SST k-ω、DES 等湍流模型。并采用贴体坐标、非结构化网格和有限体积法，对水泵水轮机模型在某一导叶开度下的水泵工况进行全流道内部流场模拟，并将数值模拟结果与试验结果相比较，形成"驼峰"性能初步判断准则；

然后，利用数值模拟的结果对特性曲线"驼峰"特性区处的流速分布、涡分布进行深入分析，并对"驼峰"特性区工况压力脉动进行数值预估，建立内特性与"驼峰"特性的关系；最后，通过对模型试验特性曲线与转轮几何形状相互关系的分析研究，改善"驼峰"特性。图 2-37 为"驼峰"特性区数值计算结果和模型试验结果的对比图，从图中可以看出数值计算结果与模型试验结果具有趋势的一致性，可以对水泵水轮机不稳定区之一的"驼峰"特性进行计算和预测。

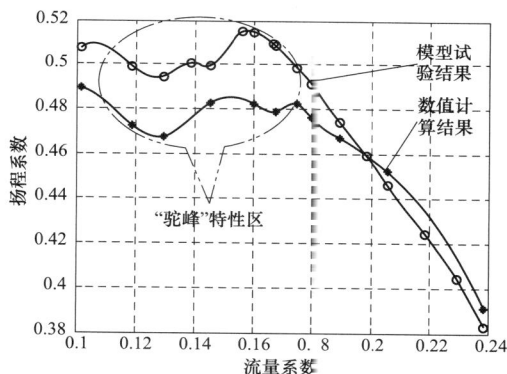

图 2-37　"驼峰"特性区 H-Q 特性数值预估结果

2. "S"特性的形成机理与优化

水泵水轮机"S"特性是影响机组能否空载稳定并网的关键特性。但不是所有的"S"特性都会引起空载并网的稳定性问题，其主要判别方法如图 2-33 所示。当导叶开度特性曲线在与飞逸曲线交点 A 处的切线 1 与飞逸曲线在 A 点的切线 2 的夹角 δ 大于 90°时，空载并网是稳定的，而小于 90°时则不能稳定并网。因此在水力开发时需留有足够的"S"特性区裕量，一般为 30m 或 50m。

图 2-39 和彩图 2-39 为"S"特性区较小流量工况转轮与活动导叶计算域内部流态数值解析结果。由图可见，"无叶区"即转轮与活动导叶间空腔区域存在高速旋转的"环状流体"，阻碍上游侧即导叶区水流向转轮方向流动，导致水轮机过流量的急剧下降；当水轮机方向流量减少至一定程度，在转轮叶片强大离心力的作用下，转轮叶间出现大量紊乱的水流涡团，局部水流开始反向流动，形成"部分反水泵"流动现象。随着反向流动的加剧，转轮开始进入反向打水即反水泵状态，在这种状态下，水泵水轮机内部流动极不稳定。

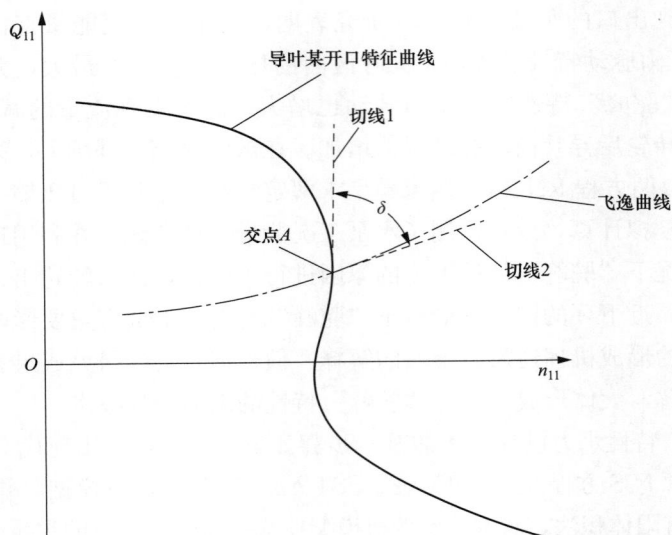

图 2-38 "S"特性并网稳定性的曲线特征及判别依据

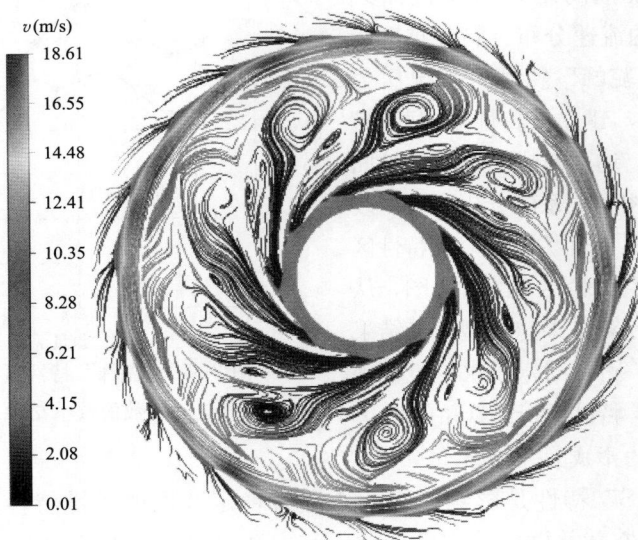

图 2-39 "S"特性区活动导叶与转轮计算域内部流态数值解析结果

为改善"S"特性区的转轮内部流态，实现机组"S"特性区的稳定并网，通常水力设计中对转轮叶片翼型进行优化。图 2-40 和彩图 2-40 给出了针对"S"特性区优化前后的数值计算结果。通过对比可知，优化后转轮内部流态明显变好，涡流现象明显减轻，"无叶区"水环的流速明显降低，"S"特性区流态更加平稳。

六、可变速水泵水轮机的水力设计

1. 可变速水泵水轮机的优势

近年来，抽水蓄能机组正向着高水头、大容量、高转速的方向发展，这种趋势对机组的稳定性提出了更高的要求。众所周知，抽水蓄能电站包含发电和抽水两种运行方式，且各种工况变换频繁，因此电站对压力脉动、"S"特性区裕量，"驼峰"特性区裕度、过渡过程等影响机组稳定性的水力特性尤为重视。而可变速抽水蓄能机组实现了动态调节抽水工况和发电工况下的电网频率，能在短时间内迅速吸收由于发电量变化而产生的电力系统波动，因此是电网安全稳定运行的有力保障措施，具有广阔的应用前景。

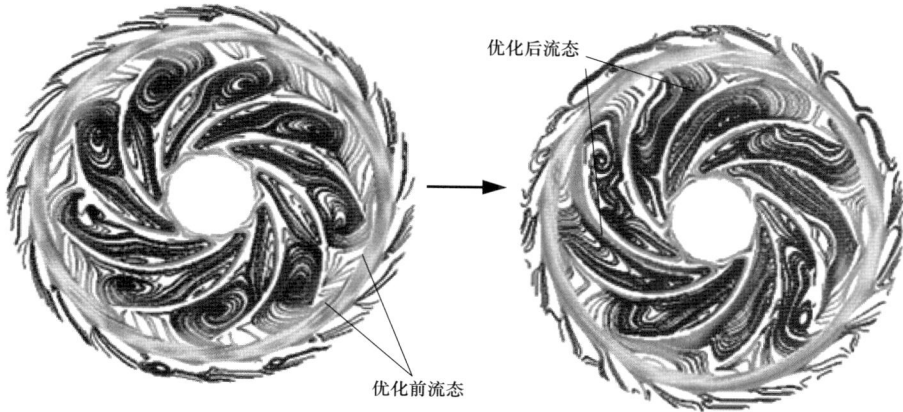

图 2-40 "S"特性区优化前后数值计算结果比较

对于定速机组而言，机组只能在一个固定的转速下运行，因此一个扬程条件下只能对应一个相应的输入功率，如图 2-41 所示。而可变速抽水蓄能机组相比定速机组的最大优点为水泵工况负荷可调节，机组转速能在一定范围内变化，同一扬程可随机组转速的变化对应多个功率，如图 2-42 所示。可变速机组的另一个优势是在水轮机工况下可使机组保持在最优效率区附近运行，也就是说，使机组在水轮机工况下效率高、振动小、空化性能好，如图 2-43 所示。

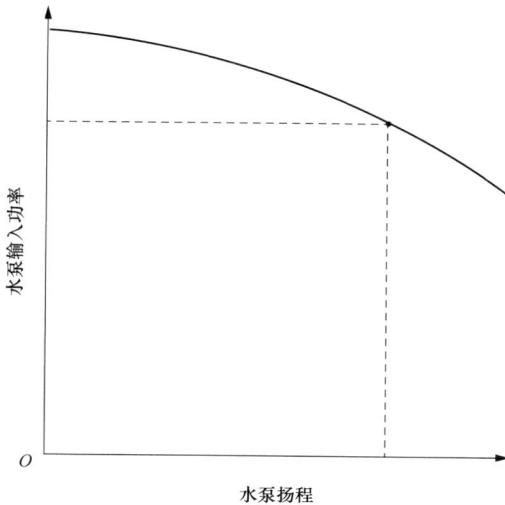

图 2-41 定速机组水泵特性

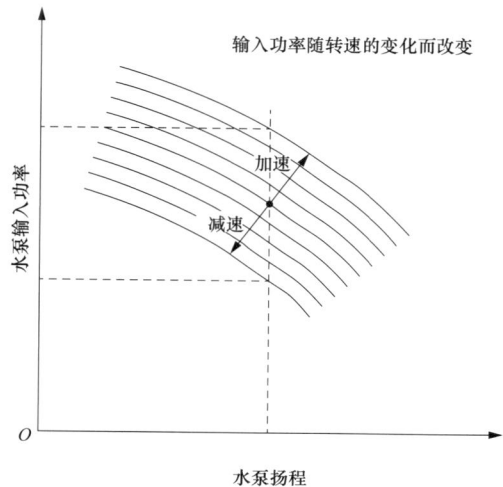

图 2-42 可变速机组水泵特性

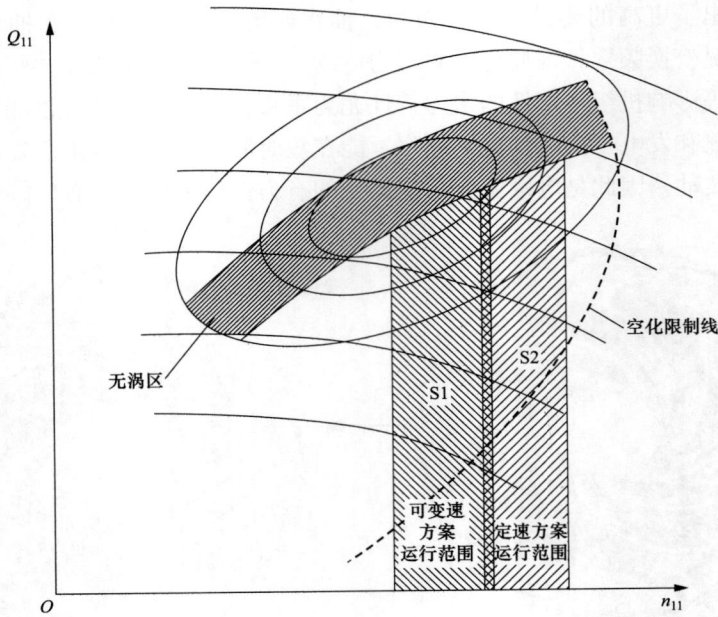

图 2-43　可变速机组水轮机工况效率特性曲线

2. 可变速水泵水轮机的水力设计难点和方法

由于在水轮机工况下，在运行区域可通过调节机组转速，使机组运行在最佳工况的位置附近。因此可变速水泵水轮机的水力设计难点在水泵工况，从图 2-44 可以看出，水泵水轮机水泵工况的扬程变化范围和转速变化范围受到转轮空化及"驼峰"特性的限制，还受到水泵扬程-功率曲线斜率 K 的影响。因此在进行可变速水泵水轮机水泵工况的水力设计时，应注重以下几点：

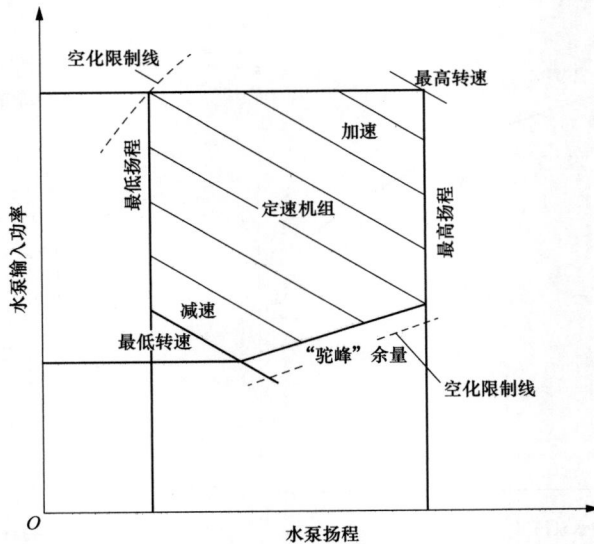

图 2-44　可变速机组水泵工况运行示意图

（1）着重改善水泵大流量和小流量的空化特性，增大曲线两侧初生空化流量的比值。

（2）尽量提高"驼峰"特性区裕度，增大运行适应范围。

（3）通过改变叶片翼型来改变斜率 K，从而调节转速及功率的变化范围。

但以上几点并不一定都要做到，优化程度还是取决于电站的实际要求。

第三章

水泵水轮机模型试验技术

水泵水轮机模型试验是利用相似理论制作一套与原型机几何相似的水泵水轮机，按照试验规程设定一定的试验条件对原型机的各项性能和参数进行模拟测试的试验。通过水泵水轮机模型试验得到的水泵水轮机水力性能基本能够完全反映未来原型机的水力性能，包括无法在原型机上进行试验得到的特性，并通过相似换算后得到原型机的运行特性。

依据试验结果，可以针对不同的电站参数进行合理的选型设计，为不同的电站选定最为合适、性能最优的水泵水轮机，并为制造原型水泵水轮机提供依据，同时向用户提供水泵水轮机可靠的保证参数。电站运行部门也可根据试验结果，结合电网需求，分析水泵水轮机的运行特性，合理地拟定机组的运行方式和运行范围，提高机组运行的经济性和可靠性。在机组发生事故时，可以通过模型水轮机试验资料分析事故原因，查找解决方法。另外，也可以通过模型试验模拟同一工况，对机组特性进行详细研究，以获得有指导意义的试验数据，为水泵水轮机的研究、运行提供依据。

目前，水泵水轮机模型试验是水泵水轮机水力开发和性能验证不可缺少的环节。本章主要介绍水泵水轮机模型试验条件、模型试验台、水泵水轮机模型试验及验收试验。

⊞　第一节　水泵水轮机模型试验条件

基于相似理论，水泵水轮机模型试验在满足水力相似的同时，对模型尺寸和试验状态也提出了相应的要求。

一、水力相似

为获得模型水泵水轮机和原型水泵水轮机的水力相似，应该满足几何相似和速度相似两个条件。

（1）几何相似。几何相似主要确保原型机与模型机从蜗壳进口到尾水管出口的过流表面对应线性尺寸成比例，且对应角相等。原型机和模型机之间几何相似，即两台机组的过流轮廓是相似图形，可以按照某一比例放大或者缩小后两者相互重合。

（2）速度相似。两台机械在任何相似点的相应速度矢量的比值一定，转轮相应的速度三角形几何相似（主要包括绝对速度、圆周速度和相对速度）。由此，在相应的运行工况点，两台机械有确定的流量、比能和空化系数，即流量系数 $(Q_{nD})_M = (Q_{nD})_P$，能量系数 $(E_{nD})_M = (E_{nD})_P$，空化系数 $(\sigma_{nD})_M = (\sigma_{nD})_P$；或有确定的流量因数、转速因数及空化系数，即流量因数 $(Q_{ED})_M = (Q_{ED})_P$，转速因数 $(n_{ED})_M = (n_{ED})_P$，空化系数 $\sigma_M = \sigma_P$。上述系数符号中下角标 M 表示模型机，下角标 P 表示原型机。表 3-1 为相关术语定义。

表 3-1 术 语 定 义

术语	定义	符号
流量系数	$\dfrac{Q}{nD^3}$	Q_{nD}
能量系数	$\dfrac{E}{n^2D^2}$	E_{nD}
空化系数	$\dfrac{NPSE}{n^2D^2}$	σ_{nD}
流量因数	$\dfrac{Q}{D^2E^{0.5}}$	Q_{ED}
转速因数	$\dfrac{nD}{E^{0.5}}$	n_{ED}
空化系数（托马数）	$\dfrac{NPSE}{E}$	σ

注 表中 Q 为流量；n 为转速；D 为转轮直径；E 为水力比能；$NPSE$ 为净正吸入比能。

通常情况下，模型试验时，不可能同时满足全部相似数，原型机和模型机主要遵循惯性力相似和压力相似，即欧拉数（压力/惯性力）和韦伯数（惯性力/表面张力）的相似，而雷诺数（惯性力/黏性力）和弗劳德数（惯性力/重力）相似无法满足。

在实际模型试验中，实现雷诺数相似是很困难的，这主要是由于雷诺数的大小主要取决于机组尺寸，如果模型机和原型机的雷诺数完全相同，会出现以下几种情况：一种情况是模型尺寸要制作到与原型尺寸一致，这就失去了模型试验的意义；另一种情况是在模型机组上提高相应的试验参数，举例来说，某原型机组直径为 2.4m，额定转速为 100r/min，当相应模型机组直径为 0.25m，则要求试验转速达到 9216r/min，在试验室实现这一条件是很困难的。实际上从水力摩擦阻力观点分析，雷诺数达到一定数值后，水轮机流道中的摩擦阻力系数仅与相对粗糙度有关，而与雷诺数无关。这就意味着，雷诺数达到一定数值后，对机组的效率没有影响。因此，一般在模型试验中规定最小雷诺数即可。同时，由于比尺缩小，当将模型结果转换到原型条件时，必须对模型试验结果进行修正。如果模型性能数据的雷诺数与规定雷诺数不同，也要进行这种修正。

弗劳德数是重力相似准则。水泵水轮机内部流动是属于有压流动，水流质点本身所受到的重力作用比由相邻质点传递来的压力要小很多，因此在模型试验时可不考虑弗劳德数相似。

二、模型尺寸和试验条件

为了在模型和原型之间得到较好的水力相似，除了模型机和原型机几何相似及模型机和原型机表面粗糙度须达到规定要求外，水泵水轮机模型尺寸最小值、雷诺数及单位比能 E 也需满足规定要求，国际标准 IEC 60193：1999 和国家标准 GB/T 15613—2008

均对这些参数进行了规定（见表 3-2）。在实际的模型设计中，模型尺寸不能低于规定值，但可根据试验条件尽可能增大模型尺寸。

表 3-2　　　　　　　　　　　**水泵水轮机模型尺寸最小值及试验参数**

参数	条件
雷诺数 Re	4×10^6
单位比能（每级）$E(\text{J/kg})$	100
转轮低压侧直径 $D_2(\text{m})$	0.25

注　1. 在遵守弗劳德数相似条件下进行空化试验，所选的比能值可导致雷诺数低于规定值。
　　　2. 若 $D_2 \geqslant 0.4\text{m}$，则 $E_{\min} = 20\text{J} \cdot \text{kg}^{-1}$。
　　　3. 对于水泵水轮机若其外径等于或大于 0.5m 时，则其公称直径在 $0.2\text{m} \leqslant D_2 \leqslant 0.25\text{m}$ 内应该是允许的。

三、试验状态稳定性

模型试验过程中，各种测量数值不可避免地存在波动。这些波动是由试验台（如水泵、节流装置、低压控制系统等）和模型装置内部水流流动（如尾水管中的漩涡、机组运行时的脱流等）引起的，这样的波动在很大频率范围内呈周期性或随机性，会对试验结果造成影响。因此模型试验时，尽量保持试验条件的稳定和不变，以确保所有试验工况点测试结果的精准和可重复。

1. 测量期间的稳定性和波动要求

每个工况点测量之前及期间，试验台的运行稳定性对同一工况点不同测量值的重复测量结果应在规定的随机不确定度之内。因此测量的各个关键量，如流量、比能、速度和净正吸入比能的漂移均应在很小范围内，一般要求在 ±0.3% 之内。

2. 工况点的调节和测量

水泵水轮机分为稳态工况和过渡工况，这两种工况下，工况点的调节和测量有所区别。

在稳态工况，当被测量的工况点（速度因素、流量因素、压力因素或其他无量纲）确定后，调节试验条件尽可能接近这些规定值，现行标准中要求保证测量值与规定值之间偏差不超过 ±0.5%，空化系数不超过 ±0.3%。

在过渡工况，机组运行不稳定，工况变化迅速，测量数据波动大，且来回跳跃，试验工况调节难度很大。为改善过渡工况下的测量或运行条件，通常会对模型试验台管路和控制系统进行改进，如在模型试验台管路系统上增加稳流设备，在主管路上增加截面缩小的旁通管，以提升系统阻力，提高工况运行的稳定性。对控制系统提升精确调节能力，使工况调节时的调节步长缩小，进而提高工况调节的精确性，最终提升测量的准确度。

⽔ 第二节　水泵水轮机模型试验台

随着水力设计技术和设计理念的进步，对模型试验的准确性和测试精度的要求也越来越高，国内骨干水电设备制造厂家均建设了高精度、高水头水力模型试验台，并建造了水泵水轮机模型试验专用试验台。水泵水轮机模型试验台系统须要具备双向运行能力以满足水轮机和水泵两种运行模式的试验需要，同时由于抽水蓄能机组运行的特殊性，致使水泵水轮机模型试验台需要模拟更多的工况，试验的范围更宽。因此水泵水轮机模型试验台的建设要求高，难度大。通常情况下，水泵水轮机模型试验台主要分为试验台机械系统、试验台测试系统和试验台电气系统三大部分。

一、试验台机械系统

水泵水轮机试验台机械系统主要包括供水泵、机械管路、电动阀门、压力泵、真空泵、尾水压力罐、模型装置、测功电动机、流量率定筒及其他辅助系统。试验台机械系统示意图如图 3-1 所示。

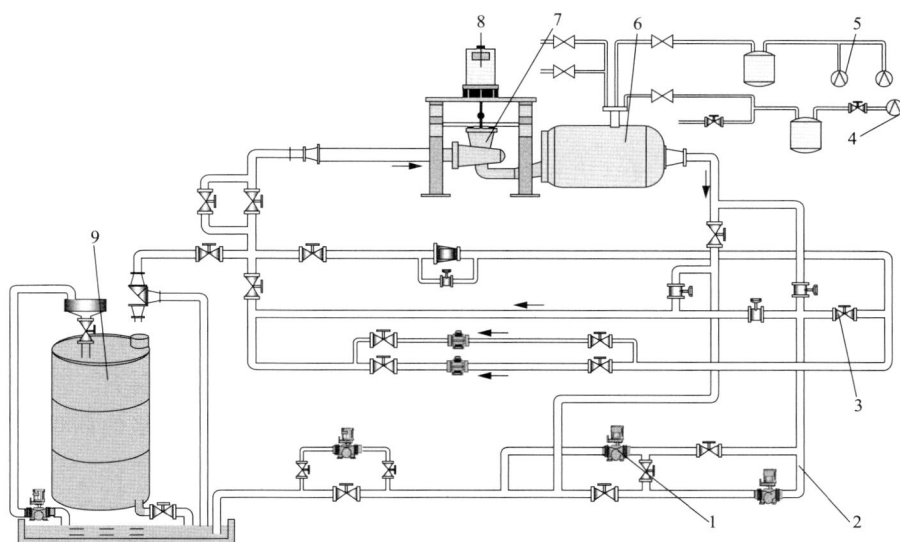

图 3-1　水泵水轮机试验台机械系统示意图
1—供水泵；2—机械管路；3—电动阀门；4—压力泵；5—真空泵；
6—尾水压力罐；7—模型装置；8—测功电动机；9—流量率定筒

1. 供水泵

水泵水轮机试验台的供水泵需要具有双向运行的功能，在不同试验工况有着不同的作用。在水轮机试验工况时，为水流提供动力，使水流对模型转轮做功，完成能量转换；在水泵试验工况时，作为消能装置，降低水流的压力，起到调节流量的作用。供水泵通常采用双吸式离心泵，通过直流电动机拖动。为满足大容量、高扬程水泵水轮机的开发需要，水泵水轮机模型试验台的供水泵需要具备扬程高、流量变化范围大、稳定性好等性能。

2. 机械管路

模型试验台机械管路用以连接供水泵、水泵水轮机模型装置、尾水压力罐、流量率定筒等，需能承受一定压力，且要耐腐蚀，同时管路内部要光滑，避免有太大的水阻损失。

3. 电动阀门

电动阀门用以切换系统各管道，以实现试验台各种运转方式。电动阀门的操作灵活性要好，且可手动操作，密封性要好。

4. 压力泵

在尾水罐需要形成正压时，使用大功率的压力泵，使尾水罐压力升高，满足试验所需的正压要求。

5. 真空泵

在尾水罐需要形成负压时，使用大功率的真空泵，使尾水罐压力降低，满足试验所需的负压要求。

6. 尾水压力罐

水泵水轮机试验台在尾水侧设置一个压力罐，用于稳定液流和形成正、负压的试验条件。

7. 模型装置

用以进行模型试验的水泵水轮机模型装置详见本节"四、水泵水轮机模型装置"。

8. 测功电动机

水泵水轮机试验台的直流测功电动机与供水泵相同，需要具备双向运行的功能，以满足水泵水轮机双向运行的需求，在水轮机试验工况下作为发电机运行，将模型机组的输出功率转换后，通过测力系统测量得到机组的输出功率；在水泵试验工况下作为电动机运行，带动模型机组作为水泵运行。

9. 流量率定筒

流量率定筒用于原级标定流量计，通常采用质量法或容积法进行标定。质量法即在一定时间内将一定质量的水头切入校准筒（称重筒），然后称出切入水的质量，从而计算出该时间内流量的平均值；容积法与质量法具有同样的精度，同样是在一定时间内将一定质量的水头切入校准筒（容积筒），然后通过液位尺计算出切入水的体积，从而计算出该时间内流量的平均值。

10. 其他辅助设备

其他辅助设备主要包括支撑模型装置轴系的轴承、联轴节及轴承的供油系统等。

二、试验台测试系统

水泵水轮机模型试验台测试系统分为测试系统硬件和测试系统软件两个部分。测试系统硬件分为数据采集和数据调理两部分。数据采集和处理系统的输出必须是对测量对象的真实反映，且能够允许使用并行的连接设备对所有测量环节的仪器进行原位见证标定，通过原级方法检验整个数据采集系统是否在规定范围内再现测量对象。这就决定在标定和性能试验过程中应使用同样的信号路径、同样的硬件。测试系统应配备对所有测量环节进行检查的并列仪器，以满足在试验运行条件下，可以将采集系统的结果与参照仪器进行比较。

1. 测试系统硬件

测试系统硬件由主控计算机、分析显示计算机、传感器、信号调理机箱和测试电缆组成。数据采集系统采集的试验参数经过软件计算出效率、空化系数等数据，实时数据和计算数据都存入数据库，经过分析后，显示计算机通过网络得到这些数据，绘制出标准的试验曲线。测试系统组成如图3-2所示。

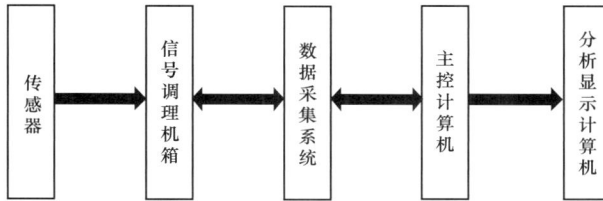

图 3-2　水泵水轮机试验台测试系统组成

2. 测试系统软件

测试系统软件主要用于对测试系统硬件采集到的数据进行记录和分析，并最终以能够充分说明试验结果、机组性能的数据和图表形式呈现出来。通常情况下，建议采用图形化编程和数据计算分析具有优势的软件开发系统。目前，国内外水力机械制造厂家普遍采用以美国 NI 公司的图形化编程软件 LabVIEW 为核心进行编写。该软件在 Windows 操作系统下开发，在以 LabVIEW 为核心的前提下，兼顾 C 语言与 MATLAB 等文本语言进行混合编程，充分发挥了各种开发软件在数据采集，图形化界面以及数据处理与分析上的优势，整个测试系统应用软件分为三部分：传感器率定部分、试验数据采集部分和数据处理部分。

三、试验台电气系统

水泵水轮机模型试验台的电气控制系统通常采用具备远程控制功能的控制设备和控制技术，实现对系统设备和模型试验装置的状态控制和监视，并通过通信与测试测量系统进行双向数据交换，在两部分的共同配合下，高效准确地完成各项水力试验任务。此外，电气系统具有手动控制和自动控制程序，由操作人员自行选择控制方式。为确保手动优先的原则，在自动试验过程中，操作人员根据现场实际情况，可随时将试验无扰动切换至手动试验模式，确保试验的人工主动权，防止由于软件故障造成事故发生。以某水泵水轮机水力试验台为例，水泵水轮机水力试验台控制系统由一套可编程逻辑控制器（Programmable Logic Controller，PLC）控制站、两台运行监控工作站、一套自动化系统软件、一套摄像监视工作站以及通信网路构成。通信网路分为上、下两级，上位级采用对等结构的以太网，过程级采用 Profibus-DP 现场总线。中央控制设备以西门子公司S7-315 产品为主体，远程输入/输出站采用分布式 ET200。控制系统包含可编程逻辑控制器控制柜、电气控制柜、摄像视频系统、系统软件、系统网络硬件（交换机、网线、通信线等）等设备和 3000V 不间断电源。

1. 可编程逻辑控制器柜

可编程逻辑控制器柜是电气系统的重要控制部件，其性能优劣影响系统稳定性的好坏。系统采用了高性能模块化的可编程控制器为系统的核心控制部件。该产品的模块可靠性高，而且其坚固的结构，保证即使在最恶劣的现场环境下也能可靠地工作。

2. 电气控制柜

系统共配置了阀门控制柜及电气控制柜，用于试验台试验设备的供电和控制。电气控制柜采用德国 Rittal 柜体。主要电气元件空气开关、接触器、热继电器等均采用西门子公司产品。

3. 摄像视频系统

视频监视系统主要用于试验过程中，通过摄像头观察试验设备状态，供试验人员实时监控，并由摄像系统保存影像供事后分析。视频信号采集系统由摄像机、视频转换器、高清录像机、视频分配器等组成。

4. 系统软件

试验台上位机控制系统软件采用功能强大的多媒体仿真柔性操作软件，主要用于数据采集和人机接口。该软件是标准化、规模化的控制软件。通过采用图形结构语言，并结合多媒体技术开发而成的试验站专用软件，真正实现了管控一体化，该软件可以实现以下功能：

（1）试验流程的总图及分画面显示。在监控计算机显示器上显示全部工艺流程的总图及各个分画面，在总图上不但可以对全部设备运行情况进行监控，还可以在总图上通过画面选择标签，方便快速地切换到任何一个分画面，以便对设备的运行状况进行监控和管理。

（2）试验流程的动态显示。实时动态显示全系统试验流程、各主要设备的运行状态及过程控制的运行趋势，使试验操作人员能全面掌握当前试验系统运行情况。

四、水泵水轮机模型装置

为准确地模拟原型机运行状态，水泵水轮机模型装置自蜗壳进口到尾水管出口整个流道须与原型水泵水轮机几何相似。对于模型装置的尺寸既不能太小，也不宜过大。一般来说，模型尺度越大，则过流部分的几何形状加工相对精度越高，试验数据更准确。但是过大的模型尺寸，在模型安装过程中不易操作，加工制造费用增加，且随着其尺寸的增加，机组的过流量、出力及扬程/水头等相应测量值都变大，对机组的刚强度、试验条件及测试设备等的要求更高。因此模型转轮的比例要进行技术经济比较后合理确定，使其既能保证必需的试验精度，又便于加工制造和设备安装，且费用合理。根据目前的加工制造水平和试验水平，水泵水轮机模型转轮低压侧直径一般为 0.25~0.40m，最大不超过 0.60m，同时模型水泵水轮机的尺寸偏差不大于相关标准规定的允许偏差最小值。

模型试验装置主要加工部件有模型转轮、导水机构和模型座环、蜗壳、锥管、肘管和扩散管等。模型试验装置加工与真机加工不同，具有小而精的特点。在模型装置精细化加工方面，近十多年来，我国水泵水轮机模型装置加工水平得到快速提升，质量不断提高。

1. 模型转轮加工

20 世纪 60 年代至 90 年代初，模型转轮的叶片加工主要采用手工打磨，叶片曲面形状采用组合样板控制。模型转轮上冠、下环材质为普通钢，过流面采用普通车床加工，加工误差较大。叶片、上冠、下环间采用立体刮板定位，用锡焊加固。该方式加工精度低、周期长、质量难以保证，整体强度较低，在试验过程中容易产生锈蚀、开裂和焊缝开裂、脱落等现象。

20世纪90年代后，随着数控镗铣床的广泛应用，实现了单个叶片的数控加工，单个叶片加工工艺日趋完善，加工效率大大提高，并逐步取代了手工打磨叶片的加工方式，叶片的加工精度较高。同时，上冠、下环的材质改为铜质材料，与叶片的连接方式上也有了一定改进，提高了模型转轮的整体强度，转轮的整体质量有了较大提高，并缩短了加工周期。

到21世纪初，水泵水轮机模型转轮已全部采用分块拼装式结构，彻底取代了单个叶片的数控加工工艺。如今已全部采用插槽式结构，加工质量有了质的飞跃（见图3-3）。

图3-3　加工后的模型转轮

2. 模型装置活动导叶加工

20世纪70年代，主要以手工加工的活动导叶为标准模具，仿型加工活动导叶，加工精度较差、效率较低。目前，已实现所有导叶的数控加工，保证了活动导叶加工的一致性，加工精度高、周期短。

3. 模型装置蜗壳加工

以往水泵水轮机模型蜗壳一直采用焊接式结构，蜗壳管段采用3mm左右厚的钢板，分段成型装焊到座环上，这种结构的缺点是，在座环上的焊接位置不易控制，管段与管段之间形状较难吻合，加工误差大，内部流道表面质量差，并且挂装后整体焊接变形较大，流道尺寸不易保证。通过不断探索，目前已经成功地实现了分半式水泵水轮机模型蜗壳数控加工，使模型蜗壳加工质量大幅提升（见图3-4和彩图3-4）。

4. 模型装置座环加工

模型座环加工以前采用上、下环板与单个固定导叶拼焊的结构，随着模型蜗壳结构的改进，座环目前也采用数控加工，外观质量和制造精度都得到非常大的提升（见图3-5和彩图3-5）。

5. 锥管

模型装置的锥管采用有机玻璃材质，以便观测转轮内部和尾水的流态。随着抛光技术的改进，目前有机玻璃的透明度大幅提升（见图3-6），更有利于水泵水轮机模型试验过程中流态的观测与成像。

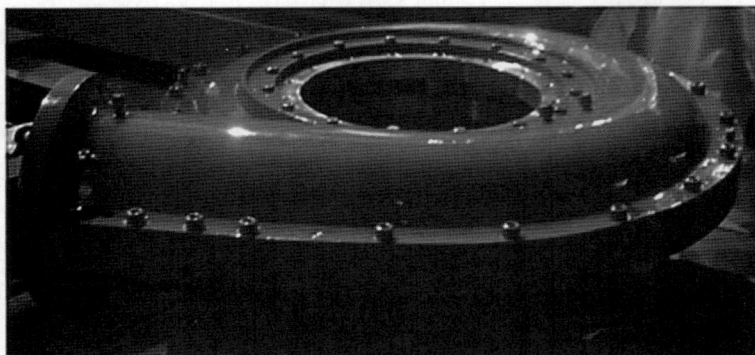

图 3-4　模型装置蜗壳

图 3-5　数控加工后的模型座环

6. 模型装置肘管和扩散管加工

模型装置肘管、扩散管的结构形式一直采用钢板成型拼焊式结构，沿用至今，目前所用材料主要为不锈钢。为进一步提高肘管制造精度，肘管逐步采用分半式结构，采用数控加工并对过流表面进行抛光处理（见图3-7）。

图 3-6　有机玻璃锥管

图 3-7　模型肘管

⠿ 第三节　水泵水轮机模型试验

水泵水轮机模型试验包括能量试验、空化试验、压力脉动试验、全特性试验、力特性试验和异常特征水头试验等。水泵水轮机模型试验试验前需要进行设备仪器标定，确认试验台设备、仪器正常后进行各项试验，记录试验结果并进行试验结果分析处理，形成最终试验报告。

一、设备仪器标定

为了保证模型试验结果的准确性，模型试验前要对各测量仪器仪表进行标定，标定的仪器设备要有计量部门的有效认可证书。

1. 流量计标定

水泵水轮机试验台流量测量通常使用电磁流量计或涡轮流量计，试验前须采用质量法或容积法对其进行原位标定。原位标定是指在不拆卸测量传感器，保持与测试状态一致的情况下，对传感器进行的标定。标定时循环系统开敞运行，水泵从水库取水，经由管路和流量计，由偏流器将水注入校准筒中，同时记录注水时间。当校准筒中的水由低液位升到较高液位时，稳定后可通过称重传感器或液位尺得到注入液体质量或水体积，计算出流过流量计的标准流量作为标准值。将标准值与传感器的测量值作比较，可得本地误差为 $E_r = \dfrac{测量值-标准值}{标准值} \times 100\%$。通过管路切换，流量计可以进行正、反向标定。流量标定系统中的标准砝码（质量法）、校准筒（容积法）定期由国家计量部门进行原位率定。

在水泵水轮机试验台流道系统和流量测量仪器之间，应尽可能不要有水的流失和增加。如果存在附加流量，应对其进行单独测量。通常情况下，水泵水轮机模型试验需要针对水轮机工况和水泵工况进行流量测量。为提升流量测量的精确度，在测量两个工况的流量时，应尽可能保证水轮机试验工况和水泵试验工况两种工况下的水流流经传感器的方向一致（见图 3-8）。

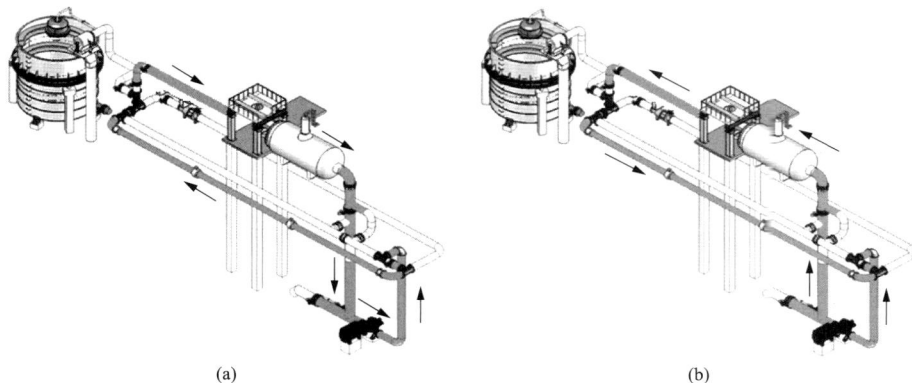

(a)　　　　　　　　　　　　　　(b)

图 3-8　流量标定系统示意图

（a）水力试验台（可逆台）水轮机工况；（b）水力试验台（可逆台）水泵工况

2. 力传感器标定

水泵水轮机的功率 P_M 按式（3-1）计算获得：

$$P_M = 2\pi n_M T_M \tag{3-1}$$

式中　　n_M——模型试验转速，r/min；

　　　　T_M——模型水泵水轮机力矩，N·m；$T_M = T \pm T_{Lm}$，其中 T 为转轮主轴力矩，T_{Lm} 是由于密封和轴承布置而产生的摩擦力矩，水轮机转向取正，水泵转向取负。

要获得水泵水轮机功率，首先需要确定模型水泵水轮机的力矩。测量力矩通常采用力矩传感器。力矩传感器通常包括主轴力矩传感器和摩擦力矩传感器。对力矩传感器的标定是由作用于托盘上的标准砝码的质量作为标准值与传感器输出的测量值进行比较，得到满量程误差，$E_r = \dfrac{测量值 - 标准值}{满量程值} \times 100\%$。力矩标定系统中的测功力臂和标准砝码定期由国家计量部门进行检定。图 3-9 为测功力矩标定系统示意图。

3. 压力传感器标定

水泵水轮机模型压力使用压力传感器测量，其测量结果主要用于计算试验水头和尾水压力。压力传感器标定通过压力校验仪加减压力值作为标准值与传感器输出的测量值进行比较，得满量程误差 $E_r = \dfrac{测量值 - 标准值}{满量程值} \times 100\%$。水头/尾水压力标定系统中的压力校验仪定期由国家计量部门进行检定，通过压力泵来改变标定系统的压力，图 3-10 和彩图 3-10 为压力标定系统示意图。

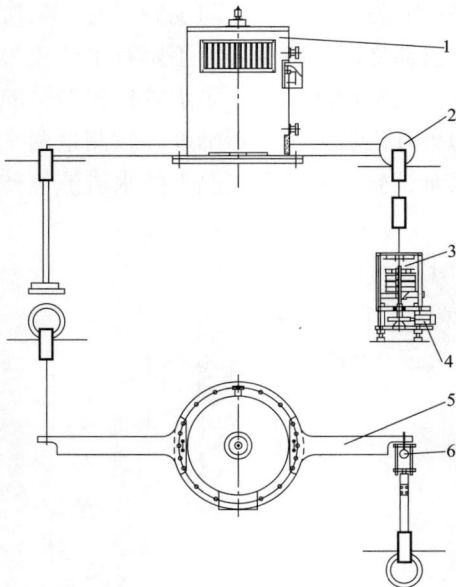

图 3-9　测功力矩标定系统示意图

1—测功电动机；2—刀口轴承；3—标准砝码；

4—砝码加载机；5—测功力臂；6—主力矩传感器

图 3-10　压力标定系统示意图

1—压力传感器；2—压力校验仪；

3—压力泵

4. 转速传感器标定

转速传感器的标定通常采用比对法，即将传感器安装于工作部位，调节传感器与齿盘的距离，检查转速传感器零位输出。转动磁盘，将所测得的数值和转速表测得的数值进行校核。图 3-11 为转速传感器标定系统示意图。

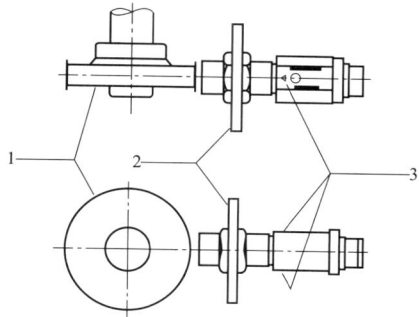

5. 水温和大气压力传感器标定

系统水温传感器和大气压力传感器定期由国家计量部门进行检定。

图 3-11　转速传感器标定系统示意图
1—测速齿盘；2—安装支架；3—定位标记

6. 蜗壳压差/尾水管压差传感器标定

蜗壳压差/尾水管压差可采用 U 形管或差压传感器进行测量，差压传感器使用压力校验仪进行标定，标定方法同压力传感器标定。

7. 活动导叶开度测量仪器的标定

活动导叶开度通常采用角位移传感器进行测量，用标准塞块进行标定。

8. 导叶水力矩测量仪器的标定

导叶水力矩采用在特殊导叶上贴应变片或加装应变传感器的方法进行测量，使用标准砝码进行标定（见图 3-12）。

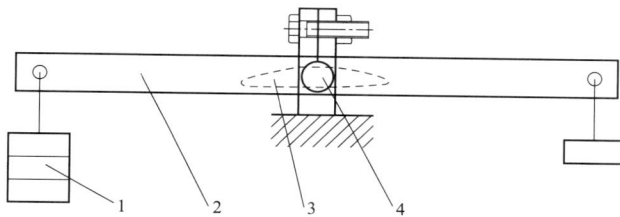

图 3-12　导叶水力矩标定示意图
1—标准砝码；2—力臂；3—活动导叶；4—贴有应变片的导叶轴

9. 压力脉动传感器标定

目前对压力脉动的测量采用动态压力传感器，传感器的灵敏度为 15mV/kPa，分辨率小于 0.007kPa，频率范围为 0.5～250kHz，覆盖了试验机械所能达到的最大过流频率，可以对压力脉动迅速、准确地作出响应。压力脉动传感器在试验前后用动态压力标定仪（精度 ±0.2%FS）进行标定。

二、性能试验

水泵水轮机性能试验有能量试验、空化试验、压力脉动试验、全特性试验、力特性试验和异常特征水头试验等。

（一）能量特性试验

水泵水轮机能量特性试验包括水轮机工况能量特性试验和水泵工况能量特性试验。

1. 水轮机工况能量特性试验

水轮机工况能量特性试验的主要目的是确定各种工况下的水轮机效率和输出功率。

水轮机工况能量特性试验需要测定水轮机工况最优效率点、加权因子效率点等内容，并依据测试结果绘制综合特性曲线和计算特征参数。试验通常是以定水头、改变测功机转速和导叶开度来实现的。

（1）水轮机最优效率确定。目前按照国际标准 IEC 60193：1993 模型效率换算原则，模型效率换算首先要确定模型最优效率点后，然后才能按二步法换算到某一固定模型雷诺数 Re_{uM} 下的效率 η_M^*（如 7.0×10^6）。模型效率最优效率点的确定，通常是在最优效率点开度附近加密测量，找到最优效率点后，对该效率点多次连续采集，取其平均值作为此模型水轮机工况的最优模型效率点（见表 3-3）。

表 3-3　　　　　　　　　　　　　　　水轮机最优工况试验结果

序号	$\alpha_0(°)$	$n_{11}(r/min)$	$Q_{11}(m^3/s)$	$\eta_M^*(\%)$
1				
2				
...				

（2）能量试验及综合特性曲线绘制。模型试验范围覆盖电站运行范围，一般选用 10～15 个导叶开度，分别在各个开度 α_0 下进行若干个（5～10 个）不同工况点的测试，主要测量模型机组流量、水头、力矩、转速等参数。将测得的试验数据换算成单位转速 n_{11} 和单位流量 Q_{11}，并以单位转速 n_{11} 为纵坐标，单位流量 Q_{11} 为横坐标，将各等效率点平滑连接起来，得到的曲线即为水轮机工况的综合特性曲线，如图 3-13 所示。

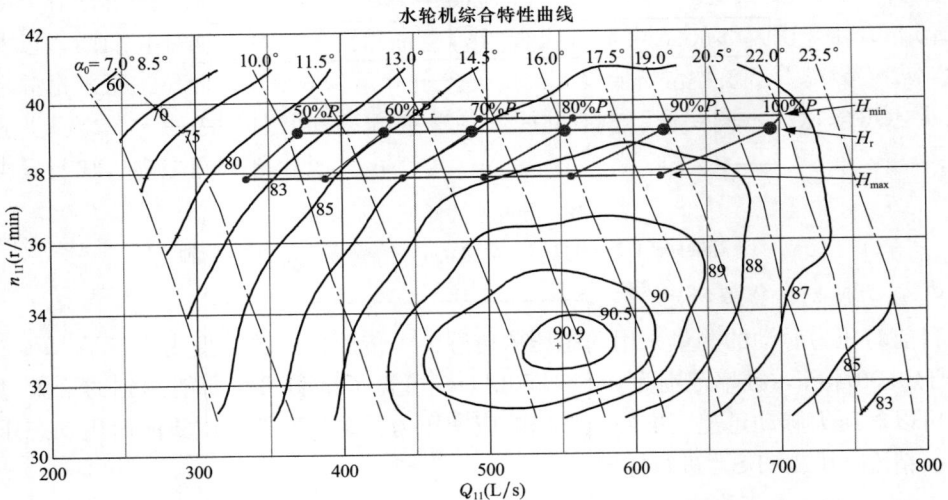

图 3-13　水轮机综合特性曲线（图中圆点为加权点，圆点大小为权重值大小）
P_r—额定功率；H_{min}—最小水头；H_r—额定水头；H_{mxa}—最大水头

此综合特性曲线不仅表示了水轮机工况的工作特性，同样反映了与该模型水泵水轮机几何相似所有不同尺寸，工作在不同水头下的同类型原型水泵水轮机的工作特性。通过综合特性曲线，结合某一具体电站参数，可以清晰地了解到模型水泵水轮机的最优效率、额定点效率、电站运行范围等相关特性信息。

（3）特征参数换算和计算公式。各模型试验台进行模型试验的条件（模型尺寸、水

（温）不尽相同，为方便比较试验结果，在效率保证范围内，由模型水泵水轮机特性换算成原型水泵水轮机特性，按国际标准 IEC 60193：1999 试验效率换算到模型雷诺数 $Re_{uM}=7\times10^6$ 下，由模型换算到原型的主要参数为流量 Q、水头 H、力矩 T、转速 ω、功率 P、效率 η。

水轮机工况效率：

$$\eta=\frac{T\omega}{\rho gQH} \tag{3-2}$$

（4）水轮机加权效率、输出功率。

1）加权平均效率。水轮机工况最优效率点因为只是一个工况点，存在局限性，不能完全反应水泵水轮机在水轮机工况的性能指标。因此在水泵水轮机选型进行比较时，通常用水泵水轮机加权平均效率作为保证值指标。

加权平均效率定义是在保证输出功率或流量下测点的效率 η_1，η_2，η_3，……与其相应的商定加权因子 W_1，W_2，W_3，……用算术法求出的效率，其计算公式为：

$$\eta_w=\frac{W_1\eta_1+W_2\eta_2+W_3\eta_3+\cdots}{W_1+W_2+W_3+\cdots} \tag{3-3}$$

式中　W——对应工况下的加权因子；

　　　η——对应工况加权因子下的水轮机效率。

2）额定点效率、输出功率。水轮机额定点效率和输出功率也是水泵水轮机水轮机工况的重要参数指标，表 3-4 为额定工况点模型试验及原型机换算参数。

表 3-4　　　　　　　　　　　　水轮机额定工况参数

参数	模型值（Re_{uM}）				原型值			
	n_{11}	Q_{11}	η_M^*	α_0	H	Q	P	η_P
模型试验	(r/min)	(m³/s)	(%)	(°)	(m)	(m³/s)	(MW)	(%)
试验值								

2. 水泵工况能量特性试验

水泵工况能量特性试验的主要目的是确定水泵的效率、扬程、驼峰裕度和输入功率。试验是通过定测功机转速和改变流量大小的方法来获得各开度下的流量扬程 $H\text{-}Q$ 曲线、流量效率 $\eta\text{-}Q$ 曲线和流量输入功率 $P\text{-}Q$ 曲线。模型效率按二步法换算到某一个固定模型雷诺数 Re_{uM}（如 7.0×10^6）下的效率。

（1）水泵最优效率确定。水泵最优效率确定的方法与过程同水轮机工况最优点确定的方法，最优点确定后在最优效率点开度附近加密测量，进行水泵最优效率点搜索，找到最优效率点后，对该效率点多次连续采集，取其平均值作为此模型水泵工况的最优模型效率点（见表 3-5）。

表 3-5　　　　　　　　　　　　水泵最优工况试验结果

序号	Q(m³/s)	H(m)	α_0(°)	η_{Mopt}(%)
1				
2				
…				

（2）水泵特性曲线绘制。由于水泵工况的 H-Q 曲线和 η-Q 曲线随导叶开度变化很小，在小流量区等开度线还有交叉，因此不能像水轮机工况那样在 n_{11}-Q_{11} 坐标上用等开度线来展开效率圈。水泵工况的能量特性曲线以流量为横坐标，以效率、扬程和输入功率为纵坐标来表述，如图 3-14 所示。

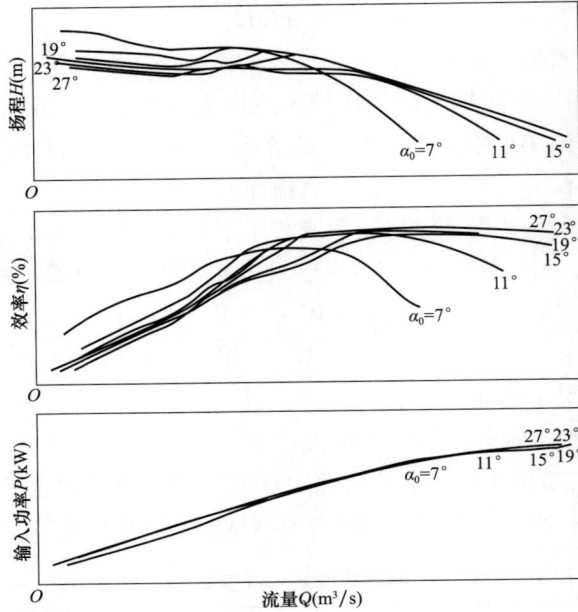

图 3-14　水泵工况性能特性曲线

（3）特征参数换算和计算公式。水泵特征参数的换算与水轮机特征参数换算类似，相关换算公式见第二章第一节。

（4）水泵加权效率。按照水泵工况不同导叶开度下 H-Q 曲线和 η-Q 曲线的包络线上的加权因子点（见图 3-15，以 7 个加权点为例）计算加权效率，水泵加权计算公式与水轮机加权计算公式一样，表 3-6 给出了水泵加权平均效率计算点。

表 3-6　　　　　　　　　　　　　**水泵加权点效率试验结果**

参数	水泵扬程（m）						
	1	2	3	4	5	6	7
加权点权重							
模型效率（%）							
原型效率（%）							
输入功率（MW）							
原型流量（m³/s）							
导叶开度（°）							

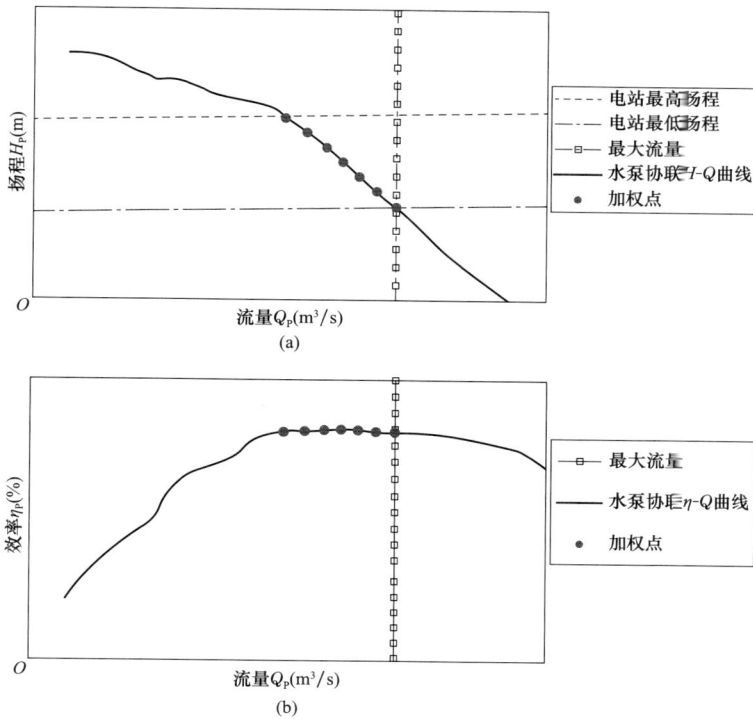

图 3-15　水泵工况性能特性曲线加权点
（a）水泵工况能量特性曲线（H-Q）；（b）水泵工况能量特性曲线（η-Q）

（5）水泵驼峰裕度。模型试验时，针对水泵 *H-Q* 特性曲线，在水泵最大扬程和最小运行开度下确定驼峰裕度。驼峰裕度的计算通常采用图 3-16 所示正斜率区谷底值的取值方式。如出现两个驼峰或多个驼峰，按第一个（水泵流量由大到小）出现正斜率区的驼峰进行驼峰裕度计算。

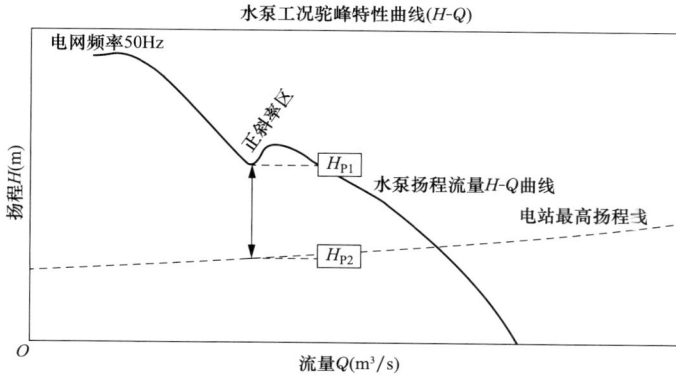

图 3-16　水泵驼峰裕度的选取（电网频率 50Hz 下）

驼峰裕度计算公式：

$$\Delta H = \frac{H_{P1} - H_{P2}}{H_{P2}}(\%) \qquad (3-4)$$

87

式中 H_{P1}——水泵在电网频率 50Hz 时驼峰谷底的最低扬程，m；

H_{P2}——水泵在电网频率 50Hz 时相应驼峰谷底的电站最高扬程，m。

（6）水泵最大输入功率。水泵最大输入功率试验是水泵性能试验中的一项重要内容。一般在水泵最大运行开度、最小扬程所对应的最大流量处，电网频率在某一给定频率下进行水泵最大输入功率试验。表 3-7 给出了水泵最大输入功率试验结果，其中原型输入功率 P_P^* 为考虑模型与原型之间可能出现误差的输入功率。

表 3-7　　　　　　　　　　　　　　水泵最大输入功率试验结果

频率	模型效率 $\eta_M(\%)$	原型流量 $Q_P(m^3/s)$	原型扬程 $H_P(m)$	原型效率 $\eta_P(\%)$	原型输入功率 $P_P(MW)$	原型输入功率 $P_P^*(MW)$
标准频率						
波动频率						

注 $P_P^* = P_P \dfrac{\eta_P}{\eta_M}$。

（二）空化特性试验

水泵水轮机空化特性试验包括水轮机工况空化特性试验和水泵工况空化特性试验两项内容。

1. 水轮机工况空化特性试验

空化试验是水泵水轮机测试中比较重要的一项试验内容，空化试验的目的是得到水泵水轮机在水轮机工况下的临界空化系数和初生空化系数，并在水轮机的综合特性曲线上绘制出等临界空化系数曲线和等初生空化系数曲线。

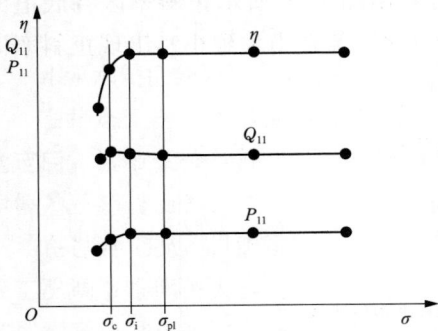

图 3-17　水轮机工况空化试验曲线

（1）空化试验方法。目前通常采用能量法进行模型水泵水轮机的空化试验，即保持试验开度、转速、水头不变，通过改变尾水罐内压力方式改变尾水罐的真空度（改变空化系数），根据水轮机工况能量指标（效率、流量、功率）的降低判断空化的产生。记录空化试验数据同时，画出 $\eta = f(\sigma)$、$Q_{11} = f(\sigma)$、$P_{11} = f(\sigma)$ 间关系曲线（见图 3-17），并在曲线上标出临界空化系数 σ_c、初生空化系数 σ_i、电站装置空化系数 σ_{pl}。初生空化系数 σ_i 定义为随着真空度的减小，在转轮两个或三个叶片表面开始出现可见气泡时所对应的空化系数。临界空化系数 σ_c 定义为随着真空度的减少，效率低于无空化工况效率一固定效率值（通常为 0.5%、1%）时的空化系数。电站装置空化系数 σ_{pl} 定义为原型机在运行条件下的空化系数。

（2）空化系数计算公式。

$$\sigma = \frac{NPSE}{E} = \frac{NPSH}{H} = \frac{\dfrac{p_2 - p_{va}}{\bar{\rho}} + \dfrac{v_2^2}{2} - g(z_r - z_2)}{H} \tag{3-5}$$

试验台根据测量方式简化为：

$$\sigma = \frac{\dfrac{p_2 - p_{va}}{\rho_2} + \dfrac{v_2^2}{2} - g(z_r - z_2)}{H}$$

(3-6)

式中　p_2——尾水传感器测得尾水罐中的绝对压力，kPa；

　　　p_{va}——试验水的汽化压力，kPa；

　　　ρ_2——尾水罐中水的密度，kg/m³；

　　　$\bar{\rho}$——平均水密度，kg/m³；

　　　v_2——水轮机低压侧测量断面处水的流速，m/s；

　$z_r - z_2$——模型安装高程与尾水位的压差，kPa。

（3）空化现象观测。随着技术的不断进步，模型试验已由单纯的外特性研究发展为兼顾外特性和内特性的研究，通过高清晰图像对模型水泵水轮机转轮进出口和尾水管锥管处的流动（即内特性）情况加以研究（见图 3-18 和彩图 3-18），已成为水泵水轮机模型试验研究的一项常规项目。

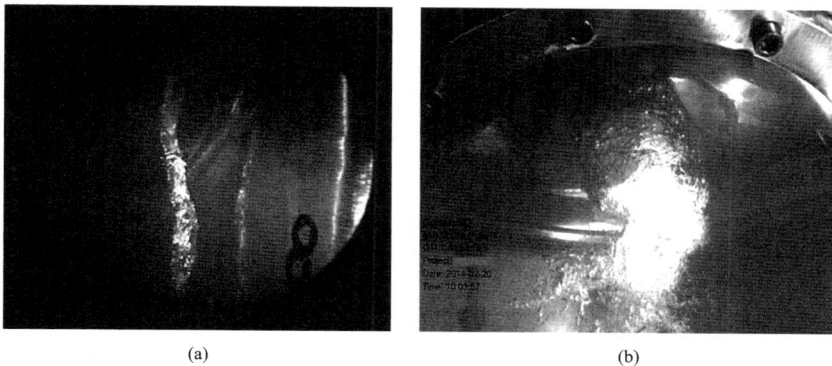

(a)　　　　　　　　　　　　　　　　　　(b)

图 3-18　水轮机工况空化现象观测

（a）转轮进口叶道涡现象；（b）转轮出口涡带现象

在以往的模型试验中，空化观测通过将尾水管锥管部分制成透明状态，在闪频光源的帮助下进行观测。该方式只能观察到尾水管中的涡带及转轮出水边部分的流动状况，而转轮进口部分的脱流和起源于叶片进水边与上冠交界处的叶道涡是无法观察到。而各种实践表明，叶片进水边初生空化和叶道涡对运行稳定性有较大的影响。为此，近年来发展了空化观测技术，通过建立流态观测成像系统等手段对空化现象包括脱流、空泡、旋涡的发生、发展进行观测和记录，并在模型试验特性曲线中标出出现这些现象的位置。

2. 水泵工况空化特性试验

水泵工况空化试验方法与水轮机工况空化试验方法类似，即保持试验开度、转速、水头不变，通过改变尾水罐内压力方式改变尾水罐的真空度（改变空化系数），根据气泡的产生情况和水泵能量指标（效率、流量、功率）的降低程度判断空化的产生。记录空化试验数据同时，绘制出效率 $\eta = f(\sigma)$、输入功率 $P = f(\sigma)$、扬程 $H = f(\sigma)$ 间关系

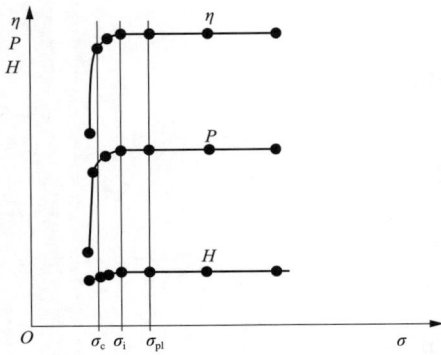

图 3-19　水泵工况空化试验曲线

曲线（见图 3-19），并在曲线上标出临界空化系数 σ_c、初生空化系数 σ_i、电站装置空化系数 σ_{pl}。

对水泵工况空化过程的观察和记录是水泵空化试验的重要组成部分。水泵小流量的初生空化现象发生在叶片的吸力面，可通过目视直接观察到［见图 3-20（b）和彩图 3-20（b）］，而水泵大流量下初生空化现象会在叶片压力面产生，无法目测，通常需借助相邻叶片反射和噪声来辅助判断加以确定［见图 3-20（b）和彩图 3-20（b）］。除该方法外，利用声学法对空化现象时发生的噪声频率进行分析，判断初生空化现象的发生也有应用［见图 3-20（c）和彩图 3-20（c）］。

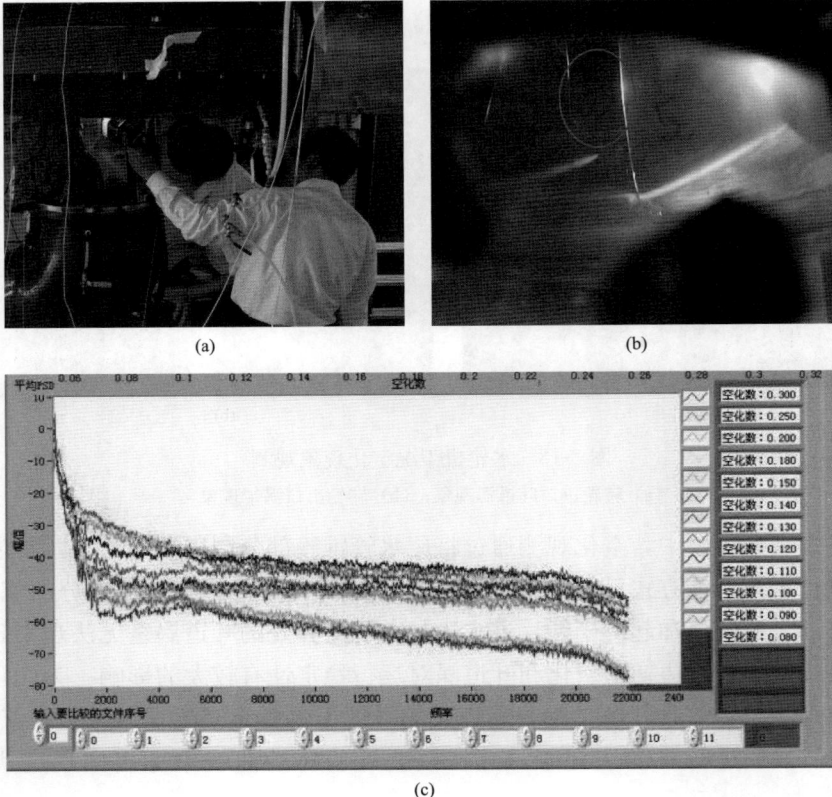

(a)

(b)

(c)

图 3-20　水泵工况初生空化现象观测

（a）通过目视观测水泵小流量初生空化现象；（b）通过叶片反射观测水泵大流量下初生空化现象；
（c）初生空化声学法分析

为了直观表达出水泵空化的性能，通常将水泵运行范围（考虑频率变化、运行台数）和初生空化系数、临界空化系数以流量 Q 为横轴，电站装置空化系数 σ_{pl} 为纵轴表示出来（见图 3-21）。

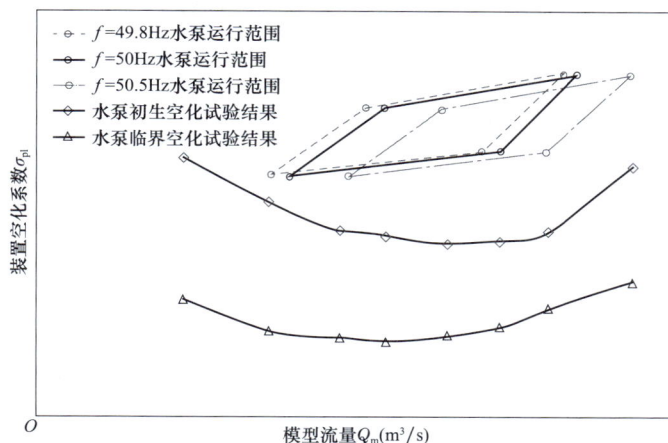

图 3-21　水泵工况模型装置空化系数保证范围

（三）飞逸转速特性试验

飞逸转速特性试验的目的是获取水泵水轮机的最大飞逸转速和流量。飞逸特性一般用单位飞逸转速 n_{11R} 和单位飞逸流量 Q_{11R} 表示：

$$n_{11R} = \frac{n_R D}{\sqrt{H}} \tag{3-7}$$

$$Q_{11R} = \frac{Q_R}{D^2 \sqrt{H}} \tag{3-8}$$

式中　n_R——飞逸转速，r/min；

D——模型直径，m；

H——试验水头，m；

Q_R——飞逸流量，m^3/s。

飞逸试验通常采用定转速法进行，但要保证试验水头不能太低，通常要求在 10m 以上。飞逸转速试验在水泵水轮机全部运行水头范围和从导叶关闭位置到 110% 导叶开度范围内进行。在模型转轮的各开度下，通过调整试验水头使模型力矩 $T_M = 0$，记录此时的单位转速 n_{11} 和单位流量 Q_{11}，即为该开度 α_0 下单位飞逸转速 n_{11R} 和单位飞逸流量 Q_{11R}。如果在试验中，无法满足模型力矩 $T_M = 0$，可通过内插值或外插值曲线方式确定飞逸转速（见图 3-22）。最后将所有导叶开度下单位飞逸转速和单位飞逸流量绘制出模型飞逸特性曲线（见图 3-23），确定最大开度 α_{max} 下的最大单位飞逸转速 n_{11Rmax} 和单位飞逸流量 Q_{11Rmax}。

将模型试验获得模型飞逸转速进行原型飞逸转速计算，以获得原型水轮机在不同水头下最大飞逸转速和流量。绘制原型水泵水轮机在最低净水头 H_{min}、额定净水头 H_r 及最高净水头 H_{max} 下的导叶开度和飞逸转速曲线（见图 3-24）。

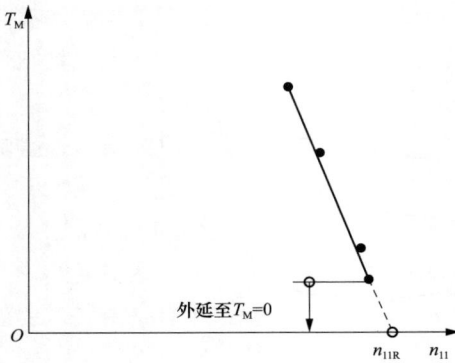

图 3-22　用插值法确定飞逸转速

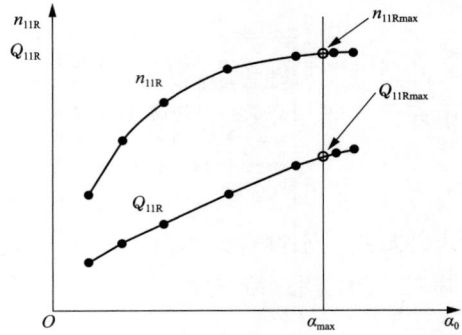

图 3-23　飞逸特性曲线

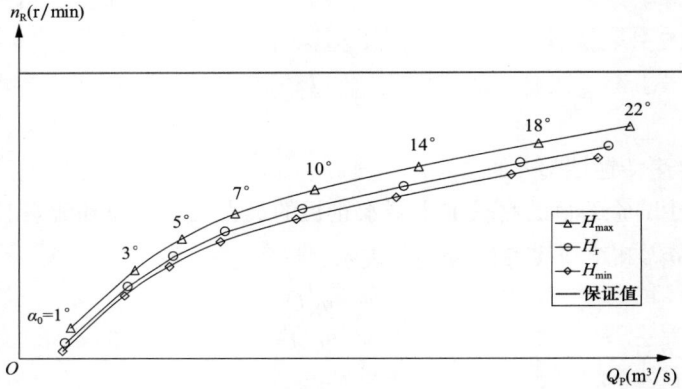

图 3-24　原型水轮机飞逸特性曲线

（四）压力脉动试验

压力脉动是水力机械中的自然现象，它们具有周期性或随机性。压力脉动试验主要是为了获得机组在各个位置的脉动主频、相对幅值，以便分析引起脉动的原因和脉动特征，并在综合特性曲线上体现相对幅值的等压力脉动曲线，以预测机组在特定运行区域内的振动情况。压力脉动值的大小和频率与通流部件设计、运行工况、引水钢管和转动部件的动态响应有关。

常规水轮机的压力脉动特性通常只关注尾水锥管的相应位置，并认为主要是由尾水管涡带引起的。通常以尾水管上的压力脉动作为判断水轮机工况压力脉动特性的特征值。对水泵水轮机的水轮机工况而言，常常由于比转速较低，叶轮中水流离心力较大，导叶后转轮前（即无叶区）的压力脉动值往往较大而受关注。

1. 压力脉动测点

压力脉动传感器的安装位置通常如图 3-25 所示，安装时传感器的膜片应与流道表面平齐。为了获取压力脉动的特性，测量传感器应能够以足够高的分辨率记录脉动量。通常采用高精度动态压力脉动传感器。

2. 压力脉动试验范围

抽水蓄能机组运行范围广，工况转换频繁，因而对机组压力脉动特性检测的范围也更宽。除水轮机和水泵正常运行工况需要进行压力脉动试验外，在小流量区、空载工况、过渡工况等均需进行压力脉动试验。

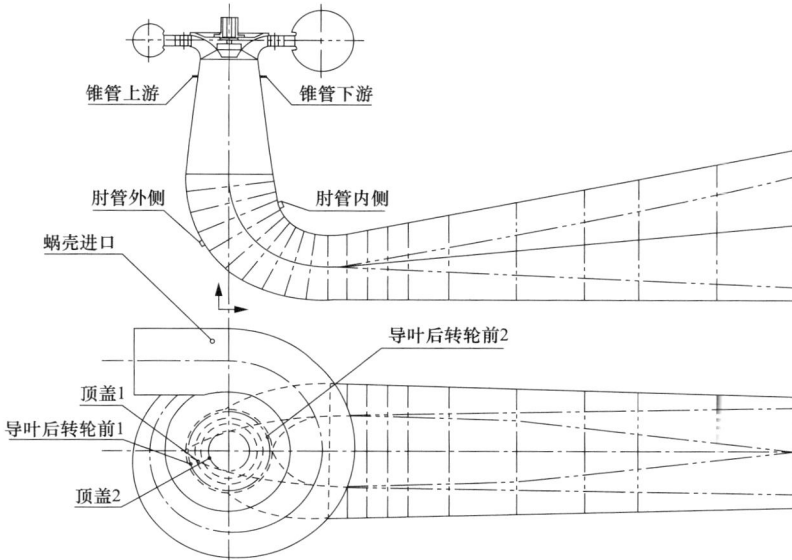

图 3-25 压力脉动测点图

一般情况下，水泵水轮机压力脉动测量是在水泵和水轮机工况全部运行范围内及电站装置空化系数下进行。对于每一个试验工况点，应采集记录足够时间段内的脉动信号，以满足信号分析的要求。对采集的数据进行频谱分析，确定压力脉动的主频 f_1 及混频幅值 ΔH 与试验水头 H_m 的比值（即振幅比 $\Delta H/H_m$）。其结果同时以图形方式表述（见图 3-26），

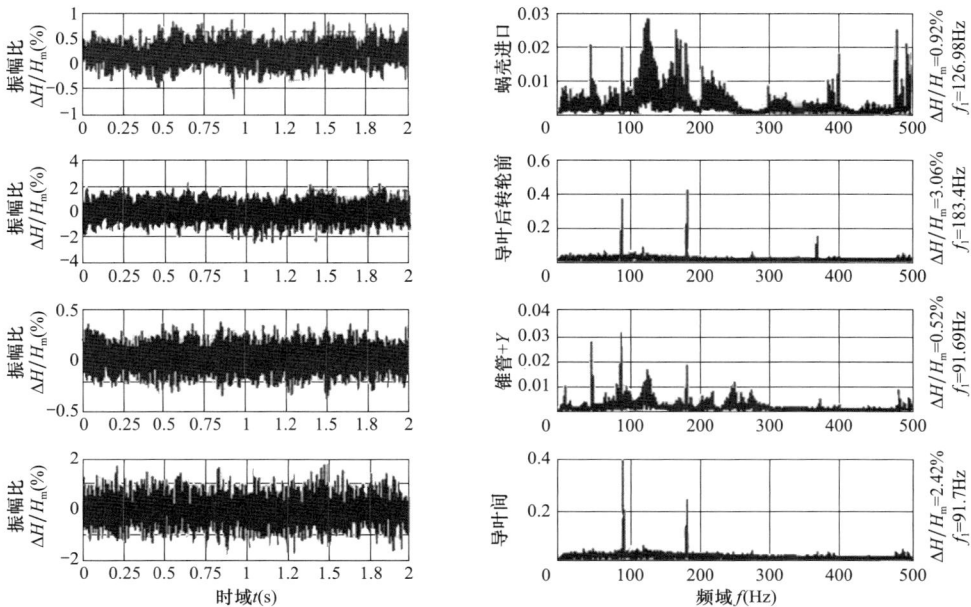

图 3-26 水泵水轮机在水泵工况的压力脉动频谱图

并在水泵水轮机模型特性曲线上标明混频状态下的峰峰值（置信概率97%）。

3. 压力脉动试验条件

水泵水轮机压力脉动对试验水头、空化系数和试验工况等有一定的要求。选取的试验水头要保证模型机组能达到良好的运行状态，同时选择的试验水头也要确保压力脉动的频率和幅值都能落在试验仪器的限度内。只要能达到，试验水头都应满足弗劳德数相似。压力脉动测量在电站装置空化系数下进行，试验的典型工况和试验范围如图3-27和图3-28所示。水泵工况压力脉动测试要覆盖其保证运行范围，同时在零流量、部分流量工况进行有针对性的测试。水轮机工况压力脉动测试在覆盖保证运行范围的基础上，对超出运行范围的空载、超负荷等工况进行测试。

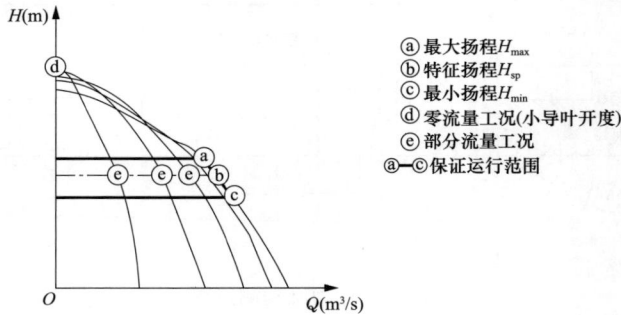

图3-27 水泵工况压力脉动试验范围

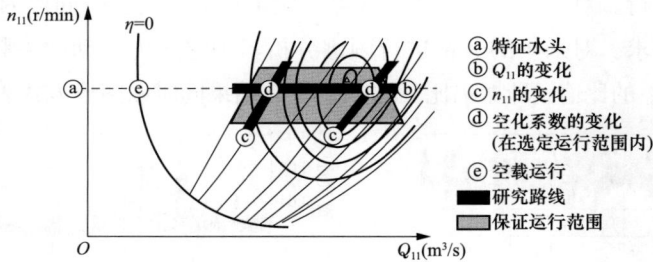

图3-28 水轮机工况压力脉动试验范围

考虑到抽水蓄能机组运行水头变幅较大的特点，应在不同的能量系数条件下进行试验，试验应在其对应的空化系数下进行，同时在电站最低尾水位和最高尾水位所对应的空化系数范围内，测量其压力脉动特性随空化系数的变化规律。

为获得清晰的压力脉动特性通常有两种方法，一种是在恒定试验水头、空化系数和导叶开度的情况下改变单位转速，另一种是改变空化系数和试验水头。

（五）全特性试验

水泵水轮机需要经常变换运行工况，如从水泵工况到水轮机工况，这一过程需要经历水泵工况、水泵制动工况和水轮机工况三个运行区，在水泵水轮机过渡过程中还会出现水轮机制动工况和反水泵两个运行区。水泵水轮机各种正常运行工况和过渡工况的全部特性总称为全特性。全特性试验的目的是获得水泵水轮机在各种非设计工况下的特性，尤其是"S"特性和水泵零流量特性，并绘制四象限全特性曲线。

1. 试验要求及模式

（1）试验要求。在全特性试验中，一般不要求过渡工况的试验值与正常运行工况的试验值具有同样高的精确度。试验过程中为保护模型和测量系统，可降低过渡工况试验时的试验水头。试验时根据运行模式变换模型试验台测功机的方向，配合水泵和阀门的调节，完成水泵水轮机全特性试验，其中全特性试验中的"S"特性试验（见图3-29）在稳态下试验可能很困难，需要水泵水轮机试验台具备进行"S"特性试验的能力，尽量增加该区域的试验工况点。

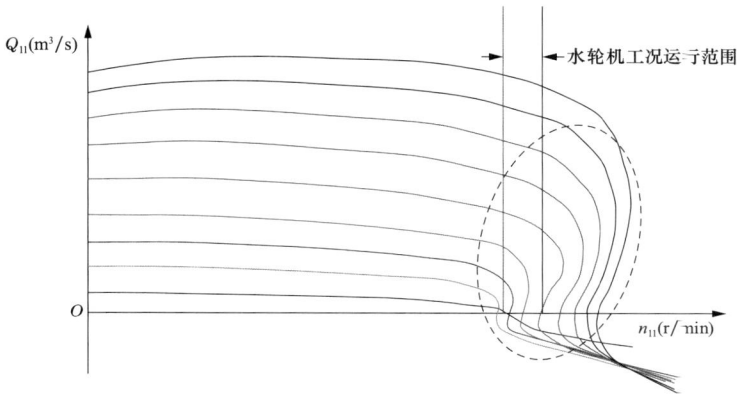

图 3-29 水泵水轮机"S"特性曲线

（2）试验模式。通常水泵水轮机全特性试验模式包括水泵、水泵制动、水轮机、水轮机制动及反水泵等模式（见图3-30）。水泵模式的特点为负流量和负转速；水泵制动模式的特点为旋转方向为负但流量为正方向；水轮机模式具有正方向的流量和转速且由一个正方向的力矩作用在机械轴上，零力矩的特殊情况对应于水轮机飞逸（见 F 点）；水轮机制动模式流量和转速方向均为正但力矩为负；反水泵模式为转速方向为正，而流量方向为负。

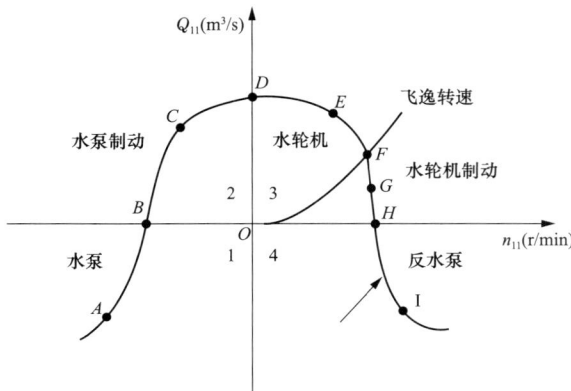

图 3-30 全特性试验各种运行模式

2. 全特性曲线绘制

水泵水轮机的全特性可用四象限图来表示，即将水泵水轮机可能出现的各种工况按横坐标为单位转速 n_{11} 和纵坐标为单位流量 Q_{11} 或单位力矩 T_{11} 来绘制，得到的曲线就是水泵水轮机的四象限全特性曲线（见图 3-31 和彩图 3-31）。

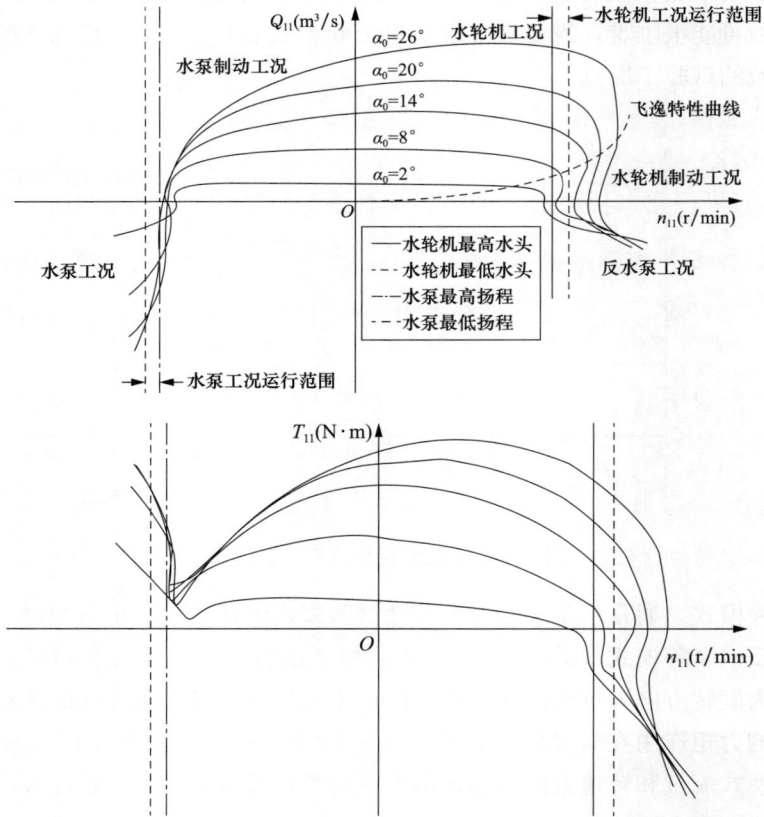

图 3-31　水泵水轮机四象限全特性曲线

通过四象限全特性曲线将水泵水轮机水力特性全面的表示出来，四象限由表 3-8 所示的流量和转速的正负方向的组合确定的，表中的 Q、n、H、T 分别为流量、转速、水头/扬程、力矩，并规定水轮机方向为"＋"，水泵方向为"－"。

表 3-8　　　　　　　　　　　四象限和运行模式的定义

序号	名称	（信号）方向				模式
		Q	n	H	T	
1	水泵工况	－	－	＋	＋	水泵
		0	－	＋	＋	水泵零流量
2	制动工况	＋	－	＋	＋	水泵制动
		＋	0	＋	＋	零转速

续表

序号	名称	（信号）方向				模式
		Q	n	H	T	
3	水轮机工况	+	+	+	+	水轮机
		+	+	+	0	飞逸
4	制动工况	+	+	+	−	水轮机制动
		0	+	+/0		水轮机零流量
5	反水泵工况	−	+	+	−	反水泵

在四象限中，达到飞逸转速后继续进入水轮机制动区，在流量减小的同时也使转速略有下降，开度线出现向低 n_{11} 值反弯的现象，在进入反水泵区后，转速将再增大，使开度线向高 n_{11} 方向弯曲，形成一个 S 形，这段曲线称为 "S" 特性曲线（见图 3-29 和图 3-31 所示）。在 "S" 特性区，同一单位转速 n_{11} 下可能出现 2～3 个不同单位流量点，其中还会出现一个方向完全相反的流量点，所以 "S" 特性区是不稳定区，试验难度较大。在实际电站运行中，因该区域的不稳定性会造成机组难以并网。当前，抽水蓄能电站为了机组可安全并网，均要求在运行范围内 δ 小于 90°（见第二章第三节），并规定了一定的安全裕度。"S" 特性区稳定并网临界点的判断标准为在 $T_{11} - n_{11}$（T_{11} 为单位力矩，n_{11} 为单位转速）四象限特性曲线上，从小开度开始依次观察各导叶开度线与 n_{11} 坐标轴（$T_{11} = 0$）的交点处的切线情况，当某开度的切线与 n_{11} 坐标的夹角等于 90° 时即为进入 "S" 特性区，该处的 n_{11} 值换算成水头与考虑频率变化的电站最小水头的差值即为 "S" 特性区安全裕度（见图 3-32 和彩图 3-32）。

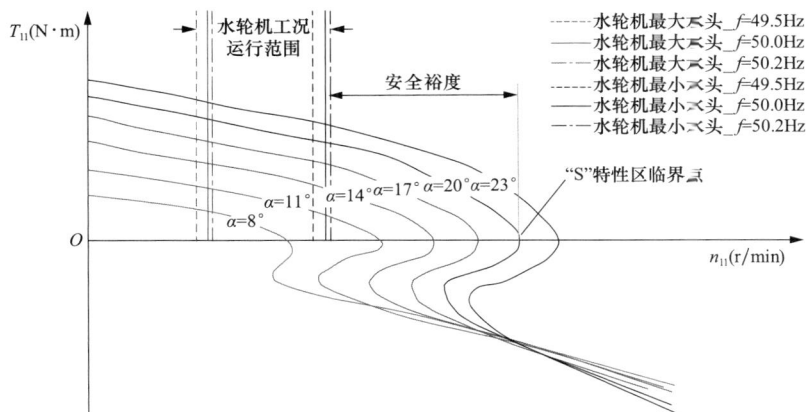

图 3-32 "S" 特性区安全裕度

（六）导叶水力矩试验

导叶水力矩试验的目的是获得导叶在各个位置（开度）的力特性关系，以指导导水机构的接力器容量选择、导叶强度计算及导叶传动机构的设计。这是因为作用在活动导叶上的水压力和水力矩值大小与导叶的翼型及位置有关。为便于真机与模型的导叶力矩换算，通常引入导叶力矩因素 $T_{G,ED}$：

$$T_{G,ED} = \frac{T_G}{\rho D^3 E} \tag{3-9}$$

或：

$$T_{G,QD} = \frac{T_G D}{\rho Q^2} \tag{3-10}$$

式中　T_G——活动导叶力矩，N·m；

　　　　E——水力比能，$E = gH$，J/kg。

1. 导叶水力矩测量方法

在大多数情况下，作用在导叶上的水力矩通常采用粘贴式应变仪测量导叶轴的扭曲变形来实现。测量轴的上端与导叶的调节机构相连（见图 3-33）。测量轴可以是普通的导叶轴（通常为了测量其直径进行了缩减），或将普通的导叶轴换为专用的测量轴，有时也采用具有合适弹性模数和负荷滞后性的其他材料作为测量轴。

为全面测量作用于活动导叶上的水力矩，通常在每一个象限内设置一个装有应变片的特殊活动导叶，再考虑到一个脱离操作机构的自由导叶（非同步导叶）对其相邻导叶的影响，一般需要安装六个特殊活动导叶，其中一个象限设置三个，其他三个象限各一个（见图 3-34 和彩图 3-34）。

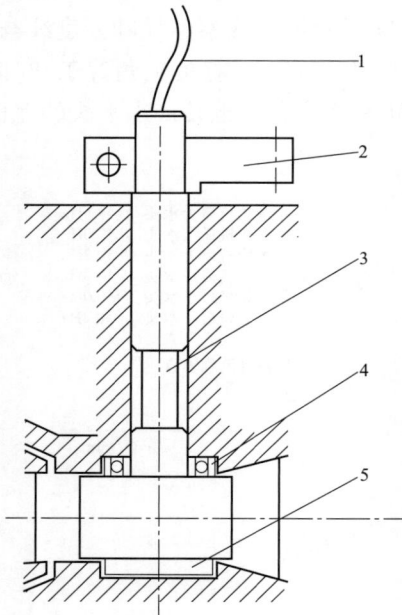

图 3-33　导叶力矩测量方法

1—信号传输电缆；2—导叶调节装置；
3—有应变桥的导叶轴颈；4—球轴承；5—导叶盘

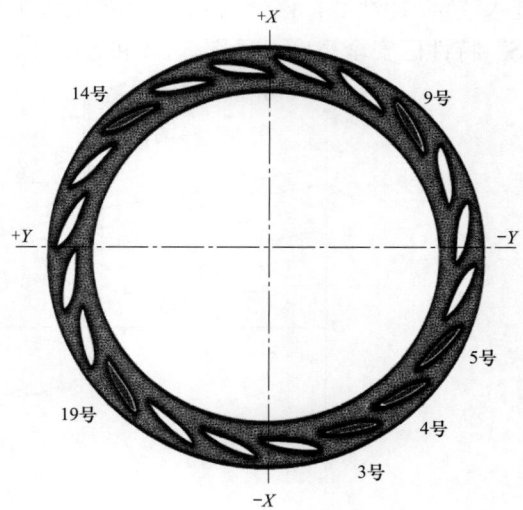

图 3-34　特殊活动导叶布置示例

（4 号导叶为非同步导叶）

2. 导叶水力矩试验范围及工况

导叶水力矩试验范围覆盖水轮机运行工况和水泵运行工况及过渡工况。在水轮机工况下，导叶力矩或相应的因数通常采用确定的水力工况（例如，在确定的最高水头

H_{max}、额定水头 H_r、最低水头 H_{min} 下）下的导叶开度 α_0 来表示。而在水泵工况下，相应的导叶力矩值或相应因数通常用扬程流量 H-Q 的包络曲线来表示。若运行范围扩大，则应增加试验点数目。过渡过程分析要求有足够数目的试验点。四象限中的导叶力矩通常在几个固定的导叶角度下进行测量，并将测量结果表示为速度因数 n_{ED} 或流量因数 Q_{ED} 的函数。若要测量非同步导叶的导叶力矩，为使试验程序不过于复杂，要对可能出现的几何条件和水力运行工况先进行确定。在每一试验系列的前后，零负荷时的测量信号应被记录和检查。图 3-35～图 3-37 分别为水泵水轮机导叶水力矩试验结果的示例。

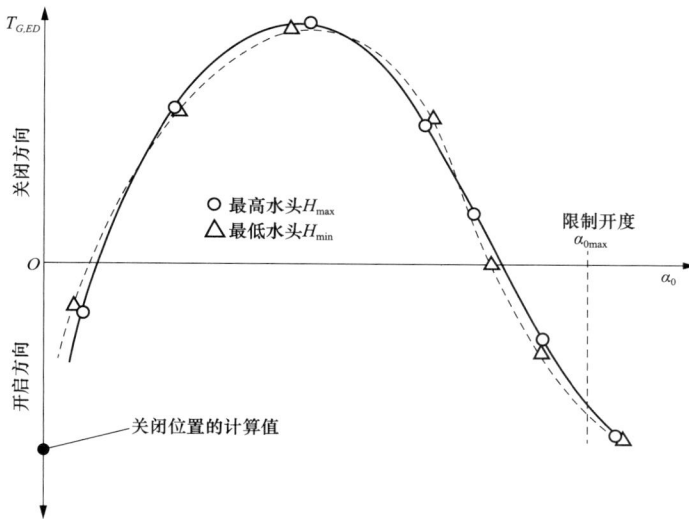

图 3-35　水轮机工况导叶水力矩因数与导叶角度的变化曲线

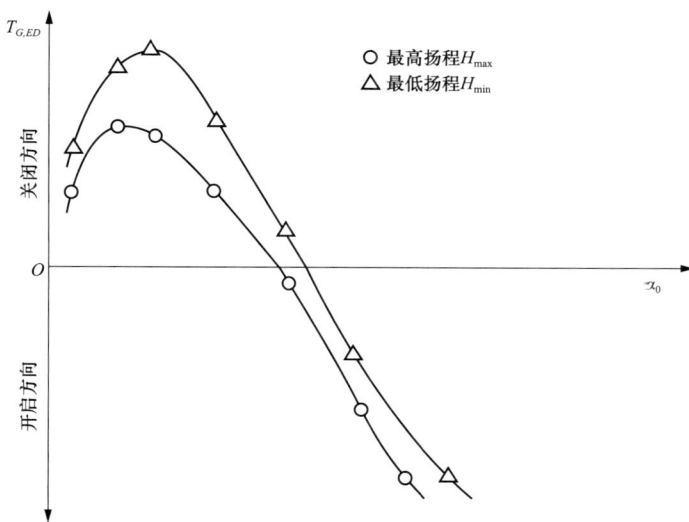

图 3-36　水泵工况导叶力矩因数与导叶角度的变化曲线

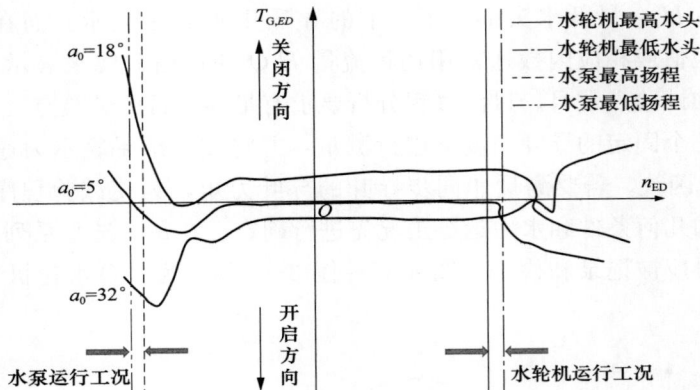

图 3-37　水泵水轮机四象限中导叶力矩因数与速度因数的变化曲线

（七）轴向力试验

水泵水轮机做水轮机或水泵运行时，将产生轴向水推力，轴向力试验目的是测量和确定不同工况下轴向力的大小和方向。试验覆盖机组全部运行范围，在最小到最大水力比能和最小到最大流量间要有足够的试验点来描述轴向力。除通常运行范围外，还应在飞逸工况、过渡工况及空载等非设计工况进行轴向力测量。为便于真机与模型的轴向力换算，引入无量纲轴向力因子或系数计算原型轴向力。

轴向力因子：

$$F_{1ED} = \frac{F_1}{D^2 \rho E} \tag{3-11}$$

轴向力系数：

$$F_{1nD} = \frac{F_1}{D^4 n^2 \rho} \tag{3-12}$$

式中　　F_1——转轮叶片轴向力，N；

$\quad\quad\quad D$——转轮直径，m；

$\quad\quad\quad \rho$——水的密度，kg/m^3；

$\quad\quad\quad E$——水力比能，J/kg；

$\quad\quad\quad n$——转速，r/min。

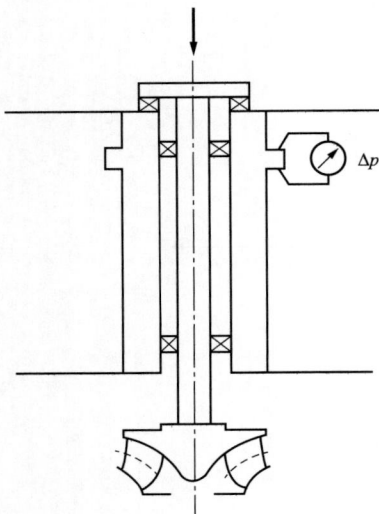

图 3-38　轴向力测量的典型试验布置

轴向力的测量有直接法和间接法两种。直接法测量通常有两种方式，一种方式是直接测量静压轴承中的油压，以此作为参照量来推算出沿转轮/叶轮旋转中心线作用的水力（见图 3-38）；另一种方式是用应变仪或测距感应仪来测量导轴承与轴承座间连接部分的变形。间接法是考虑了随水流动量变化而得出的轴向推力计算值。轴向力可由沿转轮/叶轮外轮廓线的多个压力测量值来确定，相应的压力测点如图 3-39 所示，可同时测量作用于转轮上的六个力。

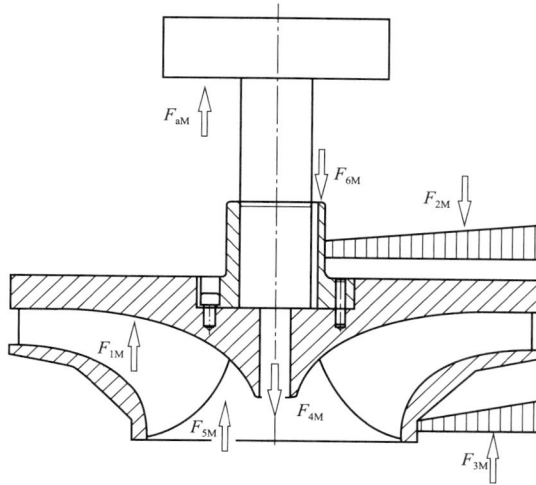

图 3-39　作用在模型水泵水轮机轴向力的各分量

模型轴向力由下列分量组成:

$$F_{aM} = F_{1M} + F_{2M} + F_{3M} + F_{4M} + F_{5M} + F_{6M} \tag{3-13}$$

因此,

$$F_{1M} = F_{aM} - (F_{2M} + F_{3M} + F_{4M} + F_{5M} + F_{6M})$$

式中　F_{aM}——模型总的轴向力, N;

　　　F_{1M}——模型转轮/叶轮流道上的轴向水动力, N;

　　　F_{2M}——模型转轮上冠轴向力, N;

　　　F_{3M}——模型转轮下环轴向力, N;

　　　F_{4M}——模型转轮重力, N;

　　　F_{5M}——模型转轮浮力, N;

　　　F_{6M}——模型转轮轴端面暴露于大气中所受压力, N。

其中上冠轴向力 F_{2M} 和下环轴向力 F_{3M} 按抛物线型压力分布计算, 转轮重量 F_{4M} 和浮力 F_{5M} 的计算通常在标定过程中考虑。

在真机轴向力计算中由模型得到的 F_{1M} 可直接按轴向力因子或系数换算, 由于模型和原型的转轮/叶轮的差异(如密封几何形状、卸荷孔、平压管等结构差异), 应分别考虑模型和原型总轴向力中的各个分量。

(八) 径向力试验

径向力试验的目的是确定水泵水轮机径向力(力和力矩)的大小和方向, 以便于确定主轴、轴承及其相邻构件的应力和挠度。试验覆盖机组全部运行范围, 除测量通常运行范围内的径向力外, 还应测量出现径向力极值的飞逸工况、水泵零流量工况及过渡工况等非设计工况的径向力。

径向力可通过测量两个轴承的反作用力、轴承座的支持力、轴的挠度、靠近转轮/

叶轮处主轴某一特定测量断面处的多方向应力来确定（见图 3-40）。在所有影响因素被消除而仅考虑水力作用力的情况下，径向力可通过下列无量纲的径向力和力矩因数/系数由模型换算到原型上：

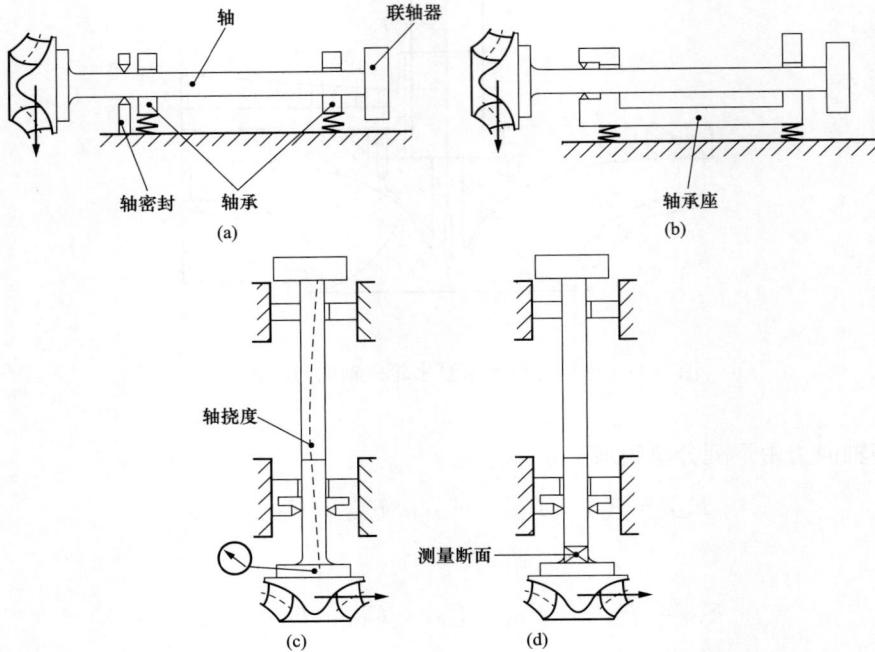

图 3-40　径向力测量的典型布置

（a）测量一或两个轴承的反作用力；（b）测量轴承座的支持力；（c）测量轴的扰度；

（d）测量靠近转轮处主轴某一特定断面处的多方向应力

径向力因数：
$$F_{rED} = \frac{F_r}{D^2 \rho E} \tag{3-14}$$

径向力矩因数：
$$M_{rED} = \frac{M_r}{D^3 \rho E} \tag{3-15}$$

径向力系数：
$$F_{rnD} = \frac{F_r}{D^4 n^2 \rho} \tag{3-16}$$

径向力矩系数：
$$M_{rnD} = \frac{M_r}{D^5 n^2 \rho} \tag{3-17}$$

式中　F_r——径向力，N；

D——转轮直径，m；

ρ——水的密度，kg/m^3；

E——水力比能，J/kg；

M_r——径向力矩，N·m。

将径向力由模型换算到原型时，应确定径向力作用的参照平面的轴向位置，还应考虑不能模拟的机械分量和条件。

（九）真机指数试验的差压测量

如果真机要进行指数试验（水泵或水轮机模式），则可在模型试验过程中增加差压测量，用所测得的差压作为指数值。模型上进行差压试验的目的是选择恰当的差压明显的压力测点位置和确定在真机上可能出现的最大差压值（最大差压值有助于真机选择恰当的测量仪器），同时检查所选择的压力测点的差压稳定性并确认差压与流量间的相对关系不受其他运行参数（如导叶开度、转速等）的影响。在模型上测量获得流量和差压的关系，相似换算后，可得到原型机组流量与差压的理论曲线，作为电站初期运行测流的理论依据。

模型指数试验过程中水轮机工况和水泵工况的测点位置布置不同，水轮机工况在蜗壳上选择差压测点，水泵工况在尾水管上选择差压测点，具体测点位置布置如图 3-41 所示。一般情况下在蜗壳和尾水管上各开设两对测点，其中一对作为备用测点。

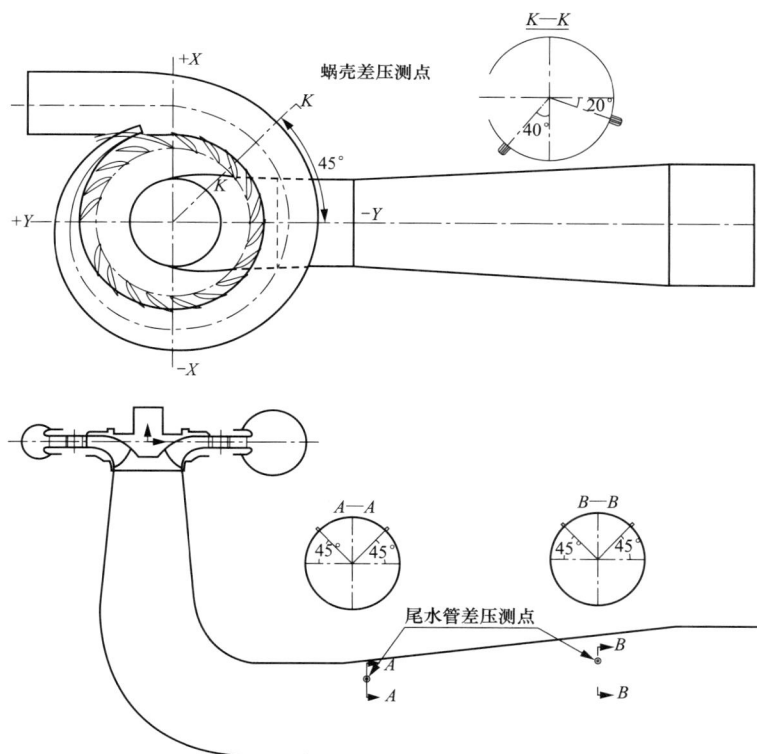

图 3-41　水泵水轮机差压测点

蜗壳、尾水管差压测量可通过两种试验方法获得：一种是维持固定的试验水头/扬程，通过改变导叶开度改变模型流量的方法获得；另一种是在某一固定的导叶开度下，通过改变试验水头/扬程来改变流量的方法获得。通常蜗壳差压测量采用前一种方法，尾水管差压测量采用后一种方法。

指数试验可以同时测量上述差压值和水力特性参数，如果在不同流动条件下的所有差压值在合理的范围内形成流量的幂函数，就可以认为所选的一对测压的位置是合适的。

所有采用差压测量方法的指数试验都可以用下式描述：

$$Q = f(\Delta p)\Delta p^n \tag{3-18}$$

式中　Q——流量，m^3/s；

Δp——用差压计或差压传感器测量的两测压点间的压差值；

$f(\Delta p)$——流动状态、雷诺数和管壁粗糙度的函数，通过模型试验获得，为常数；

n——为常数 0.5。

按照 GB/T 20043—2005《水轮机、蓄能泵和水泵水轮机水力性能现场验收试验规程》第 8 章，上述压差计算式（3-18）可写为：

$$Q = k\Delta p^n \tag{3-19}$$

其中，k 和 n 均为常数，n 的值通常在 0.48～0.52 范围内，且通过模型试验测量得到，为精确地确定 k 和 n，可采用最小二乘法。

（十）水泵零流量试验

抽水蓄能电站在首次向上水库注水和以水泵方式启动时，导叶处于全关状态，利用压缩空气将尾水管内水位压低，发电电动机带动转轮空转启动。此后排气，使尾水管内水位上升，直到淹没转轮，并造成一定压力后，开启活动导叶从零流量状态到正常抽水状态。模型试验中水泵零流量试验，是为了获得真机零流量启动时的启动输入功率、扬程和稳定性指标等。

零流量试验时，测功机以一个恒定转速运行，采用像阀门或闷头类的装置以阻断试验水流，进而保证在所有导叶开度范围内流量恰好为零。整个试验在高空化系数下进行，活动导叶从零开度至覆盖全部运行范围开度，对其输入功率、扬程和转轮/叶轮在水中转动时产生的压力脉动（主要是导叶后转轮前位置）幅值和频率进行采集。

（十一）水泵水轮机异常低水头/扬程试验

模型试验中进行水泵水轮机异常低水头/扬程试验的目的是分别确定真机水轮机工况可以稳定运行的最小水头，以及真机水泵工况可以启动的最低扬程与开度。

水泵水轮机异常低水头试验在水轮机工况超低水头区域（通常在最大开度附近）进行水轮机能量、压力脉动和空化试验。最后根据压力脉动和空化试验结果确定水轮机可以稳定运行的最小水头。

水泵水轮机异常低扬程试验在水泵工况异常低扬程区域选择 1～3 个开度，在一台机并考虑电网频率变化条件下进行输入功率、压力脉动及空化性能试验。最后根据试验结果综合考虑选择水泵可以启动的最低扬程与开度。

三、误差分析

（一）误差分析基本原理

从模型试验的测量开始，应该分析由不同原因引起的误差，并确定相应的不确定度。测量中的误差是指测量值与真实值间的数量差值。对于测量值的真实值，用一个恰当的高概率，可预期真实值在此范围之内，该范围就称为测量的不确定度。通常使用的概率为95%的置信度。测量值 X 的不确定度可用绝对值 e_X 或相对值 $f_X = e_X/X$ 来表示。

1. 误差的种类

误差按其性质和产生的原因，可分为三类：乱真误差（过失误差）、随机误差和系统误差。

（1）乱真误差。乱真误差指可使测量失效的误差，如人为误差及仪器故障，这类误差必须剔除，并且不能混入任何的统计分析中去。

（2）随机误差及其相关的不确定度。随机误差是由许多微小的、各自不相关的干扰而产生的，测量结果按概率偏离其平均值，因此，它们的分布通常随着测量次数的增加而接近于正态分布（高斯分布）。随机误差受测量时的人为因素、测量次数及运行条件的影响。当采样数（即测量的次数）少的时候，可通过 Student's t 值的办法，对在假定是正态分布的基础上的统计结果进行修正。

（3）系统误差及其相关的不确定度。系统误差在相同的测量条件下总是有相同的量级和符号。因此，如果测量的装置和条件保持不变，增加测量次数并不能减小系统误差。系统误差并不影响试验中的测量重复性。如果不知道测量装置的系统误差，但是却已给了其误差限值（精度等级已经规定），那么就可以假定该区间为该装置置信度优于95%的系统不确定度。系统误差中各成分的不确定度值的分布概率基本上是按正态分布。不确定度 f_s 的计算方法是对单个的系统不确定度进行均方根法。

2. 总不确定度

测量中的总不确定度 f_t 是通过把系统不确定度 f_s 与随机不确定度 f_r 结合在一起而得到的。它确定了一个范围，在该范围内可认为真实值有95%的概率。系统与随机不确定度有相同的概率分布类型，它们通过均方根法组合。

（二）模型试验中不确定度的确定

1. 误差源

图3-42列举了在模型试验中可能发生的误差的所有误差源。

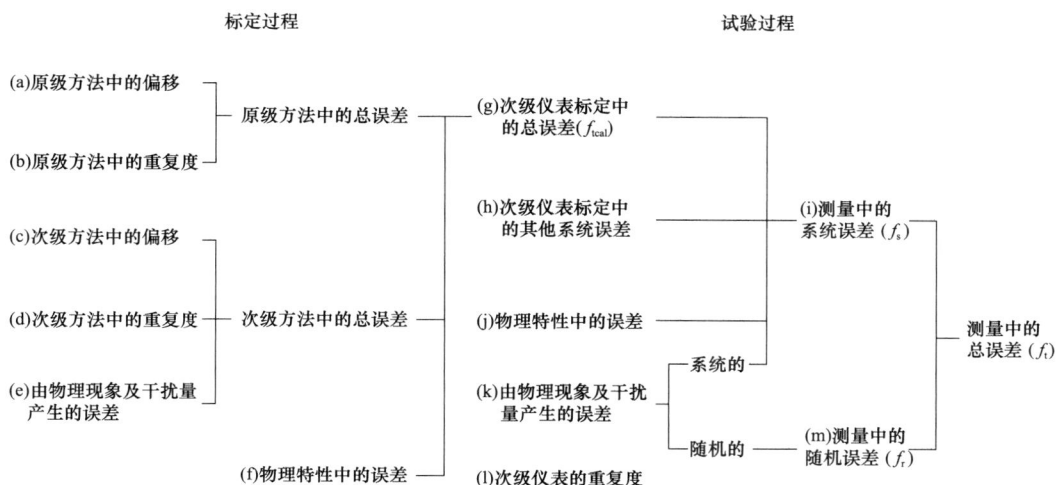

图3-42 误差汇总图

（1）次级仪表标定过程中产生的误差。次级仪表标定中会产生系统误差和随机误差。原级方法和次级仪表中的偏移及物理特性中的误差是系统误差，而原级方法和次级仪表的重复度则属于随机误差。由物理现象及干扰量产生的误差部分即属于系统误差也属于随机误差。次级仪表标定中的总不确定度可以用均方根法将部分不确定度复合而得到。

（2）试验过程中产生的误差。标定中测量的总误差［项（g）］当其标定结果用于模型试验时就成为系统误差。如果在标定和试验中测量条件，保持在一个合理的范围内时，那么在试验中由于物理现象和干扰量产生的误差［项（k）］就可以忽略。由于在确定物理特性中的误差［项（j）］很小，所以系统误差在很大程度上取决于标定方法的选择、测量仪表的特性及安装和运行的条件。

2. 不确定度的估算

（1）与随机误差有关的不确定度。试验之前，买方与卖方应商定各个保证量最大允许的不确定度值 f_r，在无此类协议时，接近最优点处水力效率的最大随机误差的不确定度值应为（$f_{\eta h}$）$_r$＝±0.1%。

在试验过程中运行范围内的随机误差的不确定度的实际值应在模型于稳定工况范围内的几个工况下（如在最高效率点附近）进行估算。对于每一测点，都要重复测量多次。在这些检测的点中，如果观测到的随机误差的不确定度小于其事先商定值，则认为在整个保证运行范围内，随机误差的不确定度的最大允许值是满足的。即使在不稳定的工况点，其随机误差直接评估结果要比规定值高。在不稳定工况下，测量结果的分散度会大幅增加。尽管如此，仍然可以接受这些较高值。如果有 5% 的点超过商定范围，那么就应对测量条件进行精确分析并且进行重复测量或重新商定一个随机误差产生的不确定度带。

（2）与系统误差有关的不确定度。测量中的系统误差主要由次级仪表标定中产生的系统误差及物理特性的误差得出。考虑次级仪表标定所使用的测量方法与仪器的误差源，有助于估算系统误差。在正常条件下由熟练人员使用高精度仪表进行的测量，且测量过程符合相关标准的规定，则获得的测量值可以使用，并且可以作为确定系统不确定度值的参考。在试验前，买方和卖方的协议中要规定不同物理量系统不确定度的带宽，包括水力效率的不确定度带宽。

（3）导出量的不确定度。导出量的不确定度（系统的或随机的）是通过用均方根法将各组成部分测量的不确定度组合而得到的。

在水力效率中的系统不确定度（$f_{\eta h}$）$_s$ 由各单项系统不确定度按下式计算得到：

$$(f_{\eta h})_s =\pm \sqrt{(f_Q)_s^2+(f_H)_s^2+(f_T)_s^2+(f_n)_s^2+(f_\rho)_s^2} \qquad (3\text{-}20)$$

式中 （f_Q）$_s$——流量测量系统的不确定度；

（f_H）$_s$——水头/扬程测量系统的不确定度；

（f_T）$_s$——力矩测量系统的不确定度；

（f_n）$_s$——转速测量系统的不确定度；

（f_ρ）$_s$——水密度的不确定度。

（4）总不确定度。任何物理量的总不确定度可根据下式计算得到：

$$f_t = \pm \sqrt{f_s^2 + f_r^2} \qquad (3-21)$$

式中　f_t——总不确定度；

　　　f_s——系统不确定度；

　　　f_r——随机不确定度。

当随机不确定度小于或等于最大允许值（通常为$\pm 0.1\%$）时，按惯例可用该值计算总的不确定度。

四、试验值与保证值的比较

计算所得的试验结果，要考虑到总的不确定度带宽和保证值规定，使用下述的分析方法与保证值比较。

（一）插值曲线和总不确定度带宽

插值曲线可使用不同方法和规则来绘制，可用手工方法或更高级的方法。插值方法的最后选择应由买卖双方商定。计算所得的总不确定度，每个测量点可用椭圆在图上描述（见图 3-43）。椭圆的半轴代表两个量的坐标在置信度为 95% 下的总不确定度，椭圆内的所有点都等同有效。由这些椭圆的最高和最低的包络线形成的不确定带叠加在通过试验点绘制的曲线（插值曲线）之上，这个带内的所有点都等同有效。这些椭圆只是在评估保证工况点或当结果比较不够明确的情况下才需要使用。在多数的其他情况下，在确定总的不确定度时可以简化（见图 3-44）。如果保证值是由点给出，则测量点尽可能地靠近保证值点。

（二）功率、流量和水头及效率的保证范围

1. 水轮机工况

如果水力效率保证值是由一个或多个规定功率或流量下给出，当在规定转速和规定的水头下时，单个的保证值处于该规定功率或流量的总的不确定度带宽的上限之下，则视为满足。

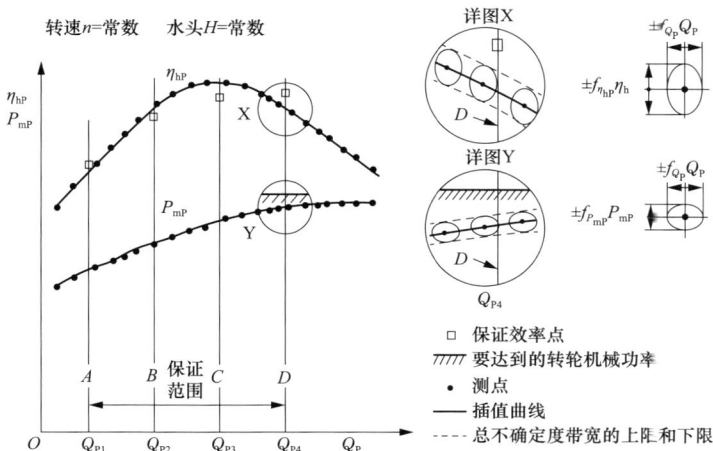

图 3-43　水轮机效率和功率测量值与保证值比较

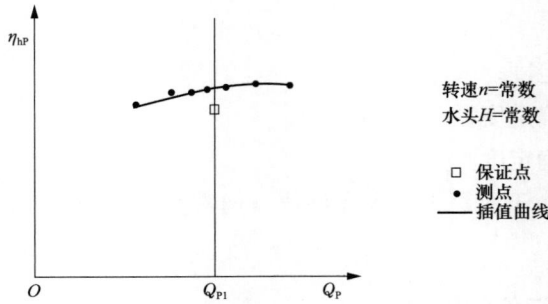

图 3-44　效率测量值和保证值比较

如果水力效率保证值是由效率的加权或代数平均值给出，当在规定转速和规定的水头下时，保证的平均效率值在相同的规定流量（或功率）下计算所得的平均效率小于其总不确定度带的上限，则视为满足。

当保证值是在不同的 H 下给出时，应画一个各个规定水头下的图表。

图 3-43 给出了一个水泵水轮机在规定的水头 H 下，在四个工况点处与保证值比较的例子。它表明了：即使考虑不确定度，D 点的水力效率（见图 3-43 详图 X）和机械功率（见图 3-43 详图 Y）均不满足规定值的要求。

2. 水泵工况

若无其他协定，流量界限通常由一个或多个点的下限 kQ_{Psp} 和上限 $(k+0.03)Q_{Psp}$ 确定，k 值处于 0.97~0.1，由双方商定。通常情况下，k 值是 0.985。

在规定的扬程下，如果在由流量界限值所作出的带与流量特性上各测量点处不确定度椭圆所作出的包络线而引出的总不确定度带宽之间相交或相切，则流量保证值视为满足。图 3-45 给出了在三个工况下，水泵测量值与保证值比较的例子。它表明了：在点 A' 和点 B' 水力效率保证值满足，但在点 C' 则不满足；最小流量的界限在点 A' 的扬程不满足；在点 C' 未超过功率界限输入功率满足。

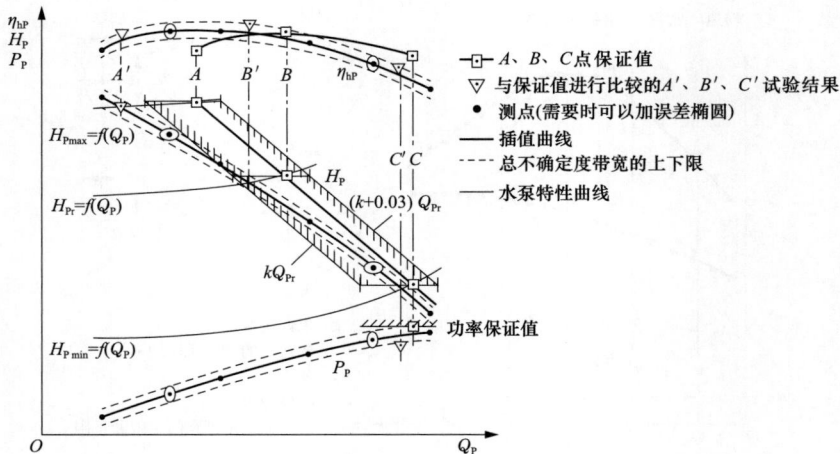

图 3-45　水泵效率、扬程及输入功率和保证值比较

3. 飞逸转速和飞逸流量

图 3-46 显示的是稳定条件下真机水轮机工况的飞逸曲线，是相对于导叶开口的曲线。该曲线根据模型试验结果换算得到。从图 3-46 中详图 X 和详图 Y 可以看出，在开口 α_{max} 以下不确定度带宽的下限低于保证值，则稳定条件下的最高飞逸转速和飞逸流量都满足保证值要求。

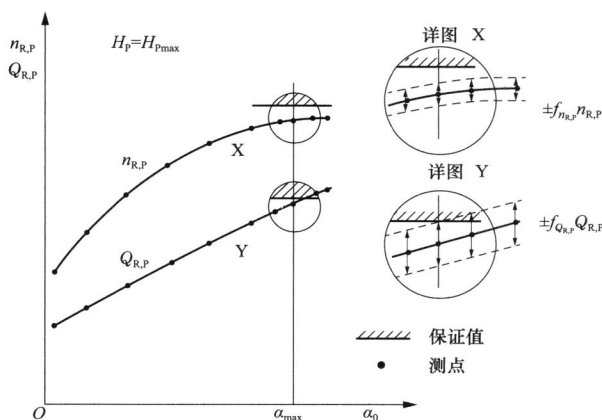

图 3-46 飞逸转速和流量曲线中测量值和保证值比较

4. 空化保证

空化系数 σ_0 是效率保持不变的最低的 σ 值，在确定空化系数 σ_0 时，要考虑无空化时效率的不确定度带宽。

图 3-47 给出了一试验曲线 $\eta_{hM}(\sigma)$。如果保证值用 $\sigma_1 \leqslant k\sigma_{Pl}$ 来描述，则从图中可以看出，在此情况下 σ_1 是不满足保证值的。这是因为即使效率降低了 1‰ 的 σ_1 考虑了总不确定度带宽仍高于电站空化系数 σ_{Pl} 乘以一个允许安全系数 k。

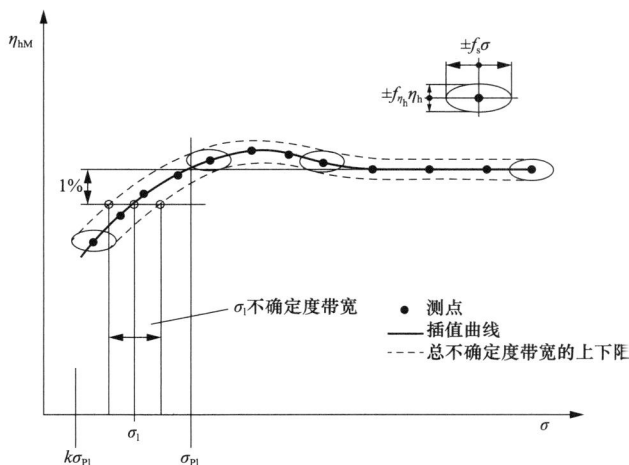

图 3-47 空化曲线及在空化影响效率时与保证值比较

⚓ 第四节 水泵水轮机模型验收试验

原型水泵水轮机的现场试验规模大，测量（主要是流量）不易准确，费用高且影响电站正常运行。因此国际电工委员会在 IEC 60193：1999 标准中规定可以用模型试验对真机进行性能验收。水泵水轮机模型验收试验是对水泵水轮机水力模型研发成果的验收，其目的是验证为某一电站研发的水泵水轮机的综合性能是否达到预期目标，其结果可作为原型机制作的重要依据。模型验收试验主要包括两部分工作内容，试验准备和验收试验实施。

一、模型试验准备

1. 选定验收试验室

水泵水轮机模型验收试验室一般选择研发时所用的水力试验台。如果对试验室有特别的技术要求，或者对于一些具有特殊难度和特殊运行要求的水泵水轮机，需要在不同的试验室之间进行试验对比，或几家的模型机组在同一座试验台上进行对比，则可以选择一些中立试验台进行模型验收试验。

2. 确定试验大纲

模型验收试验前卖方应向买方提交模型验收试验大纲，其内容主要包括试验台参数、模型水泵水轮机概况、试验项目、测试方法和测试点的布置、仪器和仪表的率定方法、试验台数据采集系统、试验台综合误差、单项测量误差、测量工况点数目、参数计算方法和要提交的验收试验报告的内容等。在模型试验大纲审查通过后，要确定最终验收试验日期和时间，制订详细的验收试验时间表。

二、验收试验实施

验收试验正式开始前试验台一般需要进行调试试验，主要目的是检查测试设备和数据采集系统的功能是否正常，确定模型水泵水轮机的能量性能和空化特性等性能不受测试试验台的改变而受影响。

（一）验收试验内容

水泵水轮机模型验收试验内容主要包括测量装置及仪器仪表的率定、能量性能试验、空化试验、压力脉动试验、水轮机工况飞逸转速试验、全特性试验、异常低水头/扬程试验、水泵工况零流量试验、差压测流试验、力特性试验、模型尺寸检查等。试验根据验收试验大纲以全面试验的方式或抽查的方式进行，个别重要参数指标或工况也会特别进行考核和测定。

1. 试验设备的标定

在试验前需要对流量计、力矩传感器、水头传感器、尾水传感器、压力脉动传感器等测试设备进行现场原位率定，并出具相应试验台仪器设备原级有效检定证书。

2. 能量试验

水泵水轮机能量试验包括水轮机工况能量试验和水泵工况能量试验。

（1）水轮机工况能量试验。通常水轮机工况能量试验水头 H_M 保持为常数。所有效率试验可在无空化条件下进行，然后在电站装置空化系数条件下做效率试验以确认效率保证值，若无空化和电站装置空化系数条件下的效率试验点不对应，则将电站空化系数下的效率做比尺转换。

效率试验范围包括电站规定的机组运行水头范围和从模型导叶全关位置至 110％导叶开度。通常情况下在最大间隔不大于模型最大导叶开度 5％的各种导叶开度下进行试验。水轮机工况能量试验内容包括最优效率试验、加权平均效率试验和输出功率试验。

最优效率试验在无空化条件下进行，对最优点数据多次采集，取其平均值作为结果（见表 3-9）。根据规定的原模型效率换算公式确定效率修正值。

表 3-9　　　　　　　　　　　　　　水轮机效率试验结果

参数	模型效率 η_{Mopt}（％）	单位转速 n_{11}（r/min）	单位流量 Q_{11}（m³/s）	原型效率 η_{Popt}（％）	原型输出功率 P_P（MW）	原型流量 Q_P（m³/s）	原型水头 H_P（m）
模型试验值							

加权平均效率试验通常在电站装置空化条件下，按电站的加权因子点，进行水轮机工况各加权因子点效率试验（见表 3-10），并计算加权平均效率。

表 3-10　　　　　　　　　　　　　　水轮机加权平均效率试验

净水头（m）	参数	输出功率					
		50％P_r	60％P_r	70％P_r	80％P_r	90％P_r	100％P_r
×××	权重						
	模型效率（％）						
	原型效率（％）						
×××	权重						
	模型效率（％）						
	原型效率（％）						
模型加权平均效率（％）							
原型加权平均效率（％）							

注　P_r 为水轮机工况额定输出功率。

输出功率试验，根据电站相应的各特征水头，进行水轮机工况输出功率保证试验，以验证输出功率是否满足电站运行要求。

（2）水泵工况能量试验。水泵工况能量试验测功机转速采用恒定转速如 1000r/min。所有效率试验可在无空化条件下进行，然后在电站装置空化系数条件下做效率试验以确认效率保证值，若无空化和电站装置空化系数条件下的效率试验点不对应，则将电站空化系数下效率做比尺转换。

水泵工况效率试验包括电站运行扬程范围和从模型导叶全关位置至 110％导叶开

度。通常情况下在最大间隔不大于模型最大导叶开度5％的各种导叶开度下进行试验。试验包括正常频率变化范围频率变化和扬程范围的效率特性。水泵工况效率试验中，在最大扬程下进行（"驼峰"特性区）裕度试验。水泵最大输入功率保证值的试验在水泵工况最小扬程条件下进行，并包括系统正常频率变化的影响，计算结果要考虑模型与原型之间可能出现差异的修正。

最优效率试验在无空化条件下进行，对最优点数据多次采集，取其平均值作为结果（见表3-11）。根据规定的原模型效率换算公式确定效率修正值。

表3-11 水 泵 效 率 试 验 结 果

参数	模型效率 η_{Mopt}（％）	模型扬程 H_M（m）	模型流量 Q_M（m³/s）	原型效率 η_{Popt}（％）	原型流量 Q_P（m³/s）	原型净扬程 H_P（m）
模型试验值						

水泵工况加权效率通常在电站装置空化条件下进行，按电站规定的加权因子点，进行水泵工况各加权因子点效率试验（见表3-12），并计算加权平均效率。

表3-12 水泵加权平均效率试验

参数	××	××	××	××	××	××
加权因子						
模型效率 η_M（％）						
原型效率 η_P（％）						
输入功率 $P_{\lambda P}$（MW）						
原型导叶开度 α_P（°）						
原型机流量 Q_P（m³/s）						
模型加权平均效率 η_{Ma}（％）			保证值			
原型加权平均效率 η_{Pa}（％）						

水泵工况最大输入功率在水泵工况最小扬程时，进行水泵最大输入功率试验（见表3-13）。水泵最大轴输入功率应不大于发电/电动机的轴输出功率。

表3-13 水泵工况最大输入功率试验

参数	导叶开度 α_0（°）	流量 Q_P（m³/s）	扬程 H_P（m）	模型效率 η_M（％）	原型效率 η_P（％）	输入功率1 P_P（MW）	输入功率2 P_P（MW）	保证值 P_P（MW）
模型试验值								

注 "输入功率1"为不考虑换算误差时对应原型机输入功率；"输入功率2"考虑换算误差时对应原型机输入功率。

水泵工况"驼峰"裕度试验在水泵工况最大扬程下与正常频率变化条件下进行，测量计算所得的试验结果如表3-14所示，依据试验结果得到选定导叶开度下的"驼峰"裕度。

表3-14 水泵工况驼峰裕度试验

参数	导叶开度 α_0（°）	模型流量 Q_M（m³/s）	原型流量 Q_P（m³/s）	最大扬程 H_P（m）	"驼峰"特性区谷底扬程 H_P（m）	正斜率区裕度（％）	保证值（％）
模型试验值							

水泵工况最小流量试验，在最大扬程下得出水泵工况的最小流量值并与电站保证值比较。水泵工况最小扬程试验，在最大流量下得出水泵工况的最小扬程值并与电站保证值比较。

3. 空化试验

水泵水轮机空化试验包括水轮机工况空化试验和水泵工况空化试验。

（1）水轮机工况空化试验。通常情况水轮机工况空化试验水头 H_A 保持恒定。初生空化观测试验前试验台需抽气足够长时间以降低试验用水中的空气含量，满足试验需求。空化试验在电站运行水头、尾水位、输出功率范围条件下进行。

试验过程中确定每个试验点的初生空化系数 σ_i，临界空化系数 σ_c，并对电站空化系数 σ_{Pl} 加以标明。利用闪光仪或内窥镜等对转轮高压边、低压边的所有空化现象包括气泡、旋涡的发生、发展进行观测，并拍摄照片和录像。

（2）水泵工况空化试验。水泵工况空化试验测功机转速保持恒定。试验覆盖水泵的整个运行范围。初生空化观测试验前试验台同样需抽气足够长时间以降低试验用水中的空气含量，满足试验需求。

试验过程中确定每个试验点的初生空化系数 σ_i，临界空化系数 $\sigma_{0.5}$ 或 σ_1，并对电站空化系数 σ_{Pl} 加以标明。利用闪光仪等对转轮的低压边所有空化现象包括气泡、旋涡的发生、发展进行观测，并拍摄照片和录像。

4. 压力脉动试验

水泵水轮机压力脉动试验包括水轮机工况压力脉动试验和水泵工况压力脉动试验。

（1）水轮机工况压力脉动试验。水轮机工况压力脉动试验覆盖水轮机工况全部运行范围，并在电站装置空化系数条件下进行，水轮机工况压力脉动试验水头与能量试验相同。试验过程中对压力脉动采集数据进行记录和分析，其结果同时以图形方式表述，并在水轮机模型特性曲线上标明混频状态下峰峰值（置信概率一般为97%）的等压力脉动线。对采集的数据进行频谱分析，以确定振动的主频和振幅。试验结果与电站保证值进行对比（见表3-15）。

表 3-15　　　　　　　　　水轮机工况压力脉动试验结果

测点位置	运行工况	最大压力脉动幅值 $\Delta H/H$（%）	保证值（%）
×××	最优工况		
	额定工况		
	部分负荷或空载		
×××	最优工况		
	额定工况		
	75%P_r 负荷工况		
	50%P_r 负荷工况		
	空载		
×××	最优工况		
	额定工况		
	部分负荷		

（2）水泵工况压力脉动试验。水泵工况压力脉动试验覆盖水泵工况运行范围，并在电站装置空化系数条件下进行。水泵工况压力脉动试验转速与能量试验相同。试验过程中对压力脉动进行记录和分析，其结果同时以图形方式表述，并对采集的数据进行频谱分析，以确定振动的主频和振幅。试验结果与电站保证值进行对比（见表 3-16）。

表 3-16　　　　　　　　　　　　　　水泵工况压力脉动试验

测点位置	运行工况	最大压力脉动混频双振幅值 $\Delta H/H$（%）	电站幅值要求（%）
××	正常运行工况		
××	正常运行工况		
…			

5. 飞逸试验

飞逸转速试验包括水泵水轮机全部运行水头范围和从导叶关闭位置到 110% 导叶开度范围内和在电站空化系数条件下进行，飞逸转速试验的试验水头通常要求在 10m 以上。

试验中测量不同导叶开度下的单位转速和单位流量，绘制所有导叶开度下单位转速与单位流量之间的关系曲线，并换算到真机最大水头下的飞逸转速以求得水泵水轮机的稳态飞逸特性，同时得到水泵水轮机最大飞逸转速与保证值进行比较。

6. 全特性试验

水泵水轮机全特性验收试验包括水泵工况、零流量、水泵制动工况、水轮机工况、水轮机制动工况和反水泵工况，并对水轮机工况空载曲线进行试验。试验过程中每条曲线上必须有足够多的试验点，以保证曲线的可靠性，同时在小开度区，导叶开度间隔建议不大于 1°。根据试验结果绘制出全特性曲线。

7. 异常低水头/扬程试验

水泵水轮机水轮机工况异常低水头试验在电站装置空化系数下进行，试验选择 1～3 个开度进行异常低水头下的压力脉动及空化试验，确定水轮机可以稳定运行的最小水头。

水泵水轮机水泵工况异常低扬程试验，选择 1～3 个开度在异常低扬程下进行性能试验、空化试验和压力脉动测量。绘制该扬程下的试验数据及特性曲线、空化线等，并提出水泵工况最低启动扬程的建议值。

8. 水泵工况零流量试验

水泵工况零流量试验以恒定转速、在无空化条件下进行。试验时关闭试验台系统管路中的流量调节阀门，使水泵流量为零。试验范围为 0～100% 额定导叶开度。通常情况下小导叶开度区，导叶开度每隔 1°，大导叶开度区导叶开度每隔 3° 进行试验，记录每个开度下的零流量扬程和输入功率，绘制零流量扬程曲线。在进行零流量试验时，还要对其压力脉动进行采集。

9. 差压测流试验

按照 IEC 60193：1999 规定，在模型蜗壳测流断面上和尾水管测流断面上分别开取两对测压孔。利用 U 形管来测量压差，最终得出模型上压差与流量的相对关系，以便用于现场试验相对流量的测量。

10. 轴向水推力试验

轴向水推力试验在运行范围内最不利工况条件下进行，对模型轴向水推力进行测量，以确定原型水泵水轮机的最大轴向水推力。试验覆盖水轮机工况和水泵工况的全部运行范围，并且从导叶全关位置至最大运行开度进行飞逸工况的模型轴向水推力试验。

11. 模型尺寸检查

水泵水轮机性能验收试验后对模型装置主要部件的关键尺寸进行检查。尺寸检查方法和大致范围及检查尺寸的数量应有充足的时间商定，以便能准备相应的文件资料及测量设备。如果双方认可，在验收期间也可只进行抽样检查。

（二）试验错误处理和重复试验

在验收试验过程中，模型、试验台、仪器和数据程序可能出现错误，从而影响模型验收结果，需对错误进行更正。错误的更正要在试验主要责任人和各方有关试验人员的严密监督下进行。改正错误之后，应进行几次准备试验或初步试验，以确保模型完全处于错误发生之前的状态。如果证实性能确实发生改变，以前所做过的一些试验由试验各方协商可以做如下处理：

（1）认为试验可维持原状，不必再进行试验。

（2）声明试验无效，整个试验重新进行。

（三）验收试验的日志和验收纪要

试验日志用于每天的试验总结，主要内容包括：

（1）参加试验的人员。

（2）试验的内容如检查、率定、各项试验、讨论等。

（3）与试验结果有关的协议、决定和未解决的问题等。

在模型验收试验结束后，要编写验收纪要，内容应包括：

（1）验收试验的目的、试验的地点、日期、参加试验人员。

（2）对模型试验台精度、仪器标定结果和模型尺寸检查结果给出意见或结论。

（3）对试验结果的讨论，试验结果与保证值或规定值的比较。

（4）给出试验结果是否完全按照试验大纲和技术条件进行，保证值和技术条件是否满足。

（5）如满足技术条件要求，要给出原型机制造许可指令。

验收纪要完成后各方代表签字，完成模型验收试验。

（四）验收试验报告

验收试验合格后，通常要在30日内提交模型最终试验报告初稿供审查，最终试验报告要在模型验收试验完成后60日内提交。最终试验报告主要包括以下几个方面内容：

（1）试验对象和目的，模型试验参照的技术规范，包括相关的保证值。

（2）与试验有关的所有协议内容，以及其他主要文件。

（3）参加试验的人员。

（4）模型装置的描述并附图，至少要包括模型装置主要剖面图和试验台的总体布置。

（5）试验台和测试设备的描述，包括标定方法和数据采集。

（6）模型试验结果的计算并将其转化为规定的模型或原型条件（包括比尺效应的考虑）。

（7）标定数据和检查报告。

（8）不同试验项目的试验程序。

（9）与所规定试验及试验程序相关的日志记录。

（10）从各种试验中测量和观察得到的有关试验记录和数据表，并将试验结果作图表示。

（11）根据标定数据、标定结果和进行的观察计算测量的不确定度。

（12）对试验结果的讨论和解释，并与保证值和其他数据值进行比较。

（13）得出是否已经满足保证值和电站要求的结论，以及各项试验按技术规范方面是否完整的结论。

第四章

水泵水轮机部件刚强度及动态特性分析

水泵水轮机部件刚强度及动态分析是机组安全稳定运行的保障。水泵水轮机的主要部件包括转轮、主轴、顶盖、蜗壳、座环、底环、控制环和活动导叶等，在设计阶段除要对其进行刚强度分析外，有些部件还应进行动态特性分析计算，如转轮、顶盖、座环中的固定导叶、底环和活动导叶等。对部件进行刚强度分析的目的就是掌握并了解部件在承受外载荷情况下的变形和应力水平，以保证机组具有足够的刚强度；对部件进行动态特性分析的目的就是明确部件在水中的固有频率，保证机组在运行过程中不会产生共振及噪声。除此之外，还需要对转轮进行动静干涉分析，以防止机组运行过程中发生共振和转轮叶片裂纹的产生。随着电站对机组运行安全要求越来越高，一些重要焊缝及螺栓也要进行强度分析。目前，水泵水轮机主要部件刚强度和动态特性通常采用有限元分析方法获取。本章简要介绍水泵水轮机主要部件刚强度、动态特性分析的力学模型、边界条件及载荷施加等方面的基本知识和分析手段。

◈ 第一节　主要部件应力、疲劳及固有频率分析

一、转轮应力、疲劳及动态特性分析

转轮是水泵水轮机的关键部件。转轮的应力水平、动态特性及疲劳寿命等对机组的安全稳定运行起到至关重要的作用。因此，对转轮而言，除了需要考虑正常运行工况和飞逸工况下转轮的应力水平外，还要考虑转轮的疲劳寿命及转轮在水中的动态特性（即转轮在水中的固有频率）。

1. 转轮应力分析

由于转轮几何形状及受力情况复杂等原因，采用经典材料力学应力分析计算手段获取的转轮应力水平已远远满足不了实际工程的需要，因此，转轮应力分析计算须采用基于数值离散理论的有限元分析手段。

（1）转轮应力分析力学模型和边界条件的选取。水泵水轮机转轮如果忽略转轮叶片与活动导叶相对位置不同而造成的转轮叶片上压力场的微小差异，则转轮是典型的周期对称结构。因此，在进行有限元分析时，为缩短应力计算的分析周期，通常采用周期对称边界条件进行分析研究。转轮的力学模型通常选取包含一个完整叶片在内的 $2\pi/Z_{runner}$（Z_{runner} 为叶片个数）扇形区域的上冠和下环作为一个分析模型（见图 4-1 和彩图 4-1）。有限元网格剖分可以采用三维实体单元，即每个节点具有三个自由度的 20 节点六面体

单元或 10 节点四面体单元，如图 4-2 所示。转轮有限元网格剖分图如图 4-3 和彩图 4-3 所示。在上冠、下环切开断面处，为保证相应节点位移协调一致，采用周期对称边界条件，即要求转轮上冠、下环切开断面上的两侧节点必须保证节点数完全相同，同时，对应的节点坐标在圆柱坐标系下，相差 $2\pi/Z_{runner}$（Z_{runner} 为叶片个数）角度的节点，其 R 和 Z 坐标完全相同，并在外载荷的作用下，两个节点的位移完全一致。为防止分析过程中产生刚体位移，约束转轮法兰与主轴法兰把合螺栓分布圆上相应节点的切向和轴向自由度（见图 4-4 和彩图 4-4）。

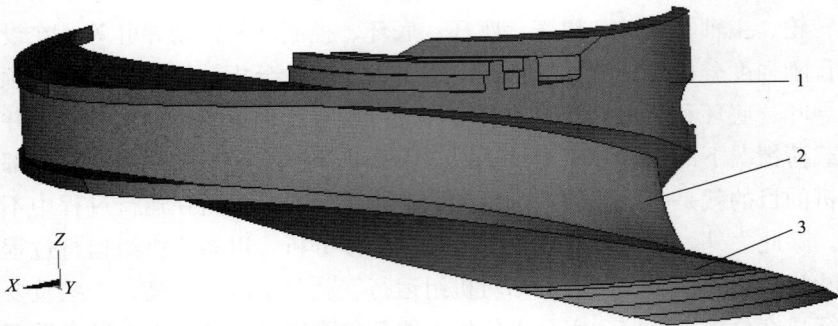

图 4-1　转轮有限元分析计算模型

1—上冠；2—叶片；3—下环

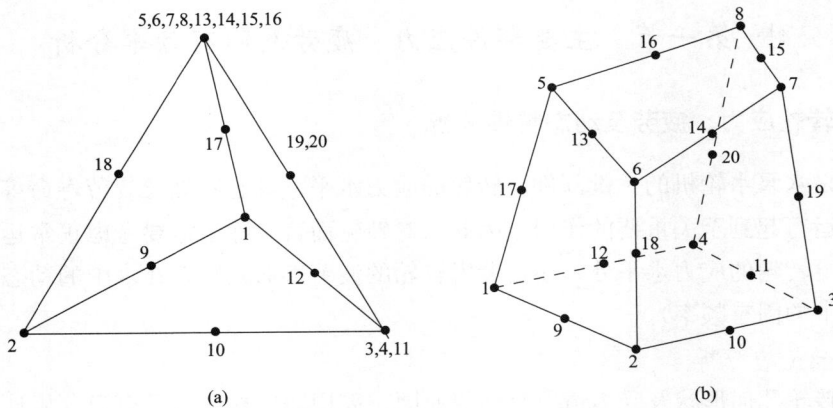

(a)　　　　　　　　　　　　(b)

图 4-2　三维实体单元主要形式

（a）10 节点四面休单元；（b）20 节点六面体单元

（2）计算工况的选取。水泵水轮机转轮应力分析工况主要考虑表 4-1 中的五种工况。水泵水轮机转轮承受的水压力包括两部分：一部分是过流面水压力，其中包括叶片正面、背面及上冠和下环过流面的水压力，如图 4-5 和彩图 4-5 所示；另一部分是非过流面的水压力，与转轮的转速、过流面水压力、水体离心力和阻尼等因素有关，如图 4-6 和彩图 4-6 所示。图 4-7 和彩图 4-7 为转轮承受水压力区域示意图。

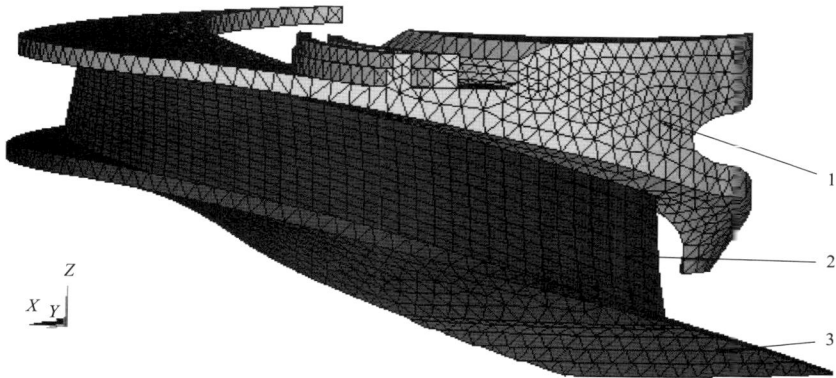

图 4-3　转轮有限元网格剖分图

1—上冠（10 节点四面体网格）；2—叶片（20 节点六面体网格）；3—下环（10 节点四面体网格）

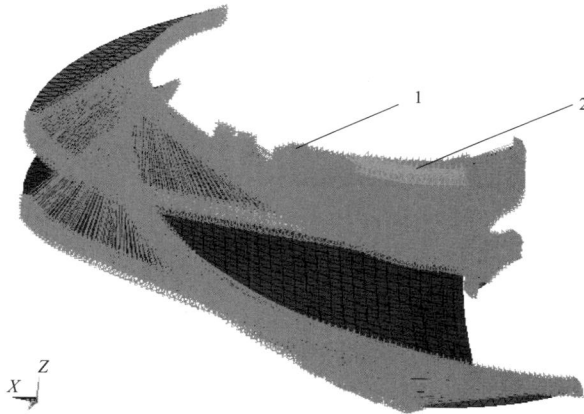

图 4-4　转轮分析计算边界条件

1—周期对称边界条件；2—位移约束

表 4-1　　　　　　　　　　　　　水泵水轮机转轮计算工况

序号	工况	水压力	重力	离心力
1	最低扬程最大输入功率	考虑	考虑	考虑
2	最大流量最小输入功率	考虑	考虑	考虑
3	额定水头额定输出功率	考虑	考虑	考虑
4	最大水头额定输出功率	考虑	考虑	考虑
5	飞逸工况	—	考虑	考虑

（3）分析计算及结果准确性判断。转轮力学模型、边界条件、分析工况确定后即可利用通用的有限元分析软件获得转轮应力。转轮应力计算结果获得后还需对结果的准确性进行判断。首先检查分析计算工况是否与实际运行工况相吻合，可以根据分析软件后处理中提供的绕机组旋转中心的转矩进行检查，即通过判断绕机组旋转中心的转矩的方法来检查应力分析结果的准确性和施加载荷的正确性，判断标准如表 4-2 所示。以表 4-2 水轮机工况为例，如果机组俯视顺时针旋转，且有限元分析结果中绕旋转轴 Z 轴的转

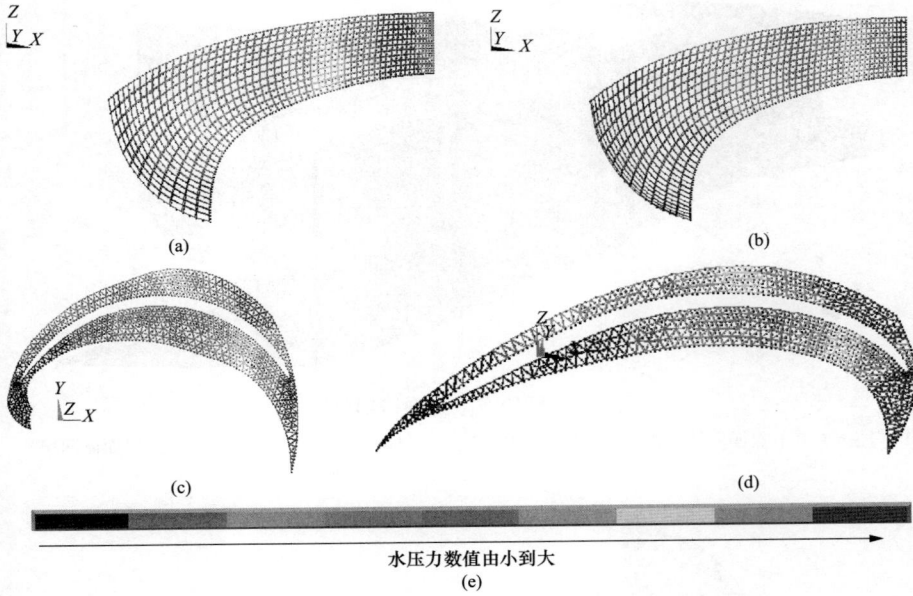

图 4-5　转轮过流面水压力

（a）叶片正面压力分布图；（b）叶片背面压力分布图；（c）上冠过流面压力分布图；
（d）下环过流面压力分布图；（e）水压力颜色说明

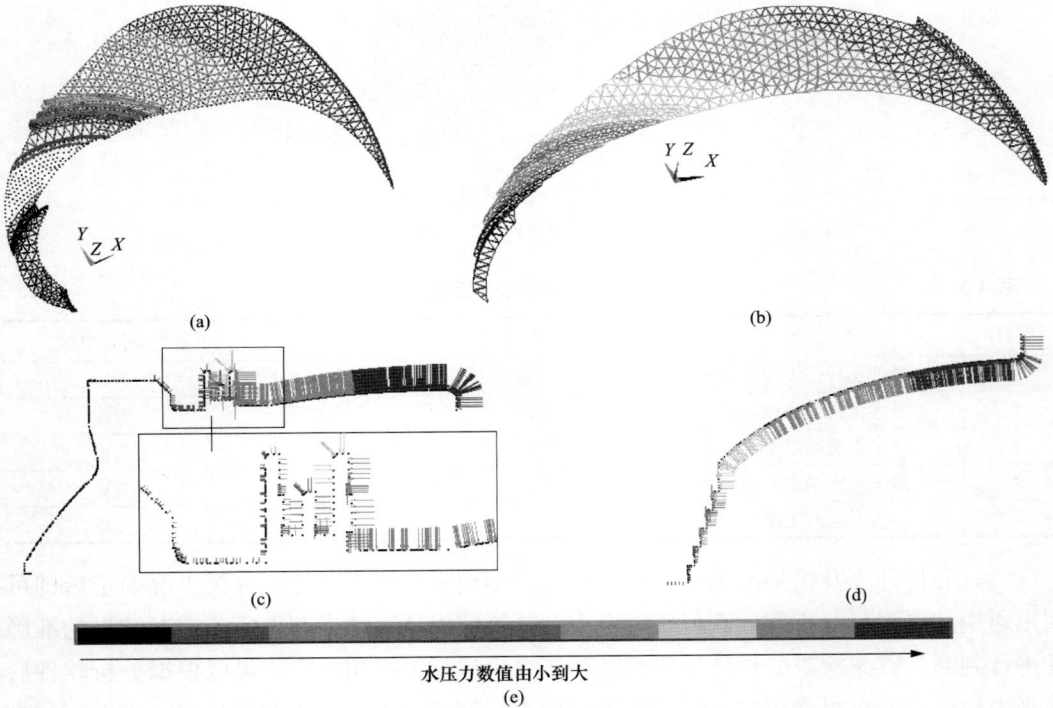

图 4-6　转轮非过流面水压力

（a）上冠非过流面压力分布图；（b）下环非过流面压力分布图；（c）上冠非过流面压力分布图（主视图）；
（d）下环非过流面压力分布图（主视图）；（e）水压力颜色说明

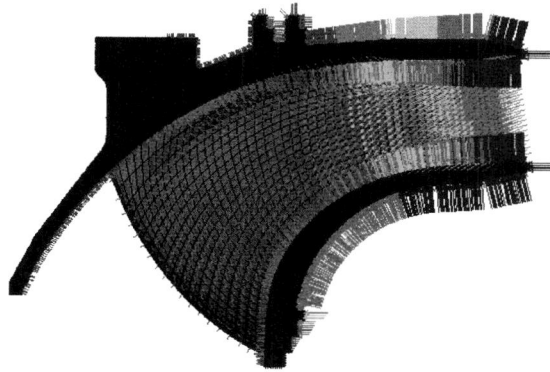

图 4-7 转轮承受水压力示意图（包括过流面和非过流面）

矩小于零，则表明叶片正背面施加的水压力是对的；否则，有限元分析结果中绕旋转轴 Z 轴的转矩大于零，则表明施加在叶片正背面的水压力施加反了，即应该施加到叶片正面的水压力反而施加到叶片背面上了，应该施加在叶片背面的水压力反而施加在叶片正面上了。表 4-2 的其他工况，依次类推。如果上述工况校核正确，还需校核计算工况的输出功率（或输入功率）是否与实际计算工况相吻合。设计算工况的输出功率（或输入功率）为 P_P，转轮叶片个数为 Z_{runner}，机组的转速为 n_r，有限元分析计算模型为 $2\pi/Z_{runner}$ 的扇形区域，则有限元分析结果得到的机组输出功率（或输入功率）为：

$$P_{cal} = \frac{2\pi n_r}{60} Z_{runner} M_z$$

$$\xi = \frac{P_P}{P_{cal}}$$

表 4-2 　　　　　　　　　　　　转轮应力计算结果检查规律表

工况	旋转方向	有限元计算转矩
水轮机工况	机组俯视顺时针旋转	$M_z < 0$
	机组俯视逆时针旋转	$M_z > 0$
水泵工况	机组俯视顺时针旋转	$M_z > 0$
	机组俯视逆时针旋转	$M_z < 0$

一般情况下，$\xi \in [0.9, 1.1]$，若 $\xi \notin [0.9, 1.1]$，表明施加的压力场有误，需要重新校核压力场数据的准确性。如果上述两种校核同时满足要求，则进行应力和变形分析。给出在各个工况下转轮上、下密封处轴向、径向位移和最大应力及最大应力的位置。

（4）转轮许用应力考核标准。转轮的破坏主要是疲劳破坏。尽管转轮的疲劳破坏是由多种因素造成的，但是，控制转轮的静应力水平，降低转轮疲劳应力幅值是提高转轮抗疲劳性能的主要原因之一。在正常工况下，转轮的许用应力取 $[\sigma] = \frac{1}{5}\sigma_s$；在飞逸工况下，转轮的许用应力取 $[\sigma] = \min\left\{\frac{2}{5}\sigma_s, \frac{1}{3}\sigma_b\right\}$。其中，$\sigma_s$ 为材料的屈服极限，MPa；σ_b 为材料的强度极限，MPa。

　　但是，在对转轮进行有限元分析计算时，由于没有考虑叶片与上冠（或下环）之间的焊接过渡圆角，造成在计算模型中出现了几何形状不连续情况，若有限元网格剖分较密，会导致叶片与上冠（或下环）相交区域，尤其是进出水边附近出现局部高应力，如图 4-8 和彩图 4-8 所示。这种情况下，该处的应力称为峰值应力，不是实际结构的真实应力水平，需采取子模型等分析手段获取该区域的真实应力水平。

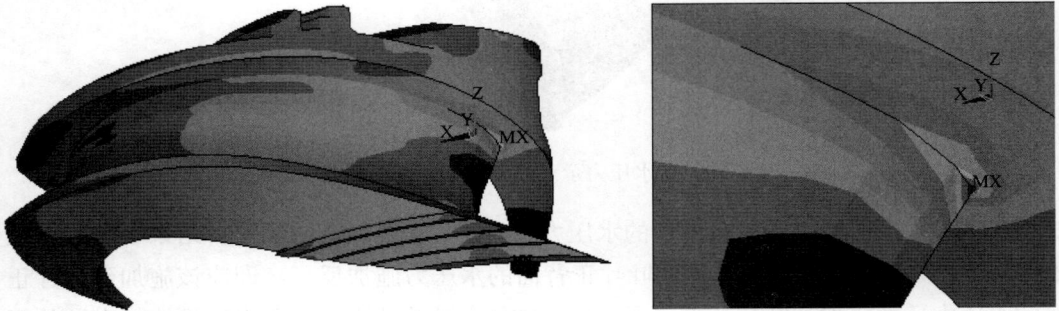

图 4-8　几何不连续产生的峰值应力

2. 转轮子模型分析计算

　　转轮叶片与上冠或下环之间的焊接区域通常存在较大的应力集中，属于转轮的高应力区。对这一区域的应力需要进行准确计算，以获取该区域的真实应力水平并采取相应的措施降低应力水平，如控制叶片与上冠或下环之间的焊接过渡圆角大小等。要获取叶片与上冠或下环高应力区的真实应力水平可以采用两种方法：一种是在计算转轮应力强度模型中，直接考虑转轮叶片与上冠或下环之间的焊接过渡圆角；另一种方法是采用子模型计算方法获取。

　　上述两种方法各有优缺点：

　　方法一的优点是计算步骤简单，转轮静应力分析结束后，可以直接获取转轮叶片与上冠或下环之间的高应力水平。缺点是计算模型偏大，由于叶片形状的特殊性，导致叶片与上冠或下环之间施加过渡圆角的几何造型存在一定的难度。

　　方法二的优点是子模型几何造型简单，计算模型偏小；缺点是子模型计算需在整体模型计算之后再进行，计算步骤比较复杂。

　　（1）子模型的概念及定义。子模型是得到模型部分区域中更加精确解的有限单元技术。在有限元分析中往往出现这种情况，在应力集中区域，如图 4-9（b）所示的 A 点附近区域，由于在分析模型中没有考虑结构的过渡圆角，使得 A 点的应力与网格剖分的疏密程度有关。网格剖分过密，会导致 A 点应力远远大于结构的真实应力；网格剖分稀疏，则 A 点的应力要小于结构的真实应力。即采用图 4-9（b）的计算模型，难以保证 A 点的应力水平即为结构的真实应力水平。而在图 4-9（b）中 A 点之外，远离应力集中区域，其计算结果不受单元网格的疏密度的影响。

　　要得到这些区域的较精确的解，可以采取两种办法：一种是用较细的网格重新剖分并分析整个模型；另一种是只在关心的区域细化网格并对其进行分析，即子模型分析技术，如图 4-9（c）中的阴影区域。显而易见，采用前一种方法，即用交细的网格重新剖分并分析整个模型需要耗费大量的时间，而后一种方法耗时较少。

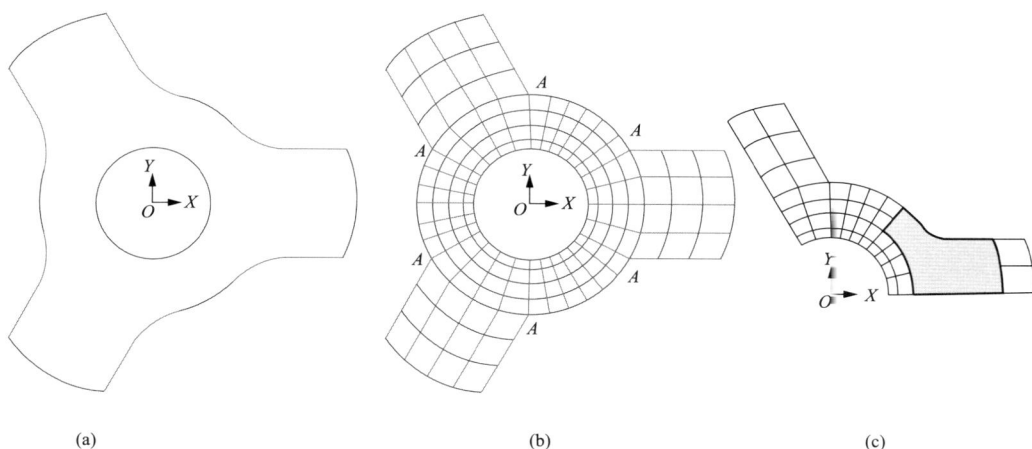

图 4-9　子模型分析示意图

（a）实际结构形状；（b）粗糙模型；（c）叠加的子模型

　　子模型方法又称为切割边界位移法或特定边界位移法。切割边界就是子模型与整个较粗糙的模型分割开的边界。整体模型切割边界的计算位移值即为子模型的边界条件。

　　子模型分析方法是基于圣维南原理。圣维南原理（Saint Venant＂s Principle）是弹性力学的基础性原理，其内容是分布于弹性体上一小块面积（或体积）内的载荷所引起的物体中的应力，在离载荷作用区稍远的地方，基本上只同载荷的合力和合力矩有关，载荷的具体分布只影响载荷作用区附近的应力分布。即如果实际分布载荷被等效载荷代替以后，应力和应变只在载荷施加的位置附近有改变。这说明只有在载荷集中位置才有应力集中效应，如果子模型的位置远离应力集中位置，则子模型内就可以得到较精确的结果。即在子模型选取过程中，一定要考虑切割出来的子模型边界远离应力集中区域。如图 4-10 所示，图 4-10（a）表示比较合理的子模型边界区域；图 4-10（b）表示选取子模型区域过小，将影响子模型分析结果的准确性。

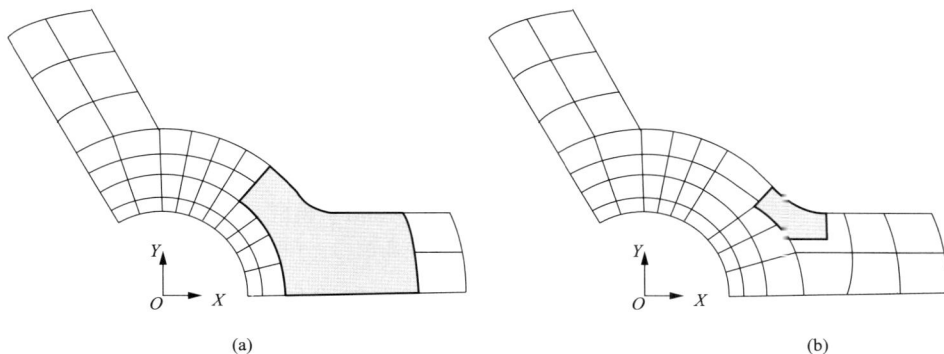

图 4-10　子模型分析示意图

（a）合理的子模型区域；（b）不合理的子模型区域

（2）子模型边界条件的施加方法。在子模型的分析之前，需要对转轮整体的刚强度进行分析。子模型分析的边界条件是建立在整体分析模型的基础之上，通过插值得到子模型切开断面上节点的边界条件。以叶片与上冠相交为例，图 4-11 蓝色框图区域（见彩图 4-11）为子模型在整体模型中的位置示意图，图 4-12 和彩图 4-12 为转轮高应力区域子模型分析模型，图 4-13 和彩图 4-13 为子模型分析有限元网格剖分图，图 4-14 和彩图 4-14 为通过插值得到的子模型边界条件。

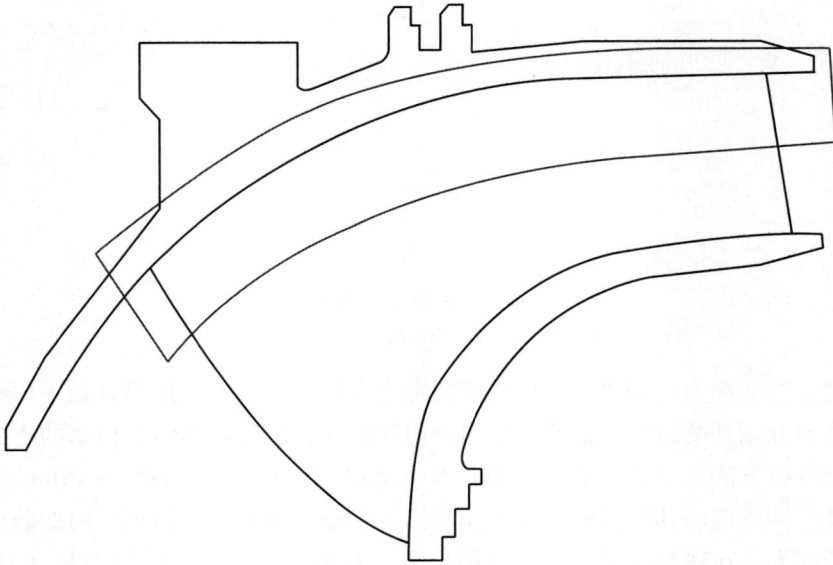

图 4-11 子模型在整体模型的位置示意图

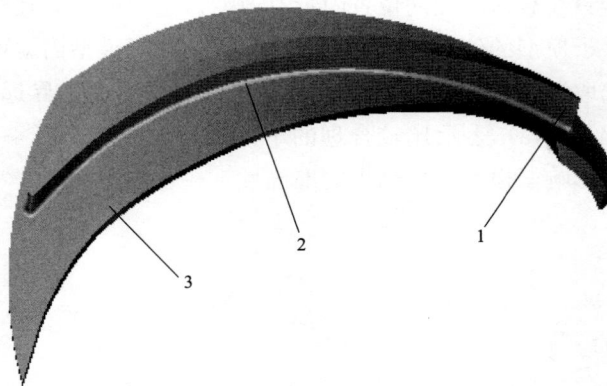

图 4-12 转轮高应力区域子模型分析模型

1—子模型切取出来的叶片；2—叶片与上冠相交的过渡圆角；3—子模型切取出来的部分上冠

（3）载荷分析与单元选取。一般情况下，由于在整体分析模型中已经考虑了重力、离心力和水压力的影响，因此，根据圣维南原理，在子模型分析过程中，无须再考虑重力、离心力和水压力，只须考虑位移插值。另外，在子模型分析过程中，为保证计算精度，有限单元的选取最好采用 20 节点六面体单元或 10 节点四面体单元（见图 4-2）。

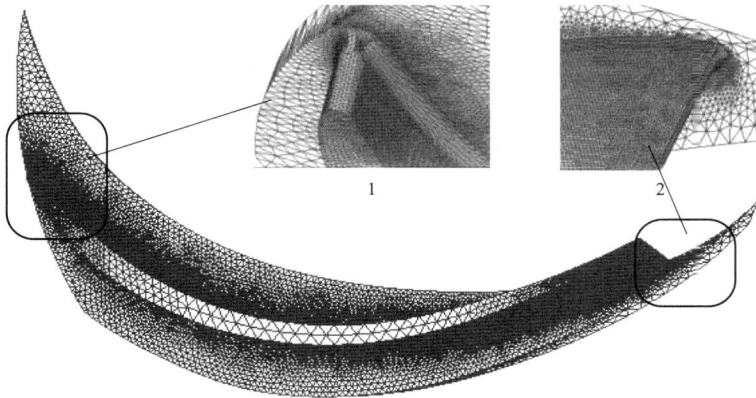

图 4-13 转轮叶片与上冠应力集中区子模型分析有限元网格剖分图

1—叶片进水边局部放大；2—叶片出水边局部放大

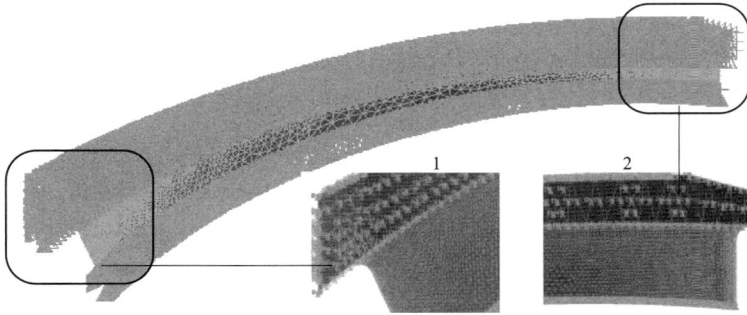

图 4-14 通过插值得到的子模型边界条件

1—叶片出水边局部放大；2—叶片进水边局部放大

（4）分析计算结果后处理。子模型分析是在整体模型分析的基础上完成的，因此无法通过获取绕机组旋转中心的转矩的方法检查分析结果的准确性。但是可以采用位移方法检查子模型分析结果的准确性。具体方法如下：

1）在整体分析模型中截取子模型分析的区域。

2）分别显示上述截取区域的径向 R、切向 θ、轴向 Z 及总体位移趋势图，如图 4-15 和彩图 4-15 所示。

3）在子模型中，也分别显示径向 R、切向 θ、轴向 Z 及总体位移趋势图，如图 4-16 和彩图 4-16 所示。

4）检查上述两种区域的位移趋势是否相同或类似，并以此判定子模型分析结果的准确性。即分别比较图 4-15 和图 4-16 中（a）～（d）四个图中的位移趋势及位移量值是否一致。

3. 水泵水轮机转轮疲劳分析

水泵水轮机转轮疲劳分析主要包括 Goodman 曲线方法、折线方法（即用折线近似代替 Gerber 抛物线）、ASME 标准等几种方法。以下对上述三种方法分别进行介绍。

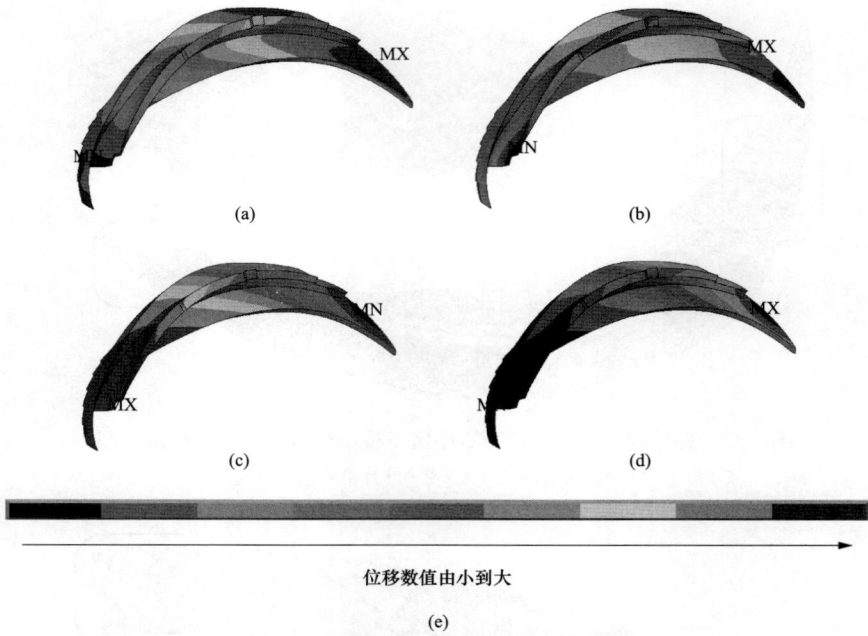

(a)

(b)

(c)

(d)

位移数值由小到大

(e)

图 4-15 整体模型中子模型区域位移图

（a）整体模型中子模型计算区域 R 方向位移趋势图；（b）整体模型中子模型计算区域 θ 方向位移趋势图；（c）整体模型中子模型计算区域 z 方向位移趋势图；（d）整体模型中子模型计算区域总体位移趋势图；（e）位移颜色趋势图

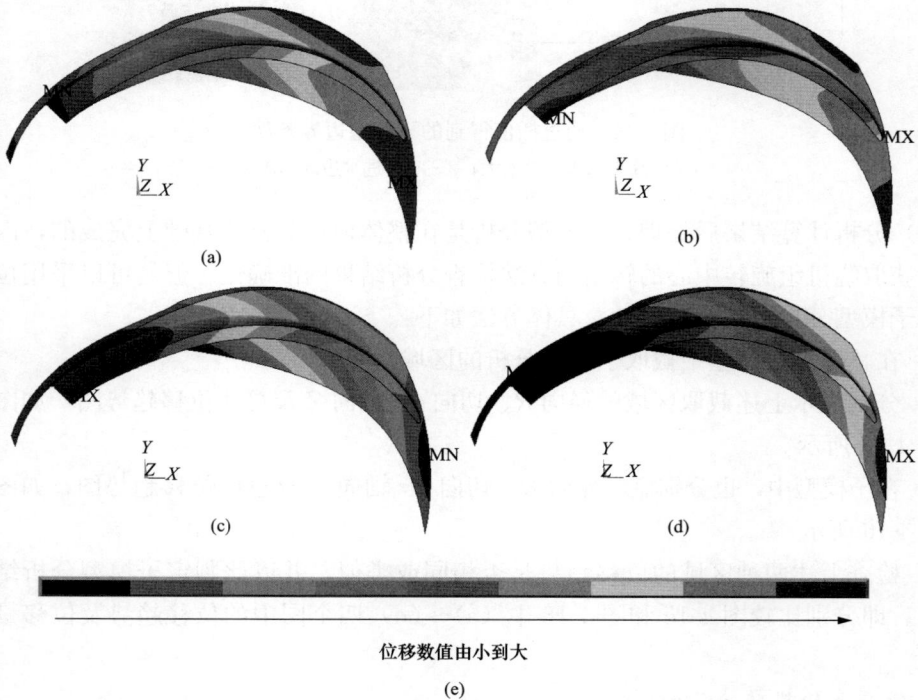

(a)

(b)

(c)

(d)

位移数值由小到大

(e)

图 4-16 子模型位移图

（a）子模型 R 方向位移趋势图；（b）子模型 θ 方向位移趋势图；（c）子模型 z 方向位移趋势图；
（d）子模型总体位移趋势图；（e）位移颜色趋势图

（1）Goodman 曲线方法。Goodman 曲线是假设疲劳极限是一条经过对称循环变应力的疲劳极限 A 点和静载的屈服极限 B 点的直线（见图 4-17）。AB 线上的各点表示将要产生疲劳破坏的临界点，并假设该线上的点的安全系数等于 1。在 $\triangle OAB$ 内的点为安全系数大于 1 的点（见图 4-18），假设有安全系数大于 1 的应力点 m，并设这个点的不对称系数为 r，连接直线 Om 并延长之，使其交 AB 线于 M 点，则 M 点的不对称系数也等于 r。这样，我们称 M 点的循环变应力与 m 点的相似。把 M 点的最大应力和 m 点的最大应力之比值，定义为 m 点的安全系数 n。可以证明，在应力条件相似的情况下，最大应力之比等于应力幅值之比或平均应力之比。因此，如果过 m 点作 AB 直线的平行线 ab，则 ab 线上任意一点的安全系数 n 等于常数，即 m 点的安全系数等于 OA 与 Oa 比值。

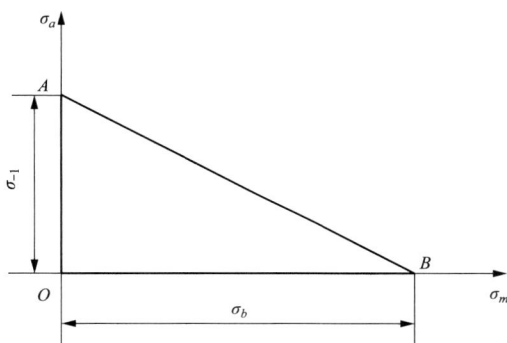

图 4-17　GoodMan 曲线

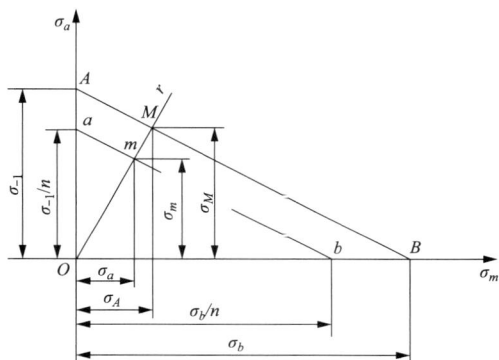

图 4-18　GoodMan 曲线求疲劳安全系数

M 点与 m 点的应力分量分别为 σ_A、σ_M 及 σ_a、σ_m（见图 4-18）。过点 M 的 AB 直线方程可写成：

$$\sigma_{-1} = \sigma_A + \frac{\sigma_{-1}}{\sigma_b}\sigma_M \tag{4-1}$$

同理，过点 m 的 ab 直线方程可写成：

$$\frac{\sigma_{-1}}{n} = \sigma_a + \frac{\sigma_{-1}}{\sigma_b}\sigma_m \tag{4-2}$$

因为安全系数 $n = \dfrac{OM}{Om}$，所以，

$$n = \frac{\sigma_{-1}}{\sigma_a + \dfrac{\sigma_{-1}}{\sigma_b}\sigma_m} \tag{4-3}$$

变应力部分考虑应力集中系数 K_σ、尺寸系数 ε（见图 4-19）及表面系数 β（见图 4-20），最后得：

$$n = \frac{\sigma_{-1}}{\dfrac{K_\sigma\sigma_a}{\varepsilon\beta} + \varphi_\sigma\sigma_m} \tag{4-4}$$

式中　φ_σ——平均应力影响系数。

$$\varphi_\sigma = \frac{\sigma_{-1}}{\sigma_b} \qquad (4\text{-}5)$$

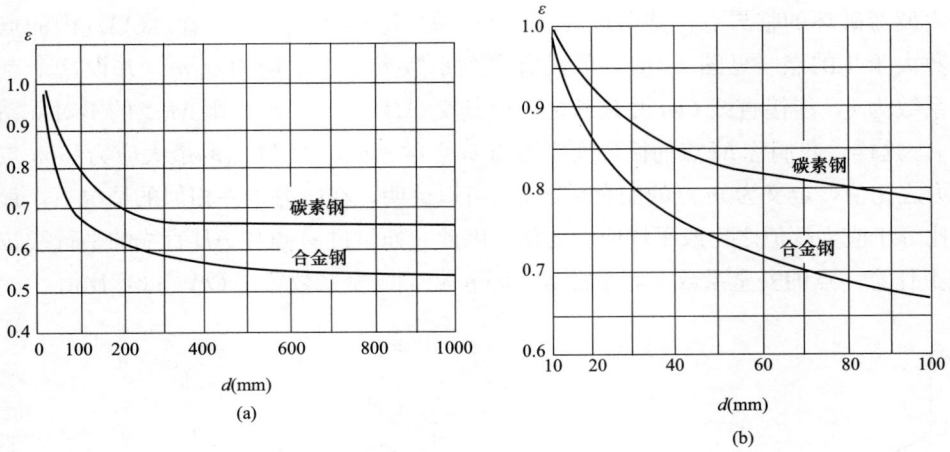

(a)

(b)

图 4-19 尺寸系数

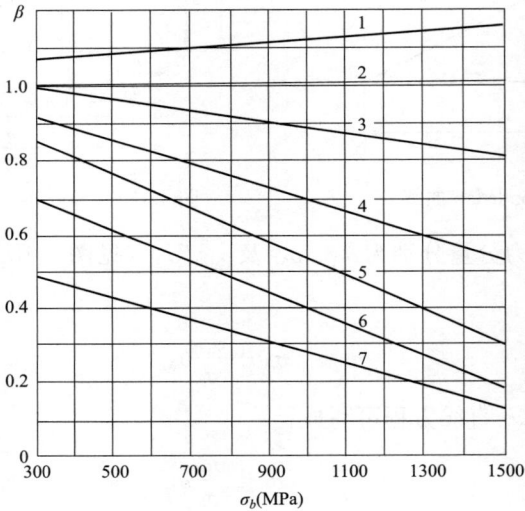

图 4-20 表面加工系数

1—抛光▽11 以上；2—削磨▽9～▽10；3—精车▽6～▽8；4—粗车▽5～▽3；

5—轧制未加工表面；6—淡水腐蚀表面；7—海水腐蚀表面

（2）折线法。如图 4-21 所示，用经过对称循环变应力的疲劳极限 A 点、脉动循环变应力的疲劳极限 C 点及静强度极限 B 点的折线近似代替 Gerber 抛物线，写出直线 AC 的方程为：

$$\sigma_a = \sigma_{-1} - \frac{2\sigma_{-1} - \sigma_0}{\sigma_0}\sigma_m \qquad (4\text{-}6)$$

图 4-22 中的 m 点为工作应力点，连接 Om 线并延长，交 AG 线于 M 点，则安全系数同样是 OM 与 Om 的比值。为此，过 m 点作直线 AG 的平行线 ag，因 $\triangle mkg$ 与

$\triangle AIG$ 相似，则由对应边成比例，得

$$\frac{\sigma_a - \dfrac{\sigma_0}{2n}}{\dfrac{\sigma_0}{2n} - \sigma_m} = \frac{\sigma_{-1} - \dfrac{\sigma_0}{2}}{\dfrac{\sigma_0}{2}} \tag{4-7}$$

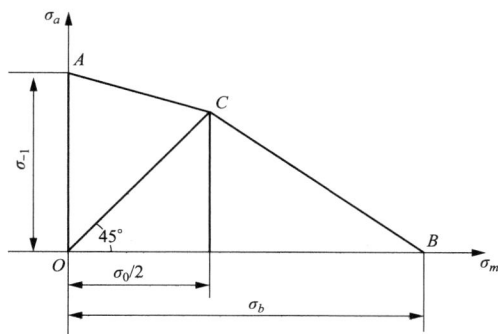

图 4-21 Gerber 抛物线

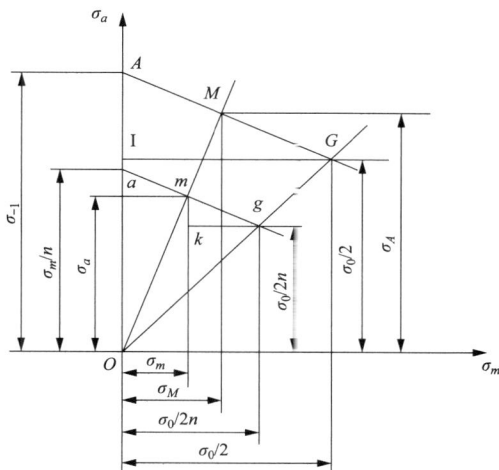

图 4-22 Gerber 抛物线法求疲劳安全系数

解得安全系数为：

$$n = \frac{\sigma_{-1}}{\sigma_a + \varphi_\sigma \sigma_m}, \quad \varphi_\sigma = \frac{2\sigma_{-1} - \sigma_0}{\sigma_0} \tag{4-8}$$

变应力部分考虑应力集中系数 K_σ、尺寸系数 ε（见图 4-19）以及表面系数 β（见图 4-20），最后得：

$$n = \frac{\sigma_{-1}}{\dfrac{K_\sigma \sigma_a}{\varepsilon\beta} + \varphi_\sigma \sigma_m} \tag{4-9}$$

（3）ASME 标准。对于构件的疲劳寿命预估及材料的疲劳极限确定，ASME 标准对其进行了明确的规定。在大多数场合中，循环次数是容易确定的。每一次循环由启动、正常工作和停机三个阶段组成，如图 4-23（a）所示。比较复杂的循环通常发生在应力方向发生改变的场合，如图 4-23（b）所示。有时会有更复杂的循环发生，如图 4-23（c）所示。对每一循环都要确定最大应力变化范围，即在一次循环中应力强度的最大值与最小值的代数差，从而求得交变应力幅值，即最大应力范围的一半。根据交变应力幅值，可以从疲劳曲线图中求出每一应力范围对应的许用载荷循环次数。载荷循环引起的应力幅值不同时，应采用线性累积法进行疲劳分析。

线性疲劳累计损伤理论是指在循环载荷下，疲劳损伤是可以线性地累加，各个应力之间相互独立、互不相关，当累加的损伤达到某一数值时，试件或构件就会发生疲劳破坏。线性累积损伤理论中典型的是 Palmgren-Miner 理论，简称 Miner 理论。Miner 理论对于三个问题的回答如下：

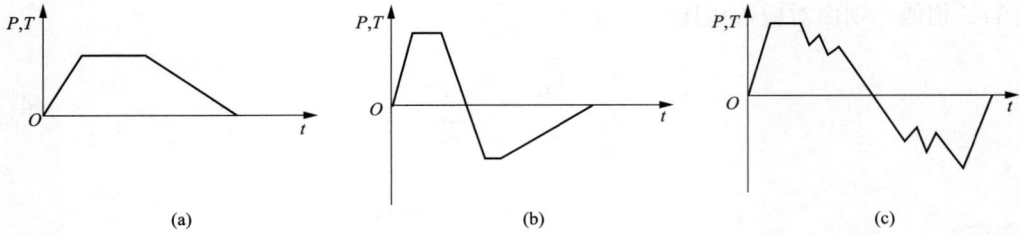

图 4-23　疲劳循环周期次数

（a）启机—正常运行—停机工况；（b）复杂的循环通常发生在应力方向发生改变；

（c）更加复杂的循环，不仅应力方向发生改变，而且应力大小也发生变化

1）一个循环造成的损伤为：

$$D = \frac{1}{N} \tag{4-10}$$

式中　N——对应于当前载荷水平 σ 的疲劳寿命。

2）等幅载荷下，n 个循环造成的损伤为：

$$D = \frac{n}{N} \tag{4-11}$$

变幅载荷下，n 个循环造成的损伤为：

$$D = \sum_{i=1}^{n} \frac{1}{N_i} \tag{4-12}$$

式中　N_i——对应于当前载荷水平 σ_i 的疲劳寿命。

3）临界疲劳损伤 D_{CR}。若是变幅疲劳载荷，显然当循环载荷的次数 n 等于其疲劳寿命 N 时，疲劳破坏发生，即 $n＝N$，由上式得到：

$$D_{CR} = 1 \tag{4-13}$$

Miner 理论是一个线性疲劳累积损伤理论，它没有考虑载荷次序的影响，而实际上加载次序对寿命的影响较大，对此已有了大量的试验研究。对于二次或者很少几级加载的情况下，试验件破坏时的临界损伤值 D_{CR} 偏离 1 很大。对于随机载荷，试验件破坏时的临界损伤值 D_{CR} 在 1 附近，这也是目前工程上广泛采用 Miner 理论的原因。

运用 ASME 标准对水泵水轮机转轮进行疲劳分析，首先应知道下述三种情况下的应力变化幅值：

第一种情况：$\begin{cases} 机组停机 \rightarrow 额定转速没有水压力 \\ 机组停机 \rightarrow 正常运行工况 \\ 额定转速没有水压力 \rightarrow 正常运行工况 \end{cases}$

第二种情况：正常运行

第三种情况：$\begin{cases} 机组停机 \rightarrow 飞逸工况 \\ 机组停机 \rightarrow 正常运行工况 \\ 飞逸工况 \rightarrow 正常运行工况 \end{cases}$

其次，分别求出上述三种情况下应力变化幅值，同时取每种情况下的最大的应力变化幅值；然后，分别求出上述最大的应力变化幅值情况下的疲劳循环次数　最后，再求出转轮一年内累计损伤数，最后预估转轮的疲劳使用寿命。

关于转轮的疲劳分析，除上面介绍的三种常见方法外，还有德国机械工业委员会制定的 FKM 疲劳分析标准和计算程序，其主要用于评估钢、铝等金属材料的焊接与非焊接构件的疲劳性能。FKM 标准包括静态强度评估和疲劳强度评估两大部分。静态强度评估主要针对脆性材料，即没有屈服过程的材料，只要超过材料极限静态强度就发生疲劳破坏；疲劳强度评估主要针对塑性材料，即有屈服过程的材料，只有超过极限疲劳强度才发生疲劳破坏。

目前国际上比较常用的疲劳评估方法仍然以 ASME 标准为主。

4. 水泵水轮机转轮动态特性分析

水泵水轮机转轮除要满足强度要求外，转轮的动态特性也必须满足设计要求。转轮动态特性分析是对转轮的固有频率进行分析，以保证转轮在水中的固有频率避开机组的激振频率，防止机组运行过程中产生共振、噪声及转轮叶片产生裂纹，保证机组的安全稳定运行。转轮动态特性分析首先要建立转轮力学分析模型和确定边界条件，然后进行有限单元网格剖分，最后获取转轮的动态特性，即转轮的固有频率。

（1）转轮力学分析模型的选取及边界条件确定。选取一个完整的转轮作为分析计算模型，如图 4-24 和彩图 4-24 所示，采用 20 节点六面体单元或 10 节点四面体单元进行有限元单元网格剖分。分析时约束主轴法兰与上冠连接螺栓分布圆半径上相应节点的 θ、Z 方向的自由度，如图 4-25 和彩图 4-25 所示。

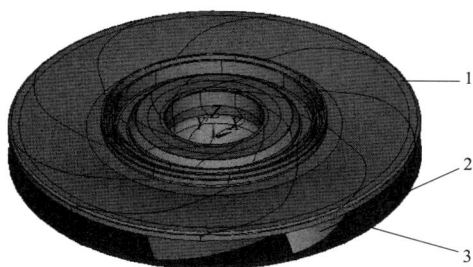

图 4-24　转轮在空气中动态特性分析模型
1—上冠；2—叶片；3—下环

图 4-25　转轮在空气中动态特性边界条件
1—位移约束

（2）分析结果后处理。众所周知，转轮是工作在水中的，由于水的附加质量影响，使转轮在水中的固有频率小于转轮在空气中的固有频率。一般情况下，转轮在水中的固有频率下降系数与转轮叶片的翼型、转轮振动的模态有关。图 4-26 和彩图 4-26 为转轮节径（节径概念见本章的第四节）$k=0$ 的振动振型，图 4-27 和彩图 4-27 为转轮节径 $k=1$ 的振动振型，图 4-28 和彩图 4-28 为转轮节径 $k=2$ 的振动振型，图 4-29 和彩图 4-29 为转轮上冠下环反向振动振型。

在考虑动静干涉条件下，转轮在某一节径下的水中固有频率和转轮上冠、下环反向振动的水中固有频率应同时避开机组的主要激振频率，即转频与导叶个数的乘积。

图 4-26 转轮节径 $k=0$ 的振动振型

图 4-27 转轮节径 $k=1$ 的振动振型

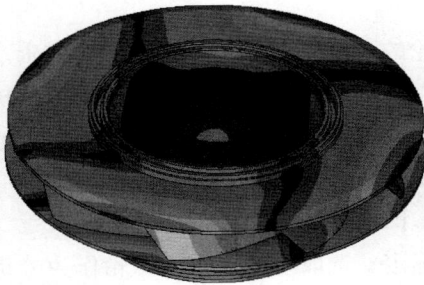

图 4-28 转轮节径 $k=2$ 的振动振型

图 4-29 转轮上冠下环反向振动振型

二、水泵水轮机主轴应力分析计算

水泵水轮机主轴主要承受拉伸应力、剪切应力和弯曲应力。拉伸应力主要由轴向水推力、转轮重量及主轴的重量等组成，剪切应力是由扭转力矩产生的，弯曲应力主要由水力不平衡力和转轮不平衡力等组成，即

$$
主轴\begin{cases}
拉伸应力\begin{cases}轴向水推力\\转轮重量\\主轴的重量\end{cases}\\
剪切应力（由扭转力矩产生的）\\
弯曲应力\begin{cases}径向水推力\\转轮不平衡力\end{cases}
\end{cases}
$$

水泵水轮机主轴应力分析关注的主要部位包括轴身、法兰根部（见图 4-30 中 $A—A$ 和 $E—E$ 截面）、水导轴承轴领处（见图 4-30 中 $B—B$ 截面）及轴身上可能引起应力集中的所有区域（见图 4-30 中 $C—C$ 和 $D—D$ 截面）。

由于主轴的结构形式简单，受力特点明显。因此，对主轴轴身处没有应力集中区域，可以采用经典材料力学分析手段获取主轴轴身处的应力水平，而对于存在应力集中的区域，可以通过查找应力集中系数的方法获得，或者采用有限元分析手段获取应力集中区域的真实应力水平。

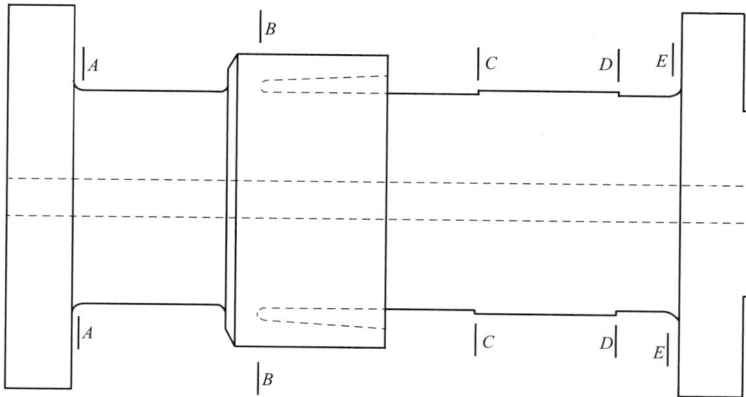

图 4-30　主轴应力主要考核部位示意图

1. 基于材料力学的经典应力分析计算

此部分计算主要是对轴身的应力进行分析计算，至于主轴法兰根部、水导轴承轴领处及有可能产生应力集中的轴身任何部位，如图 4-30 所示的 A—A、B—B、C—C、D—D、E—E，都可以通过查找应力集中系数手册，结合轴身应力水平获得。

轴的拉伸应力可由下式获得：

$$\sigma_{\max} = \frac{F_1}{A} \qquad (4\text{-}14)$$

式中　F_1——轴身受到的总的轴向拉力，N；

$\quad A$——轴身截面面积，mm^2；$A = \frac{\pi}{4}(D^2 - d^2)$，其中 D 为轴身外径，d 为轴身内径。

轴的剪切应力可由下式获得：

$$\tau = \frac{M_p}{W_n} \qquad (4\text{-}15)$$

$$M_p = \frac{30P}{n_r \pi} \qquad (4\text{-}16)$$

$$W_n = \frac{\pi(D^4 - d^4)}{16D} \qquad (4\text{-}17)$$

式中　τ——由扭矩引起的剪应力，N/mm^2；

$\quad M_p$——设计扭矩，$\text{N} \cdot \text{mm}$；

$\quad P$——主轴传递的最大功率，kW；

$\quad n_r$——机组额定转速，r/min；

$\quad W_n$——主轴抗扭截面模数，mm^3；

$\quad D$——轴身外径，mm；

$\quad d$——轴身内径，mm。

主轴轴身受水力不平衡力与转轮不平衡力作用下的弯曲应力由式（4-18）计算可得：

$$\sigma_w = \frac{M_w}{W} \qquad (4\text{-}18)$$

$$M_{\mathrm{w}} = F_{\mathrm{u}}L_2 + F_{\mathrm{r}}L_1 \tag{4-19}$$

$$W = \frac{\pi D^3}{32}\left[1 - \left(\frac{d}{D}\right)^4\right] \tag{4-20}$$

式中　M_{w}——弯矩，N·mm；

　　　W——轴的抗弯模数，mm³；

　　　L_1——水力不平衡力到水导轴承处距离，mm，如图 4-31 所示；

　　　L_2——转轮重心到水导轴承处距离，mm，如图 4-31 所示；

　　　F_{u}——转轮不平衡力，N；

　　　F_{r}——水力不平衡力，N；

　　　D——轴身外径，mm；

　　　d——轴身内径，mm。

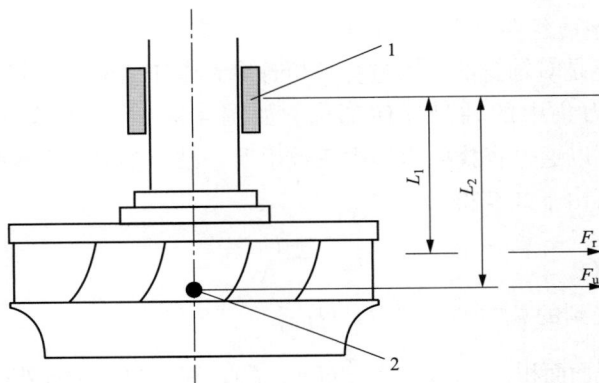

图 4-31　主轴承受弯曲应力力矩示意图

1—水导几何中心；2—转轮几何中心

2. 基于数值离散理论的有限元应力分析计算

采用基于数值离散理论的有限元应力分析计算，首先要对计算分析的部件建立力学模型并确定计算边界条件和计算工况，最后对计算结果进行后处理，即计算结果的准确性判断和应力水平提取。

（1）分析对象力学模型建立和边界条件确定。分析对象力学模型建立和边界条件确定的准确性，直接影响计算结果的准确性和精度。主轴的有限元应力分析一般取一个完整的水泵水轮机主轴作为分析计算模型，如图 4-32 和彩图 4-32 所示。主轴有限元网格剖分图如图 4-33 和彩图 4-33 所示。有限单元网格剖分后进行主轴受力等边界条件确定，对发电机端法兰面上所有节点自由度进行约束，以防止产生刚体位移（见图 4-34 和彩图 4-34）；在水轮机端法兰面上施加相应的载荷，如图 4-35 和彩图 4-35 所示。

（2）计算工况的选取。主轴应力分析，主要考虑最大输出功率（输入功率）工况。在该工况下，主轴主要承受总的轴向力、扭矩及由转轮不平衡力和水力不平衡力引起的弯矩。但是，对于立式机组而言，由于转轮不平衡力和水力不平衡力引起的弯曲应力远小于拉伸应力，在通常计算主轴应力水平时，可以不考虑。但是对主轴的疲劳计算，则必须考虑弯曲应力，弯曲应力是主轴疲劳计算的应力幅值。主轴的应力幅值是指由于水力及转轮偏心等因素的影响，出现了同一水平高度上的轴身外表面的最大应力和最小应力，这种最大应力和最小应力差值即为主轴的应力幅值。分析时要考虑转速对主轴应力及变形的影响。

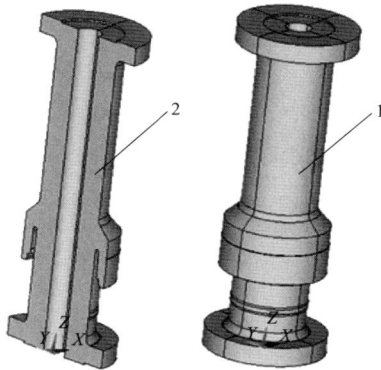

图 4-32　主轴有限元分析计算模型

1—主轴计算模型；2—主轴剖面

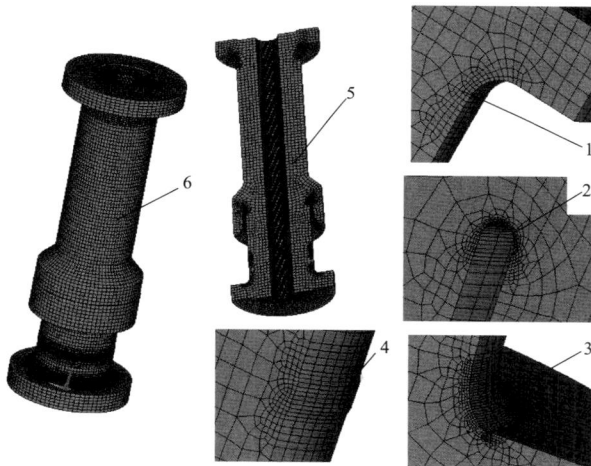

图 4-33　主轴有限元网格剖分图

1—发电机端法兰根部网格图；2—轴领处网格图；3—水轮机端法兰根部网格图；

4—主轴应力集中处网格图；5—主轴网格剖分剖面图；6—主轴整体网各图

（3）分析结果后处理。有限元分析结束后，需要检查分析结果的准确性。可以通过获取分析软件后处理模块中的支反力来检查计算结果的准确性。如果获取的支反力与所施加的力相等，则分析结果准确，否则计算模型有误。判断分析结果准确后则提取主轴各部位的应力水平。

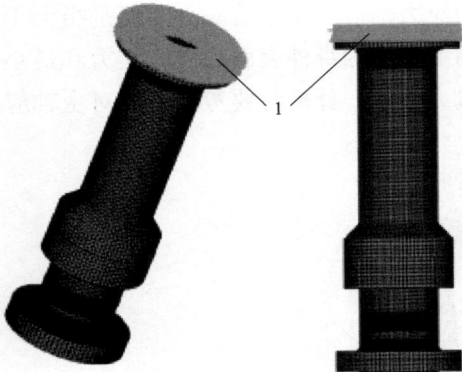

图 4-34　约束发电机端法兰面所有节点自由度
1—发电机端的位移约束

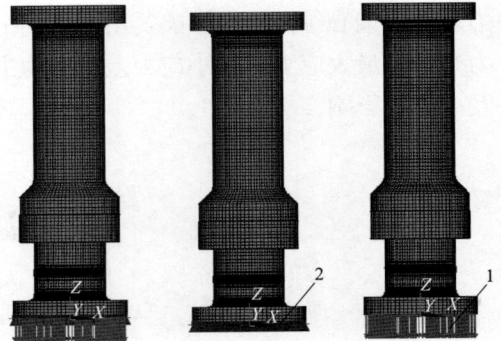

图 4-35　主轴承受的载荷
1—转矩；2—压力

（4）主轴应力分析需要注意的事项。有限元分析计算结果在主轴轴身处的应力水平与基于经典材料力学理论计算结果是相同的。但是在应力集中区域，如图 4-30 所示的 A—A、B—B、C—C、D—D、E—E 区域，如果分析模型中考虑实际结构的过渡圆角，则该区域的有限元网格相对要密，以便于有限元网格能够真实反映实际结构形状，如图 4-33 所示；反之，若该区域有限元网格比较稀疏，则计算得到的应力水平并不代表实际结构的真实应力水平，有可能存在由于网格剖分的不合理而产生应力水平偏低情况。如果在分析模型中没有考虑实际结构的过渡圆角，则计算结果受有限元网格剖分疏密程度影响较大，该处网格剖分越密，其获得的应力水平越高，通常对上述情况而产生的应力称为峰值应力。这种受单元网格疏密程度大小而引起的峰值应力并不是结构的真实应力水平，需要采用相应的分析手段获取应力集中区域的真实应力水平。通常情况下主要采用下述两种方法获取结构的真实应力水平。

方法一：有限元分析计算模型中考虑实际结构的真实过渡圆角。这种情况下，网格剖分过程中，需要在应力集中区域网格剖分较密，使得该区域的有限元网格逼近结构的实际情况。

方法二：采用子模型分析手段获取真实应力水平。在结构分析模型中，暂时不考虑应力集中区域的过渡圆角，待结构分析结束后，取出应力集中区域的子部分，同时在该子部分中，充分考虑应力集中区域的过渡圆角，并在上述结构分析结果的基础上，进行子部分结构分析，从而获取应力集中区域的真实应力水平。

三、顶盖刚强度及动态特性分析

顶盖的刚强度分析主要包括顶盖应力、变形、动态特性及顶盖轴向和径向刚度分析等。

（一）水泵水轮机顶盖应力、变形分析

1. 顶盖的受力分析

图 4-36 为水泵水轮机顶盖受力分析图。对顶盖进行应力、变形分析主要考虑以下六种工况：

（1）正常水轮机工况。

（2）导叶全关闭时水轮机工况。

（3）紧急停机时的过压工况。

（4）转轮甩负荷时的过压工况。

（5）水泵正常工况。

（6）零流量工况。

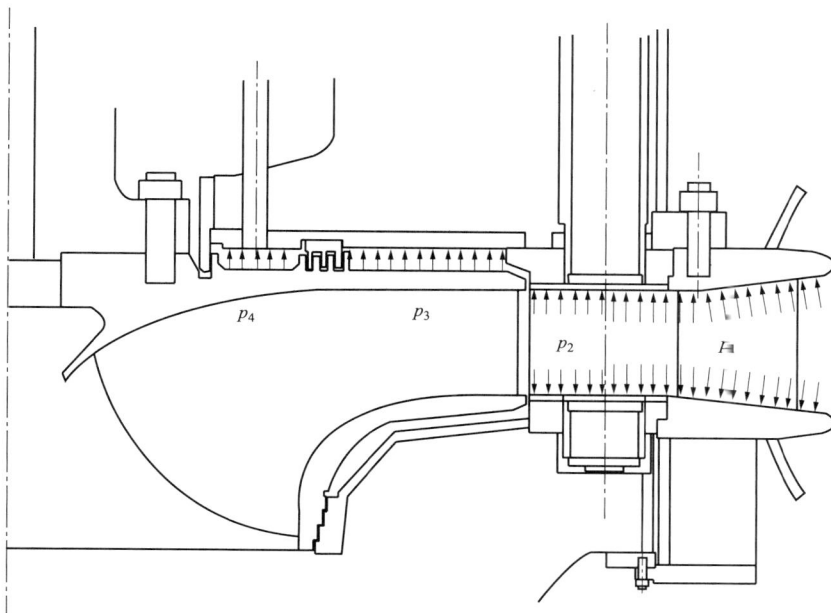

图 4-36 顶盖受力分布

在不同的工况下，图 4-36 所示的压力 $p_1 \sim p_4$ 的计算方法是不同的。图中 p_1 表示蜗壳内活动导叶前的水压力，p_2 表示活动导叶之后转轮进口之间的水压力，p_3 表示上冠非过流面从转轮进口到上密封处的水压力，p_4 表示自上密封后到顶盖主轴密封之间的水压力。

下面分别介绍不同工况下顶盖承受的压力计算公式。

（1）正常水轮机工况：

$$
\begin{cases}
p_1 = g\rho(H_{max1} - Z_{dist}) \times 10^{-6} \\
p_2 = g\rho[0.8(H_{max1} - H_{max2}) + H_{max2} - Z_{dist}] \times 10^{-6} \\
p_3 = p_2 - \dfrac{\rho}{4}\left(\mu_1 \dfrac{\pi n_r}{30}\right)^2 (R_3^2 - R_4^2) \times 10^{-6} \\
p_4 = g\rho(H_{max2} - Z_{dist} + bal) \times 10^{-6} + \dfrac{\rho}{2}\left(\mu_1 \dfrac{\pi n_r}{30}\right)^2 \left(R_4^2 - R_5^2 - \dfrac{R_4^2 - R_6^2}{2}\right) \times 10^{-6}
\end{cases}
$$

$$(4\text{-}21)$$

式中　g——重力加速度，m/s^2；

ρ——水的密度，kg/m^3；

H_{max1}——最大上游水位，m；

H_{max2}——最大下游水位，m；

Z_{dist}——导叶中心高程，m；

bal——平衡管水头损失，m；

n_r——机组额定转速，r/min；

μ_1——转轮上密封环离心力系数，取 $\mu_1=0.5$；

$R_1 \sim R_{10}$——如图 4-37 所示，m。

（2）导叶全关闭时水轮机工况：

$$
\begin{cases}
p_1 = g\rho(H_{max1} - Z_{dist}) \times 10^{-6} \\
p_2 = g\rho(H_{max2} - Z_{dist}) \times 10^{-6} \\
p_3 = p_2 \\
p_4 = p_2
\end{cases}
\tag{4-22}
$$

式中　　g——重力加速度，m/s²；

ρ——水的密度，kg/m³；

H_{max1}——最大上游水位，m；

H_{max2}——最大下游水位，m；

Z_{dist}——导叶中心高程，m。

（3）紧急停机时的过压工况：

$$
\begin{cases}
p_1 = g\rho H_{overpressure} \times 10^{-6} \\
p_2 = g\rho(H_{max2} - Z_{dist}) \times 10^{-6} \\
p_3 = p_2 \\
p_4 = p_2
\end{cases}
\tag{4-23}
$$

式中　　g——重力加速度，m/s²；

ρ——水的密度，kg/m³；

$H_{overpressure}$——过压水头，m；

H_{max2}——最大下游水位，m；

Z_{dist}——导叶中心高程，m。

（4）转轮甩负荷时的过压工况：

$$
\begin{cases}
p_1 = g\rho H_{over\_runner} \times 10^{-6} \\
p_2 = p_1 \\
p_3 = p_2 - \dfrac{\rho}{4}\left(\mu_2 \dfrac{\pi n_2}{30}\right)^2 (R_3^2 - R_4^2) \times 10^{-6} \\
p_4 = g\rho(H_{max2} - Z_{dist} + bal) \times 10^{-6} + \dfrac{\rho}{2}\left(\mu_2 \dfrac{\pi n_2}{30}\right)^2 \left(R_4^2 - R_5^2 - \dfrac{R_4^2 - R_6^2}{2}\right) \times 10^{-6}
\end{cases}
$$

$$\tag{4-24}$$

式中　　g——重力加速度，m/s²；

ρ——水的密度，kg/m³；

H_{over_runner}——由于转轮引起的过压水头，m；

$H_{\max2}$——最大下游水位，m；

bal——平衡管水头损失，m；

Z_{dist}——导叶中心高程，m；

n_2——机组飞逸转速，r/min；

μ_2——转轮下密封环离心力系数，$\mu_2=0.5$；

$R_1 \sim R_{10}$——如图 4-37 所示，m。

（5）正常水泵工况：

$$\begin{cases} p_1 = g\rho(H_{\max1} - Z_{\text{dist}}) \times 10^{-6} \\ p_2 = g\rho[0.85(H_{\max1} - H_{\max2}) + H_{\max2} - Z_{\text{dist}}] \times 10^{-6} \\ p_3 = p_2 - \dfrac{\rho}{4}\left(\mu_1 \dfrac{\pi n_r}{30}\right)^2 (R_3^2 - R_4^2) \times 10^{-6} \\ p_4 = g\rho(H_{\max2} - Z_{\text{dist}} + bal) \times 10^{-6} + \dfrac{\rho}{2}\left(\mu_1 \dfrac{\pi n_r}{30}\right)^2 \left(R_4^2 - R_5^2 - \dfrac{P_{-4}^2 - R_6^2}{2}\right) \times 10^{-6} \end{cases}$$

$$(4\text{-}25)$$

式中　g——重力加速度，m/s²；

ρ——水的密度，kg/m³；

$H_{\max1}$——最大上游水位，m；

$H_{\max2}$——最大下游水位，m；

Z_{dist}——导叶中心高程，m；

bal——平衡管水头损失，m；

n_r——机组额定转速，r/min；

μ_1——转轮上密封环离心力系数，$\mu_1=0.5$；

$R_1 \sim R_{10}$——如图 4-37 所示，m。

（6）零流量工况：

$$\begin{cases} p_1 = g\rho(H_{\max1} - Z_{\text{dist}}) \times 10^{-6} \\ p_2 = \left[g\rho(H_{\max2} - Z_{\text{dist}}) + \dfrac{\rho}{2}\left(\dfrac{R_3 + R_7}{2}\dfrac{n_r \pi}{30}\right)^2 + g\rho\dfrac{Z_{\text{erodis}}}{2}\right] \times 10^{-6} \\ p_3 = \left[g\rho(H_{\max2} - Z_{\text{dist}}) + \dfrac{\rho}{2}\left(\dfrac{R_3 + R_7}{2}\dfrac{n_r \pi}{30}\right)^2 - \dfrac{\rho}{4}\left(\mu_1 \dfrac{\pi n_r}{30}\right)^2 (R_3^2 + R_4^2)\right] \times 10^{-6} \\ p_4 = \left[g\rho(H_{\max2} - Z_{\text{dist}} + bal) + \dfrac{\rho}{2}\left(\mu_1 \dfrac{\pi n_r}{30}\right)^2 \left(R_4^2 - R_5^2 - \dfrac{R_4^2 - R_6^2}{2}\right)\right] \times 10^{-6} \end{cases}$$

$$(4\text{-}26)$$

式中　g——重力加速度，m/s²；

ρ——水的密度，kg/m³；

$H_{\max1}$——最大上游水位，m；

$H_{\max2}$——最大下游水位，m；

Z_{dist}——导叶中心高程，m；

Z_{erodis}——零流量水头，m；

bal——平衡管水头损失，m；

n_r——机组额定转速，r/min；

μ_1——转轮上密封环离心力系数，$\mu_1 = 0.5$；

μ_2——转轮下密封环离心力系数，$\mu_2 = 0.5$；

$R_1 \sim R_{10}$——如图 4-37 所示，m。

图 4-37 中，R_1 表示顶盖密封半径，R_2 表示活动导叶分布圆半径，R_3 表示转轮上冠进口半径，R_4 表示上冠密封环半径，R_5 表示顶盖平衡管中心绕机组中心旋转的半径，R_6 表示主轴把合螺栓分布圆半径，R_7 表示底环密封半径，R_8 表示转轮下环进口半径，R_9 表示转轮下止漏环半径，R_{10} 表示转轮出口半径。

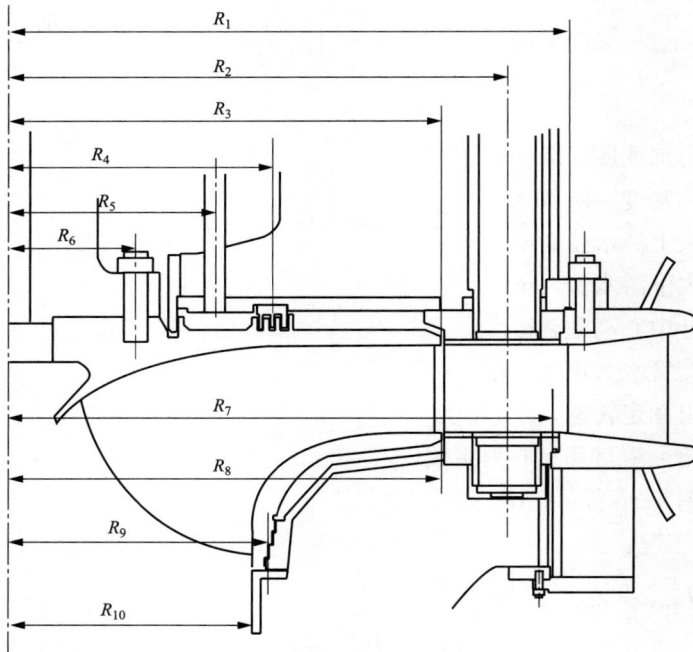

图 4-37　顶盖压力计算几何尺寸示意图

2. 顶盖应力、变形的有限元分析计算

（1）力学模型的选取及边界条件的确定。由于顶盖是典型的周期对称结构，因此分析时选取一个对称周期就可以了（见图 4-38 和彩图 4-38）。同时，为保证切开断面上相应节点位移协调，采用周期对称边界条件。为防止产生刚体位移，约束顶盖与座环分布圆半径上相应节点的轴向位移（见图 4-39 和彩图 4-39）。将活动导叶、控制环、水导轴承及主轴密封的质量以附加质量的形式添加到相应节点上。

（2）顶盖承受的载荷。顶盖主要承受的载荷有水压力（图 4-40 中的 p_1、p_2、p_3、p_4）和活动导叶关闭时所承受的水压力传递到顶盖导叶孔处的作用力（图 4-40 中的 F_1 和 F_2）。

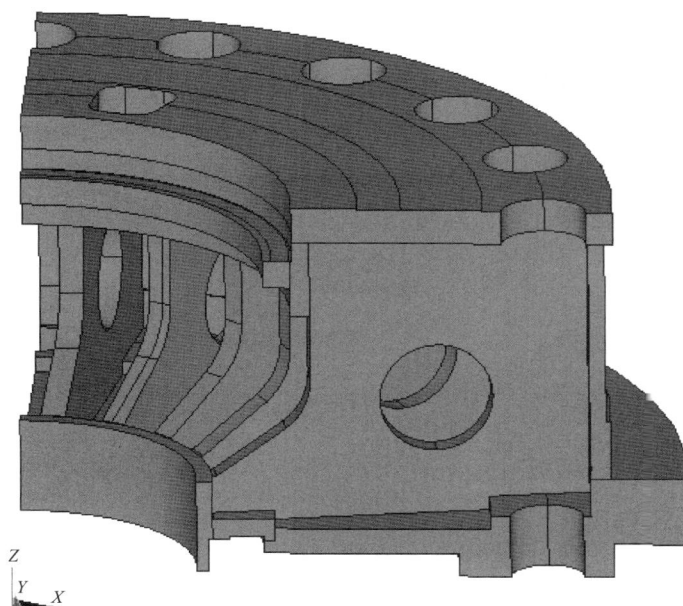

图 4-38 顶盖有限元分析计算模型

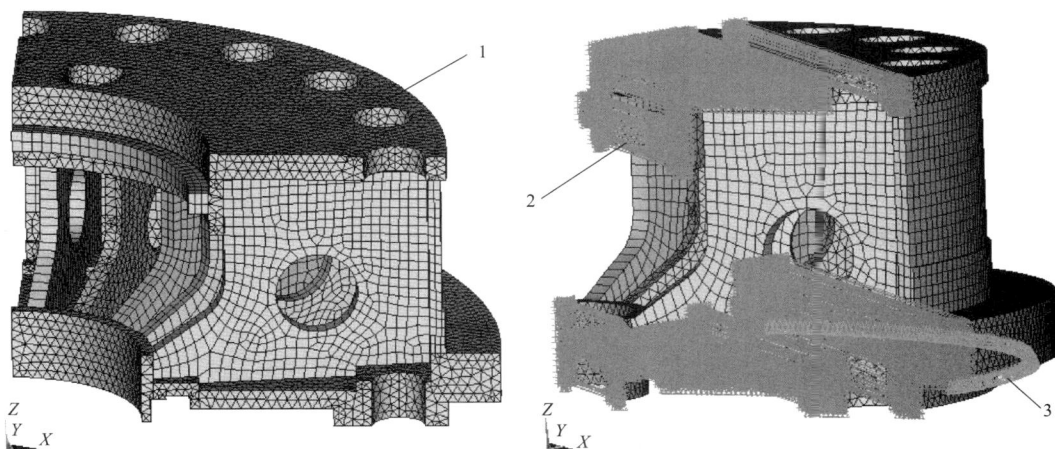

图 4-39 顶盖有限元网格剖分和边界条件
1—有限元网格剖分图；2—周期对称边界条件；3—位移约束

（3）分析计算结果后处理。首先检查分析模型的准确性，即根据作用力与反作用力的关系，检查分析结果的支反力是否与实际情况相吻合。其次，检查顶盖的应力水平及其变形。一般情况下，顶盖的应力水平较低。但是由于顶盖在整个水泵水轮机结构中的位置，要求顶盖必须具有足够的刚度。因此，需要给出以下位置的轴向、径向位移，以供结构设计人员参考：①上、下导叶孔处的轴向、径向位移（相对导叶孔中心）；②主轴密封处的轴向、径向位移（相对机组中心）；③导轴承处的径向、轴向位移（相对机组中心）；④转轮上冠密封处的轴向、径向位移（相对机组中心）。

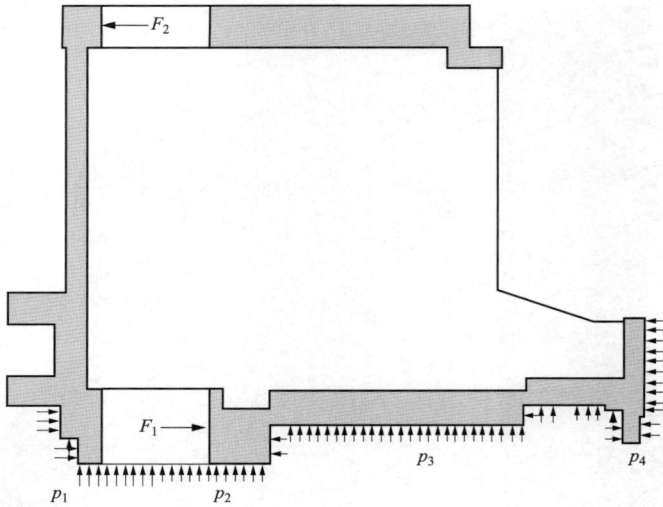

图 4-40 顶盖承受的载荷示意图

（二）顶盖动态特性分析计算

（1）力学模型的选取及边界条件的确定。在对顶盖进行动态特性分析时，可选取两种分析计算模型：一种是选取一个完整的顶盖作为分析计算模型，如图 4-41 所示；另一种是采用对称循环子结构模型进行分析计算。此时可选取一个完整的对称周期作为分析计算模型，如图 4-42 所示。分析计算时，导水机构重量、控制环重量、水导轴承重量及主轴密封的重量要以质量单元的形式施加到相应位置的节点上。上述重量对顶盖的固有频率影响较大，必须予以考虑。同时，通过约束顶盖与蜗壳座环把合螺栓分布圆上相应节点的 R、θ、Z 方向的自由度，确定计算的边界条件。

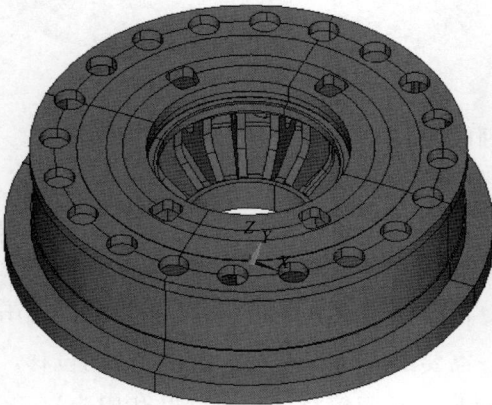

图 4-41 顶盖整体振动计算模型

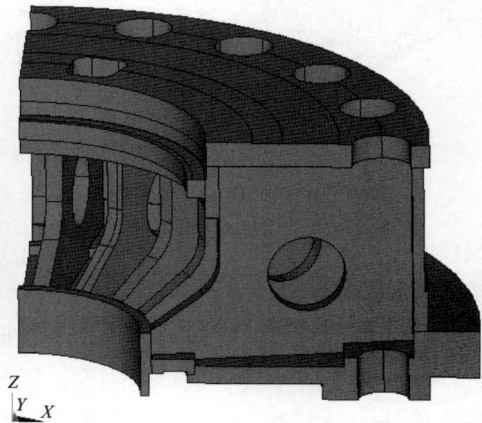

图 4-42 采用对称循环子结构顶盖计算模型

（2）分析计算结果后处理。顶盖属于机组的固定部件。为防止机组运行时产生共振，一般情况下，要求顶盖的固有频率避开机组的旋转频率（以下简称转频）及转频与叶片个数的乘积。除此之外，若考虑叶片个数与导叶个数之间的相互关系，即由公式 $nZ_{wicket\_gate} \pm k = mZ_{runner}$ 确定可能引起的机组振动的顶盖模态（k 为顶盖振动的节径数），然后找出在该节径下的顶盖振动频率是否和转频与叶片个数的乘积的 m 倍相吻合。

（三）顶盖轴向、径向刚度系数分析计算

（1）力学模型的选取及边界条件的确定。对于顶盖的轴向刚度系数计算，分析计算模型选取一个对称周期即可，约束顶盖法兰螺栓分布圆上相应节点的自由度；轴向刚度系数载荷的施加则在顶盖水导轴承分布圆上相应节点施加轴向力 F_z。对于顶盖径向刚度计算需要选取 1/2 或一个完整的顶盖作为分析计算模型，约束顶盖法兰螺栓分布圆上相应节点的自由度；径向刚度系数载荷的施加则按余弦分布的形式在顶盖水导轴承处施加 F_R。但值得注意的是：如选取 1/2 顶盖作为径向刚度分析计算模型，则在顶盖切开断面处，施加轴对称边界条件，如图 4-43 和彩图 4-43 所示。同时，在半径最大点施加力值时，应施加该处节点力值的一半，如图 4-43 所示。

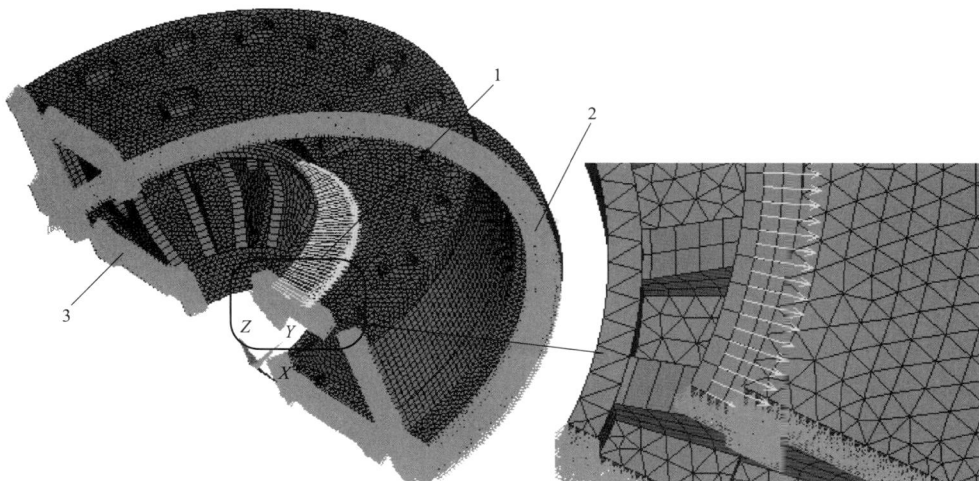

图 4-43　顶盖径向刚度系数计算模型和边界条件
1—径向载荷；2—位移约束；3—轴对称边界条件

（2）分析计算结果后处理。首先检查各个工况下分析模型的准确性，可以通过求反力的方法检查。其次，计算顶盖的轴向、径向刚度系数。轴向刚度系数可由式（4-27）计算获得，径向刚度系数由式（4-28）计算可得。

1）轴向刚度系数：

$$K_z = \frac{F_z}{\delta_{maxz}} \tag{4-27}$$

式中　F_z——施加总的轴向力，N；

δ_{maxz}——最大轴向位移，mm。

2）径向刚度系数：

$$K_r = \frac{F_r}{\delta_{maxr}} \tag{4-28}$$

式中　F_r——施加总的径向力，N；

　　　δ_{maxr}——最大径向位移，mm。

四、蜗壳座环应力及固定导叶动态特性分析

尽管绝大多数水泵水轮机的蜗壳座环均埋在混凝土中，但是，蜗壳座环的结构设计均按明蜗壳设计（明蜗壳设计是指不按蜗壳埋入设计，完全暴露在视野中）。因此，对蜗壳座环进行应力分析时，不需要考虑蜗壳座环外侧混凝土对蜗壳座环的保护作用。蜗壳座环的应力考核标准可参考美国 ASME《锅炉与压力容器标准》。

虽然蜗壳座环受力简单，但是，由于蜗壳座环及上下环板之间的固定导叶形状复杂，采用经典解析计算方法，会造成较大的误差，满足不了工程实际要求。因此对蜗壳座环进行应力分析，通常采取有限元分析方法。

（一）蜗壳座环应力分析

1. 力学模型的选取及边界条件的确定

对蜗壳座环而言，蜗壳是一个从进口端到尾端，断面逐渐缩小的蜗壳形状。实验表明，高应力一般出现在进口端。因此分析时把蜗壳看成以第一断面（进口端）为基础的等断面环壳，而且假设是一个周期对称结构；而座环是一个周期对称结构，所以分析时选取包含一个固定导叶在内的 $2\pi/Z_{vane}$（Z_{vane} 为固定导叶个数）的扇形区域作为分析计算模型，如图 4-44 所示。为保证位移协调一致，在蜗壳座环切开断面采取周期对称边界条件。为防止产生刚体位移，约束蜗壳座环与基础环把合螺栓分布圆上相应节点的轴向自由度，如图 4-45 和彩图 4-45 所示。

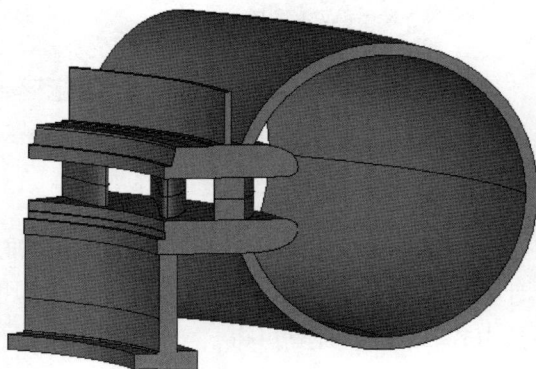

图 4-44　蜗壳座环计算模型

在进行有限元分析之前，必须将所有节点的位移坐标均修改到以机组旋转中心轴为 Z 轴的圆柱坐标系中。

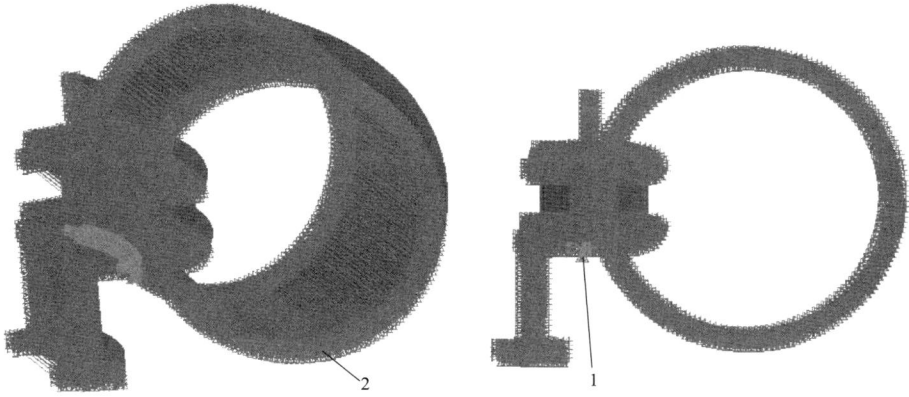

图 4-45　蜗壳座环边界条件

1—位移约束；2—周期对称边界条件

2. 蜗壳座环计算工况和载荷的施加

对水泵水轮机蜗壳座环进行有限元分析时，主要考虑以下三种工况：

（1）正常水轮机工况。

（2）紧急停机时的过压工况。

（3）转轮甩负荷时的过压工况。

蜗壳座环主要承受水压力和顶盖、底环传来的拉力，如图 4-46 和彩图 4-46 所示。表 4-3 给出了在各个工况下蜗壳承受的水压力计算公式。

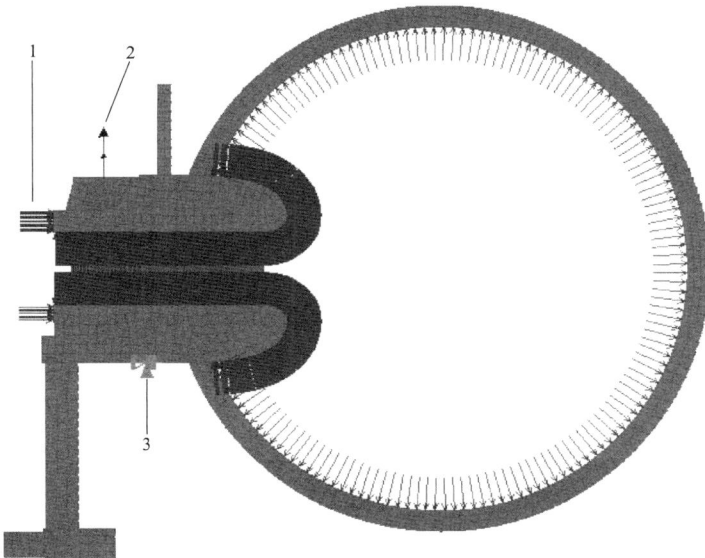

图 4-46　蜗壳座环承受载荷

1—水压力；2—顶盖传来的拉力；3—位移约束

表 4-3 蜗壳座环水压力计算公式

计算工况	计算公式（MPa）	备注
1	$p_1 = g\rho(H_{max1} - Z_{dist}) \times 10^{-6}$	H_{max1} 为最大上游水位，m；Z_{dist} 为导叶中心高程；
2	$p_1 = g\rho H_{overpressure} \times 10^{-6}$	m；$H_{overpressure}$ 为过压水头，m；H_{over_runner} 为由于转轮
3	$p_1 = g\rho H_{over\_runner} \times 10^{-6}$	引起的过压水头，m；g 为重力加速度，m/s²；ρ 为水的密度，kg/m³

3. 蜗壳许用应力考核标准

由于蜗壳属压力容器，因此根据 ASME《锅炉与压力容器标准》第 8 卷第 1 册中规定的应力设计准则判断蜗壳座环的许用应力值。

对于由有限元法计算得到的局部应力，国际上常用许用应力选择方法是 ASME 的分析应力准则。ASME 标准第 8 卷第 2 册给出了一些用有限元法计算应力的限制应力，并将应力分类如下：

p_m——初次薄膜应力；

p_1——初次局部应力（不连续但没有应力集中）；

p_b——初次弯曲应力；

Q——二次薄膜应力加上不连续的弯曲应力。

对于设计压力的参考应力为：

$$S_m = \min\left(\frac{\sigma_b}{3}; \frac{2}{3}\sigma_s\right) \tag{4-29}$$

不同应力的许用应力定义为：

$$\begin{cases} p_m < S_m \\ p_1 + p_b < 1.5 S_m \\ p_1 + p_b + Q < 3 S_m \end{cases} \tag{4-30}$$

在特殊工况下（打压试验条件下），蜗壳的许用应力取为 $p_m < 0.9\sigma_s$，$p_m + p_b < 1.35\sigma_s$。

（二）固定导叶动态特性分析

1. 力学模型的选取及边界条件的确定

固定导叶位于座环上、下环板之间，考虑到固定导叶的实际结构，通常情况下可将固定导叶简化成两段固支的梁结构，因此，在对固定导叶固有频率分析时，可选取以下模型和边界条件进行分析。

以固定导叶和环板为分析对象，选取包含一个完整固定导叶在内的 $2\pi/Z_{vane}$（Z_{vane} 为固定导叶个数）扇形区域作为有限元计算模型，如图 4-47 和彩图 4-47 所示，全部采用块体单元剖分网格，约束上、下环板外表面节点的所有自由度，如图 4-48 和彩图 4-48 所示。

2. 分析计算结果后处理

与其他水泵水轮机部件一样，对固定导叶固有频率的分析目前仅局限于在空气中的固有频率，而固定导叶是工作在水中的，由于水的附加质量影响，使固定导叶在水中的固有频率下降，至于导叶在水中的固有频率下降多少，目前仍没有比较准确的分析方法确定，通常情况下采用经验系数方法求出固定导叶在水中固有频率。一般情况下，固定导叶在水中固有频率的下降系数取 0.7～0.75，多数情况下取 0.7。

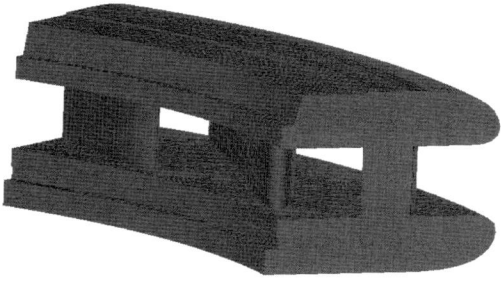

图 4-47 固定导叶固有频率计算模型

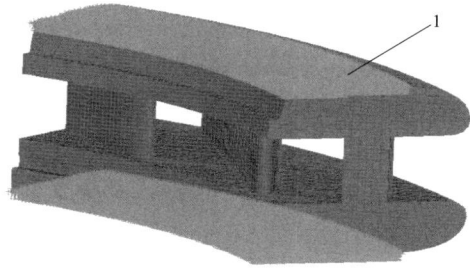

图 4-48 固定导叶固有频率计算边界条件
1—位移约束

(三) 固定导叶卡门涡频率计算

为避免噪声和裂纹的产生，须对固定导叶进行卡门涡频率计算，卡门涡频率计算公式为：

$$F_k = S_t \frac{W}{T} \tag{4-31}$$

式中　S_t——斯特罗哈数，取 $0.20 \sim 0.23$；

W——绝对流速，m/s，由 $W = \dfrac{v_r}{\sin\alpha}$；

α——固定导叶出口角；

v_r——径向流速，m/s；由式 $v_r = \dfrac{Q}{A}$ 计算可得（其中 Q 为流量，m^3/s；A 为面积，m^2）；

T——固定导叶分离点厚度，m。

五、底环应力及动态特性分析

(一) 底环应力分析

1. 底环的受力分析

由于底环是埋在混凝土中，因此基本不对底环进行应力分析。如需要对底环进行应力分析时，主要考虑以下六种工况：

（1）正常水轮机工况。

（2）导叶全关闭时水轮机工况。

（3）紧急停机时的过压工况。

（4）转轮甩负荷时的过压工况。

（5）水泵正常工况。

（6）零流量工况。

图 4-49 为水泵水轮机底环受力分析图，图中 p_1 表示蜗壳内活动导叶前的水压力，p_2 表示活动导叶之后转轮进口之间的水压力，p_5 表示下环非过流面从转轮进口到下密封处的水压力，p_6 表示下环密封处的水压力，p_7 表示底环导叶孔内侧的水压力（因底环的结构形式而定）。在不同的工况下，图 4-49 所示的压力值的计算方法是不同的。下面分别介绍不同工况下底环承受的压力计算公式。

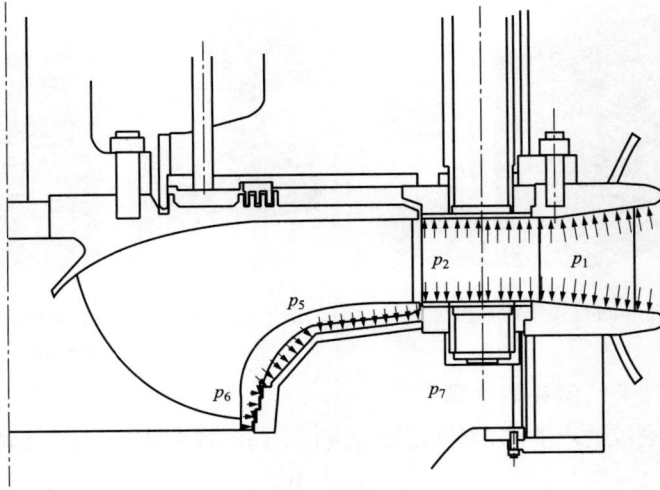

图 4-49　底环受力分布

（1）正常水轮机工况：

$$\begin{cases} p_1 = g\rho(H_{max1} - Z_{dist}) \times 10^{-6} \\ p_2 = g\rho[0.8(H_{max1} - H_{max2}) + H_{max2} - Z_{dist}] \times 10^{-6} \\ p_5 = p_2 - \dfrac{\rho}{4}\left(\mu_2 \dfrac{n_r\pi}{30}\right)^2 (R_7^2 - R_9^2) \times 10^{-6} \\ p_6 = g\rho(H_{max2} - Z_{dist}) \times 10^{-6} \\ p_7 = 0 \end{cases} \tag{4-32}$$

式中　g——重力加速度，m/s^2；

　　　ρ——水的密度，kg/m^3；

H_{max1}——最大上游水位，m；

H_{max2}——最大下游水位，m；

Z_{dist}——导叶中心高程，m；

　　n_r——机组额定转速，r/min；

　　μ_2——转轮下密封环离心力系数，$\mu_2 = 0.5$；

$R_1 \sim R_{10}$——如图 4-50 所示，m。

（2）导叶全关闭时水轮机工况：

$$\begin{cases} p_1 = g\rho(H_{max1} - Z_{dist}) \times 10^{-6} \\ p_2 = g\rho(H_{max2} - Z_{dist}) \times 10^{-6} \\ p_5 = p_2 \\ p_6 = p_2 \\ p_7 = p_1 - p_2 \end{cases} \tag{4-33}$$

式中　g——重力加速度，m/s^2；

　　　ρ——水的密度，kg/m^3；

H_{max1}——最大上游水位，m；

H_{max2}——最大下游水位，m；

Z_{dist}——导叶中心高程，m。

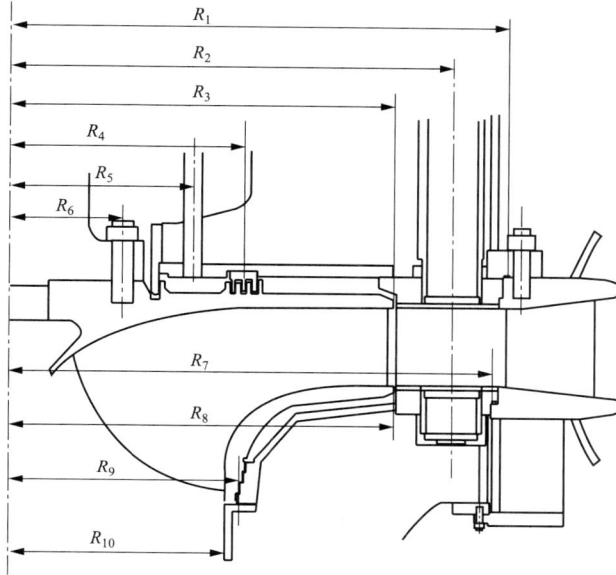

图 4-50 底环压力计算几何尺寸示意图

（3）紧急停机时的过压工况：

$$\begin{cases} p_1 = g\rho H_{overpressure} \times 10^{-6} \\ p_2 = g\rho(H_{max2} - Z_{dist}) \times 10^{-6} \\ p_5 = p_2 \\ p_6 = p_2 \\ p_7 = p_1 - p_2 \end{cases} \qquad (4\text{-}34)$$

式中 g——重力加速度，m/s²；

ρ——水的密度，kg/m³；

H_{max1}——最大上游水位，m；

H_{max2}——最大下游水位，m；

Z_{dist}——导叶中心高程，m。

（4）转轮甩负荷时的过压工况：

$$\begin{cases} p_1 = g\rho H_{over\_runner} \times 10^{-6} \\ p_2 = p_1 \\ p_5 = p_2 - \dfrac{\rho}{4}\left(\mu_2 \dfrac{n_2 \pi}{30}\right)^2 (R_7^2 - R_9^2) \times 10^{-6} \\ p_6 = g\rho(H_{max2} - Z_{dist}) \times 10^{-6} \\ p_7 = p_1 - p_2 \end{cases} \qquad (4\text{-}35)$$

149

式中　g——重力加速度，m/s^2；

ρ——水的密度，kg/m^3；

H_{max1}——最大上游水位，m；

H_{max2}——最大下游水位，m；

Z_{dist}——导叶中心高程，m；

n_2——机组飞逸转速，r/min；

μ_2——转轮下密封环离心力系数，$\mu_2=0.5$；

$R_1 \sim R_{10}$——如图 4-50 所示，m。

（5）正常水泵工况：

$$
\begin{cases}
p_1 = g\rho(H_{\text{max1}} - Z_{\text{dist}}) \times 10^{-6} \\[2mm]
p_2 = g\rho[0.85(H_{\text{max1}} - H_{\text{max2}}) + H_{\text{max2}} - Z_{\text{dist}}] \times 10^{-6} \\[2mm]
p_5 = p_2 - \dfrac{\rho}{4}\left(\mu_2 \dfrac{n_r \pi}{30}\right)^2 (R_7^2 - R_9^2) \times 10^{-6} \\[2mm]
p_6 = g\rho(H_{\text{max2}} - Z_{\text{dist}}) \times 10^{-6} \\[2mm]
p_7 = 0
\end{cases}
\tag{4-36}
$$

式中　g——重力加速度，m/s^2；

ρ——水的密度，kg/m^3；

H_{max1}——最大上游水位，m；

H_{max2}——最大下游水位，m；

Z_{dist}——导叶中心高程，m；

n_r——机组额定转速，r/min；

μ_2——转轮下密封环离心力系数，$\mu_2=0.5$；

$R_1 \sim R_{10}$——如图 4-50 所示，m。

（6）零流量工况：

$$
\begin{cases}
p_1 = g\rho(H_{\text{max1}} - Z_{\text{dist}}) \times 10^{-6} \\[2mm]
p_2 = \left[g\rho(H_{\text{max2}} - Z_{\text{dist}}) + \dfrac{\rho}{2}\left(\dfrac{R_3 + R_7}{2} \dfrac{n_r \pi}{30}\right)^2 + g\rho \dfrac{Z_{\text{erodis}}}{2} \right] \times 10^{-6} \\[2mm]
p_5 = \left[g\rho(H_{\text{max2}} - Z_{\text{dist}}) + \dfrac{\rho}{2}\left(\dfrac{R_3 + R_7}{2} \dfrac{n_r \pi}{30}\right)^2 - \dfrac{\rho}{4}\left(\mu_2 \dfrac{\pi n_r}{30}\right)^2 (R_7^2 - R_9^2) \right] \times 10^{-6} \\[2mm]
p_6 = g\rho(H_{\text{max2}} - Z_{\text{dist}}) \times 10^{-6} \\[2mm]
p_7 = p_1 - g\rho Z_{\text{erodist}} \times 10^{-6}
\end{cases}
$$

$$\tag{4-37}$$

式中　g——重力加速度，m/s^2；

ρ——水的密度，kg/m^3；

H_{max1}——最大上游水位，m；

H_{max2}——最大下游水位，m；

Z_{dist}——导叶中心高程，m；

n_r——机组额定转速，r/min；

μ_2——转轮下密封环离心力系数，$\mu_2=0.5$；

$R_1 \sim R_{10}$——如图 4-50 所示，m。

图 4-50 中，R_1 表示顶盖密封半径，R_2 表示活动导叶分布圆半径，R_3 表示转轮上冠进口半径，R_4 表示上冠密封环半径，R_5 表示顶盖平衡管中心绕机组中心旋转的半径，R_6 表示主轴把合螺栓分布圆半径，R_7 表示底环密封半径，R_8 表示转轮下环进口半径，R_9 表示转轮下止漏环半径，R_{10} 表示转轮出口半径。

2. 底环有限元分析计算

（1）力学模型的选取及边界条件的确定。由于底环是典型的周期对称结构，对底环进行有限元分析时，可选取包含一个活动导叶孔在内的 $2\pi/Z_{wicket\_gate}$（Z_{wicket_gate} 为活动导叶个数）的扇形区域，如图 4-51 所示。为保证切开断面上节点位移协调一致，采用周期对称边界条件。由于结构的特殊性，不建议采用轴对称边界条件。分析时为防止产生刚体位移，约束底环与基础把合螺栓分布圆上相应节点的轴向位移，同时分析时要将所有节点均修改到以机组旋转中心为 Z 轴的圆柱坐标系下。

（2）底环承受的载荷分析。底环主要承受水压力和作用在导叶孔处的集中力，如图 4-52 所示。对底环进行结构分析主要考虑以下六种工况：①正常水轮机工况；②导叶全关闭时水轮机工况；③紧急停机时的过压工况；④转轮甩负荷时的过压工况；⑤水泵正常工况；⑥零流量工况。

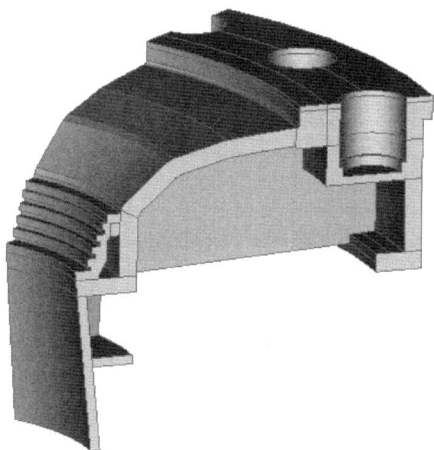

图 4-51 底环计算模型

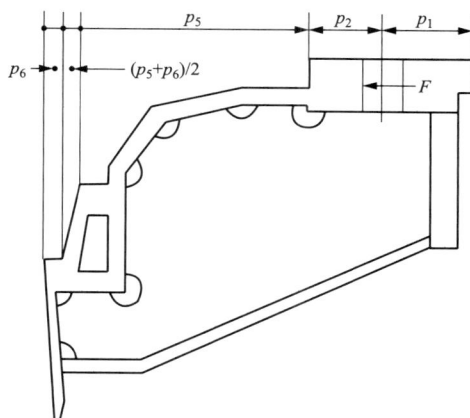

图 4-52 底环受力示意图

（3）分析计算结果后处理。首先检查分析模型的准确性，根据作用力与反作用力的关系，检查分析结果的支反力是否与实际情况相吻合。然后给出底环导叶孔处相应节点的轴向、径向（相对导叶孔处的）位移值，最后给出底环在各个工况下的应力分布图。由于抽水蓄能机组的底环基本上是埋在混凝土中的，因此底环的应力比较小。一般情况下或在正常工况下，底环的许用应力应小于材料屈服极限的 1/3；而在过压工况或紧急停机工况下，底环的许用应力应控制在材料屈服极限的 2/3。

（二）水泵水轮机底环动态特性分析

1. 力学模型的选取及边界条件的确定

对底环进行动态特性分析，可选取两种分析计算模型。一种是选取一个完整的底环作为分析计算模型，如图 4-53 所示；另一种是采用对称循环子结构模型进行分析计算，选取一个完整的对称周期作为分析计算模型，如图 4-54 所示。如果采用对称循环子结构分析模型，需要将所有节点的位移坐标修改到以机组旋转中心为 Z 的圆柱坐标系中。通过约束底环与蜗壳座环把合螺栓分布圆上相应节点的 R、θ、Z 方向的自由度确定计算边界条件。

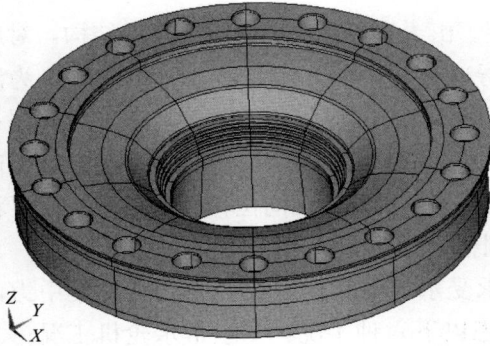

图 4-53　底环振动计算模型之一　　　　图 4-54　底环振动计算模型之二
（整体结构）　　　　　　　　　　　（采用对称循环子结构）

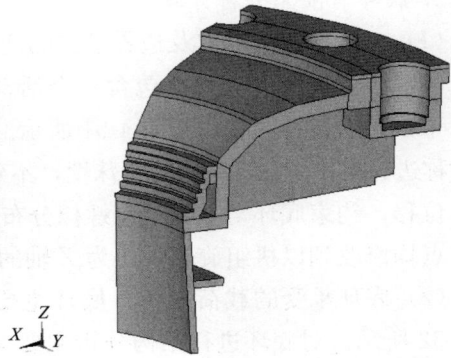

2. 分析计算结果后处理

底环属机组的固定部件。为防止机组运行时产生共振，一般情况下，要求底环的固有频率要避开机组的旋转频率、机组旋转频率与叶片个数的乘积。除此之外，若考虑叶片个数与导叶个数之间的相互关系，即由下列公式：

$$nZ_{\text{wicket\_gate}} \pm k = mZ_{\text{runner}} \tag{4-38}$$

确定可能引起的机组振动的底环模态，k 为底环振动的节径数，然后找出在该节径下的底环振动频率是否和转频与叶片个数的乘积的 m 倍相吻合。

六、控制环应力和切向刚度分析

1. 力学模型选取和计算工况

选取一个完整的控制环为分析计算模型，如图 4-55 所示。约束小耳柄处相应节点自由度，在大耳柄处分别施加相应工况的载荷。控制环应力分析计算主要考核以下三种工况：

（1）正常运行工况，在两个大耳柄处施加接力器传递过来的力，接力器操作油压为工作油压。

（2）一个接力器卡住，即约束该处大耳柄的自由度，另一个大耳柄处承受接力器最大操作油压。

（3）考核控制环的切向刚度，此时在控制环的大耳柄沿切向施加单位力。

2. 分析计算结果

在工况（1）和工况（2）中，控制环的应力水平应满足电站实际运行要求。在工况（3）中，控制环的切向刚度系数 $K \geqslant 2.0 \times 10^6 \mathrm{N/mm}$。

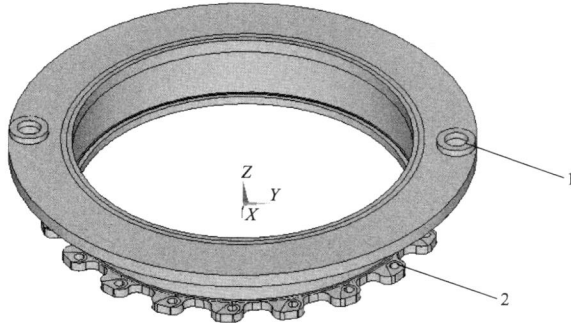

图 4-55　控制环计算模型

1—大耳柄；2—小耳柄

七、活动导叶应力和动态特性分析

（一）活动导叶受力分析

无论是三导轴承还是两导轴承的活动导叶，就活动导叶自身而言，当导叶全关闭时，导叶瓣体上主要承受上游水位的水压力和尾水压力。

（二）活动导叶有限元应力分析

1. 力学模型的选取及边界条件的确定

力学模型选取一个完整的活动导叶作为分析计算模型，同时将导叶臂简化成一个梁单元，如图 4-56 和彩图 4-56 所示。

由于活动导叶与导轴承之间存在一定的间隙，为比较接近实际情况，分析时分别在导叶下、中、上轴承处相应位置以外建立与导叶轴颈上节点相对应的节点，同时创建导叶轴颈上的点与其外侧点之间的间隙单元，如图 4-57 和彩图 4-57 所示，将外侧的节点约束 R、θ、Z 及绕 R、θ、Z 转动的自由度，如图 4-58 和彩图 4-58 所示。约束模拟导叶臂的梁单元末端节点的导叶臂旋转运动方向切向的自由度，如图 4-59 和彩图 4-59 所示。为防止产生刚体位移，约束导叶下轴末端任意一点的 Z 方向位移，如图 4-58 所示。

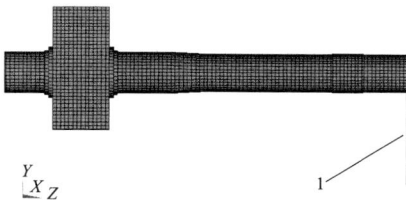

图 4-56　活动导叶计算模型

1—导叶臂用梁单元模拟

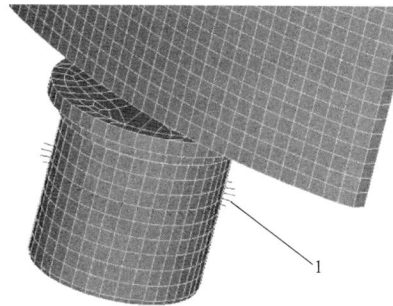

图 4-57　活动导叶分析轴径处的间隙单元

1—间隙单元

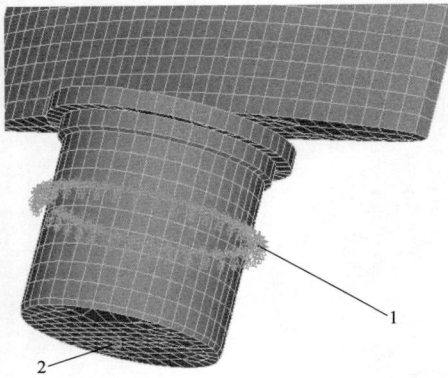

图 4-58　约束间隙单元外侧节点自由度
1—位移约束；2—Z 向约束

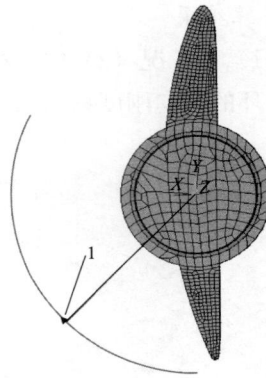

图 4-59　约束导叶臂旋转方向自由度
1—导叶臂旋转方向约束

2. 载荷分析

一般情况下，活动导叶的应力分析主要包括以下三种工况：

（1）升压工况，此时导叶全关闭，导叶瓣体仅承受来自上、下游的水压力。

（2）当导叶关闭时，某一个导叶的头部突然出现卡住的情况，即通常所说的剪断销剪断工况。

（3）当导叶关闭时，某一个导叶的尾部突然出现卡住的情况，即通常所说的剪断销剪断工况。

在上述的三种工况中，工况（2）和工况（3）在分析时，除采用上述约束边界条件之外，分别在导叶瓣体的头部或尾部任意寻找一点（一般选取导叶瓣体高度的中间位置），约束该点沿导叶旋转方向切向自由度，如图 4-60 和彩图 4-60 所示。

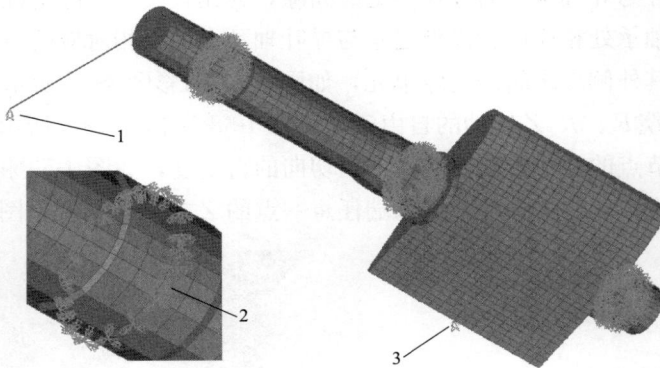

图 4-60　剪断销剪断工况（尾部卡住）约束示意图
1—导叶臂尾部约束沿导叶臂旋转方向自由度；
2—导叶轴径处约束自由度；3—导叶瓣体尾部卡住约束

3. 分析结果后处理

对活动导叶进行有限元分析主要考核导叶瓣体和枢轴上的应力水平，表 4-4 给出了活动导叶瓣体和枢轴在各个工况下的许用应力水平。

表 4-4　　　　　　　　　　　　活动导叶有限元分析许用应力水平

工况	应力名称	位置	许用应力
工况（1）	Von. Mises（综合应力）	瓣体	$\dfrac{2}{3}\sigma_s$
	S_z（轴向应力）		$\dfrac{1}{4}\sigma_b$
	S_{xy}（剪切应力）		$\dfrac{1}{8}\sigma_b$
	Von. Mises（综合应力）	枢轴	—
	S_z（轴向应力）		$\dfrac{1}{3}\sigma_s$
	S_{xy}（剪切应力）		$\dfrac{1}{6}\sigma_s$
工况（2）	Von. Mises（综合应力）	瓣体	$0.8\sigma_s$
	S_z（轴向应力）		$\dfrac{2}{3}\sigma_s$
	S_{xy}（剪切应力）		—
	Von. Mises（综合应力）	枢轴	$0.8\sigma_s$
	S_z（轴向应力）		$\dfrac{2}{3}\sigma_s$
	S_{xy}（剪切应力）		—
工况（3）	Von. Mises（综合应力）	瓣体	$0.8\sigma_s$
	S_z（轴向应力）		$\dfrac{2}{3}\sigma_s$
	S_{xy}（剪切应力）		—
	Von. Mises（综合应力）	枢轴	$0.8\sigma_s$
	S_z（轴向应力）		$\dfrac{2}{3}\sigma_s$
	S_{xy}（剪切应力）		—

（三）动态特性分析

1. 力学模型的选取及边界条件的确定

选取一个完整的活动导叶作为分析计算模型，如图 4-61 所示。分别约束在导叶下、中、上轴承处相应位置径向位移（U_r），同时在导叶下轴中间处任选一点约束该点的轴向位移（U_z），约束导叶上轴顶端 θ 方向位移（U_θ），如图 4-62 所示。

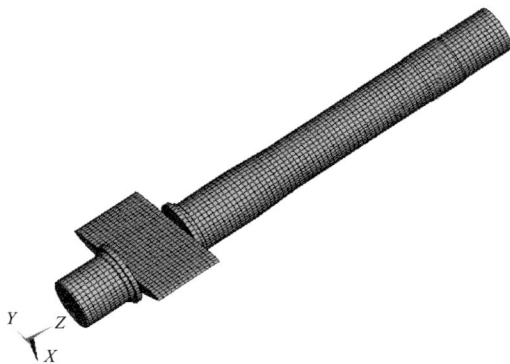

图 4-61　活动导叶动态特性计算模型

2. 分析计算结果后处理

由于活动导叶瓣体是浸没在水中的，因此通常所讲的活动导叶固有频率是指在水中的固有频率。一般情况下，可以采用以下方法获取活动导叶在水中的固有频率：

（1）运用现有的商业软件求出活动导叶在空气中的固有频率，然后根据多年来的经验，给出导叶在水中的固有频率的下降系数，从而得出导叶在水中的固有频率。

（2）在进行分析时考虑水的附加质量影响，运用相关的流固耦合方程，直接求出活动导叶在水中的固有频率。该方法虽然能够计算出导叶在水中的固有频率，但目前为止没有可靠的试验数据论证。

（3）在分析时以改变活动导叶瓣体的密度方法，求出活动导叶在水中的固有频率。活动导叶瓣体密度的确定方法如下：

瓣体的惯性矩：

$$J_1 = \rho_s I_p; \quad I_p = I_{max} + I_{min} \tag{4-39}$$

附加水的质量惯性矩：

$$J_2 = \frac{8\rho_w b^4}{\pi^5} \tag{4-40}$$

$$\rho = \frac{J_1 + J_2}{I_p} \tag{4-41}$$

式中　　I_p——瓣体的极惯矩，mm^4；

I_{max}、I_{min}——如图 4-63 所示，mm^4；

　　b——导叶瓣体高度，mm；

　　ρ_s——钢的密度，kg/m^3；

　　ρ_w——水的密度，kg/m^3。

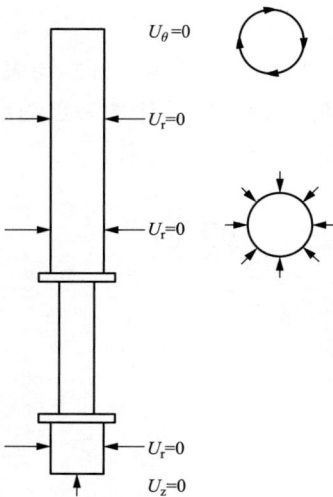

图 4-62　活动导叶动态特性分析边界条件

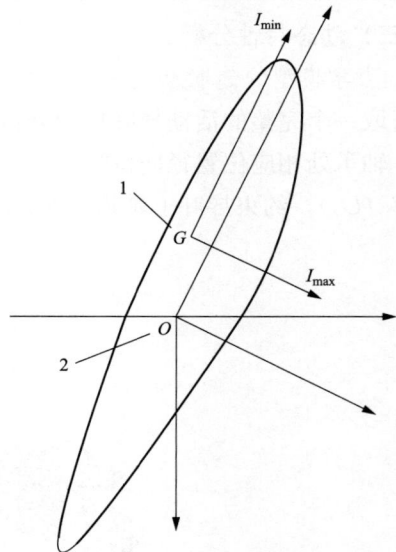

图 4-63　活动导叶几何重心和旋转中心

1—瓣体的几何重心；2—瓣体的旋转中心

根据有关文献，活动导叶在水中的固有频率应避开导叶出水边卡门涡频率，同时导叶在水中的固有频率还应避开旋转频率与叶片个数的乘积。

八、焊缝

水泵水轮机很多部件采用焊接连接，焊缝的可靠性对机组的安全运行十分重要，因此重要的焊缝需要校核其强度，下面以顶盖焊缝应力计算为代表简要介绍焊缝刚强度的分析内容。

（一）顶盖的载荷分析

作用在水泵水轮机顶盖上的载荷如图 4-64 所示，载荷类别可主要归结为以下三类：

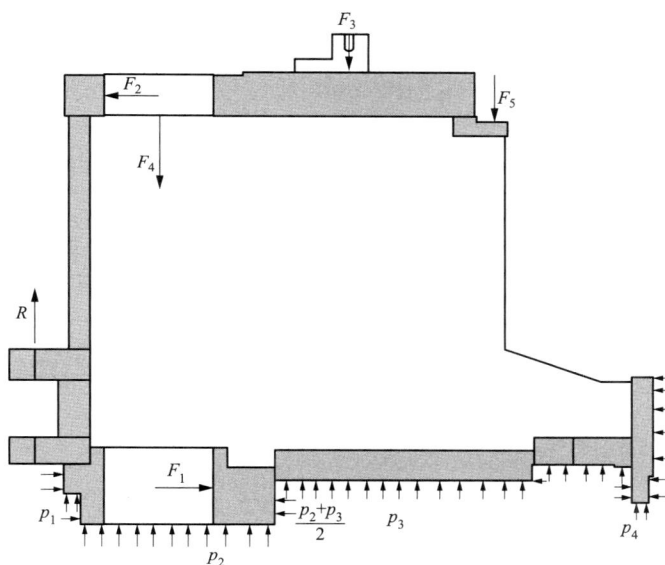

图 4-64　水泵水轮机顶盖受力示意图

第一类为沿某直径圆周径向作用的集中力系：导叶作用于中间导轴承上的力 F_1 和作用于上导轴承的力 F_2。

第二类为沿某一直径圆周上轴向作用的集中力系：控制环重量载荷 F_3、导叶重量 F_4 和水导轴承重量载荷 F_5。

以上集中力 F_i 的作用点直径记为 D_i。

第三类为均布于某一圆周范围内的均布力系，从顶盖与座环密封半径到导叶分布圆半径的水压力 p_1、从导叶分布圆到转轮上密封环水压力 p_2、从转轮上密封环到平衡管间水压力 p_3 和上止漏环到主轴密封之间水压力 p_4。

第三类力系的轴向部分可简化为某一直径圆周上的集中力，其运算公式为：

$$P_i = \frac{\pi}{4} p_i (d_{2i}^2 - d_{1i}^2) \tag{4-42}$$

$$D_{Pi} = \frac{d_{1i} + d_{2i}}{2} + \frac{(d_{1i} - d_{2i})^2}{6(d_{1i} + d_{2i})} \tag{4-43}$$

式中　P_i——简化后的相当集中力轴向分量，N；

p_i——均布压力，MPa；

d_{2i}、d_{1i}——均布压力作用的外径及内径，mm；

D_{Pi}——简化后的相当集中力作用直径，mm。

第三类力系的径向部分为：

$$P_{ri} = p_i \Omega \tag{4-44}$$

式中　Ω——顶盖圆柱或圆锥过流面在其轴截面上的投影面积之半。

各工况下作用在顶盖法兰上的支反力 R_i 可由下式计算：

$$R_i = \sum_{i=3}^{5} F_i + \sum_{i=1}^{4} P_i \tag{4-45}$$

各工况下作用在顶盖上的径向力矩为：

$$M_t = \frac{1}{4\pi} \left[\sum F_i (D_L - D_i) + \sum P_i (D_L - D_{Pi}) + 2 \sum P_{ri} Z_{Pi} \right] \tag{4-46}$$

式中　D_L——顶盖法兰螺栓分布圆直径，mm；

Z_{Pi}——投影面积 Ω 重心到法兰面的距离，mm。

在进行上述各力及力矩计算时，应注意各力和力矩的方向。

（二）焊缝强度与应力分析

顶盖径向筋板与焊缝强度计算如图 4-65 所示，利用两个径向断面 Ⅰ-Ⅰ 和 Ⅱ-Ⅱ 把顶盖截开，释放切向应力为外力，将筋板当作梁计算。

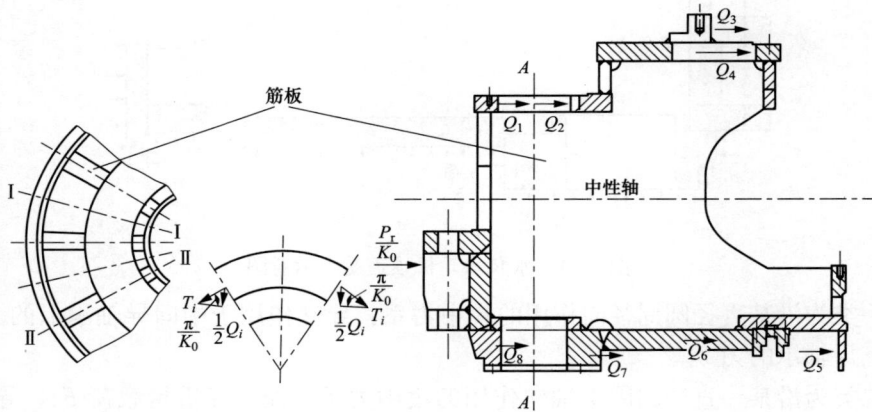

图 4-65　顶盖焊缝强度计算简图

筋板各部位受到的径向力 Q_i 及 Q_i 作用线到中性轴的距离 Z_i'，可由下式计算：

$$Q_i = \frac{2\pi M_t}{K_0 n} \frac{Z_i A_i}{r_i} + \frac{2\pi P_{ri}}{K_0 L} \frac{A_i}{r_i} \tag{4-47}$$

$$Z_i' = Z_i + \frac{h_i^2}{12 Z_i} \frac{1}{1 + \frac{P_r}{M_t} \frac{n}{L Z_i}} \tag{4-48}$$

式中　M_t——径向力矩，N·m；

Z_i——应力计算点至断面中性轴的轴向距离，mm；

P_{ri}——水压力的径向部分，N；

A_i——单元面积，mm^2；

h_i——单元面积高度，mm；

K_0——径向筋数目；

n——径向断面模数，$n=\displaystyle\int_A \frac{y^2}{r}\mathrm{d}A$；

y——矩形块形心至参考轴的轴向距离，mm；

r_i——应力计算点至机组中心轴的半径，mm。

式（4-47）和式（4-48）中的 L 没有具体的含义由下式计算得到：

$$L = \int_A \frac{\mathrm{d}A}{r} \tag{4-49}$$

焊缝载荷计算示意图见图 4-66。焊缝由弯矩产生的剪应力 τ_w 按式（4-50）计算，由径向力产生的剪应力 τ 按式（4-51）计算，合成剪应力 τ_n 按式（4-52）计算：

$$\tau_w = \frac{M_{i-i}}{J_{i-i}} y_i \tag{4-50}$$

$$\tau = -\frac{[Q_{i-i}+(t_B h_B - t_H h_H)]S_{Z\Omega}}{1.4tJ_{i-i}} - \frac{(t_B - t_H)\Omega}{1.4tA_{i-i}} + \frac{t_B}{1.4t} \tag{4-51}$$

$$\tau_n = \tau_w + \tau \ll [\tau] \tag{4-52}$$

式中　　M_{i-i}——计算焊缝断面处的弯矩和，N·mm；

y_i——计算焊缝断面处到中性轴的距离，mm；

J_{i-i}——计算断面的惯性矩，mm^4；

Q_{i-i}——各外力在计算断面上产生的切力，N；

t_B、t_H——分布在计算断面上部或下部的内力集度，$t_i=\dfrac{Q_i}{l_i}$，N/mm；

l_i——单元面积宽度，mm；

A_{i-i}——计算断面总面积，mm^2；

Ω——该计算断面计算点水平线以上部分的面积，mm^2；

$S_{Z\Omega}$——Ω 面积对断面中性轴静矩，mm^3；

t——焊缝高度，mm；

h_B、h_H——t_B 及 t_H 作用线到断面中性轴间距离，mm；

$[\tau]$——焊缝许用剪应力，N/mm^2。

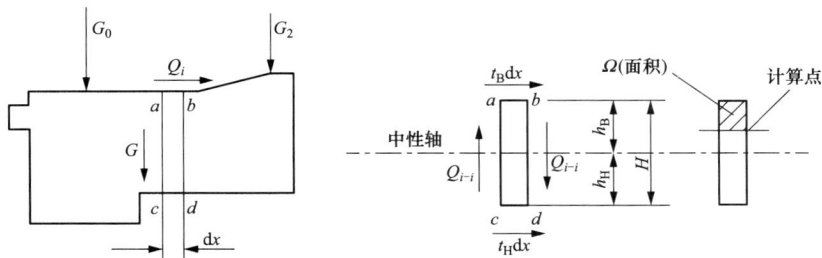

图 4-66　筋板、焊缝应力计算图

⁂ 第二节　转轮动应力分析计算

通常转轮应力分析是指转轮的静应力分析，即忽略水体对转轮叶片压力的微小变化，也就是说假设水体作用在每个叶片的压力完全相同，这样假设得出来的转轮叶片应力称为静应力，也是转轮叶片工作时的平均应力。但是，实际情况并非如此。严格来讲，转轮在旋转的过程中，转轮上每个叶片相对活动导叶和固定导叶的位置不同，所承受的水压力也略有不同，同时所受水流的冲击力也是存在变化的。因此，转轮叶片在某一瞬间所承受的水压力是不同的，从而导致叶片在某一瞬间的应力也发生微小的变化，这种应力微小变化的幅值即为转轮的动应力幅值。转轮动应力幅值的大小直接关系到转轮的抗疲劳性能。掌握转轮的动应力是转轮抗疲劳设计的前提。本节简要介绍转轮动应力的分析方法和手段。

一、力学模型的选取和边界条件的确定

由于受活动导叶、固定导叶等因素的影响，使得转轮在旋转一周过程中，每个叶片承受的水压力并不完全相同，因此，在叶片旋转一周后，出现了应力变化幅值，该幅值简单称之为转轮叶片动应力幅值。

根据转轮动应力幅值的定义，在对转轮进行动应力分析时，选取一个完整的水泵水轮机转轮作为分析模型，如图 4-67 和彩图 4-67 所示。在分析过程中，为防止产生刚体位移，约束转轮法兰与主轴法兰把合螺栓分布圆上相应节点的切向和轴向自由度，如图 4-68 和彩图 4-68 所示。

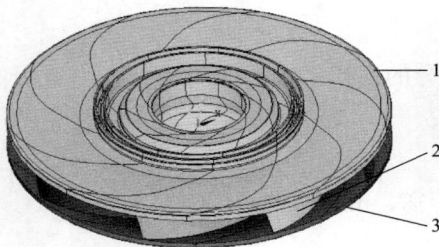

图 4-67　转轮动应力计算模型
1—上冠；2—叶片；3—下环

图 4-68　转轮动应力约束边界条件
1—位移约束

二、载荷分析

对转轮进行动应力分析，主要考虑水轮机工况的额定水头额定出力工况、最大水头额定出力工况和飞逸工况。额定水头额定出力工况和最大水头额定出力工况下，转轮主要承受水压力、重力和离心力。水压力包括叶片正面、背面的水压力，上冠、下环过流面和非过流面的水压力，如图 4-69 和彩图 4-69 所示。在飞逸工况下，仅考虑重力和离心力。

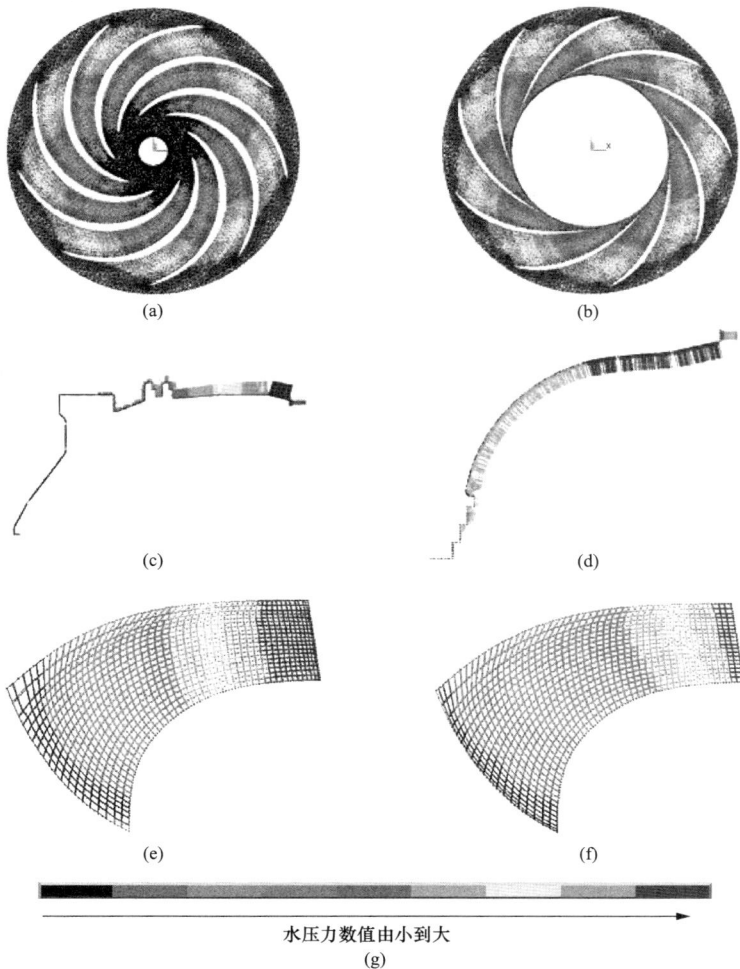

图 4-69　转轮过流面和非过流面压力分布图

（a）上冠过流面压力分布图；（b）下环过流面压力分布图；（c）上冠非过流面压力分布图；
（d）下环非过流面压力分布图；（e）叶片正面压力分布图；（f）叶片背面压力分布图；（g）压力颜色说明

三、分析计算结果后处理

首先，检查分析计算工况是否与实际运行工况相吻合。可以根据分析软件后处理中提供的绕机组旋转中心的转矩检查，即通过获取绕机组旋转中心的转矩检查分析结果的准确性和施加载荷的正确性。一般情况下，对于水轮机工况而言，如果俯视机组是顺时针旋转，则绕机组旋转中心的力矩为负值，反之则为正值；即：绕机组旋转中心的力矩 $M_z<0$ 则机组俯视顺时针旋转；绕机组旋转中心的力矩 $M_z>0$ 则机组俯视逆时针旋转；

其次，检查计算工况的出力是否与实际工况相等。设计算工况的输出功率为 P_p，机组的转速为 n_r，则有限元分析结果得到的机组输出功率为：

$$P_{cal} = \frac{2\pi n_r}{60} M_z \tag{4-53}$$

$$\xi = \frac{P_{\mathrm{p}}}{P_{\mathrm{cal}}} \tag{4-54}$$

一般情况下，$\xi \in [0.9, 1.1]$，若 $\xi \notin [0.9, 1.1]$，表明施加的压力场有误，需要重新校核压力场数据的准确性。

如果上述两种校核同时满足要求，则表明计算结果是正确的。

四、转轮动应力幅值的提取

水泵水轮机动应力分析的目的就是确定转轮工作状态下的动应力幅值，由于受计算机容量等因素的限制，前面对转轮进行整体动应力分析时，并没有考虑实际结构中叶片与上冠、叶片与下环之间的焊接过渡圆角，因此整体模型分析结果并不能真实反映转轮高应力区域的真实应力水平，因此，需要对转轮高应力区域进行子模型分析，从而确定转轮高应力区域的真实应力水平。

在本部分的分析过程中，需要对每个转轮叶片高应力区域进行子模型分析计算，同时采用第一节中介绍的方法校核子模型分析计算结果的准确性。

在 ASME 标准中，通过下面的运算可以求出转轮叶片应力变化幅值。

假设张量 $\boldsymbol{T}(p,k)$ 表示第 k 个叶片在 p 点的各个应力分量：

$$\boldsymbol{T}(p,k) = \begin{bmatrix} \sigma_x & \tau_{xy} & \tau_{xz} \\ \tau_{xy} & \sigma_y & \tau_{yz} \\ \tau_{xz} & \tau_{yz} & \sigma_z \end{bmatrix} \tag{4-55}$$

那么，可以得到对于不同叶片上相同节点上的张量差：

$$\boldsymbol{T}'(p,l)_{l=i,k} = \boldsymbol{T}(p,i)_{i=l,k} - \boldsymbol{T}(p,j)_{j=l,k} \tag{4-56}$$

根据上述的张量差，可以得到下列应力值：

主应力：

$$\sigma'_1(p,l); \sigma'_2(p,l); \sigma'_3(p,l) \tag{4-57}$$

主应力的差值：

$$S'_{12} = \sigma'_1(p,l) - \sigma'_2(p,l) \tag{4-58}$$

$$S'_{13} = \sigma'_1(p,l) - \sigma'_3(p,l) \tag{4-59}$$

$$S'_{23} = \sigma'_2(p,l) - \sigma'_3(p,l) \tag{4-60}$$

等效应力幅值：

$$\Delta\sigma = \max\{|S'_{12}|, |S'_{13}|, |S'_{23}|\} \tag{4-61}$$

⌗ 第三节　过流部件水中固有频率分析计算

水泵水轮机过流部件通常指工作在水中的部件，如转轮、活动导叶和固定导叶等。由于水的附加质量影响，使得过流部件在水中的固有频率有所下降。通常情况下采用经验下降系数方法获得过流部件在水中的固有频率。但是，由于过流部件几何形状复杂（尤其是转轮叶片），采用经验的下降系数方法会产生较大的误差，给实际工程结构设计带来困难。

近年来，随着数值模拟技术的普及和发展，大多数结构分析软件均具有计算固体在水中固有频率的功能，使得了解并掌握水泵水轮机过流部件水中固有频率成为可能。但是，目前仅仅停留在数值模拟计算阶段，对于过流部件在水中固有频率计算结果与实验数据比较，目前仍属空白。本节仅以转轮、活动导叶和固定导叶为例对水泵水轮机过流部件水中固有频率分析计算进行简要介绍，计算过程中，约定水的密度为 1000kg/m^3，声音在水中的传播速度为 1460m/s。

一、转轮水中固有频率计算

取整体转轮及部分水域为分析计算模型，如图 4-70 和彩图 4-70 所示。定义转轮与水体之间的接触面，如图 4-71 和彩图 4-71 所示；在水体的外侧施加界面约束，如图 4-72 和彩图 4-72 所示。有限元网格剖分分别采用结构实体单元和流体单元。

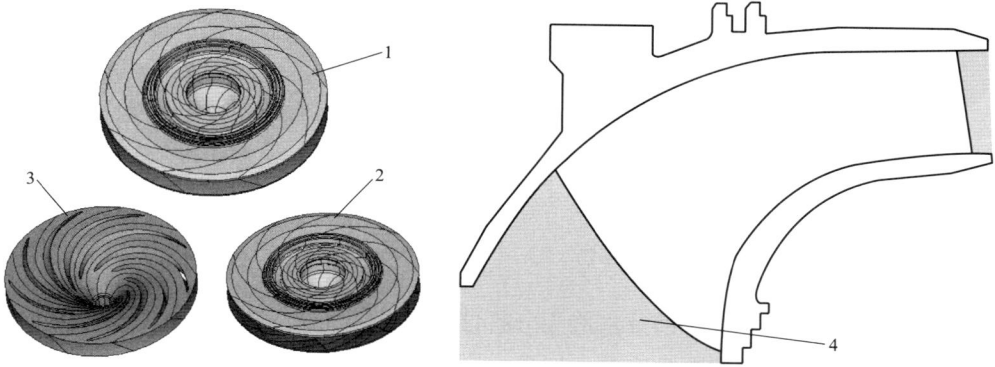

图 4-70　转轮流固耦合计算模型
1—流固耦合计算模型；2—转轮；3—水域；4—水域轴面示意图

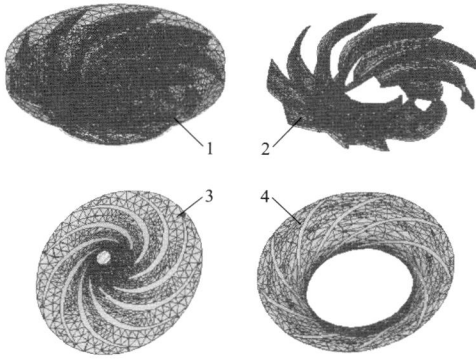

图 4-71　转轮流固耦合计算结构和流体交界面定义
1—转轮；2—叶片；3—上冠；4—下环

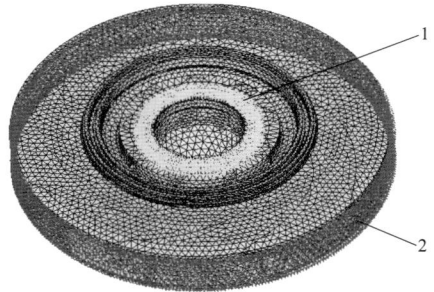

图 4-72　转轮水体外侧界面施加约束示意图
1—位移约束；2—外侧界面施加约束

二、活动导叶水中固有频率计算

取单个活动导叶及部分水域为分析计算模型，如图 4-73 和彩图 4-73 所示。将活动导叶瓣体放置在水中，定义瓣体与水体之间的接触面，如图 4-74 和彩图 4-74 所示。在水体的外侧施加界面约束，如图 4-75 和彩图 4-75 所示。有限元网格剖分分别采用结构实体单元和流体单元。

图 4-73　导叶在水中固有频率计算模型

1—计算模型；2—导叶；3—水体

图 4-74　导叶流固耦合计算结构和流体交面定义

三、固定导叶水中固有频率计算

取一个完整的固定导叶和部分水域为分析计算模型，如图 4-76 和彩图 4-76 所示。约束固定导叶与座环环板焊接面相应节点的自由度，如图 4-77 和彩图 4-77 所示；在进口水和出口水施加约束，如图 4-78 和彩图 4-78 所示；在水域切开断面采用周期对称边界条件，如图 4-79 和彩图 4-79 所示；定义固定导叶与水之间的交界面，如图 4-80 和彩图 4-80 所示。

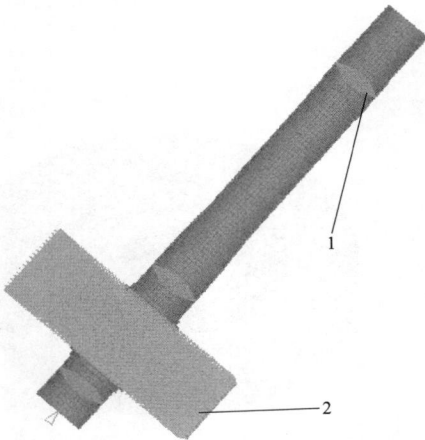

图 4-75　导叶水体外侧界面施加约束示意图

1—位移约束；2—外侧界面施加约束

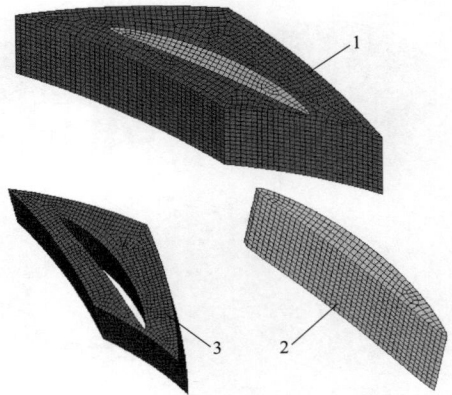

图 4-76　固定导叶水中固有频率计算模型

1—计算模型；2—固定导叶；3—水域

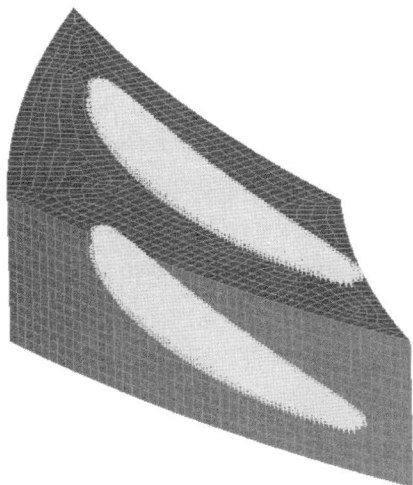

图 4-77　位移约束

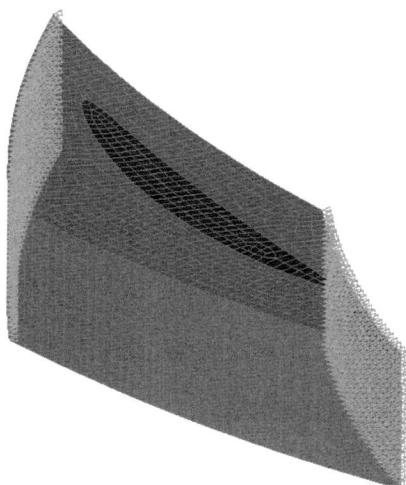

图 4-78　水域进出口施加约束

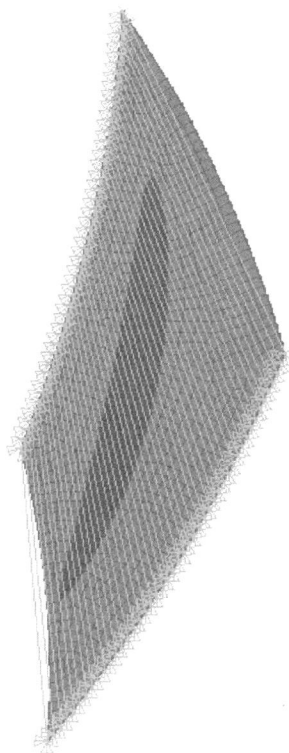

图 4-79　切开水域采用周期对称边界条件

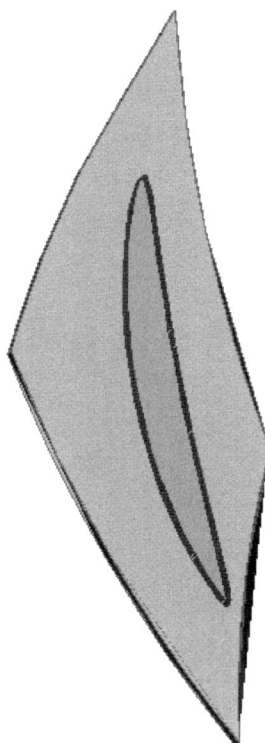

图 4-80　定义固定导叶与水交接界面

⫶ 第四节　水泵水轮机动静干涉现象分析

转轮的强度问题是水泵水轮机设计需要考虑的重要问题之一。通过对高水头水泵水轮机转轮实验测得的数据表明，转轮振动引起的动应力是有害的。如果转轮在设计时没有适当考虑振动特性，很可能造成疲劳破坏。经过大量的实验和理论研究，得出以下结论：

（1）振动是由转轮叶片和导叶之间的水力干扰而产生的激振力所引起的。

（2）由于水的附加质量效应，转轮在水中的固有频率小于空气中的固有频率。

（3）如果转轮设计不当，当接近额定转速时，可能会引起共振。振动应力幅值可能达到引起转轮疲劳破坏的程度。

（4）在高水头水泵水轮机组固定部分上观测到的主要振动也是由同一原因造成的，即由转轮与导叶之间的水力干扰造成。

下面针对转轮和导叶之间的水力干扰而引起的这种特殊振动特性进行简单介绍。

一、基本原理

高水头水泵水轮机，导叶相当厚。当转轮叶片中有尾流通过时，会产生相当大的激振力。这种干扰产生的水力激振力有规律、间隔地扰动转轮并使之产生振动。振动包括主频为 $Z_{\text{wicket\_gate}} n_r$ 的各种谐波和主频为 $nZ_{\text{wicket\_gate}} n_r$ 的高次谐波，这里 $Z_{\text{wicket\_gate}}$ 是导叶数，n_r 是转轮转速，n 是任意整数。

转轮叶片与导叶之间的干扰将以一定的相位失真和时间滞后出现在转轮周边处，相位滞后由 $Z_{\text{wicket\_gate}}$ 和转轮叶片数 Z_{runner} 组合确定。

转轮叶片与导叶间的相互干扰产生的激振力将引起某些振型，该振型具有一定数目的绕转轮轴向旋转的径向节点。具有不同数目的径向节点的振型的例子如图 4-81 所示。

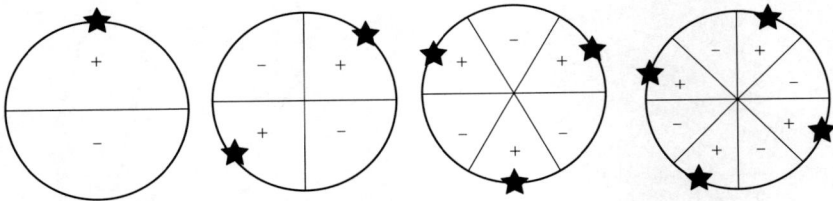

图 4-81　对称循环结构节径定义

径向节点数 K 是由组合 $Z_{\text{wicket\_gate}}$ 和 Z_{runner} 给出的。

作用在转轮上的水力干扰激振力的几个谐振频率由下式给出：

$$f_r = nZ_{\text{wicket\_gate}} n_r \tag{4-62}$$

转轮以上述频率被迫振动。如果把有 k 个径向节点的振动记为 X_k，那么频率为 f_r 的转轮的振动将用下式表达，即作为不同径向节点的振型总和：

$$X = \sum_{k=0}^{\infty} X_k \tag{4-63}$$

图 4-82 大致表明了转轮叶片与导叶之间的关系。

作用在 $R(1)$ 叶片上的激振力产生的具有 k 个径向节点的转轮振动如下式所示：

$$X_{ki} = A\big[(\cos k\phi)\big]\{\sin 2\pi f_r t\} \tag{4-64}$$

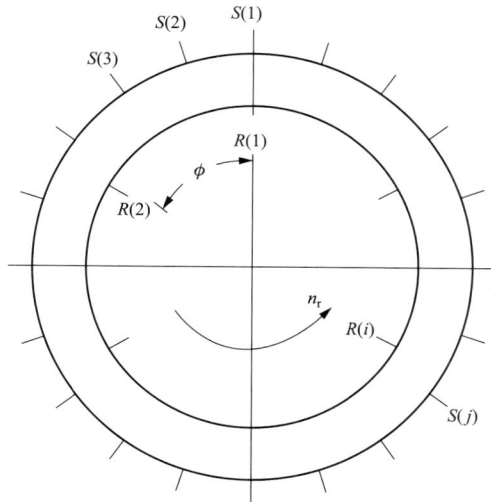

图 4-82 转轮叶片与活动导叶动静干涉示意图

同样，第 i 个叶片激振力引起的转轮振动 $R(i)$ 表示如下，必须考虑由叶片 $R(i)$ 到第 j 个导叶 $S(j)$ 所滞后的时间。

$$X_{ki} = A[\cos k(\phi - \phi_i)]\{\sin 2\pi f_r[t - (\theta_j - \phi_i)/2\pi \cdot N]\} \tag{4-65}$$

式中 ϕ_i 是固定在转轮上的坐标内的叶片 $R(i)$ 位置的角坐标，并可写成下式：

$$\phi_i = 2\pi(i-1)/Z_r \tag{4-66}$$

θ_j 也是固定在转轮上的坐标中的导叶 $S(j)$ 的位置，它可以写成：

$$\theta_j = 2\pi(j-1)/Z_g \tag{4-67}$$

将式（4-64）和式（4-59）代到式（4-62）中，得：

$$X_{ki} = A[\cos k(\phi - \phi_i)]\{\sin 2\pi f_r[t + \phi_i/2\pi \cdot N]\} \tag{4-68}$$

因此，Z_r 个叶片的转轮受到激振时，产生的 k 个径向节点振动如下：

$$X_k = \sum_{i=1}^{Z_r} X_{ki} = \sum_{i=1}^{Z_r} A[\cos k(\phi - \phi_i)]\{\sin 2\pi f_r[t + \phi/2\pi \cdot N]\} \tag{4-69}$$

式（4-66）代入式（4-69），得到：

$$X_k = \frac{A}{2} \sum_{i=1}^{Z_r} \{\sin[(2\pi f_r - k\phi) + 2\pi(i-1)(nZ_g + k)/Z_r]$$
$$+ \sin[(2\pi f_r t) + k\phi] + 2\pi(i-1)(nZ_g - k)/Z_r\} \tag{4-70}$$

该式是众多不同相的尾流的叠加，相加后可以得到：

$$X_k = \frac{A}{2} \{C_1 \sin[(2\pi f_r t - k\phi) + \pi(Z_r - 1)(nZ_g + k)/Z_r]$$
$$+ C_2 \sin[(2\pi f_r t + k\phi) + \pi(Z_r - 1)(nZ_g - k)/Z_r]\} \tag{4-71}$$

其中：

$$C_1 = \left[\sin\pi(nZ_g + k)\right]/\left[\sin\pi(nZ_g + k)/Z_r\right] \tag{4-72}$$

$$C_2 = \left[\sin\pi(nZ_g - k)\right]/\left[\sin\pi(nZ_g - k)/Z_r\right] \tag{4-73}$$

式（4-71）右边第一项表示激振频率在转轮上正向振动，第二项是反向振动。因为 $nZ_g \pm k$ 是整数，所以，振幅值常数 C_1 和 C_2 的分子永远为零。如果 C_2 和 C_1 的分母 $\sin[\pi(nZ_g \pm k)/Z_r]$ 不为零，式（4-68）的 X_k 为零。有 k 个径向节点的振动就不能在转轮上被激发起来。反之，只有在 C_1 和 C_2 的分母为零时，才能产生 k 个径向节点的振动。这由下面条件给出：

$$nZ_{\text{wicket\_gate}} \pm k = mZ_{\text{runner}} \tag{4-74}$$

式中　m——任意整数。

在式（4-71）中，C_1 和 C_2 的值是不确定的。当 X 收敛于 m，计算 $\sin\pi(Z_rX)/n\pi X$ 的极限值，才能得到 C_1 和 C_2 的值。其值为 $\pm Z_r$，其中正号代表 $m(Z_r - 1)$ 偶数项，负号代表 $m(Z_r - 1)$ 奇数项。所以，满足式（4-74）时，式（4-71）变成：

$$X_k = \frac{A}{2}Z_r\left[\sin(2\pi f_r t - k\phi) + \sin(2\pi f_r t + k\phi)\right] \tag{4-75}$$

如果从固定坐标系观察上述振动，将 $\phi = \theta - 2\pi Nt$ 代入上式，得到：

$$X_k = \left(\frac{A}{2}\right)Z_r\{\sin[2\pi(f_r + kN)t - k\theta] + \sin[2\pi(f_r - kN)t + k\theta]\}$$

$$= \left(\frac{A}{2}\right)Z_r\{\sin[(2\pi f_s t - k\theta)] + \sin[(2\pi f_s t) + k\theta]\} \tag{4-76}$$

其中：

$$f_s = f_r \pm kN = (nZ_g \pm k)N = mZ_r N \tag{4-77}$$

即在固定坐标系观察振动时，以 $mZ_r N$ 频率振动。

尽管上述理论研究是针对转轮的振动进行的，但同样也可应用于由转轮和导叶间的干扰引起的压力脉动。所以，式（4-77）提供的频率也代表了水泵水轮机固定部分的振动频率。

二、转轮在水中固有频率

如上所述，水力干扰引起的振动的方式是绕转轮的轴线旋转。对于旋转坐标这种振型下的角速度为 $\pm(f_r/k)\text{Hz}$，对于固定坐标则为 $\pm(f_s/k)\text{Hz}$，正号表示方向同转轮转动方向一致，负号则相反。当频率 f_r 同有 k 个节点的转轮固有频率一致时，就会发生转轮共振。转轮在水中的固有频率除要避开上述频率外，还应避开转轮上冠和下环反向振动的频率，如图 4-83 和彩图 4-83 所示。

三、设计时转轮自振频率计算模型的选取及结构优化

转轮自振频率的计算需要引入一个"节径"的概念。"节径"这个术语源于简单的几何体（如圆盘）在某阶模态下的振动时的表现。大多数振型中包含如图 4-84 所示的横穿整个圆盘表面的板外位移为零的线，通常称为节径。

　　水泵水轮机在旋转过程中会产生许多激振频率，如机组的旋转频率（即转频）。转频与叶片个数的乘积、转频与导叶个数的乘积等。根据有关研究文献，能够引起转轮振动的主要激振频率是转频与导叶个数的乘积。同时还要考虑转轮与导叶之间的干扰，即由式（4-75）确定可能引起的转轮振动的转轮模态。

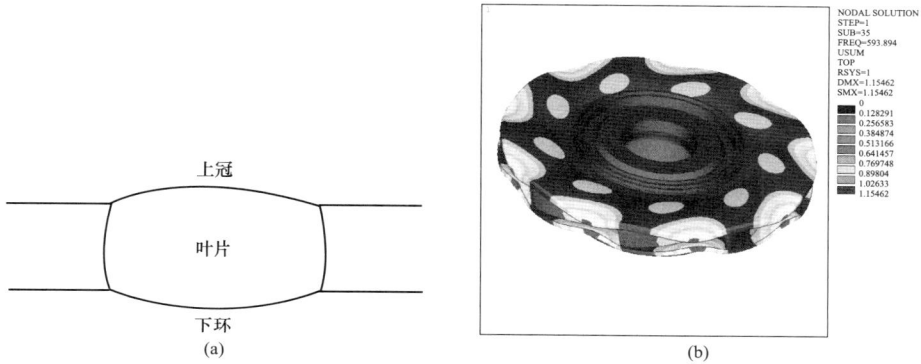

图 4-83　转轮上冠下环反向振动振型
（a）上冠下环反向振动频率振型示意图；（b）上冠下环反向振动频率振型图

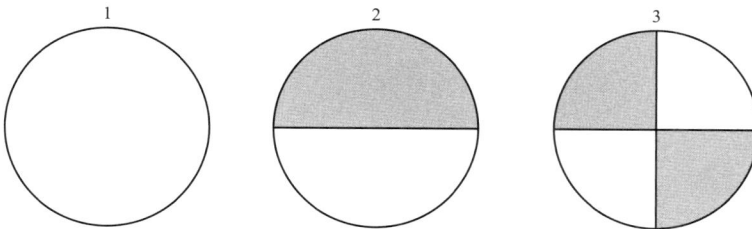

图 4-84　对称循环结构振动节径术语图示
1—节径＝0；2—节径＝1；3—节径＝2

　　式（4-74）中的 k 值即为转轮振动的节径数。

　　在已知转轮叶片个数和活动导叶数的情况下，取式（4-74）中 n 和 m 的组合，使得节径 k 值最小。从而得到在节径 k 情况下，转轮在水中的振动频率与转频和导叶个数乘积的 n 倍比较，检查是否满足错频 10% 以上的要求。

　　通常情况下，抽水蓄能机组水轮机导叶数选取 16、20、22，转轮叶片数为 7、9 和 5＋5（长短叶片转轮），根据式（4-74），表 4-5 给出了叶片数及导叶数组合下转轮被激振的可能条件。

表 4-5 叶片数与导叶个数组合列表

$Z_g=16$, $Z_r=7$					$Z_g=16$, $Z_r=9$					$Z_g=16$, $Z_r=10$				
n	nZ_g	mZ_r	k	m	n	nZ_g	mZ_r	k	m	n	nZ_g	mZ_r	k	m
1	16	14	−2	2	1	16	18	2	2	1	16	20	4	2
2	32	35	3	5	3	48	45	−3	5	2	32	30	−2	3
3	48	49	1	7	4	64	63	−1	7	3	48	50	2	5
$Z_g=20$, $Z_r=7$					$Z_g=20$, $Z_r=9$					$Z_g=20$, $Z_r=10$				
n	nZ_g	mZ_r	k	m	n	nZ_g	mZ_r	k	m	n	nZ_g	mZ_r	k	m
1	20	21	1	3	1	20	18	−2	2	1	20	10	−10	1
2	40	42	2	6	2	40	36	−4	4	1	20	20	0	2
3	60	63	3	9	2	40	45	5	5	2	40	30	−10	3
$Z_g=22$, $Z_r=7$					$Z_g=22$, $Z_r=9$					$Z_g=22$, $Z_r=10$				
n	nZ_g	mZ_r	k	m	n	nZ_g	mZ_r	k	m	n	nZ_g	mZ_r	k	m
1	22	21	−1	3	1	22	18	−4	2	1	22	20	−2	2
1	22	14	−8	2	1	22	27	5	3	2	44	30	−14	3
2	44	21	−23	3	2	44	45	1	5	2	44	40	−4	4

　　从表 4-5 可知,对于抽水蓄能机组而言,如果仅仅从转轮的振型而言,导叶个数为 16,叶片个数为 10,导叶个数为 20,叶片个数为 9,以及导叶个数为 22,叶片个数为 10 的组合情况下,产生激振频率的可能性最小。但是,上述观点并不能说明剩余的导叶个数和叶片个数的组合就会产生激振频率,导叶个数 20 和叶片个数 7 组合的水泵水轮机就比较常见,如西龙池电站等,迄今为止,机组运行状态仍然良好。因此,表 4-5 给出的组合仅仅表明存在的可能性,并不代表一定会出现机组振动。

第五章

水泵水轮机结构设计

目前应用最广泛、技术最成熟的抽水蓄能机组为单级混流式抽水蓄能机组。国内已投运的抽水蓄能机组几乎全是单机混流式抽水蓄能机组，运行水头从几十米到七百多米均有分布，机组单机容量覆盖几兆瓦到几百兆瓦。抽水蓄能机组兼具发电和抽水双重功能，运行工况复杂，机组的设计难度要大于常规水轮发电机组。不同运行水头段、不同容量的抽水蓄能机组因其关注的侧重点不同，其机组结构设计也有所不同。本章以300MW级抽水蓄能机组的水泵水轮机设计为基础对水泵水轮机的结构设计进行介绍。水泵水轮机结构设计主要包括水泵水轮机总体结构设计、主要部件结构设计和机组运行所需要的辅助管路设计等几个部分。

⊪ 第 一 节　总 体 结 构 设 计

水泵水轮机总体结构设计关系到电站与机组的总体布局和机组长期运行的稳定性，以及未来机组运行维护的经济性与便利性，是机组前期设计中的重要一环。水泵水轮机总体结构设计内容主要包括水泵水轮机的拆装方式、尾水锥管与底环的埋设方式、活动导叶的操作形式及蜗壳的埋设方式等内容。

一、水泵水轮机的拆装方式

抽水蓄能机组水泵水轮机的拆装方式主要有上拆式、下拆式和中拆式三种。

1. 上拆式

上拆式是指水泵水轮机的转轮、主轴、顶盖等主要部件，均需在发电电动机转子拆走后，利用厂房吊车通过发电电动机机坑将这些部件从机组上方进行拆出和检修的拆装方式（见图 5-1）。采用该拆装方式，其轴系通常采用两段轴，由于高水头高转速发电电动机的结构尺寸较小，顶盖通常无法整体从发电电动机机坑移出，因此顶盖通常采用分瓣结构。北京十三陵、湖北白莲河、山东泰安、山西西龙池、安徽响水涧、辽宁蒲石河、安徽琅琊山、浙江桐柏、福建仙游、广东清远、浙江仙居、江西洪屏、江苏溧阳等抽水蓄能机组采用的是上拆式。

上拆式的优点：①混凝土整体刚度强，机组稳定性较好；②主要部件均通过厂房吊车拆除，不需要其他专用拆卸、运输工具。

上拆式的缺点：转轮等水泵水轮机部件的检修，必须拆除发电电动机转子后方可进行。

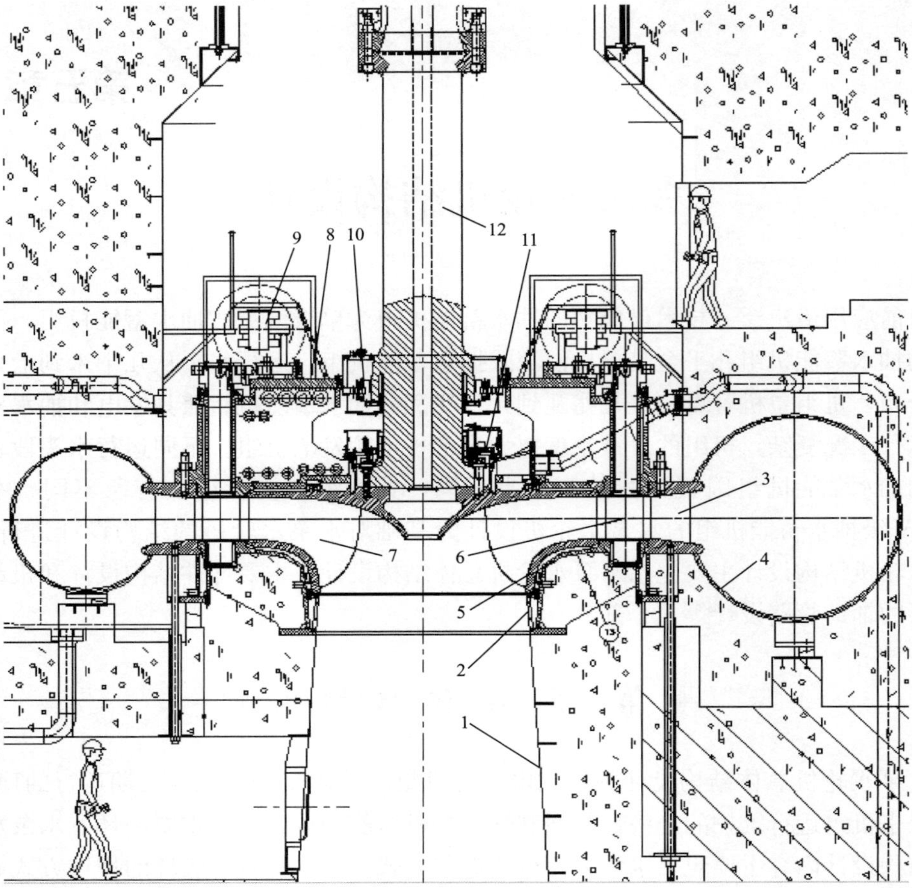

图 5-1　上拆式水泵水轮机结构总图

1—尾水管；2—泄水环；3—座环；4—蜗壳；5—底环；6—活动导叶；7—转轮；8—顶盖；
9—活动导叶操作机构；10—水导轴承；11—主轴密封；12—主轴

2. 下拆式

下拆式是指转轮、尾水锥管、导水机构的底环和导叶等部件，可由尾水廊道拆出并进行检修的机组拆装方式（见图 5-2）。采用此拆装方式，水泵水轮机尾水锥管、底环以及与之相连的管路等部件四周无混凝土包裹，全部裸露在空气中，蜗壳层设置有能满足上述部件拆装运输要求的运输廊道，如广蓄Ⅰ期等抽水蓄能机组。

下拆式的优点：①检修更换转轮或更换导叶下轴径密封和下轴套等部件时，不需要拆卸发电电动机及水泵水轮机顶盖；②有效抵消部分座环轴向力，座环地脚基础处混凝土受力减小；③座环受力对称，减小局部应力集中；④尾水锥管易于移出，便于检查、维修转轮。此种方式可与中拆式相结合。

下拆式的缺点：①由于尾水锥管、底环四周无混凝土，机组运行时，尾水管处的振动、噪声较大；②缺少了混凝土支承，固定导叶（水轮机工况）出水边应力较高，尾水管及底环的整体刚度变弱；③需要设置专用拆装、运输工具。

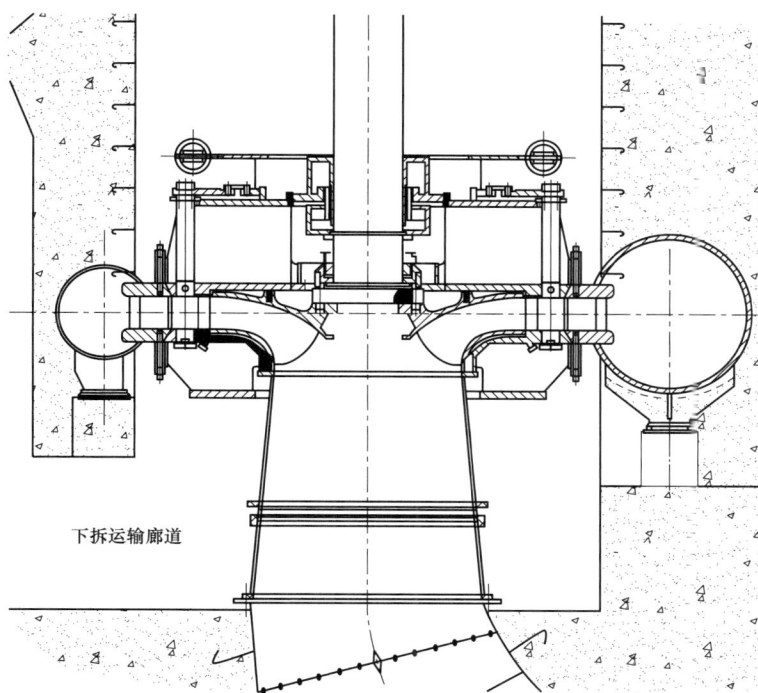

图 5-2　下拆式水泵水轮机结构示意图

3. 中拆式

中拆式是指水泵水轮机转抡、中间轴、顶盖、主轴等部件，可以分别由水泵水轮机层的中拆廊道拆出并进行检修的拆装方式（见图 5-3）。采用中拆式的机组轴系采用三段轴，水泵水轮机层机墩处设置尺寸满足上述部件拆装运输要求的中拆廊道，同时配备有拆装和运输专用工具。目前国内水泵水轮机采用纯中拆式的机组有广东惠州、河南宝泉、河南回龙等抽水蓄能机组。

中拆式的优点：①检修水泵水轮机部件，不需要拆卸发电电动机；②若运输条件允许，顶盖可以做成整体结构，这将给顶盖的制造、加工和安装带来极大的方便，并能提高顶盖的整体刚度。

中拆式的缺点：①设置中间轴，增加制造、安装成本；②设置中间轴，增加机坑及厂房高度，不利于厂房受力分布；③在机墩处设置中拆廊道，削弱了混凝土整体强度；④需要设置专用的拆卸、运输工具。

4. 其他

目前国内抽水蓄能机组水泵水轮机也有采用上述方式结合在一起的拆装方式，如浙江天荒坪电站，其水泵水轮机就采用中拆式和下拆式的混合方式。近年来，随着国内抽水蓄能机组运行经验的积累及水泵水轮机技术的不断发展，水泵水轮机的拆装方式趋向于采用上拆式。

173

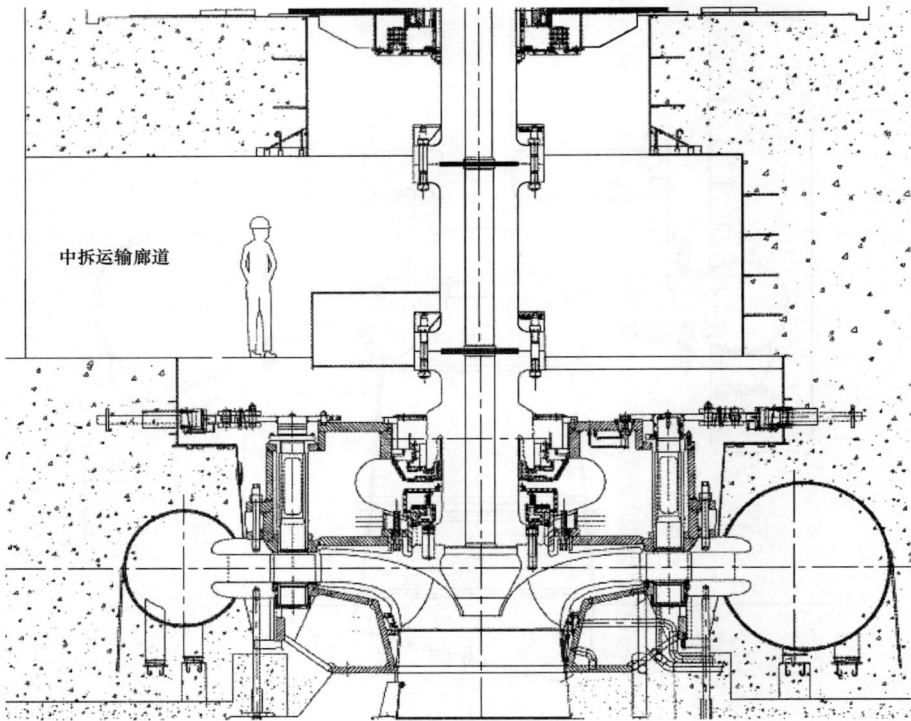

图 5-3　中拆式水泵水轮机结构示意图

二、尾水锥管与底环的埋设方式

尾水锥管与底环的埋设方式有三种，分别如下：

1. 尾水锥管与底环全部裸露在空气中

该方式多用于下拆式机组，尾水锥管与底环四周不浇筑混凝土（见图 5-2），其优、缺点与水泵水轮机装拆方式的下拆式相同。江苏宜兴、广蓄Ⅰ期、浙江天荒坪等抽水蓄能机组均采用此方式。

2. 尾水锥管埋入混凝土，底环部分裸露在空气中

该方式多用于上拆式、中拆式机组，尾水锥管埋入混凝土、底环裸露在空气中（见图 5-4），其优点是：①运行中，尾水锥管噪声的外传比全裸露方案小；②尾水锥管四周由于与混凝土紧密结合，整体刚性较好；③方便检修、更换导叶下轴套；④有效地抵消部分顶盖传递给座环的轴向力。其缺点是：①底环四周无混凝土，机组运行时此处振动、噪声较大；②缺少了混凝土承载，尾水管及底环的整体刚度变弱，运行中会影响导叶间隙；③固定导叶出水边应力较高。广东惠州、安徽琅琊山、浙江桐柏等抽水蓄能机组采用该方式。

3. 尾水锥管与底环全部埋设在混凝土中

此种方式多用于上拆式、中拆式机组，尾水锥管与底环全部埋设在混凝土中（见图 5-1）。其优点是：①运行中，尾水锥管噪声的外传比其他方案小；②底环、尾水锥管

四周由于与混凝土紧密结合，整体刚性较好。其缺点是：①座环基础要受水压引起的不平衡力，需设置较粗的地脚螺钉以平衡此部分作用力；②与第一种方式相比，转轮、活动导叶下轴套等的检修维护在顶盖拆除后进行。广蓄Ⅱ期、北京十三陵、河南回龙、河南宝泉、湖北白莲河、山东泰安、山西西龙池、安徽响水涧、辽宁蒲石河、福建仙游、内蒙古呼和浩特、广东清远、浙江仙居、江苏溧阳等抽水蓄能机组均采用此方式。

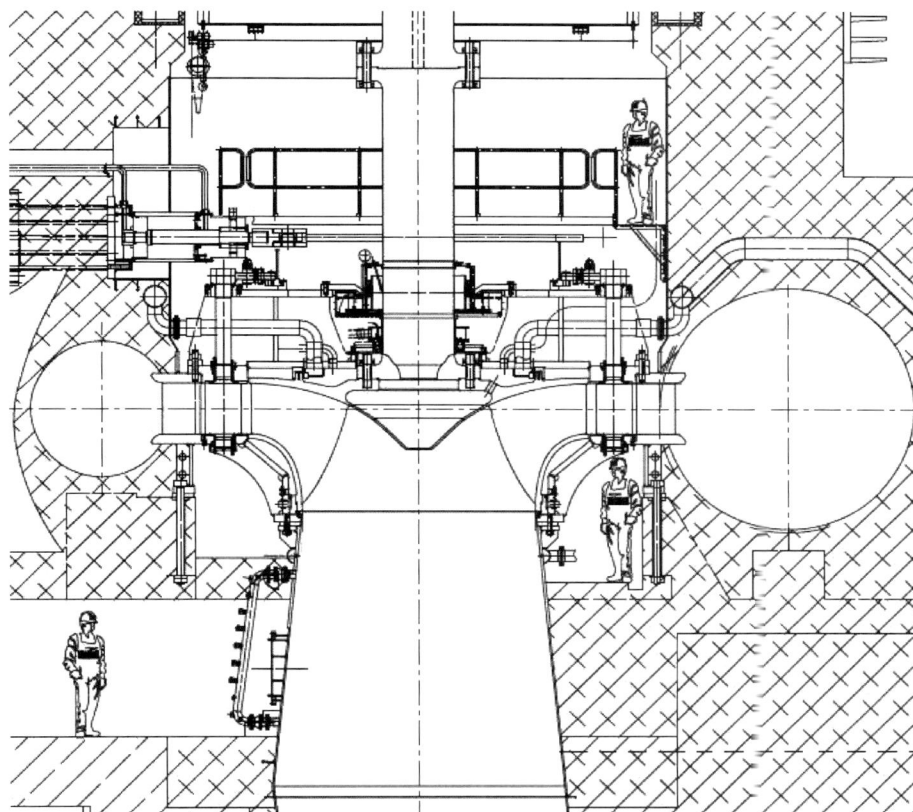

图 5-4　尾水锥管埋入混凝土、底环部分裸露的结构示意图

三、活动导叶的操作形式

水泵水轮机活动导叶的操作方式主要有三种：

1. 单导叶操作方式

单导叶操作方式是指每个导叶均采用一个独立的接力器系统，通过控制连杆、导叶拐臂来操作活动导叶达到调节开度的目的（见图 5-5）。广蓄Ⅱ期、河南宝泉、广东惠州、山东泰安等抽水蓄能机组水泵水轮机均采用此种方式。

2. 双导叶接力器加控制环操作方式

此方式为传统的活动导叶操作方式，即由两个导叶接力器驱动一个控制环，控制环通过连杆、导叶拐臂来操作活动导叶达到调节开度的作用（见图 5-5）。目前多数水泵水轮机采用此方式。

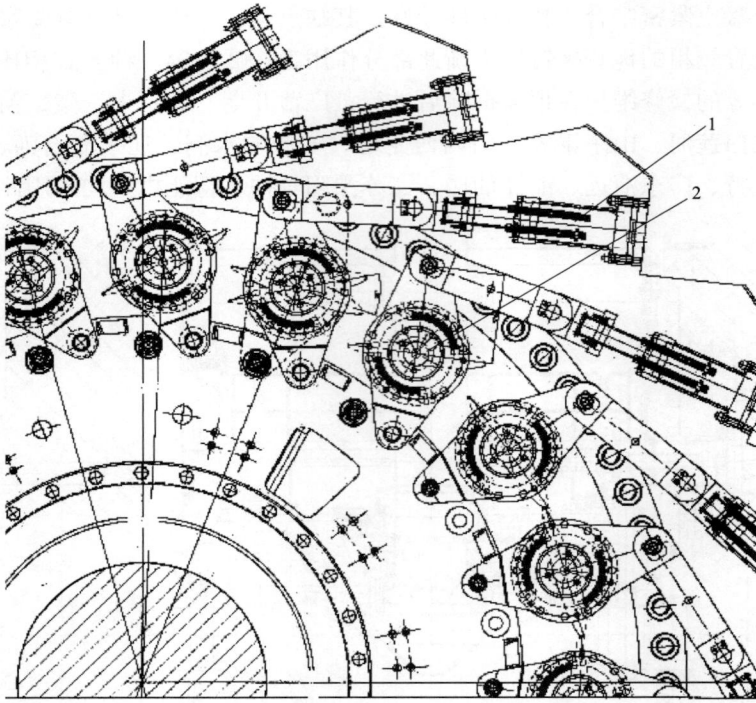

图 5-5 单导叶接力器布置方式

1—接力器；2—活动导叶

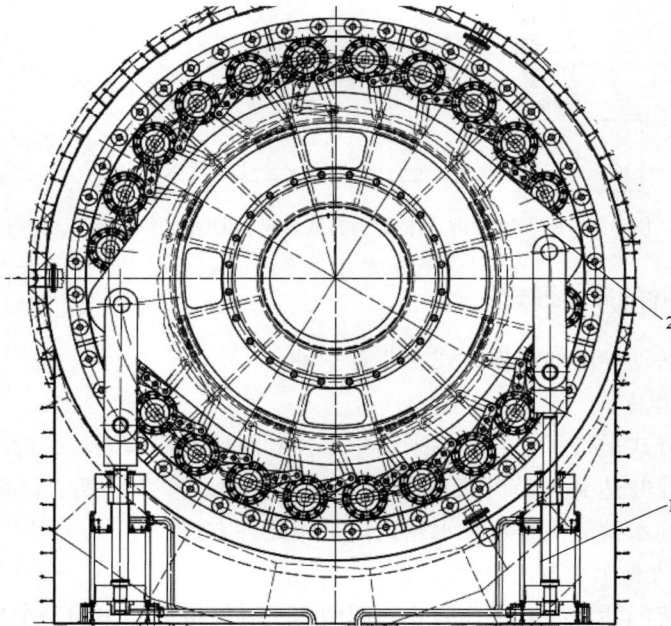

图 5-6 双导叶接力器加控制环操作方式

1—接力器；2—控制环

3. 混合操作方式

根据转轮的水力特性，为了使水泵水轮机在低水头水轮机工况下能够顺利并网，水泵水轮机也有采用集成控制与非同步导叶单独控制方式相结合的混合操作方式，主要应用电站有浙江天荒坪、河北张河湾、湖南黑麋峰、辽宁蒲石河、福建仙游等。

四、蜗壳的埋设方式

水泵水轮机在运行过程中，存在较大的外部作用力，此力通过蜗壳及座环传递至周围混凝土。为确保机组运行的稳定性，机组基础结构部件尤其是蜗壳能否正确预埋以及能否与坚实的土建结构很好地结合十分关键。蜗壳的埋设方式主要有三种：

1. 蜗壳保压浇筑混凝土

在混凝土浇筑前，对蜗壳进行充水升压，达到浇筑压力（一般取 50%～75% 的设计压力）后实施浇筑，当蜗壳四周混凝土凝固度达到一定程度后，泄去内水压力。由于蜗壳收缩，在蜗壳和混凝土之间形成一个初始缝隙，从而改变蜗壳和混凝土的受力状态。在机组运行时，当内水压力小于预压载荷时，水压完全由蜗壳承担。当内水压力大于预压载荷时，超过的部分由蜗壳和混凝土联合承担。此种埋设方式可以降低蜗壳的受力，从而适当减薄蜗壳厚度，降低制造难度，同时由蜗壳受压膨胀引起的混凝土负荷也是较低的，外围混凝土的受力条件得到改善，有效提高蜗壳的整体刚度和抗震性能，使机组稳定运行。目前国内抽水蓄能机组均采用此方式。

2. 蜗壳铺设垫层浇筑混凝土

在蜗壳顶部一定范围内铺设弹性垫层，将蜗壳与混凝土隔开，使蜗壳在径向与轴向几乎是"自由的"（假定压力钢管与蜗壳不连接）。这种方式可以减少蜗壳内水压力向外围钢筋混凝土结构传递，充分发挥钢衬的承载力，改善蜗壳外围混凝土受力状态。该方式多用于常规混流式水轮发电机组。

3. 蜗壳采用直埋方案

蜗壳外表面不采取任何保护措施，直接浇筑混凝土。该方案中，由于蜗壳与混凝土在浇筑时已经紧密接触，因此在机组运行的任何工况下，蜗壳都不承担内水压力，全部的水压力都传递给厂房钢筋混凝土，由钢筋混凝土承担。采用此方案对土建质量要求非常高，目前在国内抽水蓄能项目中尚没有应用。

⠿ 第 二 节 转 轮 结 构 设 计

一、水泵水轮机转轮的结构特点

水泵水轮机转轮主要由上冠、下环和叶片组焊而成（见图 5-7）。高水头的水泵水轮机转轮的外形与离心泵叶轮相似，比较扁平，并随着水头升高，叶片包角增大，转轮流道狭长，转轮外形更趋扁平。水泵水轮机转轮基本形状和叶片数量通常在转轮水力开发时确定，转轮叶片数量有 6 片、7 片、9 片、10 片、11 片等，并以 7 片和 9 片居多。山西西龙池、日本葛野川等抽水蓄能机组采用 7 叶片转轮，江西洪屏、辽宁蒲石河、浙江仙居等抽水蓄能机组采用 9 叶片转轮。近年来，也有部分抽水蓄能机组开始采用 5＋5 的长短叶片转轮，如广东清远抽水蓄能机组。

抽水蓄能机组运行水头普遍比较高，流量偏小，因此在进行水泵水轮机转轮结构设计时，为减小转轮容积损失，合理降低轴向水推力，降低主轴密封前的压力，需设置多级的上、下止漏环。转轮上、下止漏环直接在转轮上冠、下环本体上直接加工成型，止漏环结构型式与固定止漏环相对应，详见本章第七节中固定止漏环结构型式及设计。

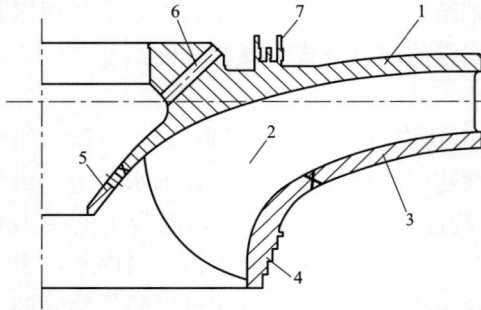

图 5-7　水泵水轮机转轮结构简图

1—上冠；2—叶片；3—下环；4—下止漏环；
5—泄水锥；6—排气孔；7—上止漏环

转轮上冠和泄水锥处设置排气孔，排气孔尽量靠近主轴外圆，在顶盖回水排气阀门打开后，通过转轮室气体压差及转轮旋转离心力，将转轮室内气体通过转轮排气孔排至转轮上腔，再通过顶盖回水排气管排出流道。

转轮的外形尺寸设计，主要基于转轮水力开发设计图（轴面图），并考虑转轮刚强度和配重等因素，对转轮整体进行优化，在保证转轮水力性能前提下，设计出转轮刚强度、疲劳和动态特性符合工程要求的转轮。

二、转轮的结构型式及设计

水泵水轮机转轮主要采用铸焊结构，转轮上冠和下环采用 VOD（vacuum oxygen decarburization，真空吹氧脱碳法）或 AOD（argon-oxygen decarburization，氩氧脱碳法）精炼铸造，转轮叶片采用 VOD 或 AOD 精炼铸造或钢板模压。

根据水泵水轮机运行水头，为有效降低转轮刚强度计算中的应力集中问题，在转轮结构设计时应考虑转轮组焊的焊接坡口和焊接圆角问题。

根据水泵水轮机转轮叶片狭长的结构特点，多数水轮机制造厂家采用转轮下环分两段先后与叶片完成组焊的方式。河南宝泉、山东泰安、辽宁蒲石河、江西洪屏、浙江仙居、江苏溧阳等抽水蓄能机组的转轮均采用此种装焊方式。有些机组转轮采用其他方式组焊，如浙江天荒坪抽水蓄能机组转轮采用数控方法在上冠、下环各加工出一段叶片，然后在叶片中部组焊，以减少叶片根部应力。吉林白山抽水蓄能机组转轮由于叶片尺寸长、曲率变化大，则采用了叶片分两段铸焊的方式。

三、转轮材料

近年来，水泵水轮机转轮常用材料为 ZG04Cr13Ni4Mo 或 ZG04Cr13Ni5Mo 等超低碳马氏体铬镍不锈钢。该类材料的优点是机械强度高，延展性、可焊性好，在水中具有良好的疲劳强度和抗空蚀性能。

四、转轮静平衡

转轮静平衡试验，在转轮精加工后完成。转轮静平衡按标准 ISO 1940-1《机械振动 刚性转子平衡品质的要求 第 1 部分：许用剩余不平衡量确定》平衡品质等级 G6.3 或更高标准进行试验。根据静平衡试验结果，进行转轮配重。

转轮的配重有钻配重孔、偏车或局部堆焊等几种形式，配重区域主要集中在转轮进口上冠、下环的非过流面侧（见图 5-8）。

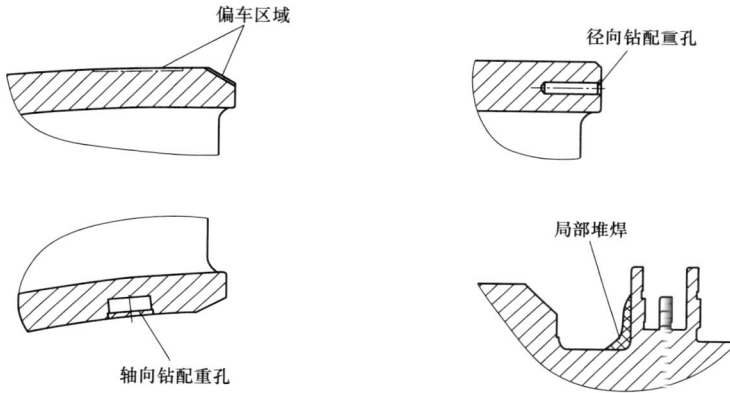

图 5-8 转轮配重示意图

第 三 节 主 轴 结 构 设 计

主轴作为水泵水轮机的主要连接部件，其作用是进行发电电动机和水泵水轮机转轮之间的连接并传递转矩，在发电工况把转轮的输出功率传递至发电电动机，在水泵工况把发电电动机的输出功率传递给转轮。由于抽水蓄能机组双向旋转，水泵水轮机主轴的使用条件远比常规水轮发电机组主轴复杂。

一、主轴的结构特点

主轴两端带有连接法兰，轴身通常设置一定直径的内孔（见图 5-9）。主轴上法兰与发电电动机相连，下法兰与转轮相连，主轴一般采用优质钢整锻，上、下法兰通过销或销套传递转矩。根据水导轴承的型式及布置确定主轴是否设轴领。主轴下法兰设不锈钢封板进行封堵，固定方式有焊接或紧固件连接两种。

有中拆需要的机组，水泵水轮机主轴可分为水泵水轮机主轴和中间轴两段。浙江天荒坪、河南宝泉等抽水蓄能机组即采用主轴和中间轴两段轴的方案，连接发电电动机与转轮。中间轴主要用于中拆式机组，方便机组检修，使水泵水轮机重大修时可不吊出发电电动机转子而进行拆卸、安装。中间轴与水泵水轮机主轴传递转矩相同，因此材质和结构相近。由于中间轴不设轴承，中间轴无轴领。

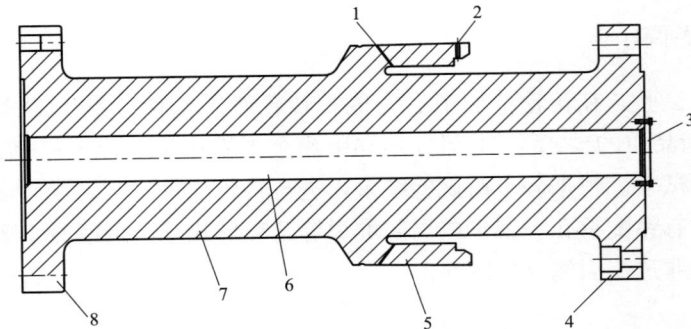

图 5-9 带轴领的水泵水轮机主轴结构示意图

1—均压孔；2—径向泵孔；3—封堵；4—下法兰；5—轴领；6—中心孔；7—轴身；8—上法兰

无中拆需要的机组，水泵水轮机无中间轴，主轴的上、下法兰分别与发电电动机和水泵水轮机转轮连接。

二、主轴的结构型式及设计

水泵水轮机主轴采用厚壁轴。主轴需要承受转轮轴向水推力、转轮径向水力不平衡力和机组转动的转矩等。主轴轴身尺寸根据主轴刚强度计算结果确定。主轴轴领尺寸根据水导轴承布置型式和轴领刚强度计算确定。主轴下法兰高程由转轮结构及位置确定，上法兰高程由机组整体布置和厂房吊装空间确定。

主轴法兰厚度、法兰直径和法兰把合螺栓布置等，参考 ANSI/IEEE 810《水轮发电机整锻轴联接和几何公差》执行，关键尺寸、几何公差也按此标准执行。ANSI/IEEE 810 未规定的几何公差，按 GB/T 1184《形状和位置公差 未注公差值》公差等级 5～7 级执行。

水导轴承采用内置冷却器的机组，主轴轴领下方设足够数量的径向泵孔，在机组运行过程中，轴领径向泵孔能起到自泵油循环的作用。外置冷却器的机组，主轴轴领不需设此径向泵孔。

主轴轴领上方需设 4～8 个均压孔，以平衡轴领内外侧压力，防止油和油雾外溢。

主轴上、下法兰和发电电动机以及转轮的连接均采用止口定位法兰连接。主轴上法兰通常采用销螺栓作为法兰连接件，承受轴向力并传递转矩。主轴上法兰的销钉配合段通常采用发电电动机轴与水泵水轮机主轴同钻铰的方式完成加工，也可采用镗模加工。主轴下法兰的连接通常采用连接螺栓与抗剪切件的组合方式。常用的抗剪切件有柱销、销套、键等类型。河南宝泉、浙江仙居等抽水蓄能机组采用柱销作为抗剪切件；山东泰安、江西洪屏等抽水蓄能机组采用销套作为抗剪切件；山西西龙池、广东清远等抽水蓄能机组采用键结构；也有些机组采用摩擦传递转矩的方式，如浙江天荒坪、浙江桐柏抽水蓄能机组。

三、主轴材料

主轴常用 20SiMn、ASTM A668 Class D 或 Class E 等优质钢整体锻制而成，材料

的优点是力学性能好，耐冲击性好，具有可焊性。

┿ 第四节 水导轴承结构设计

水泵水轮机导轴承需要满足发电和抽水两种工况不同旋转方向的相同轴承特性，并能承受机组甩负荷、零流量扬程、水泵断电等过渡过程或异常工况中可能发生的转轮最大水力径向力。本节主要介绍水泵水轮机水导轴承的结构型式特点、设计原理及冷却系统的设计、选材。

一、水导轴承的结构型式和特点

水泵水轮机导轴承采用稀油润滑轴承，通常采用筒式轴承和分块瓦轴承两种结构型式。

稀油润滑筒式轴承和分块瓦轴承在水泵水轮机上都有广泛的应用。采用稀油润滑筒式轴承的水泵水轮机有广蓄Ⅰ期、浙江天荒坪、江苏宜兴等抽水蓄能机组，采用稀油润滑分块瓦轴承的水泵水轮机有河南宝泉、湖北白莲河、浙江仙居、福建仙游、山西西龙池、江西洪屏等抽水蓄能机组。

1. 稀油润滑筒式轴承的结构特点

水泵水轮机稀油润滑筒式轴承（见图 5-10），为满足转动部件双向运转的需要，轴瓦瓦面不设斜向油槽，采用毕托管原理上油。轴瓦采用四段楔形瓦面，在主轴正反转旋转时均能形成四个稳定的油楔，承受径向载荷，避免导瓦与主轴发生干摩擦。

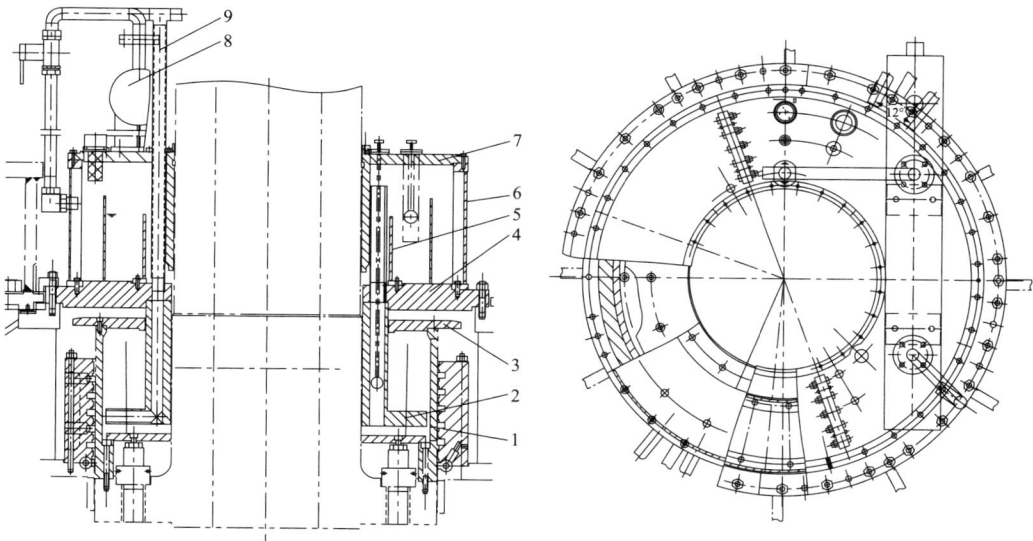

图 5-10 筒式水导轴承示意图

1—油盆；2—轴承体（含轴瓦）；3—油盆盖；4—轴承法兰；5—内油箱；

6—上油箱；7—油箱盖；8—冷却器；9—毕托管

轴承润滑通常采用自循环润滑方式，机组运行时油盆旋转，离心力的作用使下油箱内的热油自毕托管流至上油箱上方的冷却器，经冷却器流至上油箱，靠重力自流至轴瓦内，再由轴瓦底部流至旋转的油盆，按此往复循环。稀油润滑筒式轴承一般适用于中高转速机组，采用外置冷却器。

2. 稀油润滑分块瓦轴承的结构特点

稀油润滑分块瓦轴承（见图 5-11）具有结构简单、调节方便、承载能力好、运行稳定、适用水头范围广等优点，是近年水泵水轮机应用最为广泛的轴承结构。稀油润滑分块瓦轴承与稀油润滑筒式轴承相比，其采用的可倾瓦式结构，油膜形成更优，更利于轴承承载。

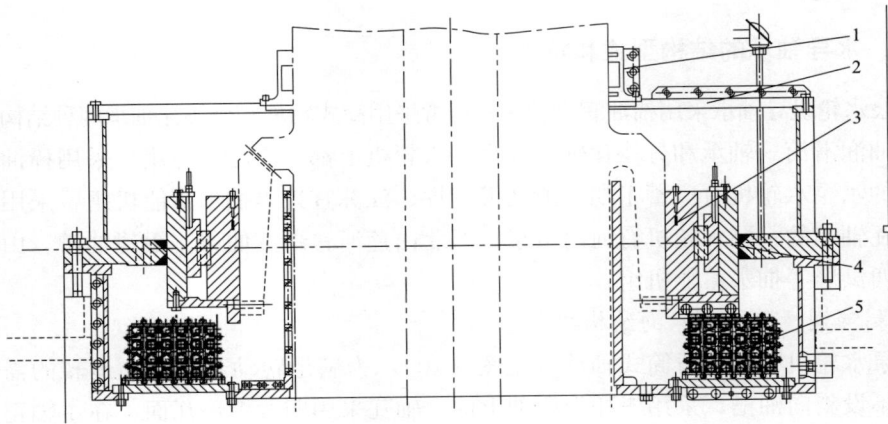

图 5-11 分块瓦水导轴承示意图

1—挡油装置；2—油箱盖；3—轴瓦；4—轴承体；5—冷却器

水泵水轮机分块瓦轴承为满足主轴双向旋转，轴瓦两侧设进油边并采用中心支顶。近年分块轴承间隙的调整通常采用楔子板结构，此结构调整简单，间隙稳定，被广泛应用。稀油润滑分块瓦轴承有内置冷却器和外置冷却器两种冷却方式。内置冷却器的分块瓦轴承采用轴领自泵内循环方式，外置冷却器通常采用外置泵强迫外循环方式。目前，随着水泵水轮机向高水头、高转速、大容量的趋势发展，为提高轴承运行可靠性，方便检修维护，更多机组分块瓦轴承采用外循环（外置泵）外冷却（外置冷却器）方式。

二、水导轴承的结构原理和设计

1. 水导轴承的结构原理

水导轴承的作用是作为轴系支点，减小轴系挠度，保证轴系稳定，延长机组运行寿命。水导轴承为抽水蓄能机组水泵水轮机侧的唯一导轴承，单独承受水泵水轮机侧可能发生的径向力。水泵水轮机侧的径向力来自水泵水轮机转轮的质量不平衡、水力不平衡等，因此为增强轴系稳定性，减小轴系挠度，水导轴承在轴向布置上应尽量靠近转轮。在水泵水轮机整体布置上，考虑转轮与主轴的连接、主轴密封的布置以及主轴密封检修空间等因素，通常轴瓦中心到转轮中心的距离为转轮进口直径的 40%。

近年来，水泵水轮机稀油润滑分块瓦轴承应用最为广泛，本节以分块瓦轴承的设计为代表进行导轴承设计介绍（见图5-12）。稀油润滑分块瓦轴承与稀油润滑筒式轴承在设计原理上有本质的区别，稀油润滑分块瓦轴承通常采用球面或类球面结构支顶轴瓦，轴瓦及油楔可根据轴承承载的径向力和主轴摆度情况进行调整，使轴瓦受力平衡，因此分块瓦轴承通常为可倾瓦轴承。稀油润滑筒式轴承轴瓦瓦背一般为圆筒形，轴瓦在机组运行过程中不可调，因此属于不可倾瓦轴承。

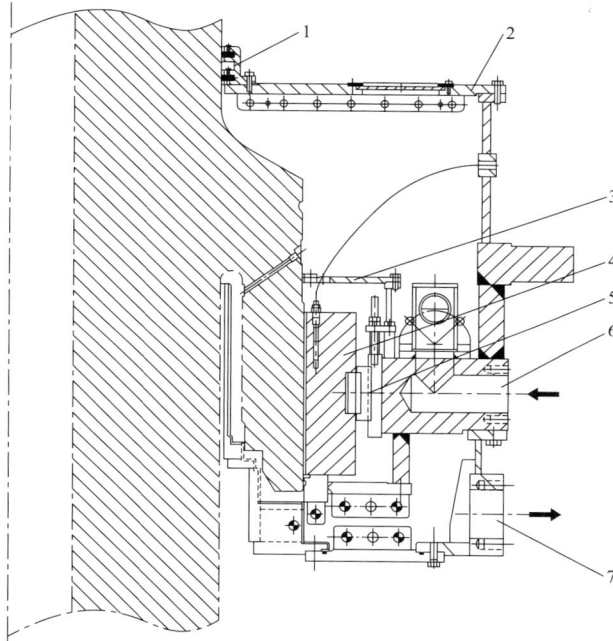

图 5-12　分块瓦轴承原理图

1—挡油装置；2—油箱盖；3—稳流板；4—轴瓦；5—支顶装置；6—进油孔；7—回油孔

水泵水轮机分块瓦轴承首先根据轴系需要和机组整体布置确定轴承轴瓦中心，其次根据轴领尺寸、轴承径向力等主要参数确定轴瓦瓦块数量及尺寸。水泵水轮机轴瓦数量一般取8~12块，轴瓦宽高比取0.8~1.2。轴瓦瓦面采用减摩性比较好的巴氏合金材料，瓦背采用优质钢。轴瓦通过球面或近似球面的抗压块实现支顶。轴瓦间隙的调整方式通常有三种，即楔形板、配垫及重型螺栓结构（见图5-13）。

在机组运行过程中，轴瓦承受的径向力将通过轴瓦和支顶装置传递给轴承体，再由轴承体传递给顶盖和座环。轴瓦、支顶装置、轴承体需要满足承载径向力的刚强度需求。在机组运行过程中，轴承通过轴瓦与主轴形成有足够刚度的楔形油膜实现径向力承载能力。机组运行过程中，轴承油膜摩擦产生热量，热油挤出油膜后自溢油孔流至回油孔，经回油孔至下油箱并经冷却器冷却，然后重新自轴瓦进油边参与下一轮油循环。水导轴承油循环的作用就是润滑轴承并将热量带走，经冷却器冷却后重新润滑轴承。

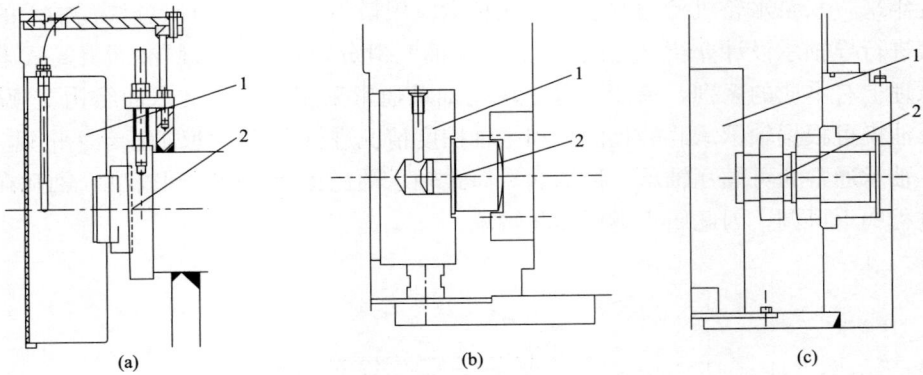

图 5-13　轴瓦固定调整方式

（a）楔形板形式；（b）配垫形式；（c）重型螺栓形式

1—轴瓦；2—调整部件

2. 分块瓦轴承设计参数的选取（见图 5-14）

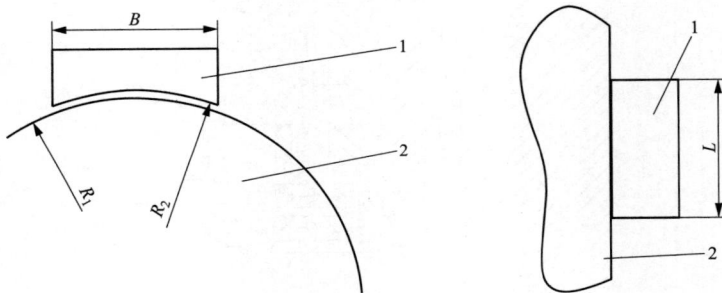

图 5-14　分块瓦轴承计算原理图

1—轴瓦；2—主轴轴领

轴瓦数 Z：8、10、12。

轴瓦宽度 B 与轴瓦高度 L 比：$B/L=0.8\sim1.2$。

在周向轴瓦覆盖轴领的面积通常为 $70\%\sim80\%$。

单块轴瓦可能承受的最大载荷：$F_p=(0.5\sim0.7)F$，F 为轴承承受的全部径向载荷。注：具体可根据载荷分布计算出来。一般情况，采用 12 块瓦时，单块轴瓦可能承受的最大载荷为 $0.5F$；采用 8 块瓦时，单块轴瓦可能承受的最大载荷为 $0.7F$。

轴承瓦面的最大单位压力：3MPa。

轴承的支顶位置：瓦面中心。

轴瓦滑动面半径 R_2：为获得合适的油膜刚度，R_2 一般约为 $R_2=R_1+2\sim4\text{mm}$ 或 $R_2=(1.02\sim1.03)R_1$，R_1 为主轴滑动面半径。近年，大多数厂家采用 $R_2=R_1+2\sim4\text{mm}$，少数厂家采用 $R_2=(1.02\sim1.03)R_1$；最小油膜厚度为 $40\mu\text{m}$；轴承安装间隙（单侧）为 $0.15\sim0.3$ mm。

3. 水导轴承的性能参数和计算

轴承设计需对轴承的载荷、承载能力、发热量、冷却水量和油循环进行分析计算，大多数公司有自己成熟的计算方法和标准的计算程序，并依据经验给出判定标准。

（1）水导轴承的载荷。水泵水轮机导轴承计算中主要考虑轴承受机组运行过程中所产生的转轮水力不平衡力、质量不平衡力和轴系机械不平衡力，使机组轴线在规定数值范围内摆动。水导轴承计算中不考虑电磁不平衡力等发电机侧的径向力。

1）水力不平衡力 F_h，近似认为该径向力是导水机构圆柱面上水流总作用力的 $1/100$：

$$F_h = 0.01\pi D_0 b_0 H\rho g \tag{5-1}$$

式中　D_0——导叶分布圆直径，m；

　　　b_0——导叶高度，m；

　　　H——计算水头，m；

　　　ρ——水的密度，1000kg/m^3；

　　　g——重力加速度，m/s^2；

2）转轮静平衡残余不平衡力矩所产生的径向力 F_m 为：

$$F_m = B_m m\omega^2 g \tag{5-2}$$

式中　B_m——转轮残余质量不平衡力矩（IEC 标准取 6.3 级）；

　　　m——转轮质量，kg；

　　　ω——转动角速度，rad/s；

　　　g——重力加速度，m/s^2；

3）因轴承安装间隙允许主轴轴线偏移旋转在转轮上产生的不平衡径向力 F_j 为：

$$F_j = mJ_r\omega^2 g (L_1 + L_2)/L_1 \tag{5-3}$$

式中　m——转轮质量，kg；

　　　ω——转动角速度，rad/s；

　　　J_r——轴承安装间隙，mm；

　　　g——重力加速度，m/s^2；

　　　L_1、L_2——见图 5-15，mm。

转轮的径向力 F，按最保守考虑以上各个力均作用在同一方向，则 $F = F_h + F_m + F_j$。

水导轴承的载荷来自转轮，轴承承载力 F_r，平衡转轮径向力 F，按轴系弯矩考虑：

$$F_r = F(L_1 + L_2)/L_1 \tag{5-4}$$

上述水导轴承的载荷计算为目前多个公司常用的额定工况的基本算法，在水导轴承载荷的详细计算中还应考虑轴系受力变形后的额外偏心力矩，以及机组在过渡过程中水力不平衡力矩的变化。

（2）水导轴承的承载能力。水导轴承的承载能力目前主要基于两类算法计算。其中一类算法为根据轴承轴领直径、瓦块数、瓦块尺寸、安装间隙等主要参数计算轴承承载能力。当计算轴承承载能力与轴承载荷的比值达到一定安全余量，即认为轴承承载合格。另一类算法，主要基于轴瓦巴氏合金的单位压力，可按平均单位压力考核，也可按受力最大的瓦单位压力考核。由于算法不同，考核标准也略有差异，一般计算轴瓦单位压力不超过 $2\sim3\text{MPa}$。采用油膜厚度判断水导轴承承载能力的算法相对复杂，一般采用最小油膜厚度 $40\mu\text{m}$ 作为轴承承载能力是否合格的判定标准。

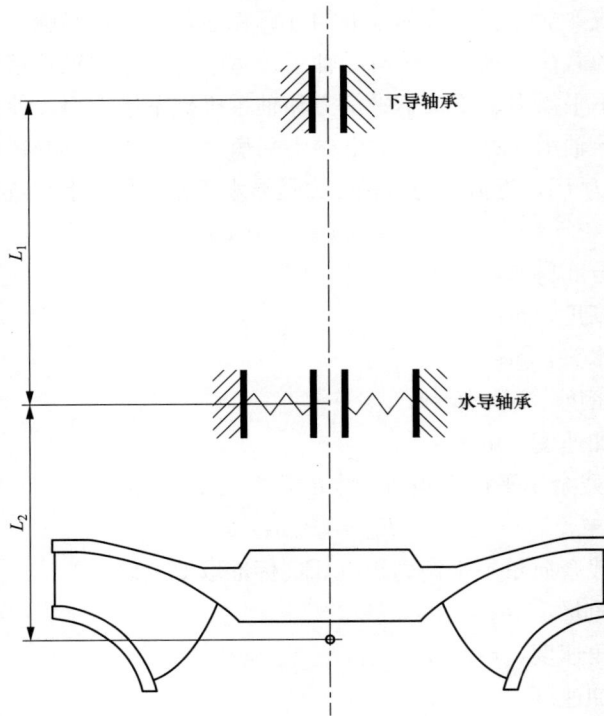

图 5-15　轴承载荷计算示意图

（3）水导轴承的发热量。水导轴承的发热量计算，没有统一的算法，不同算法计算结果相差也比较大。影响轴承发热量的设计参数为轴领线速度、轴承安装间隙、轴瓦尺寸及数量等。轴领线速度越高，安装间隙越小，轴瓦尺寸及数量越大，轴承发热量越大，反之越小。

水导轴承发热量和承载能力的影响参数基本相同，趋势相同。轴承承载能力越强，发热量越大。轴承计算，需要选取合理的基本参数，在满足轴承承载的前提下，尽量减小轴承发热量。

4. 水导轴承的附属元件设置

水导轴承每块轴瓦至少设 1 个测温铂热电阻，油箱至少设 1 个测温铂热电阻，并对测温电阻报警值进行整定。油箱设浮子油位计对轴承注油和运行油位进行监控。油箱设油混水信号计，对油混水浓度进行监控，防止轴承意外进水造成润滑油乳化，最终造成轴承损伤。水导轴承设空气滤清器和油挡，减小油箱油雾和防止油雾外泄。

三、水导轴承的冷却系统

1. 水导轴承的冷却

水泵水轮机一般具有高水头、高转速的特点，轴承发热量比常规水电机组轴承发热量要大，冷却器的设置非常关键。水导轴承冷却器目前均采用水冷却，冷却水和热油分别进入冷却器两个腔，实现冷热交换，热油冷却后进入下一轮油循环，冷却水经冷却器后通常直接排入机组尾水。

水导轴承冷却分内冷却和外冷却两种，对应油循环为内循环和外循环。

内冷却一般采用铜管或不锈钢管并联作为冷却器，冷却器置于轴承下油箱。内冷却采用轴承油内循环，润滑油自下油箱经轴领径向孔泵至轴承体内侧，进入轴瓦与轴领的间隙，形成具有一定承载刚度的楔形油膜，润滑油吸收热量温度增加，随着轴瓦达到一定的浸没深度，热油自轴承体溢油孔流出轴承体并自回油孔返回下油箱。热油至下油箱后经过内冷却器交换降温后重新进入轴领泵，进行往复循环。

外冷却采用独立的外置冷却装置，采用进、出油管与水导轴承相连接，在冷却器进油管上设有循环油泵，为油循环提供动力。外置冷却器一般常用管式冷却器和板式冷却器两种，板式冷却器具有换热效率高的优点。外冷却外循环的热油自循环油泵加压进入冷却器降温，冷油自冷却器出油管至轴承喷油孔进入轴承体内侧轴瓦与轴领间隙，形成楔形油膜，润滑油吸收热量温度增加，随着轴瓦达到一定的浸没深度，热油自轴承体溢油孔流出轴承体并自回油孔自流至下油箱，热油从下油箱进入循环油泵进油管，进行往复循环。

冷却器的冷却能力，根据轴承发热量进行设计，并留有一定的设计余量。冷却水量的计算如下：

$$q = \frac{Q}{C_w}(t_2 - t_1) \tag{5-5}$$

式中　Q——轴承发热量，kJ/s；

C_w——水的比热，4.2kJ/(kg·℃)；

t_2、t_1——出水和进水温度，℃。

注：对于管式冷却器，t_2 与 t_1 的差值按2℃计算；对于板式冷却器，按 4～5℃计算。

水导轴承除冷却器冷却能力需要达到要求外，对冷却水中断轴承运行时间也有要求。冷却水中断的计算，应考虑在要求运行时间内，通过轴承油升温和油箱等轴承结构件升温消耗轴承发热量来避免轴瓦烧损。

2. 水导轴承的油循环

水导轴承的润滑油循环，分内循环和外循环两种，内循环采用轴领自泵，外循环采用外加循环泵强迫循环。

循环油量的计算如下：

$$q = \frac{Q}{C_v}(t_2 - t_1) \tag{5-6}$$

式中　Q——轴承发热量，kJ/s；

C_v——油的比热，1.88kJ/(kg·℃)；

t_2、t_1——热油和冷油的温度，℃。

其中 t_2 与 t_1 的差值一般按10℃计算。

根据水导轴承循环油量计算，确定外循环油泵流量或内循环轴领泵尺寸及数量。轴承体溢油孔、回油孔及外循环油管路的确定应与轴承计算油循环流量对应。管路油流速不超过 3m/s，溢油孔和回油孔油流速不超过 1m/s。

四、水导轴承的主要材料

轴瓦瓦面材料主要采用铅基合金（ZChPbSb16-16-2）或锡基轴承合金（ZCh-SnSb11-6），瓦基材料一般采用铸钢 ZG20SiMn、锻钢 ASTM A668 Class E 或钢板 Q235B、Q345B 等。轴瓦巴氏合金厚度 3～5mm，瓦面粗糙度小于 0.8μm。

⚛ 第五节　主轴密封设计

由于水泵水轮机运行工况的复杂性，其主轴密封需要满足在双向旋转条件下，在机组发电、抽水运行和停机工况时，阻止流道内尾水进入顶盖，在机组充气压水和工况转换过程中阻止压缩空气从转轮腔体逸出，运行要求极为苛刻。本节主要介绍水泵水轮机主轴密封的结构型式、特点、结构原理及设计等。

一、主轴密封的结构型式和特点

水泵水轮机的主轴密封由工作密封和检修密封两部分组成。工作密封属于机械密封，在机组发电、抽水运行和工况转换时投入，并需要有压水源提供润滑水实现密封。检修密封是静密封，在机组长时间停机和检修时投入，并需要有压气源提供气压实现密封。为进一步提高厂房安全性，在机组停机时，可将检修密封和工作密封双投入。

水泵水轮机主轴密封运行工况存在机组双向旋转、转速高、启停频繁、运行工况多、下库水位高、水位变幅大等特点。根据水泵水轮机特殊的运行工况和结构特点，高水头水泵水轮机主轴密封结构应满足运行线速度高、被密封水压力高和被密封水压力变化范围大等条件。

1. 工作密封的结构型式和特点

为适应水泵水轮机复杂的运行工况，工作密封主要采用径向水压式密封和轴向端面水压式密封两种自补偿密封型式（见图 5-16、图 5-17），也有一些机组采用特殊盘根式密封结构。山西西龙池、广东清远、浙江仙居等抽水蓄能机组采用自补偿径向工作密封；广蓄Ⅰ期、广蓄Ⅱ期、河南宝泉、湖北白莲河、广东惠州、辽宁蒲石河、内蒙古呼和浩特、江苏溧阳等抽水蓄能机组采用自补偿轴向端面工作密封。

径向水压式密封和轴向端面水压式密封均为机械密封，是一种限制工作流体沿转轴泄漏的装置。密封副一般选用马氏体不锈钢（旋转部件）配高分子耐磨材料（静止部件）。工作时利用旋转部件和静止部件相对转动的两个贴合表面以及有压润滑水来实现其密封功能。机械密封能否正常工作取决于两贴合面间能否建立稳定、可靠的润滑液膜并及时将摩擦热导出。机械密封具有工作可靠、泄漏量小、工作寿命长、密封面磨损自动补偿、无须经常检修、功率损耗小等特点。

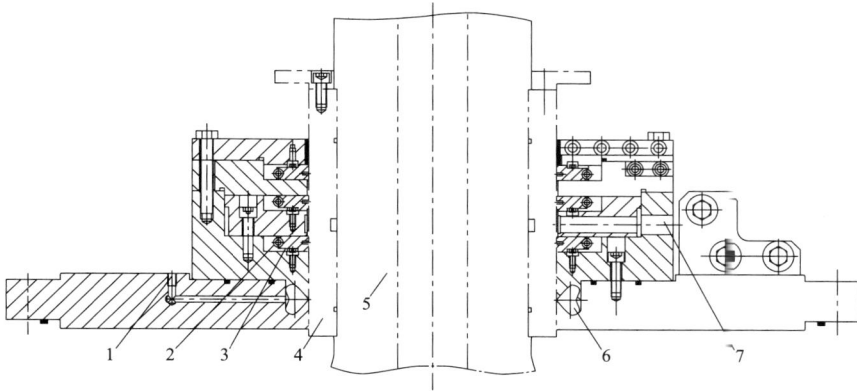

图 5-16 径向水压式工作密封的基本结构

1—压力气孔；2—弹簧；3—扇形密封块；4—衬套；5—主轴；6—检修密封；7—压力气孔

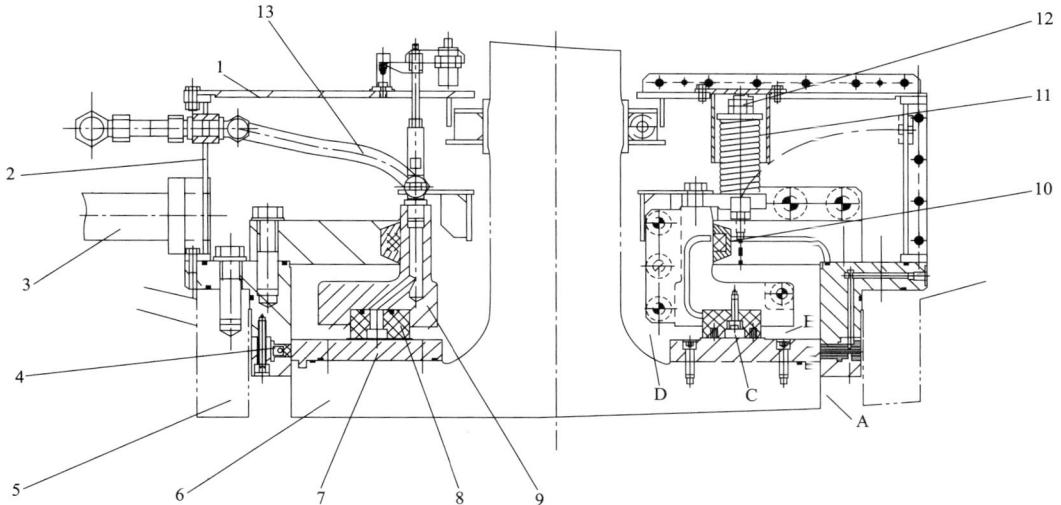

图 5-17 轴向端面水压式工作密封的基本结构

1—排水箱盖；2—排水箱；3—排水管；4—检修密封；5—水泵水轮机顶盖；6—水泵水轮机主轴；7—旋转环；
8—密封环；9—浮动环；10—滑动密封；11—弹簧；12—弹簧调整装置；13—供水软管；
A—转轮上腔；B—被密封腔；C—压力腔；D—排水腔

（1）径向水压式工作密封。径向水压式工作密封一般采用三层分段自补偿径向密封，每层由 6～12 块相接触扇形密封瓦块组成。密封块环抱旋转衬，外部箍有不锈钢弹簧以确保密封面的良好配合和自补偿性能。密封副一般选用表面硬度较高的马氏体不锈钢衬套（旋转部件）配高分子或碳精耐磨材料扇形密封块（静上部件）；密封副通有用于润滑和冷却的清洁水，并形成水封。径向式密封的结构相对简单，布置紧凑，便于运行、维护及更换密封件，轴向自由度大。缺点是需在主轴上设置一个可更换的马氏体不锈钢衬套，而且对衬套的磨损不易修复和更换。

（2）轴向端面水压式工作密封。轴向端面水压式工作密封，密封副一般选用马氏体不锈钢旋转环（旋转部件）配高分子耐磨材料密封环（静止部件）。密封方式为采用弹簧压紧和浮动环自重使耐磨材料轴向端面压紧抗磨环，密封副通有用于润滑和冷却的清洁水，并在密封副间形成水膜阻止尾水进入顶盖。密封水压力具有自动调整封水间隙的功能，密封腔与压力腔的水压间存在协联关系，可以相互作用，动态平衡，因此封水性能更加稳定可靠，具有一定的自平衡能力；由于密封副之间始终存在润滑水膜，密封副磨损量小，而且还具有补偿性，所以轴向端面水压式工作密封具有性能稳定可靠、使用寿命长等优点。缺点是相对径向式密封的结构形式较复杂。

2. 检修密封的结构型式和特点

检修密封作为机组停机和检修的备用密封结构，主体结构采用优质橡胶，并设检修密封座和密封盖。在机组停机，检修密封投入时，通过压力气源提供压缩气体，检修密封橡胶膨胀变形并压紧主轴，起到密封尾水的作用。检修密封近年主要采用空气围带密封、实心三角形密封等几种。江西洪屏、山西西龙池、辽宁蒲石河、河南宝泉、内蒙古呼和浩特、江苏溧阳等抽水蓄能机组采用空气围带作为检修密封。空气围带作为检修密封的优点是结构稳定、变形可控、保压效果好。空气围带作为检修密封的缺点是工地安装时有一段需要现场切割和黏结的实心段，实心段无法充压封水，有一定漏水量。江苏宜兴、浙江仙居等抽水蓄能机组采用实心三角形密封。实心三角形密封作为检修密封的优点是整圆没有漏点，封水效果好，耐压效果好。缺点是安装复杂，橡胶块的安装变形以及与主轴的安装间隙有一定的偏差，对检修密封箱的密封性要求比较高，设计或安装不当容易造成漏气。山东泰安抽水蓄能机组采用橡胶与铜板支撑组合式检修密封结构，优缺点与实心三角形密封相同。

由于目前国内抽水蓄能机组频繁启停、停机关进水阀及落尾闸的运行特点，个别电站机组已不设置检修密封，如广东深圳抽水蓄能机组。检修密封设置的必要性需要进一步研究。

二、主轴密封的结构原理和设计

1. 径向水压式工作密封的结构原理和设计

（1）径向水压式工作密封的结构原理。径向水压式工作密封具有自平衡自补偿的特点。径向水压式工作密封的密封副为金属轴衬和密封块。金属轴衬由具有优良耐磨性能的钢板或铸钢制造，金属轴衬采用把合或塞焊的方式固定在主轴轴身处。密封块一般采用高分子或碳精材料。径向水压式工作密封属于机械密封，需要提供清洁润滑水，润滑水的压力应高于被密封水压力。密封块位于各层密封支架之间，利用弹簧箍紧（见图5-18），通过水压和弹簧径向力的联合作用，密封块贴紧金属轴衬，在机组正常运行时，密封块与轴衬之间通过供给压力清洁水建立起水膜。水膜起密封、润滑和冷却作用，减少密封块的磨损。当密封块密封面被磨损时，密封块可以在水压和弹簧的作用下径向移动进行自补偿。

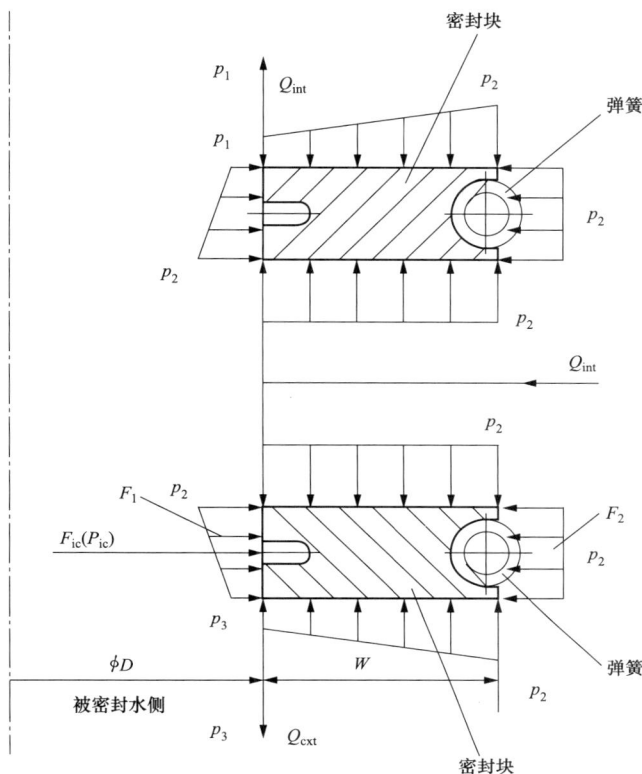

图 5-18　径向工作密封计算原理

（2）径向水压式工作密封的结构设计。径向水压式工作密封的密封块布置一般为轴向三层扇形密封块，密封块可以做径向和轴向移动。为防止密封块周向串动，径向密封设有定位销。每层密封块由 6～12 块扇形块组成封闭圆环，环抱轴衬。密封块外侧设周向螺旋拉伸弹簧（弹簧与密封块间可设压块）。两层密封块间的支架上开有多个润滑冷却水孔。径向水压式工作密封的整体外形尺寸由主轴轴身尺寸和机组整体布置确定。径向水压式工作密封的主要设计参数包括被密封水压力、密封压力、弹簧力、密封补偿量、漏水量等。

1）被密封水压力。主轴密封设计应首先确定被密封水压力。水泵水轮机结构布置具有特殊性，被密封水压力主要由下游尾水位与机组中心高程差、转轮或主轴排气孔结构、转动部件的转速等主要参数确定。常规混流式水轮机的被密封水压力主要考虑下游尾水位与机组中心的高程差、转轮上止漏环减压以及顶盖减压排水管的综合影响，被密封水压力一般按尾水压力加 10m 计算。水泵水轮机下游尾水压力通常较高，又由于转轮或主轴的排气孔离心增压效果，被密封水压力远大于常规混流机组被密封水压力。

2）密封压力。密封压力是指扇形块应获得的用于克服其与轴衬间的漏水压力而实现密封作用的径向力。密封压力由弹簧力和密封水（电站提供的引至扇形块背侧的清洁压力水）压力的合力提供。密封压力应大于密封装置前被密封水的压力，一般按下式计算：

$$p_2 = Kp_1 \tag{5-7}$$

式中　p_2——引入密封装置的密封水压力，MPa；

　　　p_1——密封装置前被密封的水压力，MPa；

　　　K——系数，推荐 K 取 $1.15\sim1.2$。

3）弹簧力。设置弹簧的目的主要是用于提供安装、停机时的初始"抱紧力"，使扇形块能够正确就位，即径向抱紧轴衬，使密封块轴向单侧泄压间隙为零（即扇形块背压面与金属支架靠紧），从而使密封水能够有效建立起密封压力。弹簧力在机组运行中的作用是在主轴振动中随时保证扇形块环抱轴衬，从而保证密封水能够始终建立起稳定的密封压力。弹簧力的选取原则是当扇形块达到最大补偿量时，弹簧径向力 T 最小值对扇形块形成的轴向分力仍然能够克服扇形块重力（忽略浮力作用）并略有余量，有：

$$T\cos\theta = Km_{\text{s}}g \tag{5-8}$$

式中　T——扇形块达到最大补偿量时作用于单块扇形块上的弹簧径向力，N；

　　　θ——弹簧力与主轴轴线间的锐角角度值，（°）；

　　　K——系数，推荐 K 取 $1.2\sim1.5$；

　　　m_{s}——单块扇形块质量，kg；

　　　g——重力加速度，m/s²。

4）密封补偿量。为保证扇形块磨损后的自动补偿，扇形块之间的搭接需留有允许其径向补偿的"补偿间隙"，间隙值根据补偿量换算确定，有：

$$B = 2\pi a/Z \tag{5-9}$$

式中　B——补偿间隙值，m；

　　　a——单边径向补偿量，m；

　　　Z——扇形块数量。

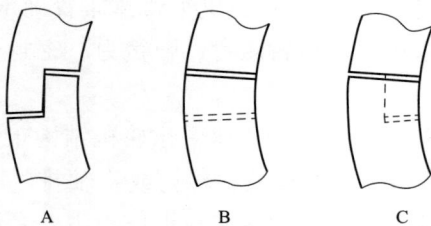

图 5-19　密封块搭接方式

扇形块的搭接可以有 A、B、C 三种形式（见图 5-19），由于密封水和漏水的压力都是沿轴向向上递减的，即总漏水方向向上，A 形式的漏水量将大于 B 形式的漏水量。在 B 形式基础上进一步优化，采用图 5-19 中 C 方式搭接，则使漏水量进一步减小。

5）密封泄漏量。考虑径向、轴向、动态间隙等因素，总泄漏量 Q 的估算为：

$$\sum Q = Q_1 + Q_2 + Q_3 \tag{5-10}$$

式中　Q_1——沿扇形瓦径向间隙的泄漏量，m³/s；

　　　Q_2——沿密封副相对滑动面平均间隙的轴向泄漏量，m³/s；

　　　Q_3——沿密封副相对滑动面动态不稳定间隙的轴向泄漏量，m³/s。

6）密封冷却分析。因摩擦副冷却需要，密封间隙内应始终保证一个最低泄漏量，以带走摩擦损耗产生的热量。该流量可按下式估算：

$$Q_w = \frac{P_f}{C_w \rho (t_2 - t_1)} \tag{5-11}$$

式中　Q_w——摩擦副冷却所需过水流量，m^3/s；

　　　P_f——摩擦功，W；

　　　C_w——水的比热，$4.2kJ/(kg \cdot \text{℃})$；

　　　ρ——水的密度，$\rho = 1000kg/m^3$；

　　　t_2——流经密封装置后的水温，℃；

　　　t_1——进入密封装置前的水温，℃。

摩擦功按下式计算：

$$P_f = Z p h D \pi \upsilon \mu \tag{5-12}$$

式中　Z——扇形块轴向层数；

　　　p——扇形块与轴衬间的比压，N/m^2；

　　　h——扇形块轴向高度，m；

　　　D——转轴外径，m；

　　　π——圆周率；

　　　υ——相对运动表面线速度，m/s；

　　　μ——水润滑工况下相对运动表面的摩擦系数，主要决定于扇形块材质。

计算所得摩擦副冷却所需过水流量 Q_w 应小于总泄漏量 Q。

2. 轴向端面水压式工作密封的结构原理和设计

（1）轴向端面水压式工作密封的结构原理（见图 5-20）。轴向端面水压式工作密封具有自平衡自补偿的特点。轴向端面水压式工作密封由转动部件和静止部件组成。转动部件一般采用耐磨蚀的马氏体不锈钢加工成抗磨环，通过把合螺钉与主轴法兰固定。抗磨环与主轴法兰采用止口定位，克服由于主轴旋转造成的抗磨环离心力，避免破坏把合螺栓。静止部件主要由密封环、浮动环、弹簧、弹簧调整装置、密封水箱等部件组成。密封环通过把合螺钉固定于浮动环，浮动环与支撑环通过均布的弹簧和弹簧调整装置连接，在无水情况下浮动环通过自身重力和弹簧压力压紧抗磨环。浮动环在密封投入后可根据水压轴向自调节浮动，浮动环与支撑环设滑动密封避免被密封水泄漏，浮动环与支撑环设轴向导向装置。浮动环与密封环磨损指示装置连接，能随时通过目测或电信号反馈等方式读取密封环磨损情况。

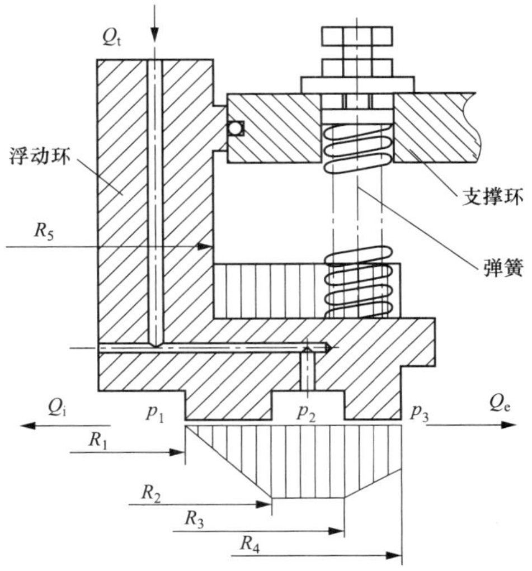

图 5-20　轴向端面水压式工作密封原理

工作密封的密封环开有环形密封水腔，主轴密封润滑清洁水通过过滤和压力调整达到设计值，经过节流孔板后分多个支管通过浮动环开孔进入密封水腔，保证密封水腔压力水均匀。为避免被密封非清洁水泄漏，密封腔内的清洁水压力 p_2 应至少比被密封水压力 p_3 高 0.05MPa。密封腔内的清洁压力水压力高于被密封水 p_3 压力，在供水投入和机组运行后，清洁水向密封腔两侧泄漏，密封环由于浮动环自重和弹簧压力对抗磨环有压紧的趋势，又由于密封环和抗磨环的相对运动，最终形成稳定的并有一定刚度的水膜（一般为 0.05～0.10mm），保证主轴密封的稳定工作。主轴密封密封腔清洁水向密封环两侧泄漏过程中，带走密封环与抗磨环及水膜在摩擦过程中产生的热量，起到润滑和冷却的作用。由于密封块外侧（流道侧）存在背压，密封块内侧（与主轴密封水箱及排水管相连）为零压自流排水，因此清洁水排入流道的泄漏量 Q_e 远小于进入水箱及排水管的泄漏量 Q_i，漏水量 Q_e 与 Q_i 的综合等于供水量 Q_t。

（2）轴向端面水压式工作密封的结构设计。轴向端面水压式工作密封被密封水压力的计算方法与径向水压式工作密封被密封水压力相同，计算中应充分考虑水泵水轮机的特殊结构和运行工况。

考虑主轴密封压力腔与被密封水应满足 5m 以上的压力差，同时考虑管路损失，节流孔前主轴密封供水压力应至少大于被密封水压力 15m。主轴密封供水总管应根据主轴密封计算所需供水压力提供增压泵或减压阀等元件，并通过现场的节流孔板调整，使主轴密封实现最优运行工况。主轴密封供水流量是整定主轴密封运行的关键指标，流量偏低有密封烧损的风险，流量偏大将造成水箱排水量增大，不仅造成水源浪费，而且可能造成密封排水能力不足。

在主轴密封设计中，根据计算被密封水压力、供水压力及机组总体布置，进行轴向端面式主轴密封的结构布置，密封块（R_1～R_4）的尺寸选择应根据水压和滑动密封半径确定，弹簧数量及尺寸根据相近机组初步确定。主轴密封在满足整体结构布置的前提下主要判定标准为 p_2 与 p_3 的差值，计算水膜厚度和计算漏水量 Q_i。p_2 与 p_3 差值应在 0.05～0.10MPa 范围内，计算水膜厚度应在 0.05～0.10mm 范围内。计算漏水量应满足排水管的排水流速不大于 0.5～1m/s。

3. 检修密封的结构原理和设计

检修密封一般采用优质橡胶制造，在机组停机时，通入中压气源，检修密封橡胶膨胀变形并压紧主轴，起到密封尾水的作用。检修密封主要有空气围带、实心三角形或橡胶与铜板支撑组合式密封几种。

空气围带类检修密封从断面看主要有方形、圆形等，内部可设橡胶块等支撑部件。围带类检修密封的整个橡胶围带是一个封闭腔，设进、排气接口，围带两端设配割段。空气围带在电站装于检修密封座，并组圆、配割、粘接，通常空气围带为整体结构，也有部分机组采用两段工地粘接。由于围带类检修密封自成封闭腔，因此保压效果好，拆装方便。空气围带的缺点是每根空气围带两端都有实心段，在检修密封投入时，实心段无法实现抱轴，造成尾水有一定泄漏。

实心三角形或橡胶与铜板支撑组合式检修密封均为开放式检修密封，检修密封通过与检修密封座及压盖的轴向过盈量，形成检修密封腔的整体密封。此类密封对密封座和密封压盖的把合面及上述部件的分瓣面密封性能要求比较高，容易产生漏点。另外，此类密封依靠轴向过盈量实现封闭，因此在安装后检修密封橡胶会有一定变形，会对检修密封与转子的安装间隙有一定影响。此密封的优点是整圆结构相同，封水均匀无漏点。

三、主轴密封的主要材料

主轴密封轴衬或抗磨环一般采用 0Cr13Ni5Mo 等耐磨不锈钢板制造，密封块一般采用高分子聚合物、合成树脂或碳精材料。密封箱、密封支架等主要部件采用 Q235B 等钢板焊接或 ZG20SiMn 铸造完成，密封槽等部位可局部堆焊不锈钢。检修密封采用优质橡胶制造。紧固件采用耐锈蚀的不锈钢材质。

⚓ 第六节　导叶操作机构设计

一、导叶操作机构的结构特点及组成

1. 导叶

为实现机组运行过程中对过机流量的控制，水泵水轮机上设置了活动导叶（见图 5-21）。活动导叶过流部分翼型尺寸与水力试验模型几何相似。

图 5-21　活动导叶三维造型示意图

活动导叶由转轴与瓣体组成，应具有足够的强度和刚度，在各种运行工况下都能安全工作，在可能产生的最大水压条件下和最快关闭最大水流条件下，均不会出现任何损坏或产生有害变形。

2. 导叶操作机构

水泵水轮机导叶操作机构主要由导叶轴承、导叶操作连杆、连接板、控制环和接力器等配件组成（见图 5-22），保证导叶动作准确、转动灵活、开度均匀。同时，为保证活动导叶在操作机构控制下平稳、灵活转动，导叶采用三轴承支撑方式，即在导叶上、中、下三轴颈处各设置一个轴承（见图 5-23）。

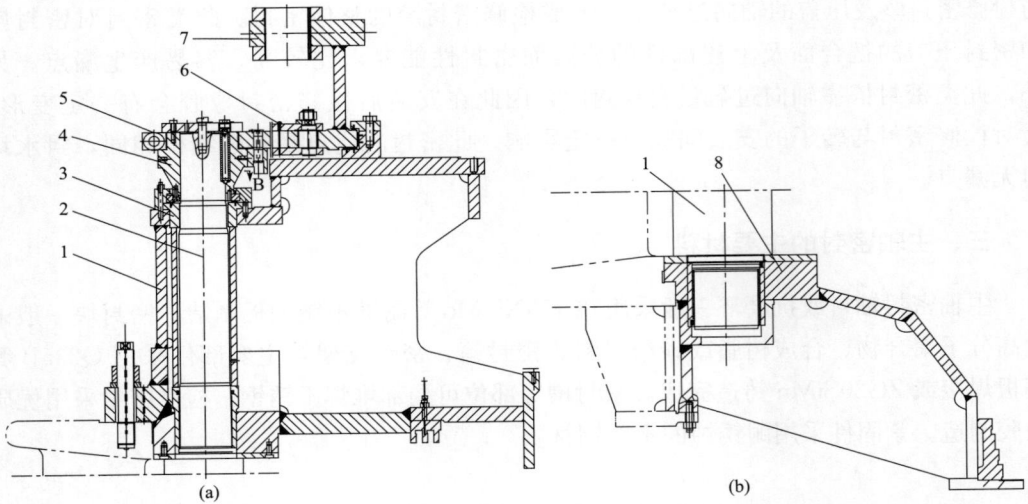

图 5-22　导叶操作机构结构图

（a）导叶机构上部装配；（b）导水机构下部装配

1—顶盖；2—活动导叶；3—套筒；4—导叶拐臂；5—连接板；6—连杆；7—控制环；8—底环

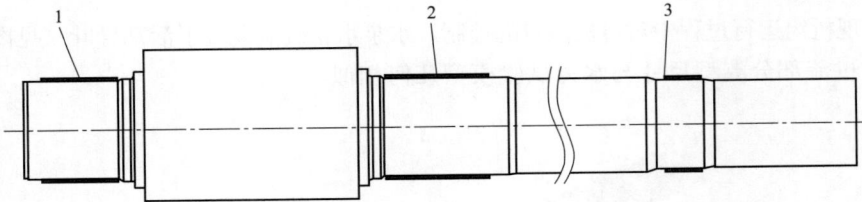

图 5-23　活动导叶轴承支撑示意图

1—导叶下轴承；2—导叶中轴承；3—导叶上轴承

　　传统的水泵水轮机导叶的操作方式，采用集成控制方式，通常利用两个接力器驱动一个控制环（见图 5-24 和彩图 5-24），以保持控制环受力平衡，控制环通过连杆、导叶拐臂等来操作活动导叶达到调节开度作用。此种导水机构主要由导叶、轴承、导叶操作连杆和控制环、接力器、导叶摩擦保护装置组成。该种结构的特点是结构组成、控制系统简单，导叶同步性好，整个系统安全，可靠性高并具有丰富的工程应用经验，但无法实现必要时对活动导叶的单独控制。

　　为了满足对单个导叶的控制，引入了单导叶操作方式，即每个导叶均采用一个独立的接力器系统，通过控制连杆、导叶拐臂来操作活动导叶达到调节开度的作用。此种导水机构主要由导叶、轴承、导叶操作连杆、独立小接力器组成（见图 5-25）。采用此方式导叶始终与接力器相连，不会出现导叶失控现象，不需要设置导叶保护装置，其缺点是单导叶接力器个数多，结构复杂、安装调整工期长，以及同步控制系统复杂。

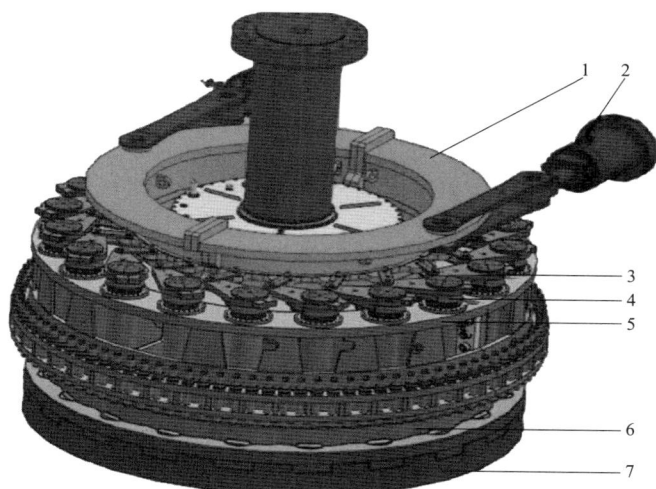

图 5-24　导水机构三维仿真示意图

1—控制环；2—接力器；3—连接板；4—导叶臂；5—顶盖；6—活动导叶；7—底环

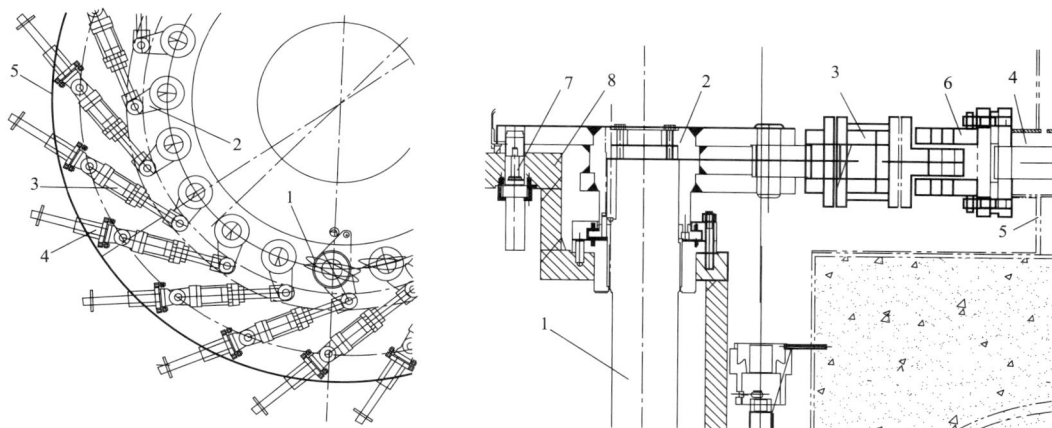

图 5-25　单导叶操作机构结构图

1—活动导叶；2—拐臂；3—接力器；4—基座；5—机坑里衬；6—铰支耳环；7—锁锭、限位装置；8—顶盖

　　根据转轮的水力特性，部分机组采用集成控制与非同步导叶单独控制方式相结合的混合操作方式，在需要时可用于解决水泵水轮机工况空载不稳定问题，但随着技术进步，目前新建的抽水蓄能机组已不再采用此方式。

　　3. 活动导叶密封系统

　　活动导叶密封系统主要由导叶立面密封、导叶端面密封及导叶轴颈密封组成，以达到控制导叶漏水量的目的。活动导叶立面一般为金属接触密封，即活动导叶头部与尾部直接搭接，形成密封副封水以减少内泄漏。此结构具有结构简单、安全可靠的特点，目前广泛应用于水泵水轮机中。在活动导叶瓣体上、下部与顶盖、底环抗磨板之间设有端面密封系统，以达到减少导叶端面的内泄漏。端面密封目前主要采用以下两种方式：

（1）方式一。导叶端面与顶盖、底环抗磨板采用小间隙配合，达到减少泄漏的目的。该方式的优点是结构简单，不需要额外部件；但缺点是安装难度大，需严格控制安装间隙。此结构也是目前水泵水轮机应用较广泛的一种型式。

（2）方式二。活动导叶与顶盖、底环抗磨板之间设置端面金属密封，达到阻止内泄漏的目的。该方式的优点是密封效果好，加工、安装难度较低，但其缺点是结构复杂，对于高水头机组存在脱落的风险。

活动导叶上、下端轴颈处设置可靠的轴向密封圈，以防止导叶轴颈处出现外部泄漏，此密封圈需要满足可更换要求。目前国内轴颈密封的型式有 U 型、V 型组合密封，均可满足使用要求，其中 U 型密封应用较多。

二、导水机构主要部件选材

活动导叶多采用耐腐蚀不锈钢整铸结构并选用 ZG06Cr13Ni4Mo 或 ZG04Cr13Ni5Mo 等材料。

导叶上、中、下轴承通常采用自润滑轴承，目前金属自润滑轴承与非金属自润滑轴承均广泛应用于水泵水轮机中，后者对机组振动、噪声有一定的减弱效果。

三、导叶摩擦保护装置设计

对于采用集成控制方式的水泵水轮机，由于其结构特殊性，为了在异物卡住导叶瓣体时保护导叶及其操作机构，设置导叶摩擦保护装置。

1. 导叶摩擦保护装置的结构特点

导叶拐臂与活动导叶采用分半键或销套连接。连接板和导叶拐臂之间装有剪断销，导叶拐臂和连接板之间采用摩擦方式传递转矩。此结构是目前水泵水轮机使用最为广泛的型式，结构简单且安全可靠，且具有丰富的工程应用经验。

摩擦传递转矩的结构主要有三种方式：

（1）方式一。导叶拐臂和带有开口的连接板之间装有铜套，通过对连接板开口处的调节螺栓施加拧紧力矩的方式，使连接板的内径与青铜套的外径压紧产生所需要的摩擦力矩（见图 5-26）。

（2）方式二。导叶拐臂和连接板之间装有膨胀套，通过膨胀套膨胀，从而使连接板的内径与导叶拐臂外径压紧产生所需要的摩擦力矩（见图 5-27）。

（3）方式三。导叶拐臂和连接板上、下端面设置有青铜垫片。通过对端盖调节螺栓施加拧紧力的方式，使连接板的上、下端面与青铜垫片的平面压紧产生所需要的摩擦力矩（见图 5-28）。

以上三种方式均需要通过控制施加螺栓的预紧力矩，从而达到传递导叶拐臂与连接板之间摩擦力矩，以及控制摩擦传递力矩大小的目的。目前，方式一的应用较多。摩擦保护装置正常运行时，活动导叶、导叶拐臂、连接板与导叶拐臂可同步转动。当发生活动导叶被异物卡住、剪断销断裂的异常情况时，摩擦保护装置才起作用。剪断销内装有信号器，会在剪断销剪断时发出报警信号。

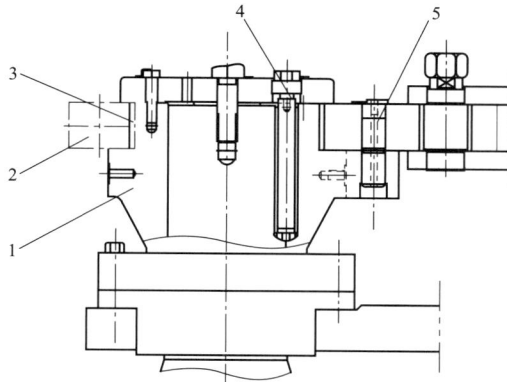

图 5-26 导叶保护装置示意图（一）

1—导叶拐臂；2—连接板；3—青铜衬套；4—销套；5—剪断销

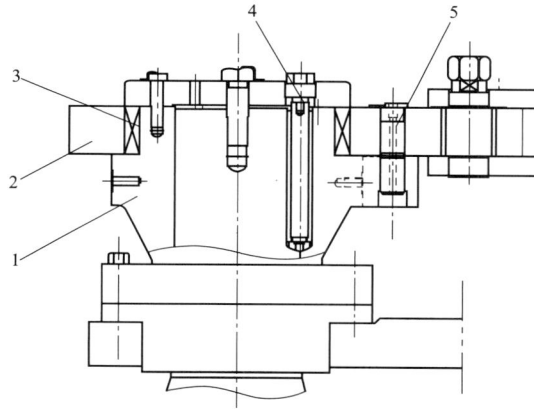

图 5-27 导叶保护装置示意图（二）

1—导叶拐臂；2—连接板；3—膨胀套；4—销套；5—剪断销

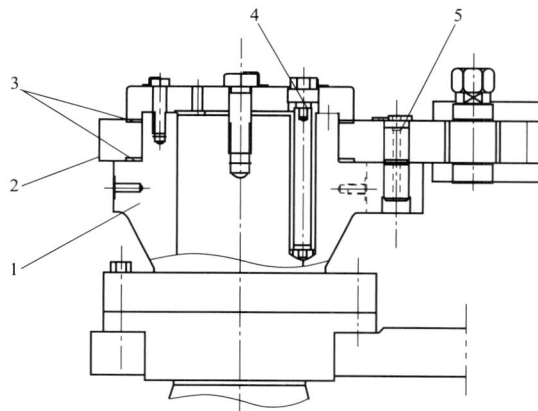

图 5-28 导叶保护装置示意图（三）

1—导叶拐臂；2—连接板；3—青铜垫片；4—销套；5—剪断销

2. 摩擦保护原理及设计

在正常运行时，所有的活动导叶同步动作，活动导叶与导叶拐臂之间通过分瓣键（或销套）传递转矩。连接板与导叶拐臂之间通过摩擦传递转矩，此转矩与作用在活动导叶上的水力矩及摩擦阻力之和相等，导水机构在任意开度下，作用在连接板上的力矩均小于摩擦保护装置所能传递的最大力矩：

$$CF_R = M_k = M_w + M_t \tag{5-13}$$

$$CF_m > CF_R \tag{5-14}$$

式中　M_k——阻力矩，N·m；

$\quad\quad M_w$——活动导叶水力矩，N·m；

$\quad\quad M_t$——活动导叶摩擦阻力矩，N·m；

$\quad\quad CF_R$——正常运行时摩擦装置传递的力矩，N·m；

$\quad\quad CF_m$——摩擦装置可传递的最大力矩，N·m。

当机组运行时，异物进入活动导叶间或活动导叶与固定导叶间，导叶拒动时，由于整个导水机构的操作力矩通过控制环集中在一个活动导叶连接板上，该力矩远远大于摩擦保护装置所能传递的最大力矩与导叶剪断销承担的力矩之和，使该导叶的剪断销断裂，而不会影响其余的导叶动作。

$$F_P > M_s + CF_m \tag{5-15}$$

$$M_s \geqslant 1.5M_c \tag{5-16}$$

式中　F_P——控制环传递连接板的力矩，N·m；

$\quad\quad M_s$——剪断销剪断力矩，N·m；

$\quad\quad CF_m$——摩擦装置可传递最大力矩，N·m；

$\quad\quad M_c$——不考虑摩擦装置时，正常运行时剪断销传递的力矩，N·m。

剪断销剪断后，相应的活动导叶在摩擦装置作用下，限制住活动导叶在水力作用下的旋转摆动，同时，若异物在导叶脱离同步后被冲走，则该活动导叶会在摩擦装置的作用下，继续保持与整个导水机构协联和转动。

3. 摩擦保护装置的优点

摩擦保护装置有以下优点：

（1）可以通过控制施加螺栓的预紧力矩来控制所传递力矩，并根据实际运行情况进行整定，电站检修维护简便易行。

（2）导叶保护装置结构简单，并可以反复使用，仅仅更换剪断销即可。

（3）避免剪断销正常运行时受力，避免剪断销疲劳破坏，使机组运行更安全可靠。

第七节　顶　盖　设　计

顶盖作为水泵水轮机的主要支承部件，布置在导水机构过流通道的上部，需要具有足够的强度和刚度承受机组各种运行工况的水压力和水压脉动，以及支撑导叶、水导轴承、主轴密封等部件，保证导叶端面附近的变形量为最小，以及不影响轴承间隙。当推力轴承支撑在顶盖上时，还要承担推力负荷。顶盖的刚度直接影响机组运行的稳定性，对机组的安全稳定运行起到至关重要的作用。本节主要介绍顶盖的结构特点、结构型式，以及止漏环、抗磨板设计等。

一、顶盖的结构特点

由于水泵水轮机转轮流道止漏环的布置位置、运行工况的特殊性，水泵水轮机存在比常规水轮机更多的恶劣工况，如水泵零流量、飞逸甩负荷等，顶盖承受的轴向水压力要比相应的常规水电机组大得多，因此顶盖需要具有更好的刚强度。顶盖与座环通过连接螺栓传递作用在顶盖过流面上的轴向力，连接螺栓及连接件均需具有足够的安全余量。

根据水泵水轮机的功能需要，其顶盖结构要比常规机组顶盖复杂（见图5-29）。为提高顶盖过流面的抗磨蚀能力，在过流面上与导叶端面相对应处铺设不锈钢抗磨板，在顶盖与转轮上冠止漏环相对应处设有固定止漏环，过水断面流速高，也设有相应的不锈钢堆焊或铺焊层。顶盖内设有水导轴承和主轴密封的支撑法兰。同时，为满足水泵水轮机各种复杂工况运行的需要，顶盖上还设置各种管路，如顶盖减压管、充气压水排气管（也有机组将进气管设置在顶盖上）、止漏环冷却水供水管（水泵水轮机特有管路）、外平压管（部分水泵水轮机设置）、主轴密封润滑水管、主轴密封排水管、检修密封进气管（个别水泵水轮机不设置检修密封）、水导轴承冷却器进出水（油）管，以及过流面各压力和压力脉动测点的测压管路等。

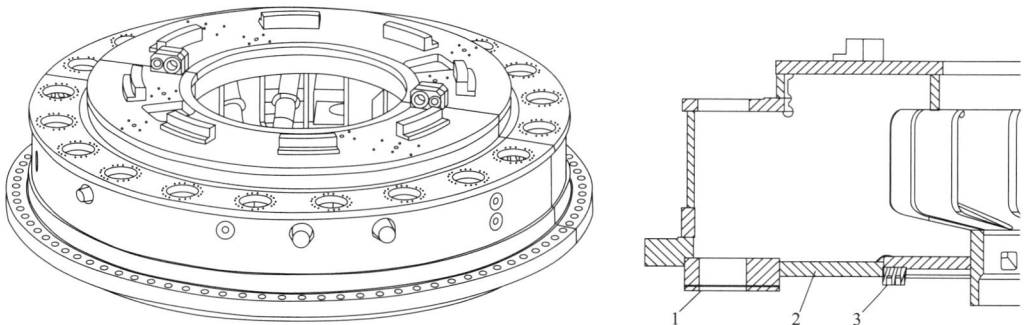

图5-29 下法兰顶盖结构图
1—抗磨板；2—顶盖；3—固定止漏环

二、顶盖的结构型式及固定

根据机组的安装方式及运输条件，顶盖可采用整体结构或分瓣结构。中拆式机组在运输条件允许的情况下可采用整体结构。上拆式机组由于机坑里衬进口尺寸及安装空间限制，必须采用两瓣或四瓣结构。

目前水泵水轮机顶盖普遍采用钢板焊接结构，同时，顶盖作为水泵水轮机的主要支撑部件，为了保证其足够的刚强度，通常采用箱式结构，同时加高顶盖的高度并采用足够数量和厚度的支撑肋板，以减小高压下的变形。

顶盖与座环连接结构目前主要有下单法兰结构、下双法兰结构及中法兰结构三种型式（分别见图 5-30～图 5-32）。下单法兰结构在中、低水头的水泵水轮机上应用较多，部分高水头也应用此结构。该结构型式高应力区主要位于顶盖（与座环把合）的法兰根部、外侧立环板中间（与肋板结合处）部位，最大位移（变形）区位于顶盖和座环把合法兰距离最远的部位，应用该结构的有广蓄Ⅱ期、江苏宜兴、湖北白莲河、浙江桐柏、山东泰安、安徽响水涧、辽宁蒲石河、江苏溧阳等抽水蓄能机组。下双法兰结构主要应用于中、高水头的水泵水轮机顶盖，该结构的高应力影响与下单法兰相似，但对法兰根部应力及顶盖变形有所改观，应用该结构的有广蓄Ⅰ期、浙江天荒坪、广东惠州、河南宝泉、福建仙游、浙江仙居等抽水蓄能机组。中法兰结构有利于提高顶盖整体刚度（见图 5-33），减少轴承处变形，应用该结构的有山西西龙池、日本葛野川、广东清远等抽水蓄能机组。

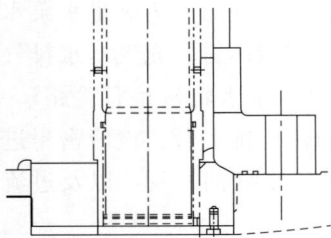

图 5-30　下单法兰结构　　　　图 5-31　下双法兰结构　　　　图 5-32　中法兰结构

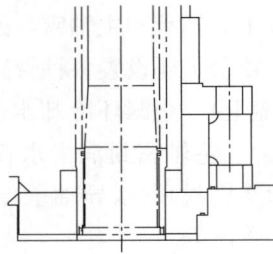

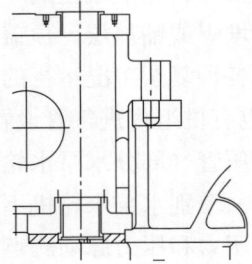

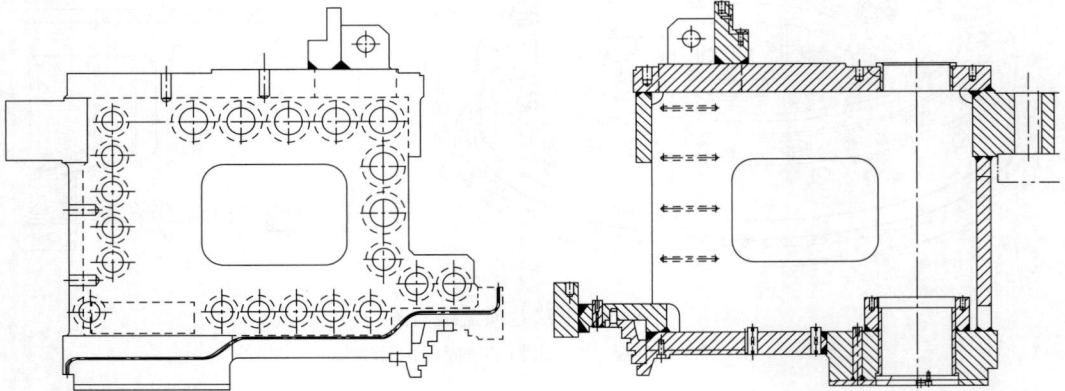

图 5-33　中法兰顶盖结构图

由于顶盖与座环通过连接螺栓把合传递水推力，螺栓及其连接必须具有足够的安全余量。螺栓在安装完成后，未加载荷之前的实际预紧力应不小于被连接件可能出现的最大工作荷载分配到每个螺栓上荷载的 2 倍；在任何工况下，螺栓最小截面的综合应力不得大于其材料屈服强度的 2/3；在可能出现的最大荷载工况下，螺栓的残余夹紧力不得小于此工况下每个螺栓的荷载；螺栓的预紧力不均匀性不大于±5%。对于重要部位的预应力螺栓，均应进行预应力检查，以验证伸长量与应力的关系曲线，并检查可能存在的缺陷，该项检查所施加的应力不得超过螺栓材料屈服强度的80%。

三、固定止漏环的结构型式及设计

止漏环主要影响机组容积损失和轴向水推力。止漏环的结构型式影响机组容积损失，止漏环的位置影响机组轴向水推力。止漏环分上、下止漏环，同时上、下止漏环又由固定止漏环和转动止漏环两部分组成，上固定止漏环设置在顶盖上，下固定止漏环设置在底环上，上、下转动止漏环设置见本章第二节。为保证转轮的检修期限，在转轮转动止漏环与顶盖、底环固定止漏环发生刮蹭时，不会对转动止漏环产生较大损伤，通常固定止漏环硬度应低于转动止漏环硬度20～40HB。

1. 止漏环的固定方式

固定止漏环与顶盖、底的固定方式有焊接和螺钉把合两种，通常采用螺钉把合结构，以方便止漏环的检修和更换，对分瓣式的顶盖、底环更容易安装。

2. 止漏环的结构型式

止漏环的结构型式主要有间隙式、迷宫式、梳齿式及台阶式。由于抽水蓄能电站的特殊性，止漏环的设计可按清水电站考虑。目前在水泵水轮机中应用较多的是梳齿式、台阶式，根据水头高低确定梳齿数及台阶数。考虑水泵水轮机的装拆结构和止漏效果，同一水泵水轮机的顶盖固定止漏环与底环固定止漏环的结构也可能有所不同，有梳齿对台阶、台阶对台阶、梳齿对梳齿等结构（见图5-34），匹配关系较多。

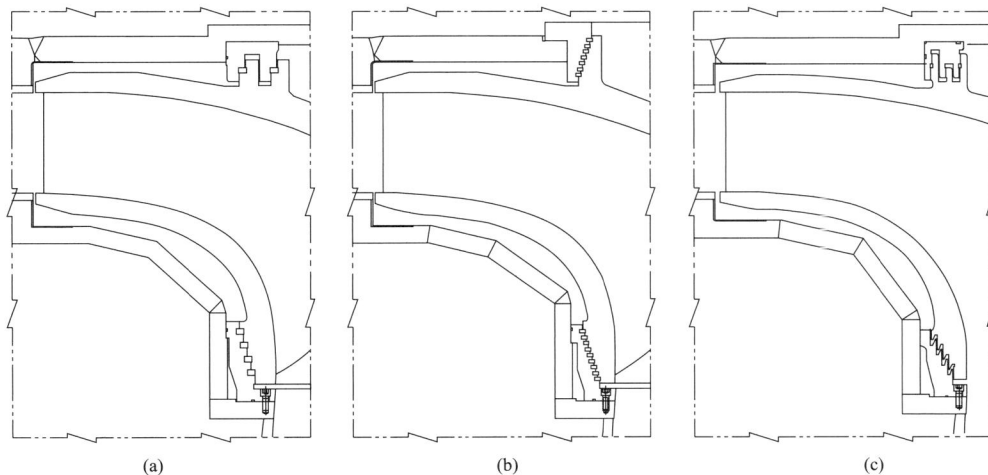

(a)	(b)	(c)

图5-34 止漏环结构图

（a）梳齿对台阶；（b）台阶对台阶；（c）梳齿对梳齿

梳齿式止漏环，转动部分与固定部分交错配合，其止漏效果较好，但由于耐磨性差，多用于清水电站，比较适合抽水蓄能电站。梳齿止漏环梳齿数根据水头确定，水头越高梳齿数量越多，但该结构止漏环制造、测量及安装难度较大。尽管如此，还是有不少机组采用该结构，如河南宝泉、山西西龙池、辽宁蒲石河等抽水蓄能机组。

台阶式止漏环，结构简单，止漏效果好，制造、测量及安装难度较小。止漏环台阶数根据水头确定，水头越高，台阶数量越多。目前也有很多机组应用，如广蓄Ⅱ期、江西洪屏、广东清远等抽水蓄能机组。

四、抗磨板设计

为提高顶盖、底环过流面的抗磨蚀能力，在过流面上与活动导叶端面相对应处铺设抗磨板，保证活动导叶的检修期限。在活动导叶端面与顶盖、底环抗磨板发生刮蹭时，不会对活动导叶产生较大损伤，规定活动导叶硬度应高于抗磨板硬度 20～40HB。

抗磨板与顶盖、底环的固定方式有焊接和螺钉把合两种，通常采用螺钉把合结构。

五、顶盖的主要材料

顶盖本体材料一般采用 Q235 或 Q345 等级的钢板。顶盖的所有重要焊缝都应进行无损探伤检查。为避免应力集中，焊缝表面应打磨光滑，且有过渡圆角。

顶盖固定止漏环通常采用与转轮材料性能相近的马氏体不锈钢材料制作，也有部分机组的固定止漏环直接采用硬度较低的铝青铜材料。顶盖抗磨板采用抗磨蚀性能较好的马氏体不锈钢制作。

ꙮ 第八节　底环及泄流环设计

底环布置在机组导水机构过流通道的下部，支撑活动导叶下端轴，应具有足够的刚度，承受并传递水压力、导叶的支反力，保证导叶端面附近的变形量在设计范围之内。本节主要介绍底环的结构特点、结构型式及材料选取。

一、底环的结构特点

近年来，水泵水轮机底环与泄流环设计制作成整体结构，基本不单独设置泄流环，以加强刚度、减少渗漏点。底环（含泄流环）下部与尾水锥管进口连接，形成封闭流道。底环与座环采用螺栓把合方式连接，并分担由座环传来的顶盖向上推力，从而降低座环的基础拉杆的受力（详见本章第十节中"座环基础受力分析"）。

根据水泵水轮机结构需要，为提高底环过流面的抗磨蚀能力，在过流面上与导叶端面相对应处铺设不锈钢抗磨板（详见本章第七节中抗磨板设计），在底环与转轮上冠止漏环相对应处设有固定止漏环（详见本章第七节中止漏环设计）。同时，过水断面流速高，也设有相应的不锈钢堆焊或铺焊层。为满足水泵水轮机各种复杂工况运行的需要，底环根据实际需要设置各种管路，如消水环排水管、止漏环冷却水供水管、顶盖底环转轮进口平压管，以及过流面各压力点的测压管路等。

二、底环的结构型式及设计

根据机组的安装方式及运输条件，底环可用整体结构或分瓣结构。底环结构型式如

图 5-35 所示。对于中拆式、上拆式机组，机组无下拆廊道，底环需要从上部安装，同时由于抽水蓄能机组的水头普遍较高，发电电动机地脚处机坑里衬内径较小，如采用整体式底环，则底环需提前安装就位，目前国内多数电站采用此方式。或者在发电电动机地脚位置开槽，以便于吊装整体底环。若在机坑里衬浇筑后安装底环，则必须采用分瓣式结构，如山西西龙池抽水蓄能机组。如果机组的水头较低，发电电动机地脚处机坑里衬内径尺寸满足底环的整体安装要求，也可以在机坑里衬浇筑后安装底环，如安徽琅琊山抽水蓄能机组。对于下拆式机组，设有下拆廊道，底环可从下部安装。底环在安装、运输条件允许的情况下推荐采用整体结构。

目前水泵水轮机底环普遍采用钢板焊接结构，同时，底环作为水泵水轮机的主要支撑部件，在导叶轴孔之间设置有足够数量和厚度的肋板，以保证其足够的刚度和强度。对于底环裸露在空气中的机组，还要增加底环的高度，以加强底环的轴向刚度和强度来承受水压力。

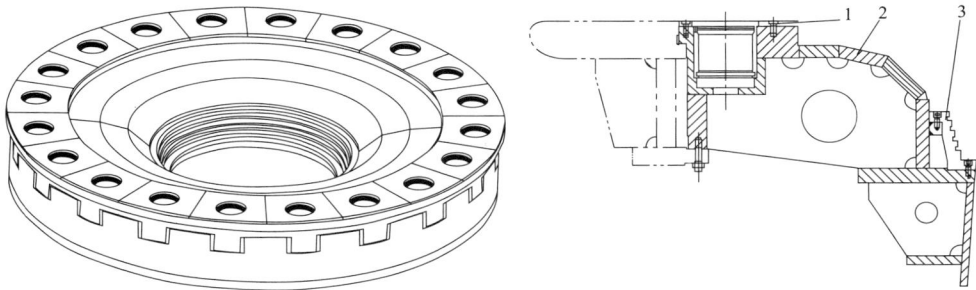

图 5-35 底环结构型式示意
1—抗磨板；2—底环；3—固定止漏环

底环下部（泄流环）与尾水锥管连接，一般采用焊接式或螺栓把合式。对于非下拆式机组，推荐采用焊接式。个别非下拆式机组且底环完全裸露在空气中，底环与锥管之间可采用螺栓把合式，以方便底环相关部件检修。下拆式机组则只能采用螺栓把合式，保证锥管、底环可拆卸。

底环与座环通常采用螺栓连接，两者之间的连接有两种方式：第一种方式是座环上设置底环安装平面，底环从上部放置在该安装平面上，通过螺栓把合，多用于底环埋设在混凝土中的机组；第二种方式是座环未设置底环安装平面，底环与座环下环板直接把合，目前多用于底环裸露在空气中的机组。

三、底环的主要材料

底环本体材料一般采用 Q235 或 Q345 等级的钢板。底环的所有重要焊缝都应进行无损探伤检查。为避免应力集中，焊缝表面应打磨光滑，且有过渡圆角。

底环固定止漏环通常采用与转轮材料性能相近的马氏体不锈钢材料制作，也有部分电站的固定止漏环直接采用硬度较低的铝青铜材料，底环抗磨板采用抗磨蚀性能较好的马氏体不锈钢制作。

➤ 第九节 蜗 壳 设 计

蜗壳作为水泵水轮机重要的过流通道，进口与进水阀相连，固定在座环上，是关键承压部件。在水轮机工况蜗壳使水流能均匀地进入转轮四周，形成环量；在水泵工况蜗壳汇集转轮出流，转换水流动能为压力能。机组运行时，将水推力传递给四周混凝土，对机组的安全稳定运行起到重要作用。本节主要介绍蜗壳的结构特点、结构型式及设计、材料选择和固定支撑等内容。

一、蜗壳的结构特点

蜗壳作为水泵水轮机重要的过流通道，一般采用断面形状为圆形的金属蜗壳（见图 5-36）。综合考虑两种工况，其断面的大小和扩散程度必须适当，水泵水轮机的蜗壳出口断面比常规水轮机蜗壳断面要小。同时，作为重要的承压部件，根据计算确定单节蜗壳的厚度，具有足够的强度，以及独立承担最大内水压力的能力。

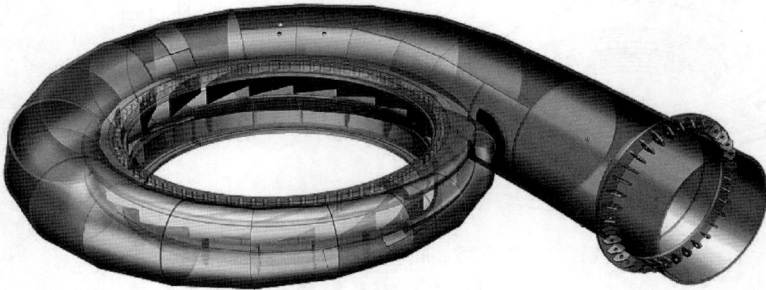

图 5-36 蜗壳结构示意

根据水泵水轮机运行及检修需要，在蜗壳进口设置有蜗壳进人门，同时蜗壳上也设有相关功能性管路接口，如蜗壳排水管、蜗壳尾水管平压管、蜗壳排气管、蜗壳相关断面测点等。

二、蜗壳的结构型式及设计

蜗壳由钢板卷成的许多圆锥形环节焊接而成。蜗壳与座环的连接一般采用过渡段连接方式，过渡段一般不采用直板结构，而是弧形（见图 5-37），有利于力的传递，直板会产生较大的弯曲应力。在运输和制造条件允许的情况下，蜗壳尽量在工厂内与座环挂装并组焊完成。

蜗壳与座环的连接也有在蜗壳环节间与座环环板 T 型连接焊缝处设置三角板的方式（见图 5-38 和彩图 5-38）。这些三角板的壁厚比相邻的蜗壳板厚稍大，这样可减小蜗壳钢板与座环的过渡区域的应力，从而可省去过渡段。

根据机组检修需要，通常在蜗壳进口附近设置进人孔，方便进入流道。同时为提高蜗壳进口与尾部搭接处的刚强度，与常规水轮机一样，设置有"舌板"，但由于其流道特殊性，水泵水轮机的"舌板"直接采用厚钢板制作。对于高水头机组，蜗壳进口处设置有蜗壳止推装置，可有效地分担水推力，减少蜗壳的旋转力矩。

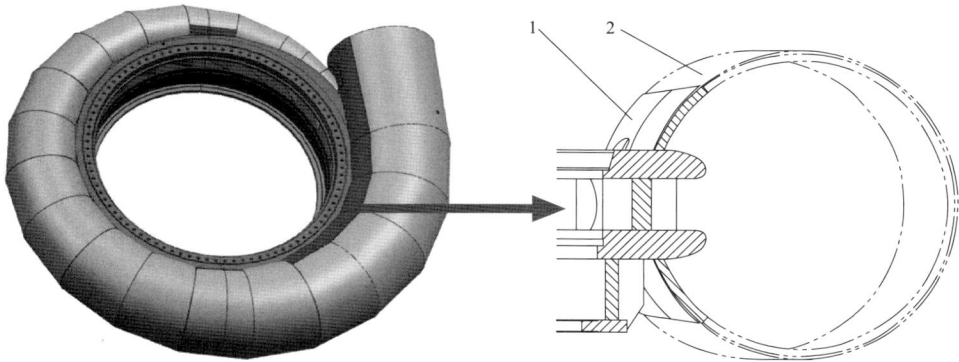

图 5-37　蜗壳与座环过渡段结构示意
1—过渡段；2—蜗壳

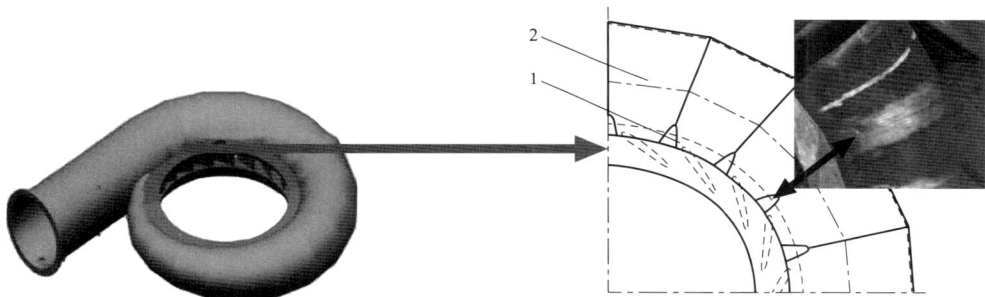

图 5-38　蜗壳三角板过渡段结构
1—过渡段；2—蜗壳

蜗壳作为流道中的一部分，按压力容器设计考虑，蜗壳及其附属件设计压力不低于机组的升压水头。例如，蜗壳采用保压浇筑混凝土，蜗壳工地挂装后需按 1.5 倍设计压力进行耐水压试验，以检测焊缝及钢板质量。

三、蜗壳的主要材料

目前水泵水轮机蜗壳材料多采用中、高强度低合金压力容器钢板滚压成型，所有主要焊缝均需要进行无损探伤检查。同时在设计阶段，为避免应力集中，蜗壳下料、焊接须避开十字形焊缝。根据承压等级不同，蜗壳常用制造材料见表 5-1。

表 5-1　　　　　　　　　　　　蜗壳常用制造材料

材料代号	B610CF 或 ADB610D	Q345R	P460N	P355N
屈服极限（MPa）	490	345	430	315

四、蜗壳支撑与固定

在安装过程中，为更好地对蜗壳进行固定，有必要设置蜗壳支撑。目前采用较多的支撑方式有混凝土支撑和金属钢支撑两种。

对于保压浇筑混凝土的蜗壳，因为蜗壳断面尺寸较大，推荐采用混凝土支撑。如果蜗壳底部采用金属钢支撑，那么蜗壳内充满水时，在水压、水体及蜗壳自重作用下，金属钢支撑与蜗壳的交焊部位就会产生较大的局部应力。

在蜗壳打压期间，考虑不能限制蜗壳的变形，蜗壳支撑若采用金属钢支撑，需要在金属钢支撑的调整楔板配合面上涂抹润滑油；蜗壳支撑若采用混凝土支撑，需要在蜗壳与混凝土支撑的接触面上涂抹润滑油，以利于自由变形。

为防止蜗壳座环在混凝土浇筑时上浮或者旋转，需要在蜗壳四周设置拉筋进行固定，主要有两种方式：第一种方式为拉筋与蜗壳采用焊接连接（见图 5-39），必须在混凝土浇筑到一定高程时将拉筋割除，避免当机组运行时，蜗壳与混凝土之间的凸起妨碍蜗壳的自由运动，引起局部应力集中及疲劳。第二种方式为采用钢带绑缚的方式，与蜗壳之间无直接固定点（见图 5-40）。推荐采用第二种方式。

图 5-39　蜗壳座环基础示意图

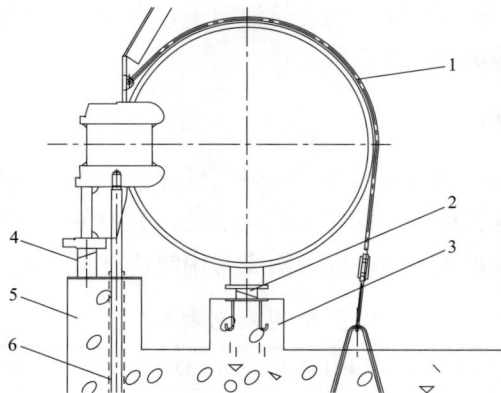

图 5-40　蜗壳座环支撑固定示意图

1—蜗壳拉筋；2—蜗壳调整楔子板（金属钢支撑）；3—蜗壳支墩；

4—座环调整楔子板；5—座环支墩；6—地脚螺栓

⧫ 第十节 座 环 设 计

座环作为水泵水轮机的基础，是关键支撑部件和承压导流部件，其直接承受顶盖、导水机构、轴承等部件的重量以及顶盖传递的轴向水推力、轴承的径向力等，对机组的安全稳定运行至关重要。本节主要介绍座环的结构特点、结构型式及设计和材料选取等内容。

一、座环的结构特点

座环结构经过多年的演变，近年来已经比较固定，主要由固定导叶及上、下环板组成（见图 5-41 和彩图 5-41）。座环固定导叶在水泵水轮机上起引导水流的作用，同时也是受力部件。因此，固定导叶翼型设计，除需满足水力性能要求外，还要满足刚强度要求。座环的固定导叶数量需考虑与活动导叶数的组合及其对水力脉动和振动的影响，由水力设计确定。

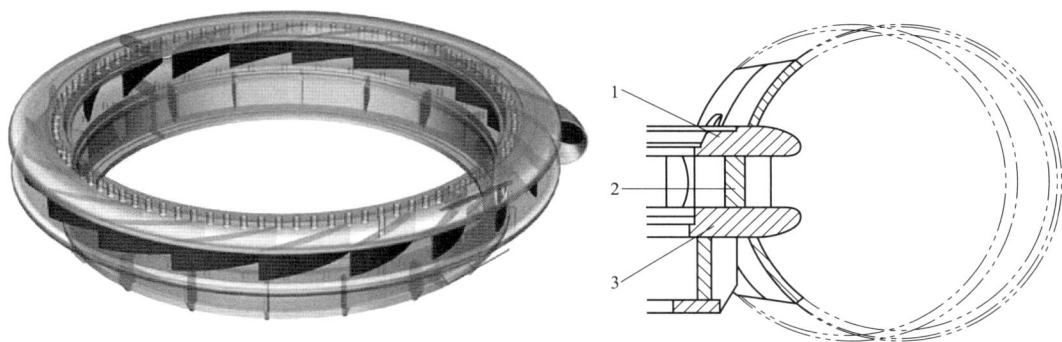

图 5-41　座环结构
1—上环板；2—固定导叶；3—下环板

上、下环板是座环的直接承重部件，顶盖、导水机构、轴承等部件的重量均传递给环板。同时，顶盖承受的轴向水推力、轴承的径向力均传递到座环环板，通过环板分别传递给座环地脚螺栓及四周的混凝土。座环与顶盖、底环之间通过螺栓连接，螺栓及其连接必须具有足够的安全余量。

根据机组渗漏排水的需要，可在部分固定导叶上开孔，用于排除机坑积水，通常会在断面较小的蜗壳尾部附近选择受力较低的 2～4 个固定导叶设置排水孔。

二、座环的结构型式及设计

目前座环的整体结构型式比较统一，均采用固定导叶支撑双平板方式。根据机组的制作及运输条件限制，座环多采用分瓣结构，工地组圆安装。

水泵水轮机座环普遍采用钢板焊接结构，所有主要焊缝均需要进行无损探伤检查。同时，座环作为水泵水轮机承受水压力的主要刚强度部件，上、下环板及固定导叶须有足够的厚度，同时在固定导叶与座环环板连接处进行圆滑过渡处理，避免应力集中。

座环与顶盖之间采用螺栓把合连接（详见本章第七节中"顶盖的结构型式及固定"），结构型式主要有两种，分别为下法兰结构（见图 5-41）及中法兰结构（见图 5-42），取决于顶盖法兰结构，与之配套使用。

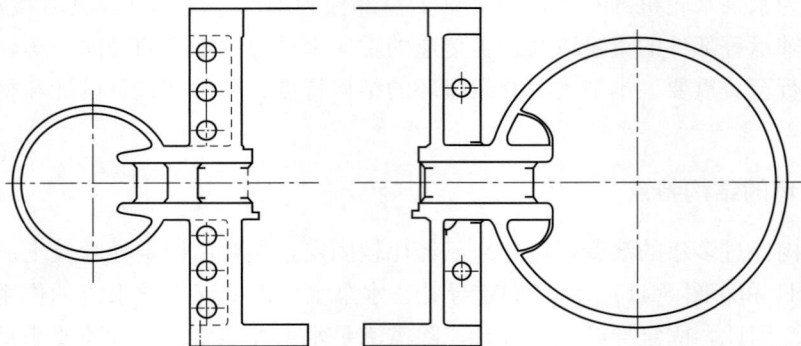

图 5-42　中法兰座环结构图

座环设置有底环安装平面，为保证工地安装精度，此平面多采用工地打磨方式找平，打磨量不宜超过 0.5mm。座环与底环采用螺栓把合连接（详见本章第八节中"底环的结构型式及设计"）。

座环作为流道中的一部分，与蜗壳相同，按压力容器设计考虑，座环及其附属件设计压力不低于机组的升压水头。若蜗壳采用保压浇筑混凝土，蜗壳工地与座环挂装后需按 1.5 倍设计压力进行耐水压试验。

三、座环的主要材料

水泵水轮机座环通常采用可焊性好的中、高强度低合金钢材制造（见表 5-2），同时由于水泵水轮机工况复杂，材料选择时需要进行相关冲击试验。座环的上、下环板一般采用抗撕裂钢板，常用材料见表 5-2。

表 5-2　　　　　　　　座 环 常 用 材 料

环板材料	Q345R-Z35	TSTE355-Z35	P460N-Z25	P355N-Z25	S500Q-Z35
屈服极限（MPa）	295	295	400	295	440
固定导叶材料	Q345B	P355N	P460N	S500Q	S550Q
屈服极限（MPa）	345	315	430	440	490

四、座环基础受力分析

水泵水轮机座环的基础受力较复杂，同时与底环的埋设方式有关（详见本章第一节中"尾水锥管与底环的埋设方式"）。

座环的基础受力，即通过座环传递到混凝土的垂直力：

$$F_v = F_h - F_{inf} - F_p - M \tag{5-17}$$

式中　F_v——通过座环传递到混凝土的垂直力，kN；

F_h——水压力作用在顶盖上的垂直力，kN；

F_{inf}——底环传递给座环的垂直力，kN；

F_p——由于顶盖、底环与座环的密封位置不同作用在座环上的不平衡垂直力，kN；

M——蜗壳座环、顶盖、导叶操作机构，以及水导轴承、主轴密封等固定部件重量之和，包括一定的混凝土重量，kN。

通常按零流量泵启动工况（正常工况）和甩负荷工况（紧急工况）两种最不利工况计算。此合力垂直向上，由地脚螺栓来平衡，传递给混凝土地基。

其中通过底环传递的垂直力经验公式如下：

1. 底环埋入结构的基础受力分析（见图 5-43）

较高水头：

$$F_{inf} = 0.6F_b; \quad F_5 = 0.4 F_b \tag{5-18}$$

较低水头：

$$F_{inf} = 0.5F_b; \quad F_5 = 0.5 F_b \tag{5-19}$$

式中　F_b——水压力作用在底环上的力，kN；

F_5——底环直接传递给混凝土的垂直力，kN；

F_{inf}——底环传递给座环的垂直力，kN。

由于底环埋入混凝土中，认为作用在底环上的力一部分传递给座环下环板，一部分直接传递给混凝土地基。

2. 底环裸露结构的基础受力分析（见图 5-44）

由于底环为裸露结构，认为作用在底环上的力全部传递给座环下环板。

$$F_5 = 0 \tag{5-20}$$

$$F_{inf} = F_b \tag{5-21}$$

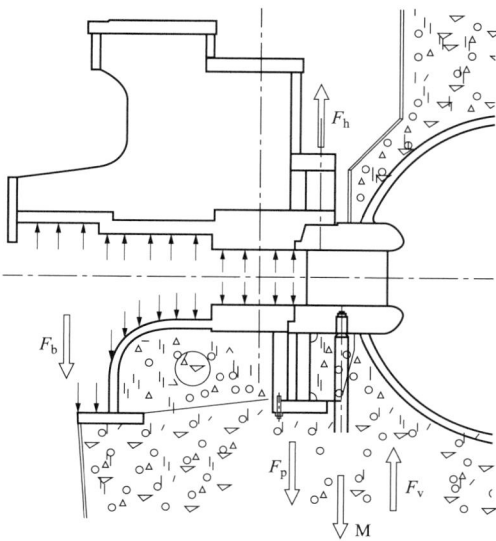

图 5-43　底环埋入结构基础的受力简图　　　　图 5-44　底环裸露结构基础的受力简图

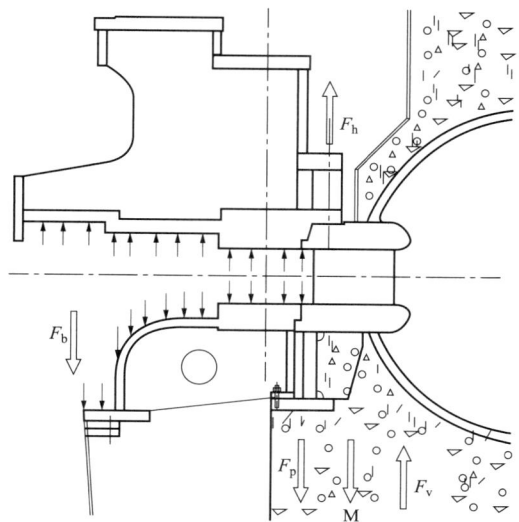

ⅲ 第十一节　尾水管设计

尾水管是水泵水轮机水力流道的一部分，水轮机工况下在水流通过转轮后，尾水管能承受通过水流的压力，以最小的水力损失引导水流进入尾水隧洞；水泵工况下，尾水管能承受水泵断电时的反水锤压力。尾水管包括如下部件：锥管段、肘管段、扩散段，以及用以检查转轮和尾水管流道的尾水管进人门、用于机组运行和排水的连接管路，用于电站水系统的连接管路、压力和压力脉动测点、流量测点、效率测点等。

一、尾水管的结构特点

水泵水轮机尾水管具有相对较长的直锥段，出口采用连续扩散段，锥管段与扩散段之间采用肘管段连接。肘管段及扩散段部分可根据"连续扩散"的面积变化规律采用圆断面（见图 5-45 和彩图 5-45）或椭圆断面（见图 5-46 和彩图 5-46），具体型线由水力设计结果确定。

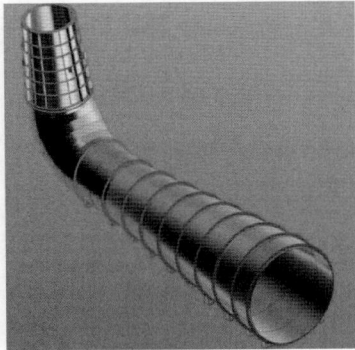

图 5-45　圆断面尾水管

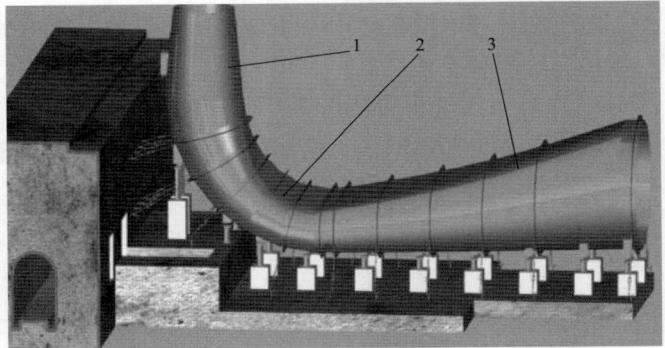

图 5-46　椭圆断面尾水管

1—锥管段；2—肘管段；3—扩散段

根据水泵水轮机运行及检修需要，在尾水管锥管段上设置有一个方形进人门，同时，在尾水管上还设有压水运行时的蜗壳与尾水管平压管接口、压水进气管路接口、顶盖与尾水管均压管接口，以及蜗壳检修排水管接口、技术供水取水口、机组检修排水口，以及根据模型试验布置测压、测流测点等（详见本章第十二节管路系统设计部分）。

二、尾水管的结构型式及设计

根据机组的装拆形式，尾水锥管结构有所不同。对于下拆式水泵水轮机，锥管与底环、肘管之间采用法兰把合连接形式，满足检修拆卸移除需要，同时，需要设置用于工地安装调整用的伸缩节或者法兰。对于非下拆式机组，锥管与底环、肘管、扩散段之间通常采用焊接形式连接。

通常低比速水泵水轮机尾水管采用全圆断面（见图 5-45），中高比速水泵水轮机肘管、扩散段通常采用椭圆断面形状（见图 5-46）。

尾水管里衬通常选用普通钢板制作，在直锥段水流速度较大，为防止对尾水管的冲刷损坏和空蚀，在锥管进口段一定长度内采用不锈钢钢板制作。里衬外壁加有环肋、立肋和锚钩以增加刚度和牢固度。对于锥管外露的机组，里衬厚度要相应增加，以便具有足够的刚强度承受水流作用力。

尾水肘管及扩散段里衬强度校核，主要考虑尾水管在浇筑混凝土和机组正常运行期间（里衬与混凝土之间承受最大尾水渗透压力）的刚度，确保不会产生有害变形。

根据机组检修需要，锥管段通常设置外开式进人门，同时提供一个可拆卸平台。这个平台由板梁组成，钢梁插入尾水锥管的凹槽内，形成支撑框架，上面铺木板或其他材料地板。

三、尾水管的主要材料

由于尾水管直锥段水流速度较大，通常在锥管进口一段采用 0Cr13Ni5Mo 等超低碳马氏体铬镍不锈钢。尾水管肘管及扩散段承受内压较低，流速较缓，运行时又与混凝土联合受力，多采用 Q235 或 Q345 类结构钢板或压力容器钢板焊接。同时，为应对北方冬季低温的环境，选择有 0°冲击试验要求的钢板。

四、尾水管的基础受力

尾水里衬的固定是由外部浇筑在混凝土中的肋板和锚杆来实现的。在肘管段、扩散段底部通常设置有环形筋板及工地安装调整用支腿，支腿与筋板焊接以增强局部刚度。对于尾水管的受力计算，主要考虑混凝土浇筑时扩散段拉筋、支腿的强度，以及机组运行时，锥管内水体产生的径向力。

1. 混凝土浇筑时扩散段拉筋、支腿的强度计算（见图 5-47）

对某一段尾水管里衬而言，其自重为 W_1（单位 N），混凝土浮力 F_c 为（单位 N）：

$$F_c = \rho g V \tag{5-22}$$

$$V = 2R_v H L \tag{5-23}$$

式中　ρ——液态混凝土密度，kg/m^3；

　　　g——当地重力加速度，m/s^2；

　　　V——排开混凝土体积，m^3；

　　　L——某一段尾水管里衬长度，m；

　　　H——单次浇筑液态混凝土高度，m；

　　　R_v——某一段尾水管里衬（长度 L）的平均半径，m。

按一般拉杆为圆钢计算，其垂直强度：

$$nF_{bv} + W_1 \geqslant F_c \tag{5-24}$$

$$F_{bv} = \sigma_p A \cos\theta \tag{5-25}$$

式中　n——拉筋数量，根；

F_{bv}——拉筋预紧力的垂直分量，N；

θ——拉筋与机组轴线夹角，(°)；

A——拉筋最小端面面积，mm^2；

σ_p——拉筋最大许用应力，通常不大于 2/3 材料屈服极限，MPa。

此外，还要核算拉筋的水平强度：

$$(n/2)F_{bh} \geqslant F_h \tag{5-26}$$

式中　n——拉筋数量，根；

F_{bh}——拉筋预紧力的水平分量，N；

F_h——尾水管单边浇筑混凝土而产生的水平推力，N。

$$F_{bh} = \sigma_p A \sin\theta \tag{5-27}$$

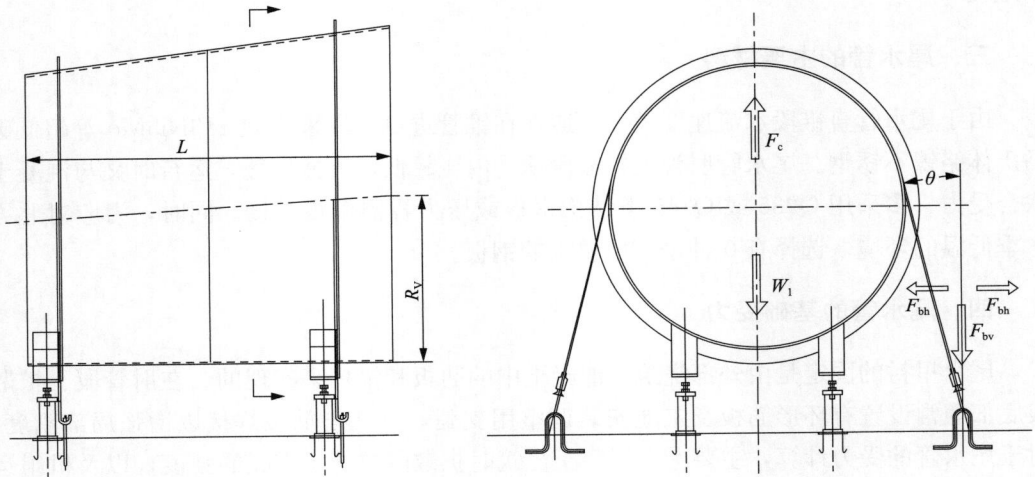

图 5-47　尾水管基础受力示意

尾水管支腿对混凝土的压力应小于 5MPa。正常工作时，周围的混凝土将起到支撑作用，不再需要支墩的支撑。为防止支腿处尾水管局部挠曲变形，产生局部应力集中，支腿处通常设置肋板，且与支腿焊为一体。

2. 尾水管锥管水力载荷 F_d

考虑部分工况下，锥管内存在较大空腔，假设锥管内存在一半空气、一半水体，水体按 1/3 转轮转速旋转产生离心力作用在锥管里衬上，传递给外面的混凝土。锥管水力载荷 F_d（见图 5-48）为：

$$F_d = m\omega^2 R_g \tag{5-28}$$

式中　m——锥管内旋转水环的质量，kg；

R_g——水环重心位置半径，m；

ω——旋转角速度（一般按 1/3 额定转速计算），rad/s。

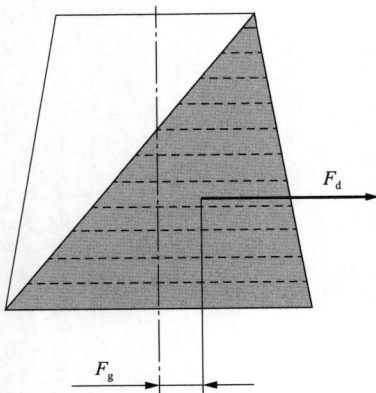

图 5-48　锥管受力示意图

❖ 第十二节 管 路 系 统 设 计

水泵水轮机管路系统包括油、水、气系统。由于水泵水轮机有水泵和水轮机两个相反方向的运行工况，管路系统配置更为复杂。水泵水轮机管路系统与常规机组的不同是增加了充气压水和回水排气管路系统，其中包括充气压水进气管路系统、止漏环冷却水管路系统、蜗壳尾水平压管路系统、回水排气管路系统等。由于设计理念不同，管路系统设计上略有差别。

油、水、气管路系统设计中，一般应满足以下几点设计原则：

（1）管路公称直径应符合压力油、水管路介质流速不超过 3m/s，自流油、水管路介质流速不超过 1m/s 的条件。

（2）管路壁厚应根据管路工作压力、试验压力综合确定，并留有一定的腐蚀余量。

（3）阀门、法兰、管接头等管路附件压力等级应满足管路工作压力和试验压力。

水泵水轮机管路系统根据输送介质不同，管路和阀门等材质不同，一般油管路、气管路和供水管路均采用不锈钢材质，无压排水管路可按需要选用不锈钢或碳钢材质。

水泵水轮机管路系统设计，除管路压力等级、管路通径、管路材质应满足要求外，还应考虑埋管的保护、明管的固定等因素。

一、水泵水轮机油系统

1. 水泵水轮机油系统管路分类

根据水泵水轮机油系统管路功能划分，油系统管路的组成详见表 5-3。

表 5-3 油 系 统 管 路 的 组 成

序号	管路名称	功能	起	止
1	水导轴承油循环	润滑、冷却	水导轴承	循环系统
2	导叶接力器开关腔供排油	操作	接力器开关腔	调速器
3	导叶接力器检修排油	检修	接力器开关腔	漏油箱

2. 水泵水轮机油系统管路设计

（1）水导轴承油循环管路。水泵水轮机转速高、导轴承径向荷载大、油箱布置空间有限，轴承发热量比较高，因此水泵水轮机多采用外循环冷却方式。水导轴承油循环管指连接水导轴承和外循环（冷却）装置的进油和出油管路。外循环系统包括循环油泵及电动机、冷却器、油过滤器等。水导轴承出油管与油泵入口相连，水导轴承进油口与冷却器出口相连。水导外循环（冷却）系统的作用：提供水导轴承油循环动力，保证油循环流量；降低轴承油温，保证水导轴承轴瓦安全；过滤轴承油，保证水导润滑油品质。考虑油黏度和管路布置问题，根据循环油泵特性，油泵进出油管的直径比一般为5：4。水导外循环（冷却）系统设有测温电阻、压力表计、流量计、阀门等仪表和管路附件。

（2）导叶接力器开关腔供排油管。调速器通过油压操作控制导叶接力器动作，控制导叶开关。接力器开腔和关腔分别通过供排油管与调速器相连。当导叶需要打开时，导叶接力器开腔通过调速器连接压力油，导叶接力器关腔通过调速器排油，接力器活塞由于两侧油压的压差运动，导叶操作机构动作，导叶打开，反之亦然。导叶接力器开关腔供排油管应力设计应考虑接力器额定操作油压和试验油压。供排油管直径的选择，应根据水轮机和水泵两个工况导叶开关规律，以及接力器操作油体积确定。

（3）导叶接力器检修排油管。为便于导叶接力器检修，接力器检修前应将开关腔内液压油排净。导叶接力器检修排油管连接导叶接力器开关腔至漏油箱，用于导叶接力器检修排油。导叶接力器检修排油管设常闭阀门，阀及阀前压力按接力器油压设计，阀后压力及管路无特殊要求。

二、水泵水轮机水系统

1. 水泵水轮机水系统管路分类

根据水泵水轮机水系统管路功能划分，水系统管路分类详见表 5-4。

表 5-4   水 系 统 管 路 分 类

序号	名称	功能	起	止
1	压力钢管排水管	排水	压力钢管	尾水管
2	蜗壳排水管	排水	蜗壳	压力钢管排水管
3	尾水管排水管	排水	尾水管	排水廊道（泵组）
4	机坑排水管	排水	机坑	排水廊道
5	主轴密封排水管	排水	主轴密封	排水廊道
6	顶盖排水泵排水管	排水	顶盖	排水廊道
7	导叶下轴颈排水管	排水	底环	排水廊道
8	内平压（顶盖减压）管	排水	顶盖（止漏环内侧）	尾水管
9	蜗壳尾水平压管	平压	蜗壳	尾水管
10	外平压管	平压	顶盖（止漏环外侧）	底环
11	消水环管（如有）	排水	底环	尾水管
12	主轴密封供水管	润滑、冷却	冷却水系统	主轴密封
13	止漏环冷却管	冷却	冷却水系统	顶盖/底环
14	水导轴承供/排水管	冷却	冷却水系统	尾水管
15	技术供水管	润滑、冷却	尾水管	各用水设备

2. 水泵水轮机水系统管路设计

（1）压力钢管排水和蜗壳排水。水泵水轮机进水阀门上游侧设压力钢管排水管，下游侧设蜗壳排水管。压力钢管排水管设常闭阀门，压力钢管需要排空时打开阀门，排水至尾水管。蜗壳排水管设常闭阀门，蜗壳需要排空时打开阀门，排水至尾水管。通常压力钢管排水与蜗壳排水采用三通连接，一同排至尾水管。根据排水流程需要，压力钢管排水可首先采用过机排水，待上游水位降到与尾水位相同或合适的排水位，再采用管路排水。由于水泵水轮机设计水头偏高，压力钢管或蜗壳与尾水压力差比较大，排水管的设计应有必要的减振措施。目前常用的减振措施是采用节流孔板进行消能，并设置重型支撑减小管路振动。

（2）尾水排水管。尾水排水管自尾水肘管最低点引至排水廊道或泵组，用于机组停机检修时流道排空。尾水排水管设计压力由尾水压力确定，管径根据排空体积和合理的排空时间计算确定。

（3）机坑排水管。机坑排水及固定导叶排水等，均为备用排水管，采用自流排水的方式排出机坑内可能出现的积水，管路位置应设在蜗壳尾部附近。排水管前设拦污栅，排水管压力不高，排水管径可根据机组布置选取。

（4）主轴密封排水管。主轴密封排水管将主轴密封漏水排至排水廊道，排水方式采用无压自流排水，排水管径根据主轴密封漏水量确定。主轴密封排水管采用自流排水，因此排水管应设在蜗壳尾部，保证排水顺畅。主轴密封排水管设计，应考虑主轴密封计算和安装偏差，并留有一定设计余量。

（5）顶盖排水泵及排水管。顶盖排水泵及排水管为备用排水系统。顶盖排水泵一般采用潜水泵或自吸泵。顶盖排水泵排水为有压排水，排水压力为排水泵扬程。为防止倒灌，顶盖排水泵排水管应设逆止阀。顶盖排水泵设置主、备用泵组，顶盖内漏水处于报警液位时启动一台排水泵排水，顶盖内漏水处于危险液位时两台排水泵同时启动排水。顶盖排水泵设计的目的是防止水淹轴承。

（6）导叶下轴颈排水管。导叶下轴颈排水管为备用排水管，连接导叶下轴颈所在底环轴座处至排水廊道。当导叶轴颈密封损坏时，导叶轴颈排水管可迅速将导叶漏水排走，避免导叶下端面水压升高造成导叶上浮。每个活动导叶下轴颈处均应设排水管，导叶轴颈排水管设弹性层或套管保护，避免工地安装时造成排水管堵塞。导叶下轴颈排水管设计压力应与流道压力一致。

（7）内平压（顶盖减压）管。内平压管应与上止漏环的设计相匹配。内平压管连接上止漏环内转轮上冠与顶盖之间的水腔至尾水管，根据该水腔与尾水的压力差形成一定流量和流速，而此流量即为经过上止漏环的流量。因此，内平压管的设计与上止漏环的设计相互作用，上止漏环设计水阻越大，止漏环内相应的水压力越低，内平压管的截面面积越小。反之，若上止漏环设计水阻越小，则止漏环内水压力越高，内平压管的截面面积就越大，应控制内平压管内流速在合理范围，避免管路振动等问题。在内平压管和上止漏环结构的匹配上，关键的影响参数是机组的设计水头或扬程。高水头或高扬程机组，只有设计足够减压水阻的止漏环结构，才能合理布置内平压管，保证机组稳定运行。内平压管的设计对转轮轴向水推力的影响较大，为合理调整转轮轴向水推力，内平压管可增设节流孔板。工地调试时，可通过调整节流孔板孔径优化转轮轴向水推力。

（8）蜗壳尾水平压管。蜗壳尾水平压管用于水泵水轮机调相运行过程中消除止漏环冷却水形成的水环。目前消除水环主要有两种方式：一种是在底环处设置排水管与尾水管连接，排掉部分止漏环冷却水，以消除水环；另外一种是通过转轮旋转离心力，将部分水环通过导叶端面间隙压入蜗壳。在第二种消除水环方式中，由于部分止漏环冷却水进入蜗壳后，蜗壳压力上升，影响水环消除效果，为此增设蜗壳尾水平压管，排除蜗壳多余的进水至尾水管，平衡蜗壳压力，保持持续有效地消除水环。蜗壳尾水平压管设液动阀门，在机组调相运行时开启。

（9）消水环管。消水环管连接底环和尾水管，在机组调相运行时通过此管路消除水环，降低机组功率损耗。这种消除水环的方式以前应用较多，现在大多采用蜗壳尾水平压管方式代替，仅在导叶设端面密封的水泵水轮机中应用。

（10）主轴密封供水管。主轴密封供水管连接供水总管至主轴密封压力腔。主轴密封供水管应根据厂房供水条件设置增压泵、减压阀、安全阀、滤水器等附件，保证主轴密封供水水压和水质满足主轴密封设计需求。主轴密封供水管的布置，应满足主轴密封进水均匀、压力稳定。主轴密封供水管应设节流孔板，便于工地安装调试时进行流量调整。

（11）止漏环冷却水管。在机组调相运行过程中，为消除转轮在空气中旋转时产生的热量，上、下止漏环均设止漏环冷却水管对转轮及止漏环进行冷却。止漏环冷却水管的设计，是根据转轮调相过程中止漏环的发热量计算出需要的止漏环冷却水量来确定管路参数。止漏环冷却水管应设止回阀、液动阀、滤水器等相应阀组管件，在机组调相运行时开启。

（12）水导轴承供、排水管。水导轴承供水管自冷却水供水总管至水导轴承冷却器。水导轴承排水管自水导轴承冷却器至尾水管。供、排水总管的流量由冷却器的冷却能力确定。相同的轴承发热量，若冷却器的结构型式不同，冷却水的需求量也将不同。

（13）技术供水管。技术供水管一般引自尾水管扩散段至各用水设备。

三、水泵水轮机气系统

1. 水泵水轮机气系统管路分类

根据水泵水轮机气系统管路功能划分，气系统管路组成详见表5-5。

表5-5 **气系统管路组成**

序号	名称	功能	起	止
1	充气压水	充气压水	中压气罐	尾水管（或顶盖）
2	回水排气	回水排气	顶盖	排水廊道
3	蜗壳排气	进排气	蜗壳尾水平压管	排水廊道
4	检修密封进气	进排气	中压气罐	检修密封

2. 水泵水轮机气系统管路设计

（1）充气压水进气管。充气压水进气管连接充气压水储气罐和尾水锥管（或顶盖）。充气压水进气管由主进气管和辅助补气管两路组成。进气管设置液动阀、止回阀、节流孔板、压力仪表等元件。充气压水进气管在机组进入充气压水流程时，打开主进气管和辅助补气管阀门，对机组进行充气压水至压水液位上方500mm左右，主进气管阀门关闭，辅助补气管压气至压水液位后，关闭辅助补气管阀门。充气压水管路，大多数设专用管路由充气压水储气罐连接至尾水锥管的方式，少数采用与顶盖回水排气管共用的方式（通过阀门操作实现管路的充气压水和回水排气功能切换）。根据理想气体相关理论和电站运行条件，充气压水过程中气管路和压力气罐由于充气压水前后的压差变化会产生较大的温度下降，特别是需要连续充气压水操作时，温度下降更加明显。因此，充气压水管路及阀门、仪表应采用耐低温材料。

（2）回水排气管。回水排气管用于连接顶盖转轮上腔至排水廊道。回水排气管通常与转轮或主轴排气孔相通，并与主轴密封排气管相连。回水排气管的作用是在水泵水轮机充气压水完成后，使机组尽快完成回水排气。回水排气管的布置根据尾水压力、回水排气体积及回水排气时间确定。在高转速机组中，为避免延长机组回水排气时间，除顶盖设回水排气孔外，可在尾水锥管或底环处增设回水排气管。回水排气管应包括液动阀、逆止阀等管件。

（3）蜗壳排气管。蜗壳排气管设在蜗壳尾水平压管上，靠近蜗壳进口。水泵水轮机回水排气后，少量气体会进入蜗壳聚集，蜗壳排气管可进行一次动作排除残余气体。另外，蜗壳排气管可作为蜗壳充、排水的空气阀使用。当蜗壳充水时，蜗壳排气管阀门打开进行排气。当蜗壳排水时，蜗壳排气管阀门打开进行充气。蜗壳排气管应包括液动阀门和手动阀门等管件。

（4）检修密封进气管。检修密封进气管自检修密封至中压气系统。当机组停机或检修，不排除尾水时，可采用投入检修密封的方式防止尾水倒灌。机组启动前，检修密封气压应通过检修密封进气管排出。检修密封的最低设计气压应高于最大尾水静压力，并留有一定的余量。

第六章

水 泵 水 轮 机 制 造

　　水泵水轮机的制造包含两个方面的内容，单个部件的加工制造工艺和部件的装配，其中部件的加工制造质量，直接影响产品的性能、使用寿命及安全可靠性等性能指标，是保证产品制造质量的基础。随着数控技术的高速发展与广泛应用，以及数控加工产品的高质量水平，越来越多的水泵水轮机零部件使用数控机床进行加工。本章主要介绍水泵水轮机转轮、主轴、导水机构、座环、蜗壳、尾水管等水泵水轮机主要部件的数控加工工艺流程、工艺内容、质量控制要点及部分部件的厂内试验。

⊕　第一节　转 轮 制 造 加 工

　　水泵水轮机转轮主要由上冠、叶片、下环三个部件构成。由于水泵水轮机具有抽水和发电两种功能，水泵水轮机在外形上兼顾了水泵和混流式水轮机两种水力机械的特点。与常规混流式水轮机转轮（见图6-1）相比，混流式水泵水轮机转轮（见图6-2）具有流道狭长、叶片包角大、整体形状较扁平等特点。

图 6-1　常规混流式水轮机转轮　　　　　图 6-2　混流式水泵水轮机转轮

　　水泵水轮机转轮一般应用于高水头抽水蓄能电站，且高速、双向运转，对材料要求高，通常选用 ZG04Cr13Ni4Mo 或 ZG04Cr13Ni5Mo 系列的马氏体不锈钢材料。这种材料具有较好的综合性能，既有较高的强度、韧塑性、断裂韧性，又有较好的水下抗疲劳性能和抗磨蚀性能，同时还有较好的铸造、机械加工性能和优良的焊接性能，综合性能优势明显。

　　叶片、上冠、下环分别制造加工完成后再焊接成转轮进行整体加工。转轮叶片、上冠、下环一般采用 VOD/AOD 精炼铸造成型，在数控立车、数控镗床和数控龙门铣床上加工制成。图 6-3～图 6-5 分别为转轮上冠、转轮下环和转轮叶片粗加工后的图片。

图 6-3　转轮上冠

图 6-4　转轮下环

图 6-5　转轮叶片

　　水泵水轮机转轮制造加工过程中，需保证转轮的尺寸精度、形状精度和位置精度，从而保证整体转轮的加工精度。转轮制造加工主要包括：上冠制造加工、下环制造加工、叶片制造加工、转轮制造加工和静平衡试验等项目。由于水泵水轮机转轮具有叶片包角大、流道狭长及转轮外形更趋扁平的结构特点，需在水泵水轮机转轮上冠和下环的过流面加工、叶片型线加工、转轮焊接和叶片根部焊接圆角打磨、转轮加工及静平衡等工序上进行严格控制。

一、上冠制造加工

上冠制造加工通常包含上冠毛坯铸造、铸造毛坯检验、毛坯数控加工等环节。上冠毛坯铸造参照 GB/T 6414—2017《铸件 尺寸公差、几何公差与机械加工余量》和《铸造手册 5：铸造工艺》第 3 版对毛坯加工余量及收缩率、冒口选择、浇注系统设计、冒口设计、排气系统设计等参数进行选择，通过计算机数值模拟仿真优化后确定各项参数的选择。

上冠铸造完成后，需进行化学成分、力学性能、表面检验和无损探伤检验等项目检查。铸件表面不能存在气孔、重皮、冷隔、砂眼、疏松和裂纹等缺陷。若铸件表面存在这些缺陷，则应采用气刨、气割、打磨或机械加工等方式清除。缺陷清除后的表面需进行渗透探伤检查。渗透探伤合格后，缺陷清除后的表面才可以进行补焊处理。如果缺陷位置补焊面积较大或缺陷在上冠重要位置，补焊后需进行消除应力处理。

上冠铸造毛坯经各项检验合格后，在数控立车和数控镗床或数控龙门铣上进行加工。转轮的上止漏环通常在转轮上冠上直接加工成型。上冠作为单个部件进行加工时，只对上冠过流面进行精加工，上冠的其余表面及把合孔只进行粗加工，待与叶片、下环组焊成转轮后再进行全面精加工。上冠加工过程中，应遵循先粗加工后精加工的工艺原则。上冠数控加工的主要工艺流程如图 6-6 所示。

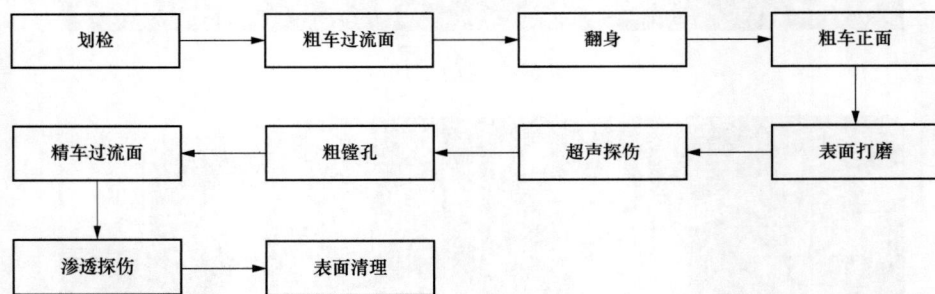

图 6-6　上冠数控加工的主要工艺流程

上冠数控加工的主要工艺内容如下：

（1）上冠划线后，在数控立车上先粗车过流面（见图 6-7），翻身后再粗车上冠正面上平面；上冠加工过程中，需焊接吊攀和夹块进行上冠翻身和上冠夹紧（见图 6-8）。

（2）上冠粗车后，上冠各表面按 CCH 70-3 Ⅲ级标准进行超声探伤，检查上冠铸件是否存在缺陷。如果存在超标缺陷，则对存在的缺陷进行清除和补焊处理。

（3）上冠超声探伤合格后，在数控机床上，数控编程粗加工上冠平面上的把合螺栓孔和销孔（见图 6-9）。

（4）在数控立车上，数控编程精车上冠过流面，并在上冠过流面上刻装配叶片用位

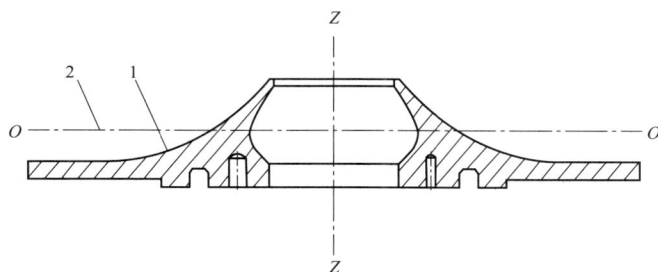

图 6-7　上冠过流面粗车示意图
1—过流面；2—导水机构中心线

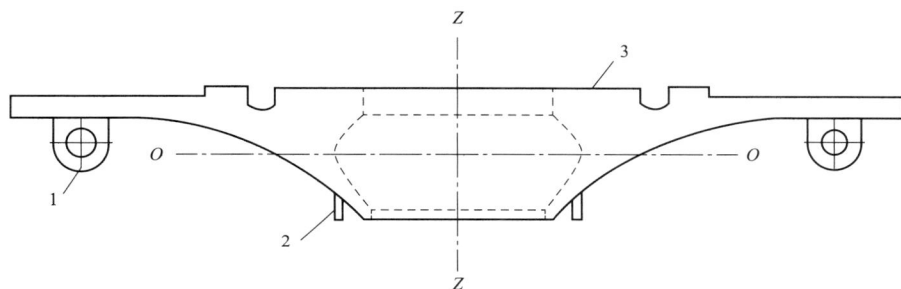

图 6-8　上冠粗车正面示意图
1—吊耳；2—夹块；3—上平面

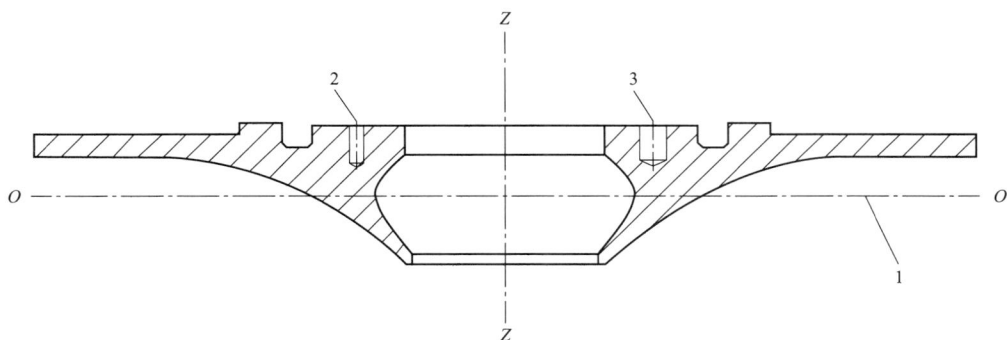

图 6-9　上冠镗孔粗加工示意图
1—导水机构中心线；2—螺孔；3—销孔

置线（见图 6-10）。上冠过流面上的装配叶片位置线，可以保证叶片在转轮装焊过程中安装到正确位置。

（5）上冠精车过流面后，对上冠过流表面进行渗透探伤，探伤标准按 CCH 70-3 Ⅱ级执行，检查上冠过流表面是否存在缺陷。若果存在超标缺陷，需做清除和补焊处理。

在水泵水轮机转轮上冠制造加工过程中需要注意以下几点：

（1）上冠精加工前，需按探伤标准 CCH 70-3 Ⅲ级进行超声探伤，检查上冠内部质量，如存在超标缺陷，则将缺陷清除及补焊处理，并按探伤标准 CCH 70-3 Ⅲ级重新进行超声探伤，合格后才能进行精加工。

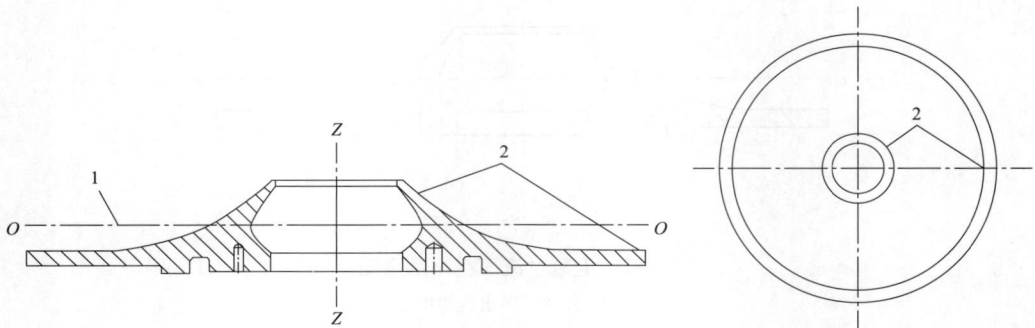

图 6-10　上冠精车过流面示意图
1—导水机构中心线；2—装叶片用刻线

（2）严格控制上冠过流面型线数控编程加工的精度，如过流表面的粗糙度、波浪度和型线精度。

（3）上冠过流表面精车过程中，在过流表面上刻装配叶片用位置线，刻线深度小于0.20mm。上冠过流面精车后，需按探伤标准 CCH 70-3 Ⅱ级进行渗透探伤，检查过流面表面质量，如存在超标缺陷，则将缺陷清除干净、补焊处理及打磨缺陷补焊部位光滑，并重新按探伤标准 CCH 70-3 Ⅱ级进行渗透探伤确定是否合格。

二、下环制造加工

下环制造加工通常包含下环毛坯铸造、铸造毛坯检验、毛坯数控加工等环节。下环毛坯铸造参照 GB/T 6414—2017《铸件 尺寸公差、几何公差与机械加工余量》和《铸造手册5：铸造工艺》第 3 版对毛坯加工余量及收缩率、冒口选择、浇注系统设计、冒口设计、排气系统设计等参数进行选择，通过计算机数值模拟仿真优化后确定各项参数的选择。

下环铸造完成后，需进行化学成分、力学性能、表面检验和无损探伤检验等项目检查。铸件表面不能存在气孔、重皮、冷隔、砂眼、疏松和裂纹等缺陷。若铸件表面存在这些缺陷，则应采用气刨、气割、打磨或机械加工等方式清除。缺陷清除后的表面需进行渗透探伤检查。渗透探伤确定合格后，缺陷清除后的表面才可以进行补焊处理。如果缺陷位置补焊面积较大，补焊后需进行消除应力处理。

铸造合格的下环按照先粗加工、后精加工的工艺原则在数控立车上进行数控加工。转轮下止漏环通常直接在转轮下环上加工成型，下环单件加工时，只有下环过流面进行精加工，下环其余表面只进行粗加工，待与上冠、叶片组焊成转轮后，再进行全面精加工。由于水泵水轮机转轮叶片包角大、流道狭长及转轮外形扁平，转轮组焊难度较大。为便于转轮组焊，通常将转轮下环分成内、外环两段结构。水泵水轮机转轮下环加工需要先加工成内、外环，再组合成整圆后对下环内圆过流面进行加工。

下环数控加工的主要工艺流程如图 6-11 所示。

下环数控加工的主要工艺内容如下：

（1）下环划线后，在数控立车上先粗车过流面，并加工下环内、外环焊接坡口钝边

（见图 6-12）。

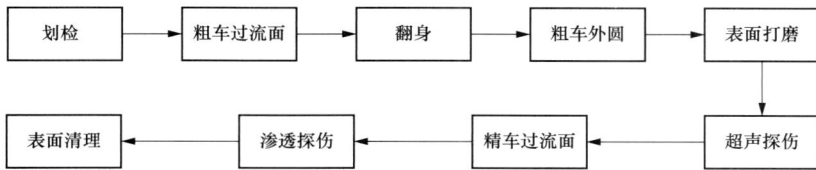

图 6-11 下环数控加工的主要工艺流程

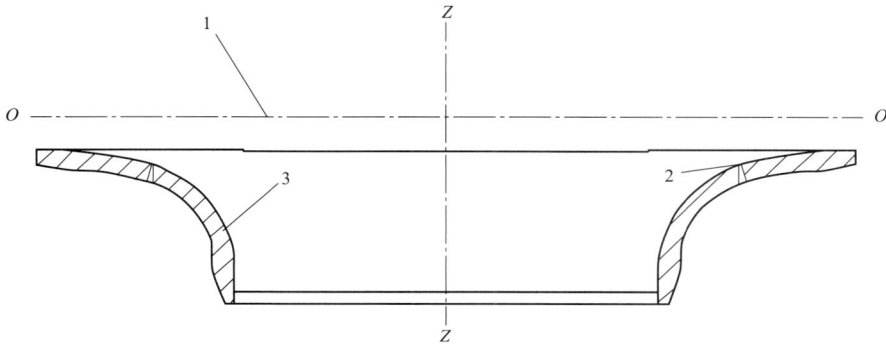

图 6-12 下环过流面粗车示意图

1—导水机构中心线；2—坡口钝边；3—过流面

（2）在下环过流面焊接翻身吊耳，在坡口钝边位置焊接焊块（见图 6-13）；翻身后粗车下环外圆，然后将下环切开为内、外环。

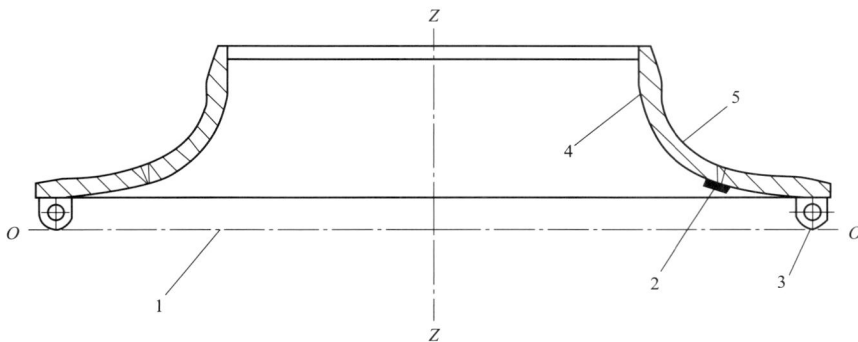

图 6-13 下环外圆粗车搭焊示意图

1—导水机构中心线；2—坡口钝边搭焊块；3—吊耳；4—内过流面；5—外过流面

（3）下环粗车后，对下环各表面按 CCH 70-3 Ⅲ级标准进行超声探伤，检查下环铸件内部是否存在缺陷。如果存在超标缺陷，则对存在的缺陷进行清除和补焊处理。

（4）下环超声探伤合格，在数控立车上，数控编程精车下环过流面，并在下环过流面上刻装配叶片位置线（见图 6-14）。

（5）下环精车过流面后，对下环过流表面按 CCH 70-3 Ⅱ级进行渗透探伤，检查下环过流表面是否存在缺陷，如果存在缺陷，对存在的缺陷进行清除处理。

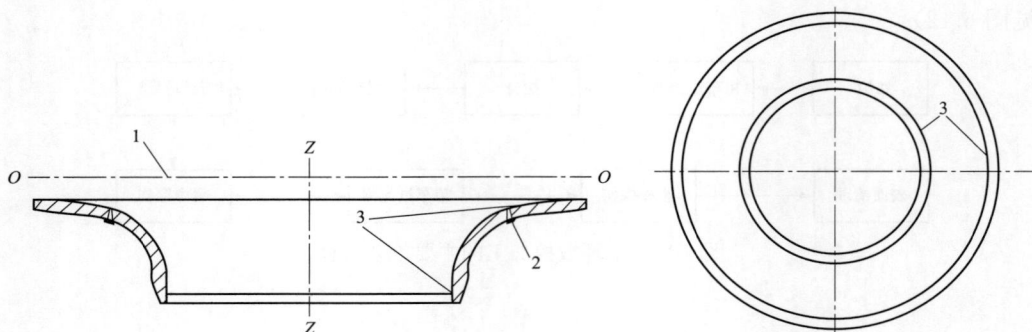

图 6-14 下环过流面精车示意图

1—导水机构中心线；2—搭焊块；3—装叶片用刻线

在水泵水轮机转轮下环制造加工过程中需要注意以下几点：

（1）下环精加工前，需按探伤标准 CCH 70-3 Ⅲ 级进行超声探伤，检查下环内部质量。如存在超标缺陷，则将缺陷清除及补焊处理，并按探伤标准 CCH 70-3 Ⅲ 级进行超声探伤确定合格后，才允许进行精加工。

（2）严格控制下环过流面型线数控编程加工的精度，如过流表面的粗糙度、波浪度和型线精度。

（3）下环过流面精车过程中，需在过流表面刻装配叶片位置线，刻线深度小于 0.20mm。下环过流面精车后，需按探伤标准 CCH 70-3 Ⅱ 级进行渗透探伤，检查下环过流面表面质量。若存在超标缺陷，则将缺陷清除干净、补焊处理及打磨缺陷补焊部位光滑，并重新按探伤标准 CCH 70-3 Ⅱ 级进行渗透探伤确定合格。

三、叶片制造加工

叶片制造加工通常包含叶片毛坯铸造、铸造毛坯检验、毛坯数控加工等环节。叶片毛坯铸造参照 GB/T 6414—2017《铸件 尺寸公差、几何公差与机械加工余量》和《铸造手册 5：铸造工艺》第 3 版对毛坯加工余量及收缩率、冒口选择、浇注系统设计、冒口设计、排气系统设计等参数进行选择，通过计算机数值模拟仿真优化后确定各项参数的选择。

叶片铸造完成后，需要进行化学成分、力学性能、表面检验和无损探伤检验等项目检查。铸件表面不能存在气孔、重皮、冷隔、砂眼、疏松和裂纹等缺陷。若存在这些缺陷，则应采用气刨、气割、打磨或机械加工等方式清除缺陷，缺陷清除后的表面需进行渗透探伤检查，渗透探伤确定合格后，缺陷清除后的表面才可以进行补焊处理。如果缺陷位置补焊面积较大，补焊后需进行消除应力处理。

叶片铸造完成、表面无缺陷后，按照先粗加工、后精加工的工艺原则在数控龙门铣机床上进行叶片加工。叶片粗加工后，需进行超声波探伤；精加工过程中，应分别在叶片的压力面和吸力面上标记处叶片进口型线断面点和出口型线断面点。

叶片数控加工的主要工艺流程如图 6-15 所示。

叶片数控加工工艺的主要内容如下：

（1）叶片进行三维数据测量后在数控机床上数控编程粗加工叶片压力面（见图 6-16）和叶片吸力面（见图 6-17）。

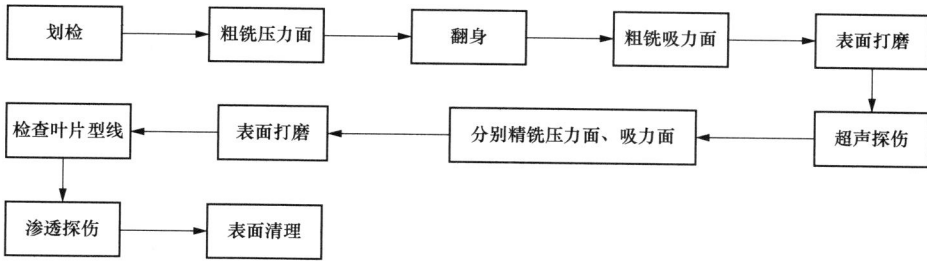

划检 → 粗铣压力面 → 翻身 → 粗铣吸力面 → 表面打磨

检查叶片型线 ← 表面打磨 ← 分别精铣压力面、吸力面 ← 超声探伤

渗透探伤 → 表面清理

图 6-15 叶片加工的主要工艺流程

图 6-16 叶片压力面加工示意图

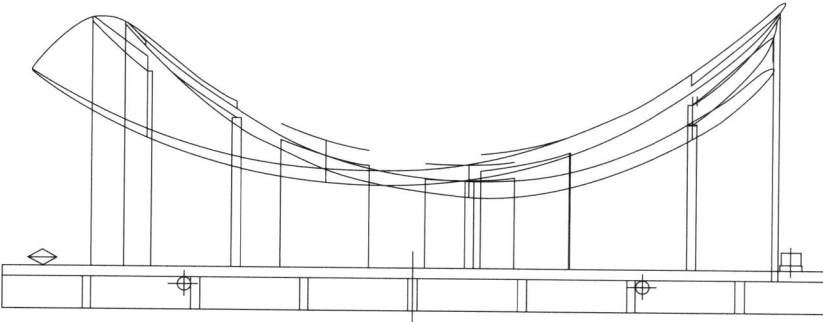

图 6-17 叶片吸力面加工示意图

（2）叶片压力面和叶片吸力面粗加工后，对加工表面进行打磨，打磨后的叶片表面粗糙度需满足超声探伤要求。

（3）叶片打磨后，对叶片压力面和叶片吸力面进行超声探伤，检查叶片铸件内部是否存在缺陷。若存在缺陷，则进行缺陷清除和补焊处理，并按探伤标准 CCH 70-3 Ⅲ级进行超声探伤，合格后才能进行精加工。

（4）叶片表面超声探伤合格后，在数控龙门铣机床上数控编程精加工叶片压力面和叶片吸力面，在加工过程中分别在叶片压力面和吸力面上，标记出叶片进口型线断面点和出口型线断面点。

（5）叶片表面精加工后，对加工表面进行打磨，并重新对叶片表面进行三维数据测量，测量后的叶片表面型线应符合加工图要求。

（6）叶片型线检查合格后，按探伤标准 CCH 70-3 Ⅱ级对叶片压力面、吸力面进行渗透探伤，检查叶片表面是否存在超标缺陷。若存在缺陷，则进行缺陷清除和补焊处理，并打磨缺陷补焊部位至光滑。打磨完成后按探伤标准 CCH 70-3 Ⅱ级进行渗透探伤。若叶片处理缺陷的面积较大，在缺陷处理合格后，还需重新对叶片表面进行数据测量，检查叶片型线是否合格。

在叶片数控加工过程中需要注意以下几点：

（1）叶片加工前，使用光学测量系统等测量设备对叶片表面型线进行三维数据测量。

（2）叶片精加工前，按探伤标准 CCH 70-3 Ⅲ级进行超声探伤，检查叶片材料内部质量。若存在缺陷，需要对缺陷进行修复，修复后按同样的探伤标准进行探伤，探伤合格后才能进行精加工。

（3）叶片精加工过程中，在叶片压力面和叶片吸力面标记出叶片样板截面线位置（见图 6-18），截面线上的标记点不少于三点，并将标记点进行防护，便于用样板检查叶片型线。

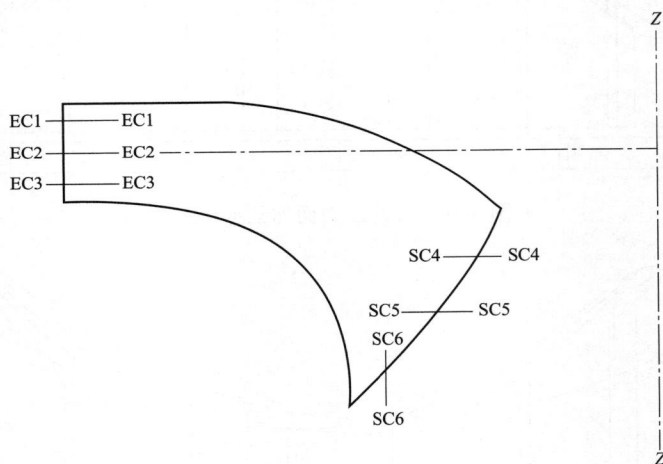

图 6-18　叶片截面线位置

1—泵工况出口 EC1-EC1 截面；2—泵工况出口 EC2-EC2 截面；3—泵工况出口 EC3-EC3 截面；
4—泵工况进口 SC4—SC4 截面；5—泵工况进口 SC5-SC5 截面；6—泵工况进口 SC6-SC6 截面

（4）叶片精加工后，需再次按探伤标准 CCH 70-3 Ⅱ级进行渗透探伤，检查叶片表面质量，如存在超标缺陷，需进行缺陷处理。缺陷处理完毕后重新打磨至光滑，并重新按探伤标准 CCH 70-3 Ⅱ级进行渗透探伤。

（5）叶片精加工后，再次对叶片表面进行三维数据测量，检查叶片型线数据是否符合叶片加工图要求。

四、转轮焊接、加工

上冠、叶片及下环单个部件加工完毕后，通过焊接的方式将三种部件组焊成转轮，再通过数控加工制造成符合设计要求的转轮成品。

（一）转轮装焊及工艺

1. 转轮装焊前的准备工作

转轮装焊前需要对上冠、下环及叶片的外观、坡口、形状尺寸、刻线标记等进行复检，各项尺寸需符合图纸及相关标准要求，并检查工件的合格报告、合格证等工件加工资料。转轮装焊的场地应具有稳定基础的平台，在场地上布置装配用的支墩，同时准备好专用的工装设备与器材，如专用的测量工具及样板，以满足转轮装配过程中对转轮全部尺寸控制项目的测量要求。

2. 转轮装焊工艺过程

（1）将上冠以倒放的状态放置在 4 个支墩上，垫稳、调平。以上冠法兰内圆为基准确定转轮中心基准，如图 6-19 所示。

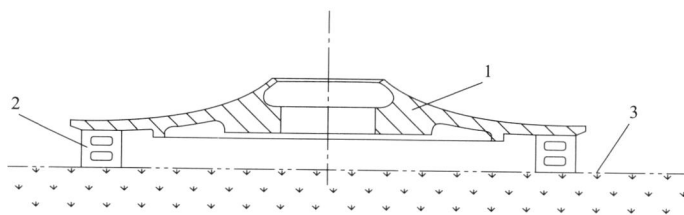

图 6-19　上冠放置图

1—上冠；2—支墩；3—装配平台

（2）在上冠过流面上划出叶片的定位点及参考点，在距离定位点一定范围内增设一些叶片轮廓辅助参考定位点，对所划的定位点需做出清晰标记，以供后续装配识别、应用。

（3）在叶片装配前，焊接叶片起吊吊耳。对单个叶片称重，并将数据输入专用程序进行理论配重。原则上，重量相近的叶片对称布置。按理论优化的配重结果将叶片重新编号，按其编号顺序安装叶片，使最终转轮静平衡试验时的配重量最小。

（4）先吊装第一个叶片，尽可能地调整叶片的安放位置符合理论位置，使其作为其余叶片装配时的参考基准。叶片在上冠上的装配定位点并不能完全确保叶片的空间位置准确，还需要通过其他的尺寸测量手段进行补充，如检测叶片出水边侧尖点至中心的尺寸 R 等（见图 6-20），也可以利用上冠上的刻线圆作为测量基准对叶片尖点的 R 尺寸进行间接测量校验。

（5）依次吊装其余的叶片，使叶片的装配尺寸达到最佳状态，采用搭板及调整螺栓固定叶片，并使其处于安全、稳定、可调的状态。使用专用的样板、样板架对叶片的安放角度进行检查，确认在吊装下环前叶片的安放角度符合图样要求（见图 6-21）。

（6）下环的内、外环使用工艺搭板通过焊缝连接成一体（见图 6-22）。调整下环与上冠的同轴度、下环与上冠之间的高度尺寸满足图样要求，高度方向要预留一定的焊接收缩量。下环装配后对转轮的装配尺寸进行全面的检查。具体检查项见表 6-1 和图 6-23。转轮全部检查项合格后，将叶片与上冠、下环内环点焊固定。为保证后续焊接操作性，将下环外环拆除，转轮转入焊接工序。

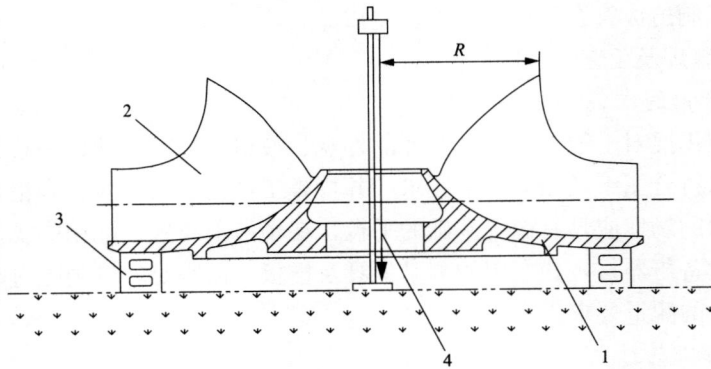

图 6-20 叶片尖点的测量

1—上冠；2—叶片；3—支墩；4—钢丝、铅坠

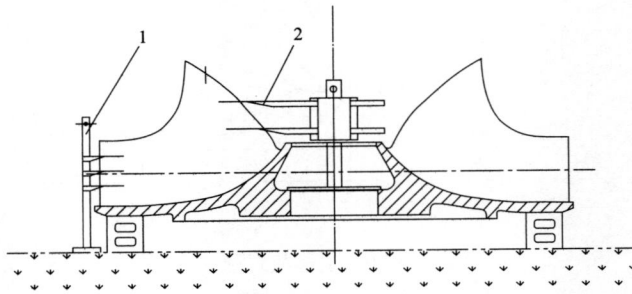

图 6-21 叶片的安放角度检查示意图

1—叶片出口角检查样板及支架；2—叶片进口角检查样板及支架

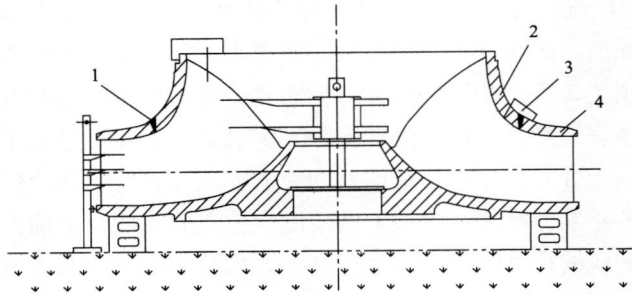

图 6-22 下环内、外环预装示意图

1—下环拼焊缝；2—下环内环；3—工艺搭板；4—下环外环

表 6-1 转轮装配尺寸检查项目

检查项目（水泵工况）	理论尺寸（mm）	附图
叶片下环出口直径	D_1	图 6-23（a）
叶片下环进口直径	D_2	图 6-23（a）
叶片上冠出口直径	D_3	图 6-23（a）
进水边直径	D_e	图 6-23（a）
出口高度	H	图 6-23（a）

检查项目（水泵工况）	理论尺寸（mm）	附图
出水边节距（Ⅰ、Ⅱ、Ⅲ截面）	P	图 6-23（b）、（c）
出水边开口（Ⅰ、Ⅱ、Ⅲ截面）	a	图 6-23（b）、（c）
叶片出口直径（Ⅰ、Ⅱ、Ⅲ截面）	$D_Ⅰ$、$D_Ⅱ$、$D_Ⅲ$	图 6-23（b）、（d）
叶片进口直径（Ⅳ、Ⅴ截面）	$D_Ⅳ$、$D_Ⅴ$	图 6-23（b）、（e）
进水边开口（e_1、e_2、e_3、e_4）	e	图 6-23（f）、（g）
进口角（Ⅰ、Ⅱ、Ⅲ截面）	β_1	图 6-23（b）、（h）
出口角（Ⅳ、Ⅴ、Ⅵ截面）	β_2	图 6-23（b）、（h）

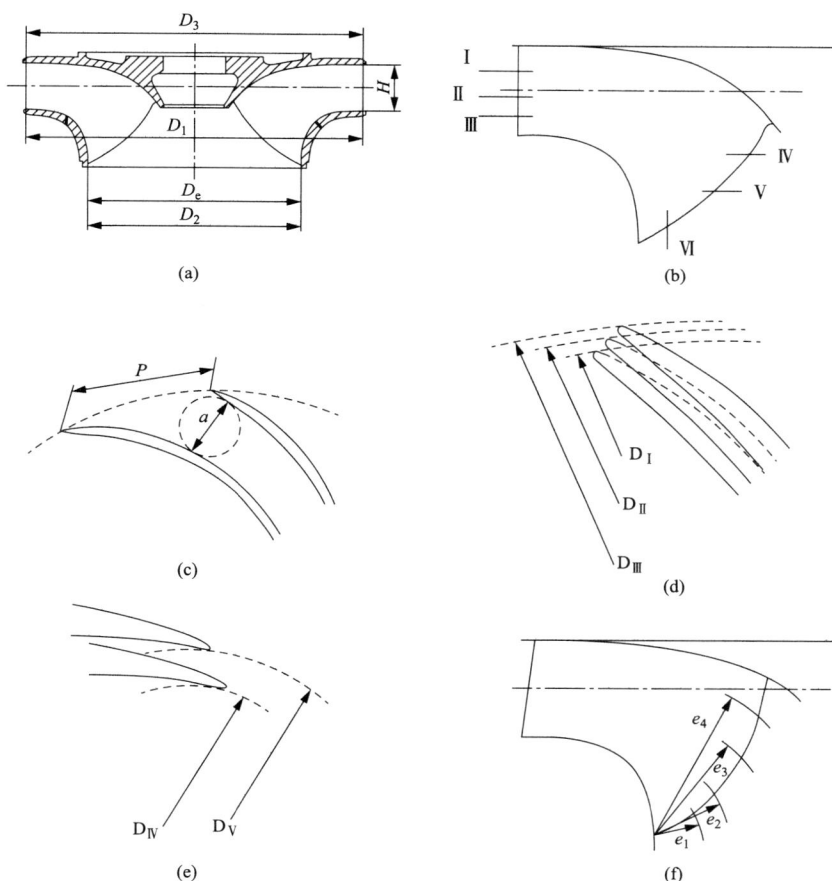

图 6-23　转轮尺寸检查项目示意图（一）

（a）叶片与上冠、下环交点直径尺寸及出口高度检查项目示意图；

（b）叶片选定的截面示意图；（c）出水边开口和节距尺寸检查示意图；

（d）Ⅰ、Ⅱ、Ⅲ截面直径尺寸检查示意图；（e）Ⅳ、Ⅴ截面直径尺寸检查示意图；

（f）选定的进水边开口的截面示意图

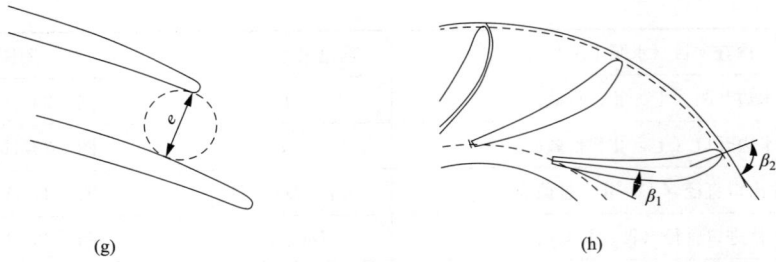

图 6-23　转轮尺寸检查项目示意图（二）

（g）进水边开口检查示意图；（h）叶片进、出口角检查示意图

3. 转轮焊接工艺要点

（1）转轮焊接材料选取。转轮焊接材料有奥氏体不锈钢焊接材料、三相组织（A＋M＋δ）的不锈钢焊接材料和马氏体不锈钢焊接材料三种，但三种材料均有优缺点，其中后两种在转轮焊接中使用较多，第一种已经很少使用。

1）奥氏体不锈钢焊接材料。这种材料的特点是塑韧性、抗裂性好，缺点是强度指标低，焊后超声波探伤检查（UT）时缺陷的判定困难，除非有特殊要求，现在一般已不再应用于转轮的焊接。

2）三相组织（A＋M＋δ）的不锈钢焊接材料。针对母材为 ZG04Cr13Ni4Mo 或 ZG04Cr13Ni5Mo 研制了配套合金体系为 Cr17-Ni6 的焊接材料，其中代表性的焊接材料为 G367M。这种焊接材料有一定的马氏体组织，其焊材力学性能能够满足对焊接接头的力学性能要求，但在焊缝组织中，奥氏体组织所占比例较大，硬度稍显偏低，焊缝金属抗磨蚀能力稍逊于母材，但焊接性能优良。

3）马氏体不锈钢焊接材料。近年来，转轮的焊接材料采用与母材同材质焊接材料进行焊接成为主流，主要采用的合金体系为 Cr13-Ni5（相当于 AWS 标准的 ER410NiMo）。这种焊接材料的化学成分、组织状态、力学性能与母材相当。由于焊缝的组织状态主要为马氏体组织，可以实现焊后对焊缝进行超声波探伤检查（UT）。缺点是焊接时对焊接工艺要求严格，易出现冷裂纹，焊缝金属必须通过焊后热处理提高冲击韧性，以满足使用要求。

（2）焊接方法选择。转轮的焊接方法主要有熔化极惰性气体保护焊、手工电弧焊。由于熔化极惰性气体保护焊的效率比手工电弧焊高，所以，一般选用这种焊接方法。

（3）焊接温度控制。由于转轮的材料具有一定的淬透性且焊接接头具有较大的拘束度，为了避免焊接时产生冷裂纹，转轮的焊接一般需要在焊接前对转轮进行局部预热，焊接过程中温度要保持在一定的温度范围内，预热温度和层间温度需要通过焊接试验确定，并且要通过焊接工艺评定试验进行确认。

（4）定位焊的要求。转轮焊接前，对叶片与上冠、下环之间的焊缝进行定位焊接，目的是稳定转轮的装配尺寸。定位焊的焊接材料可选用塑、韧性较好的奥氏体不锈钢焊接材料，定位焊缝应在清根侧坡口施焊，在清根时用碳弧气刨彻底清除并打磨去除奥氏体焊接材料以满足探伤要求。

（5）焊接顺序。焊接时，按工艺设定的焊接顺序进行施焊，其原则是，在每条焊缝的长度方向采用分段退步焊的方法进行施焊，避免转轮出现局部温度过高而造成的焊接变形过大的问题；各叶片的正、背面焊缝，上冠与下环焊缝要交替进行焊接，防止转轮出现较大的局部变形。焊接过程中应对转轮主要尺寸进行监测，根据转轮的变形情况调整焊接顺序予以纠偏，使转轮的焊接变形在受控的范围内。

（6）焊接位置的调整。焊接时，为便于施焊，可以使用工艺装备将转轮调整到适宜的位置进行焊接，利于保证焊接质量、提高生产效率。

（7）焊接质量检查。叶片与上冠、下环内环焊缝焊接完成后，对完成焊接的焊缝进行超声波探伤检查（UT）和磁粉探伤检查（MT）或液体渗透探伤检查（PT）；焊缝过渡圆角 R 通过打磨成型；之后，装配下环外环，进行叶片与下环外环的定位焊接；然后对未完成焊缝进行全面焊接。焊接完成后进行超声波探伤检查（UT）和磁粉探伤检查（MT）或液体渗透探伤检查（PT）、焊缝过渡角焊圆 R 的打磨成型等。

（8）焊后消除应力热处理。对转轮进行焊后消除应力热处理，以减小焊缝的残余应力和改善焊接接头的力学性能，同时还有稳定工件尺寸的效果。

（二）转轮数控加工工艺过程

转轮焊接热处理完成后，按照粗加工和精加工分开的工艺原则在数控机床上进行加工。转轮加工时，在转轮上冠和下环外圆直接加工出上止漏环和下止漏环。转轮在加工过程中需保证上止漏环、下止漏环与转轮法兰平面止口的同轴度精度及转轮法兰平面上的联轴孔的位置度精度；转轮加工后需进行静平衡，转轮静平衡标准，按 ISO 1940/1—1986《机械振动-刚性转子平衡品质的要求　第 1 部分：许用剩余不平衡量确定》平衡品质等级 G6.3 或更高标准执行。

转轮制造加工的主要工艺流程如图 6-24 所示。

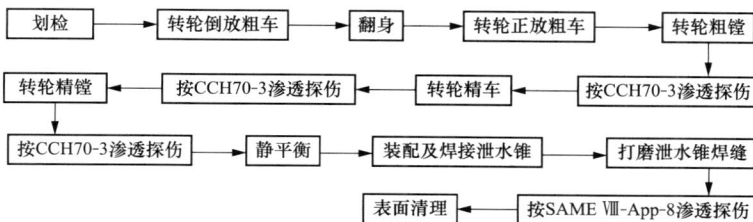

图 6-24　转轮加工工艺流程

转轮数控加工的主要工艺内容如下：

（1）转轮划检后在数控立车上倒放（见图 6-25），先粗车下环内、外圆及相关平面，然后转轮翻身正放（见图 6-26），粗车上冠内、外圆及相关平面，如图 6-25、图 6-26 所示。

（2）转轮粗车后，在数控机床上，数控编程粗镗转轮联轴孔，保证各联轴孔的位置度精度。

（3）转轮粗车、粗镗后，按探伤标准 CCH 70-3 Ⅱ级对转轮各加工表面进行渗透探伤，检查各表面是否存在缺陷。若存在超标缺陷，则进行缺陷清除和补焊处理，并将缺陷补焊部位打磨至光滑，然后重新按探伤标准 CCH 70-3 Ⅱ级进行渗透探伤。

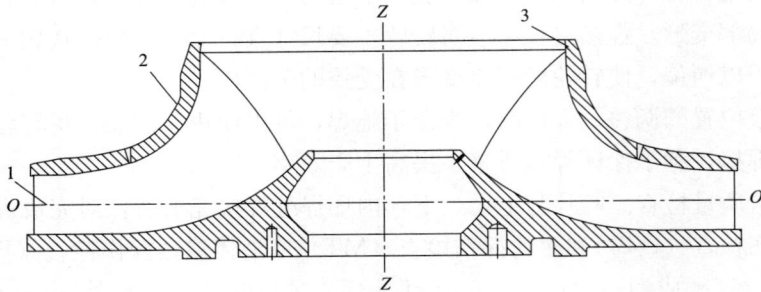

图 6-25　转轮倒放加工示意图
1—导水机构中心线；2—下环外圆；3—下环内圆

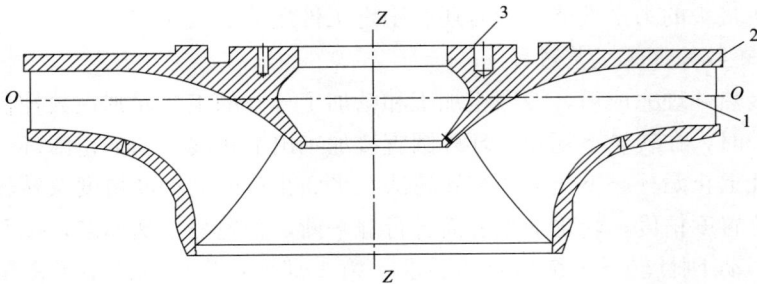

图 6-26　转轮正放加工示意图
1—导水机构中心线；2—上冠外圆；3—上冠平面

（4）转轮全面进行精车，精车后按探伤标准 CCH 70-3 Ⅱ级对转轮各加工表面进行渗透探伤，检查各表面是否存在超标缺陷。若存在缺陷，则进行缺陷清除和补焊处理，并将缺陷补焊部位打磨至光滑，然后重新按探伤标准 CCH70-3 Ⅱ级进行渗透探伤。

（5）转轮精车后，在数控机床上，数控编程加工联轴孔并保证联轴孔的位置度。若联轴孔中存在联轴销孔，则需采用镗模为基准的方法，进行联轴销孔的加工，保证联轴销孔的位置度。转轮法兰平面上的联轴孔精加工后，按探伤标准 CCH 70-3 Ⅱ级对加工后的联轴孔表面进行渗透探伤检查，联轴孔表面渗透探伤应合格。若联轴孔中存在联轴螺孔，在联轴螺孔加工到螺纹底孔时进行渗透探伤，螺纹底孔表面不存在缺陷后，才能进行联轴螺孔加工；联轴螺孔精加工后，加工后的螺纹表面进行目视检查，不再进行渗透探伤检查。

（6）转轮精加工及渗透探伤合格后，转轮进行静平衡，转轮静平衡后的残余不平衡力矩应符合图样要求，如图 6-27 所示。转轮静平衡的目的是消除转轮在铸造、焊接及加工过程中出现的偏重现象。由于转轮偏重的存在，使机组在运行中产生附加离心力，可能导致转轮水力不平衡、机组产生振动等不良现象，影响机组的安全稳定运行。转轮静平衡的方法包括测杆应变法、静压球轴承法和钢球、镜板式平衡法等。采用钢球、镜板式平衡方法时，静平衡工具要测量灵敏度。消除转轮多余的不平衡重量的方法有偏车法、钻孔法和配重法。

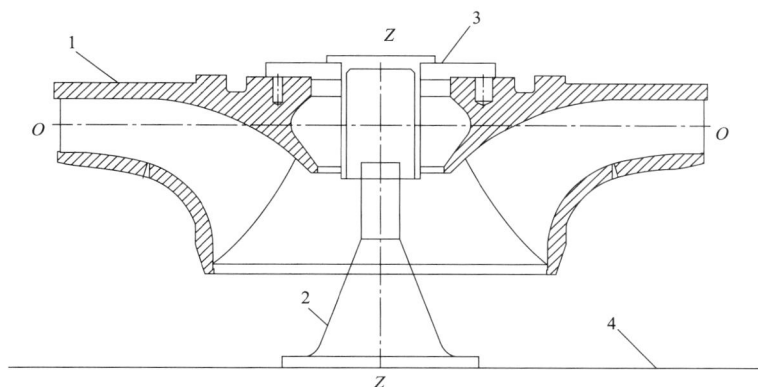

图 6-27 转轮静平衡示意图
1—转轮；2—平衡底座；3—平衡工具；4—工作平台

转轮静平衡后对泄水锥进行装配及焊接，焊接后需对焊缝打磨光滑，并对打磨后的焊缝表面按 ASME Ⅷ-APP-8 标准进行渗透探伤。若存在缺陷，需将缺陷清除干净、补焊处理及打磨缺陷补焊部位光滑，并重新按探伤标准 ASME Ⅷ-APP-8 进行渗透探伤，检查焊接表面是否合格。

在转轮数控加工过程中需要注意以下几点：

（1）转轮加工前，叶片与上冠、下环之间的焊缝，叶片表面需打磨，并按 ASME Ⅷ-APP-8 进行渗透探伤。若存在缺陷，需进行缺陷处理，缺陷处理完成后重新按探伤标准 ASME Ⅷ-APP-8 进行渗透探伤检查。

（2）转轮粗加工后，加工表面需按 CCH 70-3 Ⅱ级标准进行渗透探伤，检查转轮表面是否存在缺陷。若存在缺陷，需将缺陷清除干净后，再进行精加工。

（3）转轮精加工后，加工表面需重新按 CCH 70-3 Ⅱ级标准进行表面渗透探伤，检查转轮表面是否存在缺陷。若存在缺陷，需进行缺陷处理，缺陷处理完成后重新按探伤标准 CCH 70-3 Ⅱ级进行渗透探伤检查。

（4）转轮静平衡前，需检测静平衡装置的灵敏度，防止影响转轮静平衡结果。

（5）转轮静平衡后，泄水锥与转轮装配时，需保证泄水锥与转轮之间的同轴度精度要求。

第二节 主 轴 制 造 加 工

水泵水轮机主轴采用两端带连接法兰结构，使用优质锻钢锻造而成，以保证足够的强度和刚度。主轴的制造加工一般在大型数控卧车和数控镗床上进行。主轴粗加工过程中需要进行化学成分分析、力学性能试验、残余应力试验和无损探伤检验，检验标准按 JB/T 1270—2014《水轮机、水轮发电机大轴锻件技术条件》的规定进行。

主轴各项检验合格后，才能按照粗加工和精加工分开的工艺原则进行加工。水泵水轮机主轴精加工后，与发电电动机主轴联轴找同轴度检查，联轴后两轴的同轴度公差应符合 ANSI/IEEE 810 标准规定的要求。主轴制造加工的主要工艺流程如图 6-28 所示。

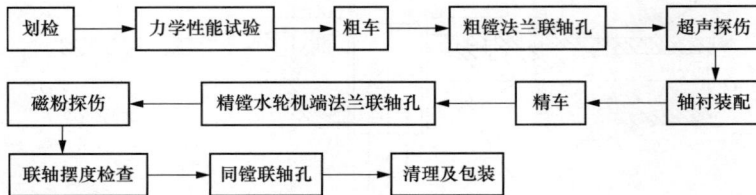

图 6-28 主轴制造加工的主要工艺流程

主轴数控加工的主要工艺内容如下：

（1）主轴化学成分、力学性能及残余应力复检，检验标准按 JB/T 1270—2014《水轮机、水轮发电机大轴锻件技术条件》执行。

（2）在大型数控卧车上，以主轴内腔为基准，粗车主轴各部位外圆及两端法兰平面，需保证主轴外圆与内腔之间的同轴度精度，其中主轴轴身上装配轴衬部位需精加工（见图 6-29）。

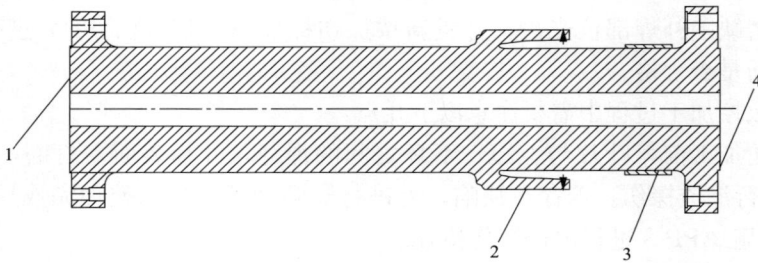

图 6-29 主轴示意图
1—发电机端；2—轴领；3—轴衬；4—水轮机端

（3）在数控镗床上，数控编程粗加工主轴两端法兰平面上的联轴孔。按 JB/T 1270—2014《水轮机、水轮发电机大轴锻件技术条件》检验标准对主轴加工表面进行超声波探伤，装配轴衬。

（4）在数控镗床上，精加工主轴及主轴水轮机端法兰联轴孔。主轴法兰联轴孔的加工有两种形式，即按镗模单独加工主轴法兰联轴孔和主轴与发电电动机主轴联轴找同轴度后再同加工两轴法兰联轴孔。主轴精车和精镗后，按 JB/T 1270—2014《水轮机、水轮发电机大轴锻件技术条件》检验标准对主轴精加工表面做磁粉探伤。

（5）对主轴与发电电动机主轴进行两轴连接（见图 6-30），并按 ANSI/IEEE 810 标准进行两轴同轴度检查。

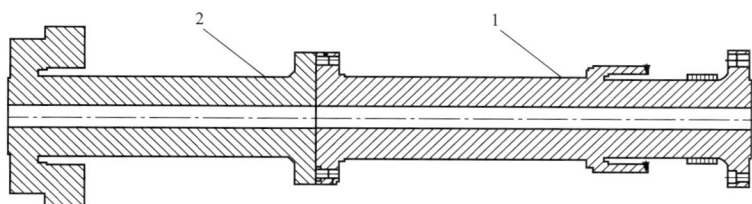

图 6-30　主轴与发电电动机主轴连轴摆度检查示意图
1—水泵水轮机主轴；2—发电电动机主轴

（6）主轴与发电电动机主轴两轴联轴找同轴度合格后，如果没有按镗模单独加工主轴法兰联轴孔，则需同钻铰水泵水轮机主轴和发电电动机主轴两轴联轴法兰孔，加工完成检验合格后进行包装、发运至工地。

主轴制造加工过程中需要注意以下几点：

（1）JB/T 1270—2014 按《水轮机、水轮发电机大轴锻件技术条件》检验标准，进行化学成分、力学性能及残余应力复验。

（2）精加工前需进行超声波探伤，精加工后进行磁粉探伤，按 JB/T 1270—2014《水轮机、水轮发电机大轴锻件技术条件》检验标准执行。

（3）控制主轴的尺寸公差和几何公差，需保证加工后的主轴外圆与内腔之间的同轴度精度。

（4）水泵水轮机主轴与发电电动机主轴两轴联轴后，需按 ANSI/IEEE 810 标准进行同轴度检查。按镗模单件加工完成的水泵水轮机主轴和发电电动机主轴，也可以不进行两轴联轴同轴度检查。

第三节　导水机构制造加工、装配及试验

水泵水轮机导水机构由顶盖、底环、导叶和导叶操作机构组成。导叶操作机构由接力器、控制环、导叶连杆、导叶臂及连接元件和保护元件组成。导水机构的制造除完成以上各部件的制造加工外，还包括导水机构的装配和试验检查。

一、导水机构主要部件装焊工艺

导水机构焊接结构件有顶盖（见图 6-31）、控制环（见图 6-32）、底环（见图 6-33）。这三个焊接结构件虽然结构不完全相同，但它们的装焊工艺基本相同，其共同点如下：

（1）都是大型环形部件，需要根据运输条件确定是采用整圆加工还是分瓣加工在工地组装。

（2）流道表面都是通过在钢板表面堆焊不锈钢焊接材料或装焊不锈钢抗磨板来提高流道表面的抗磨蚀能力。

（3）导水机构主要结构件所选用的钢板强度等级和焊接工艺要求基本相近。

鉴于以上特点，这里仅以顶盖为代表对导水机构部件的装焊工艺进行介绍。

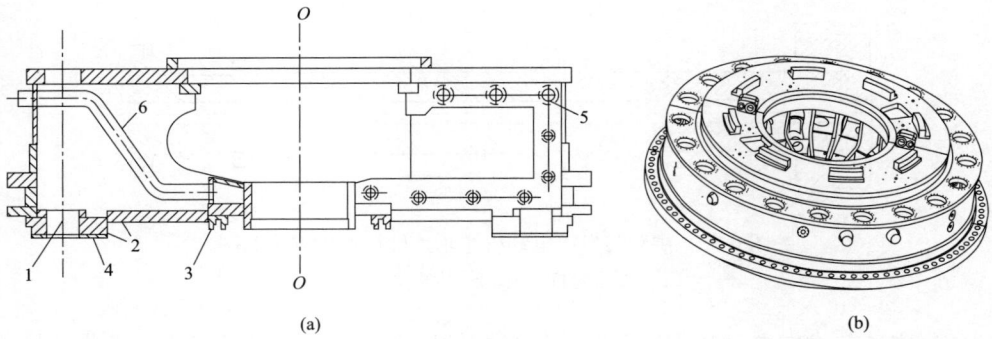

图 6-31 顶盖结构剖面图

（a）顶盖剖面图；（b）顶盖结构三维图

1—导叶轴孔；2—堆焊部位；3—上固定止漏环；4—抗磨板；5—合封板上把合孔；6—管路

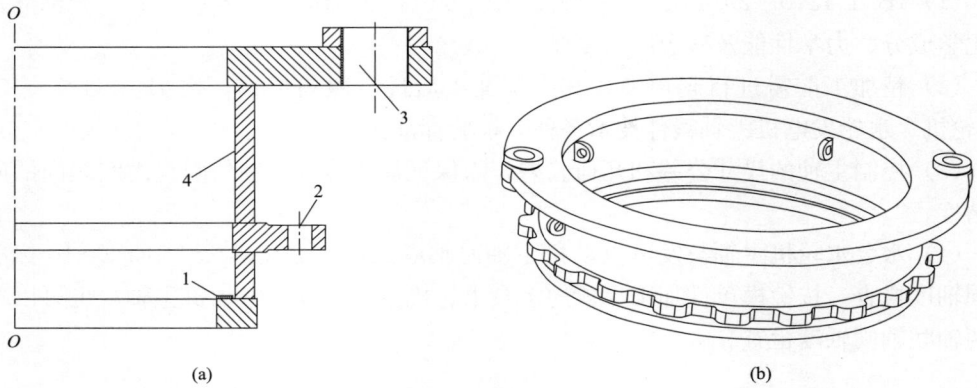

图 6-32 控制环结构剖面图

（a）控制环局部剖面图；（b）控制环结构三维图

1—不锈钢抗磨板；2—小耳孔；3—大耳孔；4—控制环

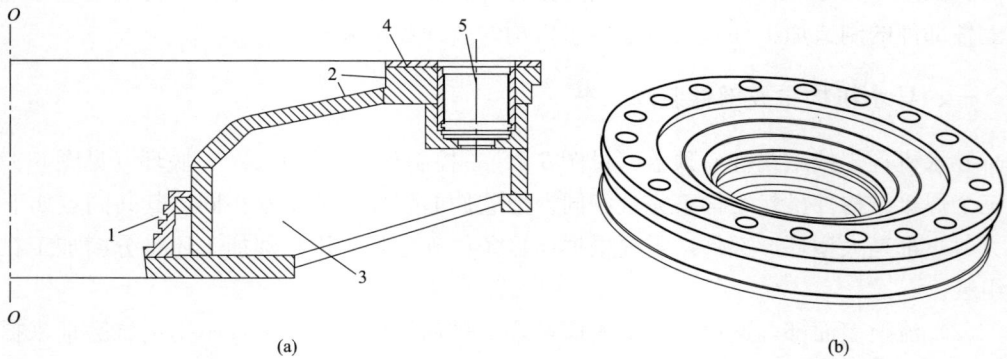

图 6-33 底环结构剖面图

（a）底环剖面图；（b）底环结构三维图

1—下固定止漏环；2—堆焊部位；3—底环；4—抗磨板；5—导叶轴孔

1. 顶盖备料

制造顶盖的材料主要为钢板，不同材质的钢板其下料的方式和制备要求也有所不同，一般情况如下：

（1）以碳素结构钢和低合金结构钢为原材料的零件，对于轮廓线为直线、简单形状的零件采用半自动气割机下料并制备焊接坡口；对于轮廓线为曲线或形状比较复杂的零件，一般采用数控气割机下料，用半自动气割机制备焊接坡口。

（2）不锈钢零件的下料采用数控等离子气割机下料，不锈钢零件坡口的制备一般是采用机械加工的方法完成，少量的坡口制备也可以采用碳弧气刨加铲磨的方法。

（3）超过一定尺寸的板材热切割下料（见图 6-34 和彩图 6-34、图 6-35 和彩图 6-35）会产生一定的变形，下料后需对零件进行矫平，可采用机械方法压平，也可以采用火焰校平。

图 6-34 数控气割机下料

图 6-35 数控等离子气割机下料

（4）立圈等需要成型的零件采用滚板机或油压机完成，如图 6-36 和彩图 6-36 所示。

（5）所有采用火焰切割方法制备的坡口表面均需要用砂轮机进行打磨，露出金属光泽。避免气割产生的氧化物影响焊接质量。

图 6-36 滚板机成型

2. 顶盖装配工艺要点

顶盖的装配过程是，首先将拼焊后的下环板吊放到平台上垫稳、调平并保证装配过程中工件处于稳定状态；然后在下环板上划出十字基准线、筋板、立圈等零件的位置线并做标记以便识别、应用；最后按工艺设定的零件装配顺序吊装各零部件及分装配，调整尺寸，点焊固定。

在装配过程中需注意以下问题：

（1）一些尺寸较大的零部件，应首先完成单件的拼装、拼焊。有无损探伤检验要求的焊缝应在单件拼焊后完成。

（2）由于焊接产生收缩的特点会导致高度方向尺寸的变化，所以顶盖的上、下环板间的高度尺寸在装配时要增加一定的补偿余量，以抵消焊接导致尺寸变化带来的不利影响。

（3）为减小焊接所产生的变形，在焊接前需要在顶盖的内圆处装焊工艺支撑筋，在焊后进行热处理消除应力后，拆除这些工艺支撑筋。

3. 顶盖焊接工艺要点

（1）焊接方法选择。顶盖的焊接方法主要有熔化极气体保护焊、埋弧焊、手工电弧焊，可根据不同的焊接目标和要求选择合适的焊接方法。

1）熔化极气体保护焊：用于顶盖的焊接，具有工作效率高，焊接变形和应力小等优点，在焊接碳素结构钢和低合金结构钢时保护气体为 $78\%Ar+22\%CO_2$，焊接不锈钢时保护气体为 $95\%Ar+5\%CO_2$。

2）埋弧焊、常用于大厚度钢板拼焊缝焊接。埋弧焊具有工作效率高（自动化程度高）、焊缝质量好（返修量小）、焊工劳动强度低等优点。

3）手工电弧焊主要用于顶盖中一些狭小空间和可达性不佳的位置焊接。

（2）焊接材料。顶盖的焊接材料主要参照表 6-2 选取。

表 6-2 顶盖焊接材料对照表

焊接材料	中国 GB 标准	美国 AWS 标准	用途
气保焊焊丝	ER50-6	ER70S-6	用于碳素结构钢和低合金结构钢的焊接
	ER309L	ER309L	用于碳素结构钢/低合金结构钢与不锈钢过渡层及打底焊接
	ER316L	ER316L	用于碳素结构钢/低合金结构钢与不锈钢的填充焊接和不锈钢之间的焊接
手工焊焊条	E5015	E7015	用于碳素结构钢和低合金结构钢的焊接
氩弧焊焊丝	TS309L	ER309L	用于管焊打底焊接和少量缺陷返修焊接
埋弧焊焊丝＋焊剂	F5A2-10Mn2	F7A0-EH14	用于碳素结构钢和低合金结构钢的焊接

（3）厚钢板的焊接。由于顶盖的钢板厚度较厚，接头的拘束度较大，为了避免焊缝出现焊接冷裂纹，焊接过程中的温度应控制在一定范围内，预热温度和层间温度需要通过焊接试验确定，并且要通过焊接工艺评定试验进行确认。

（4）不锈钢管路的焊接。不锈钢管路的焊接可在室温下焊接，层间温度不大于150℃。焊接方法应选择采用钨极氩弧焊进行打底焊接，可以减少管路内部的飞溅物。在管路的内部充氩气保护，有利于背面焊缝成形和防止背面焊缝氧化。

（5）确定焊接顺序的原则。焊接时，多名焊工应在对称位置进行焊接，采用多层多道、分段退步焊、逐层锤击、合理翻身等工艺手段，以减小部件的焊接变形。对于需要清根的焊缝，焊接时应先在大坡口侧焊接至坡口深度的 $1/3\sim1/2$，在小坡口侧清根，打磨清根表面去除渗碳层，露出金属光泽，经着色渗透探伤检查（PT）合格后，根据工件在焊接过程中的变形情况两侧交替施焊，减小变形。

（6）焊后消除应力热处理。对顶盖进行焊后消除应力热处理，目的是减小焊缝残余应力，有利于稳定工件结构尺寸，避免加工后由于残余应力导致加工面出现变形。

4. 质量检查

焊接工作完成后，按设计图样要求进行无损探伤检查的焊缝，其无损探伤检查应在焊后消除应力热处理前、后各进行一次。对顶盖的主要尺寸、焊缝质量、基准标记等进行检查，确认顶盖的质量符合图样及相关标准要求后对顶盖进行清理、喷砂、涂漆等工作，然后转下一道工序进行加工。

二、导水机构主要部件数控加工工艺

1. 顶盖数控加工

顶盖焊接完成及热处理后，按照先粗加工后精加工的工艺原则在数控机床上进行数控加工。顶盖加工过程中，需保证导叶轴孔的位置精度、导叶轴孔的分布圆与上固定止漏环之间的同轴度、顶盖法兰上与座环把合孔的位置度精度和堆焊层表面的缺陷处理和残余应力释放等。

顶盖数控加工的主要工艺流程如图 6-37 所示。

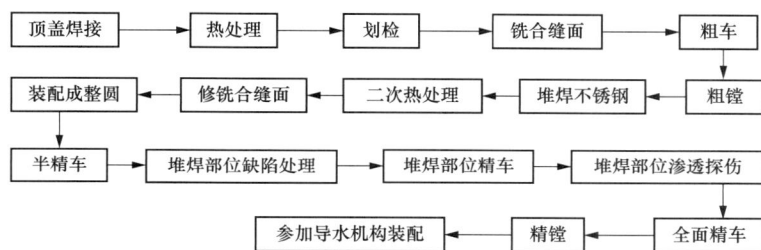

图 6-37　顶盖数控加工的主要工艺流程

顶盖数控加工的主要工艺内容如下：

（1）顶盖焊接及划检合格后，在数控镗床设备上数控编程铣合缝面及钻、镗合缝面上的把合孔。

（2）装配整圆后，在数控立车上进行粗加工，其中，堆焊不锈钢前部位的尺寸按图样尺寸进行加工。

（3）堆焊不锈钢并进行热处理，消除堆焊不锈钢焊接后产生的内应力，防止出现堆焊表面的残余应力释放影响顶盖精加工后的尺寸精度。

（4）堆焊不锈钢后，顶盖合缝面会出现局部尺寸变形。装配整圆后的顶盖，在顶盖合缝面上局部会存在较大的间隙。因此，需重新修铣合缝面，并镗合缝面把合孔背面的沉孔平面，保证合缝面与合缝面背面沉孔平面之间的平行度精度。

（5）在数控立车上对顶盖进行半精加工，按 ASME-APP-8 标准对堆焊层表面进行渗透探伤，将存在的超标缺陷进行缺陷清除及补焊处理。

（6）顶盖精加工过程中，先精车堆焊部位并按 ASME-APP-8 标准进行渗透探伤，对存在的超标缺陷进行缺陷清除、补焊处理及打磨光滑并按 ASME-APP-8 标准重新进行渗透探伤。堆焊层表面超标缺陷处理合格后，再进行全面精加工（见图 6-38 和彩图 6-38）。在精镗顶盖导叶轴孔和顶盖法兰上与座环把合孔前，需测量导叶轴孔的位置度和顶盖法兰上与座环把合孔的位置度精度。若位置度不合格，需要分析产生的原因，一般从机床设备精度、量具精度、测量人员技能和测量过程中温度对顶盖、量具的温度

图 6-38　顶盖精加工

影响进行分析。顶盖导叶轴孔的位置度和顶盖法兰上与座环把合孔的位置度测量合格后，才能进行精加工。

（7）顶盖精加工后，参加导水机构厂内装配前，需装配上固定止漏环，并在立车上检查上固定止漏环与顶盖导叶轴孔分布圆的同轴度精度。同轴度精度合格后，才能进行导水机构装配。

在顶盖制造加工过程中需要注意以下几点：

（1）顶盖堆焊不锈钢后应进行热处理以消除应力。修铣合缝面时，需重新镗合缝面，把合孔背面沉孔平面，保证修铣后的合缝面与把合孔背面沉孔平面的平行度精度。

（2）堆焊不锈钢部位应先加工并按 ASME-APP-8 标准探伤处理缺陷，合格后再精加工其余部位。这样可防止精加工后处理堆焊不锈钢层的缺陷时，影响顶盖的尺寸、几何公差和表面质量。

（3）顶盖导叶轴孔位置度和顶盖法兰上与座环把合孔的位置度，需在顶盖精加工前重新检查，位置度合格后才能进行精加工。

（4）上固定止漏环单件加工后，为保证上固定止漏环与顶盖导叶轴孔分布圆的同轴度精度，需将上固定止漏环与顶盖装配到一起后，在立车上重新检查上固定止漏环与顶盖导叶轴孔分布圆的同轴度。若不考虑上固定止漏环的互换性，可以将上固定止漏环与顶盖先装配在一起，然后上固定止漏环与顶盖一起进行精加工。

2. 底环数控加工

水泵水轮机底环根据机组的安装方式及运输条件，分为整体结构或分瓣结构。国内多数电站采用整体结构底环，底环过流表面堆焊不锈钢或组装不锈钢抗磨板。底环焊接完成及热处理后，按照先粗加工、后精加工的工艺原则在数控立车上一个工位进行数控车削和镗削加工。底环加工过程中，需保证导叶轴孔的位置度精度、导叶轴孔的分布圆与下固定止漏环之间的同轴度、底环法兰上与座环把合孔的位置度精度，并完成堆焊层表面的缺陷处理和残余应力释放等。

整体底环制造加工的主要工艺流程如图 6-39 所示。

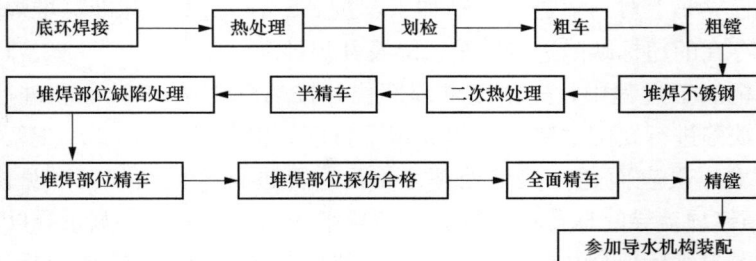

图 6-39　整体底环加工的主要工艺流程

整体底环制造加工工艺的主要内容如下：

（1）底环焊接及划检合格后，在数控立车上进行粗加工，其中堆焊不锈钢前部位的尺寸按图样尺寸进行加工；堆焊不锈钢后需进行热处理，消除堆焊不锈钢焊接后产生的内应力，防止出现堆焊表面的残余应力释放，影响底环精加工后的尺寸精度。

（2）在数控立车上进行半精加工，按 ASME-APP-8 标准进行堆焊层表面渗透探伤，对存在的缺陷进行修复处理。通过这种方式可以减少在底环精加工时，底环堆焊层表面出现的焊接缺陷的数量。

（3）在底环精车过程中，先精车堆焊部位并按 ASME-APP-8 标准进行渗透探伤检查，对存在的超标缺陷，进行缺陷清除、补焊处理及打磨光滑并按 ASME-APP-8 标准重新进行渗透探伤。堆焊层表面超标缺陷处理合格后，再进行全面精加工（见图 6-40）。在精镗底环导叶轴孔和底环法兰上与座环把合孔前，需测量导叶轴孔的位置度和底环法兰上与座环把合孔的位置度精度。若位置度不

图 6-40 底环精加工

合格，需要查找原因，待底环导叶轴孔的位置度和底环法兰上与座环把合孔的位置度测量合格后，才能进行精加工。

（4）底环精加工后，参加导水机构预装配前，需装配下固定止漏环，并在立车上检查下固定止漏环与底环导叶轴孔分布圆的同轴度精度，同轴度精度合格后，才能进行导水机构装配。

在整体底环的制造加工过程中需要注意以下几点：

（1）底环堆焊不锈钢后应进行热处理，进一步消除应力。

（2）堆焊不锈钢部位应先加工并按 ASME-APP-8 标准探伤处理缺陷，合格后再精加工其余部位，以防止精加工后处理堆焊不锈钢层的缺陷时，影响底环的尺寸、几何公差和表面质量。

（3）底环导叶轴孔位置度和底环法兰上与座环把合孔的位置度，需在底环精加工前重新检查，位置度合格后才能进行精加工。

（4）下固定止漏环单件加工后，为保证下固定止漏环与底环导叶轴孔分布圆的同轴度精度，需将下固定止漏环与底环装配到一起后，在立车上重新检查下固定止漏环与底环导叶轴孔分布圆的同轴度。若不考虑下固定止漏环的互换性，可以将下固定止漏环与底环先装配在一起，然后下固定止漏环与底环一起进行精加工。

3. 控制环数控加工

控制环一般为分瓣焊接结构，焊接完成及热处理后，按照粗加工和精加工分开的工艺原则，在数控机床上进行数控加工。控制环加工过程中，需保证控制环小耳孔的位置度及控制环小耳孔与大耳孔之间的相互位置精度。

分瓣结构的控制环加工的主要工艺流程如图 6-41 所示。

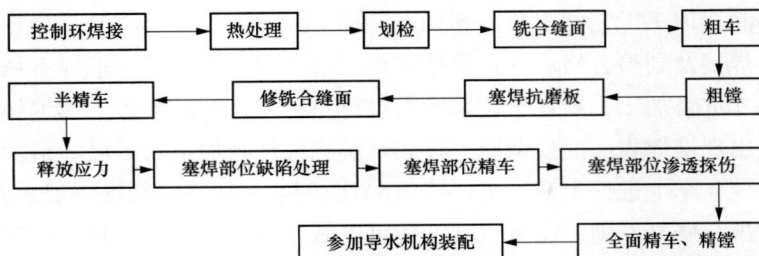

图 6-41 控制环加工的主要工艺流程

控制环数控加工的主要工艺内容如下：

（1）控制环焊接及画线检查加工余量，在数控机床上进行粗加工。

（2）有塞焊不锈钢材料抗磨板结构的控制环，控制环塞焊抗磨板及半精车后，需进行应力释放。同时，塞焊部位需按 ASME-APP-8 标准进行渗透探伤，对存在的超标缺陷，进行缺陷清除、补焊处理及打磨光滑。

（3）按 ASME-APP-8 标准渗透探伤检查合格后，在数控机床上进行全面精加工。

（4）控制环精加工后，参加导水机构装配。

在控制环的制造加工过程中需要注意以下几点：

（1）精镗控制环小耳孔过程中，需检查控制环小耳孔的位置度及几何公差精度。

（2）精加工控制环大耳孔前，需检查控制环小耳孔与大耳孔之间的位置关系。若控制环小耳孔与大耳孔位置关系错误，在电站导水机构装配时，会影响控制环接力器的安装和接力器的行程等。

（3）精加工控制环大耳孔时，需保证控制环大耳孔的位置度及几何公差。

（4）控制环塞焊不锈钢抗磨板后，需进行压力释放，减少焊接变形对控制环尺寸的影响。

4. 导叶数控加工

导叶（见图 6-42）一般采用不锈钢材料铸造而成，铸造方法一般采用电渣熔铸、铸造 VOD 精炼或铸造 AOD 精炼等。铸造工艺及流程主要包括加工余量及收缩率的设定、冒口设计、浇注系统设计、计算机数值模拟等。各项参数的选择遵循国家标准 GB/T 6414—2017《铸件 尺寸公差、几何公差与机械加工余量》和《铸造手册 5：铸造工艺》

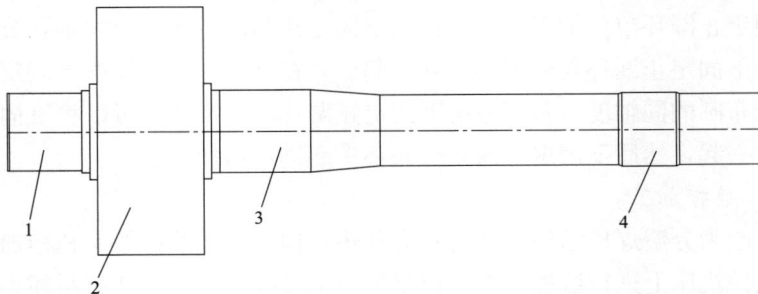

图 6-42 导叶示意图

1—下轴颈；2—瓣体；3—中轴颈；4—上轴颈

第 3 版的相关要求与标准。

导叶铸造完成后，需进行化学成分、力学性能、表面检验和无损探伤检验等项目检查。铸件表面不能存在气孔、重皮、冷隔、砂眼、疏松和裂纹等缺陷。若铸件表面存在这些缺陷，则应采用气刨、气割、打磨或机械加工等方式清除缺陷，缺陷清除后的表面需进行渗透探伤检查，渗透探伤合格后，缺陷清除后的表面才可以进行补焊处理。

导叶铸造完成后，按照粗加工和精加工分开的工艺原则，分别在卧车和数控镗床或数控龙门铣上加工。导叶加工过程中，需保证导叶上轴颈、中轴颈和下轴颈之间的同轴度精度，保证导叶轴颈与导叶瓣体端面的垂直度，保证导叶瓣体头部密封面、尾部密封面与导叶轴颈中心之间的平行度精度。

导叶数控加工的主要工艺流程如图 6-43 所示。

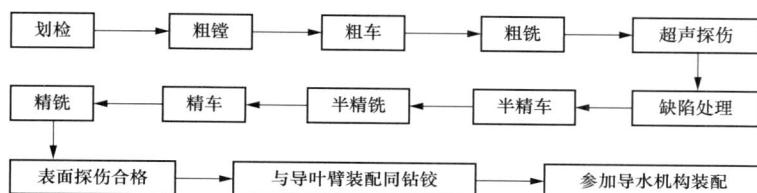

图 6-43 导叶数控加工的主要工艺流程

导叶数控加工的主要工艺内容如下：

（1）画线检查加工余量，采用数控镗床加工导叶下轴颈端面和上轴颈端面上的顶尖孔。

（2）在卧车上，用双顶尖支撑导叶后，粗加工导叶轴颈及导叶两端瓣体端面，加工过程中需检查导叶轴颈与瓣体端面的垂直度。若垂直度不符合图样要求，需对机床设备精度进行调整。

（3）在数控龙门铣机床上，数控编程加工导叶瓣体型线。

（4）粗加工后，导叶按探伤标准 CCH 70-3 进行超声探伤，检查导叶内部质量。若存在超标缺陷，则将缺陷清除干净并进行补焊处理，重新按探伤标准 CCH 70-3 进行超声探伤，合格后，才允许进行精加工。

（5）先在卧车上精车导叶轴颈和瓣体端面，然后在数控龙门铣机床上精加工导叶瓣体轮廓和瓣体头部密封面、尾部密封面。

（6）导叶精加工表面按探伤标准 CCH 70-3 进行磁粉探伤或渗透探伤检查。若存在超标缺陷，则将缺陷清除干净、补焊处理及打磨缺陷补焊部位至光滑，并重新按探伤标准 CCH 70-3 Ⅱ级进行磁粉探伤或渗透探伤。

（7）与导叶臂进行装配，保证导叶与导叶臂的装配角度后，同时钻铰导叶与导叶臂之间的销孔。

（8）导叶参加导水机构装配。

在导叶制造加工过程中需要注意以下几点：

（1）在导叶精加工轴颈过程中，若导叶瓣体的重心偏离导叶轴颈的回转中心线较大，需在导叶瓣体上添加配重工具，同时检查导叶上轴颈、中轴颈与下轴颈之间的同轴度，同轴度合格后，才能进行精加工。

（2）在导叶精加工轴颈和瓣体端面过程中，需检查导叶轴颈与导叶瓣体两端面的垂直度。防止在导水机构装配时，出现导叶端面间隙不合格部位。若导叶轴颈与瓣体端面之间的垂直度不合格，需调整机床设备的精度。

（3）在加工导叶瓣体头部密封面、尾部密封面过程中，需检查导叶瓣体头部密封面、尾部密封面位置度、平面度及与导叶轴颈回转中心的平行度精度。防止在导水机构装配时，出现导叶立面间隙不合格部位。导叶瓣体头部密封面和尾部密封面精加工后，需对头部密封面和尾部密封面进行精密防护，防止加工后的导叶头部密封面和尾部密封面出现损伤，影响导叶头部密封面和尾部密封面的表面质量。

（4）在同钻铰导叶与导叶臂分瓣键销孔过程中，需检查导叶与导叶臂之间装配角度的正确性。如果导叶与导叶臂之间的装配角度错误，会影响导水机构装配中连接板、连杆和偏心销的连接及导叶的开口数值等。

三、导水机构装配

导水机构在制造厂内预装配时，分为座环蜗壳不参与预装的导水机构装配（见图 6-44）和座环蜗壳参与预装的导水机构的装配（见图 6-45）两种情况。本节以座环蜗壳不参与预装的导水机构的装配进行介绍。导水机构装配试验过程中应保证导叶动作准确、转动灵活、开度均匀。导水机构装配试验可分为导水机构装配试验、导叶摩擦轴衬试验和导叶剪断销试验等。

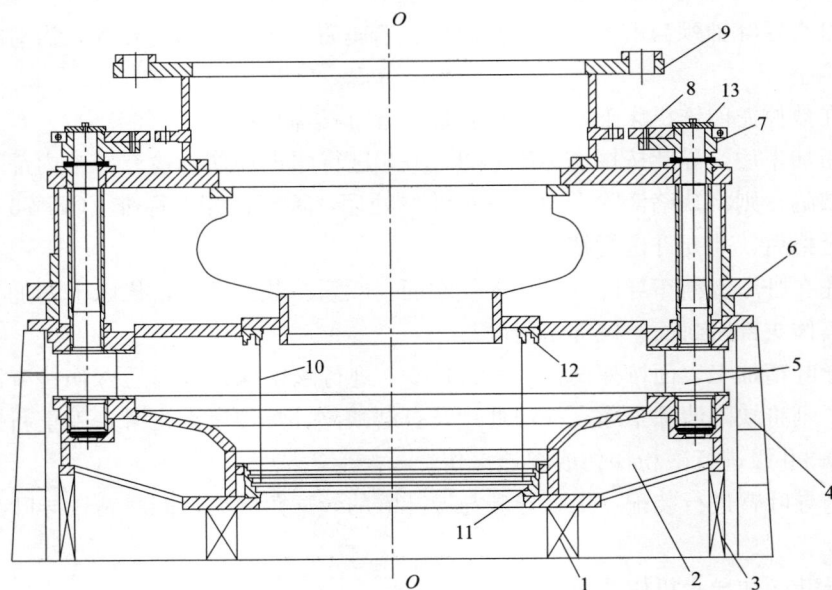

图 6-44 不带座环蜗壳的导水机构装配示意图

1—支撑 1；2—底环；3—支撑 2；4—支撑 3；5—导叶；6—顶盖；7—导叶臂；
8—连接板；9—控制环；10—钢丝线；11—下固定止漏环；12—上固定止漏环；13—端盖

1. 导水机构装配试验

导水机构装配试验主要检查顶盖、底环的水平度和顶盖上固定止漏环与底环下固定止漏环的同轴度、导叶立面间隙和端面间隙、导叶动作协联性和导叶开度等。

导水机构装配的主要工艺流程如图 6-46 所示。

导水机构装配的主要工艺内容如下：

（1）在装配平台上确定摆放底环支撑 1 和支撑 2 的位置，摆放固定底环支撑 1 和支撑 2（见图 6-44）。

图 6-45　带座环蜗壳的导水机构装配示意图

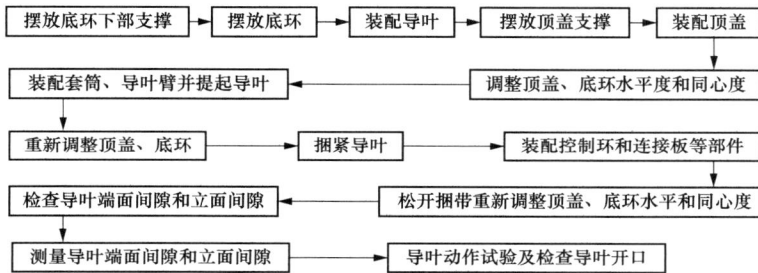
图 6-46　导水机构装配的主要工艺流程

（2）在支撑 1 和支撑 2 上摆放底环，调整底环水平，底环水平误差小于 0.5mm。

（3）在底环抗磨板平面全关位置上，对称均布摆放导叶，导叶的编号应与顶盖和底环的导叶轴孔的标记序号相一致。

（4）摆放固定顶盖的支撑 3，顶盖支撑 3 的位置不能干涉导叶开关。

（5）装配顶盖，调整顶盖、底环之间的水平度和顶盖上固定止漏环与底环下固定止漏环的同轴度。

（6）按标记序号装配套筒、导叶臂，并提起导叶，使导叶瓣体上、下两端面分别与顶盖抗磨板平面和底环抗磨板平面有一定间隙，便于导叶转动。

（7）调整顶盖、底环之间的水平度和顶盖上固定止漏环与底环下固定止漏环的同轴度，在全关位置状态关闭导叶，使导叶处于全关状态。

（8）装配控制环、连接板、连杆等传动部件，连接板等传动部件应按标记顺序号进行装配；预装时调整连接板和控制环的高程差，保证连杆达到水平，水平度不大于 0.25mm。

（9）精调整顶盖、底环之间的水平度和顶盖上固定止漏环与底环下固定止漏环同轴度。

导水机构在制造厂内预装的检查项目如下：

（1）检查顶盖和底环之间的水平度、顶盖上固定止漏环与底环下固定止漏环之间的

图 6-47　导水机构装配全开示意图

同轴度及顶盖抗磨板平面与底环抗磨板平面之间的相对高度值。

（2）检查导叶的端面间隙和立面间隙，导叶处于全关位置时，1/4 导叶高度局部立面间隙不大于 0.05mm。

（3）转动控制环，导叶进行开关动作试验并测量导叶开口，导叶最大开度值偏差不大于 ±2%（见图 6-47）。

在导水机构厂内装配过程中需要注意以下几点：

（1）底环、顶盖下方摆放的支撑应具有一定的强度和刚性，支撑数量应保证顶盖、底环不发生变形。

（2）顶盖、底环按照标记线对应装配。

（3）顶盖、底环调整水平及顶盖上固定止漏环和底环下固定止漏环调整同轴度后，再按标记顺序号装配套筒和导叶臂等部件。

（4）偏心销的位置应保证偏心销在工地装配时有一定的调整量。

（5）保证顶盖、底环水平及顶盖上固定止漏环和底环下固定止漏环调整同轴度合格后，再进行导叶的动作试验和导叶开口的测量。

2. 导叶摩擦轴衬试验

当水泵水轮机导水机构装配中设置导叶摩擦保护装置时，可进行导叶摩擦轴衬试验。如图 6-48 所示，导叶摩擦轴衬试验的部件包括导叶臂、连接板、摩擦轴衬、连接螺栓及试验工具等。导叶摩擦轴衬试验的工艺过程及主要内容如下：

（1）导叶臂、连接板和摩擦轴衬装配到一起后，摆放到试验工具上的适当位置，试验工具上的支撑 1 需与导叶臂侧面相接触。

（2）按预紧力要求对连接板上的连接螺栓进行预紧，并测量连接螺栓的伸长值，连接螺栓的伸长值应符合预紧力的要求。

（3）在连接板与支撑 2 之间摆放外力装置，外力装置（外力装置上须有显示或记录外力大小的仪器）应与连接板外圆平面相接触。

（4）通过外力装置对连接板施加外力，转动连接板，当连接板持续转动时，记录外力装置显示的外力值大小。

（5）至少对三组导叶臂、连接板、摩擦轴衬、连接螺栓进行导叶摩擦轴衬试验，并进行数据采集。

（6）采集的导叶摩擦轴衬试验数据应符合设计要求。

3. 导叶剪断销试验

导叶剪断销试验主要验证剪断销的设计是否达到设计要求，在紧急状态下能否断裂，保护导叶及其操作机构。导叶剪断销试验的部件与导叶摩擦轴衬试验的部件基本一致。导叶剪断销试验的工艺过程及主要内容如下：

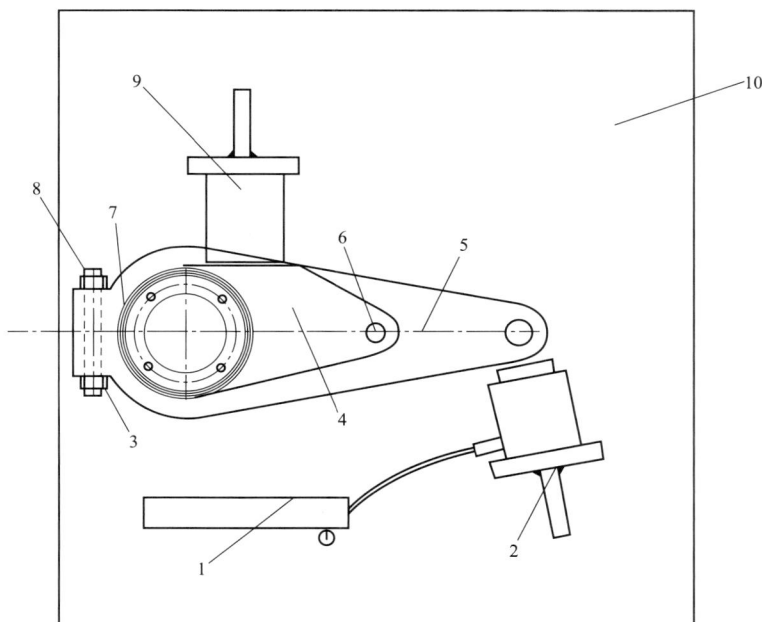

图 6-48 导叶摩擦试验示意图

1—外力装置；2—支撑 2；3—连接螺母；4—导叶臂；5—连接板；
6—剪断销；7—摩擦支撑；8—连接螺栓；9—支撑 1；10—试验工具

（1）导叶臂、连接板和摩擦轴衬装配到一起后，摆放到试验工具上的适当位置，试验工具上的支撑 1 需与导叶臂侧面相接触。

（2）装入剪断销后，按预紧力要求对连接板上的连接螺栓进行预紧，并测量连接螺栓的伸长值，连接螺栓的伸长值应符合预紧力的要求，连接螺栓预紧后，剪断销应能自由取出和放入。

（3）在连接板与支撑 2 之间摆放外力装置，外力装置（外力装置上需有显示或记录外力大小的仪器）应与连接板外圆平面相接触。

（4）通过外力装置对连接板施加外力，转动连接板，当剪断销断裂时，记录外力装置显示的外力值大小。

（5）至少对三组导叶臂、连接板、摩擦轴衬、连接螺栓和剪断销进行导叶剪断销试验，并进行数据采集。

（6）采集的导叶剪断销试验数据应符合设计要求。

第四节 座环及蜗壳制造加工

水泵水轮机座环普遍采用钢板焊接制造。受运输限制，座环通常采用分瓣结构。为了消除由于工地焊接或混凝土浇筑使座环产生的变形，保证座环与顶盖、底环配合面的平面度，可以在安装现场对座环配合平面进行加工或打磨。座环的制造加工分为厂内制造加工和工地打磨加工两个环节。

一、厂内座环、蜗壳制造工艺

座环、蜗壳（见图 6-49）是水泵水轮机埋入部分中的重要导流、承压部件，要承受高水头、高扬程带来的高压力荷载，需选用高强度、大厚度钢件。座环固定导叶流道长，座环环板间开口尺寸小，装焊难度较大。

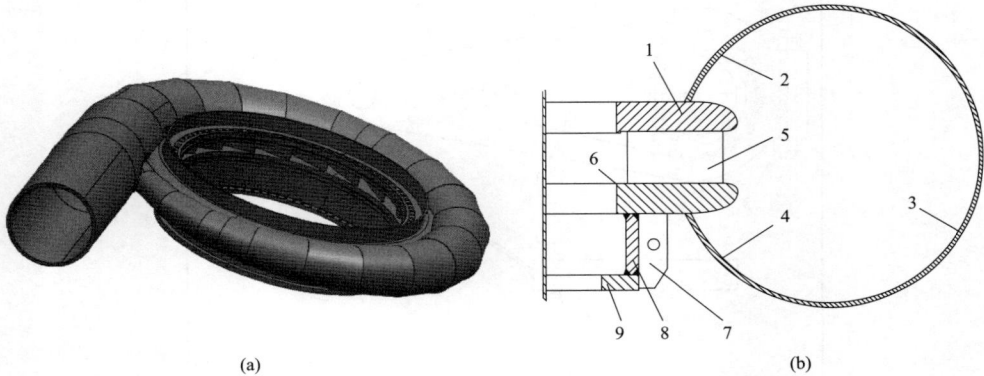

图 6-49　座环蜗壳

(a) 蜗壳座环效果图；(b) 蜗壳座环剖视图

1—上环板；2—上过渡段；3—蜗壳；4—下过渡段；

5—固定导叶；6—下环板；7—筋板；8—立圈；9—法兰

分瓣结构的座环，每瓣座环、蜗壳单独进行装焊，在分瓣面处用临时定位装置进行连接组装检查，运至工地现场后，将分瓣的座环蜗壳组装、焊接成整体。

座环、蜗壳的制造所用材料种类较多。座环环板、固定导叶、蜗壳、过渡段、舌板等受压部件多数采用低合金高强钢制造，如 S500Q-Z35、B610 等，如果是低水头机组可以选用一些强度等级较低的钢板；立圈、筋板、下法兰等一些工作应力不高的部件，多数选用一般的碳素结构钢 Q235。

1. 座环环板装焊工艺要点

（1）座环环板采用数控气割机下料，由于环板的厚度较大且有多种合金元素，下料时需采取预热措施以保证切割质量。由于环板的厚度较厚，拼焊坡口与常规拼焊坡口应有所不同，应根据板厚和加工方法进行优化，优化坡口尺寸后达到减小焊接量的目的。在实际制造中一般采用 U 型坡口或大间隙加垫体、小角度的坡口，如图 6-50（a）～（c）所示。图 6-50（b）、（c）形式的坡口比图 6-50（a）形式的坡口熔敷金属填充量减少 20%～30%。这种优化措施在板厚超过 100mm 以上时效果明显且对焊接质量无不良影响。

（2）座环环板拼焊的焊接方法有埋弧焊（submerged arc welding，SAW）、熔化极气体保护焊（GMAW）、手工电弧焊（SMAW）等。由于环板拼焊缝的焊接量较大，通常推荐使用埋弧焊（SAW）方法进行座环环板拼焊缝的焊接，其优点是焊接质量稳定、效率高、劳动强度低，缺点是辅助工作量多一些。

（3）座环环板焊接所用的焊接材料应与母材相匹配，根据座环环板的强度等级有

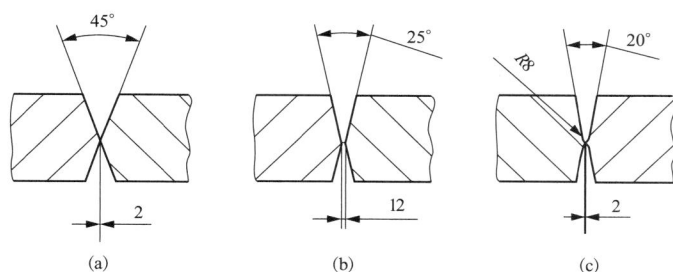

图 6-50 大厚度钢板焊接坡口对比示意图

(a) 一般焊接坡口图；(b) 加垫条、小角度焊接坡口图；(c) U 型焊接坡口图

ER90S-G（AWS）和 ER70S-6（AWS）两种选择。ER90S-G（AWS）用于母材强度等级为 60kg 级钢板接头的焊接。ER70S-6（AWS）用于母材强度等级为 50kg 级以下钢板接头的焊接。

（4）为避免焊缝出现冷裂纹，焊接过程中工件的预热温度及层间温度要控制在一定范围内。此温度应根据母材、焊材及板厚等条件综合评估后确定。焊接过程中须对焊接变形进行监测，保证焊后的平面度满足要求。焊接后，对环板过流面一侧进行加工，以消除环板平面度对座环上、下环板间的流道高度尺寸的影响。

2. 舌板、过渡段及蜗壳单件制作工艺要点

舌板、过渡段及蜗壳都是需要成型的部件，由于单节蜗壳展开图形为曲线轮廓，需使用数控气割机下料并手工切割、打磨制备焊接坡口，下料时展开方向应与钢板轧制方向相同。单节蜗壳展开料及成型截面示意图如图 6-51 和图 6-52 所示。单节蜗壳成型后进行拼装、焊接形成整个蜗壳，焊接时在蜗壳的内圆处加装必要支撑筋稳定蜗壳的尺寸，对于单节运输至工地现场的蜗壳，此支撑筋需要带到工地现场，与座环装焊后拆除。蜗壳中需要成型的零部件一般成型半径较大的采用滚板机成型，成型半径较小的采用压力机配合通用胎具成型。

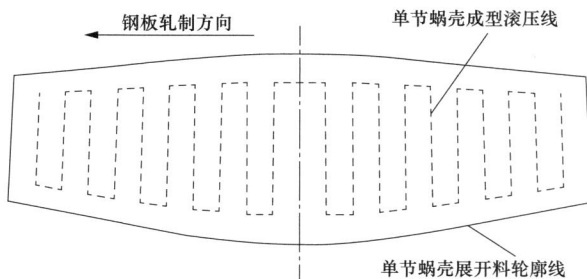

图 6-51 蜗壳展开料示意图

3. 固定导叶制作工艺要点

固定导叶根据原料的状态可采用锻钢或钢板，材质有低合金结构钢 Q345C、S500Q 等，锻钢的材质有 A668 classD（ASTM）、A668 classE（ASTM）等。钢板制成的固定导叶采用火焰切割下料，用机械加工成符合水力性能要求的型线。锻钢制成的固定导叶

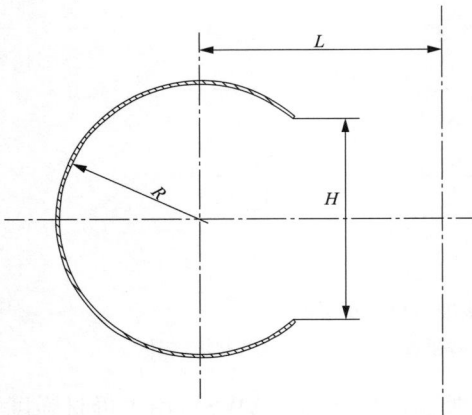

图 6-52　蜗壳的截面示意图

是将锻钢毛坯件直接机械加工成符合水力性能要求的型线。

4. 座环装焊工艺要点

由于座环蜗壳需要控制的尺寸项目要求较多，焊接量较大，焊接操作空间狭小，为了保证整个座环的装配、焊接质量，可以将座环装焊分成几个阶段完成，以解决部分因焊接空间狭小造成的焊接操作困难。

座环环板与固定导叶的装焊，如图 6-53、图 6-54 所示。

（1）座环的装配需在具有稳定基础的平台上进行。在平台上布置支墩，吊放下环板到支墩上，垫稳、调平。在下环板上确定各固定导叶位置并做出明显标记，按所划的固定导叶位置线放置各固定导叶，调整垂直度，点焊固定。吊装上环板，调整上环板的半径及高度尺寸，上、下环板间的高度尺寸应考虑补偿焊接收缩量。检查装配后的座环各主要尺寸符合要求后，对环板与固定导叶间进行点焊固定。

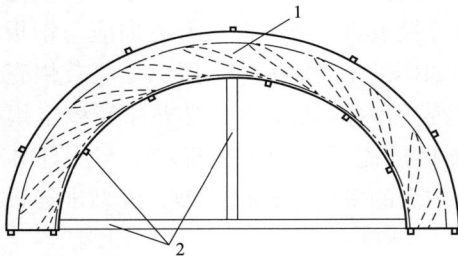

图 6-53　1/2 座环结构俯视图
1—座环本体；2—工艺支撑筋

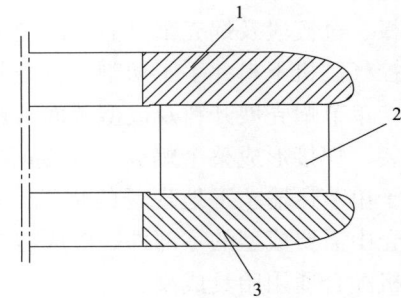

图 6-54　座环结构剖面图
1—上环板；2—固定导叶；3—下环板

（2）座环的焊接方法主要有熔化极气体保护焊和手工电弧焊两种。熔化极气体保护焊采用保护气体 $78\%Ar+22\%CO_2$，用于座环的焊接，具有工作效率高，焊接变形和残余应力低等优点。手工电弧焊用于座环中一些狭小空间的焊接，适合少量的焊接工作。

（3）座环焊接材料有熔化极气体保护焊焊丝［ER90S-G（AWS）、ER70S-6（AWS）］和手工电弧焊焊条［E9015-G（AWS）和 E7015-(AWS)］。熔化极气体保护焊焊丝 ER90S-G（AWS）和手工电弧焊焊条 E9015-G（AWS）用于低合金高强钢的接头焊接，如 S500Q、B610 等。熔化极气体保护焊焊丝 ER70S-6（AWS）和手工电弧焊焊条 E7015-(AWS)用于碳素钢及低合金结构钢的接头焊接，如 Q235、Q345 等。

（4）焊接时，在对称位置进行对称、均匀焊接，以减小部件的焊接残余应力及变形。为了减小座环焊接过程中所产生的变形，还需在座环环板上加装工艺支撑筋。对于需要清根的焊缝，焊接时先在大坡口侧焊接至坡口深度的 $1/2\sim1/3$；再在小坡口侧清根，打磨清根表面，去除渗碳层，并露出金属光泽。着色渗透探伤检查（PT）合格后，焊接至最终焊缝要求的尺寸。

（5）上、下环板与固定导叶焊接后，对座环分装配进行一次焊后消除应力热处理，以稳定结构尺寸，减小焊缝的残余应力及部件变形。消除应力热处理前、后均应对焊缝进行无损探伤检测，对焊缝中可能存在的超标缺陷及时进行返修处理。根据具体的结构尺寸及变形情况，也可以将中间消除应力热处理安排在其他节点或取消。

5. 座环分装配与过渡段、尾部蜗壳装焊工艺要点

（1）座环分装配与过渡段、尾部蜗壳之间的装配。在已完成消除应力热处理后的座环上，装焊上、下过渡段及尾部蜗壳。将座环分装配吊放到支墩上，垫稳、调平，在环板的上平面确定圆心和基准线，划出各过渡段的位置线，并做出明显标记。按顺序吊装各过渡段，调整尺寸，过渡段的尺寸控制如图 6-55 所示。检查各部位尺寸符合要求后，点焊固定。为控制焊接变形，需加装工艺支撑筋。由于尾部蜗壳的结构尺寸较小，对焊接空间影响较大，在座环经过中间过程的消除应力热处理，稳定尺寸后，拆除对施焊空间有影响的拉筋以便于施工。

（2）座环分装配与过渡段、尾部蜗壳之间的焊接。对于尺寸较小的尾部蜗壳，采取装一节、焊一节、无损探伤检查一节、打磨过流面焊缝的方式进行。对于蜗壳尺寸较大，不影响焊接操作的各节蜗壳，可以将各节蜗壳整体挂装后，采用统一的焊接方式进行，如图 6-56 所示。

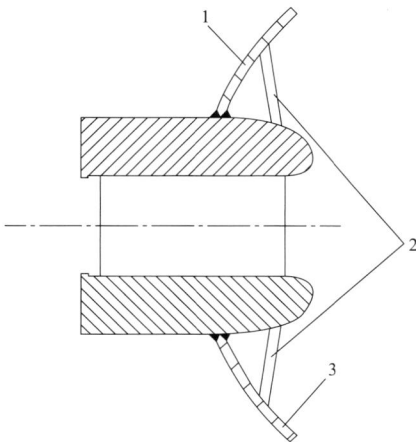

图 6-55　过渡段装焊截面示意图
1—上过渡段；2—工艺支撑筋；
3—下过渡段

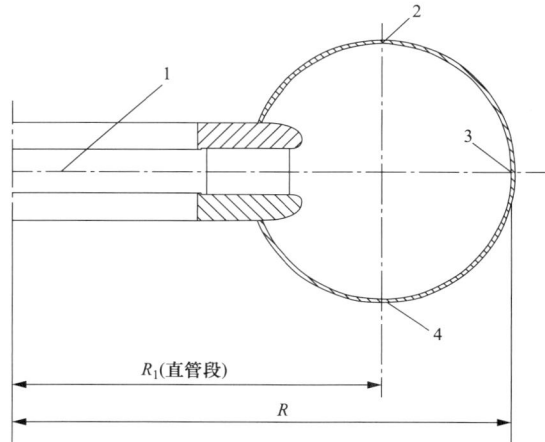

图 6-56　蜗壳装配尺寸检查示意图
1—导水机构中心线；2—蜗壳高点；
3—蜗壳远点；4—蜗壳低点

6. 其余各节蜗壳的装焊工艺

（1）其余各节蜗壳的装配。将装焊完上、下过渡段的座环吊放到支墩上，垫稳、调平。检查各主要尺寸符合要求后，在平台上划出各节蜗壳的投影线并做出明显标记。吊

装定位节蜗壳，调整至最佳尺寸状态，使挂装蜗壳有一个较为准确的基准。按规定的顺序依次挂装其余各节蜗壳，调整各主要尺寸，点焊固定。

注：对于分瓣座环，跨合缝面处的单节蜗壳在两个断面处需留有余量。在座环蜗壳合缝面加工后，将两瓣座环蜗壳组装成整圆，根据实际尺寸配装跨合缝处的蜗壳。

（2）其余各节蜗壳的焊接。蜗壳与蜗壳之间，蜗壳与过渡段之间的焊接顺序是先焊蜗壳与蜗壳之间的环焊缝，再焊接蜗壳与过渡段或环板之间的焊缝。在完成蜗壳的装焊后，将座环蜗壳吊放在支墩上，将剩余的零部件完成装焊。对所有焊缝进行无损探伤检测。

7. 座环蜗壳焊后消除应力热处理

在座环蜗壳的所有零部件装配、焊接完成后，对座环蜗壳进行消除应力热处理，以消除焊缝的残余应力，稳定工件的结构尺寸，避免工件在加工过程中或加工后出现由于残余应力释放导致的工件变形。对于低合金高强度钢的焊后消除应力热处理，最高温度不宜超过其材料的回火温度。

8. 质量检查

对座环蜗壳的主要尺寸、焊缝质量、基准标记等进行检查，确认座环蜗壳的质量符合图样及相关标准要求，然后对座环蜗壳进行清理、喷砂、涂漆等工作。

二、座环、蜗壳工地装焊工艺

一些抽水蓄能机组的座环蜗壳由于尺寸大，受运输条件限制，需要在制造厂将座环蜗壳分瓣制造完成后在工地现场组装、焊接成一体。下面对座环蜗壳工地装焊工艺简要介绍。

（1）座环蜗壳的组装，在工地现场将分瓣座环吊放到支墩上，利用合缝处的定位装置将座环组合成整体，垫稳、调平，对座环蜗壳的各主要尺寸进行检查，点焊固定，为了控制焊接变形，在座环环板的分瓣面处装焊工艺搭板。

（2）座环蜗壳焊接，对座环蜗壳分瓣面处的接头进行焊接，包括座环环板、固定导叶、过渡段形成的工地焊接接头。

（3）进行跨座环分瓣面节蜗壳的装配、焊接。

（4）对在工地完成装焊的座环蜗壳进行全面的质量检查及评估。

三、座环工地打磨

座环在工地浇筑混凝土安装后，与顶盖、底环配合的平面会发生一定的变形，需要现场采用打磨设备进行打磨，座环工地打磨的主要工艺流程如图 6-57 所示。

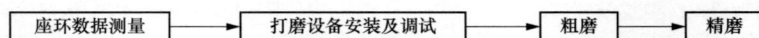

座环数据测量 → 打磨设备安装及调试 → 粗磨 → 精磨

图 6-57　座环工地打磨的主要工艺流程

座环工地打磨的主要工艺内容如下：

（1）座环打磨前，需测量座环各平面的平面度及高度方向各尺寸。

（2）确定座环各平面的打磨量。

（3）安装座环打磨设备并调试。

（4）用打磨设备（见图 6-58 和彩图 6-58）精磨座环各平面。

座环在工地装配及打磨过程中需要注意以下几点：

（1）座环工地装配调整过程中，保证打磨平面的平面度小于 0.20mm。

（2）座环打磨设备的支撑位置为上、下环板之间的固定导叶之间。

图 6-58 座环工地打磨设备示意图

（3）计算座环平面打磨量时，需考虑顶盖的下沉量。

（4）确定合适的精磨量，保证精磨后平面度。

第五节 尾水管制造工艺

水泵水轮机尾水管包括尾水锥管（见图 6-59）、尾水肘管（见图 6-60）和尾水扩散段三部分。它是机组水力流道的一部分，它的结构特点是由多节筒体（里衬）组焊成一个流道，在筒体（里衬）的外表面装焊有加强筋、锚钩、支板等零部件，这些零部件起到增加尾水管刚度和与基础的连接强度的作用。为了方便机组检修，在尾水锥管部分设有进人门，方便检修人员进入。

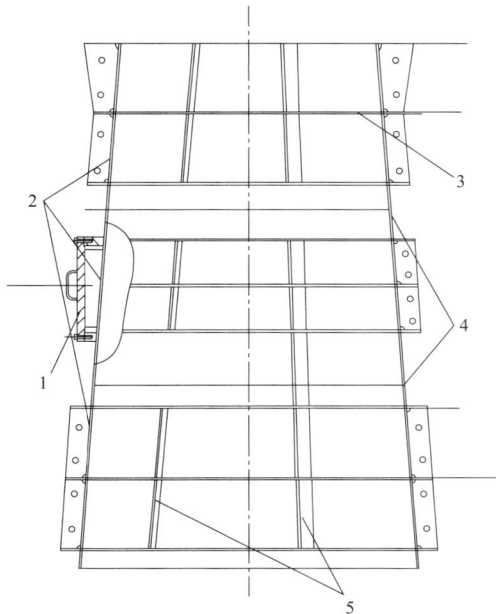

图 6-59 尾水锥管结构示意图

1—锥管进人门；2—锥管衬板；3—环筋；4—工地焊缝；5—筋板

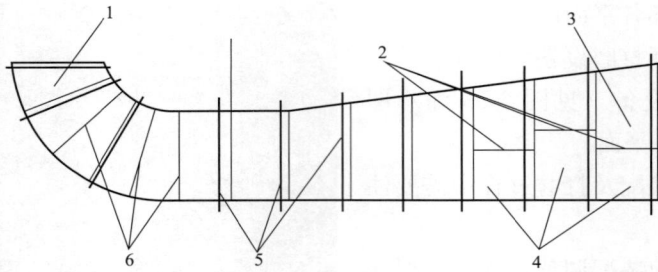

图 6-60 尾水肘管结构示意图

1—与锥管连接端；2—筒节纵向拼焊缝；3—进水端（水泵工况）；

4—筒节；5—环肋；6—筒节环向拼焊缝

尾水锥管、尾水肘管及尾水扩散段根据运输条件在其轴向分成若干段，每段在制造厂完成单节装焊。每段装焊时一般需要在里衬内壁加装临时支撑筋，以减小运输变形。各段需要在制造厂内进行预装，分段运输至工地后，在电站工地现场组装、焊接成一体。

尾水管制造材料一般为普通钢板，如 Q235、Q345 钢板。在尾水锥管段水流速度较大，为防止对尾水管的冲刷和空蚀损坏，在锥管进口设一段不锈钢里衬板，不锈钢钢板的材质为 S135（相当于 ASTM 标准的 S41500）。下面对尾水管的制造工艺做简要介绍。

1. 备料

以普通钢板为原材料的零件和轮廓线为直线的简单形状的零件采用半自动气割机下料并制备焊接坡口。轮廓线为曲线或形状比较复杂的零件采用数控等离子气割机下料并制备焊接坡口。不锈钢零件的下料采用数控等离子气割机下料，不锈钢零件坡口的制备一般需要采用机械加工的方法完成，所有采用火焰切割方法制备的坡口表面均需要用砂轮机进行打磨，露出金属光泽。避免气割产生的氧化物影响焊接质量。

尾水管筒体（里衬）的成型用滚板机或油压机完成。由于尾水管的形状比较复杂，成型前需在钢板的表面划出成型素线。在成型过程中要按所划的线进行滚制或压制，以保证成型后的尺寸满足设计图样尺寸要求。

2. 单节筒体（里衬）装配

先将成型后的里衬进行拼装、焊接、修型，装焊临时支撑筋（见图 6-61），再装焊外壁上的环筋、加强筋、支板等，最后配装、焊接锥管进人门等。临时支撑筋需在工地现场完成整体组装、焊接、浇注混凝土后方可去除。单节筒体（里衬）直径尺寸超过运输条件的，可以分成两部分制造，其筒体纵向焊缝也在工地进行焊接，如图 6-62 所示。

3. 尾水管预装

为了验证设计、制造的结构尺寸正确性，根据具体的结构尺寸和制造厂设备、厂房的生产能力，一般需要对分段装焊的尾水管进行整体预装或部分尾水管段预装。整体预装的优点是可以直观地反映出部件的尺寸偏差状况，缺点是需要有足够大的厂房场地、工序繁琐、工作量大。也可以采取分段预装的方法进行，如两段预装、三段预装等，优点是所需厂房场地条件可以降低。

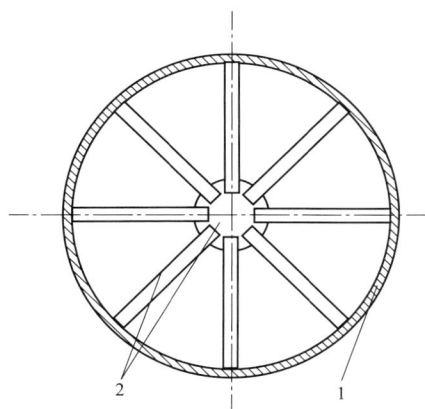

图 6-61　里衬临时支撑示意图
1—筒节；2—工艺支撑筋

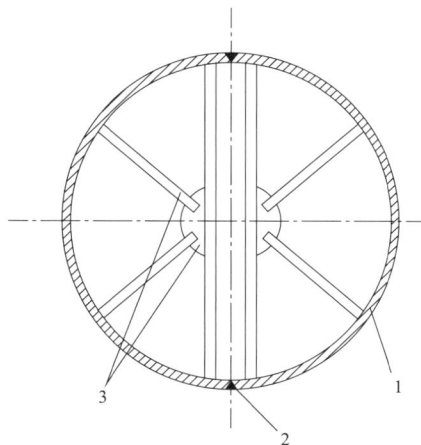

图 6-62　里衬临时支撑示意图
1—筒节；2—工地纵向焊缝；3—工艺支撑筋

预装时需要控制同一截面相邻两节的管口周长差不能过大，以免相邻两节管口处的错口值超差，其周长差值应根据允许的错口值通过计算确定。预装后，各相关部位要做出对应的永久性标记，供工地安装时辨别、使用。

4. 尾水管焊接

尾水管焊接方法有熔化极气体保护焊和手工电弧焊，根据不同焊接条件和材质使用不同的焊接方法。采用熔化极气体保护焊，焊接母材为普通钢焊接接头时保护气体选择 $78\%Ar+22\%CO_2$，焊接母材为不锈钢或异种钢接头时保护气体选择 $95\%Ar+5\%CO_2$。这种焊接方法具有工作效率高，焊接变形和应力小等优点。对于尾水管中一些狭小空间和可达性不佳的位置，采用手工电弧焊完成焊接。

焊接材料选择熔化极气体保护焊焊丝 ER70S-6（AWS）和 ER309L（AWS）。ER70S-6（AWS）焊丝主要用于母材为普通钢的焊接，ER309L（AWS）主要用于异种钢、不锈钢的焊接。

焊接过程中温度要保持在一定的范围内，预热温度和层间温度需要通过焊接试验确定，并且要通过焊接工艺评定试验进行确认。对于母材为不锈钢与碳钢组成的焊接接头，焊接时，应在碳钢一侧先用 Cr、Ni 含量较高的焊材堆焊过渡层，堆焊时要尽量使用小规范进行焊接，以减少对合金元素的稀释作用，有利于获得合格的焊接接头。在对称位置进行焊接时，采用多层多道，分段退步焊，逐层锤击，合理翻身和根据工件在焊接过程中的变形情况两侧交替施焊等工艺手段，以减小部件的焊接变形。对于需要清根的焊缝，焊接时应先在大坡口侧焊接至坡口深度的 $1/3\sim1/2$；在小坡口侧清根，打磨清根表面去除渗碳层，露出金属光泽，经着色渗透探伤检查（PT）合格后，方可继续施焊。

5. 质量检查

对尾水管的主要尺寸、焊缝质量、基准标记等进行检查，确认尾水管的质量符合图样及相关标准要求，然后对尾水管进行清理、喷砂、涂漆等工作。

第六节　材料工厂检验和验收试验

水泵水轮机所用的材料应该是新的、优质的、无损伤和无缺陷的，其种类、成分、物理性能应符合相关标准。材料在使用过程中应进行材料试验、加工检验和过程检验等。

1. 材料试验

用于设备和部件的材料都应经过试验，试验应按照国内标准或 ASTM 中规定的适当方法进行。若有特殊需要，可按其他机构规定的办法进行试验，主要部件的材料应提供完整的试验报告。材料试验主要包括以下几个方面：

（1）一般性化验与试验。应对主要部件材料的化学成分进行化验，对材料的抗拉强度、屈服强度进行试验。同时还应对水泵水轮机轴、发电电动机轴及连接螺栓材料进行剪切试验。试验应按国内标准或 ASTM 的有关规定进行，并将试验结果写入材料试验报告中。

（2）冲击和弯曲试验。所有用于主要部件的金属材料应做冲击韧性试验。试验应遵守国内标准或 ASTM 的有关规定和技术要求，钢板应同时做纵向和横向冲击试验。所有主要铸件和锻件的样品，应做弯曲试验、零韧性的临界温度试验。

（3）样材。样材应从本体取样供验证这些材料的化学成分和力学性能。

（4）试验报告。材料试验完成以后，编制材料试验报告。在报告中要标明使用该材料的部件名称，并应包括所有必要的能证实试验结果与技术规范相一致的全部资料和所有材料化学成分的鉴定结果。

2. 加工检验

（1）制造加工标准。除特殊规定外，所有部件按国际标准化组织（International Standards Organization，ISO）颁布的标准精确制造。

（2）机械加工。部件在焊接后，表面需要机械加工或处理才能达到最后尺寸的，并且需要消除内应力的部件，应在消除内应力以后进行机械加工，以防止变形。

（3）公差和互换性。对所有配合的机械公差要适合设计的用途，并符合国际标准化组织（ISO）颁布的标准的规定。所有零部件应有良好的互换性并便于维修。

3. 过程检验

（1）焊接部件的焊缝应做无损探伤检查，焊缝检查常用的方法有超声波法（UT）、液体渗透法（PT）和磁粉法（MT），有特殊要求的还需用射线（RT）或超声波衍射时差法（TOFD）进行复查。

（2）水泵水轮机转轮（上冠、下环、叶片）、座环、导叶、进水球阀及发电电动机的铸件应按照 CCH-70-3《水力机械铸钢件检验规程》的要求进行无损探伤检查。

（3）主轴锻件、主轴连接螺栓等锻件均应按 ASME A388 给出的 UT 检查要求和其他适用的无损探伤办法进行检查。

4. 验收试验

水泵水轮机在材料进行化学分析、力学性能、探伤和热处理等相关检验后，在制造厂内还要进行工厂验收试验，检查项目参见表 6-3。

表6-3　水泵水轮机工厂质量检查、安装和试验项目

部件	材料和制造	制造结构										其他试验				
		焊接						制造								
		AC	WP	WQ	TT	FD	SC	FD	SC	PT	DC	SB	RS	AC	RO	OT
转轮	铸造不锈钢	*W	*C	*C	*C		*C		*W		*W	*W				
	钢板					*C				*W						
主轴	锻造				*C				*W		*W		*C	*W1	*W	
连接螺栓	锻造								*C		*W					
顶盖	铸造		*C		*C	*C	*C							*W4		
	钢板焊接		*C	*C	*C	*C	*C							*W4		
底环/泄流环/	钢板焊接		*C	*C	*C	*C	*C							*W4		
	铸造		*C											*W4		
座环	钢板焊接	*W	*C	*C	*C	*W	*C									
	钢板焊接		*C	*C	*C	*W	*W									
蜗壳	铸造不锈钢										*W			*W4		
导水机构										*W	*W			*W4		
剪断销/摩擦装置																
抗磨板	不锈钢板								*C		*C					
止漏环	不锈钢板								*C		*C					
接力器缸体	铸钢		*C						*W	*W	*W			*W		*W
活塞杆	锻钢		*C	*C					*C		*C			*W		*W
尾水管	焊接钢板		*C			*C			*C		*C					

续表

部件	材料和制造	制造结构										其他试验				
		焊接						制造								
		AC	WP	WQ	TT	FD	SC	FD	SC	PT	DC	SB	RS	AC	RO	OT
轴承瓦	铸钢和巴氏合金							*W3	*W		*W					
轴承座	钢板焊接								*C		*C					
轴承冷却器										*C						
主轴密封														*W		
对安全重要的螺栓和紧固件	锻钢								*C		*C					
补气阀、电磁阀、水位信号计、流量计、速度信号计																*C

注 上述全部化学和机械试验将从所使用的材料上取样。*W: 目睹试验。*W1: 主轴与转轮和发电动机轴车间安装检查。W2: 剪断销样品试验 (或摩擦装置检查)。W3: 瓦坯巴氏合金间的超声波检查。W4: 导叶轴承同心度检查。FD: 探伤。SC: 表面处理。TT: 热处理。WP: 焊接程序。SC: 表面检查。WQ: 焊接品质。PT: 压力试验。DC: 尺寸检查。SB: 静平衡。RS: 残余应力。AC: 安装检查。RO: 摆度检查。OT: 组装后运行试验。残余应力。*C: 提供试验证明。

第七章

进 水 阀

进水阀是水泵水轮机的一个重要部件，本章以常用的球阀为基础对进水阀的型式与作用、结构设计、刚强度分析计算、控制系统和制造进行介绍。

❖ 第一节　进水阀型式与作用

一、进水阀的安装位置、作用及要求

水泵水轮机进水阀设置在蜗壳进口之前，为节省空间和起吊设备，进水阀通常与水泵水轮机主体部分布置在一个厂房洞室内，典型的进水阀布置位置如图 7-1 所示。

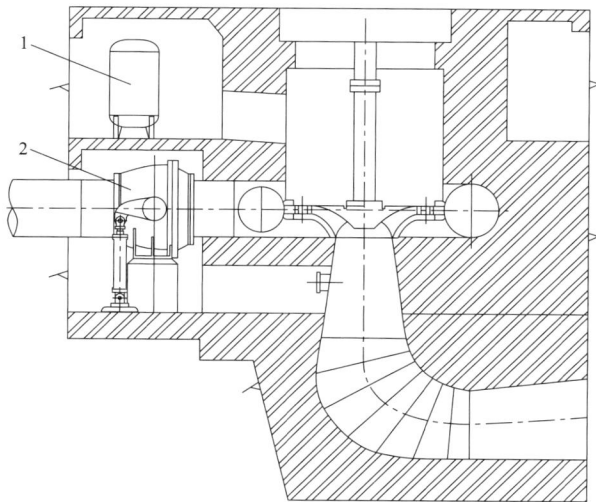

图 7-1　进水阀布置图
1—进水阀油压装置；2—进水阀

水泵水轮机进水阀的作用：①机组停机时关闭进水阀，减少或避免抽水蓄能电站上库向下库漏水；②机组水泵工况启动、调相运行等运行工况利用进水阀挡水，以便机组启动和工况转换；③机组发生事故而导水机构故障不能紧急关闭时，紧急关闭进水阀门、切断水流，以防止事故扩大；④机组或水泵水轮机检修时关闭进水阀门挡水；⑤机组厂房内管路或设备部件破裂损坏漏水时，需紧急关闭进水阀，以防止事故扩大危及机电设备和厂房安全。因此，每台水泵水轮机均须设置进水阀。

进水阀是水泵水轮机必不可少的附属设备，其启闭频次与水泵水轮机主体一样，加

上停机和检修工况，其实际运行条件较水泵水轮机主体更为严苛，运行时间更长。因此，对进水阀的结构安全性、可靠性和运行操作性能有特别高的要求：①进水阀要有足够的强度和刚度，能承受各种运行工况、动水关闭工况、试验工况下的水压力和振动，而且不能发生有害变形；②进水阀应该具备足够的疲劳寿命，能够承受频繁启闭和各种工况转换时的动应力；③其操作机构应能保证在发生事故的情况下自动紧急动水关闭进水阀，动水关闭时间一般不超过 2min，最短时间取决于压力钢管及进水阀本身允许的水锤值；④进水阀在全开位置时应具有最小的水力损失；⑤进水阀应密封良好，控制在标准规定的漏水量范围之内；⑥进水阀应采用合适的材料与结构，以获得优秀的运行操作性能和足够的使用寿命。

为了改善进水阀运行条件，延长使用寿命，进水阀的操作流程应设计成进水阀活门仅能停留在全开和全关位置，不允许停留在任何中间位置做调节流量用，也不允许在动水情况下开启。

二、进水阀种类和应用范围

水泵水轮机进水阀主要有球阀和蝶阀两种型式，国外低水头的小型抽水蓄能机组也有使用筒阀的报道。球阀和蝶阀的动作原理是相同的，即阀体中的活门由全关位置旋转 90°达到全开，由全开位置反转 90°回到全关位置。球阀和蝶阀的特点对比见表 7-1。

表 7-1　　　　　　　　　　　　　　球阀和蝶阀的特点对比

球阀的特点	蝶阀的特点
密封性能好，活门全开时，活门的进水孔和管道内径一致，水力损失几乎没有，球阀在整体性能上明显高于蝶阀，但是球阀的外形尺寸较大，质量大，制造工艺较复杂，造价相对较高	较其他形式的阀门，外形尺寸小，质量小，结构简单，操作方便，但蝶阀全开时水力损失较大，必须使用旁通阀平压

一般蝶阀适用于最大静水头 250m 以下的电站，球阀适用于最大静水头 250m 以上的高水头电站，但大型抽水蓄能电站普遍水头都比较高，而且由于启停操作频繁，管道压力波动大，密封性要求高，低于 250m 静水头的抽水蓄能电站，也多使用球阀为进水阀。水头与进水阀类型的选取见表 7-2。本章节主要针对目前应用较为广泛的球阀进行介绍。

表 7-2　　　　　　　　　　　　　　水头与进水阀类型的选取

最大静水头（m）	进水阀类型	适用电站
≤250	蝶阀	常规电站
	球阀	抽水蓄能电站
>250	球阀	常规电站及抽水蓄能电站

➤ 第二节　进水球阀结构设计

进水球阀的阀体要容纳活门在其内旋转，并承受设计内水压力，因而其外形和内部空腔形似球体，故形象称为球阀。进水球阀的主要构件包括上游连接管、阀体、活门、枢轴及轴承、密封、伸缩节、操作机构、旁通管路、排气阀（旋塞）以及机械和液压锁锭机构等部件（见图7-2）。活门的正常开启/关闭通过接力器实现，但也有进水球阀设有重锤，作为应急措施，在液压回路失效时自动关闭球阀。

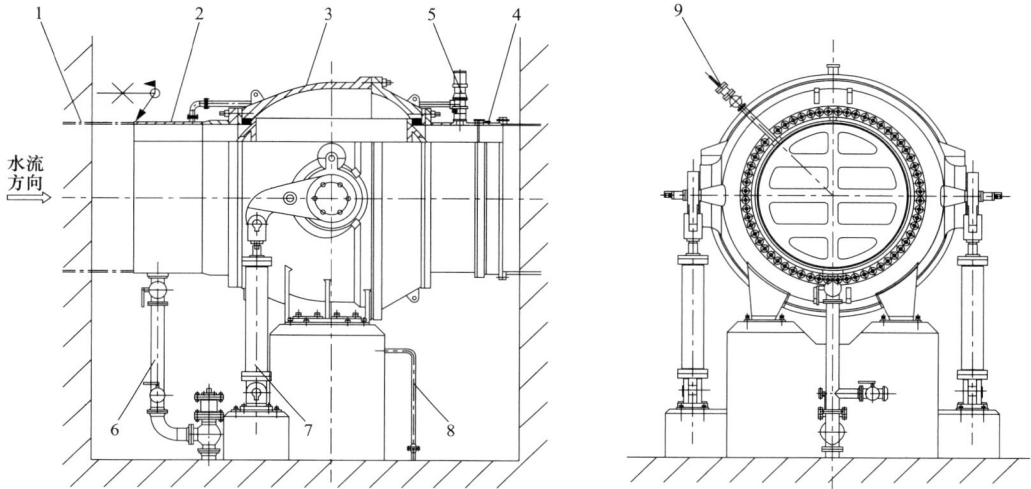

图7-2　球阀布置图

1—压力钢管；2—上游连接管；3—球阀装配；4—伸缩节；5—空气阀（可与蜗壳空气阀合用）；
6—排水阀（压力钢管和蜗壳）；7—接力器；8—球阀油水管路；9—旁通管路

一、进水球阀结构型式

根据阀体分瓣型式的不同，球阀分为大小瓣型式（见图7-3和彩图7-3）、对称分瓣型式（见图7-4和彩图7-4）、斜分瓣型式（见图7-5和彩图7-5）和整体型式（见图7-6和彩图7-6）。阀体各分瓣型式的优缺点见表7-3。

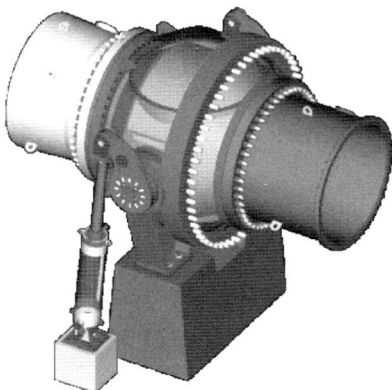

图7-3　大小瓣型式

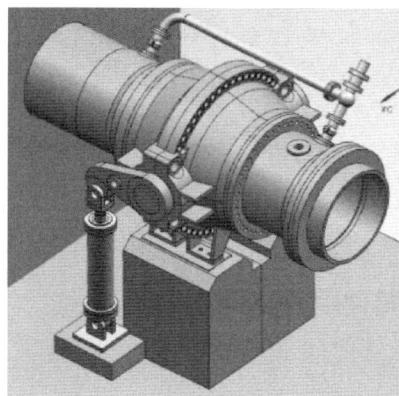

图7-4　对称分瓣型式

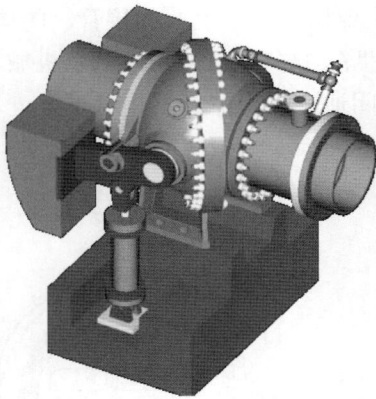

图 7-5 斜分瓣型式

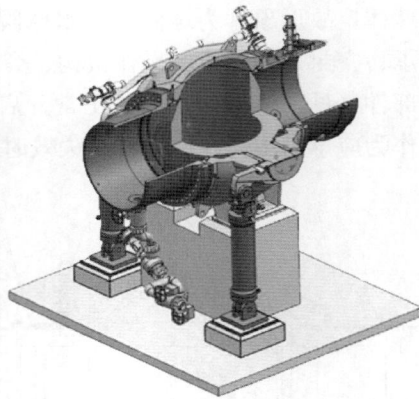

图 7-6 整体型式

表 7-3   阀体各分瓣型式优缺点对比

项目	大小瓣	对称分瓣	斜分瓣	整体
描述	分瓣面在阀体下游侧，采用螺栓把合装配。可用于大、中型球阀，中低水头段应用较多，高水头较少	分瓣面在阀轴中心线上	分瓣面与压力钢管轴线和阀轴轴线成一定角度，采用螺栓把合装配。阀轴和活门可以为整体结构，通常用于中小型球阀	阀体采用分瓣铸造后，厂内进行焊接，与活门同加工。可应用于高、中水头，大中型球阀，但由于考虑运输限制等，目前在高、中水头的中型球阀中应用普遍
案例	青松、蒲石河、响水涧、仙居、溧阳等抽水蓄能电站机组采用	西龙池、玉原等抽水蓄能电站机组采用	回龙、南梦、吉牛、大发、瑞丽江等抽水蓄能电站机组采用	天荒坪、宝泉、白莲河、宜兴、桐柏、黑麋峰、仙游等抽水蓄能电站机组采用
优点	1. 制造难度较低； 2. 维护时可以拆解整个球阀	1. 分瓣面受力均匀； 2. 活门、阀轴可以采用整铸结构，结构紧凑，阀轴处刚度较好，加工装配比较简单； 3. 维护时可以拆解整个球阀	1. 活门、阀轴可以采用整铸结构，结构紧凑，阀轴处刚度较好； 2. 维护时可以拆解整个球阀	1. 阀体整体刚度好； 2. 结构紧凑，不需要把合法兰，制造成本降低； 3. 整体结构简单，安全性高
缺点	活门与阀轴采用把合形式，结构较复杂	1. 阀轴处密封易漏水； 2. 对螺栓预紧要求较高	制造难度稍高	1. 制造难度稍高； 2. 此结构受运输、安装限制； 3. 日后维护无法拆解阀体

二、球阀主要部件结构设计

球阀阀体的上游和下游通过螺栓连接分别装有上游连接管和伸缩节，上游连接管与压力钢管采用工地焊接相连，伸缩节通过螺栓与蜗壳延伸段相连。

球阀采用双面水压操作金属可移动主密封环的结构，两道主密封分为工作密封和检修密封，工作密封设在球阀下游侧，检修密封设在球阀上游侧，无须排空压力钢管和拆卸球阀主体便可以检修和更换工作密封。密封环由水压操作，工作密封可由机组操作程序控制，检修密封为手动操作。

1. 上游连接管

球阀上游侧设有上游连接管（见图 7-7），与上游压力钢管通过工地焊接方式相连，上游连接管为钢板焊接结构，具有足够的强度，可以承受作用在球阀上的最大水推力，并将水推力传递给压力钢管。

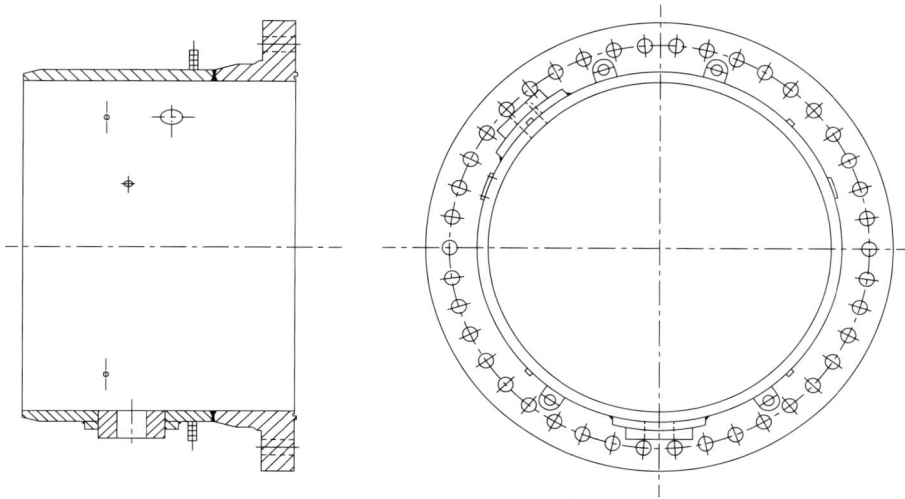

图 7-7　上游连接管

2. 阀体

阀体两侧各有一个水平轴承座，用于支撑阀轴和活门。阀体带有连接上游连接管和下游侧可拆卸伸缩节的法兰，阀体、轴承座、上游侧法兰能承受在球阀遮断水流时，水流作用在活门和阀体上的最大水推力。阀体两侧均设有整体的支撑底座，按传递球阀全部垂直荷载设计。设计允许球阀沿压力钢管轴线方向相对于基础板有微小位移，因此基础板与球阀支撑底座接触面加工光滑，此位移不会损坏或擦伤地脚螺栓、螺母。阀体顶部设置一个排气孔，用于充水时排除阀体顶部的空气，底部设置排污阀，用于检修时排掉积水和沉积的泥沙。

3. 活门

球阀活门为空心的球形，活门可绕阀轴轴线旋转（见图 7-8）。活门的内孔直径与阀体进出口直径相同。当球阀开启时，活门的过流断面与压力钢管直通，使水流稳定且水流损失最小。活门上装有固定密封环，与阀体上的动密封环配合起密封水的作用。在活门结构设计过程中，采用了有限元技术进行刚强度计算分析和优化，在应力允许范围内，控制活门密封面的不均匀变形量和阀体水涨变形量满足密封要求。

4. 主密封

球阀为双面金属密封，主密封（见图 7-9）包括上游侧检修密封与下游侧工作密封，密封装置可拆卸。动密封环和固定密封环均用不锈钢材料制造。固定密封环用不锈钢螺栓把合在活门上，可以方便地更换。所有螺钉牢固固定。动密封环为整体结构，设计成滑动式，当球阀关闭后，动密封环滑动压向固定密封环，开启前离开固定密封环。阀体上的密封导向面采用适当的防腐蚀衬护。

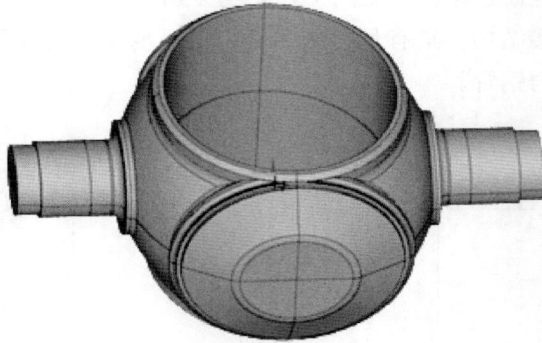

图 7-8 活门三维图

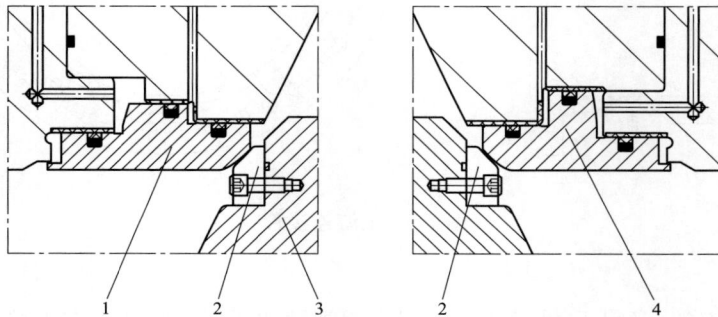

图 7-9 主密封

1—检修密封环；2—密封座；3—活门；4—工作密封环

下游侧密封为工作密封，由球阀控制系统自动操作。上游侧密封为检修密封，由手动操作，并设有防腐蚀机械锁锭装置。密封环采用上游侧压力钢管中的水作为介质。球阀密封环的投入和退出通过球阀控制柜控制密封环操作水源来实现。球阀开启前，通过旁通阀或退出工作密封平压。

球阀有一套反映上下游密封投入和退出位置的信号装置（见图 7-10），位置信号装置中的限位开关，在密封环投入和退出位置时可以发出电气信号给控制系统。在信号未发出之前，禁止活门转动。

5. 枢轴轴承和密封

球阀轴承包括钢套和轴承瓦，轴承瓦安装在钢套里，可随钢套一起在不解体阀体条件下从阀体内拆出来。轴承瓦为自润滑钢背/铜背轴承，具有良好的承载性能。钢套外侧与阀体接触部位设有 O 型静密封，钢套内侧与阀轴接触部位设有旋转运动密封。表 7-4 列举了几个抽水蓄能电站的轴承和密封型式。

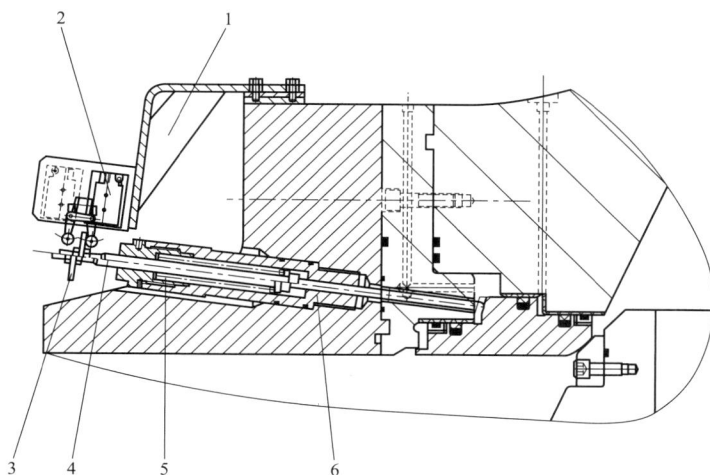

图 7-10　检修密封指示器

1—支架；2—限位开关；3—挡板；4—指针；5—弹簧；6—套体

表 7-4　　　　　　　　　　　　　　　　轴承和密封型式对比

序号	电站名称	设计公司名称	结构图	轴承型式	密封型式
1	回龙	哈电		DEVA 自润滑轴瓦	O 型橡胶密封圈
2	青松	GE		DEVA 自润滑轴瓦	U 型橡胶密封圈
3	溧阳	日立、三菱		OILES 铜基镶嵌式自润滑轴瓦	V 组夹布橡胶密封
4	仙居、响水涧	哈电		DEVA 自润滑轴瓦	U 型聚氨酯密封圈＋格莱圈组合密封

续表

序号	电站名称	设计公司名称	结构图	轴承型式	密封型式
5	丰宁、敦化、荒沟	哈电		铜基镶嵌式自润滑轴瓦	U 型聚氨酯密封圈＋格莱圈组合密封

6. 伸缩节

为了使伸缩节能适应温度变化和作用在活门上的水作用力变化引起的球阀沿压力钢管轴线方向的位移，并且为了便于球阀的安装和拆卸，在球阀下游与蜗壳延伸段之间设有套筒式伸缩节（见图 7-11），伸缩节与蜗壳延伸段通过法兰连接。伸缩法兰处的密封采用两道 O 型密封圈，可有效防止在伸缩管有微小滑动过程中的漏水。

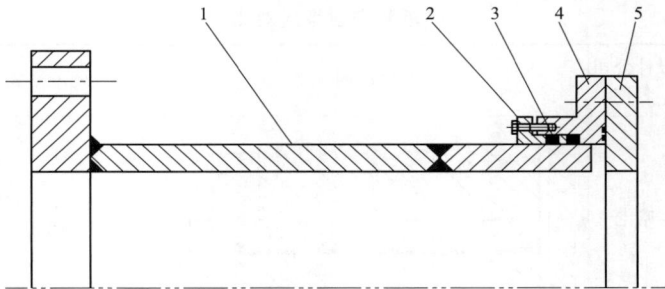

图 7-11　伸缩节装配

1—伸缩管；2—压垫盖；3—圆截面橡皮条；
4—伸缩法兰；5—下游连接管法兰

7. 活门操作机构

在球阀的两侧（单侧）由两个（一个）双作用摇摆式接力器操作（见图 7-12），接力器与两侧（单侧）的转臂连接，转臂与阀轴通过销钉直接连接。球阀的操作动力有多种，多数球阀采用油压操作。有些抽水蓄能电站用油压作为开启动力，而用压力钢管水压作为关闭动力，并可通过重锤的配合作用来进行关闭。也有的高水头抽水蓄能电站球阀开启和关闭均使用压力钢管水压。接力器设计要求能在油压或水压装置的最小油压或水压下，实现最坏操作工况（动水关闭）下的球阀安全关闭。

活门位置指示装置（见图 7-13）设置在球阀阀轴端部，可显示活门的开启角度并及时将活门位置信息传递给控制系统。

8. 旁通管路

球阀设置了旁通管路（见图 7-14），其作用是给蜗壳充水和球阀开启前平压。对于水头较高且泥沙含量较低的抽水蓄能电站，球阀开启前的平压也可通过打开球阀的密封来实现，不使用旁通管路，旁通管路系统仅为预留消除可能的自激振动使用，正常情况下旁通阀可始终保持关闭状态。

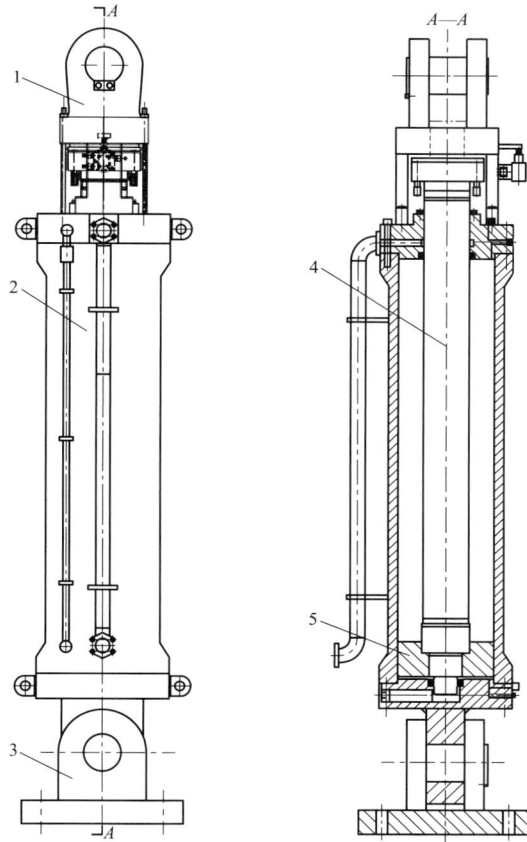

图 7-12 接力器装配

1—耳柄；2—接力器缸；3—接力器座；4—活塞杆；5—活塞

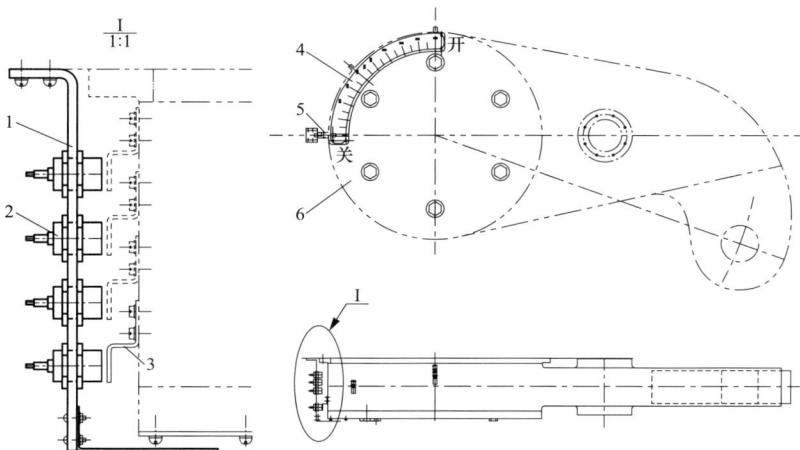

图 7-13 活门位置指示装置

1—支架；2—活门位置开关；3—磁头支架；4—刻度板；5—指针；6—转臂

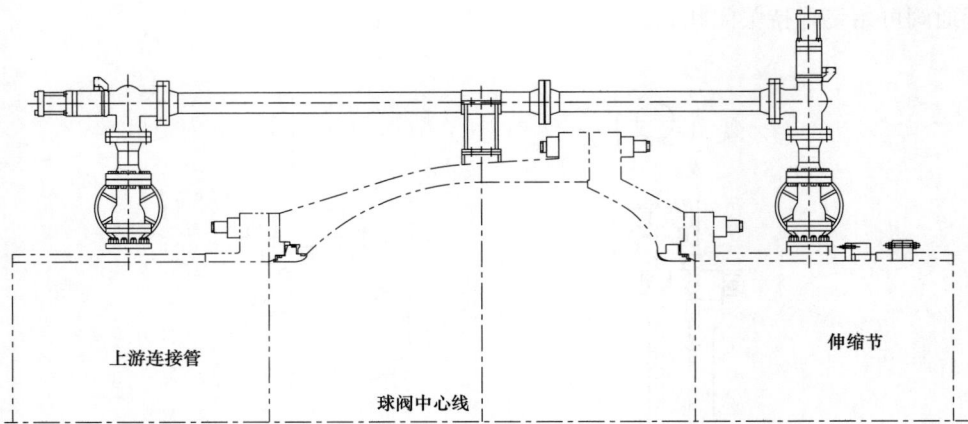

图 7-14 旁通管路装配

上游连接管 球阀中心线 伸缩节

9. 空气阀

在球阀伸缩节或蜗壳顶部设有一个带检修球阀的自调节式空气阀（见图 7-15），在蜗壳充水时能够排出蜗壳内部的空气，蜗壳正在排水而球阀处于关闭位置时能允许足量空气进入蜗壳。空气阀配有一个不锈钢检修球阀，平时关闭，在蜗壳排水或充水之前打开，在排水或充水之后关闭。

三、进水球阀锁锭操作系统

进水球阀锁锭操作系统包括接力器锁锭、检修密封锁锭、工作密封和接力器互锁系统等。

1. 接力器锁锭

接力器锁锭如图 7-16 所示。操作机构设有自动操作的液动锁锭装置和手动操作的机械锁锭装置及锁锭位置信号装置，信号传至球阀控制柜。液动锁锭装置在球阀全关后自动投入；球阀或水泵水轮机维修时，可以通过机械锁锭装置手动锁定球阀在全关或全开位置。

2. 检修密封锁锭

当需要检修机组或检修球阀工作密封时，需投入球阀检修密封和检修密封锁锭（见图 7-17）。由于检修密

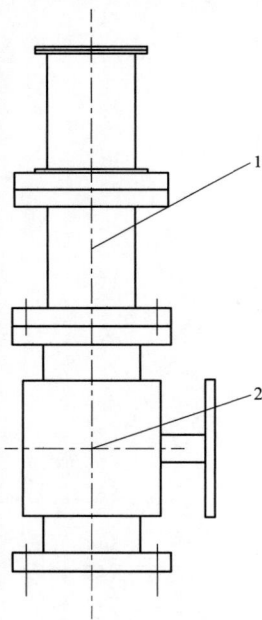

图 7-15 空气阀

1—空气阀；2—空气阀检修球阀

封环有自锁功能，当上游充水后，即使投入腔失去水压，检修密封环仍能保持在投入位置。为了防止误操作切换投退腔管路，使检修密封环退出，需投入检修密封锁锭。机组检修时，首先通过水压将检修密封环投入，用手动锁锭装置将检修密封环锁定在投入位置，锁锭全部投入后，需保持投入腔的压力，使检修密封环保持在投入位置；要退出手动锁锭之前，首先检查投入腔压力是否正常，如不正常，需在投入腔加载水压，再旋出锁锭。

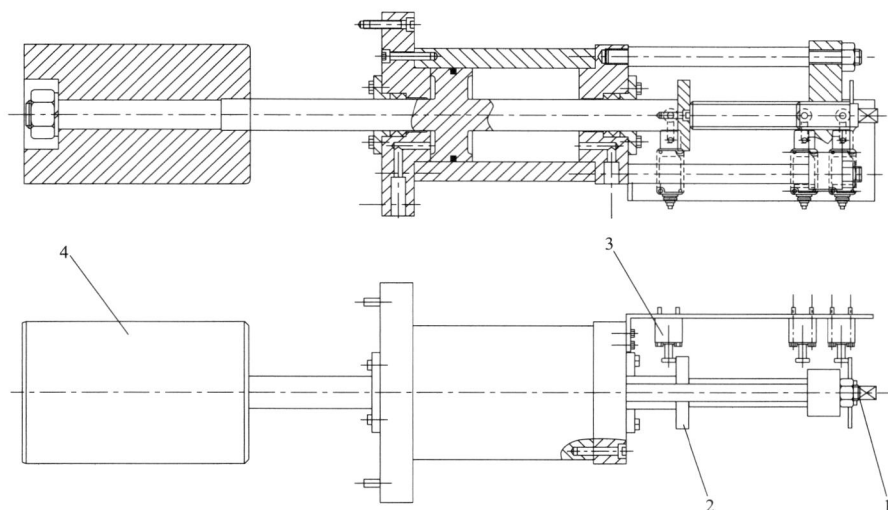

图 7-16　接力器锁锭

1—锁锭螺栓；2—活塞杆；3—限位开关；4—锁锭销

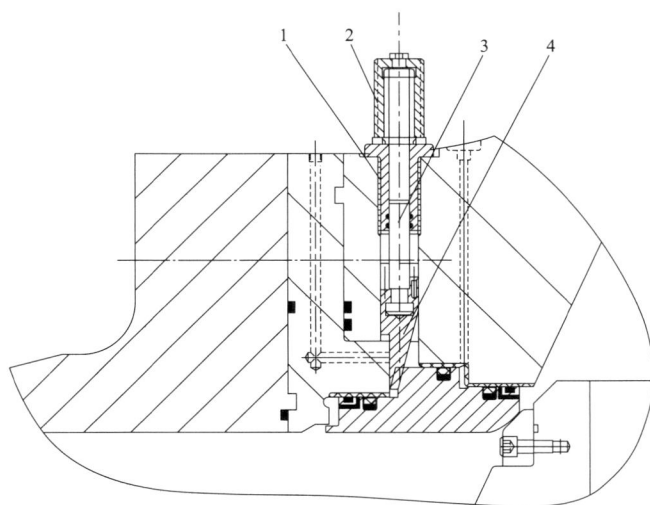

图 7-17　检修密封锁锭

1—导向套；2—螺母；3—锁锭杆；4—锁锭楔块

3. 工作密封和接力器互锁系统

为了加强球阀安全保护措施，防止误操作而碾伤下游工作密封移动密封环，下游工作密封和接力器上均设有切换阀，使工作密封和接力器之间能够实现开启和关闭机械液压互锁的功能。

球阀开启前，只有工作密封完全退出时，接力器才能开启。工作密封设有切换阀（见图 7-18），安装在伸缩节上，切换阀上设有闭锁管路，连接至球阀控制柜，当工作密封退出时，通过指示装置中的指针杆切换工作密封切换阀的闭锁管路油路至球阀控制

271

柜，由控制柜操作接力器管路实现球阀的开启。

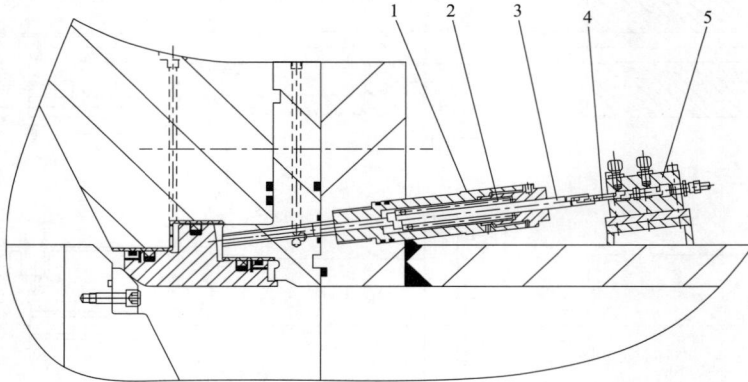

图 7-18　工作密封切换阀
1—套体；2—弹簧；3—指针；4—导杆；5—切换阀

当球阀关闭后，工作密封才能投入。接力器上设有切换阀（见图 7-19），切换阀上设有连接至球阀密封操作柜的闭锁管路，当接力器关闭时，耳柄上的限位板与切换阀上的滚珠接触，并带动切换阀内的推杆切换接力器换向阀内的闭锁管路油路至密封操作柜，通过密封操作柜实现工作密封的投入。

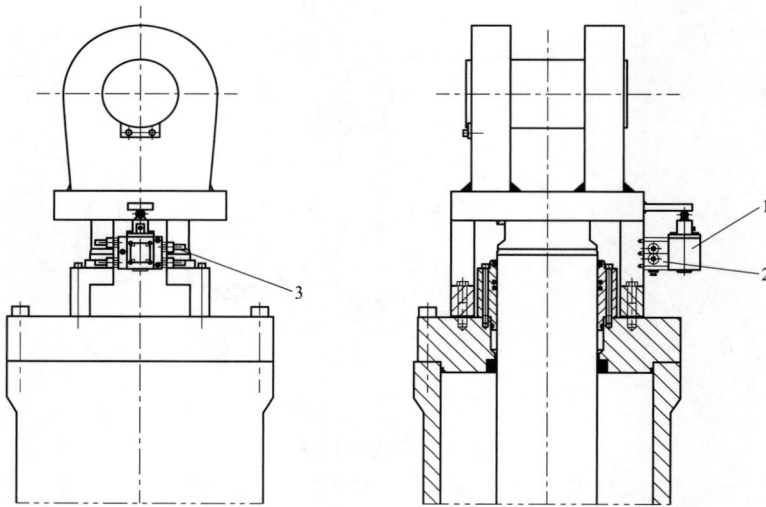

图 7-19　接力器切换阀
1—行程换向阀；2—换向阀安装板；3—管接头

第三节　进水球阀刚强度分析

球阀的安全性能直接关系电站厂房的安全，因此球阀及其连接件进行刚强度分析计算是球阀设计中的重要一环。进水球阀刚强度分析的主要对象为球阀、上下游连接管和活门，其计算手段主要采用有限元分析。

一、球阀及上下游管段有限元分析计算

在有限元分析过程中，计算模型及力学模型的选取对分析计算结果起到至关重要的作用。其中，力学模型包括边界条件的选取及计算载荷的施加。

1. 分析计算模型

球阀及上下游管段有限元分析主要取上游延伸段＋上游法兰＋阀体＋下游法兰＋下游伸缩节＋地脚架作为力学模型，如图 7-20 和彩图 7-20 所示。在分析计算模型中，要考虑上游连接管和伸缩节上直径大于 100mm 的孔在计算模型中均需要考虑，如旁通阀孔、压力钢管排水孔、主轴密封取水孔等。

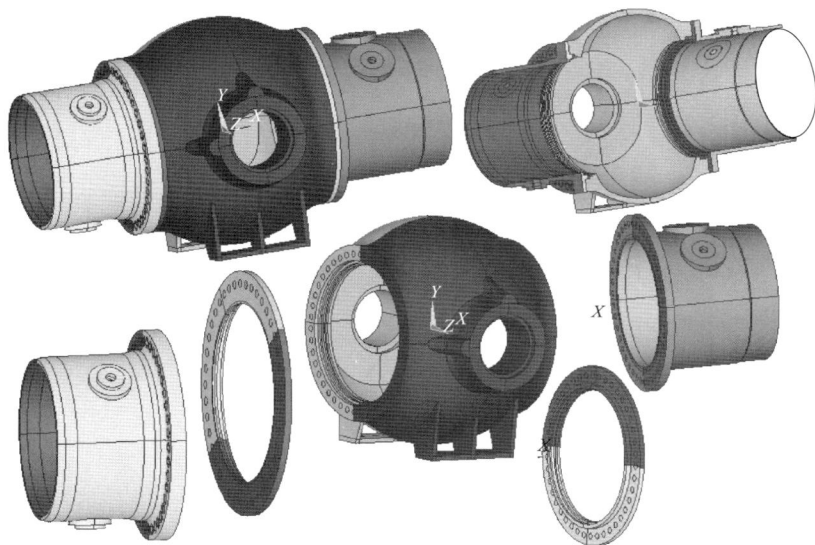

图 7-20 球阀阀体计算模型

2. 边界条件及计算工况

球阀及上下游管段有限元分析力学计算模型确定后需要确定计算边界条件及计算工况。计算边界选取通常约束上游连接管进口端沿水流方向的自由度并约束球阀地脚法兰垂直底面方向的自由度，如图 7-21 所示。在上游连接管与上游侧游离法兰、游离法兰与球阀阀体、球阀阀体和下游侧游离法兰，以及下游侧游离法兰和伸缩节之间的法兰面，接触单元模拟实际情况。

计算工况包括正常运行工况、检修密封工况和工作密封工况。检修密封工况和工作密封工况均要考虑球阀枢轴上承受活门的压力；图 7-21 给出了三种工况的受力和边界条件。

3. 许用应力考核标准

对于由有限元法计算得到的局部应力，国际上通行的许用应力选择方法是采用 ASME 的分析应力准则。ASME 标准第 8 卷第 2 册给出了一些用有限元法计算应力的

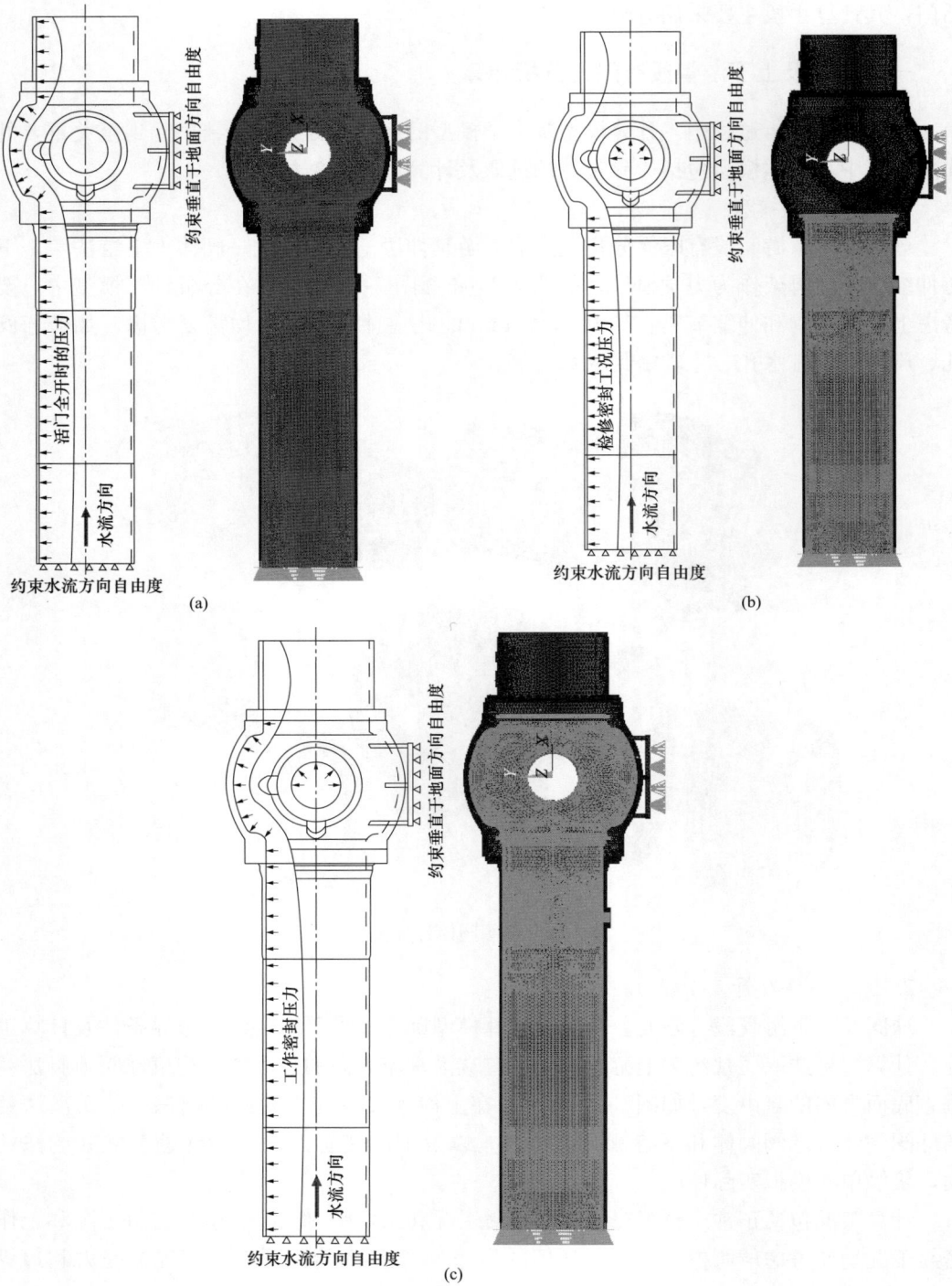

图 7-21 球阀边界条件和计算载荷施加示意图

(a) 正常工况球阀计算模型和边界条件；(b) 检修密封工况球阀计算模型和边界条件；

(c) 工作密封工况球阀计算模型和边界条件

限制应力，并将应力分类如下：

p_m——初次薄膜应力，MPa；

p_l——初次局部应力，MPa（不连续但没有应力集中）；

p_b——初次弯曲应力，MPa；

Q——二次薄膜应力＋不连续的弯曲应力，MPa。

对于设计压力的参考应力为：

$$S_m = \text{Min}(UTS/3, 2YS/3) \tag{7-1}$$

式中　UTS——材料强度极限，MPa；

$\qquad YS$——材料屈服极限，MPa。

不同应力的许用应力定义为：

$$p_m < S_m \tag{7-2}$$
$$p_l + p_b < 1.5S_m \tag{7-3}$$
$$p_l + p_b + Q < 3S_m \tag{7-4}$$

但在特殊工况，试验压力作用下，蜗壳的许用应力为：

$$p_m < 0.9YS \tag{7-5}$$
$$p_m + p_b < 1.35YS \tag{7-6}$$

式中　YS——材料的屈服极限，MPa。

二、活门有限元分析计算

活门的有限元分析首先是对活门结构进行力学模型简化，确定分析的力学模型，然后活门的受力情况明确计算边界条件，以保证计算结果和实际情况相符。

考虑到活门的对称性，分析时可选取 1/4 或 1/2 的活门作为分析模型，也可选取整个活门作为分析计算模型，如图 7-22 所示。

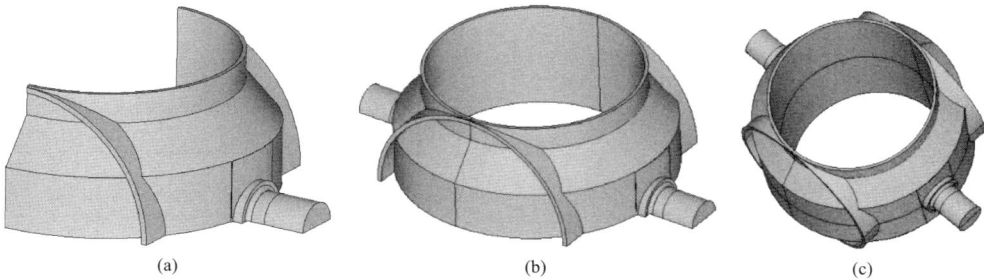

图 7-22　活门有限元分析计算模型

(a) 1/4 分析模型；(b) 1/2 分析模型；(c) 整体活门分析模型

若选取 1/4 或 1/2 的活门作为分析计算模型，在活门切开断面处，采用对称边界条件，如图 7-23 和彩图 7-23 所示。为防止产生刚体位移，在活门枢轴的相应位置，约束相对于枢轴的径向位移，如图 7-24 和彩图 7-24 所示。

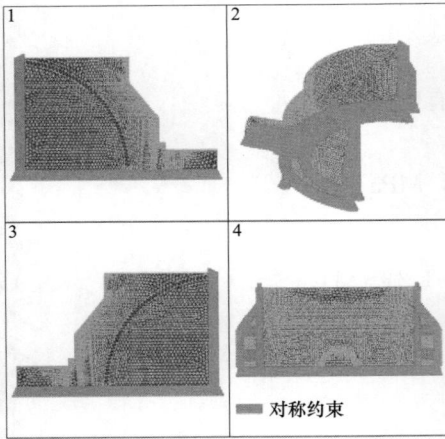

图 7-23　对称边界条件

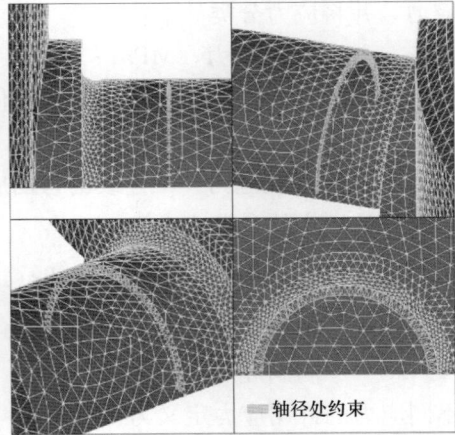

图 7-24　活门枢轴处的约束

活门有限元分析主要考虑检修密封和工作密封两种工况下的应力水平是否满足标书要求。如果标书没有相关的应力要求，则活门在检修密封和工作密封工况下，平均应力应小于材料屈服极限的 1/3，即 $[\sigma] \leqslant \sigma_s/3$。在这两个工况中，活门均承受水压力和密封处的集中力（见图 7-25 和彩图 7-25）。集中力采用式（7-7）进行计算。

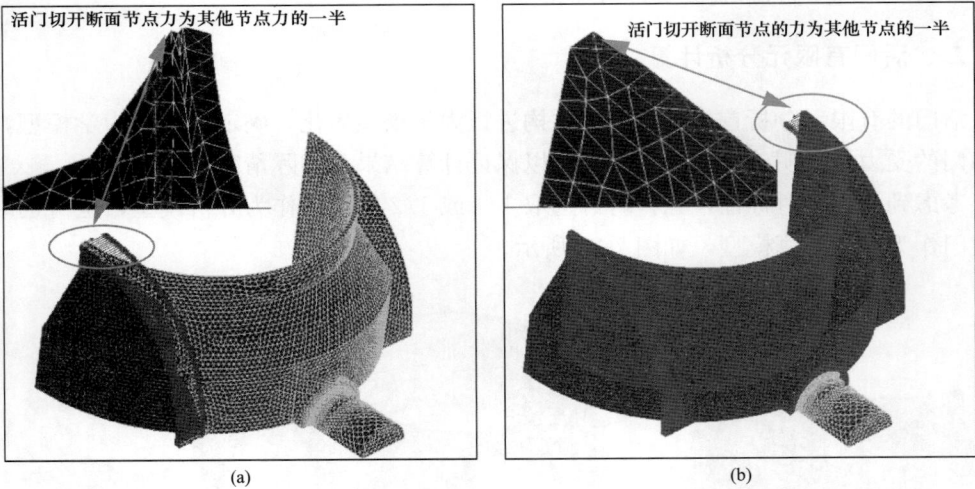

图 7-25　检修密封与工作密封载荷

（a）检修密封工况载荷；（b）工作密封工况载荷

集中力的计算公式为：

$$F = 0.25\pi p (D_1^2 - D_4^2) \tag{7-7}$$

式中　p——水压力，MPa；

D_1——密封外径，mm；

D_4——密封内径，mm，如图 7-26 所示。

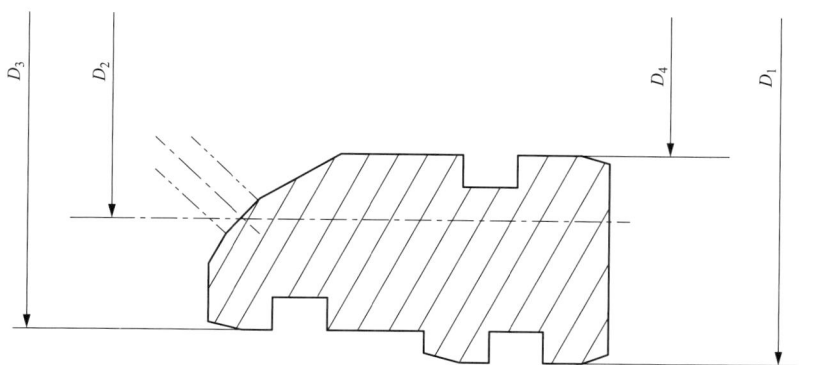

图 7-26 密封内径和外径示意图

第四节 进水阀控制系统

抽水蓄能机组在不同工况转换或发生事故时，进水阀需进行开启或关闭操作。需要进行进水阀开启操作的工况转换有停机热备→空转、发电调相→发电、抽水调相→抽水、停机热备→黑启动；需要进行进水阀关闭操作的工况转换有发电→发电调相、抽水→抽水调相、空转→旋转、发电调相→旋转、抽水→旋转、抽水调相→旋转、不定态→旋转、机械事故→旋转、电气事故→旋转。

进水阀球阀进行开启或关闭操作的流程：机组监控系统按控制流程发出进水阀开启或关闭的命令，机械过速保护装置按设定的机械过速值发出电气信号并切换控制油路，进水阀控制系统通过接收监控命令或通过控制油源的切换，结合现地测控元件反馈的进水阀状态，控制进水阀的开启和关闭。进水阀控制系统还可以实时监测进水阀状态，当监测到故障时发出报警信号。

进水阀控制系统是典型的机、电、液相结合的控制系统，主要由电磁阀、液动阀、压力传感器、位置开关等现地测控元件、液压管路、机械液压柜、电气控制柜及油压装置等设备组成。进水阀控制系统可通过手动或自动控制实现进水阀和液动旁通阀的开启及关闭、工作密封和液压锁锭装置的投入及撤出。此外，能够手动投入及撤出机械锁锭、检修密封。进水阀控制系统的控制对象示意图如图 7-27 所示。

一、进水阀控制系统的构成

1. 进水阀油压装置及其控制系统

油压装置应用于抽水蓄能电站进水阀操作系统，为进水阀操作系统提供压力油源。油压装置由回油箱、压力罐、电机油泵组、卸荷安全阀组、双作用过滤器、自动补气装置、油压装置控制柜及自动化元件等组成（见图 7-28 和彩图 7-28）。

电机油泵组在运行过程中分为主用泵和备用泵。进水阀开启或关闭过程中，各液压执行部件动作，造成高压油的消耗，引起压力罐内油位降低、油压下降、回油箱液位升高。此时电机油泵组按流程（见图 7-29）进行操作，当压力降至 6.0MPa 时，油压装置

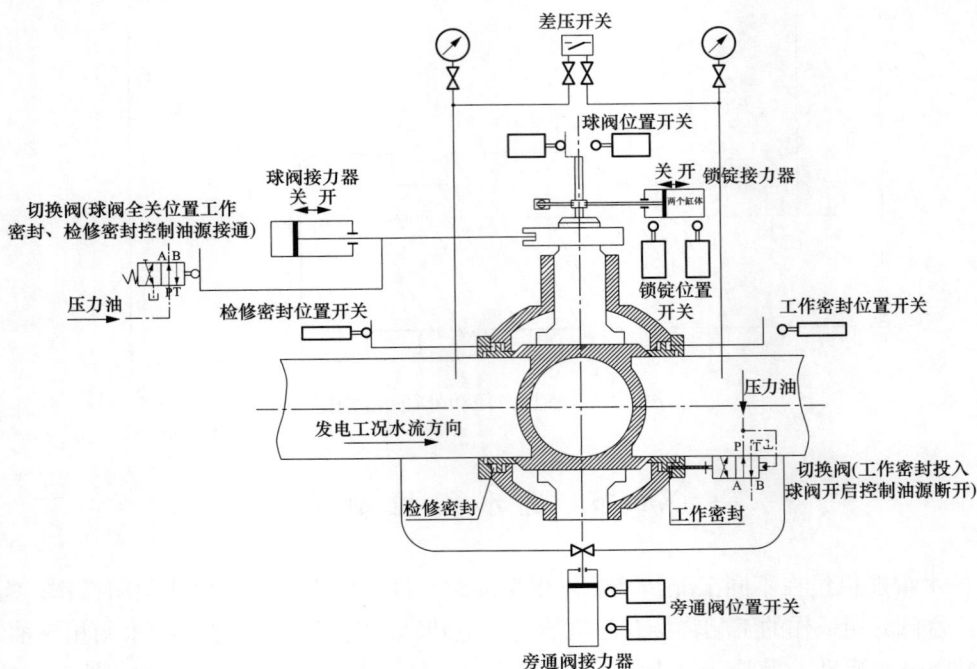

图 7-27　进水阀控制系统的控制对象示意图

控制柜发出启动主用泵的命令，启动主用泵，向压力罐补油，当压力升至正常压力 6.3MPa 时，油压装置控制柜发出停泵命令，停主用泵。当压力罐输出油量大于主用泵输入流量时，压力罐压力将持续下降，当压力下降至 5.8MPa 时，油压装置控制柜发出启动备用泵命令，启动备用泵向压力罐补油，当压力升至正常压力 6.3MPa 时，油压装置控制柜发出停泵命令，主、备用泵停止运行。

图 7-28　进水阀油压装置
1—回油箱；2—电机油泵组；3—过滤器；4—组合阀组；
5—压力罐；6—压力测量元件；7—自动补气装置；8—液位测量元件

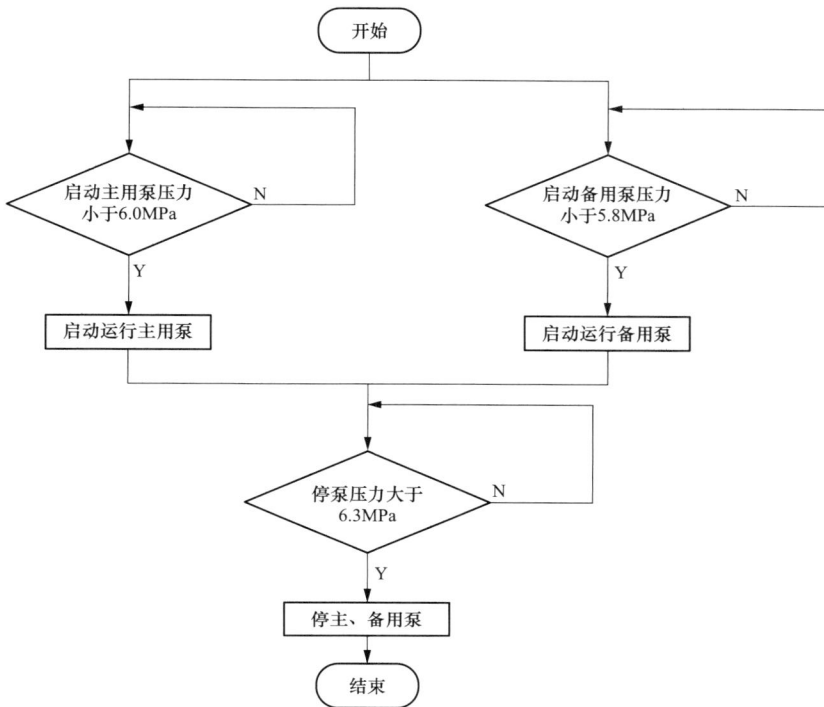

图 7-29　油压装置电机油泵组控制流程

自动补气装置用于向压力罐中补充中压气体，正常工作压力下，压力罐内油气比为 1∶2。机组运行过程中，泄漏或气体混于油中，会使罐中压缩空气减少。此时需向压力罐内补气，直至油气比正常。压力罐上配有自动补气装置，既可进行自动补气，也可进行手动补气。自动补气原理：当压力油罐油位上升到补气油位后，液位开关发出信号至控制柜，工作油泵及备用油泵停泵并闭锁，即使压力下降到整定值下限时，也不启动油泵。此时，如果压力下限达到补气压力整定值下限，则控制柜发出信号，补气电磁阀打开补气，即只有油位高于补气油位，同时压力低于补气压力时才进行补气。当补气压力达到补气压力整定值上限时，补气电磁阀关闭，停止补气。当油位下降至停止补气油位时亦停止补气，同时解除对各油泵的闭锁。

2. 进水阀电气控制部分

进水阀的电气控制系统由进水阀控制柜（由可编程序控制器、继电器、电源模块、空气开关、按钮、指示灯、转换开关、触摸屏、端子排等组成）及自动化元件构成，如球阀位置开关（全开、全关位置及其他中间位置）、旁通阀位置开关（全开、全关位置）、液压锁锭位置开关（投入、撤出位置）、工作密封位置开关（投入、撤出位置）、检修密封位置开关（投入、撤出位置）、进水阀上下游差压开关等。所有监测信号送往进水阀控制柜，通过控制程序及回路对进水阀进行状态监测和控制，实现进水阀的开启或关闭。

3. 进水阀机械液压控制部分

液压控制部分采用液压控制阀组（见图 7-30），由多个电磁阀和阀块组成，接收进水阀控制柜的控制指令，实现如下功能：

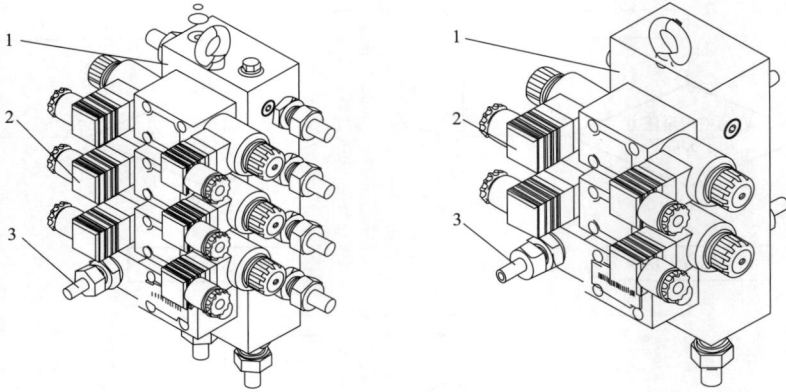

图 7-30 液压控制阀组
1—阀块；2—电磁阀；3—接头

（1）控制锁锭接力器的电磁换向阀。

（2）控制液控旁通阀的电磁换向阀。

（3）切换阀（工作密封投入时切断球阀开启控制油源，只有工作密封撤除才可以开启球阀）及其控制的液动换向阀。

（4）控制球阀开启的电磁换向阀及控制球阀接力器的液动切换阀（见图 7-31）。

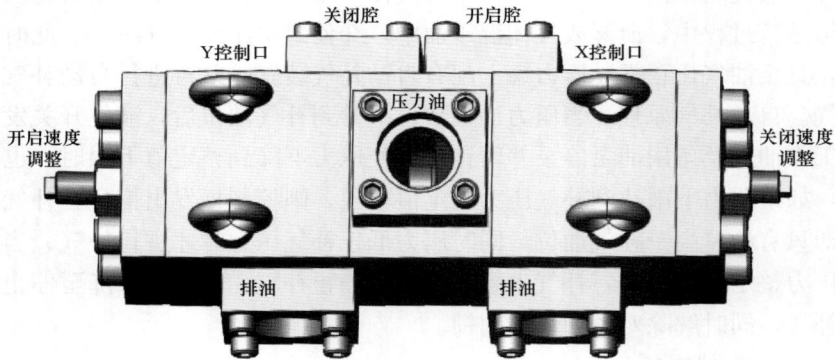

图 7-31 球阀开启、关闭液动切换阀

（5）切换阀（球阀全关时，工作密封和检修密封控制油源接通，工作密封和检修密封可以投入）及控制工作密封投退的电磁换向阀、液动阀。

（6）控制检修密封投退的手动换向阀及液动换向阀。

二、进水阀控制

进水阀的控制是由电气部分和机械部分共同完成的，根据系统运行情况，实现旁通阀、液压锁锭、工作密封、进水阀的操作，满足电站运行的需要。

1. 进水阀开启条件

进水阀开启需要满足如下条件：

（1）进水阀位于全关位置。

（2）机组停机继电器及进水阀关闭继电器未动作。

（3）导叶处于全关位置。

（4）尾水闸门全开。

2. 进水阀正常开启流程

当进水阀满足以上开启条件，且收到打开进水阀命令后，电气控制柜首先操作机械液压控制系统的相应电磁换向阀，撤出液压锁锭、工作密封并打开旁通阀。当液压锁锭和工作密封撤出，且收到进水阀前后平压信号，电气控制柜操作电磁换向阀打开球阀，进水阀全开后，收到球阀全开位置信号，关闭旁通阀，开阀流程结束。进水阀的开启流程如图 7-32 所示。

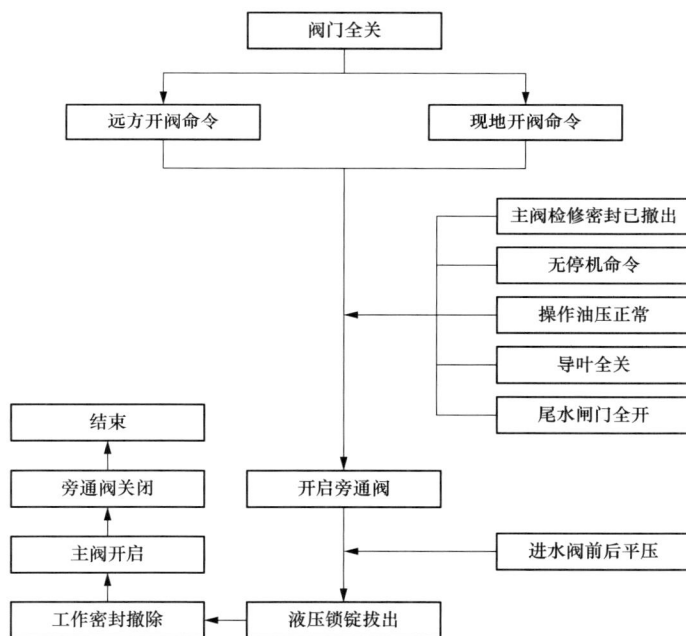

图 7-32　进水阀的开启流程

3. 进水阀正常关闭条件及关闭流程

进水阀满足如下条件时，才能进行关闭操作：

（1）导叶位于全关位置。

（2）尾水闸门全开。

（3）工作密封、检修密封、液压锁锭撤出。

当进水阀满足以上关闭条件，且收到关闭进水阀命令后，电气控制柜操作机械液压控制系统的相应电磁换向阀，关闭进水阀。进水阀全关后，电气控制柜操作相应的电磁换向阀投入工作密封、液压锁锭。工作密封和液压锁锭投入后，关阀流程结束。进水阀的关闭流程如图 7-33 所示。

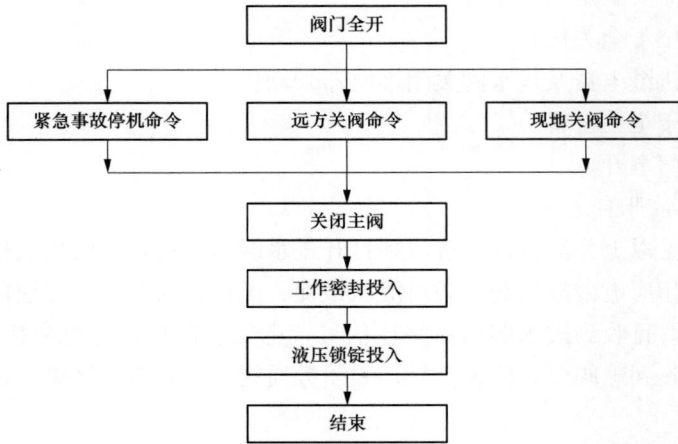

```
┌─────────────┐
│   阀门全开   │
└─────────────┘
       │
  ┌────┼────────────────┐
  │         │           │
┌──────────┐ ┌──────────┐ ┌──────────┐
│紧急事故停机命令│ │远方关阀命令│ │现地关阀命令│
└──────────┘ └──────────┘ └──────────┘
  │         │           │
  └────┼────────────────┘
       │
┌─────────────┐
│   关闭主阀   │
└─────────────┘
       │
┌─────────────┐
│  工作密封投入 │
└─────────────┘
       │
┌─────────────┐
│  液压锁锭投入 │
└─────────────┘
       │
┌─────────────┐
│    结束     │
└─────────────┘
```

图 7-33　进水阀的关闭流程

4. 进水阀紧急关闭

电站机组运行过程中，当发生如下紧急情况时，需要采取非常措施，关闭进水阀，其中情况（1）和情况（2）的进水阀关闭流程与正常关闭流程相同。

（1）电气控制柜接收到紧急关闭进水阀命令。

（2）在机组发生紧急事故（机组转速上升至电气过速值或机组事故停机时导叶剪断销剪断）的情况下，由紧急事故停机继电器直接作用停机的同时使进水阀事故关闭，以保护机组，避免事故进一步扩大。

（3）机组机械过速保护装置动作后，通过机械过速保护装置的切换阀切换油路，使控制球阀的液动控制阀切换，进水阀进行关闭操作。进水阀关闭后应检查工作密封和液压锁锭是否投入，如未投入需手动操作。

5. 检修密封投入和撤出

检修密封位于进水阀上游侧，平时检修密封处于撤出状态。当工作密封需要更换或机组水泵水轮机检修时，可操作检修密封手动换向阀投入检修密封，工作完成后将检修密封撤出。

6. 抽水蓄能机组对进水阀开度信号的特殊要求

抽水蓄能机组需要尽量缩短机组工况转换时间。非抽水蓄能机组进水阀基本不设置球阀开启中间位置的信号，当进水阀到达全开位置后才可进入下一步流程。根据近几年抽水蓄能电站的进水球阀操作的实际案例，开始设置进水阀开启中间位置开关（如溧阳、仙居抽水蓄能电站：开启 40％位置）。在机组工况转换需操作进水阀开启时，当进水阀开启到中间位置时即开始下一步流程，从而使工况转换减少了进水阀从中间位置到全开位置的时间。

7. 旁通阀配置

近两年由于球阀设计结构的变化，出现部分抽水蓄能机组进水阀取消旁通阀，采用工作密封撤出使进水阀两侧平压的工程案例。取消旁通阀时，控制系统需进行相应调整。

三、进水阀控制系统试验

1. 进水阀电气控制柜、机械液压柜厂内试验

根据图样和厂内试验大纲依次进行装配质量和外观检查、液压系统动作检查、带电部分绝缘电阻检查、电气回路耐压试验。之后检查输入、输出信号，模拟手动打开和关闭进水阀、自动打开和关闭进水阀、紧急关闭进水阀流程。

2. 进水阀油压装置控制柜厂内试验

试验对象为回油箱总装、压力油罐总装、油泵控制柜和油泵启动柜。根据图样和厂内试验大纲依次进行装配质量和外观检查、带电部分绝缘电阻检查、电气回路耐压试验。之后检查柜体输入、输出信号，模拟手动、自动启动和关闭油泵流程，模拟手动、自动补气流程。调试并试验油泵电机组、卸荷安全阀、空气安全阀、液位计、压力开关、压力变送器、油混水信号器等设备。

3. 进水阀控制系统工地试验

进水阀及其油压装置、控制系统工地安装完成后，需进行工地调试和试验。首先进行进水阀油压装置调试和试验，保证功能正确，为后续进水阀调试做准备。之后调试和试验进水阀，验证进水阀在机组流道未充水情况下的功能及控制流程的正确性，检验各性能指标是否符合要求，为流道充水及机组运行做好充足准备。最后在抽水蓄能机组不同工况下检验进水阀各项性能指标是否符合要求，部分进水阀根据需要进行动水关闭试验。

第五节　进 水 阀 制 造

本节主要介绍进水球阀阀体、活门、主密封、伸缩节等部件的制造加工和进水阀工厂装配及试验等工艺内容。

一、阀体制造加工

球阀阀体的制造通常采用分瓣组合结构和焊接整体结构两种型式。两种结构的阀体均采用先铸造然后按照粗加工和精加工分开的原则，在数控机床上加工制造完成。分瓣结构的阀体与焊接结构的阀体在加工过程中都需要保证以下几点：

（1）阀体内腔球面需进行加工和打磨。

（2）阀体两端阀轴孔的同轴度。

（3）阀体上游侧内圆和下游侧内圆的同轴度。

分瓣组合结构的阀体与焊接整体结构的阀体制造工艺有显著的不同，分瓣结构的阀体可以单件加工到图样尺寸，而焊接整体结构的阀体必须与活门装配后再一起加工。分瓣组合结构阀体的制造加工比焊接整体结构的阀体制造加工简单。

1. 分瓣组合结构阀体制造加工

分瓣组合结构的阀体，根据分瓣型式不同，分为大小瓣型式、对称分瓣型式和斜分瓣型式等。分瓣型式的阀体制造加工的工艺过程基本相同，本节以大小瓣型式及滑动表面堆焊不锈钢的阀体为例，介绍阀体制造加工过程中的相关工艺内容。

分瓣组合结构的阀体（以大小瓣型式为例）制造加工的主要工艺流程如图 7-34 所示。

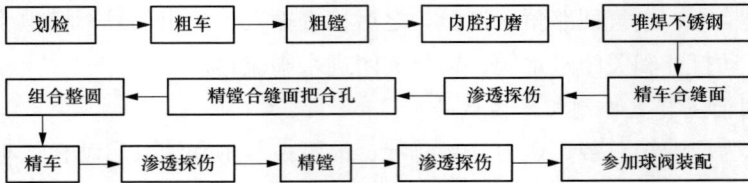

图 7-34 分瓣组合结构的阀体（以大小瓣型式为例）加工工艺流程

分瓣组合结构的阀体（见图 7-35）制造加工的主要工艺内容如下：

（1）阀体画线检查加工余量，在数控立车上进行阀体上游侧平面及内圆、下游侧平面及内圆和内球面粗加工。

（2）在数控镗床上，粗镗两端轴孔。

（3）粗加工后，打磨阀体内球面光滑并按照探伤标准 CCH 70-3 进行超声波探伤、渗透探伤或磁粉探伤，检查阀体内部质量。

（4）阀体上游侧和下游侧滑动密封表面进行堆焊不锈钢，需保证堆焊层的厚度能够进行后续精加工。

（5）精车合缝面并按照探伤标准 CCH 70-3 进行渗透探伤，在数控镗床上精镗合缝面把合孔。

（6）组合整体后，全面进行精车，堆焊不锈钢表面按 ASME Ⅷ 附录 8 探伤标准进行渗透探伤，铸件表面按探伤标准 CCH 70-3 做渗透探伤。

（7）精镗阀体两端阀轴孔和阀体上游侧、下游侧平面上的把合螺孔。

（8）两端阀轴孔按照探伤标准 CCH 70-3 进行渗透探伤检查。

（9）阀体参加装配前，需对内腔表面进行涂漆防锈处理，然后参加球阀装配。

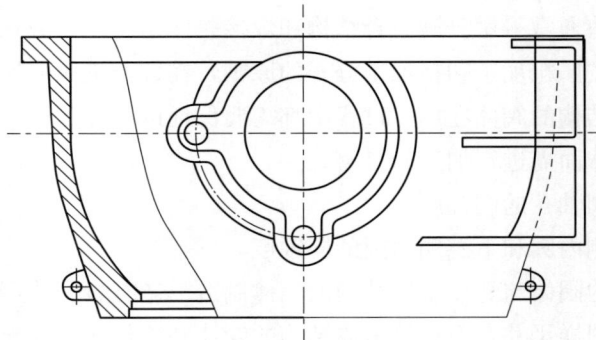

图 7-35 大瓣阀体示意图

在分瓣组合结构的阀体加工过程中需要注意以下几点：

（1）阀体材料为铸件，其内球面铸造尺寸公差较大，为防止活门与阀体装配后，阀体内腔与活门之间出现干涉现象，将阀体内球面进行数控编程加工及打磨。

（2）堆焊不锈钢需在阀体粗加工后、精加工前进行，防止堆焊时产生的焊接应力引起阀体加工尺寸的较大变化。

（3）为保证阀体各平面上把合孔的位置精度，采用在数控镗床上数控编程加工。

（4）阀体放置于数控镗床回转工作台上，数控编程加工阀体两端轴孔（见图7-36）。在加工阀体阀轴孔的过程中，可采用激光跟踪仪等光学测量设备配合检查阀体两端轴孔的同轴度。

（5）阀体滑动密封内圆为堆焊不锈钢表面，堆焊表面精加工后可能出现焊接缺陷，在精加工前应对堆焊缺陷进行缺陷清除及补焊处理，减少精加工后需处理的堆焊缺陷的数量。防止精加工后，堆焊层表

图 7-36　阀体加工两端阀轴孔示意图

面出现大量焊接缺陷，此时对大量缺陷的处理，会影响尺寸精度和堆焊层表面的质量。

2. 焊接整体结构阀体制造加工

阀体还可以做成焊接整体结构，两瓣阀体在活门装入后焊接成整体，然后与活门同加工，由于阀体是不可拆卸结构而且加工较为复杂，该结构受运输条件和加工条件的限制。焊接整体阀体单件加工的重点是，阀体内腔球面加工及内腔非加工球面打磨。本节以铸件的阀体为例，介绍焊接整体结构的阀体制造加工过程中的相关工艺内容。

焊接整体结构的阀体制造加工的主要工艺流程如图7-37所示。

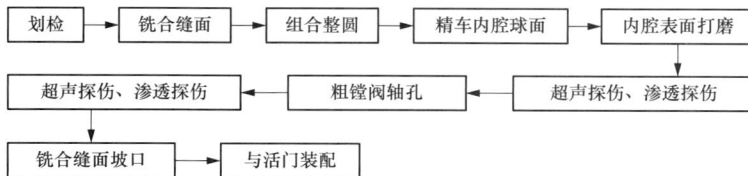

图 7-37　焊接整体结构的阀体加工工艺流程

焊接整体结构（见图7-38）的阀体制造加工的主要工艺内容如下：

（1）阀体画线检查加工余量，铣合缝面并组合整体。

（2）在数控立车上对阀体两端平面进行粗车，对阀体内球面进行精车。

（3）打磨阀体内球面，按探伤标准CCH 70-3对阀体内球面进行渗透探伤或磁粉探伤、超声波探伤。

（4）在数控镗床上，粗镗阀体两端轴孔；按探伤标准CCH 70-3进行渗透探伤或磁粉探伤、超声波探伤。

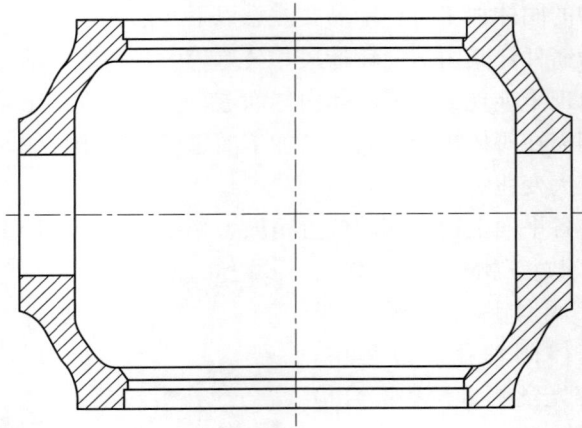

图 7-38 焊接阀体示意图

（5）将阀体拆开，在数控镗床上加工合缝面坡口。

（6）与活门进行装配。

在焊接整体加工的阀体加工过程中需要注意以下几点：

（1）阀体材料为铸件，其内球面铸造尺寸公差较大，为防止活门与阀体装配后，阀体内腔与活门之间出现干涉现象，将阀体内球面进行数控编程加工，保证阀体的内球面空间尺寸符合设计图样尺寸要求。

（2）阀体放到数控镗床回转工作台上，数控编程粗加工阀体两端轴孔，保证阀体两端轴孔的同轴度。

二、活门制造加工

进水阀的活门一般采用铸件，根据阀体的不同结构，活门分为不带阀轴结构活门（见图 7-39）和带阀轴整体结构活门（见图 7-40）。按照粗加工和精加工分开的原则，在数控机床上进行活门加工。本节以铸件的活门为例，分别介绍不带阀轴结构活门和带阀轴整体结构活门制造加工过程中的相关工艺内容。

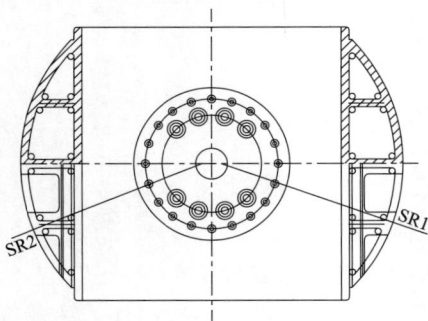

图 7-39 不带阀轴活门示意图

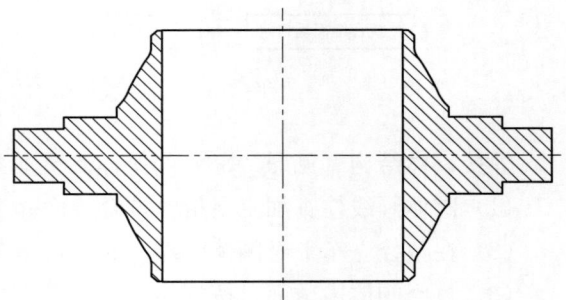

图 7-40 带阀轴的活门加工示意图

1. 不带阀轴结构活门

不带阀轴结构的活门，可以单件加工到设计图样要求。活门加工重点是保证活门两端阀轴孔的同轴度、两端球面装配密封座部位的外圆同轴度和平面的平行度、三个基准轴线的垂直度和外圆非加工表面干涉部位的打磨。

不带阀轴活门加工的主要工艺流程如图 7-41 所示。

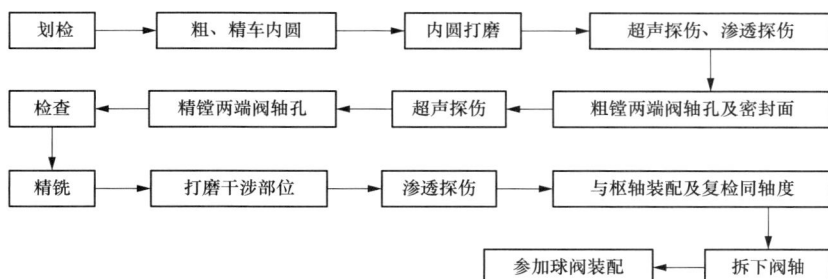

图 7-41 不带阀轴活门加工的主要工艺流程

不带阀轴活门加工的主要加工工艺内容如下：

（1）活门划检后，在立车上粗、精车内圆（见图 7-42）。

（2）将活门内圆表面打磨后，按探伤标准 CCH 70-3 进行渗透探伤或磁粉探伤、超声波探伤。

（3）活门放置在数控镗床回转工作台上，粗镗两端阀轴孔和粗铣两端平面（见图 7-43）。

图 7-42 活门加工内圆示意图　图 7-43 活门镗阀轴孔及铣两端平面示意图

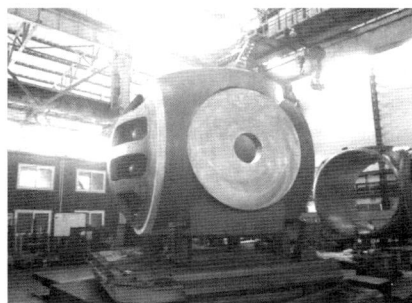

（4）加工后的阀轴孔和两端平面按探伤标准 CCH 70-3 进行超声波探伤。

（5）精镗活门两端阀轴孔，并检查两端阀轴孔的同轴度。

（6）精铣两端平面，按探伤标准 CCH 70-3 进行渗透探伤或磁粉探伤。

（7）打磨活门加工表面与非加工表面之间的干涉部位。

（8）阀轴与活门装配时，需调整阀轴止口与活门止口之间的间隙至均匀，活门与阀轴装配后，复检两端阀轴的同轴度及同钻铰销孔（见图 7-44）。

（9）活门拆下两端阀轴后，参加球阀装配。

在不带阀轴活门加工过程中需要注意以下几点：

（1）需先加工活门的过流面，然后以过流面中心为基准，数控编程加工活门两端阀轴孔和两端装配密封座的平面和外圆，保证三个基准轴线的垂直度。

（2）活门要与阀轴进行预装配，检验装配后的两端阀轴的同轴度；两端阀轴同轴度合格后，才允许同钻铰阀轴与活门之间的销孔。

（3）活门加工表面与非加工表面之间的接刀区域需进行打磨过渡，防止接刀部位与阀体内腔球面相干涉，如图 7-45 所示。

图 7-44　活门与阀轴复检同轴度示意图

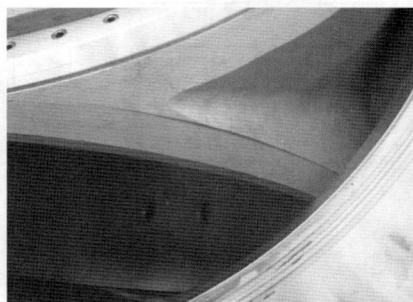

图 7-45　活门接刀部位示意图

2. 带阀轴整体结构活门

带阀轴的整体结构活门，可以应用在斜分瓣结构球阀、对称分瓣结构球阀和焊接整体结构球阀中。应用在斜分瓣结构球阀和对称分瓣结构球阀中的带阀轴整体结构活门，可以单件加工到设计图样要求。应用在焊接整体结构球阀中的带阀轴整体结构活门，活门单件只能先进行粗加工，然后必须与阀体装配到一起后才能进行精加工。本部分以应用在焊接整体结构球阀中的带阀轴整体结构活门为例，简要介绍带阀轴整体结构活门制造加工过程中的相关工艺内容。

带阀轴的整体结构活门制造加工工艺流程如图 7-46 所示。

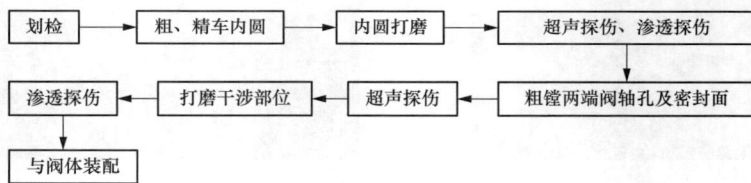

图 7-46　带阀轴的整体结构活门制造加工工艺流程

图 7-47　粗镗活门阀轴加工示意图

带阀轴的整体结构活门制造加工工艺内容如下：

（1）活门画线检查加工余量后，在立车上加工内圆。

（2）活门内圆表面打磨后按探伤标准 CCH 70-3 进行渗透探伤或磁粉探伤、超声波探伤。

（3）活门放置在数控镗床数控回转工作台上，粗镗两端阀轴孔及两端平面，如图 7-47

所示。

（4）打磨活门加工表面与非加工表面之间的接刀部位。

（5）打磨部位按探伤标准 CCH 70-3 进行渗透探伤。

（6）与阀体进行装配。

在带阀轴的整体结构活门制造加工过程中需要注意以下几点：

（1）需先加工活门内圆的过流面，然后以过流面中心为基准，数控编程粗加工活门两端枢轴和两端装配密封座的平面和外圆，保证三个基准轴线的垂直度、两端枢轴的同轴度。

（2）打磨活门加工表面与非加工表面之间的接刀区域，防止接刀部位与阀体内腔球面相干涉。

3. 焊接结构活门与阀体整体制造加工

活门与阀体装配后，先转动活门，活门在阀体内部转动灵活后，才能焊接阀体组成焊接结构的整体球阀。阀体焊接后，需进行热处理消除焊接应力。在阀体焊接及热处理前，需在阀体内腔球面和活门外表面涂耐高温油漆进行防锈处理。焊接结构的活门与阀体的加工难点，是活门两端阀轴加工和阀体两端阀轴孔的加工。

焊接结构的活门与阀体制造加工（见图 7-48）主要工艺流程如图 7-49 所示。

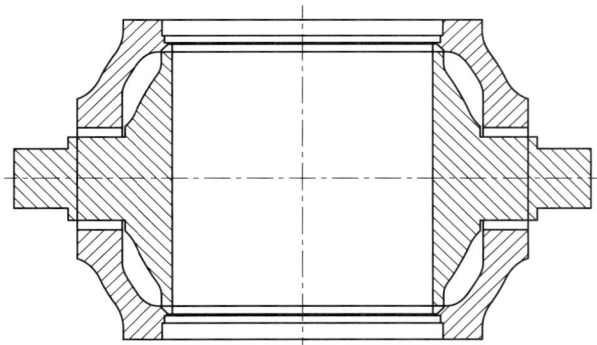

图 7-48　活门、阀体同加工示意图

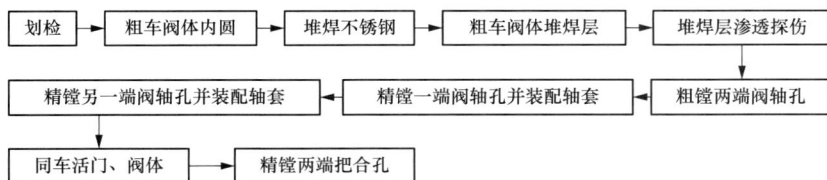

图 7-49　焊接结构的活门与阀体加工工艺流程

焊接结构的活门与阀体制造加工的主要工艺内容如下：

（1）以活门过流面内圆为基准，在立车上粗加工阀体内圆，并在阀体两端外圆加工基准外圆（见图 7-50）。

（2）精加工阀体堆焊不锈钢表面，并堆焊不锈钢。

（3）以活门过流面内圆为基准，粗加工阀体堆焊层内圆表面，并按 ASME-APP-8 标准对堆焊表面进行渗透探伤。对存在的超标缺陷，进行缺陷清除、补焊处理及打磨光滑，并按 ASME-APP-8 标准重新进行渗透探伤。

（4）阀体放置在数控镗床回转工作台上，先粗加工两端阀体轴孔和活门两端阀轴，然后精镗一端阀体阀轴孔和活门阀轴外圆并装配轴套（见图 7-51）。

图 7-50　活门、阀体同加工示意图　　　图 7-51　活门、阀体同加工装配轴套

（5）一端阀体和活门装配轴套定位后，球阀在数控回转工作台上回转 $180°$，精镗另一端阀体阀轴孔和活门阀轴外圆，并装配轴套。

（6）在立车上加工阀体两端内圆和活门两端球面位置的外圆及平面。

（7）在数控镗床上，精加工阀体两端平面上的把合螺纹孔。

在整体结构的活门与阀体制造加工过程中需要注意以下几点：

（1）活门与阀体装配后，阀体焊接前，需转动活门，防止活门与阀体在内腔出现干涉部位。

（2）要以加工过的活门为基准，同时对阀体两端内圆和活门球面上的平面及外圆进行同加工，保证阀体两端阀轴孔的同轴度、活门两端阀轴外圆的同轴度及阀体阀轴孔与活门阀轴外圆之间的同轴度精度。

（3）需采用打磨工具提高活门阀轴与阀体轴孔的表面粗糙度（见图 7-52）。

（4）阀体滑动密封内圆为堆焊不锈钢表面，堆焊表面精加工后可能出现焊接缺

图 7-52　活门枢轴外圆打磨抛光示意图

陷，在精加工前应对堆焊缺陷进行缺陷清除及补焊处理，减少精加工后需处理的堆焊缺陷的数量。防止精加工后，堆焊层表面出现大量焊接缺陷，此时对大量缺陷的处理，会影响尺寸精度和堆焊层表面质量。

三、主密封制造加工

球阀一般为双面金属密封，主密封包括上游侧检修密封和下游侧工作密封，密封装置可拆卸。密封装置包含动密封环和固定密封环（固定密封环又称为密封座），具

有互换性。动密封环和固定密封环的加工重点，是保证密封面的加工质量，密封面的表面质量会影响球阀装配后的漏水量。因此，动密封环和固定密封环的密封表面，不能存在打磨痕迹，只能在立车上一次性精加工合格。动密封环与固定密封环的加工过程基本相同，本节以锻件材料的固定密封环为例，简要介绍制造加工过程中的相关工艺内容。

固定密封环制造加工的主要工艺流程如图 7-53 所示。

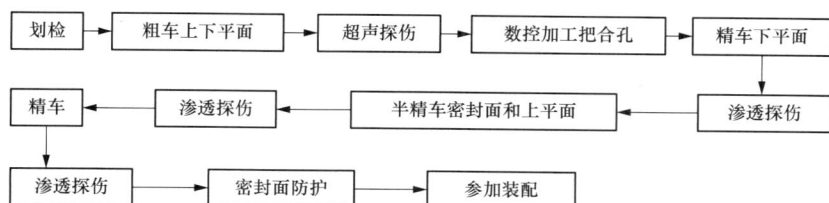

图 7-53　固定密封环制造加工的主要工艺流程

固定密封环制造加工的主要工艺内容如下：

（1）在数控立车上，粗车固定密封环上、下平面。

（2）对固定密封环按照 ASTM A388M 探伤保证进行超声波探伤。

（3）数控编程加工把合孔。

（4）精车下平面，并按探伤标准 CCH 70-3 进行渗透探伤。

（5）用螺栓将固定密封环固定在胎具上，半精车上平面和密封面，如图 7-54 所示。

（6）对密封面按探伤标准 CCH 70-3 进行渗透探伤。

（7）数控编程精车密封面并按探伤标准 CCH 70-3 进行渗透探伤，若存在超标缺陷，则将缺陷清除和补焊处理，并按探伤标准 CCH 70-3 重新进行渗透探伤，密封表面渗透探伤合格后再精车其余表面。

（8）用胶带对固定密封环密封表面进行黏结防护。

（9）参加球阀装配。

在固定密封环制造加工过程中需要注意以下几点：

图 7-54　固定密封环加工示意图

（1）固定密封环粗加工后，应按照 ASTM A388M 探伤保证进行超声波探伤，若存在超标缺陷，则将缺陷清除及进行补焊处理，并按探伤标准 ASTM A388M 进行超声探伤合格后，才允许进行精加工。

（2）固定密封环先精加工密封面，并在机床上按探伤标准 CCH 70-3 进行渗透探伤，若存在超标缺陷，则将缺陷清除及进行补焊处理，并按探伤标准 CCH 70-3 重新进行渗透探伤，密封表面渗透探伤合格后再精车其余表面，密封表面不允许进行打磨。

（3）密封表面精加工后，需用胶带等发货材料进行密封面防护，防止密封面损坏。

如果密封面损坏，则需上机床对密封表面重新加工和按探伤标准CCH 70-3进行渗透探伤。

四、伸缩节制造加工

伸缩节一般为钢板焊接结构，根据需要可在伸缩节外圆配合表面焊接不锈钢板或堆焊不锈钢层（见图 7-55）。伸缩节的加工重点是保证精加工后的外圆圆度精度和堆焊不锈钢层的表面质量。本节以外圆堆焊不锈钢层的伸缩节为例，简要介绍制造加工过程中的相关工艺内容。

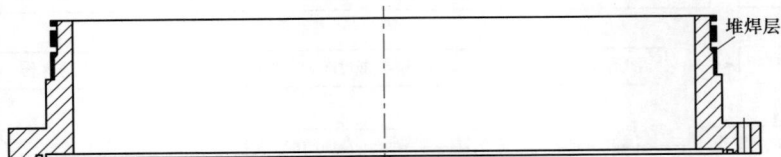

图 7-55　伸缩节示意图

伸缩节制造加工的主要工艺流程如图 7-56 所示。

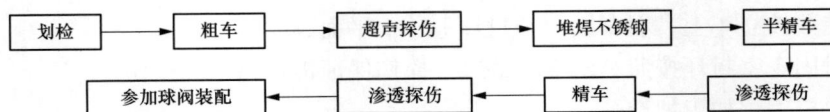

图 7-56　伸缩节制造加工的主要工艺流程

伸缩节制造加工的主要工艺内容如下：

（1）伸缩节划检合格后，进行粗车，其中堆焊部位在堆焊前进行精车。

（2）堆焊不锈钢前，对精加工的焊缝按 ASME 第Ⅷ卷附录 6 或附录 8 进行磁粉探伤或渗透探伤。

（3）伸缩节堆焊不锈钢层，堆焊不锈钢层后需进行焊接应力消除，然后进行半精加工。

图 7-57　伸缩节内圆加工示意图

（4）半精加工过程中，需按 ASME 第Ⅷ卷附录 8 探伤标准对不锈钢表面进行渗透探伤，将存在的超标缺陷，进行缺陷清除及补焊处理。减少伸缩节精车后，堆焊层表面出现的焊接缺陷的数量。

（5）伸缩节在数控立车上进行精加工（见图 7-57），精加工前，伸缩节需进行应力释放。

（6）精加工后，按 ASME 第Ⅷ卷附录 8 探伤标准进行渗透探伤，渗透探伤合格后，参加球阀装配。

在伸缩节制造加工过程中需要注意以下几点：

（1）伸缩节外圆堆焊不锈钢层后，需进行焊接应力消除。

（2）精加工前需对堆焊层表面，按 ASME 第Ⅷ卷附录 8 探伤标准进行渗透探伤检查，将存在的超标缺陷，进行缺陷清除及补焊处理。减少伸缩节精车后，堆焊层表面出现的焊接缺陷的数量。

（3）精加工过程中，需对内圆非加工过流面进行加工，提高伸缩节内圆的圆度精度。

五、材料的工厂检验和试验

进水球阀所用的材料应该是新的、优质的、无损伤和无缺陷的，其种类、成分、物理性能应符合相关标准。材料在使用过程中应进行材料试验、加工检验和过程检验等。

1. 材料试验

用于设备和部件的材料都应经过试验，试验应按照国内标准或 ASTM 中规定的方法进行。若有特殊需要，可按其他机构规定的办法进行试验。主要部件的材料应提供完整的试验报告。材料试验主要包括以下几方面：

（1）一般性化验与试验。对主要部件材料的化学成分进行化验，对材料的抗拉强度、屈服强度进行试验。试验应按国内标准或 ASTM 的有关规定进行，并将试验结果写入材料试验报告中。

（2）冲击和弯曲试验。所有用于主要部件的金属材料应做冲击韧性试验。试验应遵守国内标准或 ASTM 的有关规定和技术要求，钢板应同时做纵向和横向冲击试验；所有主要铸件和锻件的样品，应做弯曲试验、零韧性的临界温度试验。

（3）样材。样材应从本体取样供验证这些材料的化学成分和力学性能。

（4）试验报告。材料试验完成以后，编制材料试验报告。在报告中要标明使用该材料的部件名称，并应包括所有必要的能证实试验结果与技术规范相一致的全部资料和所有材料化学成分的鉴定结果。

2. 加工检验

（1）制造加工标准。除特殊规定外，所有部件按 ISO 标准精确制造。

（2）机械加工。部件在焊接后，表面需要机械加工或处理才能达到最后的尺寸，并且需要消除内应力的部件，应在消除内应力以后进行机械加工。

（3）公差和互换性。对所有配合的机械公差要适合预计的用途，并符合 ISO 的规定。所有零部件应有良好的互换性并便于维修。

3. 过程检验

（1）焊接部件的焊缝应做无损探伤检查，焊缝检查根据设计要求可采用超声波法（UT）、液体渗透法（PT）、磁粉法（MT），有特殊要求的部位还需用射线（RT）或超声波衍射时差法（TOFD）进行复验。

（2）铸件应按照 CCH 70-3《水力机械铸钢件检验规程》的要求进行无损探伤检查。

（3）锻件均应按 ASME A388 给出的 UT 检查要求和其他适用的无损探伤办法进行检查。

4. 装配试验

工厂装配试验至少包括下列设备：进水阀、操作机构、油压装置、所有控制系统管路和阀门及操作机构、现场控制屏和伸缩节等。

装配试验应至少包括以下内容：

（1）对所有设备部件尺寸的检查。

（2）应对进水阀及其操作机构进行动作试验。进水阀及其操作机构应在全行程范围内运行顺畅、无振动、撞击和卡阻现象，工作、检修密封环均应移动平稳。操作和控制系统无渗油现象。

（3）活门转到开启位置，进行进水阀的耐压试验。

（4）活门转到关闭位置，进行活门的耐压试验，并分别做工作密封、检修密封的密封试验。密封漏水量测量应在进水阀开启和关闭 1 次后进行，试验持续时间不少于30min，重复进行 3 次。试验期间，工作密封和检修密封都不得有漏水或渗水，密封试验压力应是进水阀密封工作状态下可能承受的最大水压力。密封的性能能够满足活门水压试验正常进行而不损坏。

（5）进水阀延伸段与伸缩节应进行耐压试验，可以采用与球阀一起整体耐压试验和单独耐压试验两种方式。

（6）所有承压部件，耐压试验压力为设计压力的 1.5 倍，保持 30min，然后降到设计压力，保持 30min，不得出现渗漏和任何有害变形。

六、球阀装配

球阀的主要组成部件有上游连接管、阀体、检修密封、活门、转臂、工作密封、伸缩节、空气阀、下游连接管、排水阀、接力器、旁通阀和地脚螺栓等。球阀在装配过程中，需转动活门，防止活门出现憋劲现象。需测量动密封环的行程、动密封环与固定密封环配合平面之间的间隙、测量把合螺栓的伸长值等。本节以大、小瓣球阀为例，介绍球阀装配过程中的相关工艺内容。

进水球阀装配的主要工艺流程如图 7-58 所示。

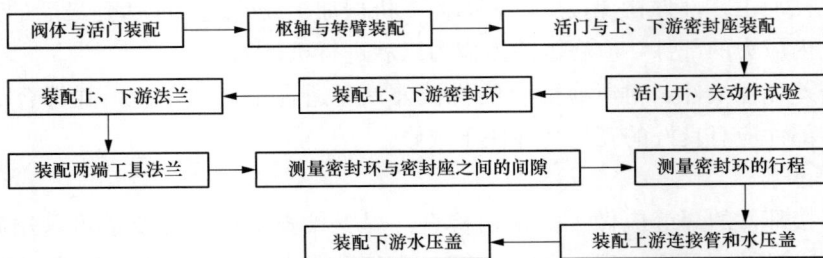

图 7-58　进水球阀装配的主要工艺流程

球阀装配的主要工艺内容如下：

（1）阀体与活门进行装配，合缝面的把合螺栓的预紧力和伸长值需符合设计图样要求。

（2）阀轴与转臂进行装配，活门与上游侧固定密封环、下游侧固定密封环装配后，通过转臂转动活门，活门应转动灵活，无憋劲现象，活门上的固定密封环与阀体内腔应无干涉。

（3）装配上游侧动密封环、下游侧动密封环和上游法兰、下游法兰及两端工具法兰，如图 7-59 所示。使上游动密封环、下游动密封环处于投入状态，测量动密封环与固定密封环配合表面之间的间隙，间隙应为 0mm；使上游动密封环、下游动密封环处于退出状态，测量上游动密封环、下游动密封环的行程和动密封环与固定密封环配合表面之间的间隙，间隙应符合设计图样要求。

图 7-59　球阀装配工具法兰后试验示意图

（4）拆下两端工具法兰后，装配上游连接管、上游水压盖和下游水压盖，装配后准备进行球阀动作试验、压力试验、漏水试验等相关试验。

在球阀装配过程中需要注意以下几点：

（1）各把合螺栓预紧过程中，应对称、均布分阶段预紧螺栓，使螺栓的受力均匀，防止配合面之间因把合力不均匀出现间隙。

（2）进水阀各部件装配后，需转动活门，活门应转动灵活、无憋劲现象。

（3）测量投入状态下的密封环与密封座之间的间隙，如存在间隙则无法往阀体内腔注水及进行密封漏水试验。

七、进水球阀压力试验

球阀在工厂内组装后，需进行活门动作试验、阀体压力试验、活门压力试验、上游侧密封试验、下游侧密封试验及锁定试验等。球阀在装配过程中，需先进行活门动作试验，动作试验合格后，才可以进行其余部件的装配和球阀各项试验。本节以先进行球阀装配压力试验、漏水试验，再进行活门动作试验的顺序进行工艺过程介绍。

进水球阀装配后压力试验的主要工艺流程如图 7-60 所示。

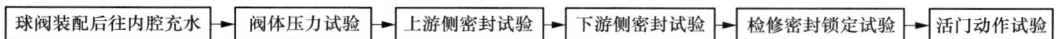

球阀装配后往内腔充水 → 阀体压力试验 → 上游侧密封试验 → 下游侧密封试验 → 检修密封锁定试验 → 活门动作试验

图 7-60　进水球阀压力试验的主要工艺流程

进水球阀装配后压力试验（见图 7-61 和彩图 7-61）的主要工艺内容如下：

（1）进水球阀装配完毕并连接试验压力泵等工具后，往球阀内腔充满水，至阀体最高点有水溢出为止。

（2）上游检修动密封环处于投入状态，上游检修动密封环与固定密封环的密封面相接触，阀体最高点上方的丝堵松开，将上游连接管内腔缓慢升压，试验压力达到图样设计要求的最高压力后，需按设计图样要求的时间保证最高压力，做检修密封环侧活门压力试验，压力试验合格后，缓慢将内腔中的试验压力降为 0MPa。

（3）上游检修动密封环处于退出状态，下游工作动密封环处于投入状态，将下游侧水压盖最高点上方的丝堵松开，将阀体和上游连接管内腔缓慢升压，试验压力达到图样设计要求的最高压力后，需按设计图样要求的时间保证最高压力，做工作密封环侧活门压力试验。压力试验合格后，缓慢将内腔中的试验压力降为 0MPa。

（4）上游侧检修动密封环、下游侧工作动密封环处于退出状态，将进水阀内腔缓慢升压，试验压力达到图样设计要求的最高压力后，需按设计图样要求的时间保证最高压力，做阀体压力试验。压力试验合格后，缓慢将内腔中的试验压力降为 0MPa。

（5）上游检修动密封环处于投入状态，上游检修动密封环与固定密封环的密封面相接触，阀体最高点上方的丝堵松开，将上游连接管内腔缓慢升压，试验压力达到图样设计要求的最高压力后，需按设计图样要求的时间保证最高压力，做检修密封环侧密封漏水试验，并记录试验的漏水量。密封漏水试验合格后，缓慢将内腔中的试验压力降为 0MPa。

（6）上游检修动密封环处于退出状态，下游工作动密封环处于投入状态，将下游侧水压盖最高点上方的丝堵松开，将阀体和上游连接管内腔缓慢升压，试验压力达到图样设计要求的最高压力后，需按设计图样要求的时间保持最高压力，做工作密封环侧密封漏水试验，并记录试验的漏水量。密封漏水试验合格后，缓慢将内腔中的试验压力降为 0MPa。

（7）上游检修动密封环处于投入状态，上游检修动密封环与固定密封环的密封面相接触，阀体最高点上方的丝堵松开，将检修密封锁定投入后，上游连接管内腔缓慢升压，试验压力达到图样设计要求的最高压力后，需按设计图样要求的时间保持最高压力，做检修密封锁定漏水试验。检修密封锁定漏水试验合格后，缓慢将内腔中的试验压力降为 0MPa。

（8）上游检修动密封环、下游动工作密封环处于退出状态，阀体内腔压力分别在 0MPa 和图样设计的压力下，转动活门，进行活门动作试验。接力器参与活门动作试验，阀体内腔可以不充水（见图 7-62 和彩图 7-62）。

图 7-61　球阀装配后试验示意图　　　图 7-62　带接力器的球阀动作试验示意图

在进水球阀装配后的压力试验过程中需要注意以下几点：

（1）在球阀装配进行阀体压力和活门压力试验前，进行密封试验，分别检查上游侧和下游侧金属密封面的密封漏水情况，检查动密封环腔中的组合密封是否有外渗漏水现象。

（2）在球阀冲水过程中，阀体的最高点需有水溢出，保证充分排出阀体内部空气。

（3）在球阀各种有水试验过程中，应分阶段缓慢升压和降压，每阶段升压和降压过程中，要有一定的稳压时间。

（4）进行上游侧和下游侧密封漏水试验时，需在压力稳定一定时间后，进行漏水量的测量。

（5）检修密封锁定在投入过程中，检修动密封腔中的压力，需随着检修密封锁定投入数量的增多，依次将检修动密封锁定腔中升起的压力降低到工作压力。

（6）检修密封锁定试验过程中，检修动密封腔中的压力不能为 0MPa。当检修动密封腔中的压力降为 0MPa 过程中，活门会随着检修动密封腔中的压力下降的同时往上游侧移动，使检修密封锁定受力增加，存在检修密封锁定损坏的隐患。

（7）上游侧和下游侧密封腔中的动密封环处于退出状态时，才可以进行活门动作试验。

第八章

水力过渡过程计算分析

　　水泵水轮机过渡过程在抽水蓄能电站的建设和运行中起着至关重要的作用，抽水蓄能电站担负电力系统的调峰填谷、事故备用、调频、调相等任务，输水发电系统特性复杂，许多电站中的引水管路和尾水管路很长，而且多为"一管多机"布置形式，并包含异径连接管路、分岔连接管路、调压室、主机及调速系统等多个复杂部件及子系统。水泵水轮机水力过渡过程包括水轮机工况启动（增负荷）、水轮机工况甩负荷、水泵工况启动、水泵工况断电、小波动、水力干扰等多种工况。

　　进行过渡过程分析研究的目的在于揭示各种水力机械装置在过渡过程中可能经历的各种动态特性，并寻求改善这些动态特性的合理控制方式和技术措施，以便提高机组运行的可靠性、速动性、灵活性及电站的经济性，并解决和预防过去曾出现的过渡过程中控制策略不合理而导致的事故。

▦　第一节　水力过渡过程分析基本理论

一、水力过渡过程基本方程

　　描述水力过渡过程的基本方程主要有两个运动方程和连续方程。运动方程可以从有压输水管道水体选取隔离体，应用牛顿第二定律推导出，其基本方程如下：

$$g\frac{\partial H}{\partial x} + v\frac{\partial v}{\partial x} + \frac{\partial v}{\partial t} + \frac{fv|v|}{2D} = 0 \tag{8-1}$$

式中　x——从任意起点开始的沿管道中心线的坐标距离，m；

　　　H——测压管水头，m；

　　　v——平均速度，m/s；

　　　g——重力加速度，m/s²；

　　　f——达西-威斯巴哈摩擦系数；

　　　D——管道直径，m。

　　连续方程根据质量守恒定理推出，即流入、流出控制体的水体质量之差等于控制体内水体质量随时间的变化，并假定金属、混凝土等管道材质为线性弹性变形和小变形材料，水体密度的相对变形很小，其方程如下：

$$v\frac{\partial H}{\partial x} + \frac{\partial H}{\partial t} - v\sin\alpha + \frac{a^2}{g}\frac{\partial v}{\partial x} = 0 \tag{8-2}$$

式中　x——从任意起点开始的沿管道中心线的坐标距离，m；

α——管道中心线和水平线倾斜角，（°）；

H——测压管水头，m；

v——平均速度，m/s；

a——波速，m/s。

二、水力过渡过程分析方法

目前，水力机械过渡过程研究主要有两种途径：原型或模型试验和数值解法。

进行水力机械过渡过程原型试验或模型试验，可以获得最为真实的过渡过程运行数据，但在研究应用中存在诸多限制：首先，过渡过程对机组设备具有一定的破坏作用，严重降低机组设备寿命，实际运行中不允许机组经历过多的过渡过程；其次，受限于测量手段，试验中并不能获得导叶和转轮区域内部流动状态，精细化测量难以实现；再者，模型试验获得的水头、转速、功率等参数可以通过相似准则换算为较为准确的原型参数，但是压力脉动在换算过程中存在着相对较大的误差。

数值解法从内外特性参数关联角度可以分为外特性数值解法和内特性数值解法两种类型。外特性数值解法，边界条件通过完整的水轮机综合特性曲线族获得，其具有边界条件易编程实现、对各种管路瞬变流动适应性良好等优点，在管路瞬变流动计算中应用广泛；内特性数值解法，通过联立内特性参数的解析式和边界条件，计算瞬变流动过程。目前，数值解法主要有解析计算法、图解法、一维数值计算解法和基于三维 CFD 数值模拟解法。

1. 解析计算法

解析计算法主要通过对某些参数予以简化而求解式（8-1）和式（8-2）。例如，计算压力钢管中某一断面（此断面以水流方向为 x 轴）的压力变化和速度变化，在时间 t 时，由于水流速度远小于波速，则式（8-1）和式（8-2）简化如下。

运动方程：

$$g\frac{\partial H}{\partial x} = \frac{\partial v}{\partial t} \tag{8-3}$$

连续性方程：

$$\frac{\partial H}{\partial t} = \frac{a^2}{g}\frac{\partial v}{\partial x} \tag{8-4}$$

式（8-3）和式（8-4）为解析管路系统中水锤的波动方程，这两个方程为双曲线型的偏微分方程，其通解如下：

$$\Delta H = H - H_0 = F\left(t - \frac{x}{a}\right) + f\left(t + \frac{x}{a}\right) \tag{8-5}$$

$$\Delta v = v - v_0 = -\frac{g}{a}\left[F\left(t - \frac{x}{a}\right) + f\left(t + \frac{x}{a}\right)\right] \tag{8-6}$$

式中，F 是一个波函数，并且是以 a 沿 x 轴正方向，向上游传播的水击波，称为正向波或逆流波；f 也是一个波函数，并且是以 a 沿 x 轴反方向，向下游传播的水击波，称为反向波或顺流波。尽管确定这两个函数必须利用初始条件和边界条件，但它们独特的性质与初始条件和边界条件无关。该性质是 t 和 x 的组合不变，函数值不变。例如：

$$t - \frac{x}{a} = t + \Delta t - \frac{x + \Delta x}{a} \quad \left(\Delta t = \frac{\Delta x}{a} \right)$$

$$F\left(t - \frac{x}{a} \right) = F\left(t + \Delta t - \frac{x + \Delta x}{a} \right)$$

式（8-5）和式（8-6）有量纲，为了方便起见，将式（8-5）和式（8-6）转换为无量纲的形式。

令：　$\xi = \dfrac{H - H_0}{H_0}$，　$\nu = \dfrac{v}{v_{max}}$，　$\Phi = \dfrac{F}{H_0}$，　$\varphi = \dfrac{f}{H_0}$ 和 $\rho = \dfrac{a v_{max}}{2 g H_0}$

于是得出：

$$\xi = \Phi + \varphi \tag{8-7}$$

$$2\rho(\nu_0 - \nu) = \Phi - \varphi \tag{8-8}$$

在直接水锤条件下，即导叶启闭时间 $T_s \leqslant 2L/a$，管道末端的水锤压力只受向上游传播的正向波的影响，波函数 $f = 0$。水锤的压力（直接水击）可用儒可夫斯基公式计算：

$$\Delta H = H - H_0 = -\frac{a}{g}(v - v_0) = \frac{a}{g}(v_0 - v) \tag{8-9}$$

式（8-9）揭示了一条重要的自然规律：水锤压力大小与流速变化量和水击波速的乘积成正比。

在间接水锤、简单管条件下，可得出反映弹性波传播、反射和叠加规律的阿维列连锁方程：

$$\xi_i + \xi_{i+1} = 2\rho\left(\tau_i \sqrt{1 + \xi_i} - \tau_{i+1} \sqrt{1 + \xi_{i+1}} \right) \tag{8-10}$$

式中　τ_i——i 时刻导叶的相对开度。

2. 图解法

20 世纪 30 年代至 60 年代，水锤计算的图解法曾被广泛应用，该方法是运用不计管路水力损失情况下的水锤共轭方程式，用图解进行分析的方法。图解法就是一个观测者在不同的时间，不同的地点，按一定的线性规律去行进并在 H、Q 坐标图上画出特征线，由此确定沿管路一定长度内各点的压力升高值。

假设以观测者出发时所处的位置作为起始的特征点，如一个观测者在 i 时刻时离开这一点，i 时刻的压力 H_i 和流量 Q_i 已知。观测者以速度 a 行进，那么他就一定可以知道在他经过的管路各点上的压力 H 和流量 Q，这是由相同的线性规律所决定的，取决于他出发时的 H_i 和 Q_i 值及观察者所行进的方向。该方法能简便直观地表示出水锤进展的全过程，在概念上比较清晰，仅适用于比较简单的管路系统计算，但对于复杂的管路系统，尤其是抽水蓄能电站的过渡过程，图解法不适用。

3. 一维数值计算解法

一维数值计算解法主要包括特征线法和隐式法等，目前主要采用特征线法，这里仅介绍特征线法。

特征线法是将管道系统非恒定流的水锤偏微分方程，沿其特征线，变换为常微分方程，再近似地变换为差分方程进行数值计算。20 世纪 60 年代，美国密歇根大学的教授威利（Wylie）与斯特里特（Streeter）第一次采用特征线法用计算机求解非恒定流的一些问题，并取得了一定的研究成果。特征线法是解双曲线型偏微分方程初边值问题的特有方法，是目前求解管道系统水力瞬变最常用的数值计算方法。特征线方法具有许多优点：

（1）稳定性准则可以建立。

（2）边界条件很容易编成程序，可以处理很复杂的系统。

（3）可以适用于各种管道水力瞬变分析，包括气液两相瞬变流。

（4）在所有差分法中具有最好的精度。

可以用特征线法把式（8-1）和式（8-2）所示的双曲线型偏微分方程组转换成两组全微分方程，即式（8-11）和式（8-12）：

$$
C^+ : \begin{cases} \dfrac{\mathrm{d}x}{\mathrm{d}t} = v + a \\[2mm] \dfrac{\mathrm{d}H}{\mathrm{d}t} + \dfrac{a}{g}\dfrac{\mathrm{d}v}{\mathrm{d}t} + v\sin\alpha + \dfrac{afv\,|\,v\,|}{2gD} = 0 \end{cases} \tag{8-11}
$$

$$
C^- : \begin{cases} \dfrac{\mathrm{d}x}{\mathrm{d}t} = v - a \\[2mm] \dfrac{\mathrm{d}H}{\mathrm{d}t} - \dfrac{a}{g}\dfrac{\mathrm{d}v}{\mathrm{d}t} - v\sin\alpha - \dfrac{afv\,|\,v\,|}{2gD} = 0 \end{cases} \tag{8-12}
$$

在管道刚性较大的情况下，$v \ll a$，特征线方程中可略去 v，用流量 Q 代替平均流速 v，$v = Q/A$，A 为断面面积，于是有：

$$
C^+ : \begin{cases} \dfrac{\mathrm{d}x}{\mathrm{d}t} = a \\[2mm] \dfrac{\mathrm{d}H}{\mathrm{d}t} + \dfrac{a}{gA}\dfrac{\mathrm{d}Q}{\mathrm{d}t} - \dfrac{Q}{A}\sin\alpha + \dfrac{faQ\,|\,Q\,|}{2gDA^2} = 0 \end{cases} \tag{8-13}
$$

$$
C^- : \begin{cases} \dfrac{\mathrm{d}x}{\mathrm{d}t} = -a \\[2mm] \dfrac{\mathrm{d}H}{\mathrm{d}t} - \dfrac{a}{gA}\dfrac{\mathrm{d}Q}{\mathrm{d}t} - \dfrac{Q}{A}\sin\alpha - \dfrac{faQ\,|\,Q\,|}{2gDA^2} = 0 \end{cases} \tag{8-14}
$$

式（8-13）中两式分别称为 C^+ 特征线方程和在 C^+ 上成立的相容性方程，式（8-14）中两式分别称为 C^- 特征线方程和在 C^- 上成立的相容性方程。

特征线 $\dfrac{\mathrm{d}x}{\mathrm{d}t} = \pm a$ 在 x—t 平面上是斜率为 $\pm a$ 的两族曲线。对于给定的管道，不考虑气体释出，波速 a 可以看成常数，特征线就是两族直线。

对全微分方程进行积分便可得到易用于数值计算的有限差分方程。为进行水力瞬变计算，把管长为 L 的管子分成每段长 Δx 的若干段，把时间也分为若干段，每段为 $\Delta t = \Delta x/a$，就得到 x—t 平面上的矩形计算网格，并且矩形网格的对角线刚好是特征线。

如图 8-1 所示，用 i 表示管段上的节点号，用 j 表示时层号（如 H_i^j 表示管段第 i 节点，第 j 时层的水头），方程可表示如下：

$$C^+: H_i^{j+1} = C_P - BQ_i^{j+1} \quad (8\text{-}15)$$

$$C^-: H_i^{j+1} = C_M + BQ_i^{j+1} \quad (8\text{-}16)$$

其中：

$$C_P = H_{i-1}^j + (B+C)Q_{i-1}^j - RQ_{i-1}^j |Q_{i-1}^j|$$
$$(8\text{-}17)$$

$$C_M = H_{i+1}^j - (B-C)Q_{i+1}^j + RQ_{i+1}^j |Q_{i+1}^j|$$
$$(8\text{-}18)$$

$$B = \frac{a}{gA}, \quad C = \frac{\Delta t}{A}\sin\alpha, \quad R = \frac{f\Delta x}{2gDA^2}$$

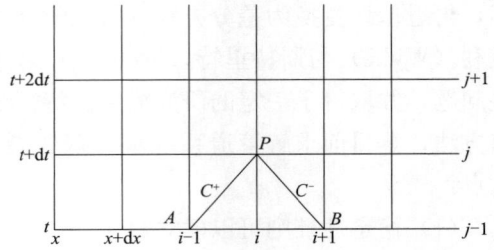

图 8-1　解单管问题的 x—t 网格

式（8-15）~式（8-18）就是用特征线法对封闭管道非恒定流动进行数值计算时，直接应用的常用公式。

4. 基于三维 CFD 数值模拟解法

基于三维 CFD 数值模拟解法利用 CFD 技术模拟计算水泵水轮机过渡过程。在水泵水轮机甩负荷过程三维瞬态湍流计算中利用三维 CFD 数值模拟技术能够获得水轮机流道内全面详细的流场分布和压力脉动特征。目前主要有一维加三维的过渡过程计算和整个输水系统的全三维过渡过程计算。

一维加三维的过渡过程计算，是建立以管道瞬变流与机组内部三维流动的耦合计算为基础的甩负荷导叶关闭的过渡过程计算模型，即管道特征线法与机组内部三维不可压流动的有限体积法在管道与机组连接处实现耦合求解，真正实现了建立在机组内特性基础上的系统过渡过程计算，但该方法对计算机硬件要求比较高，完成整个计算需要耗费大量时间，目前处于应用起步阶段。

整个输水系统的全三维过渡过程计算，是从水电站整个输水系统考虑，提出一种基于 VOF 模型的瞬态过程数值计算方法，对抽水蓄能电站从上游水库进口到下游水库出口全流域进行水轮机工况甩负荷或水泵断电瞬态过程数值模拟，目前处于摸索阶段。

⊕ 第二节　水泵水轮机的特性

水泵水轮机运行过程中，会经常遇到各种特殊工况，如水泵工况运行时突然断电，水流很快产生倒流，机组转速急剧下降直至为零，随后水泵将会倒转直至飞逸，整个过程机组经历了水泵工况、制动工况及水轮机工况三个运行区；在水轮机工况甩负荷，还会出现水轮机制动工况和反水泵工况两个运行区。通常把各种正常工况和过渡过程工况的全部特性总称为水泵水轮机全特性。

一、水泵水轮机全特性

水泵水轮机全特性可以用全特性曲线来反映。目前，全特性曲线主要有两种，一种是以 Q_{11}-n_{11} 为坐标轴的全特性-流量曲线（见图 8-2 和彩图 8-2），另一种是与全特性-流量特性曲线同时测定的以 M_{11}-n_{11} 为坐标轴的全特性-力矩特性曲线（见图 8-3 和彩图 8-3）。

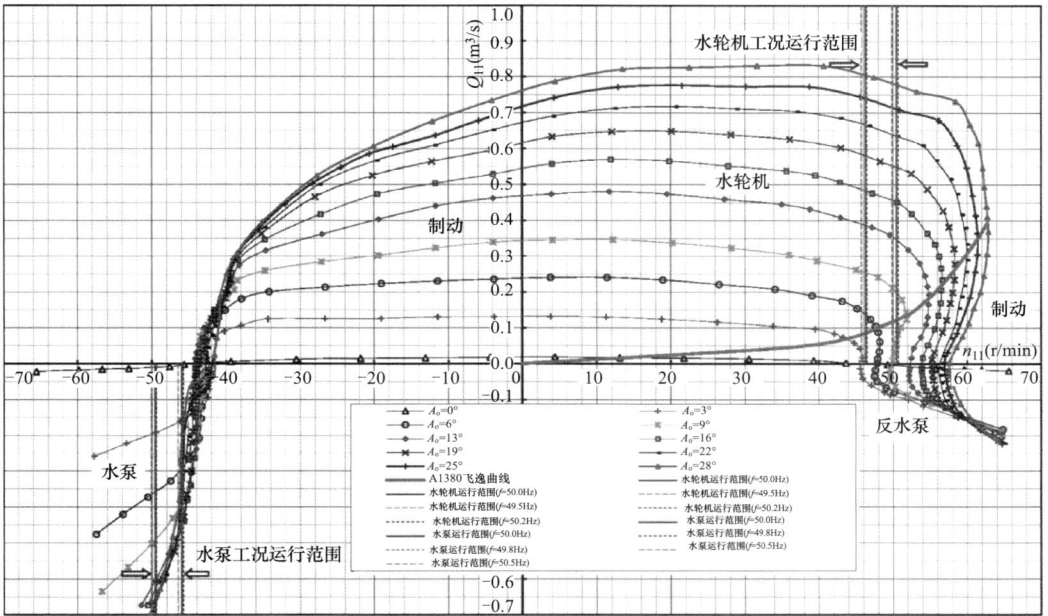

图 8-2　水泵水轮机全特性-流量特性曲线（Q_{11}-n_{11}）

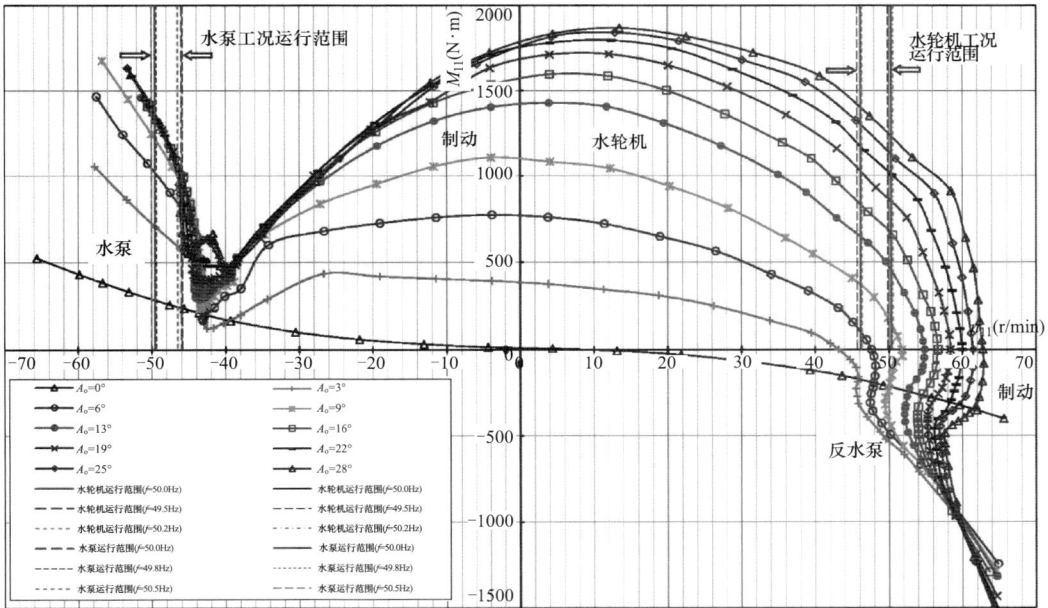

图 8-3　水泵水轮机全特性-力矩特性曲线（M_{11}-n_{11}）

全特性-流量特性曲线与全特性-力矩特性曲线上各区的位置是对应的。绘制时通常把水轮机工况流量和转速定为正值，放在第一象限，则水轮机工况的输出力矩和泵工况的反作用力矩也为正值。在泵工况和制动工况的交界线上流量为零，此时泵工况力矩也最小，故各开度的 M_{11} 值在此处都出现一个凹槽。水轮机工况飞逸时力矩等于零，故流量和力矩特性曲线上 $M_{11}=0$ 的各点在 n_{11} 坐标上相互对应。

由图 8-3 可以看出，水泵水轮机的最大力矩发生在正水泵区和反水泵区，正水泵区是正常工作区域，事故情况下应尽量避免机组进入反水泵区太深，另外，在两个制动区内，虽然水流方向和转轮旋转方向相反而产生撞击，但产生的机械力矩并不大。

二、水泵水轮机的"S"特性

在 Q_{11}-n_{11} 曲线上，中、高比转速水轮机的开度线在高速区略呈向下弯曲的形状，如图 8-4（a）中的虚线，这些线和飞逸线（$M_{11}=0$）的交角较大，故这种水轮机在到达飞逸后容易保持稳定。与常规水轮机相比，水泵水轮机转轮直径较大，离心力作用大，在水轮机方向水的进流速度很快下降，开度线显著向下弯曲，如图 8-4（b）中实线。这些线和 $M_{11}=0$ 的交角很小，故这种机组达到飞逸后有可能继续进入制动区，水泵水轮机内水流在受到其自身惯性驱动而进入制动区后，由于水流对转轮的阻挡作用，在流量减小的同时也使转速略有下降，故开度线出现向低单位转速反弯的现象，如图 8-4（b）所示。若惯性力仍不消失，转轮离心力将使水反向推出，即进入反水泵区，此后转速将再增大，使开度线向高单位转速方向弯曲，总的形成一个"S"形，这段"S"形曲线称为"S"特性曲线。在"S"特性曲线区域内，机组在同一单位转速下可能处在三个不同的单位流量点上，其中一个还是负流量，所以"S"特性区是一个不稳定区，过渡过程中应尽量避免机组进入这一区域。

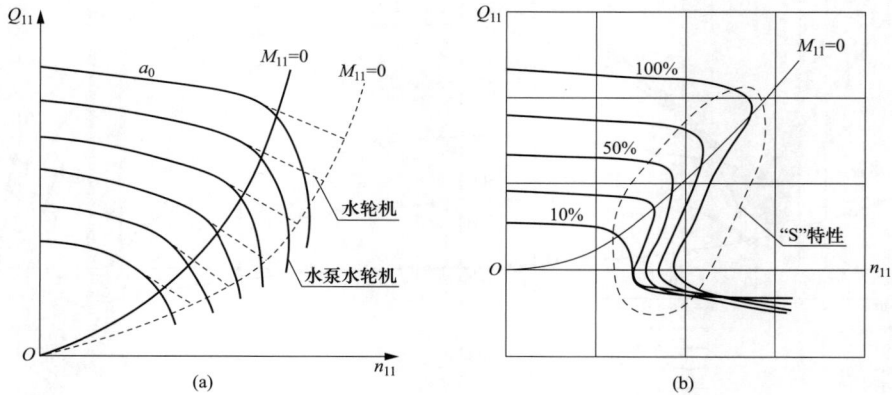

图 8-4 高转速区的开度线特征

（a）高转速区的开度线；（b）"S"特性曲线

在水泵水轮机过渡过程计算中发现，水轮机工况正常运行范围进入"S"特性区与正常运行范围远离"S"特性区的水泵水轮机全特性，在相同的导叶关闭规律下，前者蜗壳最大压力计算值偏高，同时尾水管进口压力计算值偏低，且两种特性下的计算值差异较大。考虑校核工况，前者尾水管进口压力不能够满足工程实际要求，这在工程中是不允许的。在水轮机工况启动模拟计算中发现，水轮机工况正常运行范围进入"S"特性区的水泵水轮机全特性"S"特性不好，低水头启动，机组的转速无法稳定在额定转速，无法成功并网，而水轮机工况正常运行范围远离"S"特性区的水泵水轮机全特性

"S"特性好，低水头启动，转速能够迅速稳定在额定转速，机组能够成功并网。因此，目前对新设计的水泵水轮机要求转轮具有一定的"S"特性区安全裕量（见图 8-5、彩图 8-5 和图 8-6、彩图 8-6）。

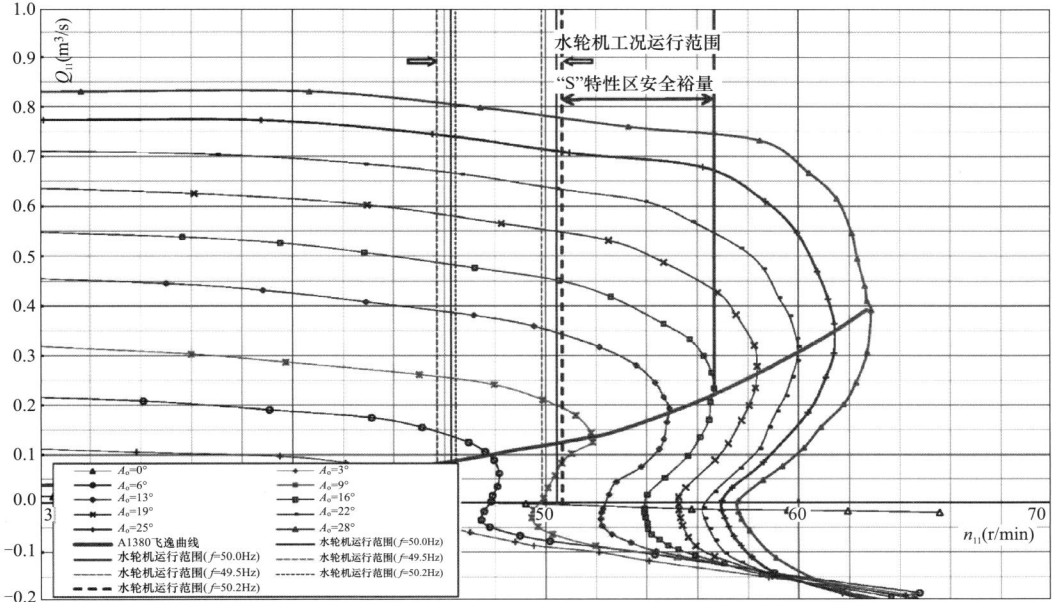

图 8-5　丰宁一期抽水蓄能电站"S"特性区安全裕量示意（流量特性曲线）

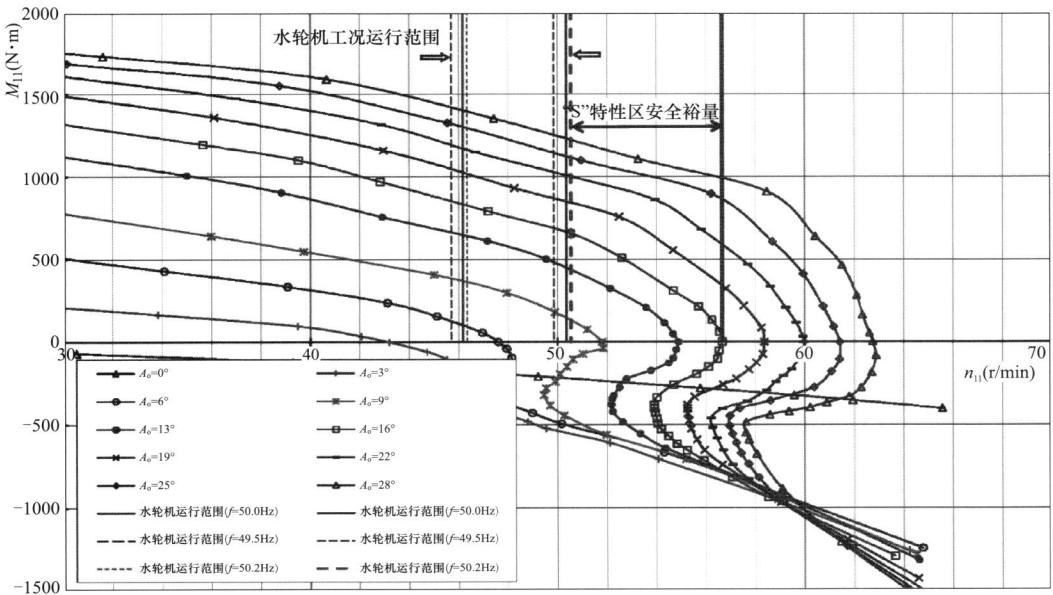

图 8-6　丰宁一期抽水蓄能电站"S"特性区安全裕量示意（力矩特性曲线）

三、水泵水轮机全特性的数据处理

在抽水蓄能电站水力过渡过程计算中，需要利用全特性曲线求解水泵水轮机的瞬变参数。但是，如图 8-5 和图 8-6 所示，水泵水轮机全特性曲线在正水泵区、水轮机制动区和反水泵区均出现了开度线交叉、聚集现象。因此，若对全特性曲线直接利用 n_{11} 和 Q_{11} 值进行插值计算，将会带来较大的插值误差，并由于其多值性，甚至可能导致插值和迭代计算无法进行。因此，水泵水轮机全特性曲线的处理问题就成为抽水蓄能电站过渡过程计算的首要任务，它直接影响计算结果的精度和计算工作量。下面分别简单介绍几种处理方法。

1. 在全特性曲线上绘网格辅助线

为了便于插值计算，将全特性曲线用很多小直线段拟合，并绘上一套与等开度线大体上正交的网格辅助线，如图 8-7 所示。实际运算结果证明用足够小的直线段来拟合曲线，在精度上相差不大，但计算速度会提高很多。

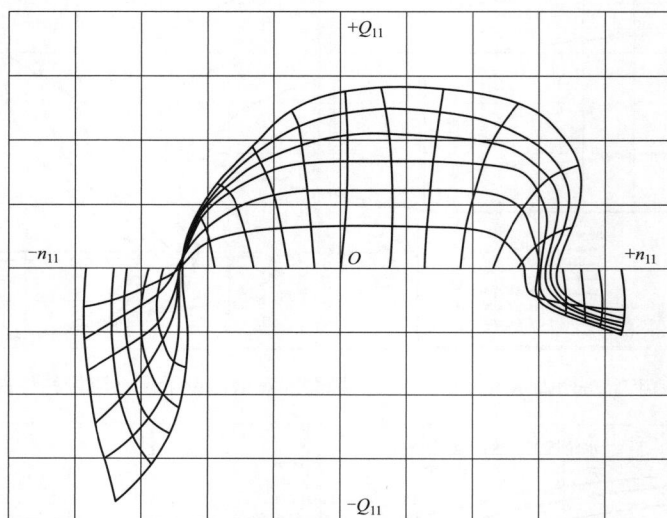

图 8-7　绘有辅助线的全特性曲线

2. 引入相对开度的坐标变换

为了解决等开度线的交叉、重叠问题，另一种方法是将通常以 n_{11} 为横坐标的全特性曲线转换成以 yn_{11} 为坐标的曲线，其中 y 是导叶相对开度（$y = Y/Y_{max}$）。这样处理后的全特性曲线（见图 8-8）避免了由于等开度线的交叉、重叠而带来的插值计算误差。

3. 对全特性曲线作分区处理

在全特性曲线 Q_{11}-n_{11} 图上，水泵工况区的等开度线有相当程度的互相交叉、重叠，只有当开度较小时才分开，为此另一种方法是将通常以 Q_{11} 和 n_{11} 为坐标的水泵工况区 $n_{11} < 0$ 的全特性曲线转换为以 Q_{11} 和 y 为坐标，以 n_{11} 为参数的曲线。经转换后，原来聚在一起的等开度线变为分开的等单位转速线，从而使插值计算更容易、更精确（见图 8-9）。在水轮机工况区（$n_{11} > 0$），在图 8-9 所示的网格基础上，可通过改变插值参数来解决全特性曲线的 "S" 形问题。如图 8-10 所示，在水轮机正常运行工况区，等开度线差不多与 n_{11} 轴平行，因此计算时可以从 n_{11} 出发插值求 Q_{11}；而在水轮机制动工况区及反水泵工况区，等开度线几乎与 n_{11} 轴垂直，并具有 "S" 形现象，此时可改由 Q_{11} 出发插值求

n_{11}。这样，既保证了各部分曲线均为单值，又能使迭代计算很快收敛。还需指出，上述由 n_{11} 插值 Q_{11} 转为 Q_{11} 插值 n_{11} 的作法，并非严格按照效率 $\eta=0$ 来分界，而是在两工况区交界附近根据迭代收敛情况判定或预先给定一个转变控制值 Q_{11c}，当 $Q_{11}>Q_{11c}$ 时，采用由 n_{11} 插值 Q_{11}；而当 $Q_{11}<Q_{11c}$ 时，采用由 Q_{11} 插值 n_{11}。

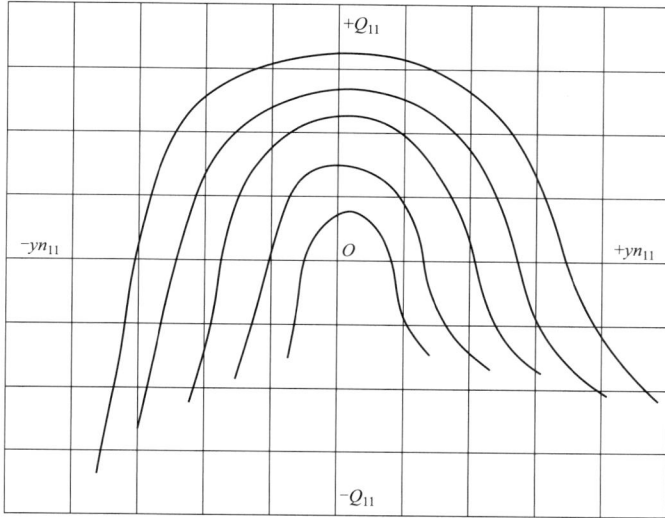

图 8-8　以 yn_{11} 为横坐标的全特性曲线

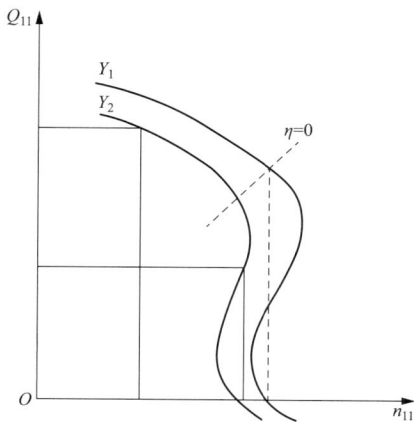

图 8-9　水泵工况转换特性曲线

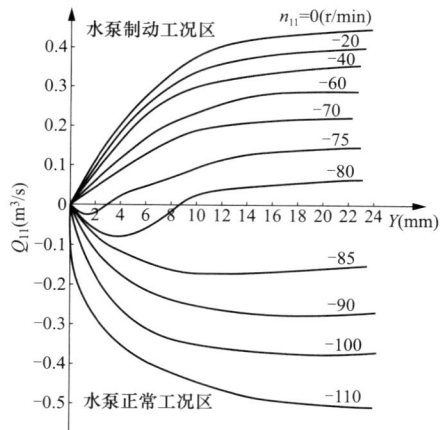

图 8-10　水轮机工况流量特性

4. Suter 变换

上述的处理方法均需预先完成网格绘制工作，从而增大了人工处理工作量，并可能带来较大的误差，且对应的计算机编程工作量较大。下面介绍一种计算工作量小和对全特性曲线的多值性处理效果好的 Suter 变换处理方法。此方法将水泵水轮机全特性通过下面公式转换为两条周期变化的曲线。

其形式如下：

$$\mathrm{WH}(x, y) = \frac{1}{q_1^{'2} + n_1^{'2}} \tag{8-19}$$

$$\mathrm{WB}(x, y) = \frac{m_1'}{q_1^{'2} + n_1^{'2}} \tag{8-20}$$

$$x = \pi + \arctan\frac{q_1'}{n_1'} \tag{8-21}$$

式中　y——导叶开度相对值，$y = \dfrac{\alpha}{\alpha_r}$，下标"r"代表额定工况；

　　　q_1'——流量相对值，$q_1' = Q_1'/Q_{1r}'$；

　　　n_1'——转速相对值，$n_1' = N_1'/N_{1r}'$；

　　　m_1'——力矩相对值，$m_1' = M_1'/M_{1r}'$。

由 Suter 变换的定义知，它不能给出导叶开度为零时的 WH 和 WB 与 q_1'、n_1'、m_1' 的一一对应关系，因此，仅仅依靠这一变换形式，不能完整地计算水轮机导叶开度从全开到完全关闭的甩负荷过程。

鉴于 Suter 变换存在上述不足，一些专家分别提出了修改意见，推荐采用的水轮机的特性变换如下：

$$\mathrm{WH}(x, y) = \frac{1}{(q_1' + q_{1B}')^2 + n_1^{'2}} \tag{8-22}$$

$$\mathrm{WB}(x, y) = \frac{m_1'}{(q_1' + q_{1B}')^2 + n_1^{'2}} \tag{8-23}$$

$$x = \pi + \arctan\frac{q_1' + q_{1B}'}{n_1'} \tag{8-24}$$

式中　q_{1B}'——常数，$q_{1B}' = Q_{1B}'/Q_{1r}'$，建议在 $1 \sim 1.5$ 之间取值。

同样，流量函数和力矩函数可以用水轮机水头、流量、转速的相对值表示为：

$$\mathrm{WH}(x, y) = \frac{h}{(q + q_{1B}'\sqrt{h})^2 + n^2} \tag{8-25}$$

$$\mathrm{WB}(x, y) = m_1' = \frac{m}{h} \tag{8-26}$$

$$x = \pi + \arctan\frac{q + q_{1B}'\sqrt{h}}{n} \tag{8-27}$$

式中　q——流量相对值，$q = \dfrac{Q}{Q_r}$；

　　　n——转速相对值，$n = N/N_r$；

　　　m——力矩相对值，$m = M/M_r$。

需要说明的是，水泵水轮机全特性曲线上数据出现多值及交叉现象，是水泵水轮机本身固有的特点，进行数据处理的目的并不是将这些特点消除，而是需要在完全保证原始数据本来面目的基础上，将这些特性所带来的计算困难消除。一般进行水泵水轮机全特性试验时，要求包括零导叶开度（$0 \sim 10°$，以不大于 $1°$ 为间隔进行）及 $10\% \sim 110\%$ 导叶开度（以 10% 开度为间隔进行）的试验，并绘出全特性曲线，每条曲线上应包括足够多的试验点，以保证曲线的可靠性。

5. 空间曲面法

上述四种方法皆为从二维平面的维度入手处理水泵水轮机全特性曲线，难以彻底解决水泵工况区、水轮机制动工况区和反水泵工况区开度线交叉、聚集、扭卷这一根本性的表达难题。因此，针对这一难题，可从三维空间曲面维度来描述水泵水轮机全特性，在此进行简要的介绍。水泵水轮机全特性是由单位转速、单位流量、单位力矩和导叶开度四个参数来共同表达的，可选取三个单位参数构成笛卡儿坐标系，导叶开度为参变量，将水泵水轮机全特性表征为该坐标系下的空间曲面。从具体分析方法而言，基于空间曲面的全特性曲线描述方法可采用基于最小二乘法的曲面拟合、基于神经网络的曲面拟合、基于 B 样条函数的曲面拟合等。

⊪ 第三节　典型计算工况的选择

抽水蓄能电站输水发电系统一般由引水系统、机械系统、调节控制系统和电力系统组成。引水系统包括上、下水库，引水隧洞，压力管道及尾水管道，对于引水系统较长的电站常需设置上游或下游调压室，并为检修而设置上、下闸门（闸门井对过渡过程的计算有影响，过渡过程的压力变化也影响闸门井的设计）；机械系统包括水泵水轮机及其他转动部分；调节控制系统包括调速器及导叶操作系统；电力系统包括电机电力系统、发电电动机及其励磁系统。在进行水力过渡过程或水泵水轮机调节系统模拟时，可根据具体情况对电力系统作适当简化。引水系统参数包括引水系统上游及下游的最大、最小压力，上游或尾水闸门井的最大或最小涌浪，上、下游调压室的最大或最小涌浪。机组系统参数包括机组最大转速，蜗壳最大、最小压力，尾水管进口最大、最小压力。系统可优化参数包括反映调速器调节规律的参数，如积分、微分常数及比例常数；导叶关闭规律；调压室的结构尺寸和相关参数、位置；系统管道高程、直径和机组安装高程；机组转动惯量。

对于上述参数求极值，并对系统设计参数进行优化，应选择好水力过渡过程计算控制工况，一般抽水蓄能电站水力过渡过程计算典型工况分为大波动过渡过程计算、水力干扰、小波动。本节主要针对"一管两机"布置的抽水蓄能电站进行过渡过程典型计算工况的介绍。

一、大波动过渡过程计算

水泵水轮机大波动过渡过程计算是指结合水力-机械系统布置优化，以及调压室的设置分析和体型优化，在优化机组导叶关闭规律和机组转动惯量 GD^2 的基础上，采用特征线法，进行水力-机械系统整体布置的合理性和强度评价。为了便于描述控制工况，工程上一般将出现概率较大，正常情况下有可能发生的工况定义为设计工况，简称 SJ；出现概率很小，极限情况下有可能发生的工况定义为校核工况，简称 JH；水轮机计算工况，简称 T；水泵计算工况，简称 P。其典型计算工况如下：

1. 引水系统上游侧（蜗壳末端）最高压力计算

（1）由输水系统供水的全部机组，在相应于上、下水库正常水位情况下，同时全部丢弃全部负荷，导叶紧急关闭，或额定工况下，同时全部丢弃额定负荷，导叶紧急关闭。计算这一工况的目的是获得机组运行在最大静水头或额定流量时，可能出现的最大压力上升值。（对应列表 8-1 中的 SJT1 工况和 SJT2 工况。）

（2）由输水系统供水的全部机组，在相应于上水库最高水位时甩全部负荷，导叶紧急关闭。此时，机组蜗壳压力初始值（稳定值）较大，在过渡过程中会出现最大压力上升，其与初值叠加后有可能出现系统最大压力。（对应列表 8-2 中的 JHT3 工况和 JHT4 工况。）

（3）在具有上游调压室的系统中，在上游调压室水位最高，机组同时甩负荷，导叶紧急关闭时，可能因压力叠加而在蜗壳处出现系统最高压力。（对应列表 8-2 中的 JHT7 工况。）

2. 引水系统上游侧（上平段或斜段末端）最低压力

（1）水泵工况在最低扬程时，同引水系统的全部机组同时断电，导叶全部拒动。因为在最低扬程时上水库水位最低，输水系统上平段末端初始压力很小，输水系统上平段末端可能出现系统最低压力。（对应列表 8-3 中的 SJP1 工况和表 8-4 中的 JHP1、JHP2 工况。）

（2）在具有上游调压室的系统中，在上游调压室水位最低，同引水系统的全部机组同时断电，导叶全部拒动时，可能因压力二次降低而在上平段末端处出现系统最低压力。（对应列表 8-4 中的 JHP3 工况。）

3. 引水系统下游侧（尾水管出口）最高压力

水泵组合工况时，两台机抽水启动，在流入下游调压室流量最大时抽水断电，导叶全部拒动。（对应列表 8-4 中的 JHP4 工况。）

4. 引水系统下游侧（尾水管进口）最低压力

（1）水轮机组合工况，上水库正常蓄水位，下水库死水位，两台机启动，增至满负荷，在流出下游调压室流量最大时突然甩负荷，导叶正常关闭。（对应列表 8-2 中的 JHT7 工况。）

（2）水轮机组合工况，上水库正常蓄水位，下水库死水位，两台机相继甩负荷。（对应列表 8-1 中的 JHT6 工况。）

5. 机组最大转速上升

输水系统供水的全部机组，在相应于上、下水库正常水位的情况下，同时全部丢弃全部负荷，导叶关闭，计算这一工况的目的是获得在此水位条件下，机组运行在最大流量或额定流量时，甩负荷，机组出现的最大转速上升值（不考虑导叶拒动）。（对应列表 8-1 中的 SJT1 和 SJT2 工况。）

输水系统供水的全部机组，在相应于上、下水库正常水位情况下，同时全部丢弃全部负荷。导叶一关一拒。计算这一工况的目的是获得在此水位条件下，机组运行在最大流量或额定流量时，甩负荷，一台机组导叶拒动，机组飞逸，另外机组甩负荷导叶正常关闭，能量叠加，导致拒动机组的最大转速上升值（此转速为最大瞬态飞逸转速）。（对应列表 8-2 中的 JHT1 和 JHT2 工况。）

6. 上游调压室/闸门井最高涌浪

水轮机组合工况时，上水库正常蓄水位，下水库死水位，两台机启动，增至满负荷，在流入上游调压室流量最大时两台机突然甩负荷，导叶正常关闭，在上游调压室处可能产生最高涌浪。（对应列表 8-2 中的 JHT7 工况。）

7. 上游调压室/闸门井最低涌浪

水泵组合工况时，上水库死水位，下水库正常蓄水位，两台机抽水启动，在流出上游调压室流量最大时抽水断电，导叶全部拒动，两者叠加后可能出现最低涌浪。（对应列表 8-4 中的 JHP3 工况。）

8. 下游调压室/闸门井最高涌浪

水轮机工况时，上水库死水位，下水库设计洪水位，一台机以预想输出功率运行，一台机增至预想输出功率，此工况下出现最高涌浪（对应列表 8-2 中的 JHT5 工况）。水泵组合工况时，上水库死水位，下水库正常蓄水位，两台机抽水启动，在流入下游调压室流量最大时抽水断电，导叶全部拒动，水位叠加后可能出现下游调压室最高涌浪。（对应列表 8-4 中的 JHP3 和 JHP4 工况。）

9. 下游调压室/闸门井最低涌浪

水轮机工况时，上水库正常蓄水位，下水库死水位，两台机启动，增至满负荷，在流出下游调压室流量最大时突然甩负荷，导叶正常关闭，此工况下出现最低涌浪。（对应列表 8-2 中的 JHT8 工况）

10. 其他

水轮机工况，上水库死水位，下水库正常蓄水位，两台机以额定输出功率运行，甩负荷，机组导叶正常关闭，上平段或中平段末端可能出现最小压力（对应列表 8-1 中的 SJT3 工况）。上水库死水位，下水库正常蓄水位，一台机以预想输出功率运行，一台机增至预想输出功率，上平段或中平段末端可能出现最小压力（对应列表 8-1 中的 SJT4 工况）。进水球阀动水关闭，见对应表 8-2 中的 JHT9 工况。

目前，绝大多数的抽水蓄能电站均采用"一管两机"布置，表 8-1～表 8-6 为"一管两机"的过渡过程的典型计算工况列表。

表 8-1　　　　　　　　　　水轮机设计工况

工况编号	水位组合说明及导叶关闭方式	计算目的
SJT1	上水库正常蓄水位，下水库死水位，两台机额定输出功率运行，甩负荷，机组导叶正常关闭	机组最大转速上升率、机组蜗壳最大压力、尾水管进口最小压力、上游调压室/闸门井最高涌浪水位
SJT2	额定水头，额定流量，两台机额定输出功率运行，甩负荷，机组导叶正常关闭	机组最大转速上升率
SJT3	上水库死水位，下水库正常蓄水位，两台机额定输出功率运行，甩负荷，机组导叶正常关闭	上平段或中平段末端最小压力
SJT4	上水库死水位，下水库正常蓄水位，一台机以预想输出功率运行，一台机增至预想输出功率	上平段或中平段末端最小压力

表 8-2　　　　　　　　　　　　　　水 轮 机 校 核 工 况

工况编号	水位组合说明及导叶关闭方式	计算目的
JHT1	上水库正常蓄水位，下水库死水位，两台机额定输出功率运行，甩负荷，机组导叶一关一拒	机组最大转速（瞬态飞逸）上升率
JHT2	额定水头，额定流量，两台机正常运行，甩负荷，机组导叶一关一拒	机组最大转速（瞬态飞逸）上升率
JHT3	上水库设计洪水位，下水库死水位，两台机额定输出功率运行，甩负荷，机组导叶正常关闭	机组蜗壳最大压力、上游调压室/闸门井最高涌波水位、尾水管进口最小压力
JHT4	上水库设计洪水位，下水库死水位，两台机额定输出功率运行，甩负荷，机组导叶一关一拒	机组蜗壳最大压力、机组最大转速上升率
JHT5	上水库死水位，下水库设计洪水位，一台机以预想输出功率运行，一台机增至预想输出功率	上平段/中平段末端最小压力、下闸最高涌波水位
JHT6	上水库正常蓄水位，下水库死水位，两台机正常运行，一台机先甩负荷，在最不利时刻另一台机甩负荷，导叶正常关闭	尾水管进口最小压力
JHT7	上水库正常蓄水位，下水库死水位，一台机正常运行，另一台机正常启动，增至额定功率，在流进上水库进/出水口闸门井流量最大时刻，同时甩负荷，机组导叶正常关闭	蜗壳最大压力和上水库调压室最高涌波水位
JHT8	上水库正常蓄水位，下水库死水位，一台机正常运行，另一台机正常启动，增至额定功率，在流出下水库进/出水口闸门井流量最大时刻，同时甩负荷，机组导叶正常关闭	下闸最低涌波水位
JHT9	上水库正常蓄水位，下水库死水位，两台机额定输出功率运行，甩负荷，导叶拒动，进水阀正常关闭	进水阀动水关闭

表 8-3　　　　　　　　　　　　　　水 泵 设 计 工 况

工况编号	水位组合说明及导叶关闭方式	计算目的
SJP1	上水库死水位，下水库正常蓄水位，最低扬程，抽水断电，机组导叶正常关闭	上平段或斜段末端最小压力、上闸最低涌波水位、下闸最高涌浪水位
SJP2	上水库死水位，下水库正常蓄水位，一台机尾水闸门关闭（相应机组停机），另一台抽水断电，机组导叶正常关闭	检修工况下尾水支管闸门最大压力
SJP3	上水库正常蓄水位，下水库死水位，一台机正常抽水，另一台抽水启动	下闸最低涌波水位

表 8-4　　　　　　　　　　　　　　水 泵 校 核 工 况

工况编号	水位组合说明及导叶关闭方式	计算目的
JHP1	上水库死水位，下水库设计洪水位，最低扬程，抽水断电，机组导叶正常关闭	上平段末端最小压力、下闸最高涌波水位
JHP2	上水库死水位，下水库正常蓄水位，最低扬程，抽水断电，机组导叶全部拒动	上平段末端最小压力

工况编号	水位组合说明及导叶关闭方式	计算目的
JHP3	上水库死水位，下水库正常蓄水位，一台机正常运行，另一台机正常启动抽水，在流出上水库进/出水口闸门井流量最大时抽水断电，机组导叶全部拒动	上平段末端最小压力、上闸最低涌波水位
JHP4	上水库死水位，下水库正常蓄水位，一台机正常运行，另一台机正常启动抽水，在流入下水库进/出水口闸门井流量最大时抽水断电，机组导叶全部拒动	上平段末端最小压力、下闸最高涌波水位
JHP5	上水库死水位，下水库设计洪水位，一台尾水闸门关闭（相应机组停机），另一台抽水断电，机组导叶正常关闭	检修工况下尾水支管闸门最大压力

二、水力干扰

两台机组或多台机组之间存在水力联系的输水发电系统，不可避免地会出现机组间的水力干扰问题。同一单元均在正常运行的机组，若其中一台机组甩负荷或增负荷，必然引起公用调压室或分岔点的测压水头发生变化，其余仍在正常运行机组的水头、出力、转速和导叶开度必然发生变化，从而影响水电站的供电品质，特别是机组出力可能的较大摆动会直接影响机组的安全稳定运行；对于处于空载状态等待并网的机组，若受到因同一单元机组增负荷或甩负荷而产生的水力干扰的影响，有可能会引起空载机组转速过大的波动，导致机组频率不稳定，直接影响并网。水力干扰对运行机组的影响程度取决于机组带负荷水平及在电网中的作用，以及机组的运行调节方式。

因此，对机组之间存在水力联系的水电站而言，必须通过控制工况的水力干扰计算，分析在电站发生水力干扰时，运行机组的运行稳定性和出力的摆动，以及调节品质是否满足要求。

水力干扰计算，主要是看机组的出力摆动和单周期超过额定出力的时间，发电电动机设计和水泵水轮机主轴设计是需要对此工况下的最大出力进行校核计算的。水力干扰典型计算工况见表 8-5。

表 8-5　　　　　　　　　　　　水力干扰典型计算工况

工况编号	水位组合说明及导叶关闭方式	计算目的
GR1	上水库正常蓄水位，下水库死水位，两台机额定输出功率运行，其中一台机甩负荷，机组导叶正常关闭	对正常运行机组输出功率的影响
GR2	上水库正常蓄水位，下水库死水位，一台机额定输出功率运行，另一台机正常启动增至额定输出功率	对正常运行机组（非启动机组）输出功率的影响
GR3	额定水头，额定流量，两台机额定输出功率运行，其中一台机甩负荷，机组导叶正常关闭	对正常运行机组输出功率的影响
GR4	额定水头，额定流量，一台机额定输出功率运行，另一台机正常启动增至额定输出功率	对正常运行机组（非启动机组）输出功率的影响

续表

工况编号	水位组合说明及导叶关闭方式	计算目的
GR5	上水库死水位，下水库正常蓄水位，两台机台机以预想输出功率运行，其中一台机甩负荷，机组导叶正常关闭	对正常运行机组输出功率的影响
GR6	上水库死水位，下水库正常蓄水位，一台机以预想输出功率运行，另一台机正常启动增至额定输出功率	对正常运行机组（非启动机组）输出功率的影响

三、小波动

小波动过渡过程是指在水力-机械系统中出现小扰动时，在调速器和其他控制装置的作用下，系统恢复到初始稳定运行状态或达到新的稳定状态并长时间保持稳定运行的能力。小波动典型计算工况见表 8-6。

表 8-6　　　　　　　　　　　　　　小波动典型计算工况

工况编号	水位组合说明及导叶关闭方式	计算目的
X1	两台机从静止到空载	并网是否顺利
X2	两台机组均空载，一台机组增加 10% 负荷	对空载机组的影响
X3	一台机组空载，一台机组带最大负荷，空载机组增 10% 负荷	对非空载机组的影响
X4	额定水头，两台机组满功率运行，两台机组突减 10% 负荷	验证机组稳定性
X5	额定水头，两台机组满功率运行，一台机组突减 10% 额定负荷	对另一台机组功率的影响

⽊ 第四节　导　叶　关　闭　规　律

抽水蓄能电站的机组在运行过程中，会遇到机组甩负荷，此时机组导叶自动关闭，从而在管道系统中引起水锤。与此同时，机组转速也发生急剧的变化。当水压超过管道承受极限或飞逸转速超过机组刚强度允许极限时，将导致灾难性后果。当导叶关闭速度太快时，可能导致压力钢管水压过大，超过压力钢管极限强度，发生管道爆破的重大事故，危及整个水电站的安全；当导叶关闭速度太慢、时间过长时，虽然管道水压减小，但可能引起机组转速过大的后果，导致机组转动部件的破坏。因此，在水电站设计时，必须进行甩负荷计算，确定水轮机导叶关闭过程的合理控制规律。合理的关闭规律必须满足以下要求：

（1）水压和机组转速的上升值，应符合系统的设计要求。

（2）尾水管真空度不超过规定值，防止出现水柱分离。

一、导叶关闭规律概述

在导叶关闭的全部调节时间内，选择合理的关闭规律，可以维持压力上升值 H_{max1} 为常数［见图 8-11（a）］，使水锤压力值最小，这就是理想关闭规律。理想关闭规律的特点是流量瞬间发生突变，所以沿管道长度的所有断面上的水锤压力值将保持相同。这样，理想关闭规律虽使管道末端处的水锤最小，但会使前段管道上的水锤压力突然增加量过大［见图 8-11（c）］。

合理的关闭规律，它首先应该是时间的连续函数，水锤压力 H 随时间直线增长，直至达到 H_{max2}，到导叶关闭末了，而后保持不变，这种关闭规律称为完善关闭规律［如图 8-11（c）、（d）］。完善关闭规律由两段倾斜的直线组成，拐点可以根据实际情况进行调节，完善关闭规律沿管长的水锤分布比理想调节时小，这是它的一个优点。

采用理想关闭规律时，每一相 T_r（$T_r = 2L/a$，为水锤波从导叶传到上游水库又返回导叶的时间）的 Q'_1 值的变化都应该相同，因而这种变化应是阶梯状的［见图 8-11（b）］，实际上这是不可能实现的，但它的研究具有理论上的意义。而根据完善关闭规律的方式，在实用上可以立即判明，采取怎样的关闭规律使水锤压力最小。

导叶关闭规律一般可有三种类型：直线关闭、折线关闭［见图 8-11（d）］和曲线关闭，由于曲线关闭目前电站中应用很少，因此这里只介绍前两种关闭规律。

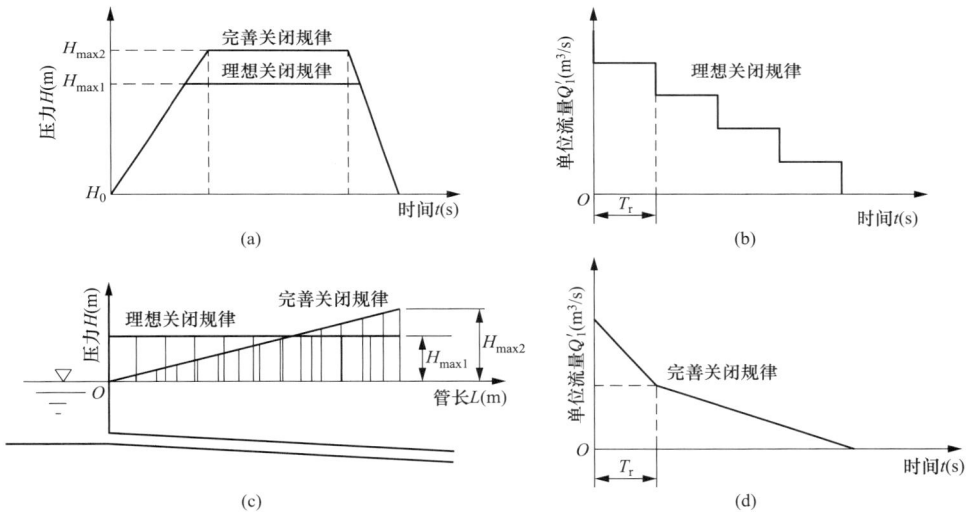

图 8-11 理想关闭规律和完善关闭规律

二、直线和折线关闭方式

最简单的导叶关闭方式是直线关闭（见图 8-12），不过在很多电站采用直线关闭不能同时将管道水压和机组转速同时控制在允许的范围内。直线关闭规律可用下列方程来描述：

$$\begin{cases} y = y_0 & (t \leqslant t_1) \\ y = y_0 - v_y(t - t_1) & (t_1 \leqslant t \leqslant t_{gy}) \\ y = 0 & (t \geqslant t_{gy}) \end{cases} \tag{8-28}$$

式中　y_0——机组甩负荷前导叶开度；

　　　t_1——导叶开始动作时刻；

　　　t_{gy}——导叶关至零开度的时刻；

　　　v_y——导叶关闭速度。

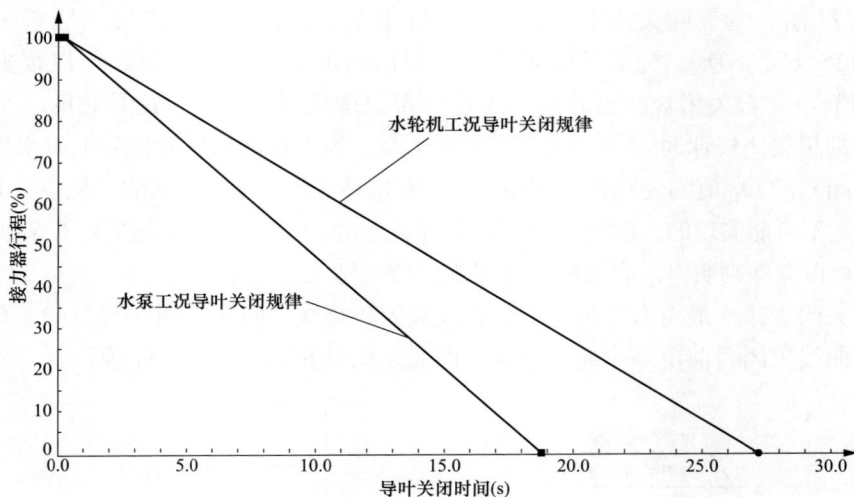

图 8-12　溧阳抽水蓄能电站机组导叶关闭规律（直线关闭）

为了改善电站调节的动态品质，采用折线关闭规律方式达到同时控制机组水压和速率上升的目的。折线关闭规律如图 8-13 和图 8-14 所示，它可以用下列方程描述：

$$\begin{cases} y = y_0 & (t \leqslant t_1) \\ y = y_0 - v_{y1}(t - t_1) & (t_1 \leqslant t \leqslant t_2) \\ y = y_1 - v_{y2}(t - t_2) & (t_2 \leqslant t \leqslant t_3) \\ y = y_2 - v_{y3}(t - t_3) & (t_3 \leqslant t \leqslant t_{gy}) \\ y = 0 & (t \geqslant t_{gy}) \end{cases} \tag{8-29}$$

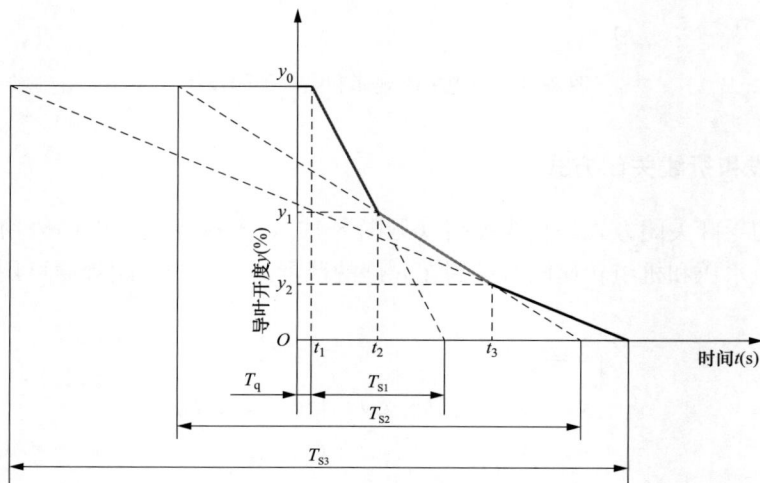

图 8-13　导叶关闭规律

式中　y_1——第一折点相应的导叶开度；

y_2——第二折点相应的导叶开度；

v_{y1}——第一段关闭速度，$v_{y1}=y_0/T_{s1}$；

v_{y2}——第二段关闭速度，$v_{y2}=y_0/T_{s2}$；

v_{y3}——第三段关闭速度，$v_{y3}=y_0/T_{s3}$；

t_1——导叶开始动作时刻；

t_2——第一折点时刻；

t_3——第二折点时刻；

t_{gy}——导叶关至零开度的时刻。

图 8-13 中，T_q 为接力器不动时间，即从甩负荷开始至引起导叶开始关闭的时间，俗称迟滞时间。一般情况下，接力器不动时间 $T_q=0.2s$。

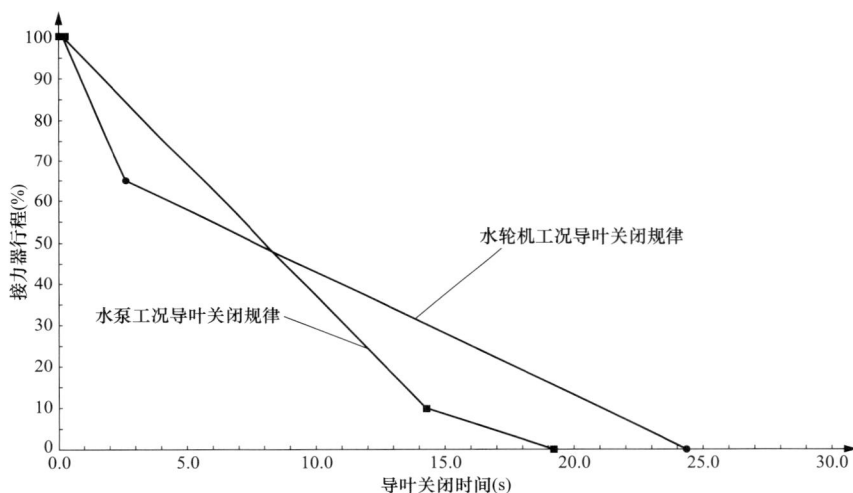

图 8-14　响水涧抽水蓄能电站机组导叶关闭规律（两段折线关闭）

第五节　水力过渡过程数值计算

水泵水轮机水力过渡过程数值计算，首先需要对输水系统的管路特性和机组参数进行分析，然后选择合理的导叶开启、关闭规律，对机组大波动、小波动和水力干扰工况进行分析计算，使得过渡过程中的各主要参数变化均在允许的范围之内。

一、数值计算的边界条件

（一）输水系统管路特性

1. 压力波传播速度

水锤压力在输水管路系统中以速度 a 沿管道传播：

$$a=\frac{1425}{\sqrt{1+A\dfrac{E_0D}{E\delta}}} \tag{8-30}$$

317

式中　a——水锤压力在水管中的传播速度，m/s；

E_0——水的体积弹性系数，kg/cm^2；

E——管道材料的弹性系数，kg/cm^2；

D——管道直径，m；

A——与管道材料有关的系数；

δ——管道壁厚，m。

在水泵水轮机设计中，对金属管道近似取 $a=1000m/s$，管道采用混凝土、钢筋混凝土或其他材质时，其弹性系数可参考有关资料选取，如管道各段的材质不同，则压力波传播的速度取其平均值：

$$a=\frac{L}{\sum\dfrac{L_i}{a_i}} \tag{8-31}$$

式中　L——管路总长，m；

i——管路编号，$i=1\sim n$；

L_i——第 i 段管路的长度，m；

a_i——压力波在第 i 段管路中传播的速度，m/s。

2. 管路特性特征值

输水管路的特性可以用式（8-32）和式（8-33）表示：

$$\rho=\frac{av}{2gH_0} \tag{8-32}$$

$$\sigma=\frac{Lv}{gH_0T_s} \tag{8-33}$$

式中　ρ、σ——输水管路特性的特征值；

H_0——额定水头，m；

v——导水机构开始关闭前管道中的水流速度，m/s；

T_s——水轮机导水机构的有效关闭时间，s。

式中的 Lv 是管道长度 L 与管内水流速度 v 的乘积，管道的 $\sum Lv$ 值是引水管 $\sum L_Tv_T$、蜗壳 $\sum L_cv_c$ 和尾水管 $\sum L_Bv_B$ 的总和：

$$\sum Lv=\sum L_Tv_T+\sum L_cv_c+\sum L_Bv_B \tag{8-34}$$

3. 蜗壳和尾水管当量化

在水力机组过渡过程计算分析中，管路分段和长度应考虑蜗壳和尾水管当量管长度，可以将蜗壳当量管的长度附加在与蜗壳进口直接连接的压力钢管段中，将尾水管当量管的长度附加在与尾水管出口连接的压力钢管段中。

（1）蜗壳。在蜗壳水力计算中，通常假定蜗壳各断面的圆周向分速度相等，即 $V_u=C$，进而进一步计算蜗壳各断面的流量，因此在确定蜗壳当量管时，可近似把蜗壳看成一等直径管道，其直径为蜗壳进口直径，其长度可取为蜗壳中心线长度的一半，该简化虽较为粗略，但能满足计算精度要求。由于蜗壳的水头损失已包含在水泵水轮机的效率中，此处计算中不考虑蜗壳的水头损失。抽水蓄能电站的引水管道一般较长，相对于电站的引水管道长度，蜗壳当量长度较小，且抽水蓄能机组转轮尺寸一般较小，蜗壳当量长度也进一步减小；因此，蜗壳尺寸对水锤压力的影响较小，在一定情况下可以不考虑其影响。

（2）尾水管。尾水管的水头损失已在水泵水轮机的效率中考虑，因此计算中不计尾水管的水头损失。与尾水道的面积比较，尾水管的当量面积相对较小，因此对尾水管进口的水锤压力影响较大，特别是对尾水管进口真空度的影响，在过渡过程计算时应予以充分重视。

（二）机组参数

机组水力过渡过程的种类、发生的条件和变化的情形，与水电站的布置方式、机组参数及电站的工作条件有关，其中水头、压力管道结构和工作参数对计算结果的影响较大。

对于水泵水轮机，能够表征机组过渡过程的主要参数有导叶开度、机组转速、机组流量及水泵水轮机轴上的力矩等。

当机组负载改变时，机组转速将发生变化，调速器动作，水泵水轮机导叶开度变化，引起管道系统的水力瞬变。这一过程可由机组转动方程、水头平衡方程描述，这些方程称为水泵水轮机的边界条件。

1. 机组转动方程

在不计阻尼的情况下，机组的转动方程可以表示为：

$$I \frac{\mathrm{d}\omega}{\mathrm{d}t} = M - M_g \tag{8-35}$$

式中　I——机组转动部分和水体附加的转动惯量，$\mathrm{t \cdot m^2}$；

$\mathrm{d}\omega/\mathrm{d}t$——角加速度；

M_g——发电机电磁力矩，$\mathrm{N \cdot m}$；

M——水轮机的轴力矩，$\mathrm{N \cdot m}$。

式（8-35）也可以写成下述形式：

$$T_a \frac{\mathrm{d}n}{\mathrm{d}t} = m - m_g \tag{8-36}$$

式中　m——水泵水轮机轴力矩的相对值，$m = M/M_r$；

m_g——发电电动机电磁转矩相对值，$m_g = M_g/M_r$；

T_a——机组惯性时间常数，s。

T_a 表示机组在额定轴力矩 M_r 作用下，机组转速由静止加速到额定值 n_r 所需要的时间。T_a 可以写成如下形式：

$$T_a = I \frac{\omega_r^2}{P_r} = \frac{GD^2}{4} \left(\frac{\pi n_r}{30} \right)^2 \frac{1}{P_r} = \frac{GD^2 n_r^2}{365 P_r} \tag{8-37}$$

式中　P_r——额定功率，kW；

GD^2——机组转动惯量，$\mathrm{t \cdot m^2}$；

n_r——额定转速，$\mathrm{r/min}$。

2. 水头平衡方程

如图 8-15 所示，设水泵水轮机上、下游节点分别为 1 和 2，则水泵水轮机在 t 时刻的瞬态工作水头为 $H_T(t) = H_1(t) - H_2(t)$，瞬态过机流量为 $Q_T(t) = Q_1(t) = Q_2(t)$，根据水泵水轮机上、下游进出口节点的水头平衡方程可得：

$$Q_T(t) = -C_V B_T + \sqrt{(C_V R_T)^2 + 2C_V(C_P - C_M)} \qquad (8-38)$$

$$C_V = \frac{(Q_{11} D_1^2)^2}{2}, \quad B_T = B_P + B_M$$

式中　　　　　　Q_{11}——t 时刻的单位流量，$Q_{11} = \dfrac{Q_T}{D_1^2 \sqrt{H_T}}$；

　　　　　　　D_1——转轮直径，m；

　C_P、C_M、B_P、B_M——特征方程系数，满足 $H_1 = C_P - B_P Q_1$（正向方程）和 $H_2 = C_M + B_M Q_2$（反向方程）。

水泵水轮机模型综合特性曲线描述为：

$$Q_{11} = f_1(n_{11}, y) \qquad (8-39)$$

$$\eta = f_2(n_{11}, y) \qquad (8-40)$$

$$n_{11} = \frac{D_1 n}{\sqrt{H_T}} \qquad (8-41)$$

图 8-15　机组节点

式中　n_{11}——单位转速，r/min；

　　　η——水轮机效率；

　　　n——机组转速，r/min；

　　　y——导叶开度。

导叶开度 y 的变化可表示为：

$$y = f_3(t) \qquad (8-42)$$

水轮机工况机组瞬态出力可按照如下方法求取：

（1）当导叶开度大于空载开度时，依据机组综合特性曲线得到效率为 $\eta = f_2(n_{11}, y)$，计算机组出力为：

$$P(t) = 9.81 Q_T(t) \eta [H_1(t) - H_2(t)] \qquad (8-43)$$

（2）当机组的导叶开度小于空载开度时，可近似按下式计算：

$$P(t) = 9.81 Q_T(t) \eta [H_1(t) - H_2(t)] - P_x \left[\frac{n(t)}{n_r}\right]^2 \qquad (8-44)$$

$$P_x = 9.81 Q_x H_{T0}$$

式中　Q_x——对应 H_{T0} 水头下的水轮机空载流量，m^3/s；

　　　H_{T0}——初始稳定运行状态的水轮机工作水头，m。

二、大波动过渡过程计算

（一）大波动过渡过程概述

大波动过渡过程计算的主要内容为根据电力系统的要求和输水系统的特性，使机组在各种正常工况和组合工况下，蜗壳进口处最大内水压力值、尾水管进口处的最小内水压力值、机组最大转速上升值、输水系统各控制点最大/小内水压力值、调压室/闸门井最高/低涌浪等控制值均在允许的范围之内，并尽可能降低水锤压力。

大波动过渡过程计算分析是检验和校核已建或新建水电站布置合理性和设计可靠性的重要手段，为电站的设计和运行提供可靠的依据。目前，我国部分有条件的已建水电站在结合机组更新改造、提高机组出力和效率的同时进行改造增容，或为了利用电站的弃水而扩建机组，若改造机组或扩建机组利用原设机组的引水系统，且和原设机组共用部分引水系统，引水系统的强度是否仍然符合强度和稳定设计要求，以及机组转速和原设机组的关闭规律是否满足调节保证要求，这直接影响改造增容电站或扩建增容电站的安全稳定运行，也有必要进行大波动过渡过程计算，做进一步的分析和校核。

（二）计算流程

图 8-16 为抽水蓄能机组大波动过渡过程计算的流程图，该流程图不仅广泛用于任意抽水蓄能电站的大波动过渡过程计算，还因引入了调速器的调节控制模块，也适用于水力干扰稳定性和小扰动稳定性分析。

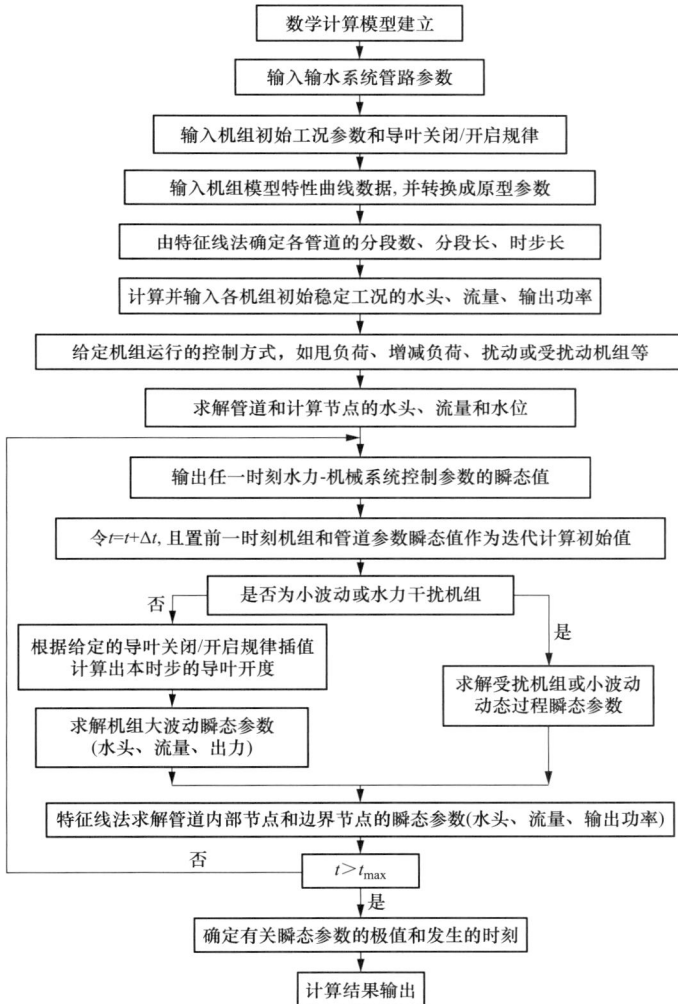

图 8-16　抽水蓄能机组大波动过渡过程计算的流程图

（三）优化措施

大波动过渡过程优化的主要目的是降低系统压力的最大值，提高压力的最小值，降低最大转速上升值，同时改善机组运行的稳定性。优化措施主要如下：

1. 优化导叶关闭规律

导叶关闭规律优化包括导叶有效关闭时间、直线关闭规律、折线关闭规律等的选择和确定。对于水电站水力过渡过程而言，在优化导叶关闭规律的时候除考虑蜗壳和尾水管进口水锤压力之外，还要考虑机组转速最大上升值，甚至要兼顾沿管轴线压力分布和调压室的工作参数及特性。

2. 增加机组转动惯量 GD^2

机组转动惯量 GD^2 是水电站设计中重要的机组参数之一，随着科学技术的进步，GD^2 有减小的趋势，但是从引水发电系统过渡过程品质来看，增大 GD^2 有利于改善调保参数。理论上机组转动惯量 GD^2 取较大值，以便在甩负荷机组导叶关闭过程中减小机组转速上升的同时，尽可能降低蜗壳进口最大内水压力。计算分析表明：随着机组转动惯量 GD^2 增大，机组最大转速减小；机组蜗壳进口最大内水压力呈现缓慢减小的趋势；尾水管进口最小内水压力的变化总体上呈现缓慢增大的趋势。因此，在通常情况下，通过提高机组转动惯量 GD^2 来降低机组转速上升比较有效，也能一定程度上控制蜗壳进口最大内水压力和有效保证尾水管进口最小内水压力。

3. 设置调压室

对于压力引水管道较长的水电站，可以用在管道中设置调压室的方法，减小 $\sum Lv$，从而减小 T_w 值，这样对改善大、小扰动的调节性能都有明显的效果。调压室的形式和断面，以及孔口阻尼对降低水锤压力及系统调节的稳定性都有很大影响，但是需对其结构和参数做经济技术上的优化。

4. 加大管径和增加壁厚

加大管径则流速减少，即减小 $\sum Lv$，有利于减小水锤压力。增加壁厚可以提高管道承受内水压力的能力，允许较大水锤上升值，可适当缩短关机时间，从而使转速上升减少，但采用这些措施会增加投资，所以应根据电站具体情况进行经济技术比较。

5. 考虑尾水闸门井的作用

对于具有较长尾水道且不设置尾水调压室的水电站，若尾水闸门井距离尾水出口较远，则其在输水系统中作用类似于尾水调压室，对机组尾水管进口最小内水压力起着一定的作用，在大波动过渡过程计算中，应充分考虑其影响，并且可以通过优化尾水闸门井的设置尺寸，以进一步提高机组尾水管进口的最小内水压力。

6. 设置调压阀

调压阀往往设置在蜗壳进口附近的压力管道上或直接与蜗壳相连。它的作用是在机组甩负荷时，通过液压系统控制，随着导叶的关闭而开启，使一部分水流由此排出，这样可减小压力管道中流速的变化梯度，从而减少水锤压力，当导叶关闭后一定时间内调压阀关闭。

三、小波动

(一) 小波动过渡过程概述

在水电站设计和运行过程中，仅仅研究机组甩负荷条件下的水力瞬变是不够的，还必须考虑水轮机工况负荷小波动（负荷小幅度变动）条件下水泵水轮机调节系统运行的稳定性。

小波动过渡过程是指在水力机械系统中出现小波动时，在调速系统的作用下，系统恢复到初始稳定运行状态或达到新的稳定状态并长时间保持稳定运行的能力。进行小波动过渡过程计算分析时，一般假定波动是微小的，因而可略去基本方程中的高次项。基于上述假定，小波动过渡过程仿真计算可以通过求解线性系统状态方程的办法来实现，并且可应用现代控制理论进行分析研究。为应用现代控制理论来研究水轮机组的运行稳定性与控制问题，在得到水电站各系统非线性的且是分布参数数学模型的基础上，采用将其微扰线性化，将无穷级数取有限项的办法使分布参数系统按集中参数系统研究，建立描述水力机械系统动态特性的状态方程，进行稳定性分析，然后可进一步基于建立起来的模型进行最优控制设计，并可用非线性的分布参数系统来仿真验证。本节侧重于水泵水轮机和输水系统的小波动稳定性分析，发电电动机、励磁系统、机组所在电力系统的影响及系统的最优控制问题可参见相关文献。

（二）计算数学模型

小波动稳定计算和分析主要采用两种方法，一种是基于状态方程的刚性水锤分析方法；另外一种是基于特征线法考虑水体弹性的分析方法。这两种方法在一定程度上可以互相验证，提高计算的可靠性，且在相互补充的基础上还各有侧重。基于状态方程的分析方法主要侧重系统稳定性分析，由于不受数值计算的精度及差分格式等限制，可以在理论层次上证明系统是否稳定；基于特征线法的分析方法则主要侧重系统调节品质分析，通过数值计算的成果来说明调节品质的好坏及调速器参数整定的合理性；基于状态方程的分析方法既可进行时域分析，又可进行频域分析，更着重于后者，可通过状态方程特征值虚部的数据特征确定系统不同干扰源对稳定性的影响，并找出解决措施及调速器参数的稳定域；基于特征线法的分析方法只能进行时域分析，在已得到的稳定域的基础上进一步整定调速器参数值，以达到最优。

管道系统的状态方程常采用传递函数形式的模型来转换，所以应首先建立传递函数形式的管道模型。

1. 弹性模型

图 8-17 所示为单管单机引水系统图。若管道内的水流发生了某种扰动并伴随流量和压力的变化，水体和管壁产生的弹性变形对水锤压力值和整个过渡过程的影响不能忽略时，弹性变形就会以有限波速 u 的形式，使扰动沿管道传播。这时，可由流体力学中的水流运动方程式和连续性方程式进行水锤计算，

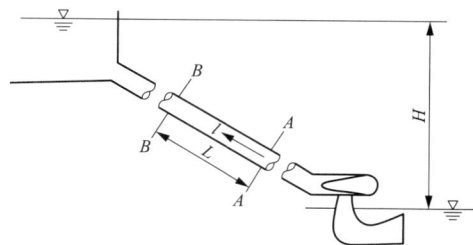

图 8-17　单管单机引水系统图

当忽略管道中的摩擦损失和次要项时，考虑弹性水锤，单管单机引水系统的传递函数为：

$$\frac{h^A(s)}{q^A(s)} = -2h_{\mathrm{w}}\mathrm{th}\,\frac{T_{\mathrm{r}}s}{2} \tag{8-45}$$

式中　T_{r}——水锤波在管道 A—B 断面间往返一次经历的时间，即管道反射时间或水锤

的相，定义为 $T_r = \dfrac{2L}{a}$（单一特性管道）或 $T_r = 2\sum \dfrac{L_i}{a_i}$（多特性管道）；

s——拉普拉斯算子；

h_w——管道特性系数，表示在 T_w 时间间隔内水锤波往返的次数，$h_w = \dfrac{T_w}{T_r} =$

$\dfrac{aQ_r}{2gH_rA}$，其中，T_w 为水流惯性时间常数，$T_w = Q_r L / g H_r A$。

压力引水系统方框图如图 8-18 所示。在研究该调节系统的稳定性和动态品质时，必须考虑引水系统中水体的惯性；当管道较长时，还需考虑水体和管壁的弹性。若进行简化，可得：

$$\mathrm{th}x = \frac{\mathrm{sh}x}{\mathrm{ch}x}$$

$$\mathrm{sh}x = x + \frac{x^3}{3!} + \frac{x^5}{5!} + \cdots$$

$$\mathrm{ch}x = 1 + \frac{x^2}{2!} + \frac{x^4}{4!} + \cdots$$

展开取前几项，则可得：

$$\frac{h(s)}{q(s)} = -h_w \frac{T_r s + \frac{1}{24} T_r^3 s^3 + \cdots}{1 + \frac{1}{8} T_r^2 s^2 + \frac{1}{384} T_r^4 s^4 + \cdots} \tag{8-46}$$

在做小波动过渡过程计算时分子可取两项，分母取三项，将其展开可得

$$h = -\frac{384}{T_r^4 s^4} h - \frac{48}{T_r^2 s^2} h - h_w \frac{384}{T_r^3 s^3} q - h_w \frac{16}{T_r s} q \tag{8-47}$$

2. 刚性模型

如果将上述式中的 $\mathrm{sh}x$ 和 $\mathrm{ch}x$ 只取级数第一项，由式（8-46）可得刚性水锤引水系统数学模型：

$$\frac{h^A(s)}{q^A(s)} = -h_w T_r s \tag{8-48}$$

因 $h_w T_r s = T_w s$，则可得：

$$\frac{h^A(s)}{q^A(s)} = -T_w s \tag{8-49}$$

则刚性水锤模型时，压力引水系统方框图如图 8-19 所示。

$$q^A(s) \longrightarrow \boxed{-2h_w \mathrm{th}\frac{T_r s}{2}} \longrightarrow h^A(s) \qquad\qquad q^A(s) \longrightarrow \boxed{-T_w s} \longrightarrow h^A(s)$$

图 8-18　压力引水系统方框图　　　　图 8-19　压力引水系统方框图（刚性水锤模型）

传递函数形式管道模型可经拉氏变换后，用状态方程法求解。

3. 流量和力矩方程

力矩和流量的偏差化、标准化方程可写成如下形式：

$$\left.\begin{array}{l} m_t = m(y, h, x) \\ q = q(y, h, x) \end{array}\right\} \tag{8-50}$$

或

$$m_{\mathrm{t}} = e_x x + e_y y + e_h h \left.\vphantom{\begin{matrix}1\\1\end{matrix}}\right\} \tag{8-51}$$
$$q = e_{qx} x + e_{qy} y + e_{qh} h$$

上述两式中 e_x、e_y、e_h、e_{qx}、e_{qy}、e_{qh} 六个参数即是机组动态过程中力矩和流量函数对 x、y、z 偏导数。应用水泵水轮机综合特性曲线可以求得这六个传递函数。若机组 i 时刻流量及出力方程为

$$Q_i = D_1^2 Q_{11i} \sqrt{H_i} \tag{8-52}$$
$$P_i = \gamma Q_i H_i \, \eta_i \tag{8-53}$$

机组的运动方程为

$$I_\omega \frac{\mathrm{d}\omega}{\mathrm{d}t} = P - P_{\mathrm{G}} \tag{8-54}$$

令 $p_{\mathrm{G}} = \dfrac{P_{\mathrm{G}} - P_{\mathrm{G0}}}{P_{\mathrm{G0}}}$，$p = \dfrac{P - P_0}{P_0}$，$\varphi = \dfrac{n - n_0}{n_0}$，$x = \dfrac{X - X_0}{X_0}$，$S_{\mathrm{P}} = \dfrac{\partial p_{\mathrm{G}}}{\partial \varphi}$，式中：$P$ 为水轮机出力，P_{G} 为发电机吸收功率；X 为外负荷，下标 0 表示 0 时刻，$p_{\mathrm{G}} = x + S_{\mathrm{P}}\varphi$；$S_{\mathrm{P}}$ 为负荷自调节系数，则式（8-54）可写为

$$\frac{\mathrm{d}\varphi}{\mathrm{d}t} = \frac{1}{T_{\mathrm{a}}}(p - x - S_{\mathrm{P}}\varphi) \tag{8-55}$$

式中　T_{a}——机组惯性时间常数，$T_{\mathrm{a}} = \dfrac{[GD^2] n_0^2}{365 P_0}$，s。

机组调速器方程为

$$T_{\mathrm{d}} b_{\mathrm{t}} \frac{\mathrm{d}\mu}{\mathrm{d}t} + b_{\mathrm{p}}\mu = -\varphi - T_{\mathrm{d}} \frac{\mathrm{d}\varphi}{\mathrm{d}t} \tag{8-56}$$

式中　T_{d}——缓冲时间常数，s；

$\quad\quad b_{\mathrm{t}}$——缓冲强度（暂态转差系数）；

$\quad\quad b_{\mathrm{p}}$——残留不平衡度（永态转差系数）；

$\quad\quad \mu$——导叶的相对开度。

在机组小波动稳定性分析时，需给出调速器参数整定范围，一般可考虑斯坦因建议值，即 $b_{\mathrm{p}} + b_{\mathrm{t}} = 1.5 \dfrac{T_{\mathrm{w}}}{T_{\mathrm{a}}}$，$T_{\mathrm{d}} = 3 T_{\mathrm{w}}$，$T_{\mathrm{n}} = 0.5 T_{\mathrm{w}}$，其中，$T_{\mathrm{w}}$ 为水流惯性时间常数。对于 PID 型调速器，依据公式 $T_{\mathrm{d}} = \dfrac{1}{b_{\mathrm{t}}}$、$K_{\mathrm{I}} = \dfrac{1}{b_{\mathrm{t}} T_{\mathrm{d}}}$ 和 $K_{\mathrm{D}} = \dfrac{T_{\mathrm{n}}}{b_{\mathrm{t}}}$ 可转换得到相应的调节参数，即比例常数 K_{P}，积分常数 K_{I} 和微分常数 K_{D}。

4. 基于压力管道刚性模型的水力机械系统状态方程

以图 8-20 所示的水力机械系统为例，基于压力管道的刚性模型，推导描述该系统动态特性的状态方程，相应的推导方法可推广到任意布置的水力发电系统。

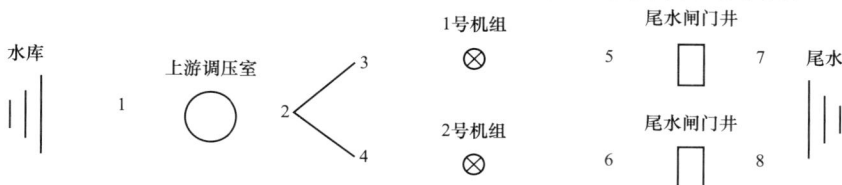

图 8-20　水力-机械系统小波动稳定性分析简图

1号机组上游管道和下游管道的水流动力方程可表示为：

$$\frac{L_3}{gA_3}\frac{dQ_{t1}}{dt} = H_B - H_{u1} - h_3 \tag{8-57}$$

$$\frac{L_5}{gA_5}\frac{dQ_{t1}}{dt} = H_{d1} - Z_{\omega1} - h_5 \tag{8-58}$$

2号机组上游管道和下游管道的水流动力方程可表示为：

$$\frac{L_4}{gA_4}\frac{dQ_{t2}}{dt} = H_B - H_{u2} - h_4 \tag{8-59}$$

$$\frac{L_6}{gA_6}\frac{dQ_{t2}}{dt} = H_{d2} - Z_{\omega2} - h_6 \tag{8-60}$$

式中　L_i、A_i、h_i——各管道的长度、面积和水头损失，$i=3$，4，5，6；

$\qquad Q_{ti}$——1号和2号机组流量，$i=1$，2，m^3/s；

$\quad H_B$、$Z_{\omega1}$、$Z_{\omega2}$——上游分岔点测压管水头，1号和2号机组尾水闸门井水位，m；

$\qquad H_{ui}$、H_{di}——1号和2号机组上游侧和下游侧测压管水头，$i=1$，2，m。

引水管道2的水流动力方程：

$$\frac{L_2}{gA_2}\frac{dQ_2}{dt} = Z_u - H_B - h_2 \tag{8-61}$$

式中　Z_u、h_2——上游调压室水位和管段2的水头损失。

令 $q_2 = \dfrac{Q_2 - Q_{20}}{Q_{20}}$，$z_u = \dfrac{Z - Z_0}{H_G}$，$z_{\omega1} = \dfrac{Z_{\omega1} - Z_{\omega10}}{H_G}$，$z_{\omega2} = \dfrac{Z_{\omega2} - Z_{\omega20}}{H_G}$，$q_{t1} = \dfrac{Q_{t1} - Q_{t10}}{Q_{t10}}$，

$\varepsilon_1 = \dfrac{H_{t1} - H_{t10}}{H_{t10}}$；$q_{t2} = \dfrac{Q_{t2} - Q_{t20}}{Q_{t20}}$，$\varepsilon_2 = \dfrac{H_{t2} - H_{t20}}{H_{t20}}$，其中 H_G 为电站毛水头，下标 0 表示初始稳定运行状态时的参数值。

设上游调压室水位波动向上为正，A_S 为上游调压室有效面积，则连续方程为：

$$\frac{dZ_u}{dt} = \frac{1}{A_S}(Q_1 - Q_2) \tag{8-62}$$

设 $q_1 = \dfrac{Q_1 - Q_{10}}{Q_{10}}$，则式（8-62）可改写为：

$$\frac{dZ_u}{dt} = \frac{Q_{10}}{A_S H_G}q_1 - \frac{Q_{20}}{A_S H_G}q_2 \tag{8-63}$$

引水隧洞水流动力方程为：

$$\frac{L_1}{gA_1}\frac{dQ_1}{dt} = H_R - Z_u - h_1 \tag{8-64}$$

式中　H_R、Z_u、h_1——上水库水位、上游闸门井水位和管段1的水头损失。

令 $k_{tu} = \dfrac{2h_{10}}{H_G}$，$T_{tu} = \dfrac{L_1 Q_{10}}{gA_1 H_G}$，$z_u = \dfrac{Z_u - Z_{u0}}{H_G}$，则式（8-64）可改写为：

$$\frac{dq_1}{dt} = -\frac{1}{T_{tu}}z_u - \frac{k_{tu}}{T_{tu}}q_1 \tag{8-65}$$

设1号机组尾水闸门井水位波动向上为正，$F_{\omega1}$ 为尾水闸门井有效面积，则连续方程为：

$$\frac{\mathrm{d}Z_{\omega 1}}{\mathrm{d}t} = \frac{1}{F_{\omega 1}}(-Q_7 + Q_{t1}) \tag{8-66}$$

设 $q_7 = \dfrac{Q_7 - Q_{70}}{Q_{70}}$，则式（8-66）可改写为：

$$\frac{\mathrm{d}Z_{\omega 1}}{\mathrm{d}t} = -\frac{Q_{70}}{F_{\omega 1}Z_{\omega 10}}q_7 + \frac{Q_{t10}}{F_{\omega 1}Z_{\omega 10}}q_{t1} \tag{8-67}$$

尾水隧洞 7 水流动力方程为：

$$\frac{L_7}{gA_7}\frac{\mathrm{d}Q_7}{\mathrm{d}t} = Z_{\omega 1} - H_7 - h_7 \tag{8-68}$$

式中 H_7、h_7——下水库水位管段 7 的水头损失。

令 $k_{t\omega 1} = \dfrac{2h_{70}}{Z_{\omega 10}}$，$T_{t\omega 1} = \dfrac{L_7 Q_{70}}{gA_7 Z_{\omega 10}}$，则式（8-68）可改写为：

$$\frac{\mathrm{d}q_7}{\mathrm{d}t} = \frac{1}{T_{t\omega 1}}Z_{\omega 1} - \frac{k_{t\omega 1}}{T_{t\omega 1}}q_7 \tag{8-69}$$

同理，令 $k_{t\omega 2} = \dfrac{2h_{80}}{Z_{\omega 20}}$，$T_{t\omega 2} = \dfrac{L_8 Q_{80}}{gA_8 Z_{\omega 20}}$，可得到 2 号机组尾水检修闸门井水位波动和尾水隧洞 8 中水流的状态方程：

$$\frac{\mathrm{d}Z_{\omega 2}}{\mathrm{d}t} = \frac{Q_{t20}}{F_{\omega 2}Z_{\omega 20}}q_{t2} - \frac{Q_{80}}{F_{\omega 2}Z_{\omega 20}}q_8 \tag{8-70}$$

$$\frac{\mathrm{d}q_8}{\mathrm{d}t} = \frac{1}{T_{t\omega 2}}Z_{\omega 2} - \frac{k_{t\omega 2}}{T_{t\omega 2}}q_8 \tag{8-71}$$

5. 结合特征线法和状态方程分析的联合算法

在进行水力-机械系统小波动稳定性分析时，机组采用状态方程描述其转速变化特性，并且引入采用状态方程描述的调速器方程，各机组均充分考虑其非线性流量特性和效率特性。因此，小波动稳定性也可按下面的流程进行计算分析：

（1）采用特征线法计算输水系统管道的水力瞬变，即计算出管道各断面的水头 H 和流量 Q。

（2）依据采用状态方程描述的机组运动方程，计算机组转速变化的相对值 φ。

（3）基于描述调速器的状态方程，计算机组导叶开度变化的相对值 μ。

（4）在已知机组 φ 和 μ 的条件下，计算机组的过机流量和进出口压力水头。

（5）重复上述过程，即可得机组的整个调节过渡过程。

（三）机组调节品质评价指标

1. 调速器模型

在水力干扰过渡过程计算分析中，采用并联 PID 型调速器模型，并考虑其中关键的非线性环节：

$$\frac{\mathrm{d}y_1}{\mathrm{d}t} = -\frac{K_P}{T_{y1}}\varphi - \frac{1 + K_P b_p}{T_{y1}}y_1 + \frac{1}{T_{y1}}x_I + \frac{1}{T_{y1}} \tag{8-72}$$

$$\frac{\mathrm{d}\mu}{\mathrm{d}t} = \frac{1}{T_y}y_1 - \frac{1}{T_y}\mu \tag{8-73}$$

$$\frac{\mathrm{d}x_I}{\mathrm{d}t} = -K_I\varphi - K_I b_p y_1 \tag{8-74}$$

$$\frac{\mathrm{d}x_{\mathrm{D}}}{\mathrm{d}t} = -\frac{K_{\mathrm{D}}}{T_{\mathrm{n}}}\frac{\mathrm{d}\varphi}{\mathrm{d}t} - \frac{K_{\mathrm{D}}b_{\mathrm{P}}}{T_{\mathrm{n}}T_{\mathrm{yl}}}[-K_{\mathrm{P}}\varphi + x_{\mathrm{I}} + x_{\mathrm{D}} - (1 + K_{\mathrm{P}}b_{\mathrm{P}})y_{1}] - \frac{1}{T_{\mathrm{n}}}x_{\mathrm{Dl}} \qquad (8\text{-}75)$$

式中　φ、y_{1}、x_{I}、x_{D}、μ——不同参量变化的相对值；

T_{n}——微分环节时间常数；

K_{P}、K_{I}、K_{D}——比例常数、积分常数和微分常数；

T_{y}、T_{yl}——随动系统常数。

(1) 测速环节限幅非线性（见图 8-21）。

$$\begin{cases} \varphi = x & (\varphi_{\min} \leqslant x \leqslant \varphi_{\max}) \\ \varphi = \varphi_{\max} & (x \geqslant \varphi_{\max}) \\ \varphi = \varphi_{\min} & (x \leqslant \varphi_{\min}) \end{cases} \qquad (8\text{-}76)$$

(2) 接力器行程限制。设导叶初始相对开度为 μ_{0}，则有：

$$\mu \begin{cases} 1 - \mu_{0} & (\mu \geqslant 1 - \mu_{0}) \\ \mu & (1 - \mu_{0} > \mu > -\mu_{0}) \\ -\mu_{0} & (\mu \leqslant -\mu_{0}) \end{cases}$$

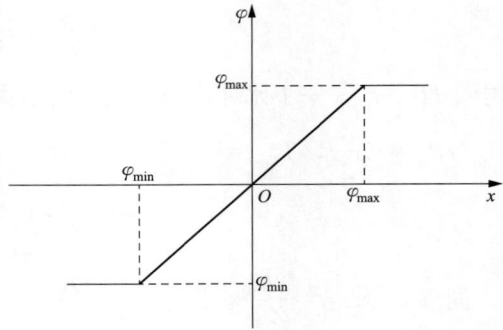

$$(8\text{-}77)$$

图 8-21　调速器测速环节限幅非线性

2. 调节品质分析

对于受扰机组和小波动机组而言，典型的机组转速动态过程线如图 8-22 所示。设 n_{0} 为转速初始值，n_{t} 为发生波动后的转速稳定值，$n_{\max}$ 为第一振荡波峰（或波谷）值，n_{1} 为第一振荡波谷（或波峰）值，n_{2} 为第二振荡波峰（或波谷）值，$\Delta n_{0} = n_{\mathrm{t}} - n_{0}$，$\Delta n_{1} = n_{1} - n_{\mathrm{t}}$，$\Delta n_{2} = n_{2} - n_{\mathrm{t}}$，定义如下：

(1) 调节时间 T_{p} 为转速振荡峰值与稳定值 n_{t} 间的相对偏差不大于 $\pm\Delta$ 的时间，一般为 0.4% 或 0.2%。

(2) 振荡次数 x 为振荡时间 T_{p} 内振荡波峰个数的一半。

(3) 最大偏差 $\Delta n_{\max} = n_{\max} - n_{\mathrm{t}}$。

(4) 超调量 $\delta = \dfrac{\Delta n_{\max}}{\Delta n_{0}} (n_{\mathrm{t}} \neq n_{0})$ 或 $\delta = \dfrac{\Delta n_{1}}{\Delta n_{\max}} (n_{\mathrm{t}} = n_{0})$。

(5) 衰减度 $\psi = \dfrac{\Delta n_{\max} - \Delta n_{2}}{\Delta n_{\max}}$。

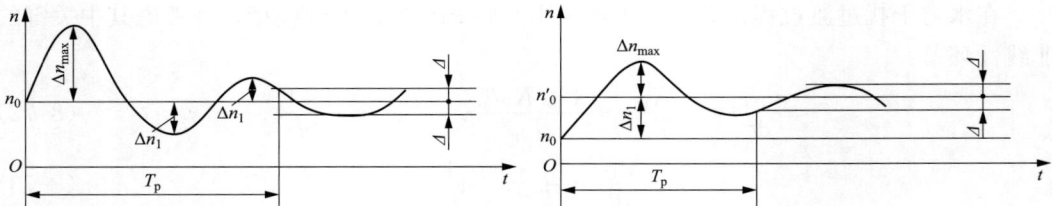

图 8-22　典型的机组转速动态过程线

四、水力干扰

（一）水力干扰概述

水力干扰过渡过程是指多台机共水力单元条件下，在水轮机工况时部分机组突增或突减负荷引起的管道压力、流量和调压室水位的变化，导致其余正常运行机组的水头、功率、转速和导叶开度发生变化，受到干扰的过程。主要计算内容是确定水力干扰过程中受扰机组的运行稳定性和功率的摆动，以及调速器的调节品质是否满足要求，为水轮发电机组设置最大功率或过载能力提供依据。

水力干扰对运行机组的影响程度取决于机组带负荷水平及在电网中的作用，以及机组的运行和调节方式。水力干扰调节模式一般有如下几种。

1. 频率调节模式

在出现水力干扰现象时，由于机组接入大电网，同一水力单元先甩机组几乎不会引起系统频率的变化，未甩机组受电网的拖动影响，转速变化几乎没有。在这种情况下，测频元件基本不起作用，调速器不动作，导叶开度保持不变，即由于水力干扰，机组本身出力发生变化，但变化的出力均能够被电网有效吸收，电网阻力矩与水轮机动力矩一直处于动态平衡，水轮机的转速在水力干扰过程中几乎不发生变化。

2. 功率调节模式

受电网、水电站自动发电控制（AGC，Automatic Generation Control）系统控制时，调速器跟踪机组功率进行调节，即调速系统在功率给定的指令信号作用下，接受机组功率信号，通过自动的开启（关闭）导叶调整机组出力，使之达到新的平衡。

3. 开度调节模式

受电网、水电站自动发电控制系统控制时，调速器跟踪机组给定开度进行调节，即调速系统直接接受机组导叶给定开度信号，从而调节导叶并调整机组出力，使之达到新的平衡。

（二）计算方法

在水力干扰过渡过程计算中考虑了两种情况：

1. 机组接入无穷大电网情况

在机组接入无穷大电网条件下，机组的频率保持不变，系统中负荷的波动由电网承担，数值计算的目的是研究正常运行的机组在受扰动情况下的出力摆动对电网的冲击和对机组自身的影响。

2. 机组接入有限电网情况

在机组接入有限电网条件下，机组在电网中担负调频的任务，其能力将影响电网的供电质量，数值计算的目的就是研究运行机组在受扰动情况下的调节品质。

但是，联合供水单元内机组的水力干扰问题要比小波动问题剧烈得多，因此不能要求调频调峰机组的调节品质达到和小波动一样的良好品质，而只能以波动是否衰减为判断条件，以保证事故不进一步扩大，导致运行机组接踵甩负荷。

抽水蓄能电站水力干扰分析方法与原理和常规水电站基本相同，只是抽水蓄能电站发生水力干扰时，由于机组过流特性中存在"S"区特性，受扰机组的水力运行条件更为恶劣。

在进行水力机械系统的水力干扰稳定性分析（调速器参与调节）时，受扰机组采用状态方程描述其转速变化特性，并且引入采用状态方程描述的调速器方程，无论是甩负荷（增负荷）机组还是受扰机组，均充分考虑其非线性流量特性和效率特性。因此，水力干扰的主要算法为结合特征线法和状态方程分析的联合算法，其主要计算流程可概括如下：

（1）采用特征线法计算输水系统管道的水力瞬变，即计算出管道各断面的水头 H 和流量 Q。

（2）依据采用状态方程描述的机组运动方程，计算受扰机组转速变化的相对值 ϕ。

（3）基于描述调速器的状态方程，计算受扰机组导叶开度变化的相对值 μ。

（4）在已知受扰机组 ϕ 和 μ 的条件下，计算受扰机组的过机流量和进出口压力水头。

（5）采用大波动过渡过程计算流程，确定扰动机组（增负荷或甩负荷机组）的瞬态参数，包括机组进出口测压管水头、机组转速、机组流量和机组开度等。

（6）重复上述计算流程，即可得受扰机组的整个调节过渡过程和扰动机组的大波动过渡过程。

在水力干扰稳定性分析中，时间步长 Δt 由特征线法的稳定性条件确定。由于水力干扰受扰程度比小波动严重，需要考虑调速器的主要非线性环节。

五、计算结果修正

抽水蓄能电站在水力过渡过程中出现压力脉动是不可避免的，而人们对抽水蓄能电站压力脉动的研究程度远不如常规水电站，尚无法对其准确模拟。为确保抽水蓄能电站安全，目前主要通过两种方法考虑压力脉动对水力过渡过程的影响：一是通过近似公式修正计算结果来满足要求；二是提高计算控制值的压力标准，通过加大安全裕量来满足要求。对于方法一，不同水泵水轮机制造厂家均有各自的近似经验公式，但由于不同的厂家对转轮特性的把握不同，有的厂家侧重效率，有的厂家侧重安全，导致各家的近似公式均不相同，很难有一个统一的评判标准，尤其在项目可行性研究阶段，输水系统布置需要确定，而机组招标尚未进行，供货厂商不明确，该方法较难实施；对于方法二，主要困难在于压力标准的制订。例如，对于尾水管进口最小压力而言，目前规范给出－8m 压力标准的计算安全裕量明显不足，我国几个大型抽水蓄能电站如宝泉、宜兴等，在其可行性研究阶段，均将尾水管道－8m 的计算压力标准直接提升至无负压出现，并以此确定输水系统布置，然后在机组招标设计阶段，根据水力过渡过程计算结果再对供货厂家提出相关合理的技术要求，确保压力脉动不会对输水系统造成危害。

随着技术的进步，基于 CFD 数值模拟技术在水泵水轮机水力过渡过程中的应用，通过此计算方法可以获得水轮机流道内全面详细的流场分布和压力脉动特征，以解决水力过渡过程中出现的压力脉动，能够确保机组安全稳定运行所需要的全面详细的数据信息，目前该项研究处于摸索阶段。

抽水蓄能电站过渡过程计算设计裕度的选取目前按照"水电站输水发电系统调节保证技术研讨会"中的建议执行，建议如下：

对于最大水头大于200m的抽水蓄能电站，引水系统压力脉动引起的压力上升可按甩前净水头的5%～7%选取，计算误差可按压力上升值的10%选取。尾水系统涡流引起的压力下降可按甩前净水头的2.0%～3.5%选取，计算误差可按尾水管进口压力下降值的7%～10%选取。

六、典型工况过渡过程轨迹线

抽水蓄能电站水泵水轮机水力过渡过程工况主要有水轮机工况甩负荷、水泵工况断电、水轮机工况启动、水泵工况启动。其中，水轮机工况甩负荷和水泵工况断电是重要的工况。

（一）水轮机工况甩负荷

与常规水轮机相比，水泵水轮机甩负荷的过渡过程有许多不同（见图8-23）。常规混流式水轮机机组一般仅经历水轮机工况区和水轮机制动工况区，在导叶完全关闭后流量才为零，水轮机飞逸后，流量平顺地减小到零。而水泵水轮机甩负荷后一般经历三个工况区，即水轮机工况区、水轮机制动工况区和反水泵工况区，在导叶关闭前流量已为零，水泵水轮机飞逸后往往发生很大的流量振荡。为了减小水泵水轮机管道系统水击压力，抽水蓄能电站导叶往往采用分段直线关闭规律，开始时关闭速度较快，而后关闭速度放慢，但不能避免进入反水泵工况区。

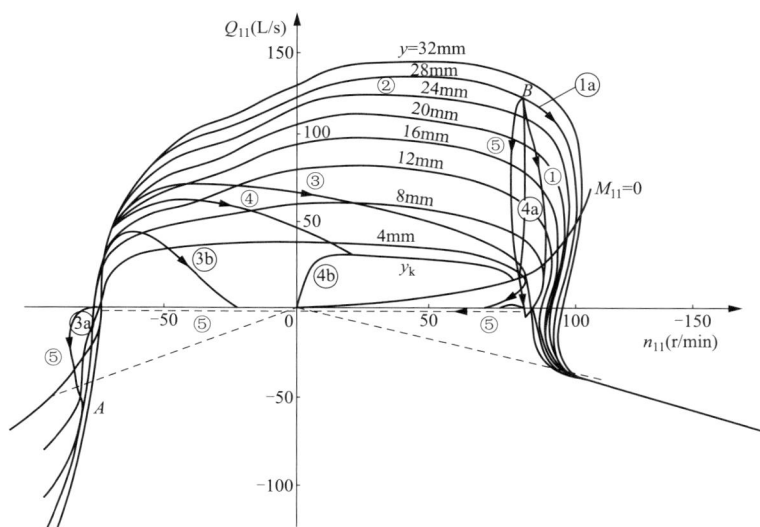

图8-23　主要过渡过程轨迹线

当可逆机组在工况点 B 发电运行而突然甩负荷时，工况点随着导叶开度的减小而向下移动，如轨迹线①，Q_{11} 值迅速减小，n_{11} 值逐渐增大，直到最大值 n_{11max} 后再逐渐减小。如果调节过程以导叶完全关闭而结束，则轨迹线①最终进入 $Q_{11}=0$ 的线上。如果甩负荷后导叶拒绝动作，则工况点沿着等开度线（轨迹线①a）移动，最终处在该开度下的飞逸工况线（即 $M_{11}=0$ 线）上运行，或周期性地发生倒流。

（二）水泵工况断电

水泵水轮机在水泵运行过程中，电力突然中断称为水泵断电。电网停止供电、供电线路中断、转轴断裂或操作失误等均可能造成供电中断。

如果导叶关闭得很快，则可以完全避免水倒流，但快速关闭所产生的负水锤将超过引水系统的设计允许限度。如果导叶关闭得太慢，则到小开度时机组内的水轮机方向流量已经很大，会使机组出现反转，同时关闭动作将使导叶和尾水管产生很大的振动。

这一过程可分为下列三种情况，其轨迹分别为②线、③线和④线（见图 8-23），假定初始抽水工况点为 A。

1. 导叶拒动

此时，过渡过程的轨迹线②与等开度线重合，它经过水泵正常运行工况区、水泵制动工况区和水轮机工况区，以后如水轮机工况甩负荷导叶拒动过渡过程一样，最终在飞逸工况线上运行或周期性地发生倒流。应注意，在此过渡过程的终了阶段接近飞逸工况时，在等开度线上随着 n_{11} 值的变化，单位流量 Q_{11} 值变化也很急剧。如果上、下游引水道很长，虽然导叶拒动，但在上、下游引水道内仍有可能产生很大的正水锤和负水锤，这与常规水电站机组进入飞逸工况的情况是不同的。

2. 导叶均匀地关闭到零开度

此时，过渡过程的轨迹线③穿过水泵正常运行、水泵制动和水轮机正常运行三个工况区，向 n_{11} 值较小的飞逸工况线移动，而后通过水轮机制动区到达 $n_{11}=0$ 的坐标轴线上（即开度 $y=0$ 线）而结束。如果导叶在水流改变方向以前就已完全关闭，则其过渡过程轨迹线为③a线，它仅限于水泵工况区内。如果导叶在转速改变方向以前和水流改变方向以后达到完全关闭，则其过渡过程轨迹线为③b，它仅限于水泵工况区和水泵制动工况区内。值得注意的是，如果导叶关闭过快，在上、下引水道内将发生很大的正水锤和负水锤。

3. 导水机构不关闭到零

如果导叶关闭速度比"导叶均匀地关闭到零开度"的过程快，但不关到零，而是停止在某开度 y_k，此时过渡过程轨迹线为④。它开始很快穿过等开度线，而后沿着 $y=y_k$ 的等开度线到达该开度下的飞逸工况点，进入稳定飞逸运行。如果取 y_k 为空载开度，则此飞逸工况即为空载工况；飞逸运行转速即为机组额定转速。

当机组进入空载额定转速运行后，就可让机组并入电网，再打开导水机构，带上负荷进入水轮机运行状况（轨迹线④a），这就是机组从空载启动进入发电的过渡过程轨迹。机组从静止启动进入空载运行工况的过渡过程轨迹线为④b线。抽水蓄能机组从水泵工况不停机转换为水轮机工况的整个过程轨迹线为④线加④a线。

（三）水轮机工况启动

水泵水轮机启动工况和常规水轮机略有不同。常规水轮机在空载开度下，能够稳定地运行，只要转速达到同步转速后并入电网，逐渐开启导叶，即可逐渐增加负荷。而水泵水轮机在水轮机工况从空载增荷时，"S"特性对该过程影响很大。在某些情况下，机组不能由空载直接带上负荷，而不可避免地要进入反水泵区。其过程如下：导叶小开度开启，少量水进入转轮，机组开始空载旋转，转速逐步增大，到达空载状态特性曲线 A 点（见图 8-24）。

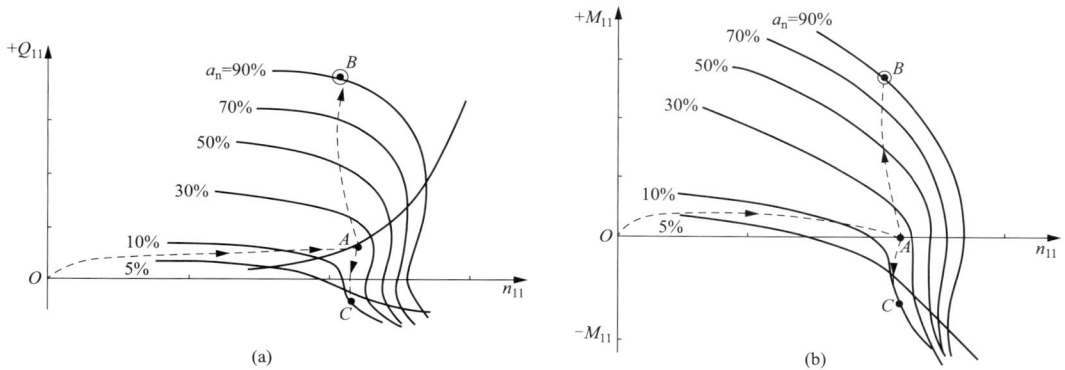

图 8-24　水轮机工况启动过程曲线
（a）n_{11}—Q_{11} 特性曲线；（b）n_{11}—M_{11} 特性曲线

这时机组实际上是处于空载小开度下的飞逸状态。由于小开度特性曲线上有急转直下或"S"形的曲线，因此机组有可能很快通过制动区而进入反水泵区 C 点，此时机组从电网吸取能量，向上游水库送水，所耗功率可达额定功率的 30%～40%。一旦进入反水泵工况区，不要立即打开导叶，如果打开导叶，机组不但不能进入水轮机工况区（图 8-24 中 B 点），反而更向反水泵区深入。

　　避免产生这一现象的一个方法是在机组并网后，降低导叶开启速度，减小压力波动，慢慢开大导叶到 5%～10%，使机组尽快离开飞逸状态。电站水头高时，机组单位转速值较小，A 点偏向左方，离"S"特性区较远，启动后比较容易顺利带上负荷而达到水轮机工况区的 B 点。电站水头低时，机组单位转速大，A 点进入"S"特性区，并网后就容易先进入反水泵区，在 C 点停留，等导叶开度增大，流量变大以后，才能达到B点。

　　（四）水泵工况启动

　　目前，大型水泵水轮机机组常用的启动方式是通过 SFC 启动。这里需要指出的是，中、高比转速混流式水泵水轮机水泵工况的扬程特性曲线在小流量范围内，都有一个"驼峰"特性区，如图 8-25 所示。抽水蓄能电站设计时，应将水泵工况的正常工作范围选在"驼峰"特性区以外。但在高水头时也可能避不开"驼峰"特性区，在该区工作的机组，在水泵工况启动后，噪声很大，流量不足，水压振荡很大。导叶开到 40% 时，工作点为 D 点，再开到 50% 时，工作点应为 F 点，但由于水压振荡波动，工作点又跳回 E 点。解决的办法是在工作点 D 点时，维持开度不变 30～$60s$，待水压力振荡平息后再继续开大导叶，使工作点达到 F 点，远离"驼峰"特性区。

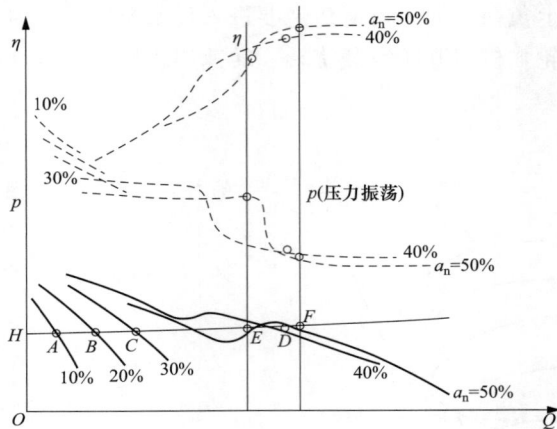

图 8-25 水泵工况启动过渡过程曲线

第六节 水力过渡过程计算实例

一、仙居抽水蓄能电站水力过渡过程计算实例

浙江仙居抽水蓄能电站安装四台单机容量为 375MW 的混流式抽水蓄能机组，水轮机额定水头为 447m，其输水系统共分两个独立的水力单元，每个水力单元采用"一管两机"的布置方式，上、下水库进/出水口高差 456m，上、下水库进/出水口之间输水管道总长度为 2216.9m（3 号机输水系统，下同），其中引水系统长 1216.2m，尾水系统长 1000.7m。

电站上水库正常蓄水位为 675m，死水位为 641m；电站下水库正常蓄水位为 208m，死水位为 178m。机组额定转速为 375.0r/min，水轮机工况额定输出功率为 382.7MW，水泵工况最大输入功率为 376.9MW，发电电动机 GD^2 为 9000t·m^2，水泵水轮机 GD^2 为 515t·m^2，机组安装高程为 107.0m。整个输水系统中设有上游闸门井和下游调压室/闸门井，均发挥了一定的调压室功效。电站四台机组分别于 2016 年 1 月、4 月、7 月、10 月投入商业运行。

（一）数学模型建立

在前面理论分析的基础上，建立仙居抽水蓄能电站的水力过渡过程数学模型，进行计算。

简化后的电站输水系统图，如图 8-26 所示。

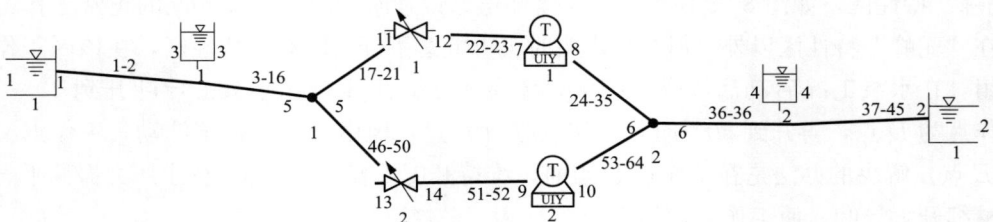

图 8-26 仙居电站输水系统简化图

（二）计算要求

根据仙居电站输水系统特有的布置特点，对仙居电站过渡过程计算指标要求如下：

1. 大波动计算控制值

（1）蜗壳进口处的最大压力值≤746.0m 水柱。

（2）机组最高转速上升值（导叶正常关闭情况下）≤40％。

（3）相继甩负荷尾水管进口最小压力≥－5.0m 水柱。其他工况为≥0m 水柱。

2. 小波动计算控制值

小波动过渡过程调节品质应满足如下要求：

（1）进入规定频率变化带宽（±0.4％额定频率）调节时间不超过 $24T_w$。

（2）频率衰减度大于 80％。

（3）频率振荡次数不大于 2 次。

3. 水力干扰主要评价指标要求

水力干扰主要评价指标是水轮发电机组的运行稳定性和出力的摆动，评价指标与小波动评价指标相同。

（三）计算工况

过渡过程计算工况主要包括大波动计算工况、小波动稳定性分析、水力干扰工况等几种。此处对仙居抽水蓄能电站典型控制工况进行计算，计算工况见表 8-7。

表 8-7　　　　　　　　　　仙居电站过渡过程典型计算工况

工况编号		工况描述与说明	上/下水库水位（m）	水轮机负荷变化（MW）
大波动	1	上水库正常蓄水位，下水库死水位，最高水头，两台机发额定出力，突甩负荷，导叶正常关闭	675.0/178.0	382.7→0 382.7→0
	2	上水库正常蓄水位，下水库死水位，最高水头，一台发额定出力，一台机正常启动	675.0/178.0	382.7→382.7 0→382.7
	3	上水库死水位，额定水头，对应下游尾水位，两台机发额定出力，突甩负荷，导叶正常关闭	641.0/179.5	382.7→0 382.7→0
	4	上水库正常蓄水位，下水库死水位，两机发电，额定出力，两台机组相继甩负荷，导叶正常关闭	675.0/178.0	382.7→0 382.7→0
	5	上水库正常蓄水位，下水库死水位，最大扬程，两台机同时抽水断电，导叶正常关闭	675.0/178.0	334.8→0 334.8→0
小波动	6	两台机组均带预想负荷一台机组减 10％负荷，调速器投入	641.0/208.0	310.05→279.04 310.05→279.04
水力干扰	7	两台机组均带额定负荷，一台机组甩负荷	662.0/200.0	382.7→0 382.7→382.7

（四）导叶关闭规律

水轮机工况和水泵工况经过优选的机组导叶关闭规律，如图 8-27 和图 8-28 所示。

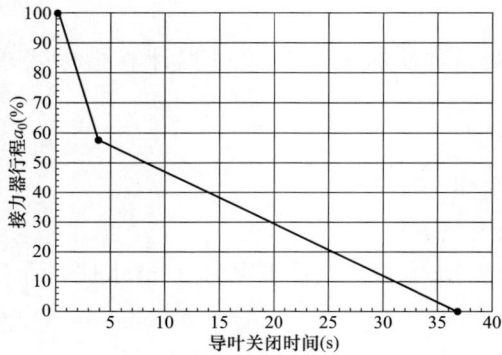

图 8-27 水轮机工况导叶关闭规律

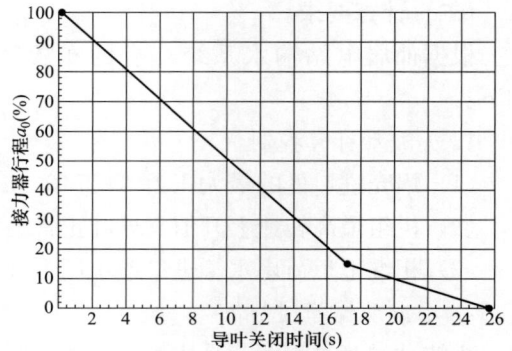

图 8-28 水泵工况导叶关闭规律

（五）计算结果

根据所建立的数学模型，依据本章第五节中大波动计算流程图，得到以下计算结果（见表 8-8）。计算结果按照第五节中的修正方法进行修正。

表 8-8   典 型 工 况 计 算 结 果

工况	机组编号	蜗壳进口压力（m）		尾水管进口最小压力（m）		转速（%）
		计算值	计算修正值	计算值	计算修正值	
1	1号	683.26	701.95	33.86	28.89	134.26
	2号	683.73	702.42	32.95	27.98	134.31
2	1号	557.99	576.68	50.74	45.77	101.66
	2号	571.15	589.84	53.72	48.75	107.12
3	1号	695.31	712.66	24.45	19.64	137.10
	2号	695.67	713.02	24.72	20.11	137.17
4	1号	652.04	670.72	20.75	15.78	129.61
	2号	671.79	690.47	10.56	5.59	134.33
5	1号	624.01	641.79	58.58	53.61	−100.0
	2号	624.08	642.24	58.59	53.62	−100.0

工况 2 和工况 3 机组过渡过程线如图 8-29 和图 8-30 所示。

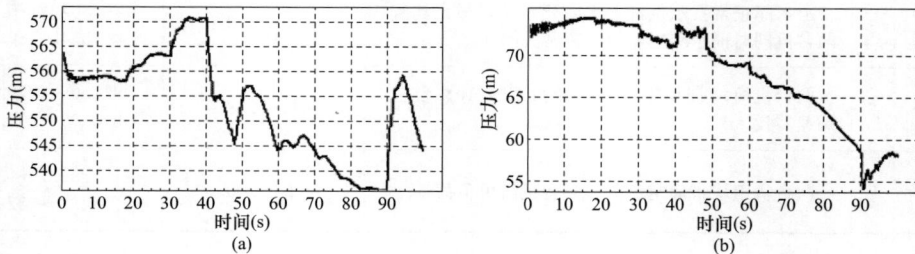

(a)

(b)

图 8-29 工况 2 启动机组过渡过程线（一）

（a）蜗壳进口压力；（b）尾水管进口压力

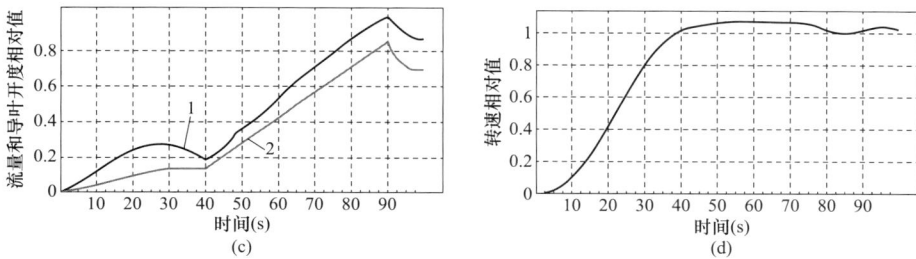

图 8-29 工况 2 启动机组过渡过程线（二）

（c）流量和导叶开度；（d）机组转速

1—机组流量；2—导叶开度

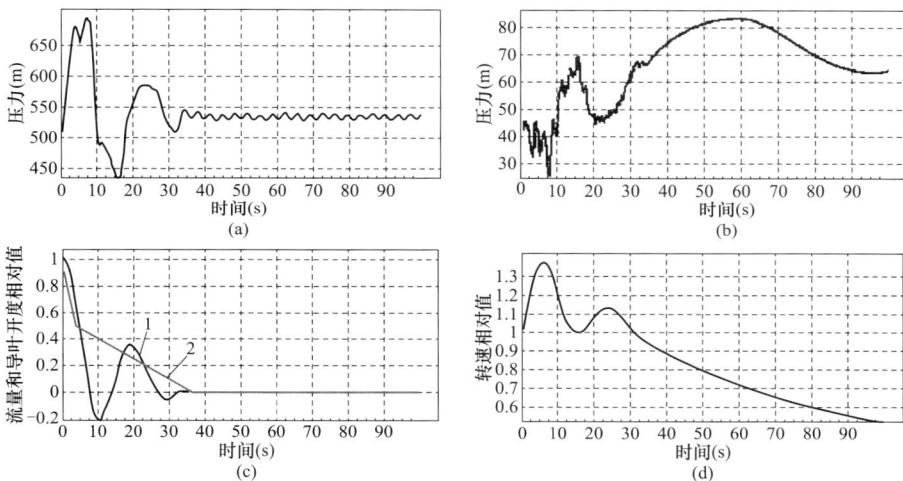

图 8-30 工况 3 机组甩负荷过渡过程线

（a）蜗壳进口压力；（b）尾水管进口压力；（c）流量和导叶开度；（d）机组转速

1—机组流量；2—导叶开度

工况 6 小波动计算结果见表 8-9。工况 6 机组负荷突减 10％过渡过程线如图 8-31 所示。

工况 7 水力干扰计算结果见表 8-10。工况 7 机组水力干扰过渡过程线如图 8-32 所示。

表 8-9　　　　　　　　　　　　　小 波 动 计 算 结 果

工况	机组号	相对转速 N_1（％）	N_1 发生时间（s）	相对转速 N_2（％）	N_2 发生时间（s）	相对转速 N_3（％）	N_3 发生时间（s）	调节时间（s）	最大转速偏差（％）	振荡次数	衰减度	超调量
6	1 号	0.92	6.02	0.65	16.4	0.22	26.2	9.61	0.92	0.5	0.76	70
	2 号	2.96	5.48	0.18	17.4	0.16	24.4	12.6	2.96	0.5	0.93	6

注　1. 相对转速 N_1、N_2、N_3 指自扰动开始后的转速第一波峰（波谷）、第二波谷（波峰）值、第三波峰（波谷）值。

　　2. 衰减度 φ（无量纲）指转速振荡波第一个波峰（波谷）和第二个波峰（波谷）幅值之差与第一个波峰（波谷）值之比。

　　3. 超调量 σ（无量纲）指以转速振荡波第一个负波的值占最大偏差的百分比表示。

　　4. 调节时间指从阶跃扰动发生时刻开始到转速进入±0.4％的频率带宽内的时间。

　　5. 振荡次数指调节时间内出现的转速振荡波峰个数的一半。

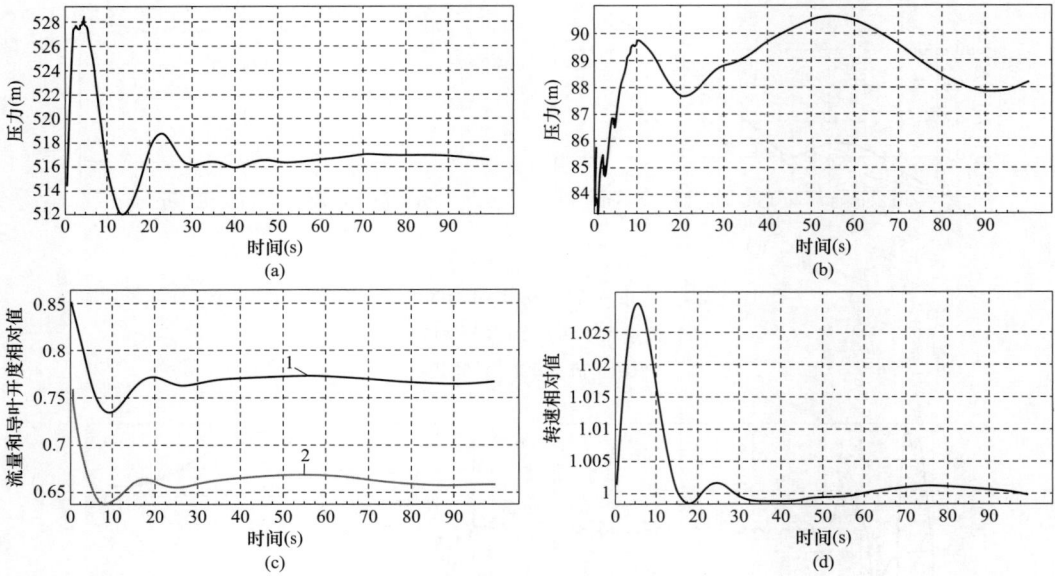

图 8-31　工况 6 机组负荷突减 10％过渡过程线

（a）蜗壳进口压力；（b）尾水管进口压力；（c）流量和导叶开度；（d）机组转速

1—机组流量；2—导叶开度

表 8-10　　　　　　　　　　　水力干扰详细计算结果

工况	初始出力（MW）	最大出力（MW）	最小出力（MW）	出力摆动幅度（MW）	最大出力与额定出力比值	单个周期内超过额定出力持续时间（s）
7	382.7	540.75	327.20	213.55	1.413	10.8

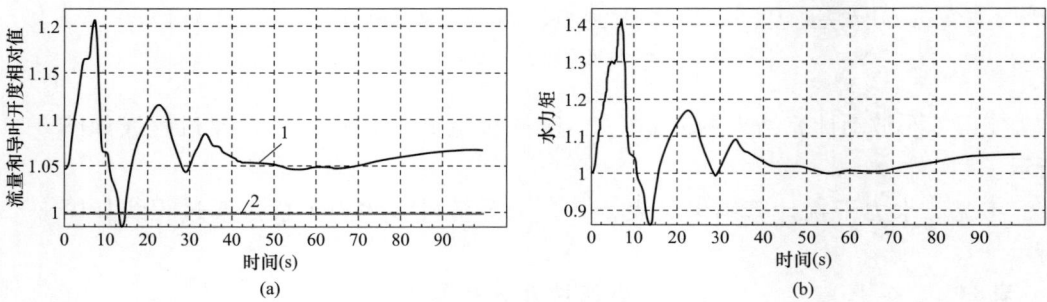

图 8-32　工况 7 机组水力干扰过渡过程线

（a）流量和导叶开度；（b）水力矩

1—机组流量；2—导叶开度

（六）实测对比

将仙居电站甩负荷实测数值与仿真值进行对比，见图 8-33、图 8-34、表 8-11。

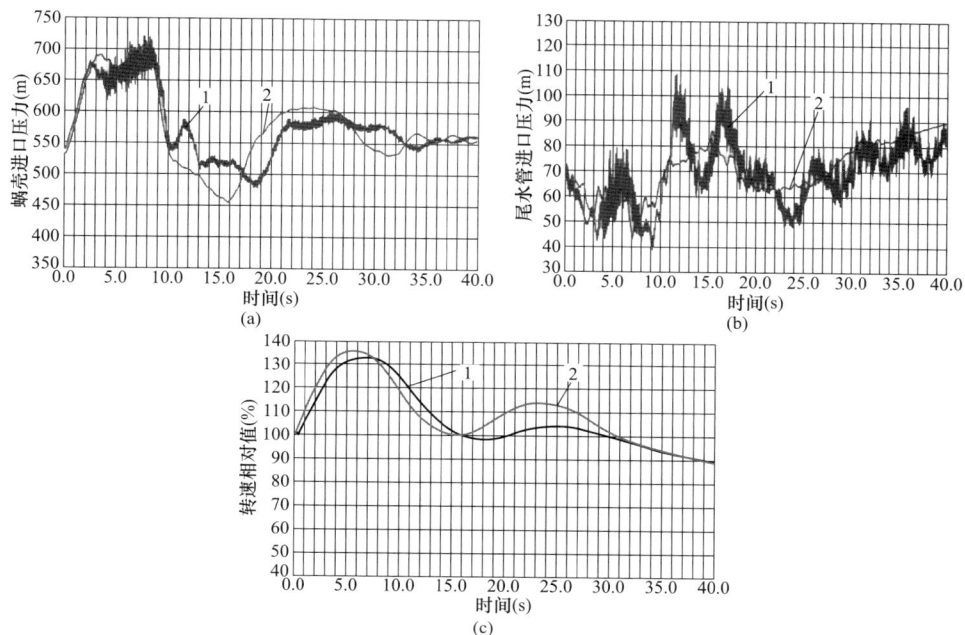

图 8-33 1号机组甩负荷实测与计算比较过程线

（a）蜗壳进口压力；（b）尾水管进口压力；（c）转速上升

1—实测值；2—计算值

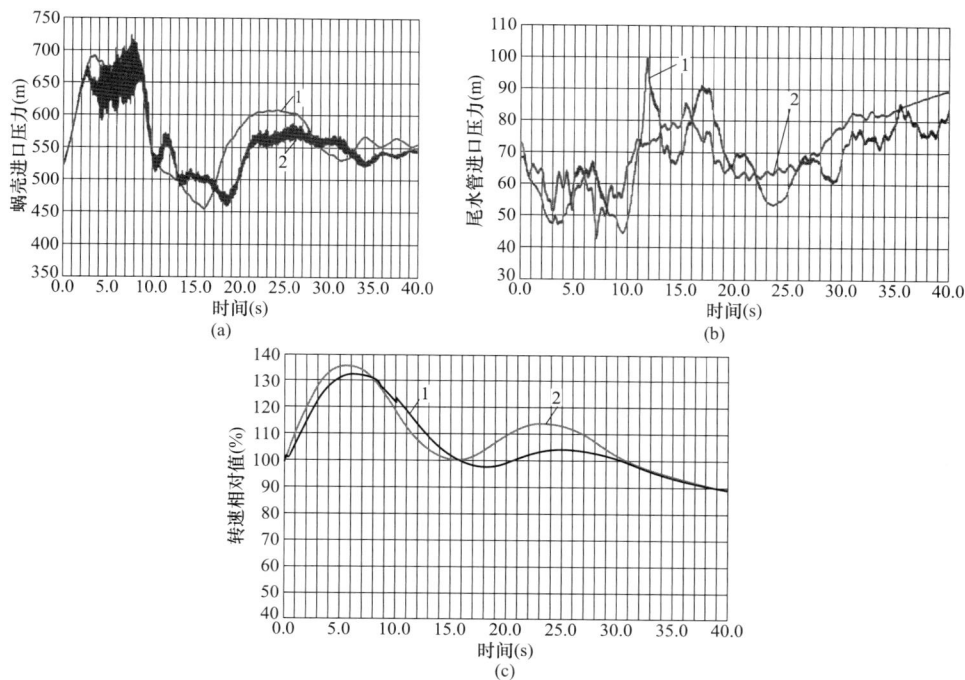

图 8-34 2号甩负荷计算与实测比较过程线

（a）蜗壳进口压力；（b）尾水管进口压力；（c）转速上升

1—实测值；2—计算值

表 8-11　仙居电站 1 号和 2 号机双机甩 100％负荷试验结果与仿真计算结果的比较

上水库水位（m）	662.6					
下水库水位（m）	194.8					
机组编号	1 号			2 号		
项目	计算值	实测值	误差	计算值	实测值	误差
发电机功率（MW）	375	374.20	−0.80	375.00	372.90	−2.10
水轮机导叶开度（％）	91.04	84.60	−6.44	91.07	86.20	−4.87
甩前蜗壳压力（m）	529.2	531.77	2.57	529.13	530.64	1.51
甩时蜗壳最高压力（m）	706.18	720.29	14.11	706.87	723.97	17.10
甩前尾水管进口压力（m）	72.94	69.34	−3.60	72.93	68.32	−4.61
甩时尾水管进口最小压力（m）	42.79	38.30	−4.49	42.70	44.42	1.72
甩时尾水出口最高压力（m）	107.91	101.31	−6.60	107.92	100.70	−7.22
最高转速（％）	135.77	133.30	−2.47	135.83	132.70	−3.13

根据试验结果，在 1 号机和 2 号机同时甩负荷时，2 号机的蜗壳压力的计算与实测结果误差最大，误差为 17.10m，该工况水轮机的净水头为 454.7m，误差为甩前净水头的 3.76％。

二、溧阳抽水蓄能电站

溧阳抽水蓄能电站采用"一管三机"布置方式，其过渡过程计算与采用"一管两机"布置的仙居抽水蓄能电站过渡过程计算方法基本类似，主要不同在于前者因增加了一台机组使系统中的压力变化和转速变化更剧烈，且机组之间的叠加工况更复杂。这里以溧阳抽水蓄能电站为例，对"一管三机"过渡过程计算进行简要介绍，将三台机组同时甩 100％负荷时的试验结果与模拟计算结果进行对比分析。

溧阳抽水蓄能电站共安装六台单机容量为 250MW 的混流可逆式水轮发电机组，水轮机工况额定水头为 259m，其输水系统共分两个独立的水力单元，每个水力单元的机组上游侧及下游侧均采用"一管三机"布置，在机组下游侧尾水隧洞设有尾水调压井。电站上水库正常蓄水位为 291.0m，死水位为 254m；电站下水库正常蓄水位为 19.0m，死水位为 0m。机组额定转速为 300r/min，水轮机工况额定输出功率为 255MW，水泵工况最大输入功率为 269MW，发电电动机 GD^2 为 9200t·m²，水泵水轮机 GD^2 为 515t·m²，机组安装高程为 −57m。电站六台机组于 2017 年全部投入商业运行。

（一）数学模型建立

在前面理论分析的基础上，建立溧阳抽水蓄能电站的水力过渡过程数学模型，对输水发电系统图进行管路参数化处理，如图 8-35 所示。

（二）计算要求

根据溧阳电站输水系统特有的布置特点，对溧阳电站过渡过程计算指标要求如下：

（1）蜗壳进口处的最大压力值≤475.0m 水柱。

（2）机组最高转速上升值（导叶正常关闭情况下）≤45.0％。机组最高转速上升值（导叶拒动情况下）≤56.0％。

（3）尾水管进口最小压力≥0.0m 水柱。

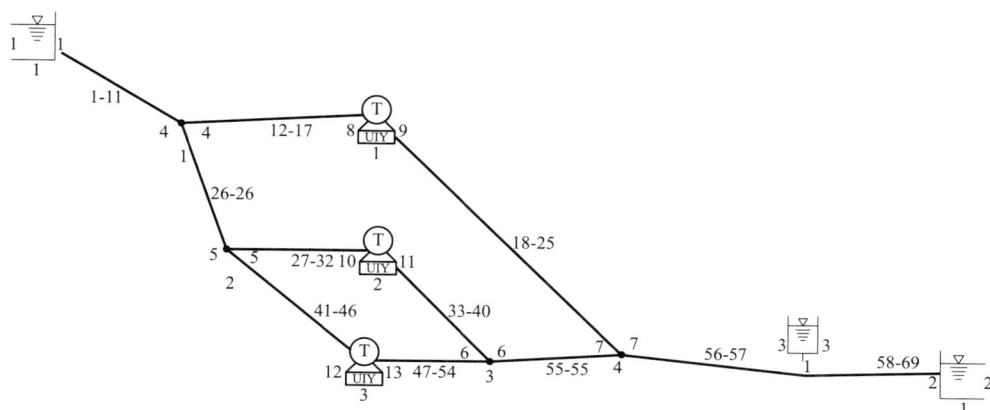

图 8-35 溧阳电站输水发电系统图

（三）计算工况

过渡过程计算工况主要包括大波动计算工况、小波动稳定性分析、水力干扰等。小波动稳定性分析和水力干扰同仙居抽水蓄能电站典型控制工况一致，大波动计算工况由于机组之间的叠加工况复杂，典型计算工况有差异，不同典型计算工况，见表 8-12。

表 8-12 溧阳电站过渡过程大波动典型计算工况

工况编号		工况描述与说明	上/下水库水位（m）	水轮机负荷变化（MW）
大波动	1	上水库正常蓄水位，下水库死水位，最高水头，三台机发额定出力，三台机组同时甩负荷，其中一台机组导叶拒动，另外两台机组导叶正常关闭	291.0/0.0	255→0 255→0 255→0
	2	下水库死水位，额定水头，额定输出功率，三台机组同时甩负荷，其中一台机组导叶拒动，另外两台机组导叶正常关闭	269.0/0.0	255→0 255→0 255→0
	3	上水库正常蓄水位，下水库死水位，最高水头，一台发额定出力，另外两台机组启动增至额定出力	291.0/0.0	255→255 0→255 0→255
	4	上水库正常蓄水位，下水库死水位，最高水头，三台机发额定出力，一台机先甩负荷，导叶正常关闭，另外两台机组延时甩负荷，导叶正常关闭	291.0/0.0	255→0 255→255→0 255→255→0
	5	上水库正常蓄水位，下水库死水位，最高水头，三台机发额定出力，两台机先同时甩负荷，导叶正常关闭，另一台机组延时甩负荷，导叶正常关闭	291.0/0.0	255→0 255→0 255→255→0

（四）三台机组同时甩负荷试验结果与计算结果对比

根据 2018 年 5 月进行的 4 号、5 号机和 6 号机三台机组甩 100% 负荷试验结果，进行了复核计算和对比。对比结果相见表 8-13 和图 8-36～图 8-44。（其中曲线 1 为实测数据线，曲线 2 为计算数据线）

表 8-13　机组 4 号、5 号、6 号同甩 100％额定负荷工况实测值与计算值对比表

项目		甩负荷实测值 X_1	计算值 X_2	实测与计算值对比 X_1/X_2
上游水位（m）		278		—
下游水位（m）		5.8		—
毛水头（m）		272.2		—
初始出力（MW）		250		—
蜗壳进口最大压力（m）	4 号	431.8	426.5	1.012
	5 号	433.5	429.0	1.010
	6 号	438.5	432.0	1.015
机组最大转速上升（％）	4 号	140.0	140.3	0.998
	5 号	141.6	140.9	1.005
	6 号	142.1	141.4	1.005
尾水管进口最小压力（m）	4 号	16.3	26.0	0.627
	5 号	17.6	25.2	0.698
	6 号	22.3	25.6	0.871

表 8-13 中的计算值均按第五节中的修正方法进行了修正。

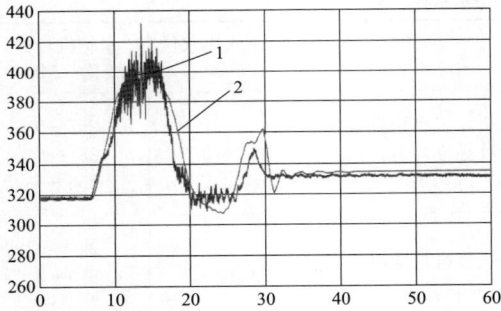

图 8-36　4 号机蜗壳进口压力对比线

1—实测值；2—计算值

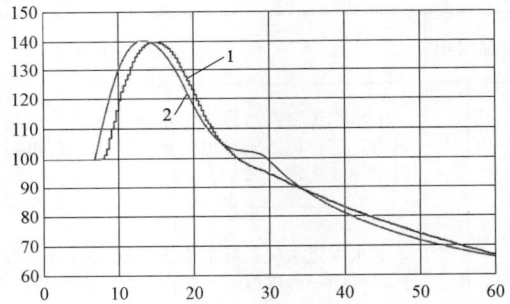

图 8-37　4 号机相对转速对比线

1—实测值；2—计算值

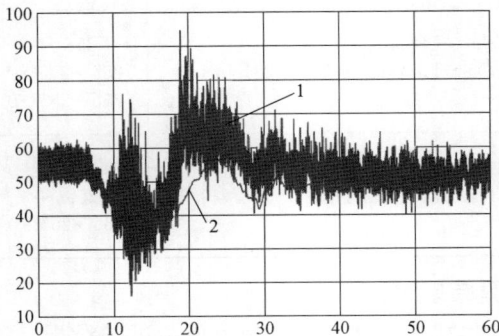

图 8-38　4 号机尾水管进口压力对比线

1—实测值；2—计算值

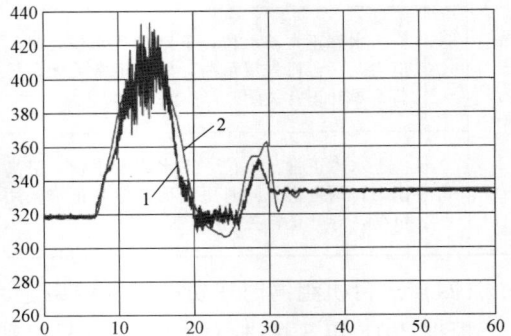

图 8-39　5 号机蜗壳进口压力对比线

1—实测值；2—计算值

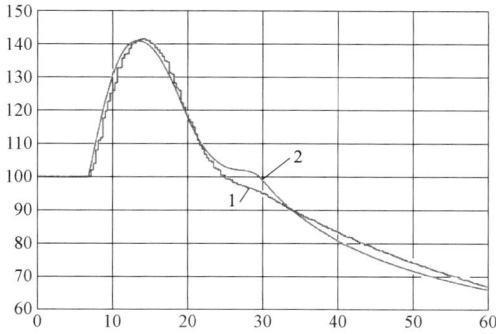

图 8-40　5 号机相对转速对比线
1—实测值；2—计算值

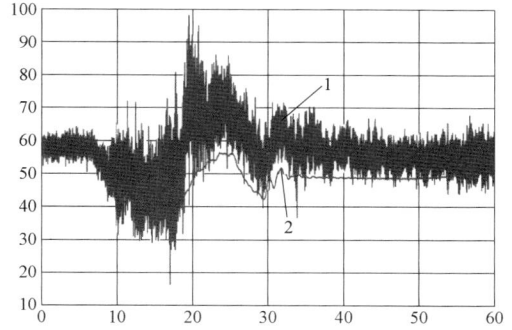

图 8-41　5 号机尾水管进口对比线
1—实测值；2—计算值

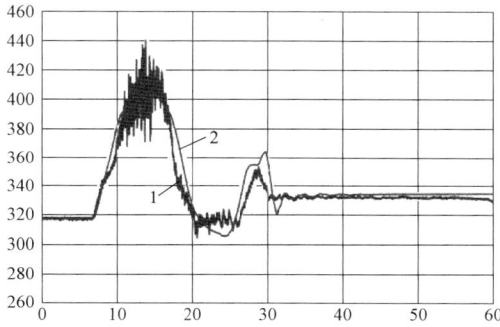

图 8-42　6 号机蜗壳进口压力对比线
1—实测值；2—计算值

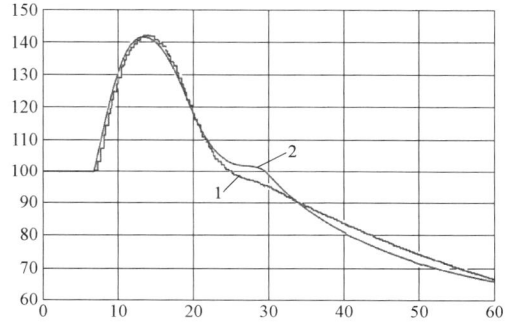

图 8-43　6 号机相对转速对比线
1—实测值；2—计算值

从表 8-13 和图 8-36～图 8-44 中可以看出，现场实测蜗壳进口最大压力和机组最大转速均小于计算要求，尾水管进口压力满足计算要求；蜗壳进口压力与机组转速，计算值与实测值趋势一致；尾水管进口压力，计算值与实测值趋势一致，极值有差异，同甩负荷的三台机组间也有差异，但实测结果和计算结果是满足工程实际的。

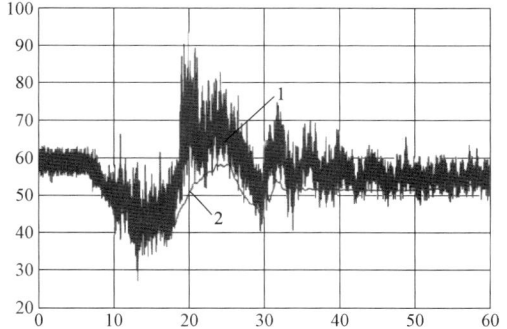

图 8-44　6 号机尾水管进口压力对比线
1—实测值；2—计算值

第九章

水 泵 水 轮 机 安 装

　　水泵水轮机安装是抽水蓄能电站建设过程中的重要一环，安装技术和安装质量的高低，直接影响水泵水轮机性能的发挥和机组后期的安全稳定运行。

　　按时间的先后，水泵水轮机的安装内容主要包括埋入部件的安装、导水部件的安装和转动部件的安装等。在这几个主体部件的安装完成后需要进行机组盘车等工作，检查水泵水轮机与发电电动机是否同轴，是否存在摆度的偏差。机组盘车完成后，开始机组辅助设备的安装和辅助设备的分步调试，最后进行机组的整机调试及机组试运行工作。整个机组的基本安装流程如图 9-1 所示。水泵水轮机工况多，且工况间转换频繁，其机组的安装质量要高于常规水电机组的安装质量。本章以仙居抽水蓄能电站的水泵水轮机安装为例，对水泵水轮机安装的基本方法、流程、要求、注意事项等进行介绍。

图 9-1　整个机组的基本安装流程

⼗ 第一节 安装前准备及安装基本要求

为使水泵水轮机及电站的整个安装工作有条不紊地进行，防止返工、窝工、安全事故等情况发生，建设单位、监理单位、安装单位、设备厂家应在设备安装前进行充分的交流和沟通，共同做好场地、施工计划、应急预案、人员培训、材料、基础设施、设备和安装资料等各方面的准备工作。

一、场地准备

水泵水轮机安装场地应统一规划，场地的横向及纵向坐标应提前标定。安装设备、工器具和施工材料堆放整齐。场地保持清洁，通道畅通，每项工作完成后及时清理场地，避免各安装工序间的互相影响；同时安装场地应能防风、防雨、防尘和有充足的照明。安装场地的温度一般不低于5℃，在冬季应有必要的取暖设备。安装间的空气相对湿度不高于85％。对温度、湿度和其他条件有特殊要求的设备按设计规定安排相应场地。

二、人员和施工计划准备

建设单位、监理单位、安装单位和制造单位就机组安装制订管理、安装人员及其他人员的组织架构，明确职责与权限，同时制造厂家需要对安装单位进行技术交底和技术培训，使施工单位明确安装流程、安装要点、验收标准、注意事项等内容，使安装人员熟悉水泵水轮机设计图纸及技术文件。除此外，还需熟悉以下应知应会事项：

（1）对一些重要的易损或加工部件，应采取必要的保护措施。

（2）安装中应防止铁屑、焊渣及其他杂物进入油、水、气管路系统及大型部件的组合缝中。

（3）在浇筑混凝土时，应防止混凝土渣等杂物进入部件的螺钉孔。

（4）吊装过程中应防止碰伤各类轴颈、瓦面及工件的精加工表面等，安装较大螺钉、销钉时，应在其上涂润滑油脂。

（5）安装前应对设备按要求进行全面清扫、检查，重要部件的主要尺寸及配合公差应进行复测，对制造厂不允许拆卸的部件及设备不得分解。

根据技术交底情况，安装单位完成安装计划、安装工作大纲与作业指导书的编制。作业指导书内容包括尾水管里衬拼接安装，座环及基础环安装，蜗壳拼装、挂装、焊接，机坑里衬及接力器里衬安装，导水机构安装，转轮与主轴连接与吊入，水导轴承及主轴密封安装等。工作大纲与作业指导书应经过监理单位、制造厂家及建设单位评审通过。

三、安装过程中的基本要求

在机组安装的过程中，安装需要保证如下基本要求：

1. 设备基础垫板的埋设要求

设备基础垫板的埋设高程偏差一般为$-5\sim0\text{mm}$，机组的中心和部件的分布位置偏差一般不大于10mm，部件的水平偏差一般不大于1mm/m。

2. 部件加固要求

在安装过程中作为定位、支撑、固定作用的基础螺栓、千斤顶、拉紧器、楔子板、基础板等均应点焊固定。各部件安装定位后，应按设计要求钻铰销钉孔并配装销钉。螺栓、螺母、销钉均应按设计要求锁定牢固。

3. 楔子板使用要求

楔子板应成对使用。楔子板与部件的搭接长度应达到楔子板长度的 2/3 以上。对于用来调整如轴承等重要部件的楔子板，安装后应采用 0.05mm 的塞尺检查接触情况，楔子板与被调整部件的接触长度应大于楔子板的 70%。

4. 与混凝土相结合或相接触的部件安装要求

部件安装在预埋位置或基础板上时，基础混凝土（一期混凝土）强度必须达到设计值的 70% 以上。在检查无异常后，进行二期混凝土的浇筑。部件与混凝土结合面，应无油污和严重锈蚀。

5. 部件组合面粗糙度要求和间隙检查要求

部件组合面应光洁、无毛刺，对不允许有局部间隙要求的合缝面，使用 0.05mm 塞尺进行合缝间隙检查，塞尺应不能通过；允许有局部间隙的合缝面，用 0.10mm 塞尺进行检查，塞尺塞入深度应不超过组合面宽度的 1/3，总长度应不超过部件周长的 20%；组合螺栓及销钉周围不应有间隙。组合缝处安装面错牙一般不超过 0.10mm。

6. 螺栓预紧力要求

有预紧力要求的连接螺栓，应分步、多次、均匀、逐步预紧，其预应力偏差不超过规定值的 ±10%。制造厂无明确要求时，预紧力不小于设计工作压力的 2 倍，且不超过材料屈服强度的 3/4。安装细牙连接螺栓时，螺纹应涂润滑剂。采用热态预紧的螺栓，紧固后应在室温下抽查 20% 左右螺栓的预紧度。

7. 承压、渗漏、严密性试验要求

对现场制造的承压设备及连接件进行强度耐水压试验时，试验压力一般为 1.5 倍额定工作压力，但最低压力不得小于 0.4MPa，达到试验压力后保持 10min，无渗漏及裂纹等异常现象。设备及其连接件进行严密性耐压试验时，试验压力为 1.25 倍实际工作压力，达到试验压力时，保持 30min，无渗漏现象；进行严密性试验时，试验压力为实际工作压力，保持 8h，无渗漏现象。单个冷却器应按设计要求的试验压力进行耐水压试验。设计无规定时，试验压力一般为工作压力的 2 倍，但不低于 0.4MPa；达到试验压力时，保持 30min，无渗漏现象。设备容器进行煤油渗漏试验时，至少保持 4h，应无渗漏现象，容器做完渗漏试验后一般不宜再拆卸。

第二节　埋入部分安装

水泵水轮机埋入部件主要包括机坑里衬、尾水锥管、肘管、扩散段、底环、基础环、座环、蜗壳等。这些部件埋入混凝土中，在安装前需要对埋入部件的重要尺寸进行复检，在安装过程中还要对安装方位、高程、接口位置等信息进行检查、确认。

一、尾水肘管及扩散段的安装

尾水肘管和扩散段安装前，相关的混凝土预埋基础板和锚钩要完成安装和浇筑，确保位置和高程正确。预埋基础板的高程偏差为$-5\sim0$mm，水平偏差不大于1mm/m，基础板和锚钩的位置偏差不大于10mm。

基础板和锚钩安装完成后，开始尾水肘管和扩散段的安装。肘管和扩散段由多节拼装焊接而成，首先将单节肘管和扩散段运抵安装间后进行尺寸检查，单节尺寸合格后开始吊装拼接。肘管和扩散段的定位节吊装前，要通过机组设计轴线并与引水压力钢管中心实际位置共同核对肘管和扩散段的X、Y线和方位。核定完成后，根据核定位置用$\phi0.3$mm的钢琴线建立机组中心。按事先确定好的安装基准线及相关图纸调整肘管位置，使肘管上管口断面中心与机组中心允许偏差为$0\sim4$mm，管口断面高程允许偏差为±8mm，管口倾斜值不大于2mm。

尾水管安装的一般流程如图9-2所示。

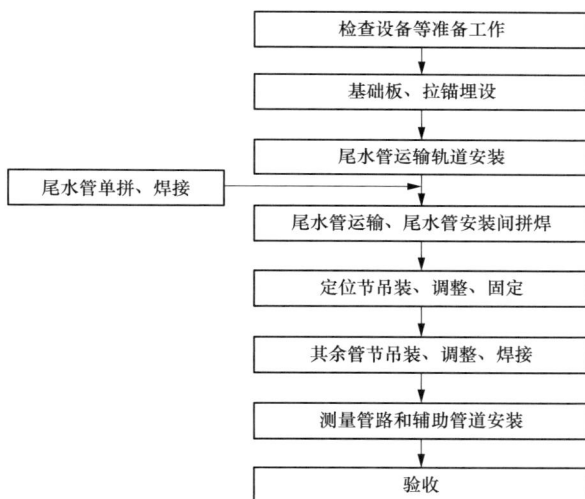

```
┌─────────────────────┐
│   检查设备等准备工作   │
└─────────────────────┘
          ↓
┌─────────────────────┐
│    基础板、拉锚埋设    │
└─────────────────────┘
          ↓
┌─────────────────────┐
│   尾水管运输轨道安装   │
└─────────────────────┘
          ↓
┌──────────────┐  ┌──────────────────────────┐
│ 尾水管单拼、焊接 │→│ 尾水管运输、尾水管安装间拼焊 │
└──────────────┘  └──────────────────────────┘
          ↓
┌─────────────────────┐
│  定位节吊装、调整、固定  │
└─────────────────────┘
          ↓
┌─────────────────────┐
│  其余管节吊装、调整、焊接 │
└─────────────────────┘
          ↓
┌─────────────────────┐
│  测量管路和辅助管道安装  │
└─────────────────────┘
          ↓
┌─────────────────────┐
│         验收         │
└─────────────────────┘
```

图 9-2　尾水管安装的一般流程

肘管和扩散段拼接成整体、相关组合缝的间隙和错牙合格后实施焊接。焊接完成后，需要对过流面焊缝进行打磨，使过流面光滑平顺。使用气割或气刨手段去除肘管和扩散段内外用于加固的支撑和安装搭板，严禁使用重锤去除。支撑和搭板去除后，打磨尾水管表面并做探伤检查。在肘管全部安装、焊接后对安装质量进行检验，检查管口中心、方位、高程和水平、倾斜值等偏差是否满足设计要求或相关标准的要求，如未满足需要重新进行安装调整。安装检查合格后，使用拉锚固定尾水肘管。将肘管支墩和基础板焊接牢固，随后进行混凝土浇筑。在混凝土浇筑后要对肘管上管口进行复测。

二、座环、蜗壳安装

水泵水轮机座环和蜗壳在厂内焊接完毕后，通常分为2瓣运输至工地，蜗壳除凑合节（根据实际尺寸现场配割的单节蜗壳）外，其余2瓣蜗壳一体到货。施工现场将2瓣座环、蜗壳分别吊入安装间安装工位进行组合，然后使用楔子板调整座环、蜗壳，按照座环上、下法兰加工面调整座环组合面的错牙和水平。调整合格后对座环分瓣面进行组焊。焊接前相关焊缝坡口必须干燥并保证没有杂质（如油、油脂等），锈蚀区域必须打磨干净并露出金属光泽。蜗壳装配如图 9-3 所示。

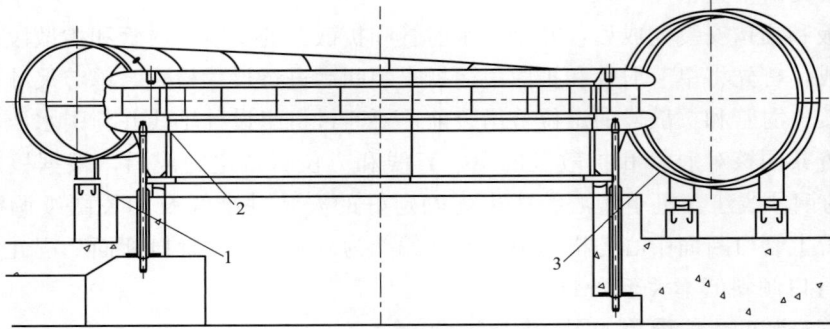

图 9-3　蜗壳装配示意图
1—支墩；2—座环；3—蜗壳

座环、蜗壳安装的一般流程如图 9-4 所示。

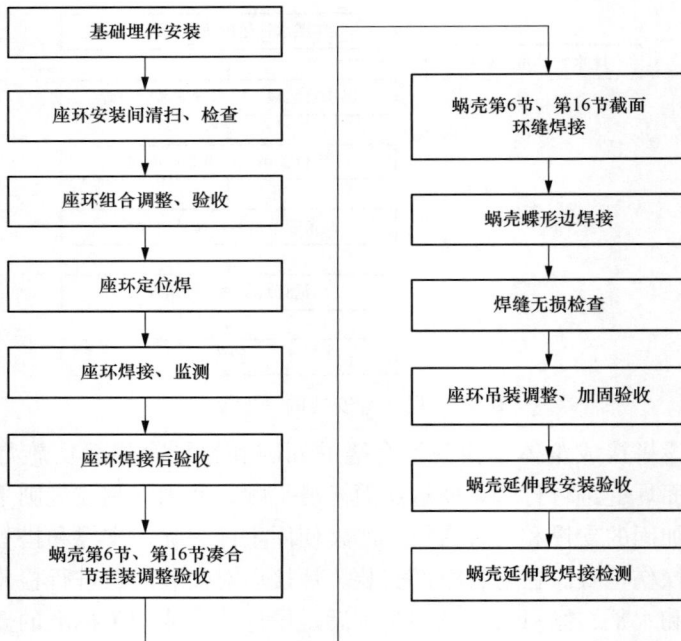

图 9-4　座环、蜗壳安装的一般流程

　　座环组圆时，座环的圆度和平面度要满足国家标准 GB/T 8564《水轮发电机组安装技术规范》要求，合格后对座环进行组焊。焊后应认真清理座环，去除毛刺，并做相关探伤检测和上、下环板的尺寸检查，看是否符合图纸要求。如果不符合，应做适当的修磨处理至达到要求为止。

蜗壳进口段挂装时，要按照制造厂内所打的标记进行挂装。挂装时，调整蜗壳过流断面的中心，使其圆断面距离机组 Y 中心线最远点的高程与设计高程偏差不大于 $\pm 5mm$，最远点的半径偏差不大于 $\pm 0.004R$（R 为最远点半径的设计值），蜗壳进口段中心线与机组 Y 线的距离偏差不大于 $\pm 5mm$。调整蜗壳进口段对接焊缝处内表面的错牙量，使其不大于 $\pm 2mm$，坡口间隙应均匀，否则工地应进行长焊处理。将各预埋测压、排水等管路按图纸技术要求进行焊接，焊缝检查合格后进行水压试验。

三、基础环安装

基础环安装前，跟随土建进度在混凝土中预埋基础环固定基础，制作型钢支撑。基础环坐落在由型钢构成的支墩上，四周进行角钢拉伸固定，支墩间利用圆管进行固定，基础环固定如图 9-5 所示。

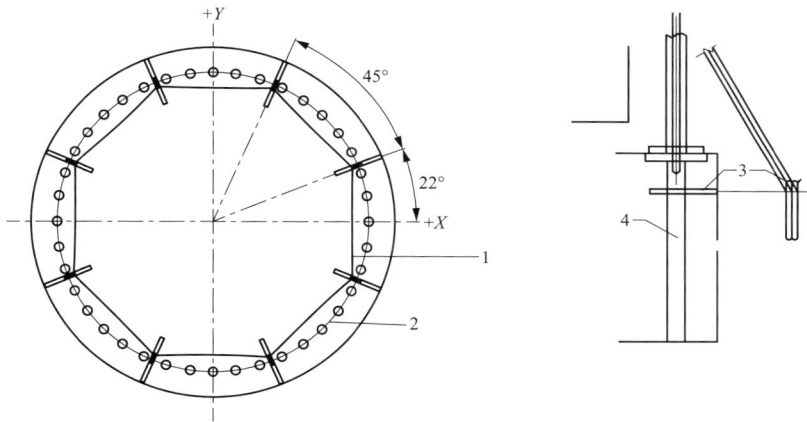

图 9-5　基础环固定示意图
1—圆钢；2—基础；3—角钢；4—工字钢

将基础环零部件利用平板汽车分瓣运输至安装间，在安装间将基础环进行组装焊接。组焊完成后利用桥机吊装基础环，吊装前在基础环表面对称焊接四个吊耳，基础环吊装至型钢支撑上后调整基础环的高程、中心、方位。在浇筑基础环周围混凝土前将基础环同钢支撑焊接固定，并在上环板的下板面焊接拉锚，用 $\phi 30mm$ 的圆钢将整个基础环拉紧固定。将基础环上部用 $\phi 100mm$ 的钢管进行内部"米"字形支撑加固，保证浇筑混凝土过程中基础环的变形控制在误差范围之内。基础环内部支撑、拉紧和吊耳布置如图 9-6 所示。基础环安装固定后即可进行混凝土浇筑。

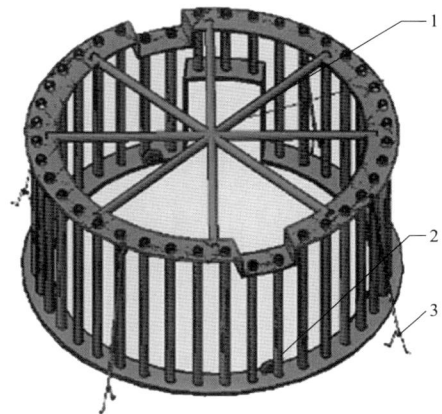

图 9-6　基础环内部支撑、拉紧和吊耳布置
1—内部支撑；2—吊耳；3—拉紧装置

四、蜗壳水压试验

座环蜗壳现场安装调整固定后，需要进行充水压力试验。通过水压试验来验证蜗壳的强度是否满足设计要求。

1. 试验准备

水压试验前安装封水环，应将封水环及座环上、下环板清理干净，不允许有尖角及毛刺，按照制造厂设计要求分别将密封条放入座环上、下环板及封水环的侧面槽内并涂上黄干油。封水环安装后与座环用螺栓对称把合，将所有管路安装好并进行封堵。封水环安装后进行蜗壳水压试验设备安装，水压试验设备安装合格之后，对蜗壳进行充水。

2. 试验条件

充水压力试验前需要对试验条件进行确认，内容如下：

（1）座环蜗壳已安装调整完成。

（2）座环蜗壳焊缝已进行打磨、防腐处理。

（3）蜗壳过流面支撑已割除并经过打磨和防腐处理。

（4）蜗壳进人门已可靠关闭。

（5）相关测压管路、排水管路、排气管路和均压管路已经安装完毕并经过探伤和水压试验。

（6）排水管路、排气管路和均压管路已经过封堵，测压管管堵及螺塞已换成测压头。

（7）试验闷头、封水环等设备安装后已经过检查。

蜗壳水压试验的一般流程如图 9-7 所示。

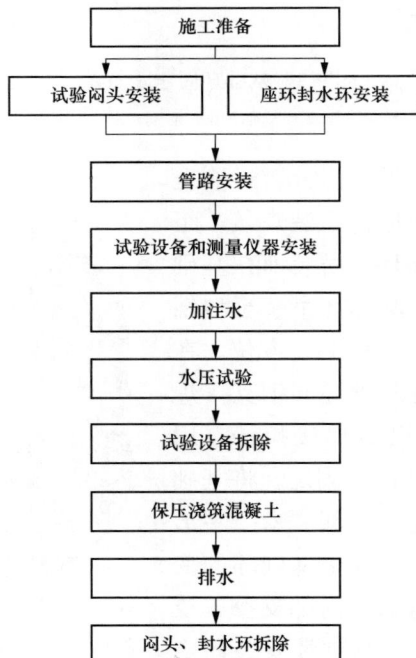

图 9-7　蜗壳水压试验的一般流程

3. 水压试验

试验前的各项检查完毕后，对蜗壳进行充水。蜗壳充水按照打压试验图纸中的要求进行，在蜗壳充水过程中，检查蜗壳测压接头、蜗壳进人门、封水环、封水环管路接头等部位的渗漏情况，应无渗漏。否则，应对蜗壳进行排水，对相关漏点进行处理。座环在水压试验和浇筑第二期混凝土时应在座环 X、Y 方向的上法兰面的上表面和内侧立面分别安装数块千分表，用来监视座环的水平和变形情况，将测量结果进行记录。

蜗壳加压有阶段升压与连续升压两种方式，本书仅以阶段升压为例加以说明。蜗壳加压过程中，要全程检查蜗壳的渗漏情况，应无渗漏。蜗壳需要逐级充水升压，并保压一段时间。保压阶段记录水压和各部件的状态。在降压过程中，也需要逐级降压、保压和记录相关数据。在升压过程中要分阶段测量座环法兰面的水平和内径变化，将测量结果进行记录。打压试验结束后按照设计要求对蜗壳进行保压浇筑并开始安装蜗壳上部的机坑里衬。

水压试验流程如图 9-8 所示，试验过程中注意事项：

（1）蜗壳水压试验过程中严禁对蜗壳进行敲击和碰撞。

（2）严禁在蜗壳上进行其他作业，如进行焊接等危险作业。

（3）蜗壳水压试验设置试验范围区，严禁无关人员进入，注意保护好监控支架，禁止任何人碰撞支架从而影响百分表读数。

（4）严禁打压水泵运行过快或过慢，时间和压力值及升降顺序必须符合制造厂设计曲线要求。

充水	→	排气孔冒水、压力0.1MPa
蜗壳第一阶段升压、保压	→	数据读取、巡视检查
蜗壳第二阶段升压、保压	→	数据读取、巡视检查
蜗壳第三阶段升压、保压	→	数据读取、巡视检查
蜗壳第四阶段升压、保压	→	数据读取、巡视检查
蜗壳第五阶段升压、保压	→	数据读取、巡视检查
蜗壳第一阶段降压、保压	→	数据读取、巡视检查
蜗壳第二阶段降压、保压	→	数据读取、巡视检查
提交报告		

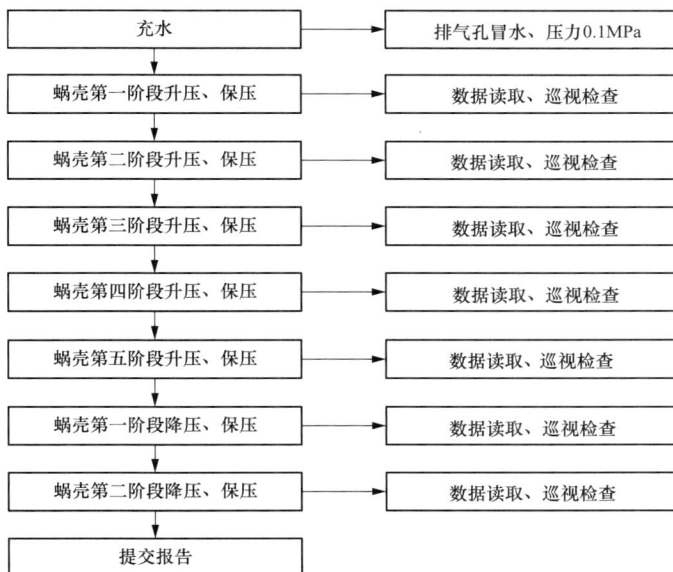

图 9-8 水压试验流程

五、机坑里衬及座环的安装

机坑里衬分上、中、下三段，在安装间将每段焊接成整圆后进行安装。机坑里衬吊装前，应对座环及机坑里衬进行清理，清理完毕后将机坑里衬下段吊入机坑。并调整其中心与机组中心的偏差不大于 10mm。位置调整后，将机坑里衬下段与座环焊接，下段焊接完毕后对中段进行对接焊缝的焊接。机坑里衬上段根据土建施工计划随发电机段混凝土进行安装焊接。机坑里衬上段安装前要完成锥管和底环安装、浇筑。机坑里衬安装时，根据水、气管路相应的孔和法兰位置配割开孔，配割进人门孔，布置和装焊锚钩。最后对机坑及廊道内的所有焊缝打磨平顺。第一阶段埋入部件安装完毕后如图 9-9 和彩图 9-9 所示。该阶段安装完毕后开始水泵水轮机层混凝土浇筑。

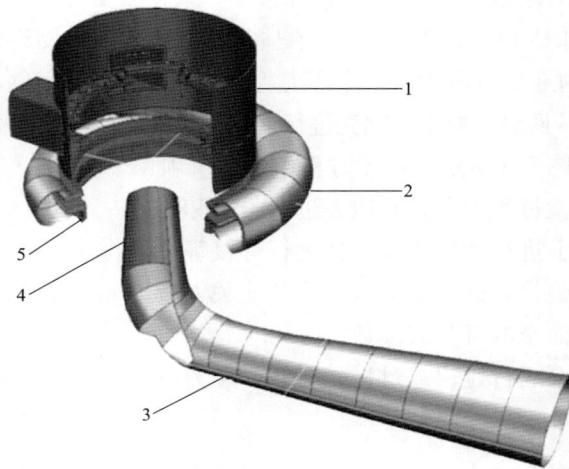

图 9-9　第一阶段埋入部件安装完毕后三维仿真图
1—基坑里衬；2—蜗壳；3—尾水管扩散段；4—尾水管肘管；5—座环

六、座环法兰面打磨

水泵水轮机层混凝土浇筑完毕后，为了消除混凝土浇筑对座环水平度的影响，需要对座环法兰面进行打磨。打磨设备现场安装应具备以下几个方面的条件：

（1）座环蜗壳灌浆完成。

（2）机坑里衬内部支撑割除完成、百分表的表架拆除完毕。

（3）蜗壳压力试验用水已排放、试验设备已拆除。

（4）座环基础螺栓最终拉伸完成。

（5）座环平面清扫完毕。

（6）座环各个加工面高程和水平已经测定，并根据测得数据完成加工量的确定。

以上各项条件准备完成后开始打磨工作，打磨到位后进行验收检查。检查合格后拆除打磨设备，并准备锥管和底环的安装工作。座环现场打磨的一般工艺流程如图 9-10 所示。

七、底环、尾水锥管安装

座环相关加工面打磨完毕后便开始安装锥管和底环。首先进行锥管的安装，锥管吊入安装位置前要在安装间清理尾水锥管及除去焊接坡口的锈迹并检查尾水锥管上、下段的各管口的外周长和各段锥管高度，锥管的上、下段管口直径与设计偏差不大于±2mm。各项准备完毕后，将锥管各段依次吊入机坑。首先吊入锥管下段并调整位置，调整完毕后焊接搭板与肘管固定，固定时要调整锥管与肘管相接处错牙，确保错牙量小于2mm，否则进行长焊过渡处理。锥管下段安装调整完毕后吊装锥管上段，调整锥管上段管口中心，使其中心与机组中心偏差不大于3mm。中心调整合格后调整管口上、下段对接处错牙。

待锥管位置调整合适后开始安装底环。底环安装前，应将座环的镗口平面清理干净，并复测座环的高程、水平度及圆度等是否符合要求，不符合要求时需要进行相关的处理至合格。底环安装完毕后进行锥管各段组焊工作，装焊预理管路及固定锚杆，锥管固定牢固后焊接锥管与底环焊缝，焊接锥管上、下段拼接焊缝，焊接锥管下段与肘管拼接处混凝土挡板的焊缝。所有焊接工作完毕后清理锥管外表面的污物，刷涂水泥浆。底环、尾水锥管的一般安装工艺流程如图9-11所示。

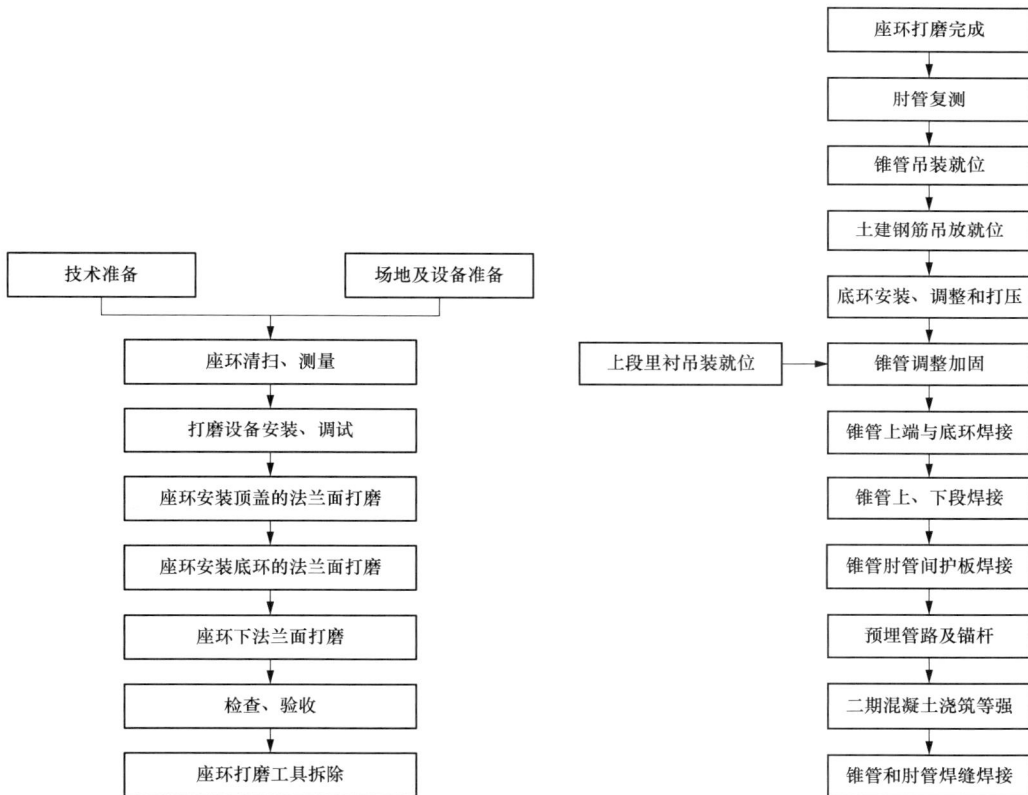

图 9-10 座环现场打磨的一般工艺流程

图 9-11 底环、尾水锥管的一般安装工艺流程

⊞ 第三节 转轮与导水机构安装

抽水蓄能机组与常规水轮发电机组相比，发电电动机定子直径较小，因此电动发电

机下机架混凝土安装基础直径也不大，从而导致水轮机的分瓣顶盖不能在基坑外部组圆后吊入基坑，需要分瓣吊入机坑内后再组圆。由于组圆后顶盖不能整体吊出，因此在导水机构预装前需要将转轮吊装就位。导水机构安装主要包括活动导叶、底环、顶盖、控制环等部件的安装。导水机构部件大部分为精加工部件，装配精度要求较高，在安装过程中需要注意成品保护及安装过程中的各种公差控制。导水机构的一般安装流程如图 9-12 所示。

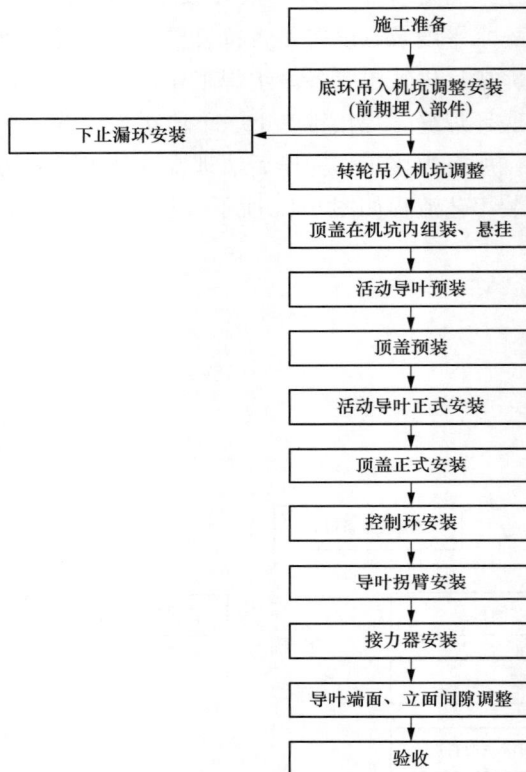

图 9-12　导水机构的一般安装流程

一、转轮安装

在安装间清扫转轮，检查转轮外形有无损坏及锈蚀。转轮吊入机坑前，根据下止漏环中心用钢丝线将其中心返点（返点是指在机坑里衬上均布基准点，采用内径千分尺测出钢丝线与基准点的距离，待以后安装时采用此距离还原出钢丝线的位置）在机坑里衬内壁上，用于顶盖等后续设备安装的中心基准，并检查转轮高度尺寸，并将数据进行记录。首先在底环止漏环位置法兰面 X、Y 轴线方位布置八对总厚度为 10mm 的楔子板，用水准仪测量并调整楔子板高程，偏差应小于 0.5mm。楔子板布置完成后，吊装转轮。检查转轮上法兰面的水平度≤0.02mm/m，然后用塞尺检查转轮与底环止漏环配合间隙是否均匀，设计间隙为 1.835～2.165mm。偏差不宜过大，如不均匀，则在转轮上冠处用千斤顶进行转轮中心调整，在下环处用楔子板进行辅助调整（注意转轮加工表面的保护），直到转轮与止漏环间隙均匀为止。

二、顶盖组装与调整

首先将顶盖上止漏环吊放到转轮上。然后将分瓣顶盖依次吊入机坑内进行组装，顶盖组装完毕后采用专用工具在机坑内吊起顶盖，将上止漏环与顶盖进行装配。顶盖安装步骤如图 9-13 所示。首先在座环上法兰面上布置三个顶盖支墩，吊装半个顶盖（吊装过程中注意调整顶盖位置，不能与其他机组部件碰撞）。半个顶盖进入机坑后，将支墩移至＋Y方向均布，把该瓣顶盖放置在＋Y方向。然后用同样的方法将另一瓣

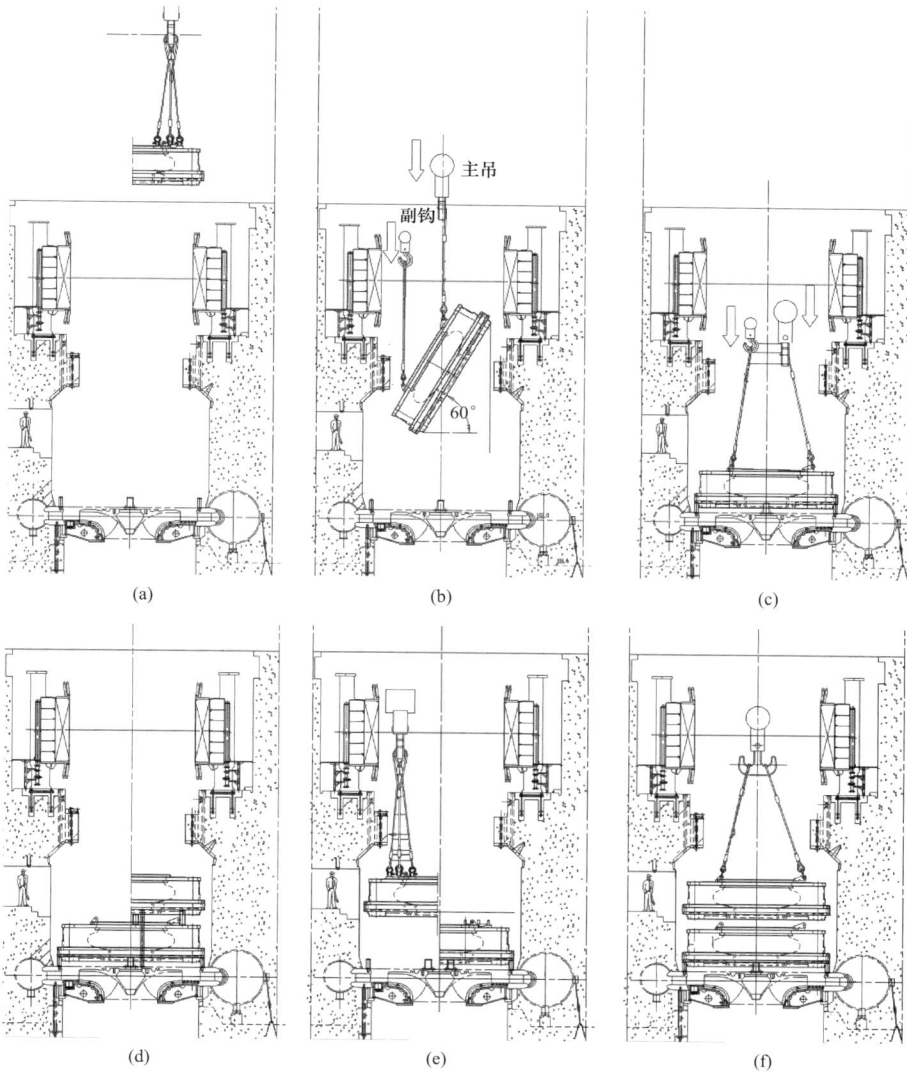

图 9-13 顶盖吊装安装步骤

顶盖吊入机坑并放置在支墩上。调整两半顶盖的相对位置，使其组合法兰面间的距离在 20mm 左右并且平行。依次装入相应的顶盖组合螺栓、螺母将两半顶盖组装成整体，在顶盖的组装过程中应调整顶盖组合面销孔的错牙及顶盖各加工面的错牙和间隙，错牙和间隙均要满足相关技术要求。螺栓把合顺序建议先把合四角的螺栓进行固定，再把合中间螺栓，根据合缝面间隙情况调整其他螺栓的把合顺序。螺栓预紧优先采用液压拉伸器，如空间受限再采用电加热器。螺栓分三次预紧，第一次达到预紧要求的 30%，第二次达到预紧要求的 70%，第三次达到预紧要求的 100%。顶盖组圆完毕后，使用提起螺栓吊起顶盖，将放置在转轮上的止漏环安装在顶盖上。安装完毕后，吊入预装的导叶，清理座环表面，将顶盖临时放到座环上，检查顶盖止漏环与转轮止漏环的配合情况，测量并记录底环抗磨板与顶盖抗磨板之间的距离（开档值），计算导叶端面间隙值，其应满足设计要求。顶盖安装完毕后如图 9-14 所示。

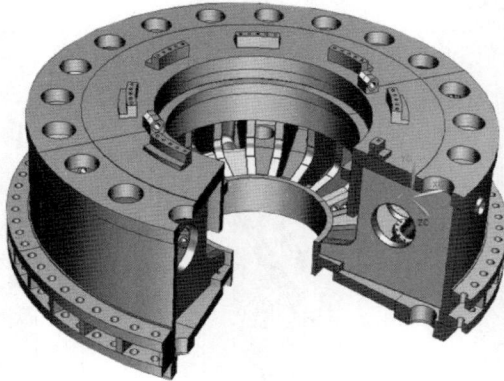

图 9-14　顶盖三维示意图

三、导水机构预装

导水机构预装的主要目的是检查导叶的端面间隙和立面间隙。预装的顺序如下：

（1）在顶盖完成组合和进行各项检查、防护之后，吊起顶盖并固定在机坑里衬上。

（2）使用导叶安装工具沿机组轴线方向安装 10 个导叶，放入底环的轴套内，导叶处于全关位置。导叶预装之前，在安装间内完成活动导叶的清理及导叶长度、轴颈直径等尺寸的测量工作。

（3）预装 10 个已清洗干净的套筒，套筒编号与参与预装的导叶编号要一致。

（4）松开顶盖锁定螺栓，使顶盖回落至座环上。根据顶盖安装 X—X 及 Y—Y 线旋转顶盖方位，利用导叶与顶盖间隙调整顶盖至中心位置后，缓缓放下顶盖至座环法兰面。

（5）调整转轮与顶盖之间的中心，沿圆周方向调整导叶与顶盖之间的中心。检查导叶进、出水边上端面与顶盖之间的间隙，间隙应均匀，使其达到转轮与上迷宫环间隙及顶盖与导叶间隙的各项技术要求。测量顶盖与底环的高度值。顶盖与座环把合螺栓预紧一半后，使用专用工具对顶盖与座环定位销孔进行同钻铰。

四、导水机构安装

先将参与预装的 10 个导叶依次取出，导叶取出时应注意保护活动导叶，防止与其他部件发生碰撞。清洗底环导叶孔和除去底环抗磨板高点毛刺后，安装导叶孔 U 型密封圈和 O 型密封圈。安装密封前，需按照图纸要求对密封进行检查，有损坏的密封现场不允许使用。然后分别将所有活动导叶按厂家编号吊入机坑进行安装。

导叶安装时，先用厂房桥机的电动葫芦将导叶吊入顶盖中部空隙，再从顶盖轴套处用手动葫芦接住，用手动葫芦吊装导叶就位。在活动导叶进入下轴套前，清洗底环导叶孔和底环抗磨板。在除去高点毛刺后，安装导叶孔 U 型密封圈和 O 型密封圈。活动导叶进入下轴套时必须缓慢，并且来回转动至活动导叶进入轴套。检查活动导叶与底环抗磨板之间的间隙情况，保证无间隙。导叶与下轴套安装完毕后，再次清扫顶盖的导叶轴套和组合面，然后安装顶盖与座环之间的止漏密封圈。顶盖按照预装时的位置就位并打入销钉。顶盖与座环把合螺钉按设计要求对称均匀把紧，其预紧力矩应满足设计要求。螺钉把合完毕后，在导叶全关和全开两个位置，测量全部导叶的上、下端面间隙及顶盖止漏环与转轮上止漏环的间隙情况，间隙应符合国标及图纸要求（建议导叶上、下端面间隙按总间隙 2∶1 进行），保证导叶立面间隙为 0mm，允许导叶体在 1/4 高度上有不大于 0.05mm 局部间隙。导水机构安装完毕之后，导叶应转动灵活。

五、控制环、导叶拐臂及接力器安装

1. 控制环安装

控制环在安装间清理干净后按照图纸要求对控制环进行吊装，如图 9-15 所示。将半个控制环用两个吊钩缓缓倾斜吊入机坑（见图 9-16）。通过机坑里衬后，使用主钩和副钩将半个控制环调平后放置在控制环支座上。

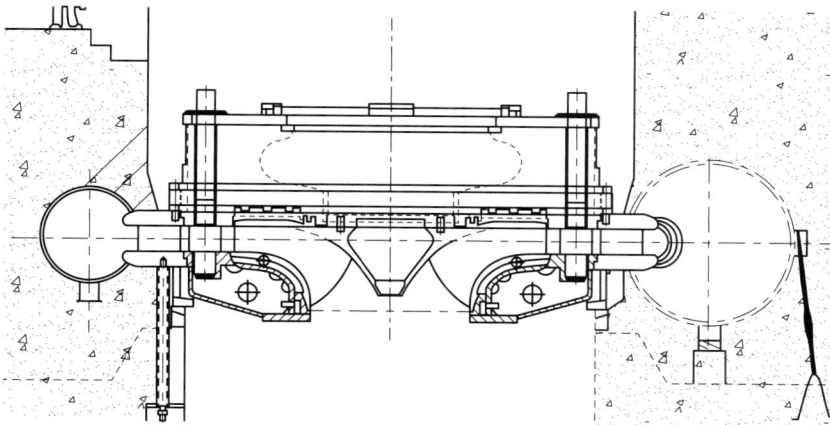

图 9-15　控制环吊装示意图

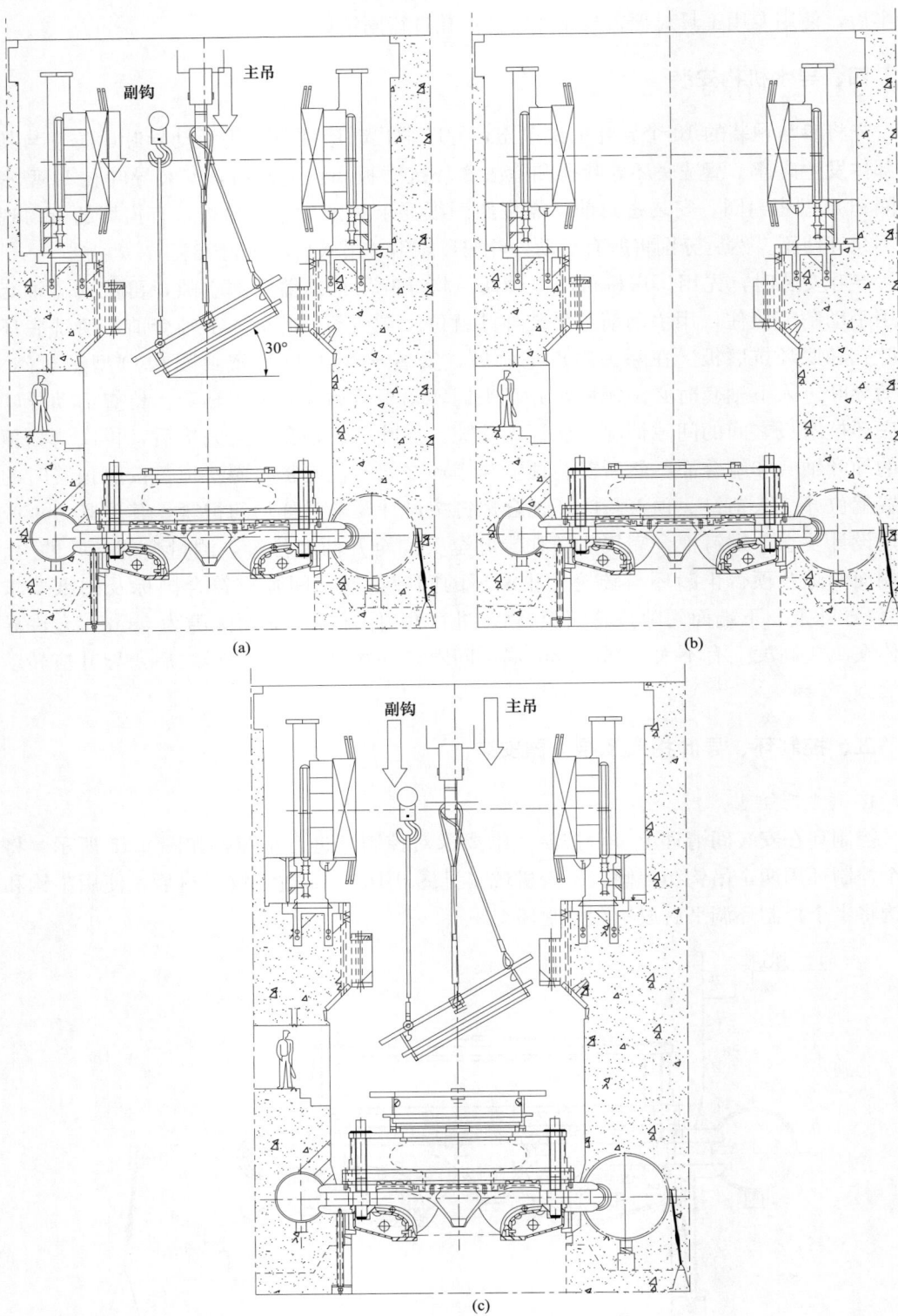

副钩

主吊

30°

(a)

(b)

副钩

主吊

(c)

图 9-16　控制环安装示意图

按照以上步骤将另外半个控制环吊入机坑并放置在控制环支座上，然后在合缝处穿入定位销钉。安装合缝处所有把合螺栓，然后用液压力矩扳手对称逐步预紧把合螺栓。在检查组合缝错牙量符合要求后，将把合螺栓预紧至设计值。确保控制环处于全关位置后，在四个正方向焊接四块 400mm×100mm×20mm 钢板使控制环与顶盖固定，以免在安装连接板时产生位移。清扫控制环压板，然后安装在正确位置上。调整控制环压板与控制环的轴向间隙在 0.3～0.7mm 范围内。

2. 导叶拐臂安装

导叶拐臂安装前，清洗导叶拐臂，检查各接触面有无毛刺，如有毛刺用油石研磨去除毛刺，保证接触面光滑。用厂房桥机采用两个吊点方式吊装拐臂，其中一个吊点用尼龙吊带直接挂在电动葫芦吊钩上，另一个吊点挂一个手拉葫芦用来调整拐臂水平。在拐臂进入导叶上轴领时应缓慢降落，并且来回转动使拐臂平整地放置在导叶套筒上。调整止推压板与拐臂止推环的轴向间隙在 0.05～0.10mm 范围内。

3. 接力器安装

接力器安装前，在工地进行清理，并拆解接力器后端盖，检查内部情况，确认完好无损后做接力器操作试验，检查密闭性、行程和动作灵活性，并记录接力器行程的数值。做接力器密闭试验时，首先将活塞往复运动 3～5 次，然后在接力器一侧油腔内进行加压。试验油压为 6.3MPa，保压时间 30min，接力器缸与活塞间的漏油量应小于 12.8mL/min，密封处不允许渗漏。

油压试验合格后将接力器吊入接力器安装位置，穿入双头螺栓把接力器安装在对应基础板上，然后对称把紧螺母。用框式水平检测接力器的水平度，如果水平度不满足要求，则在接力器尾部调整板的背后加垫片调整接力器水平，记录所加垫片厚度。调整接力器耳孔水平后用水准仪检查每个接力器耳孔的高程与控制环耳孔的高程是否在设计范围内，然后安装控制环耳孔处的上、下连接杆。将液压锁定接力器活塞杆打到全关位置后，调整上、下连杆中心线，使其与接力器耳孔中心线对齐，最后测量连杆耳孔与接力器耳孔中心距离。根据此数据和所加垫片厚度来计算调整垫板的加工厚度，加工调整垫板。将机械锁定接力器活塞杆打到全开位置后，调整上、下连杆中心线，使其与接力器耳孔中心线对齐，最后测量连杆耳孔与接力器耳孔中心距离。根据此数据和所加垫片厚度来计算调整垫板的加工厚度，加工调整垫板。调整垫板与接力器装配结果如图 9-17 所示。安装加工好的调整垫板

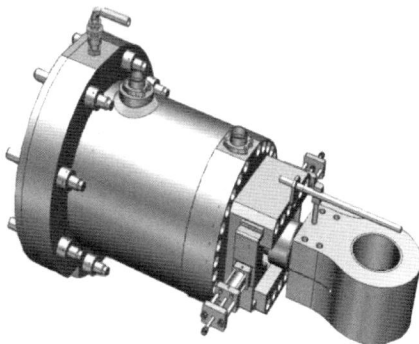

图 9-17　接力器三维示意图

后，复测接力器水平满足要求后安装接力器耳孔处的上、下连板。

接力器安装完成后，将活塞调整至其行程的中间位置，测量活塞导杆水平度，其水平值应不大于 0.10mm/m。调整接力器节流阀，使导水机构关闭时控制环不跳动，接力器活塞与端盖不撞击。接力器安装完后如图 9-18 所示。

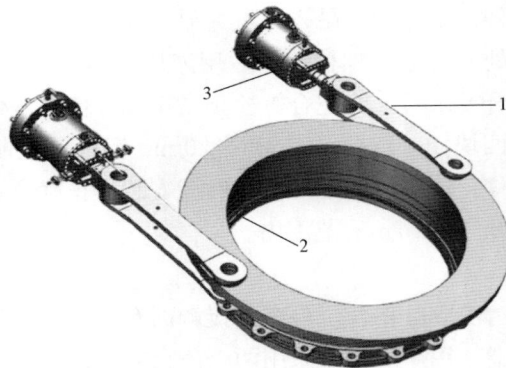

图 9-18 接力器安装示意图

1—连接板；2—控制环；3—接力器

⊪ 第四节 转 动 部 分 安 装

转动部分安装主要包括转轮、主轴、主轴密封、水导轴承等部件的安装。转动部件安装的三维描绘图及安装基本流程图分别如图 9-19、彩图 9-19 和图 9-20 所示。

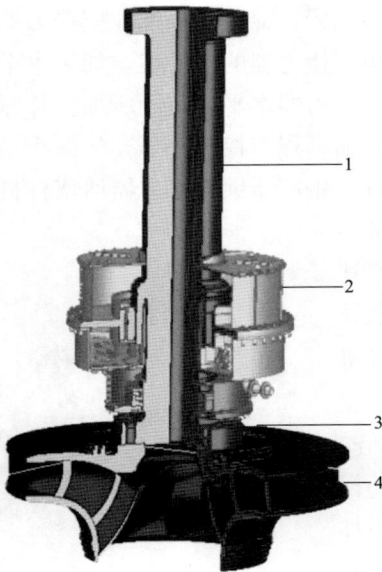

图 9-19 转动部分三维示意图

1—主轴；2—水导轴承；3—主轴密封；4—转轮

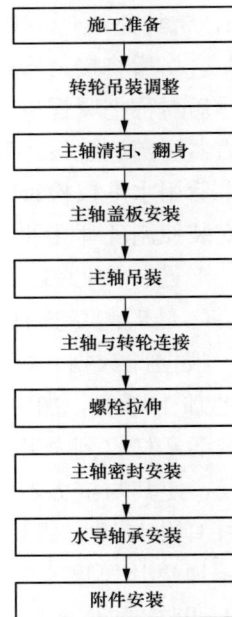

施工准备

转轮吊装调整

主轴清扫、翻身

主轴盖板安装

主轴吊装

主轴与转轮连接

螺栓拉伸

主轴密封安装

水导轴承安装

附件安装

图 9-20 转动部分安装基本流程

一、主轴安装

导水机构安装完成后进行主轴安装。主轴安装前，在安装间进行清理，使用清洗剂清洗主轴外表面、定位孔及螺栓联接孔。在清理过程中，与水轮机导轴承接触的轴颈部位不能用金属物刮除保护油脂。

　　主轴清理完毕后，安装主轴翻身所需要的吊具及翻身工具，用桥机进行主轴翻身（主轴翻身过程见图 9-21）。在翻身过程中，主轴现场占用空间内不能存放重要机组设备，防止主轴翻身时碰撞设备。主轴吊装到位后，将定位销对主轴及转轮进行实配，配合间隙应满足设计要求。

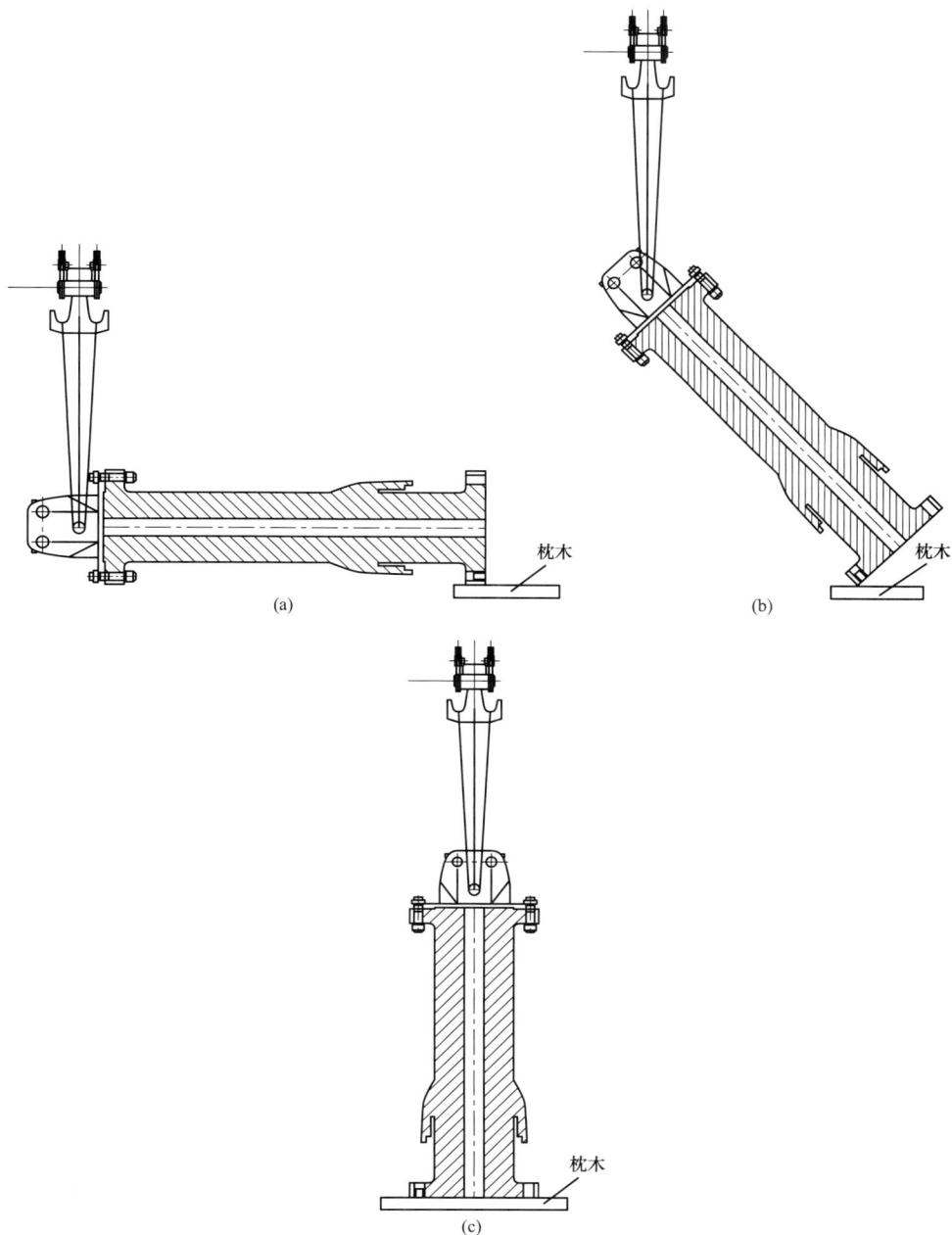

图 9-21　主轴翻身、起吊示意图

二、主轴与转轮及主轴与发电电动机轴连接

检查转轮与主轴或主轴与发电电动机轴止口间隙并做记录，检查组合法兰面间隙满足规范要求。安装定位销钉及连接螺栓，安装前在螺栓的螺纹部分涂二硫化钼润滑脂，安装螺母并手动初紧。

测量螺栓原始长度并按编号做好记录，打紧连接螺栓，使螺母与主轴间没有间隙。采用液压拉伸器拉伸或电加热器加热方式预紧连接螺栓，螺栓预紧把合时应分步交替进行，如圆周均布的螺栓预紧时按"米"字形对称预紧。螺栓拉伸时分四次进行：第一次达设计伸长值的 10%，在螺母与把合平面之间标记为起始对应位置线；第二次达设计伸长值的 30%；第三次达设计伸长值的 70%；第四次达设计伸长值。若伸长值超标，反复操作直到螺栓伸长值达到要求为止，其伸长值偏差不超过设计值的 ±10%。

连轴螺栓拉伸完成后，检查转轮与主轴或主轴与发电机轴组合面间隙，间隙值应符合规范要求。检查主轴上法兰面水平度应小于 0.02mm/m。

三、水导轴承与主轴密封安装

水导轴承与主轴密封的一般安装流程如图 9-22 所示。在主轴密封安装前，先将轴承体吊起，并且保证轴承体吊起后应牢靠，起吊高度要保证有足够的空间安装主轴密封及轴承。清扫转轮上平面、顶盖及密封座组合面，检查顶盖和密封座把合面、密封座组合面有无高点、毛刺。

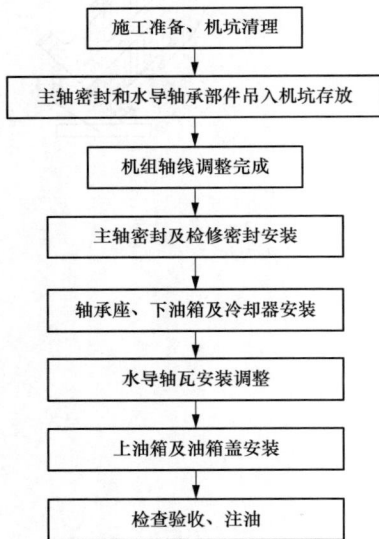

施工准备、机坑清理

主轴密封和水导轴承部件吊入机坑存放

机组轴线调整完成

主轴密封及检修密封安装

轴承座、下油箱及冷却器安装

水导轴瓦安装调整

上油箱及油箱盖安装

检查验收、注油

图 9-22　水导轴承与主轴密封的一般安装流程

在安装主轴密封时，将主轴密封和其他零部件按照厂家所打的标记安装，合缝面涂密封胶，螺纹涂锁固胶。在顶盖和密封座把合面盘根槽内装入耐油橡胶密封条，密封座组合面以 +Y 至 −X 轴 45° 位置为起点，调整密封座与水轮机轴抗磨环的间隙，合格后预紧周向把合螺栓。检修密封采用三角形空气围带形式，在密封厂内做密封试验，并记录密封带长度。工地按此尺寸配割黏结密封带。工地安装时，首台机组检修密封应采用试验环进行密封试验，检查密封带的伸缩量和回弹量是否符合图样要求。检修密封带按照厂家提供尺寸配割粘接后装入，与水泵水轮机主轴之间的间隙应均匀，测量间隙值，

待合格后安装定位销及把合螺栓。主轴密封根据不同的密封结构有端面密封和径向密封两种形式，径向密封一般分三层密封块，每层密封块装入密封支架并用弹簧拉紧后，检查密封块与轴径应贴合紧密，间隙一般不大于 0.2mm。端面密封要保证把合在主轴法兰端面盖板的平面度 ≤0.02mm。

水轮机导轴承（见图9-23）的安装调整是在机组总轴线确定后，即机组盘车合格后进行。水导轴承的位置应按最后盘车摆度值确定，安装轴承时，转动部分要固定。安装水轮机导轴承内油箱、下油箱、冷却器及油箱底板、瓦座、轴承体、上油箱和油箱盖等零部件，分瓣设备组拼时在组合面涂密封胶，所有螺栓安装前需在螺纹面上涂密封胶。按照图纸要求对水导冷却器在安装之前做水压试验。轴承体吊起后，冷却器及油箱底板通过进人门转运至下油箱内，在下油箱与油箱底板把合面盘根槽内装入耐油橡胶密封条，用螺栓将冷却器及油箱底板与下油箱装配成整体。

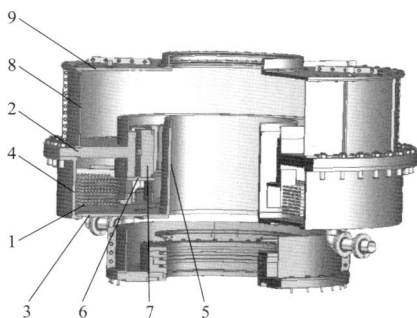

图 9-23　水轮机导轴承装配后三维示意图
1—冷却器；2—轴承体；3—油箱底板；
4—下油箱；5—内油箱；6—瓦座；
7—水导轴瓦；8—上油箱；9—油箱盖

在内油箱与油箱底板把合面盘根槽内装入耐油橡胶密封条，吊起内油箱与油箱底板装配，用螺栓将油箱底板与内油箱装配成整体。内油箱安装后检查内油箱与水轮机轴和轴领的间隙是否分别满足设计要求。吊起瓦座与轴承体装配，将瓦座与轴承体用螺栓装配成整体。在内油箱与轴承体把合面盘根槽内装入耐油橡胶密封条，用螺栓将下油箱、轴承体装配在顶盖上，轴承体与顶盖把合螺栓的预紧值应符合图纸要求，检查瓦座立面与水轮机轴领圆周之间的间隙是否满足设计要求。合格后同钻铰轴承体与下油箱、顶盖锥销孔。

机组轴线及推力瓦调整合格后安装水导轴瓦，轴承安装时不必刮瓦，但应检查瓦表面干净、无高点、毛刺。在所有的水导轴承瓦调整合格并锁定后，按照图纸引出水导轴承的管路，并安装轴瓦的测温电阻等自动化元件及上油箱、油箱盖等部件。

⊪ 第五节　机　组　盘　车

机组盘车的目的是检查水泵水轮机主轴与发电电动机各段轴联成一体后的同轴度和发电电动机推力头相对于理论轴线的垂直度，并将同轴度和垂直度调整到规定的范围之内。

机组盘车通过在轴线各导瓦和法兰部位架设千分表检查机组全轴各段折弯程度和方向，从而确定轴线在空间的位置和旋转中心线，按旋转中心线和轴线的实际空间位置，调整各部导轴承间隙，保证各导轴承与旋转中心线同心，从而轴瓦有良好、均匀的润滑，达到长期安全稳定运行的目的。

一、盘车前应具备的条件

机组盘车前需要具备以下条件：

（1）制动器管路已配置完成，具备转子顶起功能。压力空气管路系统已与制动器复位管路连接，具备制动器顶起后的复位条件。

（2）推力轴承具备转动部分重量转移至推力轴承的条件。

（3）下导轴瓦、油槽及轴瓦装配零附件（含测温元件）安装完成并已清理干净，并已初步对称安装四块导轴瓦，满足上导轴承初步抱轴条件。

（4）转子内部已检查无杂物，空气间隙已检查无杂物满足转动部分转动条件。机组盘车的一般工艺流程如图 9-24 所示。

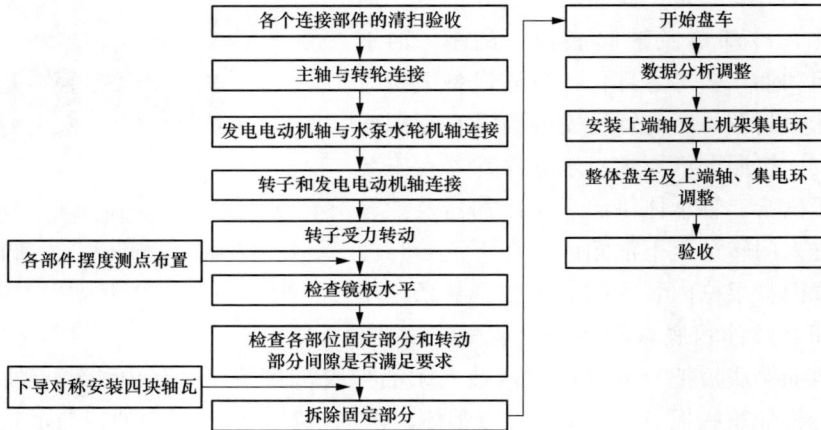

```
┌──────────────────┐      ┌──────────────┐
│  各个连接部件的清扫验收  │─────→│    开始盘车     │
└──────────────────┘      └──────────────┘
         ↓                        ↓
┌──────────────────┐      ┌──────────────┐
│    主轴与转轮连接      │      │   数据分析调整    │
└──────────────────┘      └──────────────┘
         ↓                        ↓
┌──────────────────┐      ┌──────────────┐
│ 发电电动机轴与水泵水轮机轴连接│      │ 安装上端轴及上机架集电环 │
└──────────────────┘      └──────────────┘
         ↓                        ↓
┌──────────────────┐      ┌──────────────┐
│   转子和发电电动机轴连接  │      │ 整体盘车及上端轴、集电环 │
└──────────────────┘      │      调整      │
         ↓                └──────────────┘
┌──────────────────┐              ↓
│     转子受力转动      │      ┌──────────────┐
└──────────────────┘      │     验收      │
         ↓                └──────────────┘
┌──────────────┐ ┌──────────────────┐
│  各部件摆度测点布置 │→│    检查镜板水平     │
└──────────────┘ └──────────────────┘
                          ↓
                 ┌──────────────────┐
                 │ 检查各部位固定部分和转动 │
                 │   部分间隙是否满足要求  │
                 └──────────────────┘
┌──────────────┐         ↓
│  下导对称安装四块轴瓦 │→┌──────────────────┐
└──────────────┘ │    拆除固定部分     │
                 └──────────────────┘
```

图 9-24　机组盘车的一般工艺流程

二、机组盘车检查（水泵水轮机部分）

盘车是在转动部分高程、机组中心调整合格、高压油顶起装置安装合格后进行的。盘车方法根据推力轴承支撑形式分为弹性盘车和刚性盘车。当推力轴承采用弹性油箱结构时，首先进行刚性盘车再进行弹性盘车，弹性盘车时对称调整四块发电机上导瓦和水泵水轮机水导瓦，使瓦与轴领之间的间隙为 0.03～0.05mm，其他所有部件都不与轴接触。安装百分表，对盘车数据进行测量，安装位置为 $+X$、$+Y$ 方向各一块，并且上、下要对应。转动机组记录盘车数据，根据盘车结果，调整各段轴法兰连接方位和受力情况。机组盘车过程中检查止漏环间隙值的变化情况以确定转动部分中心是否符合设计要求，并将检查结果进行记录。

机组盘车合格后，回装各导轴承油箱盖板，并检查盖板与轴间隙，根据工地的实际情况自备楔子板楔入转轮与顶盖、底环以确保在后续零部件的安装过程中，主轴与转轮的位置保持不变。

❖ 第六节　管路及辅助部分安装

水泵水轮机油、水、气、自动化管路的安装均按图纸要求进行布置，力求合理、美观、整齐，并符合以下通用要求：

（1）工地弯制管路应无裂纹等缺陷，管路截面径差不超过管径的 8％，内侧褶皱高度不大于管径的 3％，波距不小于 4 倍波纹高度。

（2）工地配焊的弯管、三通、法兰、管路及固定方式均应符合图纸要求。

（3）管路下料工地宜用切割机（无齿锯）进行，若用气割下料必须打磨平滑割口并去除毛刺、焊疤等。

（4）所有管路的对口间隙应均匀，对焊打底应用氩弧焊，再用电焊盖面。

（5）管路配制一般预装点焊后拆下，对焊缝采用平焊，以确保焊缝的质量，焊后再重新回装。

（6）管路安装位置（坐标及标高）的偏差一般不大于 10mm，水平管弯曲和水平偏差不超过 0.15%，立管垂直偏差不超过 0.2%。

（7）排管安装应在同一平面，偏差不大于 5mm，管间间距偏差在 0～＋5mm 范围内。

（8）自流排水管和排油管的坡度与液流方向一致，坡度一般在 0.2%～0.3%。

（9）管路现场配制后均应做打压试验，试验压力一般为 1.5 倍工作压力。试压合格后进行清理或酸洗；酸洗后应进行中和，用压力水冲干净后，再用压缩空气吹干，用干净白布将管内污渍擦干净。对油、气管路酸洗后，应用压缩空气将干净透平油沿管壁吹一层油膜防锈，并用塑料将管口封堵，待安装。已清理或酸洗后的管路，应尽早进行整体安装，以防时间太长再次生锈或污损。

对水泵水轮机的油压装置设备，安装前应认真清理检查，确保漏油箱、压力油箱等内部干净无杂物，进出管口位置正确无误，各类油泵、电机工作正常；机组所用油在加入系统前必须进行过滤，化验后油质参数应合格。机组油、气、水管路自动化系统形成之后，应进行通油、通水或通气试验检查，所有连接处不得渗漏，同时调整各类闸阀、节流阀、液压阀、电磁阀、流量计等元件参数符合图纸要求。

所有机组用油必须进行严格过滤，并化验合格后注入系统。各部位平台安装完毕后进行清理、喷漆。水机室辅助设备安装完毕后如图 9-25 所示。机组安装完毕后如图 9-26 所示。

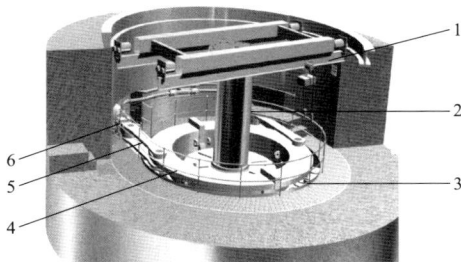

图 9-25 水机室辅助设备安装完毕示意图
1—环形吊车；2—主轴；3—地板栏杆；
4—控制环；5—连接板；6—接力器

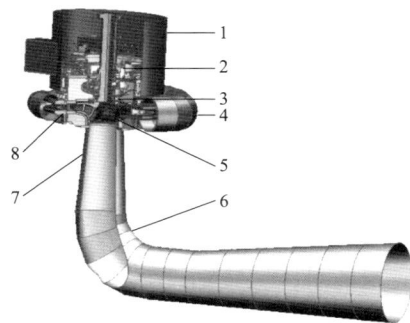

图 9-26 机组安装完毕后三维示意图
1—基坑里衬；2—水导轴承；3—主轴密封；
4—蜗壳；5—转轮；6—尾水管肘管；
7—尾水管锥管；8—座环

第十章

水泵水轮机运行、维护与检修

抽水蓄能机组运行是机组主机设备、辅助机械设备、电气设备及控制设备等设备和系统相互配合的复杂过程。本章主要对水泵水轮机几种常见的运行方式流程、要求及日常维护与检修的内容进行介绍。

⯈ 第一节　水泵水轮机运行与巡检

本节主要对水泵水轮机机械部分的日常运行与巡检要点进行简要介绍。

一、水泵水轮机运行

抽水蓄能机组具有发电、抽水、发电调相、抽水调相四种基本运行工况，同时还存在静止至发电空载、发电空载至满载、静止至空载水泵、空载水泵至满载水泵、满载抽水至满载发电、满载抽水至静止、发电满载至发电调相、发电调相至静止、抽水满载至空载等多种转换工况。以下简要介绍发电、抽水、调相三种工况的运行流程及运行要求。

（一）运行方式及流程

1. 发电工况运行

发电工况下主进水阀全开，导叶开度由实际运行负荷确定，水流从上水库流向下水库，带动转轮转动，驱动发电电动机发电，向电网供电。

2. 抽水工况运行

抽水工况下主进水阀全开，导叶开度由调速器优化确定，机组运行于水泵模式，从电网吸收功率带动转轮转动，将下水库中的水抽到上水库。

3. 调相工况运行

调相工况分为发电调相和抽水调相，导叶关闭，主进水阀关闭，利用调相压水装置将尾水管中的水压至转轮以下，转轮在空气中转动，从而达到既降低吸收功率又缩短工况转换时间的目的。

（二）运行要求

水泵水轮机运行均需要严格按照运行曲线在划定的区间内运行，其中水轮机工况应严格按照水轮机的综合运转曲线所要求的区域运行；水泵工况应严格按照水泵工况运转特性曲线要求的区域运行，同时还应严格按照导叶开度与扬程的协联关系曲线运行。

二、水泵水轮机运行监测

水泵水轮机运行监测的主要对象有主轴、水导轴承、主轴密封、顶盖、固定止漏环和机坑内排水系统等。各部件监测的整定值，随电站水泵水轮机输出功率、水头和流量等参数的不同而有所不同。

1. 主轴监测

主轴监测的主要内容为主轴的摆度。在正常运行工况下，一般要求主轴相对振动（摆度）应不大于 GB/T 22581—2008《混流式水泵水轮机基本技术条件》附录 B 中"主轴相对振动位移峰-峰值推荐评价区域"所规定的 B 区上限线区域（见图 10-1），且不超过轴承间隙的 75%。在保证的稳定运行范围内，主轴摆度超过整定值后，机组将会报警或停机。

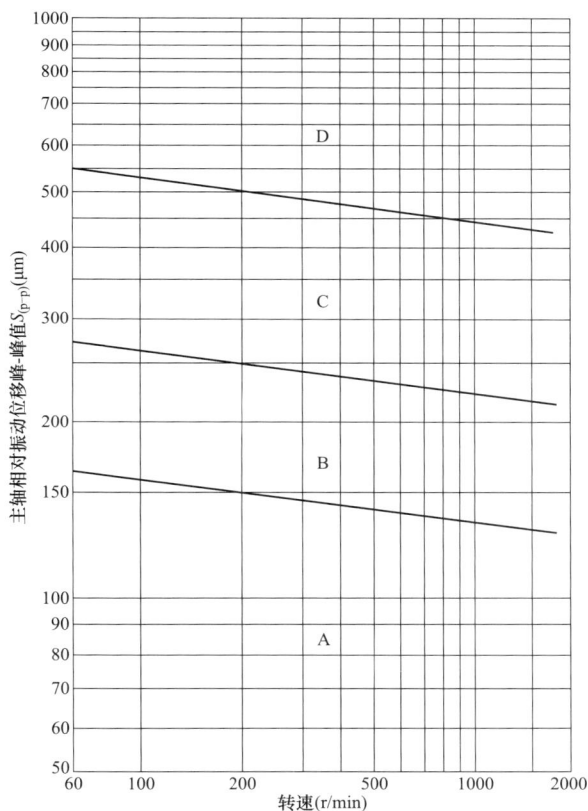

图 10-1 主轴相对振动位移峰-峰值推荐评价区域

2. 水轮机导轴承监测

水轮机导轴承监测内容包括水轮机导轴承瓦温、油温变化情况、油水混合情况、油箱油位、冷却水流量等，所有的监测均采用自动监测和实时监测。

在各种运行工况下运行时，水导轴瓦温应不高于 70℃，油温应不高于 65℃。一般情况下，瓦温超过 65℃，或轴承油温超过 65℃，机组将会自动报警，当瓦温超过 70℃时，机组自动停机，但有些机组对这一要求可能更高。

在各种工况运行时，油箱中水含量超过整定值的 3%～5% 时，机组会自动报警；根据停机时油箱内的油位进行注油，当运行油位低于报警油位时，机组会自动报警；当水导轴承冷却水流量低于整定值时，机组也会自动报警。

3. 主轴密封监测

主轴密封监测内容主要有润滑水流量、润滑水压力、主轴密封块温度和磨损量监测，所有的监测内容均采用自动和实时监测方式。在各种运行工况下，当润滑水流量、润滑水压力低于整定值时，机组将会自动报警或停机；当密封块本体超过整定温度或磨损量时，机组会自动报警。

4. 顶盖监测

顶盖监测的内容主要有顶盖的垂直方向和水平方向的振动值（简称双振幅值），在保证机组稳定运行的范围内，水泵水轮机顶盖的垂直方向和水平方向的振动值按表 10-1 执行。

表 10-1　　　　　　　　　　　　双　振　幅　值

项目	额定转速（r/min）		
	≤100	100～250	≥250
	振动运行值（双振幅）（μm）		
立式机组顶盖水平振动	90	70	50
立式机组顶盖垂直振动	110	90	60

5. 固定止漏环

固定止漏环的监测内容包括固定止漏环的本体温度和固定止漏环润滑水流量两项，所有监测内容均采用自动监测。在调相工况或水泵与水轮机工况转换时，如固定止漏环本体温度超过 70℃时或流量低于整定值时，机组会自动报警。

6. 机坑内排水系统

机坑内排水系统监测采用液位计自动控制。在机坑顶盖内设置潜水泵或在机坑内设置自吸泵排水装置，液位计设有主用排水液位、备用排水液位和停机液位。当顶盖内积水水位下降到停泵整定值时，排水泵自动停止工作。

三、水泵水轮机日常巡检

在机组不停机的情况下，除了每天对机组的日常运行进行监视外，还应每周对机组的运行情况做一次日常巡视检查，记录运行情况。巡视检查内容包括对监测数据的检查确认，对设备外观、声响等方面的现场确认。

在日常的巡检、维护中，如检查发现不满足电站安全运行及相关规定的情况，需要及时进行处理。通过日常的巡检和维护可以减少水泵水轮机的故障发生率，保障其安全稳定运行。

1. 机组运行的一般要求

（1）保持润滑冷却水清洁，油、水、气系统管路畅通，轴承润滑油油位、油质正常。

（2）辅助部分所需的厂用电电源供电正常，循环冷却系统正常。

2. 日常巡检一般要求

（1）做好记录，主要应包括工作计划、级别、项目、主要技术措施、进度安排等。

（2）对记录的数据进行对比分析，尽可能提前发现隐患。

（3）保持油水分离，防止油污染。

3. 日常巡检主要项目

一般情况下，推荐水泵水轮机日常巡检的主要项目按表 10-2 执行。

表 10-2　　　　　　　　　　水泵水轮机日常巡检主要项目

序号	部件	检查内容
1	主轴	主轴应在限定范围内移动
		转速计应干净且安全地固定
		过速监测系统应安全地固定
2	水导轴承	油槽油位应在正常范围内
		油槽应无漏油现象
		水导瓦温在正常范围内
		油封无松动
		冷却水进出水温度在正常范围内
		水导轴承摆度在正常范围内
3	主轴密封	检查弹簧应无松动、脱落现象
		主轴密封冷却润滑水流量在正常范围内
		主轴密封供水压力在正常范围内
		主轴密封冷却水温度在正常范围内
		检修密封压力表压力在正常范围内
4	导水部件	顶盖内漏水情况
		顶盖与座环把合螺栓无松动或漏水现象
5	活动导叶及操作机构	活动导叶接力器无漏油
		活动导叶接力器及液压锁定装置供排油管无漏油
		活动导叶接力器位移传感器无松动脱落现象
		连杆销、剪断销无脱落现象
		活动导叶中轴径密封漏水情况
		活动导叶下轴径密封漏水情况（底环未埋设混凝土结构）
		活动导叶上端盖密封无漏水
		活动导叶接力器行程反馈正常
6	管路系统	机坑自流排水系统通畅性
		阀门无裂纹等外观问题
		管道阀门密封无外泄漏，动作灵活性
		阀门及其固定支架螺栓无松动脱落现象
		各管路连接密封无外泄漏
		各功能性管路的节流片通流情况
		液压控制阀无漏油现象
		尾水水位测量系统正常
		管路表计指示正常
		管路管夹无松动脱落现象
		管路焊缝无开裂等

续表

序号	部件	检查内容
7	紧固件防松检查	蜗壳进人门螺栓无松动、脱落现象
		尾水管进人门螺栓无松动、脱落现象
		活动导叶操作机构螺栓无松动、脱落现象
8	水机室检查	水车室内无异常声音、无异味
		照明灯具无松动、脱落现象
		照明灯具是否不亮、闪烁等
		环形起重机及轨道固定螺栓无松动、脱落现象
9	自动化元件	安装在管路上的元件无泄漏
		各元件完好、无损坏
		元件及其固定部件无松动、脱落现象
		元件现地反馈信号正常
		元件本体无污染
10	轴承冷却装置	泵及电机部件完好、无损坏，外观正常
		泵及电机固定支架无松动现象
		泵及电机运行声音及温度正常
		泵流量、压力数据正常
		冷却器无泄漏
		冷却器及固定支架无松动现象
		冷却器部件完好、无缺失
		冷却装置启动运行、声音正常
11	主轴密封供水装置	过滤器工作正常
		过滤器及其固定支架无松动
		过滤器无泄漏，外观无损坏
		反冲洗阀门工作正常
		过滤器电机发热及声音正常
12	端子箱及控制柜	端子箱及控制柜内固定螺栓无松动脱落现象
		端子箱及控制柜无异响、发热、异味
		端子箱及控制柜是否有元器件及接线松动脱落
		端子箱及控制柜相关指示灯、加热器、监测数据是否正常
13	其他检查	尾水管、蜗壳、座环的裸露焊接部位焊缝无开裂现象
		埋入管件在进入混凝土接触面处周围的漏水情况
		电缆无过热、破损现象
		各部件铭牌完好，无缺失

第二节　水泵水轮机检修与维护

　　为确保水泵水轮机运行可靠，必须对机组进行有计划的检查、维护及检修，以便及时发现问题，消除隐患。本节主要结合水泵水轮机检查、维护及检修周期，对转轮、导水机构等过流部件，以及水导轴承、主轴密封等的检修要点和常规运行故障处理进行简要介绍。

一、检修与维护的分类

按照检修和维护工作的周期进行划分，可以将其分为 A、B、C、D 级检修和状态检修。检修间隔周期由规定检修周期和水泵水轮机运行状态综合确定。一般情况下，推荐的水泵水轮机检修间隔周期、检修停用时间按表 10-3 执行。

表 10-3　　　　　　　　　　水泵水轮机检修推荐间隔周期及停用时间表

序号	检修项目	推荐检修周期	推荐停用时间
1	D 级检修	出现影响水泵水轮机安全运行缺陷时	1～3 天
2	C 级检修	1 年一次	5～12 天
3	B 级检修	5 年一次	20～60 天
4	A 级检修	10 年一次	30～90 天
5	状态检修	根据情况而定	根据情况而定

状态检修是指根据状态监测和诊断技术提供的设备状态信息，评估设备的状况，在故障发生前进行检修的方式。

D 级检修指当机组总体运行状况良好时，只对主要设备的附属系统和设备进行消缺（消除缺陷）。D 级检修除进行附属系统和设备的消缺外，还可根据设备状态的评估结果，安排部分 C 级检修项目。

C 级检修指根据水泵水轮机的磨损、老化规律，有重点地对水泵水轮机进行检查、评估、修理、清扫。C 级检修可进行少量零件的更换，设备的消缺、调整，预防性试验等作业及实施部分 B 级检修项目或定期滚动检修项目。

B 级检修指针对水泵水轮机某些设备存在的问题，对水泵水轮机部分设备进行解体检查和修理。B 级检修可根据水泵水轮机设备状态评估结果，有针对性地实施部分 A 级检修项目或定期滚动检修项目。

A 级检修指对水泵水轮机组进行全面的解体检查和修理，以保持、恢复或提高设备性能。

二、检修与维护的主要内容

水泵水轮机检修和维护的主要内容包括检修和维护主要项目、检修与维护主要测试项目和检修后相关试验项目。

1. 检修与维护主要项目

一般情况下，水泵水轮机检修与维护的主要项目按表 10-4 执行。

表 10-4　　　　　　　　　　水泵水轮机检修与维护主要项目表

部件名称	检修项目	A 级	B 级	C 级	备注
主轴	主轴摆度变化对比分析	√	√	√	
	水轮机/发电机轴连接保护罩检查与处理	√	√	√	
	主轴中心孔盖板密封螺栓检查与处理	√	√	√	
	主轴转动中心调整	√	√		

续表

部件名称	检修项目	A级	B级	C级	备注
主轴	主轴轴线调整	√	√		
	水泵水轮机轴、中间轴及其联接螺栓宏观检查及防腐处理	√	√		
	主轴法兰根部探伤检查	√			
	水泵水轮机主轴分解	√			
	水泵水轮机轴及中间轴更换	√			
转轮	转轮空蚀检查修复	√	√		
	叶片与上冠、下环连接处的裂纹迹象	√	√		
	转轮及泄水锥检查	√	√	√	
	下迷宫环间隙检查测量、转轮高程测量	√	√	√	
	转轮与抗磨板间隙检查	√	√		
	转轮定中心	√	√		
	泄水锥固定螺栓检查与处理	√	√		
	转轮焊缝全面检测	√	√		
	转轮更换	√			
水导轴承	润滑油分析	√	√		
	分块瓦巴氏合金表面情况	√	√		
	温度变化对比分析	√	√	√	
	水导油盆盖紧固螺栓检查及清扫	√	√	√	
	水导冷却器清洗，水导轴承防腐补漆	√	√		
	水导油位正常，水导油位测量管路无漏油	√	√	√	
	水导油盆盖紧固螺栓无松动	√	√		
	水导油盆密封性，表面无渗油	√	√		
	RTD、液位计等自动化元件校验	√	√	√	根据情况更换
	水导轴承拆解检查	√	√		
	油盆迷宫检查与处理	√	√		
	水导轴承间隙测量与调整	√	√		
	水导轴承瓦面及轴颈无损探伤检查处理	√	√		
	水导瓦检查更换	√			
主轴密封	检查抗磨块的磨损情况	√	√	√	
	检查弹簧疲劳度	√	√	√	
	主轴密封漏水量正常	√	√	√	
	主轴密封紧固螺栓无松动，挡块无损坏	√	√		
	主轴密封测温装置正常，测压装置正常，压力表校验	√	√	√	根据情况更换
	主轴密封拆解检查	√	√		
	压紧弹簧更换	√	√		
	不锈钢转动环更换	√	√		
	支撑环检查处理	√	√		
	检查密封拆装	√	√		
	检修密封空气围带	√	√		
	冷却润滑水检查	√	√		
	密封环更换	√			

续表

部件名称	检修项目	A级	B级	C级	备注
导水部件	导叶端面间隙	√	√	√	
	导叶立面间隙	√	√	√	
	上、下抗磨板的固定和间隙	√	√	√	
	上、下止漏环间隙	√	√	√	
	顶盖区域清扫防腐刷漆	√	√		
	底环密封检查及处理	√	√		
	顶盖、底环抗磨板修补	√	√		
	顶盖密封检查及处理	√	√		
	顶盖内部清扫	√	√		
	下固定止漏环检查更换	√	√		
	上固定止漏环检查更换	√	√		
	顶盖拆解检查	√			
	顶盖密封更换与中心调整	√			
	顶盖空蚀修补及无损检测	√			
	顶盖、底环抗磨板更换	√			
	底环空蚀修补及无损检测	√			
活动导叶及操作机构	导叶连杆、拐臂及摩擦装置检查及清扫	√	√	√	
	导叶接力器锁定装置检查	√	√	√	
	导叶接力器与控制环之间的连接螺栓检查	√	√	√	
	导叶接力器行程指示正常	√	√	√	
	导水机构防腐补漆	√	√	√	
	导叶双连杆连接螺栓连接情况	√	√	√	
	控制环拆解检查	√	√		
	控制环内部滑块检查及处理	√	√		
	控制环轴承检查及处理	√	√		
	导叶连杆销片焊缝检查处理	√	√	√	
	导叶上端套筒更换	√	√		
	活动导叶轴承磨损情况	√	√		
	导叶轴径密封检查与处理	√	√		
	导叶剪断销疲劳裂纹情况及更换	√	√		
	导叶下端盖推力锁定环及支撑法兰拆装	√	√		
	接力器拆解检查，活塞及活塞杆的磨损情况	√	√		
	限位开关等自动化元件校验	√	√	√	根据情况更换
	导叶修补更换	√			
	导叶接力器解体检查与处理	√			
	导叶接力器更换	√			
	控制环更换	√			

续表

部件名称	检修项目	A级	B级	C级	备注
管路部分	机坑内伸缩节密封性检查	√	√	√	
	压力测量管路排气	√	√	√	流道排水后第一次启机前
	水机室机坑排水管疏通	√	√	√	
	水泵水轮机顶盖排水泵检查	√	√	√	
	机组技术供排水系统管路检查及处理	√	√	√	
	蜗壳排水管系统检查及处理	√	√	√	
	尾水管排水系统检查及处理	√	√	√	
	消水环排水系统检查及处理	√	√	√	
	供水泵检查	√	√	√	
	供水过滤器滤芯清洗或更换	√	√	√	
	主轴密封过滤器滤芯清洗或更换	√	√	√	
	迷宫环供水过滤器滤芯清洗（如有）	√	√	√	
	调相压水气系统管路检查处理	√	√	√	
	主轴检修密封供气系统管路检查处理	√	√	√	
	调相压水气罐清扫检查及处理、防腐	√	√	√	
	调相压水气罐安全阀校验、压力开关及压力表校验	√	√	√	根据情况更换
	外循环冷却系统检查处理	√	√	√	
	油系统管路检查与处理	√	√	√	
	外循环油过滤器滤芯清洗	√	√	√	
	机组供水泵解体检修或更换	√	√		
	机组供水泵轴线检查处理	√	√		
	供水管无损检测	√	√		
	尾水管排水阀更换	√	√		
	液动阀门检查及更换	√	√		
	电动阀门检查及更换	√	√		
	油冷却器更换	√	√		
	外循环油泵更换	√			
	供水泵更换	√			
	供水过滤器更换	√			
	供水管拆装更换	√			
	调相压水主气罐检修与更换	√			
	仪表、自动化元件校验	√	√	√	根据情况更换
紧固件预紧情况（防松检查）	转轮、主轴连接螺栓	√	√	√	
	水泵水轮机、发电电动机联轴连接螺栓	√	√	√	
	导叶摩擦保护装置预紧螺栓	√	√	√	
	顶盖合缝面连接螺栓	√	√	√	
	顶盖与座环连接螺栓	√	√	√	
	蜗壳进人门连接螺栓	√	√	√	
	尾水管进人门连接螺栓	√	√	√	
	接力器基础连接螺栓	√	√	√	

部件名称	检修项目	A 级	B 级	C 级	备注
紧固件预紧情况 （防松检查）	油、水、气管路中的连接螺栓无松动脱落现象	√	√	√	
	底环与座环把连接螺栓（底环非埋设混凝土）	√	√	√	
	尾水锥管与尾水肘管连接螺栓（尾水锥管非埋设混凝土）	√	√	√	
	尾水锥管与底环连接螺栓（尾水锥管非埋设混凝土）	√	√	√	
紧固件破坏情况 （MT 或 PT 探伤）	转轮、主轴连接螺栓	√	√		
	水泵水轮机、发电电动机联轴连接螺栓	√	√		
	顶盖合缝面连接螺栓	√	√		
	顶盖与座环连接螺栓	√	√		
	蜗壳进人门连接螺栓	√	√		
	尾水管进人门连接螺栓	√	√		
	油、水、气管路中的连接螺栓	√	√		
	接力器基础连接螺栓	√	√		
	底环与座环把合连接螺栓（底环非埋设混凝土）	√	√		
	尾水锥管与尾水肘管连接螺栓（尾水锥管非埋设混凝土）	√	√		
	尾水锥管与底环连接螺栓（尾水锥管非埋设混凝土）	√	√		
流道检查	流道内焊缝探伤检查及修复	√	√		
	流道内的油漆检查及补漆	√	√	√	
	流道内的把合部件连接情况	√	√	√	
	过流表面汽蚀及磨损情况	√	√	√	
	座环固定导叶与上、下环板过渡区域及出水边是否有裂纹	√	√		
	固定导叶检查空蚀修补	√	√		
其他	尾水管检修平台坚固程度	√	√	√	每次使用前
	顶盖起吊工具螺杆	√	√	√	每次使用前
	水机室环形起重机更换	√	√		
	尾水锥管密封更换	√	√		
	管路支架无松动脱落现象	√	√	√	
	电磁阀检查及更换	√	√		
	各接线接头、端子紧固及实验	√	√		

2. 检修与维护主要测试项目

一般情况下，水泵水轮机的检修与维护主要测试项目按表 10-5 执行。

表 10-5　　　　　　水泵水轮机检修与维护主要测试项目

测试项目	A 级	B 级	C 级	备注
导叶压紧行程测试	√	√		
导叶接力器行程与导叶开口标定测试	√	√		
导叶静水操作测试	√	√		
导叶漏水量测试	√	√		根据需要
静态压气、排气系统测试	√	√		
止漏环润滑冷却水系统测试	√	√		
主轴密封润滑冷却系统测试	√	√		

续表

测试项目	A级	B级	C级	备注
轴承冷却系统测试	√	√		
表计及自动化元件标定	√	√	√	
机械过速保护装置校验	√	√	√	

3. 检修后启动试验项目

一般情况下，水泵水轮机检修后启动试验项目按表 10-6 执行。

表 10-6　　　　　　　　　　水泵水轮机检修后启动试验项目

启动试验项目	A级	B级	C级	备注
滑动摩擦检查试验	√	√	√	
手动开、停机试验	√	√	√	
自动开、停机试验	√	√	√	
机组并网及带负荷试验	√	√	√	
甩负荷试验	√	√		
过速试验	√			
水轮机空载试验	√			
水泵抽水试验	√			
工况转换试验	√			
热稳定试验	√			
调速器空载试验	√			

4. 检修准备及注意事项和质量要求

（1）应根据水泵水轮机的主要结构、性能、技术和运行状态，制定水泵水轮机现场检修规程。

（2）在机组检修前，应确认所有的阀门、互锁装置、锁锭装置和限位开关等处于正确的位置，关闭进水阀门及尾水闸门，并确保在检修工作期间这些部件的正确位置不发生改变。

（3）在打开尾水管进人门之前，检查进人门处的验水阀，确认尾水管中的尾水位已降至安全水位以下。

（4）在拆卸机组零部件和附属设备的零部件时，根据需要采用专用工具以避免零部件损伤。

（5）当起吊零部件时，应特别注意绳索的起吊能力和起吊方式。重新安装之前，所有零部件必须彻底清理、喷漆和涂油脂。

（6）安装时注意螺栓的预紧力和防松，尤其对于旋转部件上的连接件。

（7）对于安装说明中重要的检查记录尺寸，在每一次拆卸和安装时需要重新检查。

（8）检修完毕后应在蜗壳不充水的情况下完成启动前的一切检查工作。

（9）检修过程中如发现不满足电站安全运行及厂家相关规定的情况，应及时进行处理，必要时应及时与设备制造厂家联系确定处理方案。

（10）水泵水轮机检修和维护主要项目一般质量标准详见表 10-7。

表 10-7 水泵水轮机检修和维护主要项目一般质量标准

序号	检修部件	质量标准
1	主轴	主轴表面无锈蚀、无异物，表面清扫干净
		主轴轴身及法兰根部等无裂纹
		主轴摆度满足 GB/T 22581—2008《混流式水泵水轮机基本技术条件》附录 B 中所规定 B 区上限线区域要求
		过速监测系统应安全地固定，无松动
		主轴联轴螺栓及焊点无开裂脱落，预紧力符合设计要求
		主轴中心孔盖板安全固定，无松动
		主轴护盖应安全固定，无松动
		联轴螺栓无锈蚀、无裂纹，螺纹完好
2	转轮	转轮表面无空蚀
		叶片、上冠、下环及泄水锥之间的焊缝无缺陷
		与主轴连接螺栓预紧力符合设计要求
		止漏环无明显磨损
		与主轴连接螺栓无锈蚀、无裂纹，螺纹完好
3	水导轴承	水导轴瓦表面平滑，无划痕、碰伤、裂纹等；巴氏合金层与基体无脱壳
		基体调整垫无松动
		主轴轴领表面无划痕、锈蚀等；轴领均压孔通畅
		油槽作煤油渗透使用，无泄漏
		内部管路支撑稳固，接头无渗漏
		水导瓦间隙符合设计要求
		水导轴承运行油温应不高于 65℃ 或符合设计要求
		水导轴承运行瓦温应不高于 70℃ 或符合设计要求
		润滑油分析符合标准要求
		油槽油位应在正常范围内
		水导瓦间隙应符合设计要求
		水导轴承无甩油、泄漏现象
		紧固螺栓无松动、销钉无串出、锁片焊缝无开裂现象
		水导轴承表面油漆完整、清理干净，无异物
		内置冷却器管路通畅、无泄漏
		自动化元件功能正常，引线无泄漏、无损坏
4	主轴密封	弹簧无松动、断裂、脱落现象
		抗磨块的磨损量在设计要求范围内
		不锈钢转动抗磨环无明显磨损
		主轴密封冷却润滑水流量符合设计要求
		主轴密封供水压力符合设计要求
		主轴密封冷却水温度符合设计要求
		检修密封压力表压力符合设计要求
		主轴密封各密封完好，无外部泄漏
		主轴密封排水正常，无外部泄漏
		紧固螺栓无松动、销钉无串出、锁片焊缝无开裂现象
		水导轴承表面油漆完整、清理干净，无异物
		自动化元件功能正常，引线无泄漏、无损坏

续表

序号	检修部件	质量标准
5	导水部件	顶盖、底环、活动导叶过流面表面平滑，无明显空蚀现象
		顶盖、底环抗磨板与基体间安全固定，无缝隙，螺栓（如有）无脱漏
		顶盖无移动、变形
		顶盖内积水符合设计要求
		顶盖及内部管路焊缝无裂纹
		顶盖内部管路固定无松动，管夹无脱落
		底环可查焊缝无裂纹
		顶盖振动符合设计要求
		固定止漏环无明显磨损
		固定止漏环安全固定，无松动
		转轮间隙符合设计要求
		流道内测点孔无堵塞
		顶盖、底环抗磨板与活动导叶间隙符合设计要求
		密封面无渗漏水现象
		活动导叶上端盖密封无漏水
		顶盖合缝面连接螺栓、顶盖与座环连接螺栓预紧力符合设计要求，无松动，锁片焊缝无开裂现象
		顶盖合缝面连接螺栓、顶盖与座环连接螺栓无锈蚀、无裂纹，螺纹完好
		各部件之间的销钉未串出
		各部件表面油漆完整、清理干净，无异物
6	活动导叶及操作机构	控制环导向瓦安全固定，未串动
		连接板、连杆、导叶臂连接无松动
		连杆销、偏心销等锁板焊缝无裂纹
		各自润滑轴套无严重磨损
		活动导叶接力器动作灵活、不发卡，无渗漏油现象
		两活动导叶接力器行程同步，压紧行程无误
		活动导叶接力器连接板、连接销连接无松动
		活动导叶接力器液压、机械锁定投退正常，闸板无变形
		活动导叶立面间隙符合设计要求
		整个活动导叶操作机构动作灵活、不发卡，无剐蹭及干涉
		剪断销表面无裂纹
		活动导叶轴颈密封性良好，不漏水
		活动导叶限位装置完好
		活动导叶双连杆连接无松动
		活动导叶止推压板、控制环压板安全固定，无松动
		活动导叶止推压板间隙符合设计要求
		控制环压板间隙符合设计要求
		活动导叶摩擦保护装置螺栓预紧力符合设计要求，无松动、锁片焊缝无开裂现象
		各部件表面油漆完整、清理干净，无异物、油渍
		自动化元件功能正常，引线无泄漏、无损坏

续表

序号	检修部件	质量标准
7	辅助部分	机坑内伸缩节安全固定、不漏水
		机坑自流排水、固定导叶自流排水、导叶下轴颈排水畅通，无堵塞
		顶盖排水泵系统运行正常，固定支架无松动现象
		各滤水器、滤油器运行正常、无堵塞，固定支架无松动现象
		各电机、泵运行正常，无泄漏，固定支架无松动现象
		各自动及液控阀门动作正常，不发卡
		管路系统焊缝无裂纹、泄漏，尤其与固定部件连接处
		管路法兰及管接头连接可靠、无泄漏，把合螺栓无松动、脱落
		各阀门无泄漏
		冷却器运行正常，无堵塞、无泄漏，固定支架无松动现象
		各管路支架安全固定，支架螺栓无松动及脱落
		自动化元件、表计安全固定，无松动、脱落
		各高压软管表面无鼓包、钢丝断裂及破损现象
		水机室内无异常声音、无异味
		照明灯具工作正常，无松动脱落现象
		环形起重机及轨道安全固定、螺栓无松动脱落现象
		过速保护装置油压正常
		充气压水系统气压正常
		压力表校验合格，指示正常
		各部件表面油漆完整、清理干净，无异物、油渍
		自动化元件功能正常，引线无泄漏、电缆无过热、破损现象
8	端子箱及控制柜	内部固定螺栓无松动脱落现象
		内部无异响、发热、异味
		内部元器件及接线无松动、脱落现象
		内部相关指示灯、加热器、监测数据正常
9	蜗壳座环	流道内焊缝无开裂、漏水现象
		流道内的把合部件无松动、脱落现象
		过流表面空蚀及磨损符合设计要求
		座环固定导叶与上、下环板过渡区域及出水边焊缝无裂纹
		进人门把合螺栓预紧力符合设计要求，无松动、锁片焊缝无裂纹
		底环与座环连接螺栓（底环非埋设混凝土）预紧力符合设计要求，无松动、锁片焊缝无裂纹
		进人门密封不渗漏水
		裸露焊接部位焊缝是无开裂现象
10	尾水管	流道内焊缝无开裂、漏水现象
		流道内的把合部件无松动、脱落现象
		过流表面空蚀及磨损符合设计要求
		进人门把合螺栓预紧力符合设计要求，无松动、锁片焊缝无裂纹
		进人门、检修平台支座密封不渗漏水
		锥管裸露焊接部位焊缝无开裂现象（底环非埋设混凝土）

序号	检修部件	质量标准
10	尾水管	尾水锥管与底环连接螺栓（尾水锥管非埋设混凝土）预紧力符合设计要求，无松动、锁片焊缝无裂纹
		尾水锥管与尾水肘管连接螺栓（尾水锥管非埋设混凝土）预紧力符合设计要求，无松动、锁片焊缝无裂纹

三、主要部件检修工作的内容

1. 转轮的检修

（1）转轮叶片空蚀检查与探伤。检查转轮叶片是否光滑平整，是否有裂纹，是否有泥沙磨损和汽蚀破坏。对转轮叶片做着色、磁粉或超声波探伤检查。

（2）转轮裂纹的修复。转轮裂纹处理前，采用着色、磁粉或超声波探伤检查。裂纹施焊前，依据裂纹状况开好坡口，选用与母材化学成分相近的焊条进行焊接。施焊后焊缝保温冷却，焊接内应力采用锤击法进行消除，焊缝表面打磨光滑并使其符合裂纹所在位置的型线，最后对焊缝进行外观检查和探伤检查。

（3）转轮空蚀破坏的处理。空蚀处理前，做好空蚀破坏面积、位置、深度的记录。去除空蚀破坏层并磨平处理区表面后施焊。施焊过程中，采用边焊边敲打焊渣的方法消除过大的应力和变形。堆焊区按原叶片型线磨平，磨平后应无凹凸不平和沟槽现象，打磨后的表面粗糙度应达到原图纸要求。

2. 导水机构的检修

（1）导水机构检查内容。导水机构检查内容主要有检查导水机构接力器本体、连接板、控制环及转臂表面的油污、异物、锈蚀和螺栓松动问题及导叶套筒漏水情况。

（2）导叶间隙测定。检修前后，对导叶间隙进行测量。导叶立面间隙分别在一对相邻导叶全关位置的头尾搭接立面的上、中、下三处进行测量确认。导叶端面间隙分别在导叶上、下端面与顶盖、底环抗磨板之间测量确认；止推间隙在止推环与导叶转臂之间测量确认。通常测量确认合格标准：立面间隙为0mm，上、下端面间隙比例应为1∶2，止推间隙与安装资料无较大偏差。

（3）导叶开度测定。导叶开度测量在一对相邻导叶立面的中部进行。通常要求分别测量相邻导叶25%、50%、75%、100%四个开度，选择的基准导叶为圆周位置上互成90°的四对导叶。通常测量确认合格标准：导叶开度最大偏差不超过导叶平均开度的±3%。

（4）导叶漏水量测定。在球阀上、下游侧压力钢管处设旁通管路，并在管路上加装流量计。在机组和球阀关闭状态，打开旁通管路的阀门后，流量计的读数即为导叶漏水量数值。

（5）导叶空蚀、磨损检查。检查导叶空蚀、磨损，即有无明显空蚀、磨损现象和大面积油漆脱落及锈蚀情况。

（6）导叶抗磨板检查。检查导叶抗磨板，即上、下抗磨板有无明显刮痕、碰撞痕迹和有无高点、低点。

3. 水导轴承的检修

（1）水导轴承油箱注油和排油。注油操作：采用软管，一端接入水导处油系统注油接口，另一端置入水导油箱注油孔。打开注油系统相应阀门，启动注油泵，开始向油箱注油，注油至油位达到机组静止油位整定范围。关闭注油泵和相关阀门并拆解软管。

排油操作：若水导油箱连接至漏油箱，漏油箱设排油泵连接机组油系统，则开启水导排油相关管路阀门，并开启排油泵即可实现排油操作。若水导油箱没有设置与漏油箱的连接系统，则需外设排油泵，排油泵进出口分别连接软管，排油泵进口侧软管的另一端置入水导油箱注排油孔或与油箱排油接口相连，排油泵出口侧软管的另一端与水导油系统排油接口连接，开启相关阀门及排油泵实现排油操作。水导油箱排空后，拆解排油泵和软管，关闭相关阀门。

（2）水导轴承检查。检查油箱内油漆应无脱落，无渗漏裂纹；检查油管路无渗漏，螺栓无松动；检查油位浮子功能正常；检查测温电阻固定无断裂或松动；检查水导瓦固定牢固；检查水导油箱盖挡油装置无破损。

（3）水导轴承间隙测定和调整。水导轴承间隙通常采用塞尺直接测量。水导轴承间隙调整通常采用斜率法来完成。斜率法就是利用水导轴承间隙调整用楔子板 1∶50 的斜边，计算出要求间隙的提升量，通过调整楔子板的高度，达到水导瓦间隙调整的目的。

4. 主轴密封的检修

进入顶盖，检查主轴密封供水及测压管有无渗漏，检查密封固定螺栓有无松动，检查主轴密封漏水量是否在合理范围内，检查主轴密封的密封块磨损量是否正常。

5. 附属设备的检查

（1）主轴密封供水系统设备检查。检查主轴密封供水系统压力、流量是否正常。对滤水器、电机、表计进行必要的检查和清洗。同时对增压泵、减压装置及其管路进行检查，并对增压泵本体进行必要的检查和维护，对减压环管等装置进行检漏处理。

（2）水导外循环油系统设备检查。检查油过滤器、冷却器及循环油泵，对油过滤器的滤网进行必要的检查、清洗或更换。检查油冷却器有无漏油、漏水，管路测温元件和测压元件是否指示正常。

（3）顶盖排水系统设备检查。检查顶盖排水系统阀门、排水泵和顶盖浮子液位计固定情况，螺栓有无松动，设备功能有无异常。

（4）调相压水系统设备检查。检查调相压水气罐本体、管路及阀门有无渗漏，螺栓无锈蚀。检查压力表计是否指示正常。检查液压阀、电动阀固定是否牢固，液压阀有无漏油现象。

（5）蜗壳、尾水管检查。检查蜗壳、尾水管焊缝有无异常，防锈漆有无脱落现象；检查测压管口有无堵塞。检查尾水管排水口拦污栅有无断裂、锈蚀、杂物。

（6）蜗壳进人门、尾水管进人门检查。对进人门的开关和密封性能进行检查。在打开蜗壳、尾水管进人门前，排空尾水管和蜗壳内积水，并保证各来水侧阀门已可靠关闭并锁定。开启进人门验水阀并确认安全后，采用液压扳手或力矩扳手拆除连接螺栓，采用人力将门拉开。拆下的进人门把合螺栓应进行相应的除锈、打磨、探伤处理，对存在裂纹的螺栓进行更换。进人门关闭前，确认蜗壳、尾水管内无遗留物。闭门时，更换进人门密封，涂密封胶，对称把紧螺栓，用液压扳手或力矩扳手把紧至设定力矩。

四、常规运行故障

1. 机组振动、摆度超过规定值

首先，确定是否在振动禁区运行，应避开该振动工况区。其次，检查各轴承运行情况。再次，分析机组振动、摆度的测量结果。最后，分析振动原因，进行相应处理。（必要时与设备制造厂家联系确定处理方案）

2. 主轴密封故障

（1）密封块温度升高。首先，排除测温元件误报警可能性。其次，检查并调整供水压力，增大冷却水供水流量，避免由于冷却水水压太低，导致密封块压得太紧。再次，检查并调整密封块弹簧的预紧力大小，对于端面水压式密封，应检查几个密封块弹簧的同步性。

（2）漏水量增大。首先，检查并调整供水压力，减小冷却水供水流量，避免冷却水水压过高。其次，检查并调整密封块弹簧的预紧力大小。

3. 水导轴承故障

（1）瓦温、油温升高。首先，排除测温元件误报警可能性。其次，检查主轴摆度情况，并加强水导油温和瓦温的监视力度，若温度有继续上升趋势，停机处理。再次，检查冷却水流量情况，适当调大冷却水流量，以保证水导冷却效果良好，温度下降；若为外循环机组，则需检查外循环泵工作情况。最后，检查轴瓦间隙值变化情况，适当调整间隙。

（2）水导油位低。首先，排除自动化元件误报警可能性。其次，检查是否为漏油引起，检查油槽合缝面的密封情况、甩油情况。再次，检查是否为水泵水轮机检修后，加油不足引起，可等机组停稳后，由检修人员适当添加油量。

（3）水导油位高。首先，排除自动化元件误报警可能性。其次，检查是否为机组启动时瞬间甩油，导致油盆油位过高而报警。再次，检查油中是否混水导致油位上升。最后，检查是否为水泵水轮机检修后，加油太多，可等机组停稳后由检修人员适当减少油量。

4. 顶盖水位高

顶盖水位高主要可能原因为测量浮子误动作、排水系统故障等。首先，确认顶盖内是否出现大量漏水而导致水位高。其次，查找是否为水位测量浮子误动作，检查顶盖排水管是否不畅，滤网是否堵塞，并处理排除。再次，停机后检查顶盖内漏水情况，如导叶轴径密封漏水情况，主轴密封漏水情况等，并及时进行处理。最后，顶盖排水泵故障，无法排水，检查排水泵是否能正常工作，电源是否连通，是否过流，控制方式是否为自动控制。

5. 止漏环冷却水故障

（1）止漏环温度升高。首先，检查温度趋势，判断是否为 RTD 测温元件误动作，等停机后由检修人员检查 RTD。其次，检查是否由于上止漏环冷却水控制阀故障导致冷却水是否过小或中断，并进行处理。

（2）止漏环调相工况冷却水流量降低。监测上、下迷宫环温度，若温度无上升趋势，且现地检查冷却水正常，则可继续运行并加强监视及机组停机后通知检修人员检查处理。若检查发现为冷却水中断，可检查冷却水源及各阀门状态。

第十一章

工 程 应 用 案 例

目前，我国已建和在建的大型抽水蓄能电站总装机容量已经超过 5000 万 kW，大小电站超过 40 座（见表 11-1），本章对桐柏、西龙池、宝泉、响水涧、仙游、仙居、洪屏抽水蓄能电站的参数、水泵水轮机机组运行参数、重要几何参数及结构特点等进行介绍。

表 11-1　　　　　我国已建和在建的一些抽水蓄能电站机组主要参数

电站名称	电站地点	装机容量（MW）	转速（r/min）	水头范围 $H_{tmax}/H_{tr}/H_{tmin}$（m）	水轮机/水泵进口直径 D_1/D_2（mm）	叶片数（个）	球阀直径（mm）	首台投运（年）
广蓄Ⅰ期	广东从化	4×300	500	537.2/496/496	3886/2256	7	2210	1993
广蓄Ⅱ期	广东从化	4×300	500	536/512/494	3865/2090	9	2100	1999
十三陵	河北昌平	4×200	500	474.8/430/418.2	3631/1949	7	1750	1996
天荒坪	浙江安吉	6×300	500	607/526/520	4003/2045	9	2000	1998
溪口	浙江奉化	2×40	600	263/240/229	2298/1332	7	1400	1998
沙河	江苏溧阳	2×50	300	121/97.7/97.7	3320/2482	7	2800	2002
回龙	河南南召	2×60	750	412.3/379/362.8	2205/1080	9	1300	2005
桐柏	浙江天台	4×300	300	283.7/244/230.2	4802/3152	7	3100	2006
琅琊山	安徽滁州	4×150	230.8	147/126/115.6	4700/3283	7	4100	2007
泰安	山东泰安	4×250	300	253/225/212.4	4548/3012	9	3150	2006
宜兴	江苏宜兴	4×250	375	410.7/363/335.2	4380/2600	9	2400	2008
张河湾	河北井陉	4×250	333.3	345/305/282.8	4641/2550	9	2450	2007
西龙池	山西五台	4×300	500	687.7/640/611.6	4284.9/1940	7	2000	2008
惠蓄	广东惠州	8×300	500	553.67/517.4/506	3820/2000	9	2000	2009
宝泉	河南辉县	4×300	500	566.99/510/487.37	3832.6/1920.6	9	2000	2009
白莲河	湖北罗田	4×300	250	213.7/197/178.3	5259.2/3570	9	3500	2009
白山	吉林桦甸	2×150	200	123.9/105.8/105.8	5226.5/4132.8	9	4200	2006
天堂	湖北罗田	2×35	157.9	51.6/43/35.9	4592/4380	5	4600	2000
黑麋峰	湖南望城	4×300	300	331.5/295/268.2	5040/2700	9	2800	2009
蒲石河	辽宁宽甸	4×300	333.3	328/308/288	4570/2750	9	2700	2012
呼和浩特	内蒙古呼和浩特	4×300	500	580.4/521/491.8	3855/1875	9	2000	2014
响水涧	安徽芜湖	4×250	250	219.3/190/172.1	5197.7/3290	9	3300	2011
仙游	福建仙游	4×300	428.6	471.41/430/412.3	4158/2238	9	2300	2013
溧阳	江苏溧阳	6×250	300	290/259/227	4742/3015	7	3050	2015
仙居	浙江仙居	4×375	375	492.27/447/420.96	4857.5/2540	9	2600	2015

电站名称	电站地点	装机容量（MW）	转速（r/min）	水头范围 $H_{tmax}/H_{tr}/H_{tmin}$（m）	水轮机/水泵进口直径 D_1/D_2（mm）	叶片数（个）	球阀直径（mm）	首台投运（年）
清远	广东清远	4×320	428.6	502.7/470/440.2	4385/2360	7	2400	2015
洪屏	江西靖安	4×300	500	564/540/520	3810/1934.5	9	2100	2016
深蓄	广东深圳	4×300	428.6	465.19/419/409.31	4200/2333	9	2300	2017
绩溪	安徽绩溪	6×300	500	693.37/600/565.67	4053.5/1912	6+6	2000	在建
敦化	吉林敦化	4×350	500	693.37/655/630.91	4252.5/2016	9	2100	在建
丰宁	河北丰宁	6×300	428.6	458.91/425/387.79	4158/2310	9	2350	在建
荒沟	黑龙江	4×300	428.6	444.75/410/404.38	4104/2280	9	2350	在建

一、桐柏抽水蓄能电站

桐柏抽水蓄能电站位于浙江省天台县栖霞乡百丈村，距天台县城 7km，与杭州、宁波直线距离分别为 150km、94km。厂房内安装四台立轴单级混流式抽水蓄能机组，单机容量 300MW，总装机容量 1200MW，为日循环运用纯抽水蓄能电站。电站设备由 VA TECH 水电联营体（以下简称 VA TECH 公司）提供。

1. 水泵水轮机参数

（1）水轮机工况运行参数：

水轮机工况旋转方向为俯视逆时针。

最大净水头为 283.7m。

额定净水头为 244 m。

最小净水头为 230.2m。

水轮机额定出力为 306MW。

水轮机最大出力为 336MW。

水轮机加权平均效率为 90.99 %。

额定流量为 142.5 m^3/s。

（2）水泵工况运行参数：

最大净扬程为 288.33m。

最小净扬程为 237.6m。

最大轴功率为 312MW。

水泵加权平均效率为 93.77 %。

水泵最大流量为 120.8 m^3/s；最小流量为 91.35 m^3/s。

（3）水泵水轮机其他主要参数：

转轮进口直径为 4802mm。

转轮出口直径为 3152mm。

额定转速为 300r/min。

飞逸转速稳态为≤440r/min。

安装高程为 52m。

淹没深度为—58m。

固定导叶 24 个。

活动导叶 24 个。

转轮叶片数为 7 个。

球阀直径为 3100mm。

2. 水泵水轮机技术特点

桐柏水泵水轮机（见图 11-1）采用常规的上拆结构，底环下方不埋设混凝土，可达到不拆导叶操作机构检修和更换导叶下轴套、下轴颈密封的效果。活动导叶采用控制环集成操作方式。水轮机旋转方向为机组俯视逆时针方向。

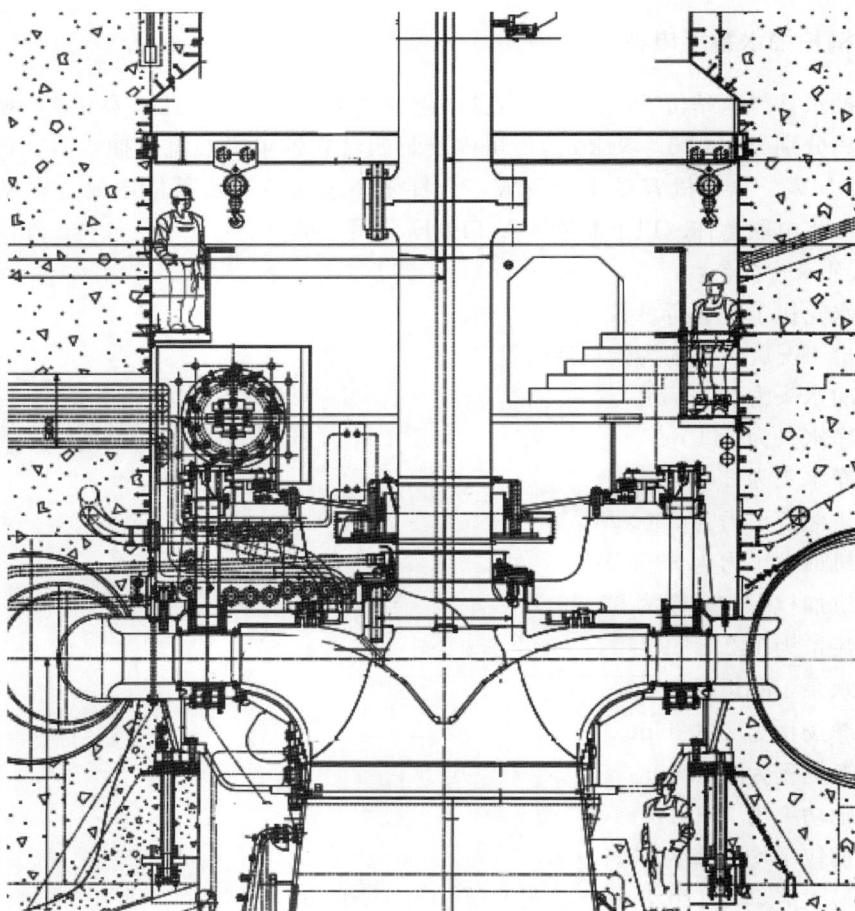

图 11-1 桐柏水泵水轮机

（1）埋入部件特点。座环蜗壳采用分 2 瓣结构，在工地现场组焊并完成法兰面处理。蜗壳与上游侧采用法兰连接，蜗壳进人门设在上游侧明管段。尾水肘管为非圆断面流道。底环下方不埋设混凝土。

（2）导水部件特点。顶盖采用钢板焊接结构，分 2 瓣，顶盖外围板采用 T 型板结构。顶盖与座环采用下法兰把合结构。底环采用钢板焊接的整体结构。导叶套筒采用上、中、下短套筒结构。导叶采用三支点支撑，每个导叶通过转臂与控制环相连，两个接力器分别设置在上、下游侧。抗磨板与顶盖、底环的固定方式为螺钉把合结构。上止漏环采用梳齿结构，下止漏环采用台阶结构。

（3）转动部件特点。转轮采用不锈钢整体铸焊结构，转轮叶片数为 7。转轮与主轴采用螺栓连接，转轮与主轴通过法兰面摩擦传递转矩。

主轴采用整体锻制而成，中空结构，不带轴领。主轴与发电机轴采用螺栓连接，主轴与发电机轴通过法兰面摩擦传递转矩。

主轴密封由工作密封和检修密封两部分组成。工作密封采用轴向自调节端面水压式密封，密封副由不锈钢转环和固定密封块两部分组成，具有自补偿、自平衡的特点，并设有指示装置显示密封块磨损量。检修密封采用充气式三角密封。

水导轴承采用稀油润滑分块瓦轴承。水导轴承设有外置循环油泵和外置冷却器。

二、西龙池抽水蓄能电站

山西西龙池抽水蓄能电站位于五台县，其中下水库位于神西乡西河村，上水库位于白家庄镇龙池村的西龙池。电站装机四台 300MW 混流式抽水蓄能机组。西龙池抽水蓄能电站水泵水轮机由东芝、日立公司共同提供。

1. 水泵水轮机参数

（1）水轮机工况运行参数：

水轮机工况旋转方向为俯视顺时针方向。

最大净水头为 687.7m。

额定净水头为 640m。

最小净水头为 611.6m。

水轮机额定出力为 306MW。

水轮机加权平均效率为 89.76 ％。

额定流量为 54.1m³/s。

（2）水泵工况运行参数：

最大净扬程为 703m。

最小净扬程为 634m。

最大轴功率为 319.6MW。

水泵加权平均效率为 91.67％。

水泵最大流量为 45.33m³/s，最小流量为 35.6m³/s。

（3）水泵水轮机其他主要参数：

转轮进口直径为 4284.9mm。

转轮出口直径为 1940mm。

额定转速为 500r/min。

飞逸转速为≤700r/min。

安装高程为 723m。

淹没深度为−75m。

固定导叶 20 个。

活动导叶 20 个。

转轮叶片数 7 个。

球阀直径为 2000mm。

2. 水泵水轮机技术特点

西龙池水泵水轮机（见图 11-2）采用常规的上拆结构，尾水锥管和底环采用直埋方式。活动导叶采用控制环集成操作方式。

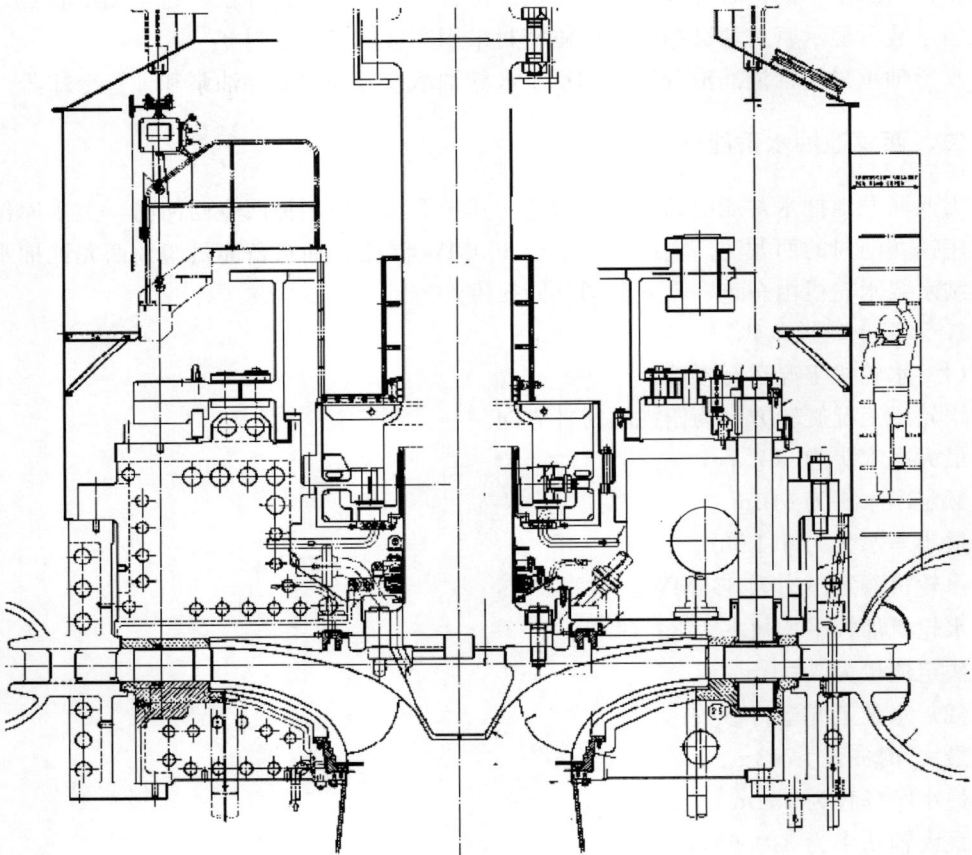

图 11-2　西龙池水泵水轮机

（1）埋入部件特点。座环蜗壳采用分 2 瓣结构，在工地现场组焊并完成法兰面处理。蜗壳与上游侧采用法兰联接，外开式蜗壳进人门设在蜗壳进口明管段。尾水肘管为非圆断面流道。

（2）导水部件特点。顶盖采用钢板焊接结构，分 4 瓣。顶盖与座环采用中法兰把合结构。底环采用钢板焊接结构，分 2 瓣。导叶套筒采用上、中、下短套筒结构。导叶采用三支点支撑，每个导叶通过转臂与控制环相连，两个接力器设置在上游侧。抗磨板与顶盖、底环的固定方式为螺钉把合结构。上止漏环采用梳齿结构，下止漏环采用台阶结构。

（3）转动部件特点。转轮采用不锈钢铸焊结构，转轮叶片数为 7。转轮与主轴采用螺栓和键连接，转轮与主轴通过键传递转矩。

主轴采用整体锻制而成，中空结构，带轴领。主轴与发电机轴采用销螺栓连接，主轴与发电机轴通过销段传递转矩。

主轴密封由工作密封和检修密封两部分组成。工作密封采用径向水压式密封，密封副由不锈钢轴衬和密封块两部分组成，具有自补偿的特点，并设有指示装置显示密封块磨损量。检修密封采用圆断面充气式空气围带。

水导轴承采用稀油润滑分块瓦轴承，轴瓦间隙通过抗重螺栓进行调整。水导轴承设有外置循环油泵和外置冷却器。

三、宝泉抽水蓄能电站

宝泉抽水蓄能电站是一座日调节纯抽水蓄能电站，电站装设四台单机容量为 300MW 的立轴单级混流式抽水蓄能机组。

宝泉蓄能电站机组由法国 ALSTOM 公司总承包，哈尔滨电机厂有限责任公司作为分包方承担其中一台机组的制造任务。

1. 水泵水轮机参数

（1）水轮机工况运行参数：

水轮机工况旋转方向为俯视顺时针方向。

最大净水头为 566.99m。

额定净水头为 510m。

最小净水头为 487.37m。

水轮机额定出力为 306MW。

水轮机加权平均效率为 91.67%。

额定流量为 67.3m³/s。

（2）水泵工况运行参数：

最大净扬程为 573.9m。

最小净扬程为 497.9m。

最大轴功率为 315.4MW。

水泵加权平均效率为 93.36%。

水泵最大流量为 58.13m³/s，最小流量为 43.4m³/s。

（3）水泵水轮机其他主要参数：

转轮进口直径为 3832.6mm。

转轮出口直径为 1920.6mm。

额定转速为 500r/min。

飞逸转速稳态≤668 r/min，瞬态≤723r/min。

安装高程为 150m。

淹没深度为－70m。

固定导叶 20 个。

活动导叶 20 个。

转轮叶片数 9 个。

球阀直径为 2000mm。

2. 水泵水轮机技术特点

宝泉水泵水轮机（见图 11-3）采用中拆结构，轴系采用三段轴，厂房设中拆廊道。机组在不拆发电机的情况下，可实现中间轴、顶盖、主轴、转轮的拆装。活动导叶采用单导叶操作方式。水轮机旋转方向为机组俯视顺时针方向。

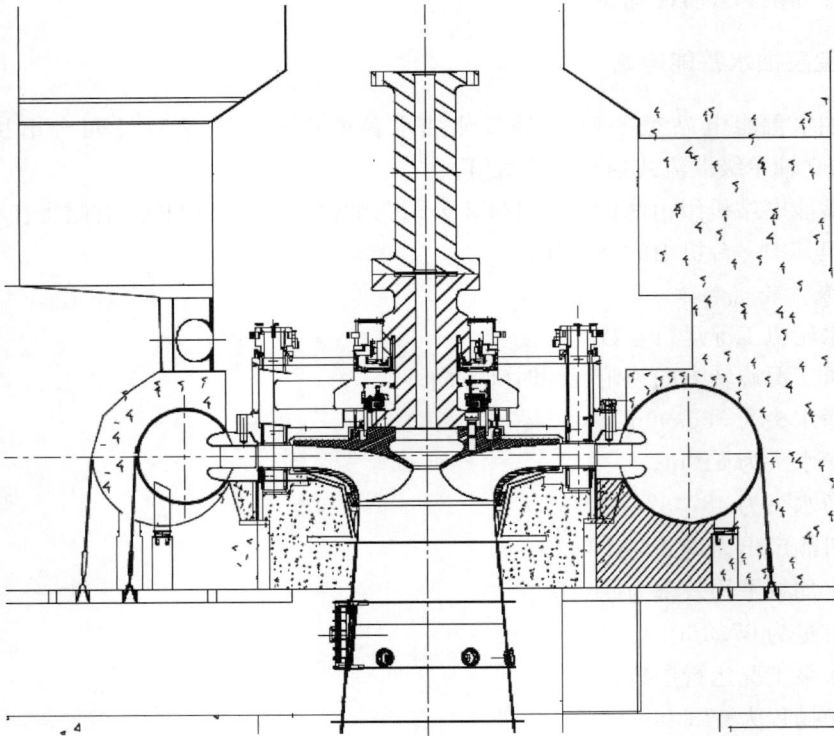

图 11-3　宝泉水泵水轮机

（1）埋入部件特点。座环蜗壳采用分 2 瓣结构，在工地现场组焊并完成法兰面处理。蜗壳与上游侧采用法兰连接。尾水肘管为圆断面流道。

（2）导水部件特点。顶盖采用钢板整体焊接结构，不分瓣。顶盖与座环采用下双法兰把合结构。底环采用钢板整体焊接结构，不分瓣。导叶套筒采用长套筒结构。导叶采用三支点支撑，每个导叶通过转臂与单导叶接力器连接。抗磨板与顶盖、底环的固定方式为螺钉把合结构。上、下止漏环采用梳齿结构。

（3）转动部件特点。转轮采用不锈钢整体铸焊结构，转轮叶片数为 9。转轮与主轴采用螺栓和圆柱销连接，转轮与主轴通过圆柱销传递转矩。

轴系设中间轴，主轴采用整体锻制而成，中空结构，带轴领。主轴与发电机轴采用销螺栓连接，主轴与发电机轴通过销段传递转矩。

主轴密封由工作密封和检修密封两部分组成。工作密封采用轴向自调节端面水压式密封，密封副由不锈钢转环和固定密封块两部分组成，具有自补偿自平衡的特点，并设有显示密封块磨损量的指示装置。检修密封采用方形断面充气式空气围带。

水导轴承采用稀油润滑分块瓦轴承，轴瓦间隙通过楔形板进行调整。水导轴承设有外置循环油泵和外置冷却器。

四、响水涧抽水蓄能电站

响水涧抽水蓄能电站位于安徽省芜湖市三山区峨桥镇，电站总装机容量为 100 万 kW，安装四台单机容量为 25 万 kW 的立轴单级混流式抽水蓄能机组，是国内首座机组设备完全自主研制的大型抽水蓄能电站。主机设备由哈尔滨电机厂有限责任公司负责设计、制造。

1. 水泵水轮机参数

（1）水轮机工况运行参数：

水轮机工况旋转方向为俯视逆时针方向。

最大净水头为 219.3m。

额定净水头为 190m。

最小净水头为 172.1m。

水轮机额定出力为 254MW。

水轮机加权平均效率为 91.10%。

额定流量为 152.1m³/s。

（2）水泵工况运行参数：

最大净扬程为 222.35m。

最小净扬程为 137.33m。

最大轴功率为 277.15MW。

水泵工况加权平均效率为 93.04%。

水泵最大流量为 137.33m³/s，最小流量为 104.8m³/s。

（3）水泵水轮机其他主要参数：

转轮进口直径为 5197.7mm。

转轮出口直径为 3290mm。

额定转速为 250r/min。

飞逸转速稳态≤350 r/min，瞬态≤375r/min。

安装高程为－52.05m。

淹没深度为－54m。

固定导叶 20 个。

活动导叶 20 个。

转轮叶片数 9 个。

球阀直径为 3300mm。

2. 水泵水轮机技术特点

响水涧抽水蓄能机组（见图 11-4）是我国首次自主研制的抽水蓄能机组，在水力设计上也实现了巨大的突破，实现水泵水轮机低水头小流量空载并网区（"S"特性区）的稳定直接并网，摒弃采用非同步开启导叶的机械方式解决低水头小流量空载并网区无法稳定直接并网的技术路线。与此同时水泵水轮机抽水工况高扬程小流量不稳定区（驼峰区）的安全裕度达到 4.7%。响水涧水泵水轮机采用传统上拆结构。活动导叶采用控制环集成操作方式。水轮机旋转方向为机组俯视逆时针方向。

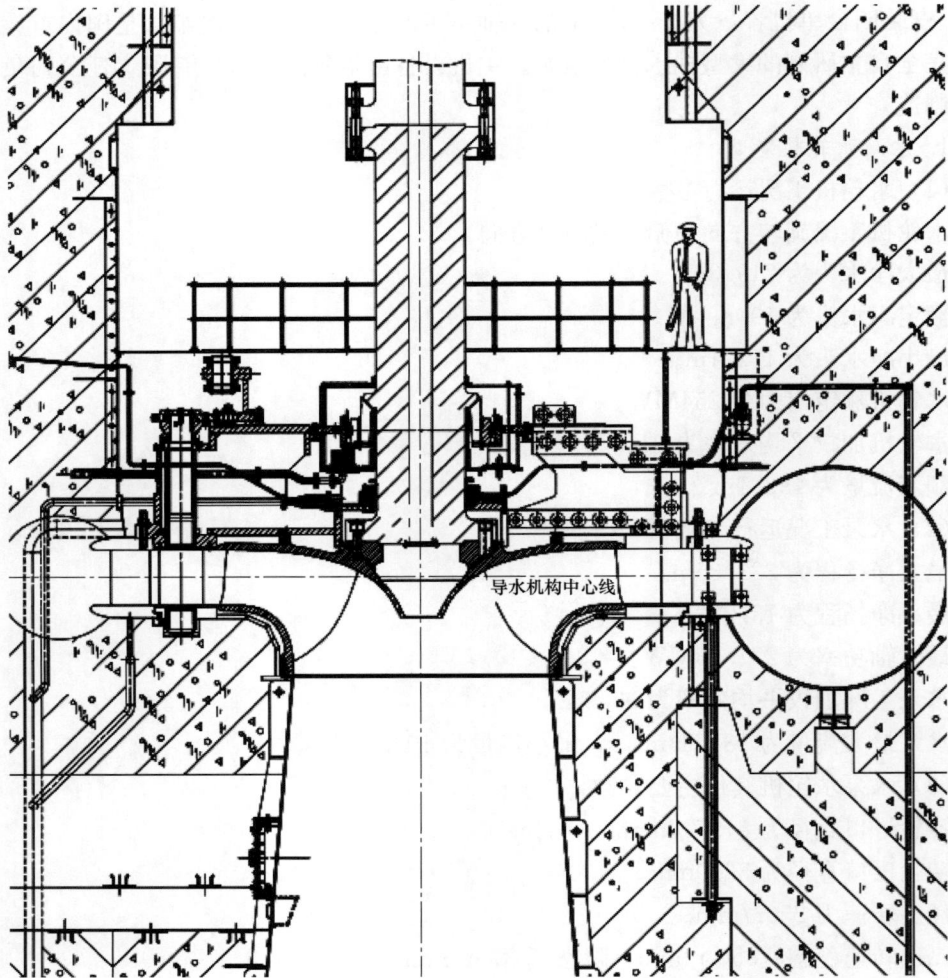

图 11-4　响水涧水泵水轮机

（1）埋入部件特点。座环蜗壳采用分 2 瓣结构，在工地现场组焊并完成法兰面处理。蜗壳与上游侧采用法兰联接。尾水肘管为圆断面流道。

（2）导水部件特点。顶盖采用钢板焊接结构，分 2 瓣。顶盖与座环采用下法兰把合结构。底环采用钢板整体焊接结构，不分瓣。导叶套筒采用长套筒结构。导叶采用三支点支撑，每个导叶通过转臂与控制环相连，两个接力器设置在上游侧。抗磨板与顶盖、底环的固定方式为螺钉把合结构。上止漏环采用梳齿结构，下止漏环采用台阶结构。

（3）转动部件特点。转轮采用不锈钢整体铸焊结构，转轮叶片数为 9。转轮与主轴采用螺栓和圆柱销连接，转轮与主轴通过圆柱销传递转矩。

主轴采用整体锻制而成，中空结构，带轴领。主轴与发电机轴采用销螺栓连接，主轴与发电机轴通过销段传递转矩。

主轴密封由工作密封和检修密封两部分组成。工作密封采用径向水压式密封，密封副由不锈钢轴衬和密封块两部分组成，具有自补偿的特点，并设有显示密封块磨损量的指示装置。检修密封采用箱型充气式空气围带。

水导轴承采用稀油润滑分块瓦轴承，轴瓦间隙通过楔形板进行调整。水导轴承油循环方式为自泵内循环，内置管式冷却器，不需外设循环油泵。

五、仙游抽水蓄能电站

仙游抽水蓄能电站位于福建省莆田市下辖的仙游县西苑乡，属木兰溪流域。距仙游县城约 28km，与福州市、莆田市、泉州市和厦门市的直线距离分别为 95km、47km、65km 和 125km。电站安装四台单机容量为 300MW 的立轴混流式抽水蓄能机组。

仙游电站是我国第二个机组主机设备完全自主研制的大容量抽水蓄能电站，主机机组设备由东方电气集团东方电机有限公司提供。

1．水泵水轮机参数

（1）水轮机工况运行参数：

水轮机工况旋转方向为俯视逆时针方向。

最大净水头为 471.41m。

额定净水头为 430m。

最小净水头为 412.3m。

水轮机额定出力为 306.1MW。

水轮机加权平均效率为 92.24％。

额定流量为 79.16m³/s。

（2）水泵工况运行参数：

最大净扬程为 479.39m。

最小净扬程为 424.27m。

最大轴功率为 321.09MW。

水泵加权平均效率为 93.39％。

水泵最大流量为 68.05m³/s，最小流量为 54.63m³/s。

（3）水泵水轮机其他主要参数：

转轮进口直径为 4158mm。

转轮出口直径为 2238mm。

额定转速为 428.6r/min。

飞逸转速稳态≤600r/min，瞬态≤ 643r/min。

安装高程为 201m。

淹没深度为—65m。

固定导叶 20 个。

活动导叶 20 个。

转轮叶片数 9 个。

球阀直径为 2300mm。

2. 水泵水轮机技术特点

仙游水泵水轮机（见图 11-5）采用上拆结构。活动导叶采用控制环集成操作方式，两只接力器同侧平行布置。水轮机旋转方向为机组俯视逆时针方向。

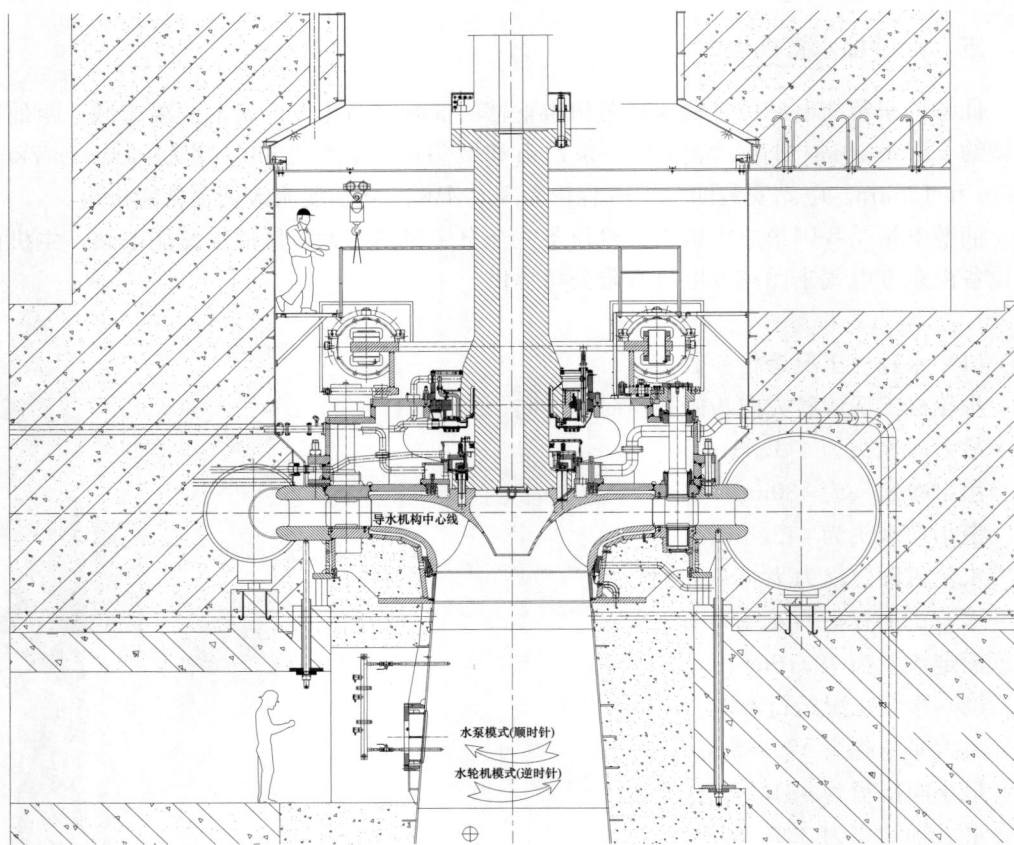

图 11-5　仙游水泵水轮机

（1）埋入部件特点。座环蜗壳采用分 2 瓣结构，在工地现场组焊，设计压力为 7.14MPa，试验压力为 10.71MPa；蜗壳未设置止推环；座环下部设置有 40 个 M80 拉紧螺杆。底环为整体结构，通过机坑牛腿混凝土预设的凹槽吊入机坑就位，并埋设于混凝土中。尾水锥管、肘管及扩散段均为圆断面流道。

（2）导水部件特点。顶盖为钢板焊接结构，分 2 瓣。顶盖采用双法兰把合结构与座环连接，提高法兰的刚度。底环不分瓣，埋入混凝土中。20 个活动导叶，导叶为三支点支撑，配备非金属自润滑轴承，可减小振动降低噪声。导叶套筒为短套筒结构。导叶中、下轴颈设置可加工的耐油耐水聚氨酯材质密封圈。每个导叶通过转臂连杆机构与控制环相连，两个平行布置的接力器设置在机组上游侧。顶盖、底环的过流面设置可拆卸的不锈钢抗磨板，其固定方式为螺钉把合结构。固定止漏环材质为铸铝青铜，上止漏环为梳齿迷宫结构，下止漏环为台阶迷宫结构。止漏环冷却供水取自机组技术供水系统，并经精密滤水器过滤。

顶盖止漏环内侧设置均压（减压）管路与尾水管连通。上、下止漏环外侧高压腔无管路连接，通过适当加大顶盖与转轮外缘的间隙以期达到上、下两腔压力平衡。

机组设置了四个非同步导叶，圆周均布。由于异步转角仅为 10°，对水流扰动较小，因此，非同步导叶投入期间并未引起较大振动。

（3）转动部件特点。转轮为不锈钢铸焊整体结构，叶片数为 9。转轮与主轴采用螺栓连接，通过圆柱销传递转矩。

主轴为整体锻制中空结构，带轴领。主轴与发电机轴为精配合销钉螺栓连接，通过螺栓销段传递转矩。主轴与发电电动机轴螺栓孔用同一套镗模分别加工，在工厂内联轴找摆度。

主轴密封由工作密封和检修密封两部分组成。工作密封为静水压自平衡式轴向密封，其密封副由不锈钢抗磨板与高分子材料密封圈两部分组成，密封圈具有磨损自补偿功能，并设有指示装置显示密封块磨损量。密封圈可适应转动部分异常抬机状况。检修密封为低压充气式空气围带，但电厂基本没有使用。主轴密封设置有两路互为备用的供水水源，一路取自球阀上游压力钢管，经不锈钢盘管减压；另一路取自机组技术供水，经水泵加压。密封水过滤精度为 0.1mm。

水导轴承为稀油润滑分块瓦轴承，轴瓦间隙通过楔形板精确调整。水导轴承设置外循环油冷系统，配置一套双筒滤油器、一套筒式冷却器和两套立式双螺杆油泵，冷却润滑油通过特殊管路喷淋在轴瓦之间。外循环油冷系统布置在机组进水球阀层地面，其高程低于水导油槽，油泵运行时噪声较低。水导油槽设置 10 块小盖板，其中两块为透明有机玻璃材质，可以方便观察油槽内部情况。

（4）其他特点。机组调相运行压水进气入口设置在尾水管锥管上；在锥管进口、顶盖和蜗壳进口延伸段上设置有三套排气管路。调相工况运行时通过蜗壳延伸段进口部位设置的减压管路消减水环。尾水管压水水位可通过专门设置的透明管路直接观察。

水机室内设置有井字梁型检修起吊装置。通过进人廊道顶部的导轨，可将部分待修部件直接运出机坑。

六、仙居抽水蓄能电站

浙江仙居抽水蓄能电站位于浙江省仙居县湫山乡境内，电站处于浙东南中心地带，距浙江省几个主要的城市直线距离分别为温州60km、台州80km、金华70km、杭州140km。电站安装四台单机容量为375MW的混流式抽水蓄能机组，是国内目前已建的单机容量最大的抽水蓄能机组。

仙居抽水蓄能机组完全自主研发、设计和制造，其中水泵水轮机由哈尔滨电机厂有限责任公司提供，发电电动机由东方电气集团东方电机有限公司提供。

1. 水泵水轮机参数

（1）水轮机工况运行参数：

水轮机工况旋转方向为俯视顺时针方向。

最大净水头为492.27m。

额定净水头为447m。

最小净水头为420.96m。

水轮机额定出力为382.7MW。

水轮机加权平均效率为90.86%。

额定流量为96.34m³/s。

（2）水泵工况运行参数：

最大净扬程为502.9m。

最小净扬程为437.31m。

最大轴功率为413MW。

水泵加权平均效率为93.44%。

水泵流量最大为81.9m³/s，最小为63.7m³/s。

（3）水泵水轮机其他主要参数：

转轮进口直径为4857.5mm。

转轮出口直径为2540mm。

额定转速为375r/min。

飞逸转速稳态≤513r/min，瞬态≤555r/min。

安装高程为107m。

淹没深度为−71m。

固定导叶20个。

活动导叶20个。

转轮叶片数9个。

球阀直径为2600mm。

2. 水泵水轮机技术特点

仙居水泵水轮机（见图11-6）采用传统上拆结构。活动导叶采用控制环集成操作方式。水轮机旋转方向为机组俯视顺时针方向。

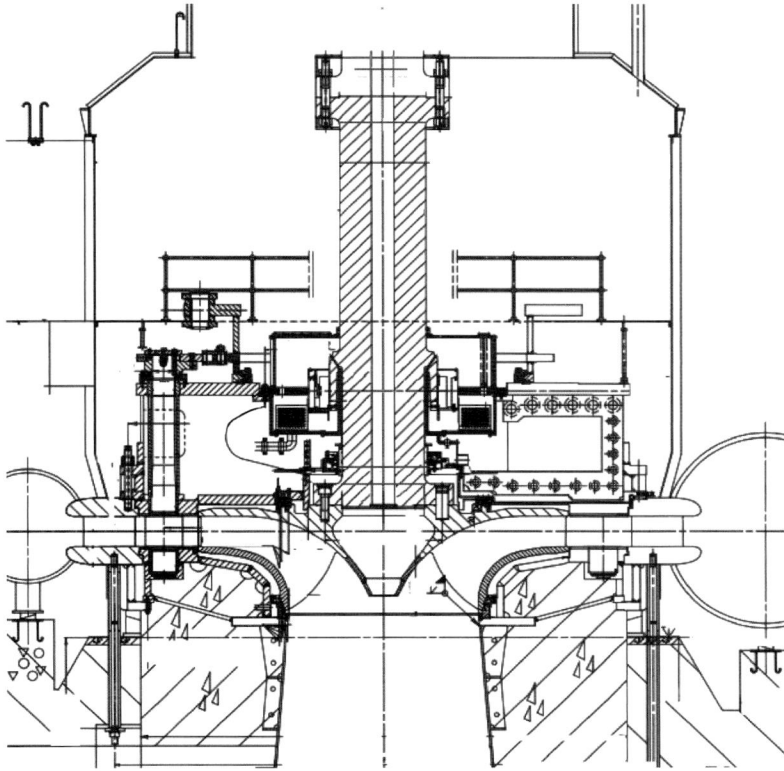

图 11-6　仙居水泵水轮机

（1）埋入部件特点。座环蜗壳采用分 2 瓣结构，在工地现场组焊并完成法兰面处理。蜗壳与上游侧采用焊接方式连接。尾水肘管为圆断面流道。

（2）导水部件特点。顶盖采用钢板焊接结构，分 2 瓣。顶盖与座环采用下双法兰把合结构。底环采用钢板整体焊接结构，不分瓣。导叶套筒采用长套筒结构。导叶采用三支点支撑，每个导叶通过转臂与控制环相连，两个接力器设置在上游侧。抗磨板与顶盖、底环的固定方式为螺钉把合结构。上止漏环采用梳齿结构，下止漏环采用台阶结构。

（3）转动部件特点。转轮采用不锈钢整体铸焊结构，转轮叶片数为 9。转轮与主轴采用螺栓和圆柱销连接，转轮与主轴通过圆柱销传递转矩。

主轴采用整体锻制而成，中空结构，带轴领。主轴与发电电动机轴采用销螺栓连接，主轴与发电电动机轴通过销段传递转矩。

主轴密封由工作密封和检修密封两部分组成。工作密封采用径向水压式密封，密封副由不锈钢轴衬和密封块两部分组成，具有自补偿的特点，并设有指示装置显示密封块磨损量。检修密封采用充气式三角形密封。

水导轴承采用稀油润滑分块瓦轴承，轴瓦间隙通过楔形板进行调整。水导轴承油循环方式为自泵内循环，内置管式冷却器，不需外设循环油泵。

七、洪屏抽水蓄能电站

江西洪屏抽水蓄能电站位于江西省靖安县三爪仑乡境内，距靖安县、南昌、九江、武汉的直线距离分别为 40km、65km、100km 和 190km。电站安装四台单机容量 300MW 的立轴单级混流式抽水蓄能机组，总装机容量 1200MW。洪屏抽水蓄能电站水泵水轮机由 VOITH 提供。

1. 水泵水轮机参数

（1）水轮机工况运行参数：

水轮机工况旋转方向为俯视逆时针方向。

最大净水头为 564m。

额定净水头为 540m。

最小净水头为 520m。

水轮机额定出力为 306MW。

水轮机加权平均效率为 92.1%。

额定流量为 62.5m³/s。

（2）水泵工况运行参数：

最大净扬程为 577m。

最小净扬程为 539m。

最大轴功率为 325MW。

水泵加权平均效率为 93.16%。

水泵流量最大为 53.0m³/s，最小为 45.0m³/s。

（3）水泵水轮机其他主要参数：

转轮进口直径为 3850mm。

转轮出口直径为 1934.9mm。

额定转速为 500r/min。

飞逸转速稳态≤700r/min，暂态≤725r/min。

安装高程为 93m。

淹没深度为 −70m。

固定导叶 20 个。

活动导叶 20 个。

转轮叶片数 9 个。

球阀直径为 2100mm。

2. 水泵水轮机技术特点

洪屏水泵水轮机（见图 11-7）采用常规的上拆结构，底环下方不埋设混凝土，可实现不拆导叶操作机构检修和更换导叶下轴套、下轴颈密封的目的。活动导叶采用控制环集成操作方式。

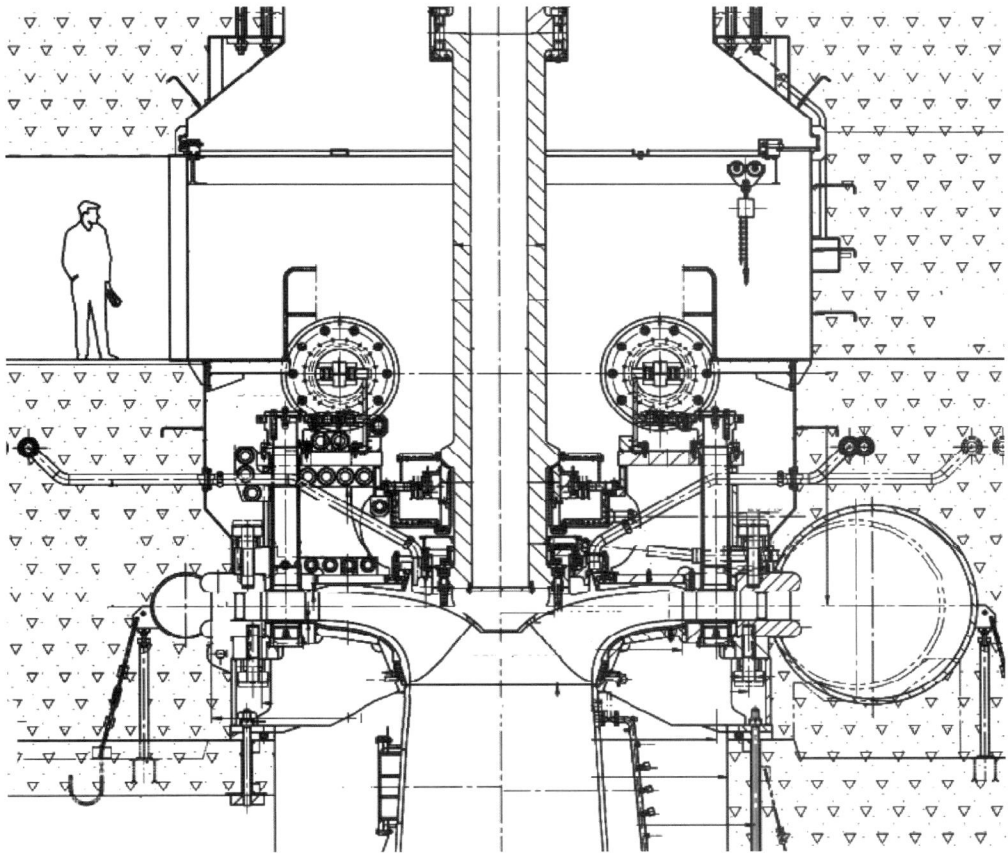

图 11-7 洪屏水泵水轮机

（1）埋入部件特点。座环蜗壳采用整体结构。蜗壳与上游侧采用法兰连接，蜗壳设外开式进人门。尾水肘管为非圆断面流道。底环下方和尾水锥管不埋设混凝土。

（2）导水部件特点。顶盖采用钢板焊接结构，分 2 瓣，包括内顶盖和外顶盖两部分。顶盖与座环采用下法兰把合结构。底环采用钢板焊接的整体结构。活动导叶采用不锈钢整体铸造。导叶套筒采用长套筒结构。导叶采用三支点支撑，每个导叶通过转臂与控制环相连，两个接力器设置在上游侧。抗磨板与顶盖、底环的固定方式为焊接结构。上、下止漏环采用多级台阶结构。

（3）转动部件特点。转轮采用不锈钢整体铸焊结构，转轮叶片数为 9。转轮与主轴采用法兰连接，连接紧固件采用螺栓和销套组合结构，转轮与主轴通过销套传递转矩。

主轴采用整体锻制而成，中空结构，带轴领。主轴与发电机轴采用法兰连接，连接紧固件采用销螺栓结构，主轴与发电机轴通过螺栓销段传递转矩。

主轴密封由工作密封和检修密封两部分组成。工作密封采用轴向自调节端面水压式密封，密封副由不锈钢转环和固定密封块两部分组成，具有自补偿自平衡的特点，并设有指示装置显示密封块磨损量。检修密封采用充气式空气围带。

水导轴承采用稀油润滑分块瓦轴承。水导轴承设有外置循环油泵和外置冷却器。

附录 A 术 语

飞逸转速：为轴端负荷力矩为零时水轮机可能达到的最高稳态转速。

飞逸特性曲线：模型能量特性试验时，各种导叶开度下，水轮机达到稳定飞逸速度时，各飞逸速度的连线。

空化：在流道中水流局部压力下降到临界压力时，水中气核发展成为气泡，从而使液相流体的连续性遭到破坏，变为含气的二相流体。

单位转速：表示几何相似的水轮机当转轮直径为 1m、有效水头为 1m 时的转速。

单位流量：表示几何相似的水轮机转轮直径为 1m、有效水头为 1m 时的有效流量。

单位功率（出力）：表示几何相似的水轮机转轮直径为 1m、有效水头为 1m 时的轴端出力。

比转速：几何相似的水轮机当水头为 1m、输出功率为 1kW 时的转速。

重量法：即在一定时间内将一定质量的水头切入校准筒（称重筒），然后称出切入水的质量，从而计算出该时间内流量的平均值。

容积法：容积法与重量法具有同样的精度，同样是在一定时间内将一定质量的水头切入校准筒（容积筒），然后通过液位尺计算出切入水的体积，从而计算出该时间内流量的平均值。

原位标定：在不拆卸测量传感器保持与测试状态一致的情况下，对传感器进行的标定。

加权平均效率：在保证出力或流量下测点的效率与其相应的商定加权因子用算术法求出的效率。

边界条件：在运动边界上方程组的解应该满足的条件。

应力集中系数：在材料的弹性范围内，最大局部应力与名义应力的比值称为理论应力集中系数。

节径：源于简单的几何体，如圆盘在某阶模态下振动时的表现，在其大多数振型中将包含横穿整个圆盘表面的板外位移为零的线，通常称为节径。

水泵水轮机全特性：水泵水轮机运行过程中，会经常遇到一些特殊工况，如水泵工况运行时突然断电，水流很快产生倒流，机组转速急剧下降直至零，随后水泵将会倒转直至飞逸，整个过程机组经历了水泵工况、制动工况及水轮机工况三个运行区，在水轮机工况甩负荷，还会出现水轮机制动工况和反水泵工况两个运行区，通常把各种正常工况和过渡过程工况的全部特性总称为水泵水轮机全特性。

"驼峰"特性：水泵水轮机的水泵工况在 Q-H 曲线的小流量、高扬程区域存在明显的水力不稳定区域，该区域的 Q-H 曲线呈"驼峰"形状，因此该种特性被称为水泵水轮机水泵工况的"驼峰"特性。

"S"特性：水泵水轮机在制动工况与反水泵工况存在巨大的水力波动，在 Q_{11}-n_{11} 曲线图上此区域的导叶开度线呈反"S"形状，为此将此区域水泵水轮机所反映出来的水力特性称为"S"特性。

大波动过渡过程：机组突然增全部负荷或突然甩全部负荷引起的过渡过程。

小波动过渡过程：在水力-机械系统中出现小波动时，在调速器和其他控制装置的作用下，系统恢复到初始稳定运行状态或达到新的稳定状态并长时间保持稳定运行的能力。

水力干扰过渡过程：多台机共水力单元条件下，部分机组突增或突减负荷引起的管道压力、流量和调压室水位的变化，导致其余正常运行机组的水头、出力、转速和导叶开度发生变化，受到干扰的过程。

附录 B　主要符号表

符号	名称	常用单位
A	微元断面积	m^2
a	加速度	m/s^2
α_0	导叶开度	mm，（°）
bal	平衡管水头损失	m
D_1	转轮高压边直径	m
D_2	转轮低压边直径	m
E	水力比能	J/kg
F_{aM}	模型轴向力	N
F_{1M}	模型转轮叶片轴向力	N
F_{2M}	模型转轮上冠轴向力	N
F_{3M}	模型转轮下环轴向力	N
F_{4M}	模型转轮重力	N
F_{5M}	模型转轮上的浮力	N
F_{6M}	模型转轮轴端面暴露于大气中所受压力	N
F_{1ED}	轴向力因子	—
F_{1nD}	轴向力系数	—
F_r	径向力	N
F_{rED}	径向力因素	—
F_{rnD}	径向力系数	—
f_1	主频	Hz
g	重力加速度	m/s^2
H	水头/扬程	m
H_{max1}	最大上游水位	m
H_{max2}	最大下游水位	m
$H_{overpressure}$	过压水头	m
H_{over_runner}	由于转轮引起的过压水头	m
H_T	水轮机水头	m
H_P	水泵扬程	m
Δh	泵进口的净正吸入水头 NPSH	m
ΔH	驼峰裕度	%
$\Delta H/H_m$	振幅比	%
K	有限叶片数修正系数	—
K_z	顶盖轴向刚度系数	N/mm
K_R	顶盖径向刚度系数	N/mm
k_σ	应力集中系数	—

符号	名称	常用单位
L	管道长度	m
M	力矩	N·m
M_{rED}	径向力矩因素	—
M_{rnD}	径向力矩系数	—
m	质量	kg
N_p	机组出力或入力	MW
n	转速	r/min，r/s
n	疲劳安全系数	—
n_r	机组额定转速	r/min
n_2	飞逸转速	r/min
n_{11}	单位转速	r/min
N_i	当前载荷水平 σ_i 的疲劳寿命	cycle
P	水轮机输出功率	kW
P_m	机械功率	kW
P_{11}	单位功率	kW
p_2	尾水传感器测得尾水罐中的绝对压力	kPa
p_{va}	气化压力	kPa
Q_P	水泵流量	m³/s
Q	流量	m³/s，L/s
Q_{11}	单位流量	m³/s
Re	雷诺数	
r	距旋转轴半径	m
T	主轴力矩	N·m
T_{11}	单位力矩	N/m³
$T_{G,ED}/T_{G,QD}$	导叶力矩因素	—
T_G	活动导叶力矩	N·m
t	时间	s
u	圆周速度	m/s
u_j	与坐标轴 x_j 平行的速度分量	m/s
v	速度	m/s
v_m	轴面流速分量	m/s
v_u	绝对速度的切向分量	m/s
V	微元体积	m³
Z_r	安装高程	m
Z_2	尾水位	m
Z_{dist}	导叶中心高程	m
Z_{erodis}	零流量水头	m
Z_{runner}	转轮叶片个数	
Z_{vane}	固定导叶个数	
Z_{wicket_gate}	活动导叶个数	
ε	尺寸系数	—

符号	名称	常用单位
β	表面加工系数	—
ρ	水密度	kg/m^3
η_{hT}	水轮机工况水力效率	%
η_{hP}	水泵工况水力效率	%
η	水泵水轮机效率	%
η_M	水泵水轮机模型效率	%
η_{Mopt}	水泵水轮机模型最优工况点效率	%
η_M^*	恒定雷诺数下的模型效率	%
η_w	加权平均效率	%
η_P	原型机效率	%
σ	空化系数	—
σ_c	临界空化系数	—
σ_i	初生空化系数	—
σ_{pl}	电站装置空化系数	—
σ_0	脉动循环疲劳极限	MPa
σ_{-1}	对称循环疲劳极限	MPa
σ_a	疲劳应力幅值	MPa
σ_b	材料的强度极限	MPa
σ_m	平均应力	MPa
σ_s	材料的屈服极限	MPa
λ_1	水流绕流叶片的动压降系数	—
λ_2	水流进入叶片以前的综合损失系数	—
λ	叶栅空化系数	—
ω	角速度	rad/s
ω_u	切向角速度	rad/s
η_s	尾水管恢复系数	—
ρ_i	反击系数	—
ψ_m	平均应力影响系数	—
μ_1	转轮上密封环离心力系数	—
μ_2	转轮下密封环离心力系数	—

参 考 文 献

[1] 梅祖彦. 抽水蓄能发电技术 [M]. 北京：机械工业出版社，2000.

[2] 于波，肖惠民. 水轮机原理与运行 [M]. 北京：中国电力出版社，2008.

[3] 王庆，黑川敏史，筱原朗，等. 可变速水泵水轮机及其选型设计特点 [C]//中国电力发电工程学会水力机械专业委员会，中国电机工程学会水电设备专业委员会，中国动力工程学会水轮机专业委员会. 水电设备的研究与实践：第 20 次中国水电设备学术讨论会论文集. 北京：中国水利水电出版社. 2015：26-32.

[4] TU J Y，YEOH G H，LIU. 计算流体力学：从实践中学习 [M]. 王晓东译. 沈阳：东北大学出版社，2014.

[5] 王焕茂. 混流式水泵水轮机驼峰区数值模拟及试验研究 [D]. 武汉：华中科技大学，2009：64.

[6] 王焕茂，吴钢，吴伟章，等. 混流式水泵水轮机驼峰区数值模拟及分析 [J]. 水力发电学报，2012，31（6）：253-258.

[7] 王焕茂，陈元林，魏显著，等. 水泵水轮机驼峰区压力脉动预测及分析 [C]. 大连：第十九次中国水电设备学术讨论会，2013.

[8] 李德友. 水泵水轮机驼峰区流动机理及瞬态特性研究 [D]. 哈尔滨：哈尔滨工业大学，2017：3-5.

[9] 关醒凡. 现代泵理论与设计 [M]. 北京：中国宇航出版社，2011.

[10] DESIERVO F，LUGARESI A. Modern trends in selection and designing of Francis Type Reversible Pump Turbines [J]. Water Power and Dam Construction，1980（5）：33-42.

[11] WORSTER R C. The flow in volutes and its effect on centrifugal pump performance [J]. ARCHIVE Proceedings of the Institution of Mechanical Engineers 1847-1982（vols 1-196），1963，177（1963）：843-875.

[12] 桑原，尚夫. 水泵水轮机甩负荷时运行特性的改善及水锤的最小限度化 [J]. 水利水电技术，2002，33（2）：68-71.

[13] 侯才水. 可逆式机组甩负荷水力过渡过程的优化 [J]. 南昌工程学院学报，2004，23（2）：75-78.

[14] 魏春雷，郑凯. 水泵水轮机"S"特性改善方案 [J]. 河北电力技术，2011，30（s1）：15-16.

[15] 张玉良，潘秀云. 大型抽水蓄能电站首机首次启动试验方式选择研究（二）：首机首次水泵工况启动试验方式关注的主要技术问题 [J]. 水电站机电技术，2011，34（4）：69-73.

[16] 韦秋来. 抽水蓄能电站可逆式机组水泵工况启动过渡过程浅析 [J]. 湖北电力，2006，30（2）：58-59.

[17] 常近时. 水力机械装置过渡过程 [M]. 北京：高等教育出版社，2005.

[18] 杨开林. 水泵-水轮机突甩负荷的优化计算方法 [J]. 水利学报，1987（11）：31-38.

[19] 谢庆涛. 混流式水轮机甩负荷过程导叶关闭规律的优化计算 [J]. 水利学报，1987（8）：70-75.

[20] 何文学，李茶青. 水电站大波动过渡过程研究现状及发展趋势 [J]. 水利水电科技进展，2003，23（4）：58-61.

[21] 杨开林. 电站与泵站中的水力瞬变及调节 [M]. 北京：中国水利水电出版社，2000.

[22] 程永光，张师华. Lattice Boltzmea 方法应用实例：水电站水击计算 [J]. 武汉水利电力大学

学报，1998（5）：22-26.

［23］ 韩庆书，刘月田. 水锤数值模拟与应用［J］. 水动力学研究与进展（A辑），1991（3）：95-102.

［24］ 常近时. 水力机械过渡过程［M］. 北京：机械工业出版社，1991.

［25］ 潘家铮，傅华. 水工隧洞和调压室：调压室部分［M］. 北京：水利电力出版社，1992.

［26］ 刘德有，郜正华. 有压管道系统瞬变流计算的时间步长取值方法研究［J］. 河海大学常州分校学报，2002，16（2）：6-11.

［27］ 巨江，刘菁，诸亮. 水电站压力引水系统瞬变流数学模型［J］. 西北水力发电，2002，18（4）：13-16.

附：彩图

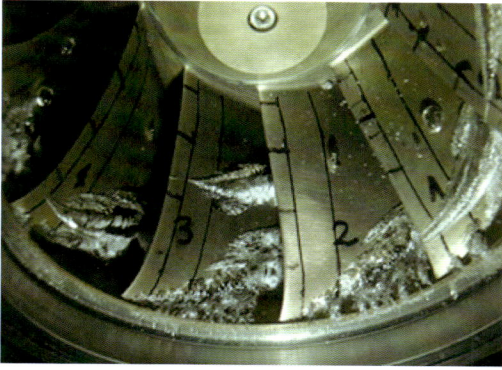

彩图 1-9　水泵水轮机水泵工况空化现象

彩图 1-13　模型水泵水轮机水轮机工况涡带观测图

$H_m=39.965m$；$\sigma=0.095$；$n_{11}=50.690r/min$；

$Q_{11}=0.576m^3/s$；$H_s=-27.431m$

(a)

(b)

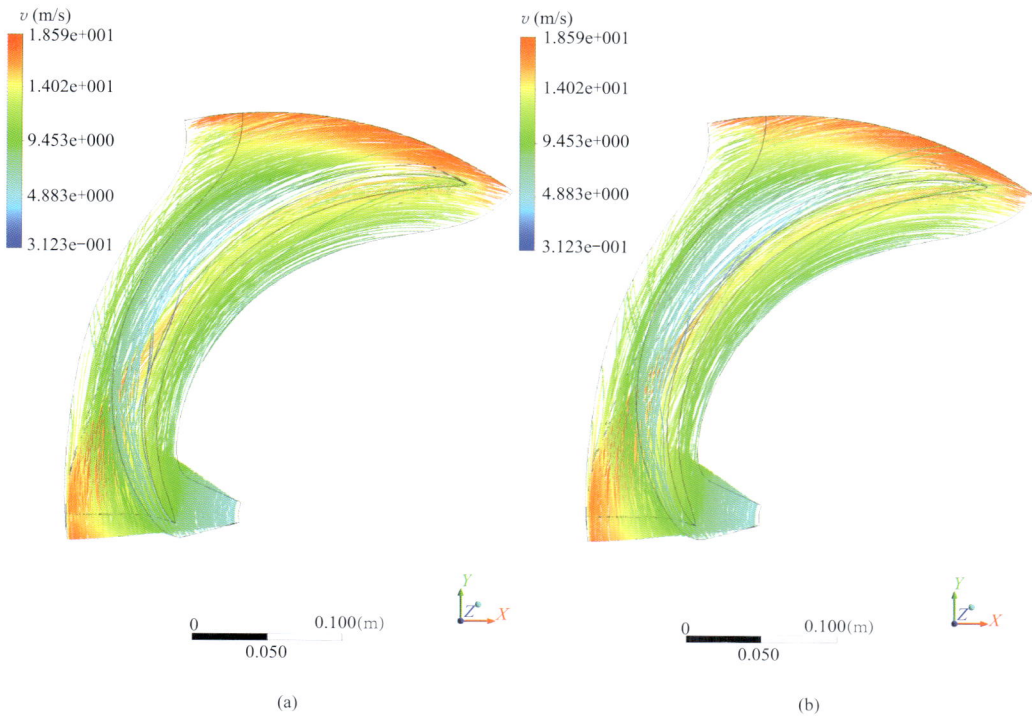

彩图 2-24　不同叶片高压边角度转轮单流道水泵工况最优流量 CFD 计算流线图

（a）高压边角度 19°转轮；（b）高压边角度 22°转轮

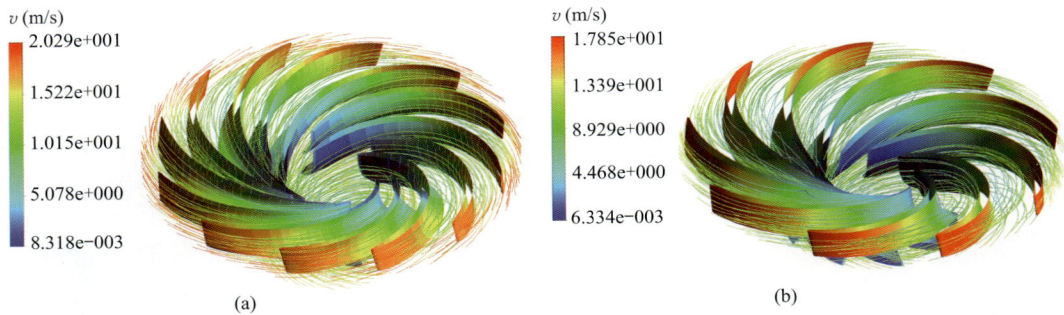

彩图 2-25　不同叶片形式转轮流道 CFD 流线图

(a) 6 个长叶片 6 个短叶片转轮；(b) 9 个叶片转轮

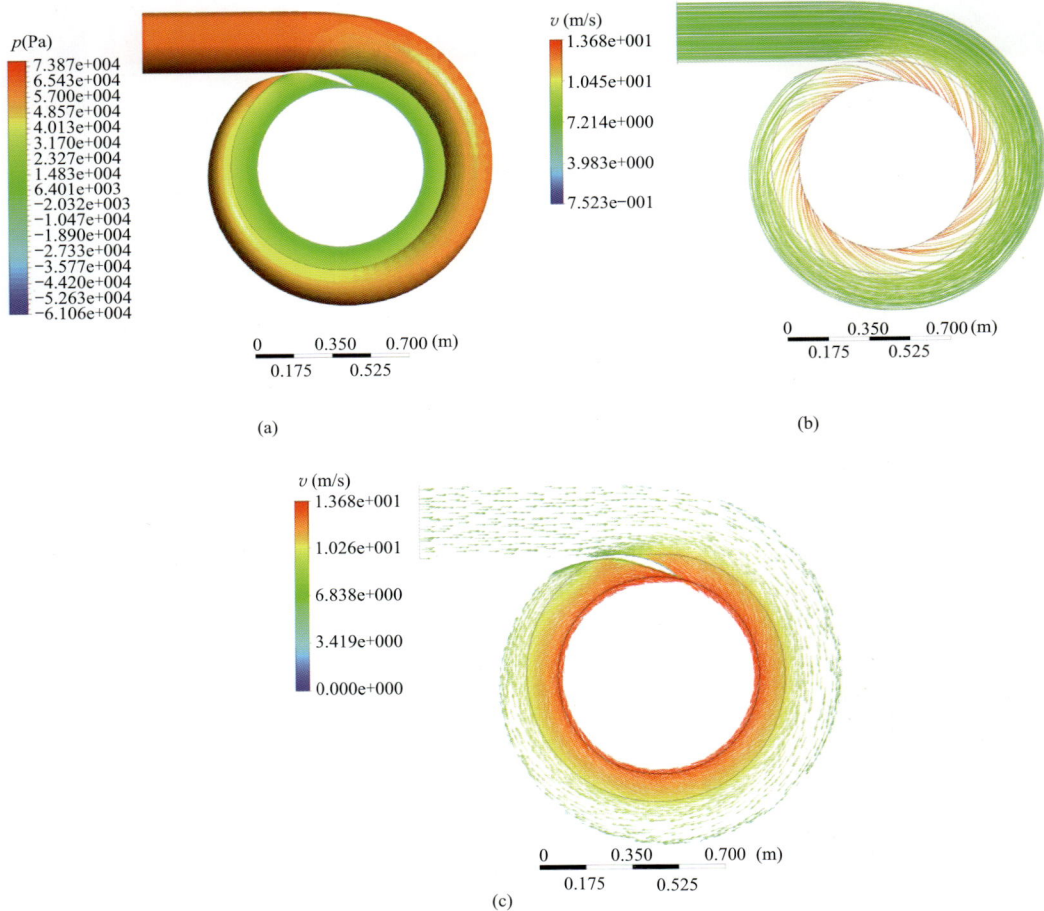

彩图 2-27　水泵水轮机蜗壳 CFD 计算结果

(a) 蜗壳表面压力分布图；(b) 蜗壳流线图；(c) 蜗壳速度矢量图

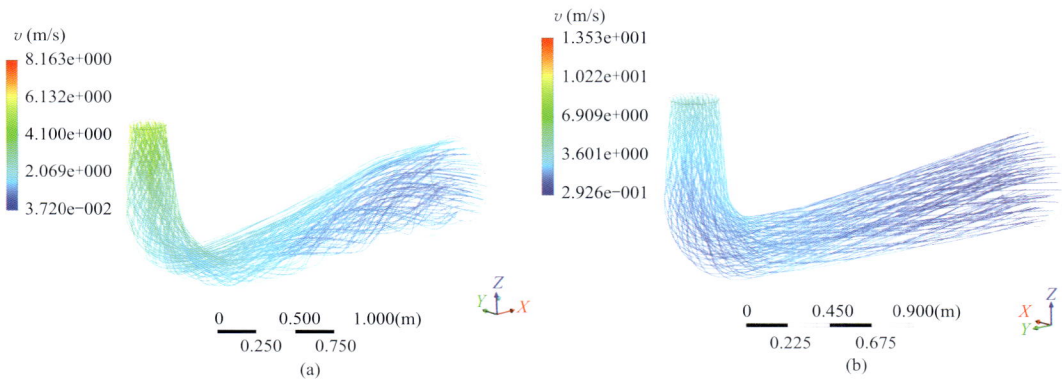

彩图 2-36　水泵水轮机水轮机工况尾水管流线图

（a）"扁平"断面尾水管 CFD 计算结果；（b）"全圆"断面尾水管 CFD 计算结果

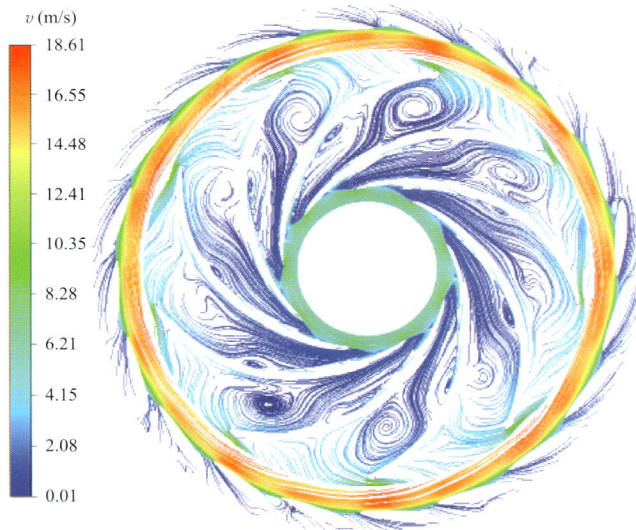

彩图 2-39　"S"形特性区导叶与转轮计算域内部流动特性数值解析结果

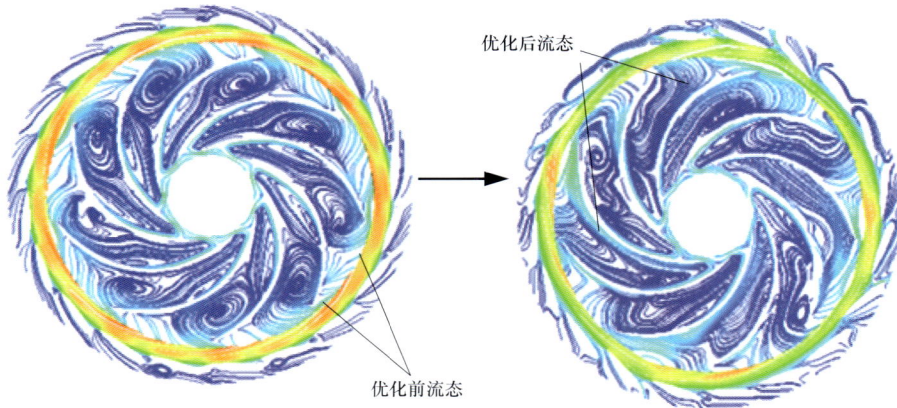

彩图 2-40　"S"特性优化前后数值结果比较

彩图 3-4　模型装置蜗壳

彩图 3-5　数控加工后的模型座环

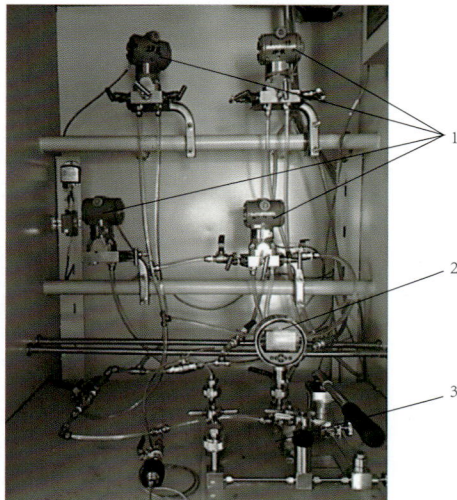

彩图 3-10　水头/尾水压力标定系统示意图

1—压力传感器；2—压力校验仪；3—压力泵

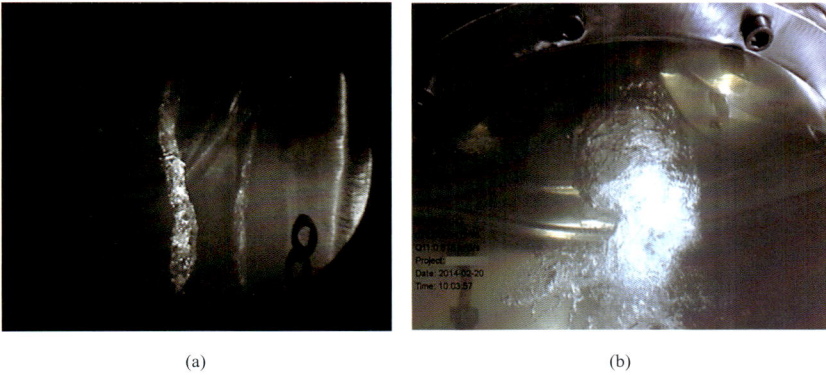

(a)   (b)

彩图 3-18　水轮机工况空化现象观测

（a）转轮进口叶道涡现象；（b）转轮出口涡带现象

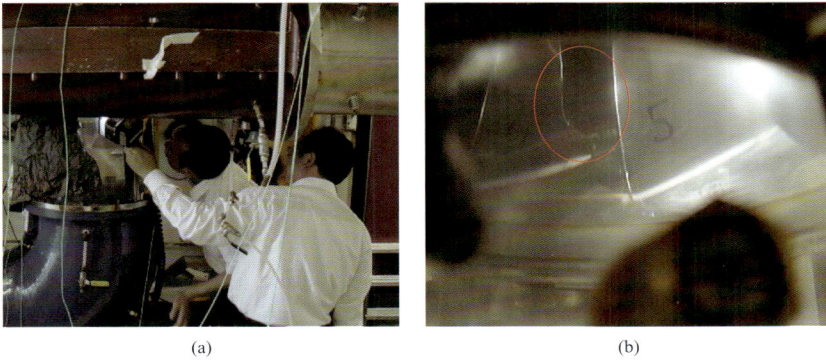

(a)   (b)

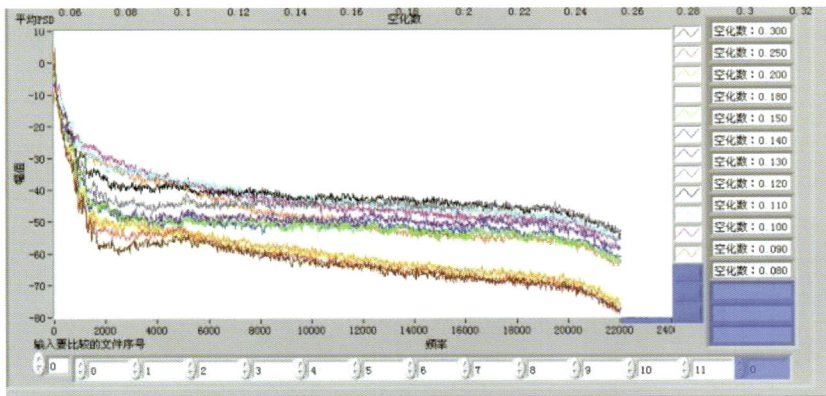

(c)

彩图 3-20　水泵工况初生空化观测

（a）通过目视观测水泵小流量初生空化；（b）通过叶片反射观测水泵大流量下初生空化；

（c）初生空化声学法分析

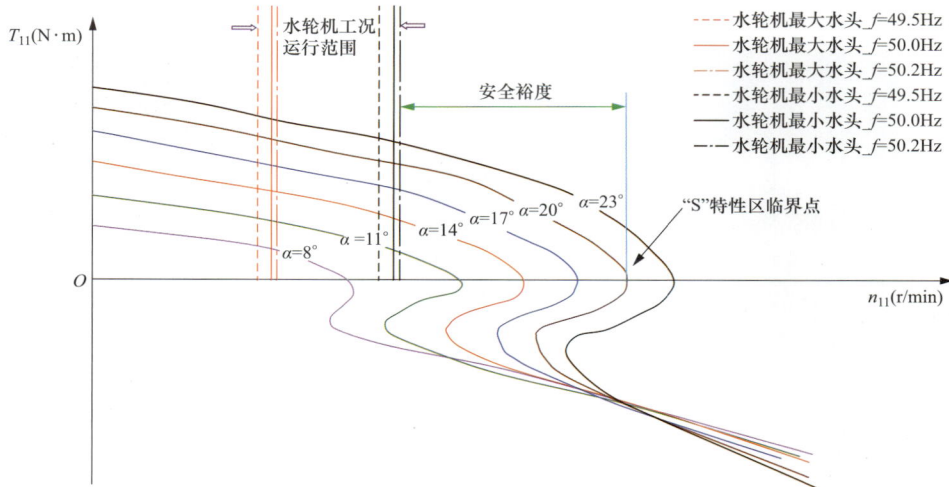

彩图 3-32 "S"特性区安全裕度

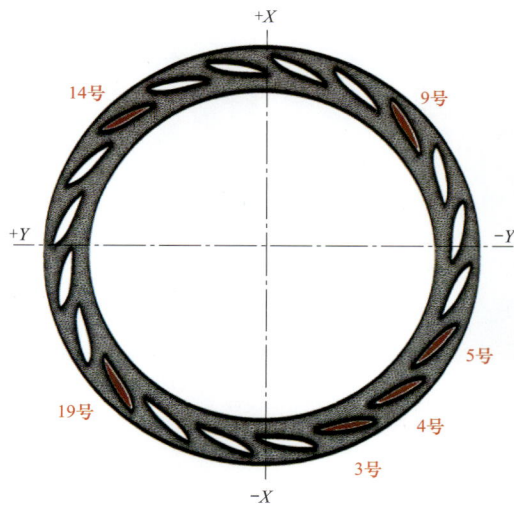

彩图 3-34 特殊活动导叶布置示例（4号导叶为非同步导叶）

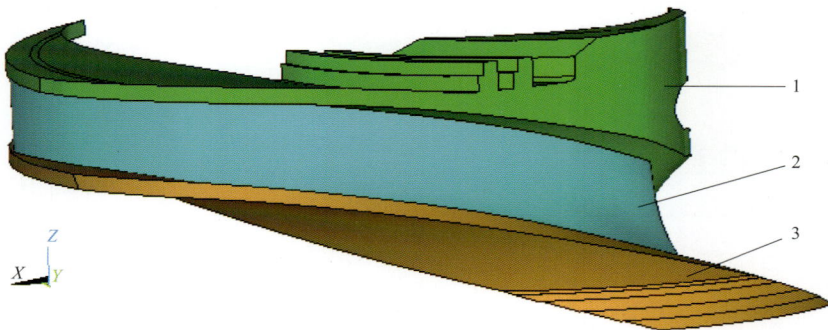

彩图 4-1 转轮有限元分析计算模型

1—上冠；2—叶片；3—下环

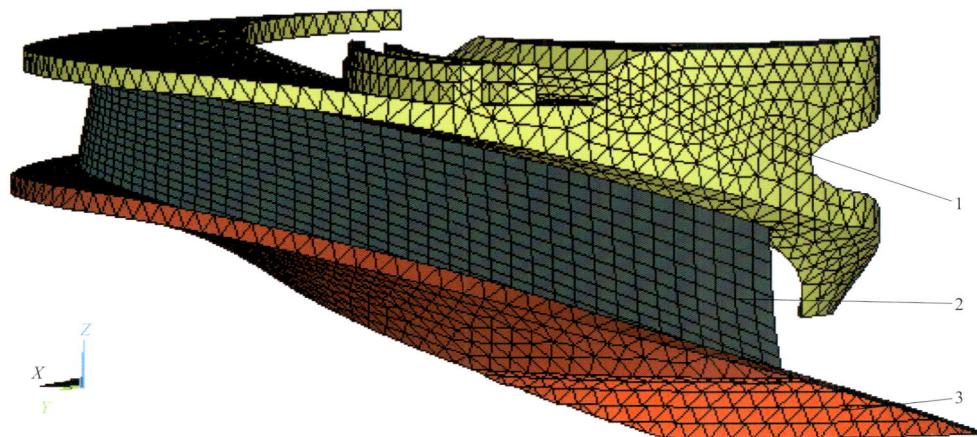

彩图 4-3　转轮有限元网格剖分图

1—上冠（10 节点四面体网格）；2—叶片（20 节点六面体网格）；

3—下环（10 节点四面体网格）

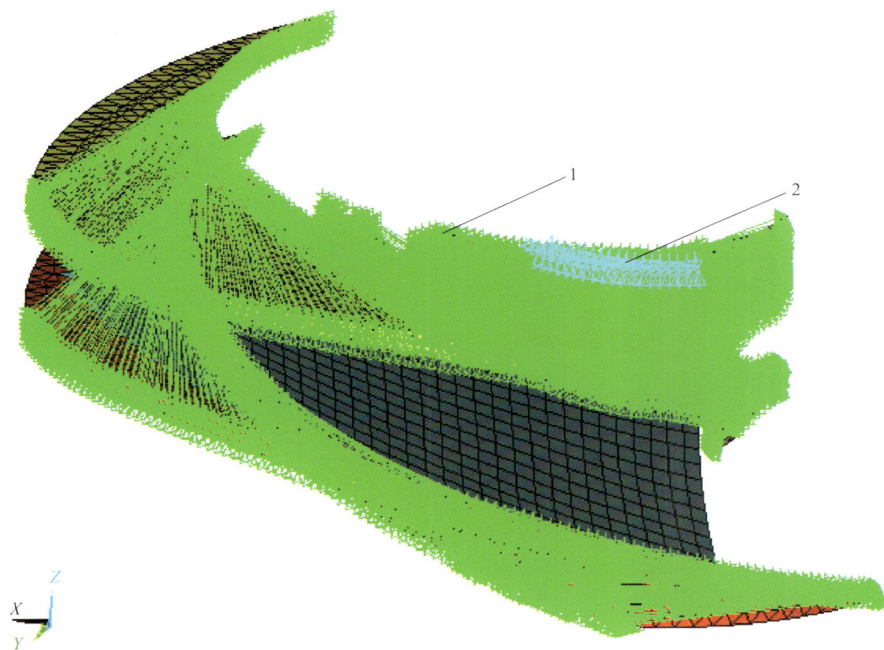

彩图 4-4　转轮分析计算边界条件

1—周期对称边界条件；2—位移约束

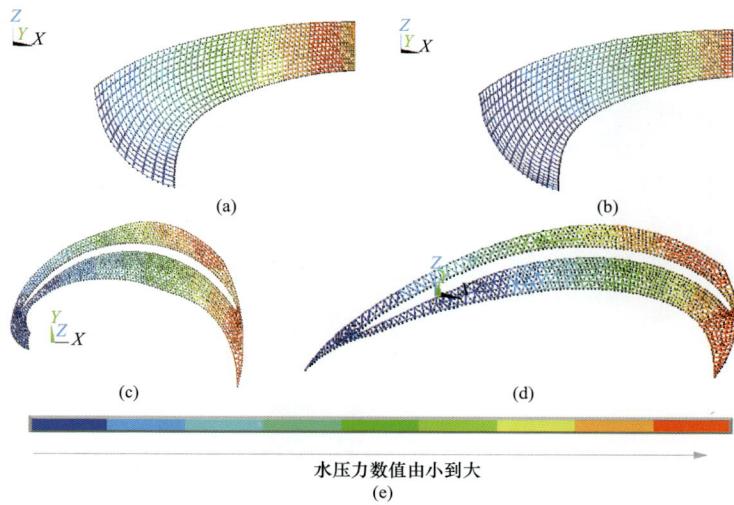

彩图 4-5 转轮过流面水压力

（a）叶片正面压力分布图；（b）叶片背面压力分布图；（c）上冠过流面压力分布图；
（d）下环过流面压力分布图；（e）水压力颜色说明

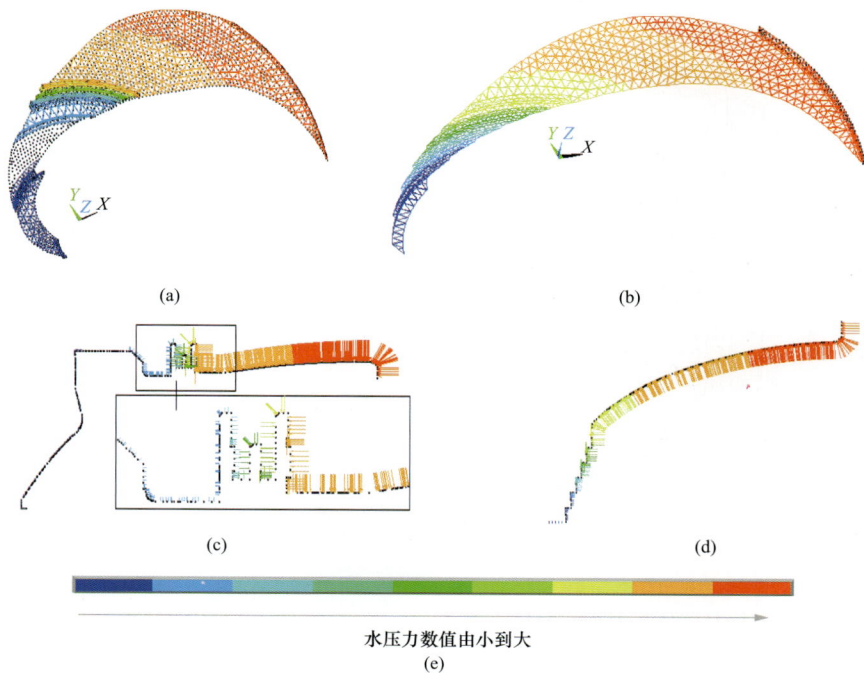

彩图 4-6 转轮非过流面水压力

（a）上冠非过流面压力分布图；（b）下环非过流面压力分布图；（c）上冠非过流面压力分布图（主视图）；
（d）下环非过流面压力分布图（主视图）；（e）水压力颜色说明

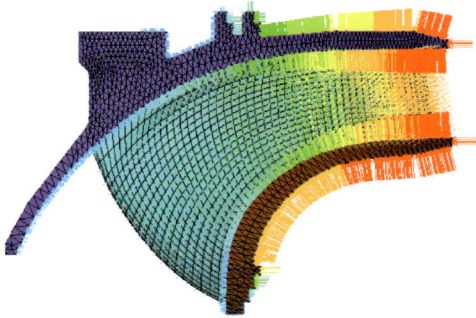

彩图 4-7　转轮承受水压力示意图
（包括过流面和非过流面）

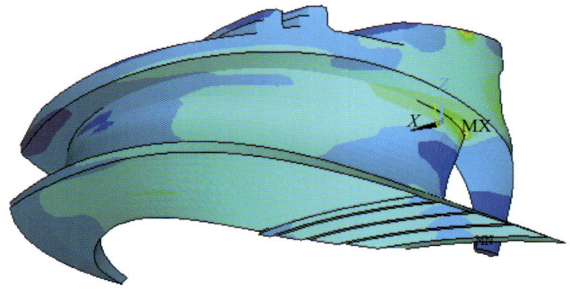

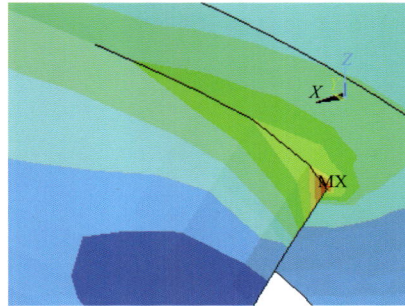

彩图 4-8　几何不连续产生的峰值应力

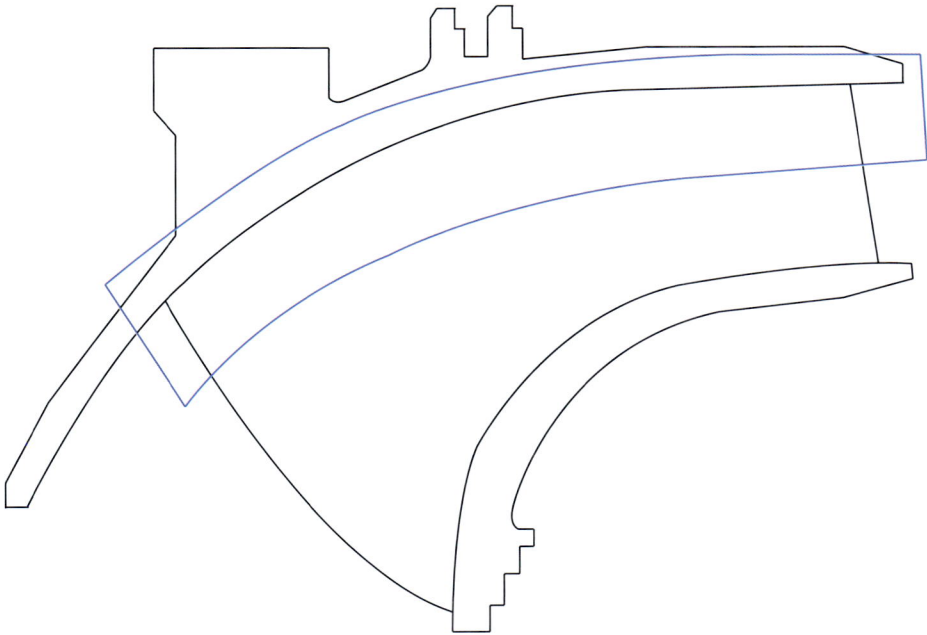

彩图 4-11　子模型在整体模型的位置示意图

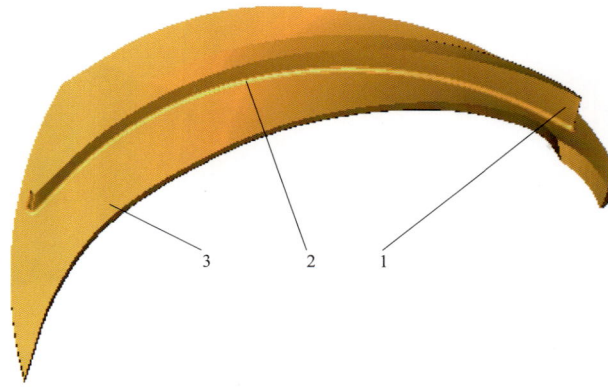

彩图 4-12　转轮高应力区域子模型分析模型

1—子模型切取出来的叶片；2—叶片与上冠相交的过渡圆角；3—子模型切取出来的部分上冠

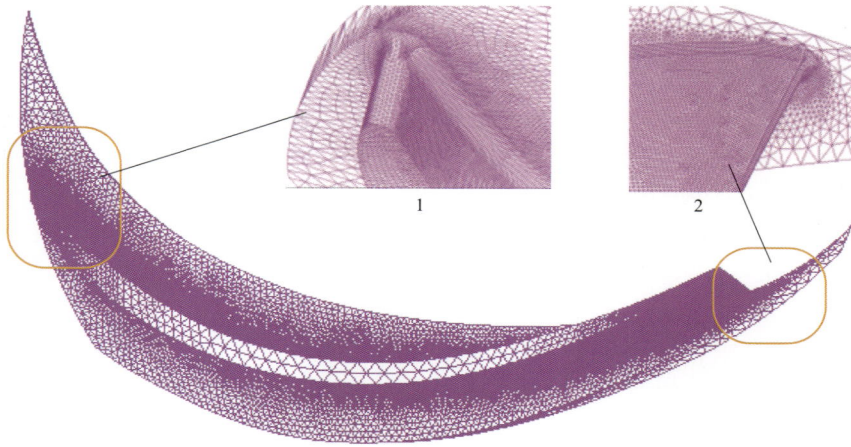

彩图 4-13　转轮叶片与上冠应力集中区子模型分析有限元网格剖分图

1—叶片进水边局部放大；2—叶片出水边局部放大

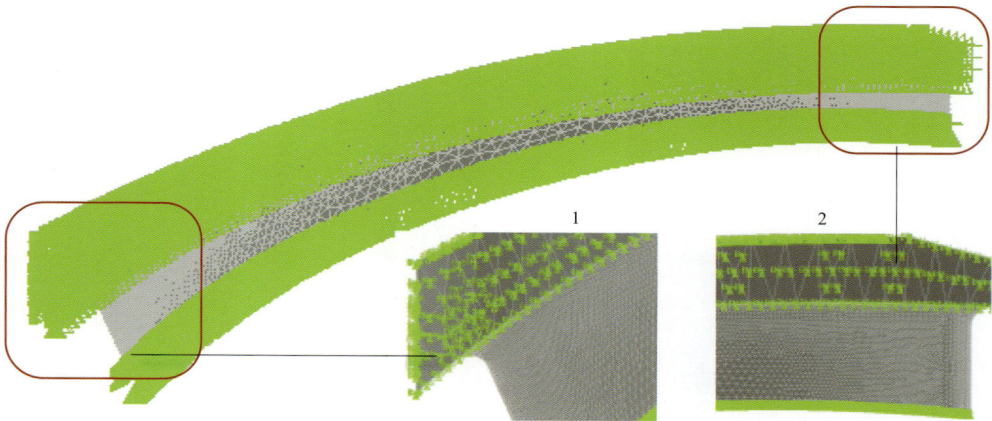

彩图 4-14　通过插值得到的子模型边界条件

1—叶片出水边局部放大；2—叶片进水边局部放大

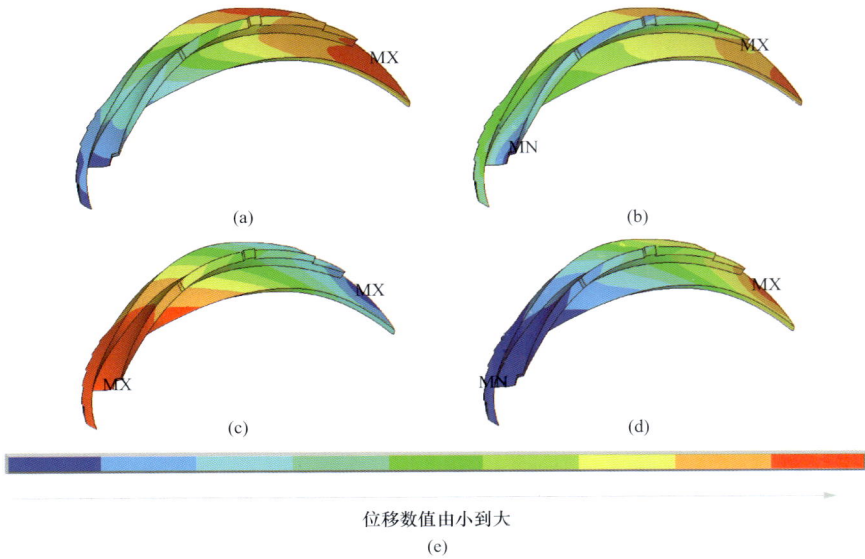

彩图 4-15　整体模型中子模型区域位移图

（a）整体模型中子模型计算区域 R 方向位移趋势图；（b）整体模型中子模型计算区域 θ 方向位移趋势图；
（c）整体模型中子模型计算区域 Z 方向位移趋势图；（d）整体模型中子模型计算区域总体位移趋势图；
（e）位移颜色趋势图

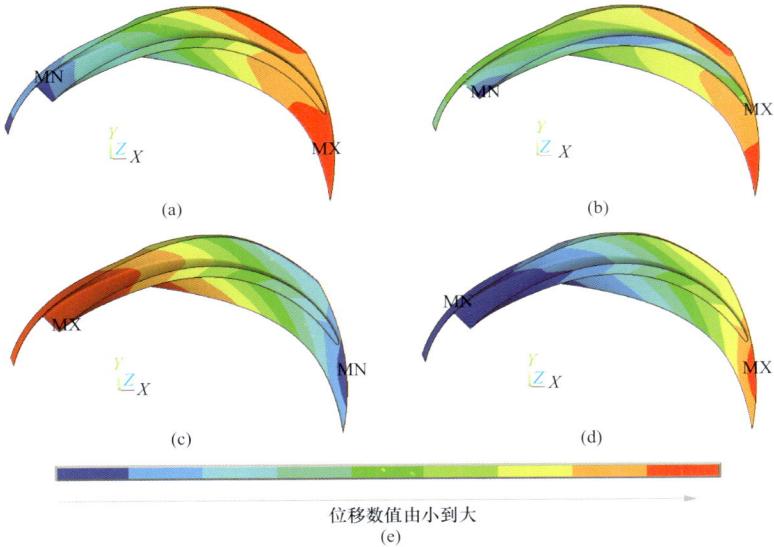

彩图 4-16　子模型位移图

（a）子模型 R 方向位移趋势图；（b）子模型 θ 方向位移趋势图；（c）子模型 Z 方向位移趋势图；
（d）子模型总体位移趋势图；（e）位移颜色趋势图

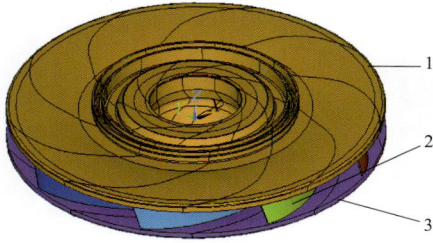

彩图 4-24　转轮在空气中动态特性分析模型
1—上冠；2—叶片；3—下环

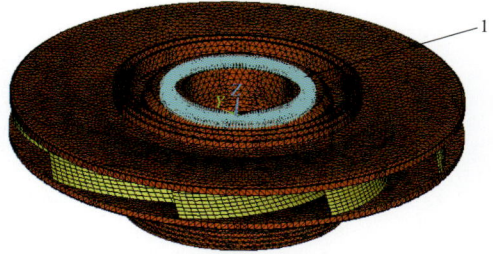

彩图 4-25　转轮在空气中动态特性边界条件
1—位移约束

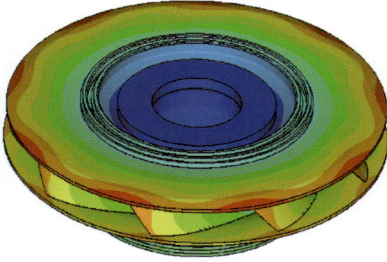

彩图 4-26　转轮节径 $k=0$ 的振动振型

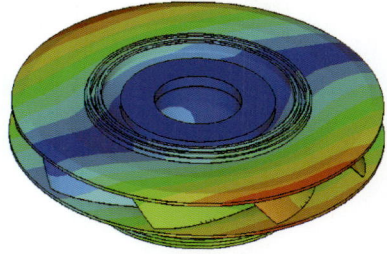

彩图 4-27　转轮节径 $k=1$ 的振动振型

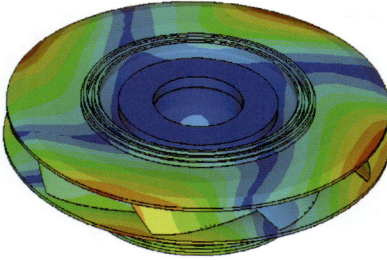

彩图 4-28　转轮节径 $k=2$ 的振动振型

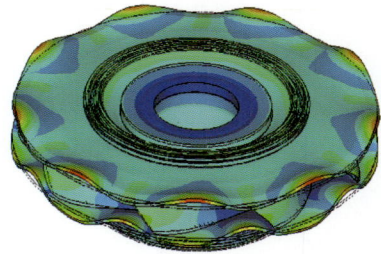

彩图 4-29　转轮上冠下环反向振动振型

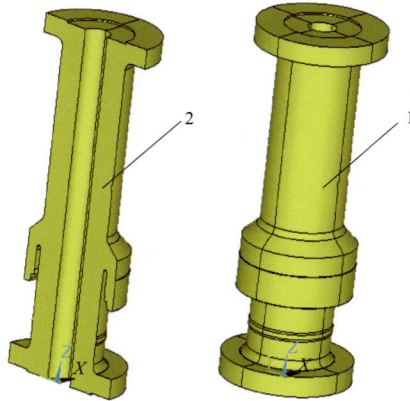

彩图 4-32　主轴有限元分析计算模型
1—主轴计算模型；2—主轴剖面

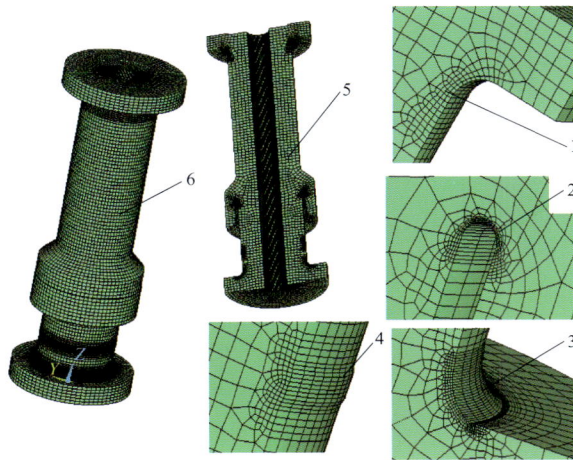

彩图 4-33　主轴有限元网格剖分图

1—发电机端法兰根部网格图；2—轴领处网格图；3—水轮机端法兰根部网格图；

4—主轴应力集中处网格图；5—主轴网格剖分剖面图；6—主轴整体网格图

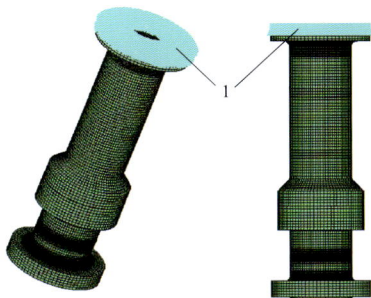

彩图 4-34　约束发电机端法兰面所有节点自由度

1—发电机端的位移约束

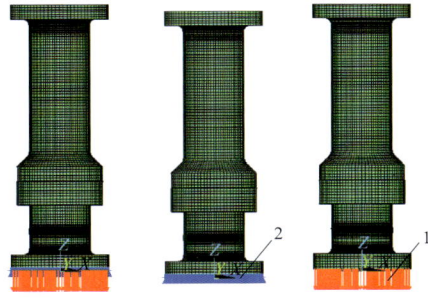

彩图 4-35　主轴承受的载荷

1—转矩；2—压力

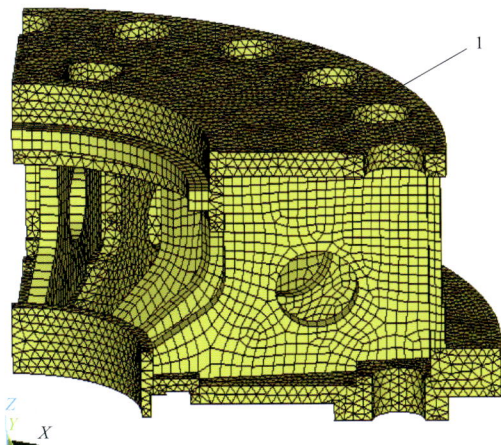

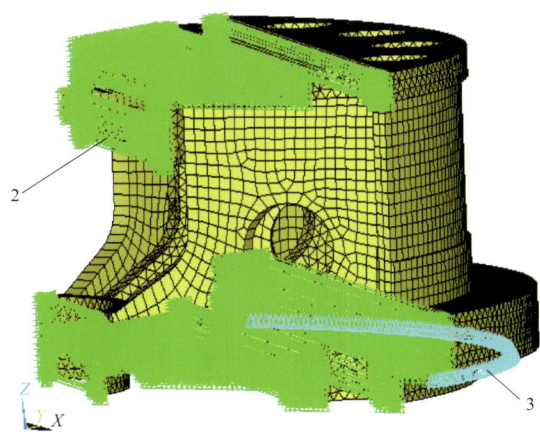

彩图 4-39　顶盖有限元网格剖分和边界条件

1—有限元网格剖分图；2—周期对称边界条件；3—位移约束

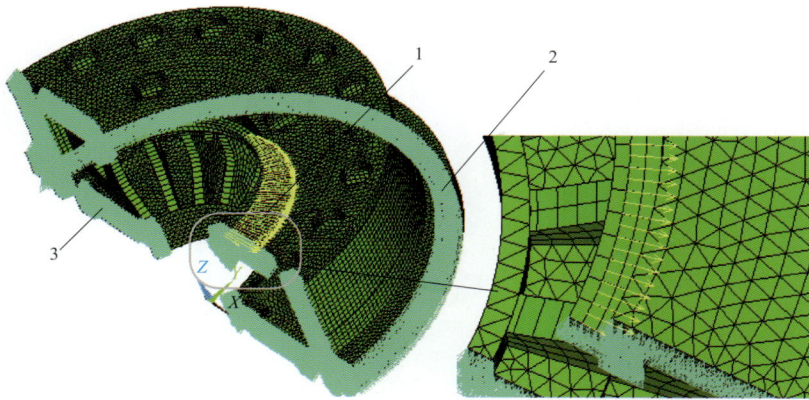

彩图 4-43　顶盖径向刚度系数计算模型和边界条件
1—径向载荷；2—位移约束；3—对称边界条件

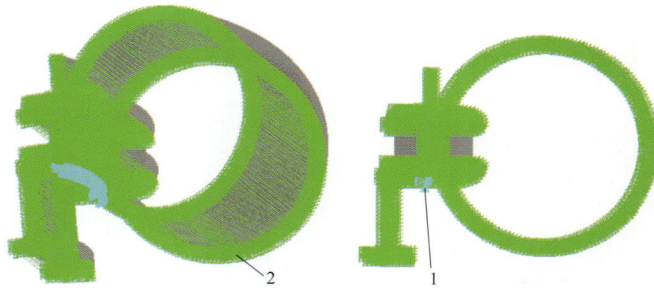

彩图 4-45　蜗壳座环边界条件
1—位移约束；2—周期对称边界条件

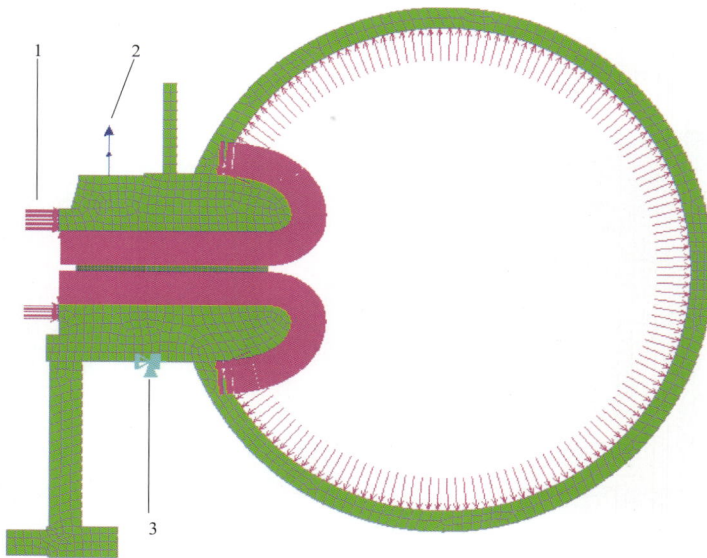

彩图 4-46　蜗壳座环承受载荷
1—水压力；2—顶盖传来的拉力；3—位移约束

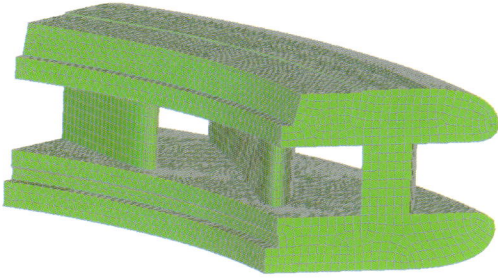

彩图 4-47　固定导叶固有频率计算模型

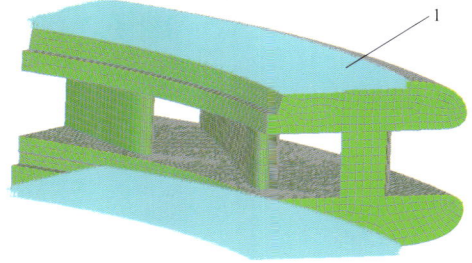

彩图 4-48　固定导叶固有频率计算边界条件
1—位移约束

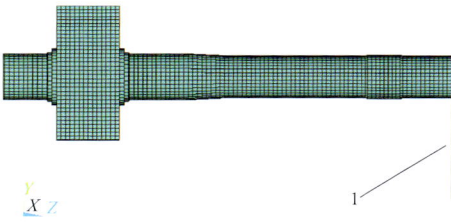

彩图 4-56　活动导叶计算模型
1—导叶臂用梁单元模拟

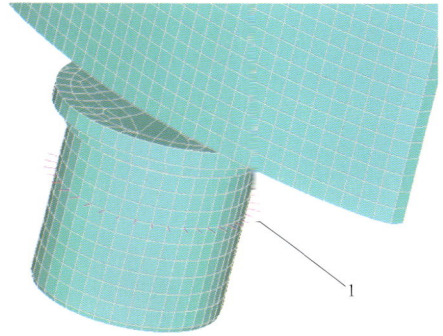

彩图 4-57　活动导叶分析轴径处的间隙单元
1—间隙单元

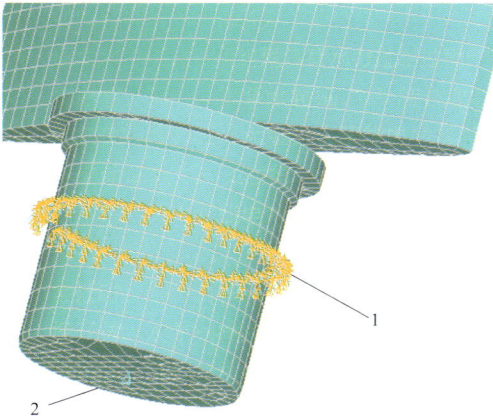

彩图 4-58　约束间隙单元外侧节点自由度
1—位移约束；2—Z 向约束

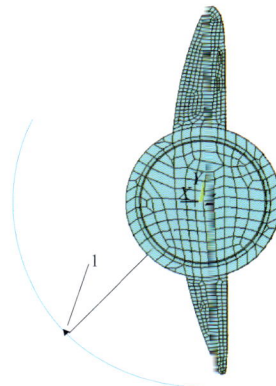

彩图 4-59　约束导叶臂旋转方向自由度
1—导叶臂旋转方向约束

421

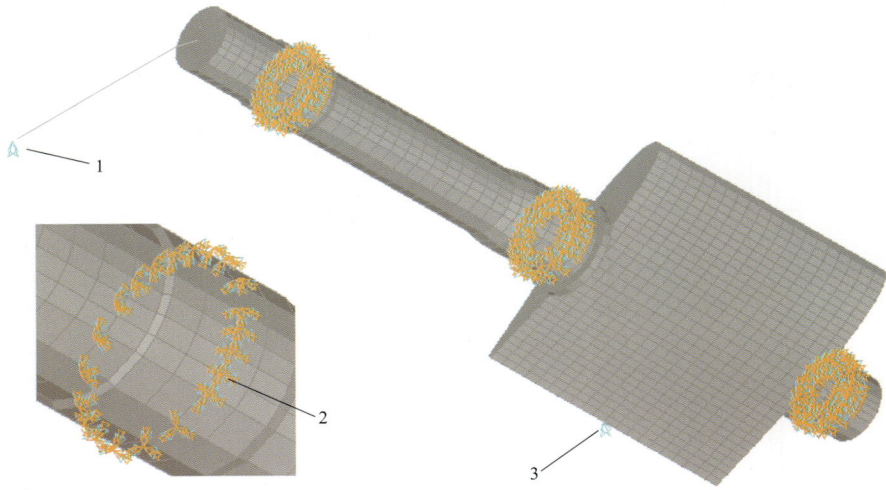

彩图 4-60　剪断销剪断工况（尾部卡住）约束示意图

1—导叶臂尾部约束沿导叶臂旋转方向自由度；2—导叶轴径处约束自由度；

3—导叶瓣体尾部卡住约束

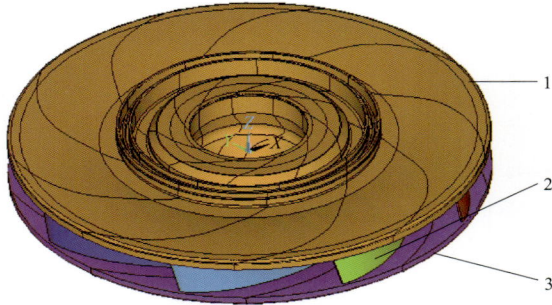

彩图 4-67　转轮动应力计算模型

1—上冠；2—叶片；3—下环

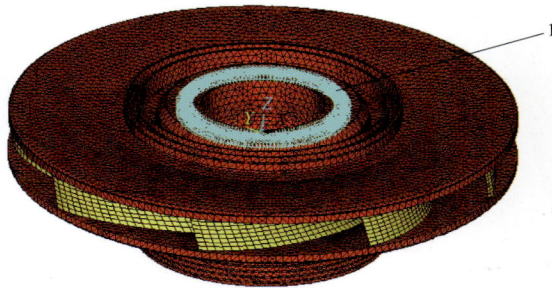

彩图 4-68　转轮动应力约束边界条件

1—位移约束

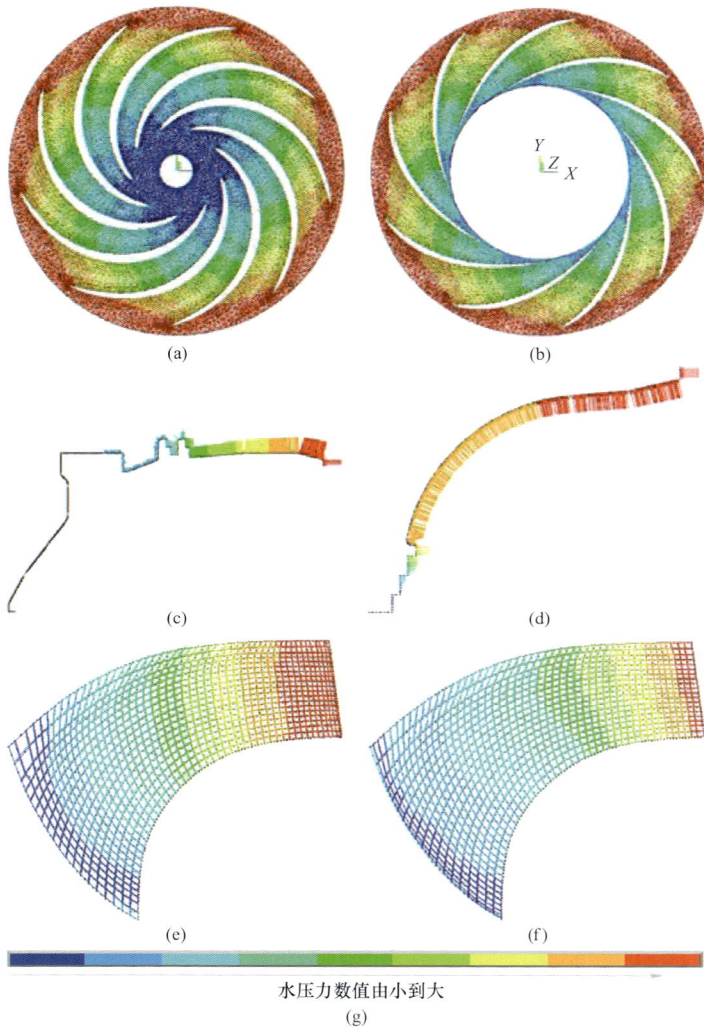

彩图 4-69　转轮过流面和非过流面压力分布图

（a）上冠过流面压力分布图；（b）下环过流面压力分布图；（c）上冠非过流面压力分布图；

（d）下环非过流面压力分布图；（e）叶片正面压力分布图；（f）叶片背面压力分布图；（g）压力颜色说明

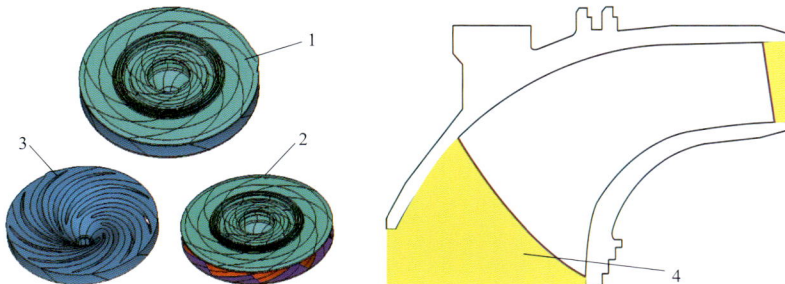

彩图 4-70　转轮流固耦合计算模型

1—流固耦合计算模型；2—转轮；3—水域；4—水域轴面示意图

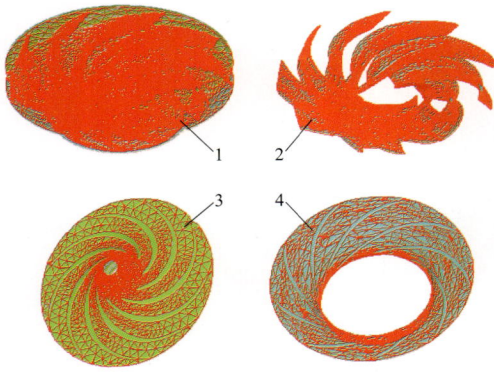

彩图 4-71　转轮流固耦合计算结构和
流体交界面定义

1—转轮；2—叶片；3—上冠；4—下环

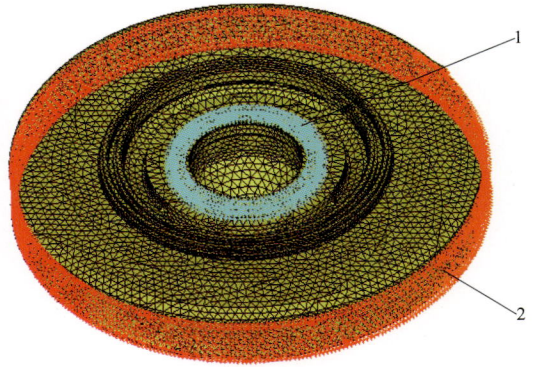

彩图 4-72　转轮水体外侧界面
施加约束示意图

1—位移约束；2—外侧界面施加约束

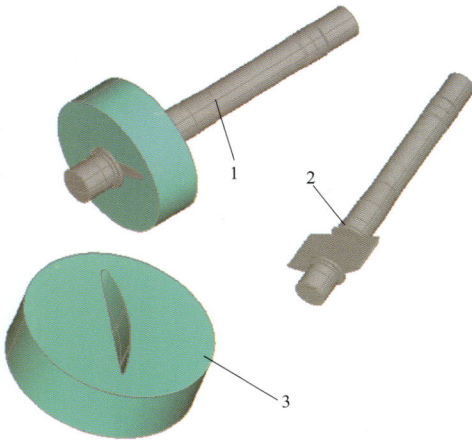

彩图 4-73　导叶在水中固有频率计算模型

1—计算模型；2—导叶；3—水体

彩图 4-74　导叶流固耦合计算结构和
流体交面定义

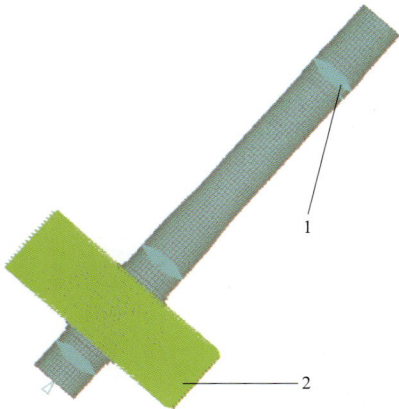

彩图 4-75　导叶水体外侧界面施加约束示意图

1—位移约束；2—外侧界面施加约束

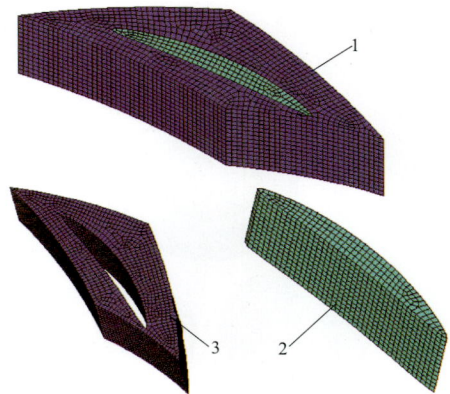

彩图 4-76　固定导叶水中固有频率计算模型

1—计算模型；2—固定导叶；3—水域

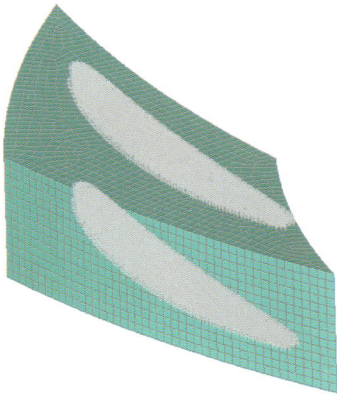

彩图 4-77 位移约束

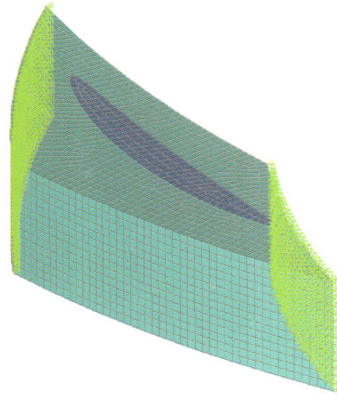

彩图 4-78 水域进出口施加约束

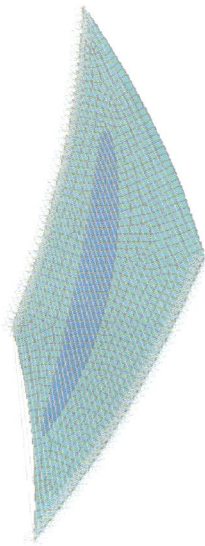

彩图 4-79 切开水域采用周期对称边界条件

彩图 4-80 定义固定导叶与水交接界面

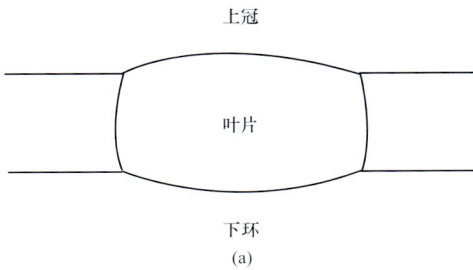

(a)

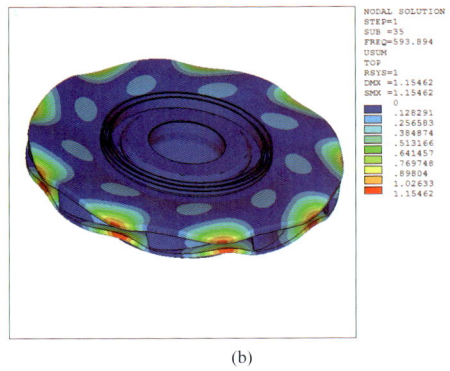

(b)

彩图 4-83 转轮上冠下环反向振动振型

(a) 上冠下环反向振动频率振型示意图；(b) 上冠下环反向振动频率振型图

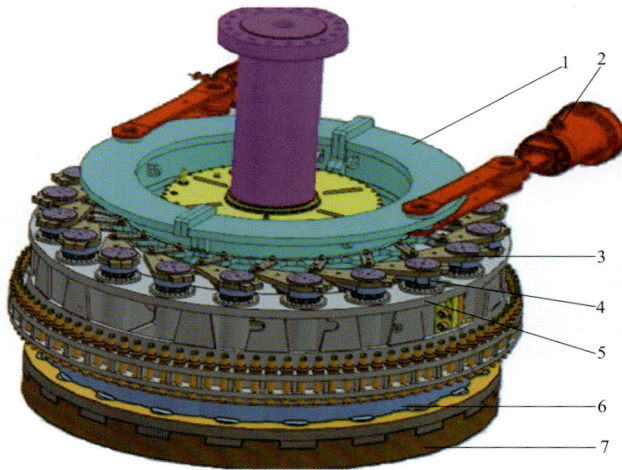

彩图 5-24　导水机构三维仿真示意图

1—接力器；2—控制环；3—连接板；4—导叶臂；5—顶盖；6—活动导叶；7—底环

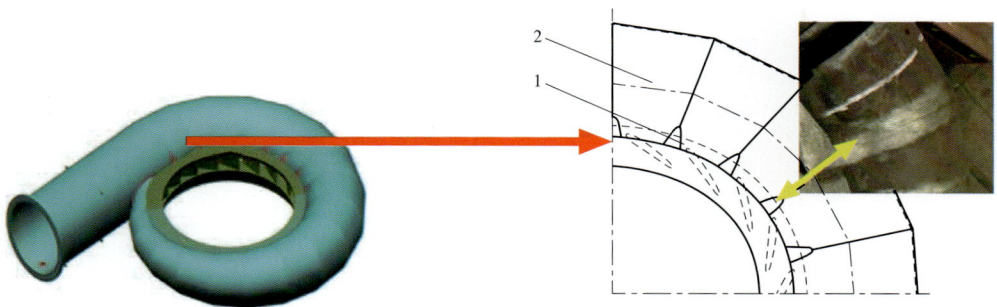

彩图 5-38　蜗壳三角板过渡段结构

1—过渡段；2—蜗壳

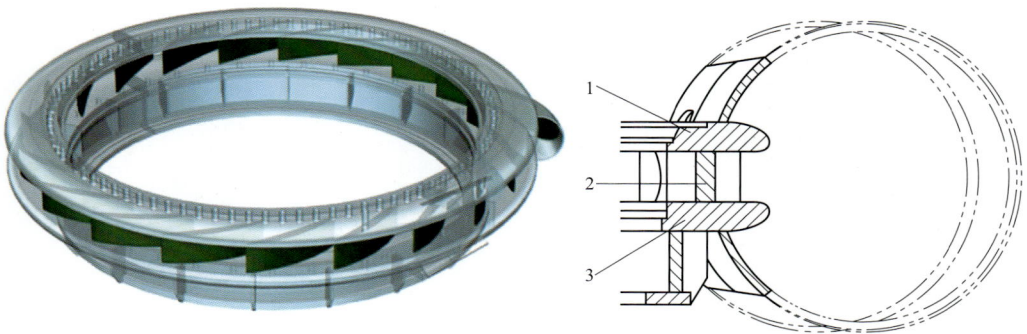

彩图 5-41　座环结构

1—上环板；2—固定导叶；3—下环板

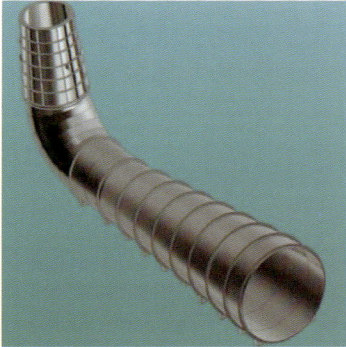

彩图 5-45　圆断面尾水管

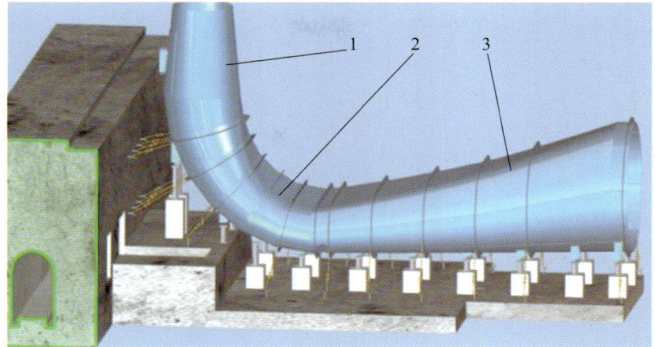

彩图 5-46　椭圆断面尾水管
1—锥管段；2—肘管段；3—扩散段

彩图 6-34　数控气割机下料

彩图 6-35　数控等离子气割机下料

彩图 6-36　滚板机成型

彩图 6-38　顶盖精加工

彩图 6-58　座环工地打磨设备示意图

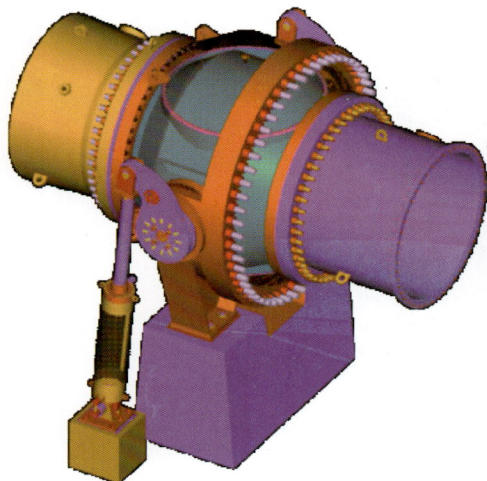

彩图 7-3　大小瓣型式

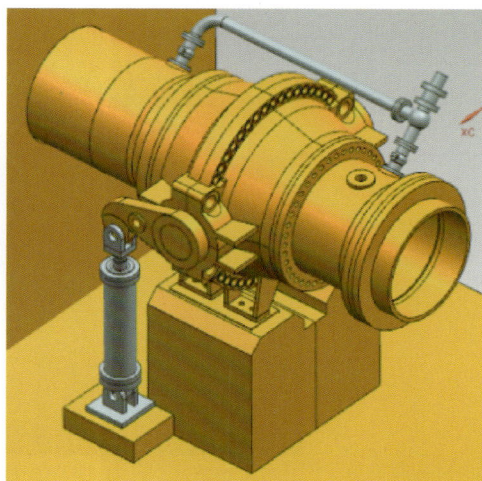

彩图 7-4　对称分瓣型式

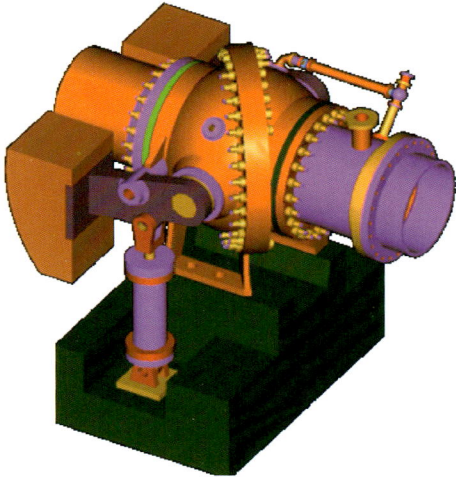

彩图 7-5　斜分瓣型式

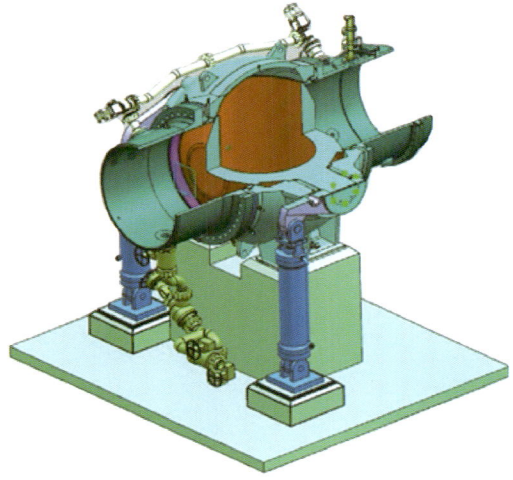

彩图 7-6　整体型式

彩图 7-20　球阀阀体计算模型

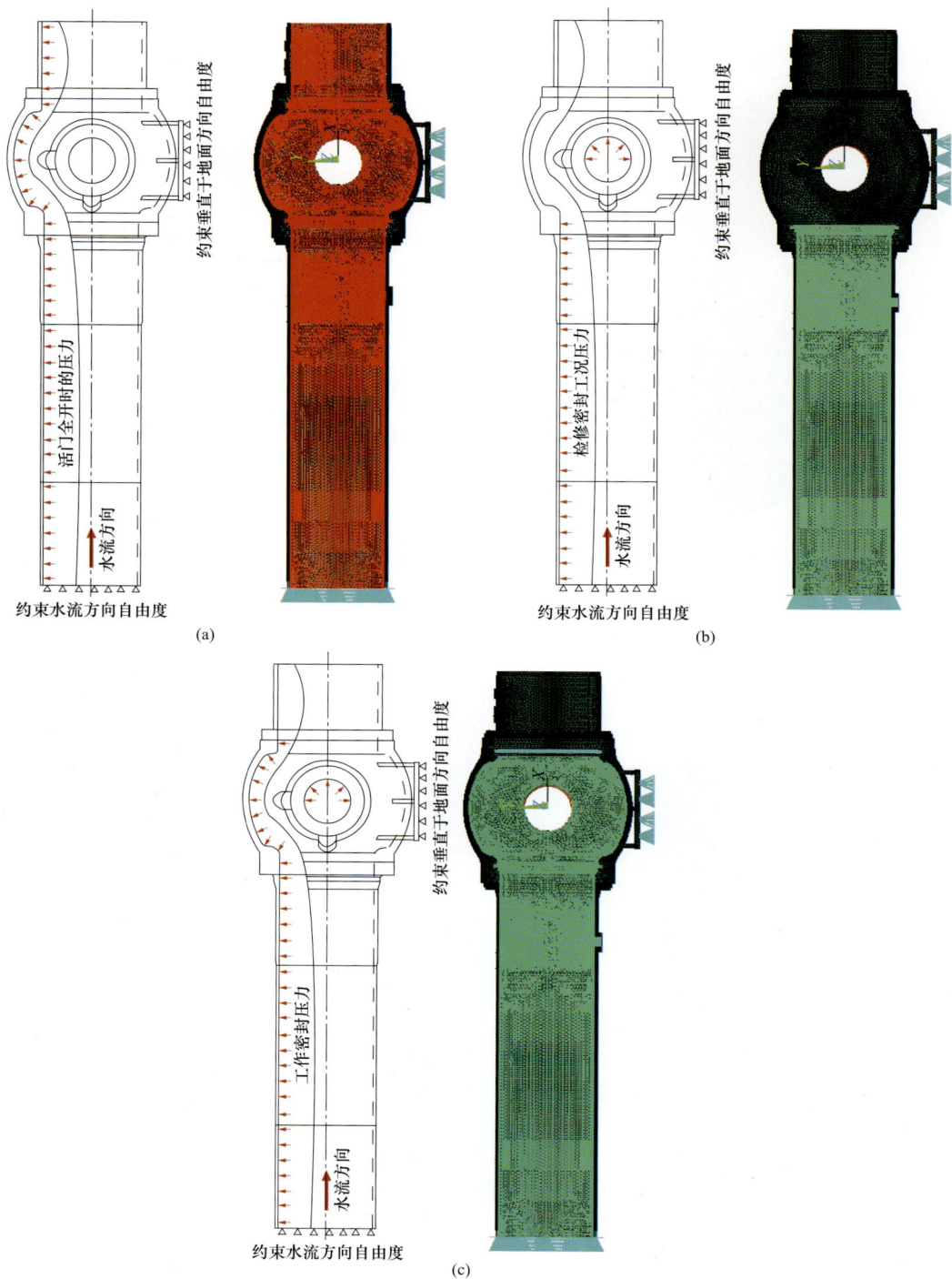

彩图 7-21　球阀边界条件和计算载荷施加示意图

（a）正常工况球阀计算模型和边界条件；（b）检修密封工况球阀计算模型和边界条件；

（c）工作密封工况球阀计算模型和边界条件

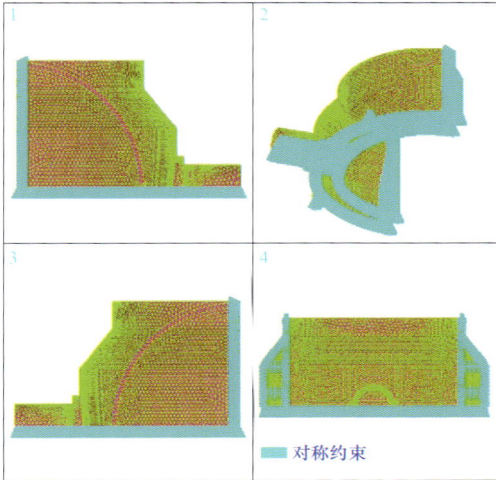

彩图 7-23　对称边界条件

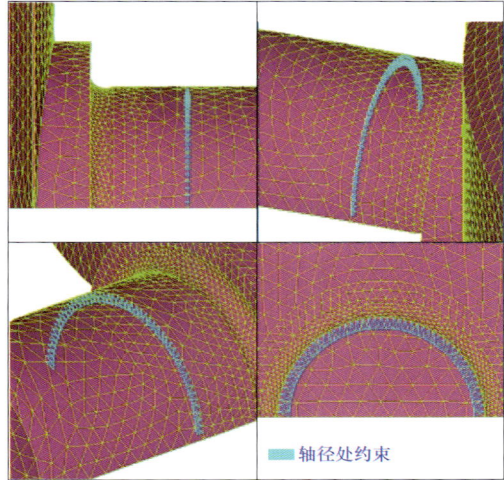

彩图 7-24　活门枢轴处的约束

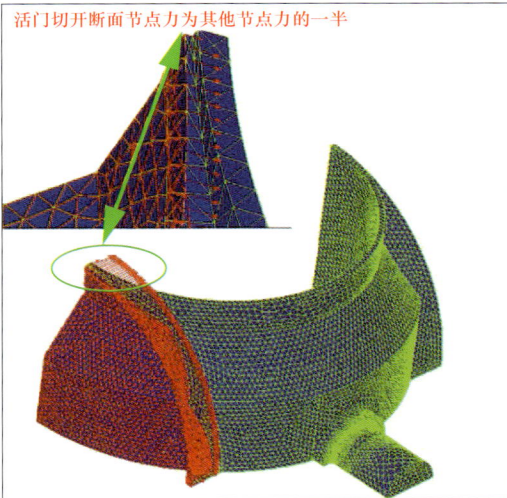

(a)

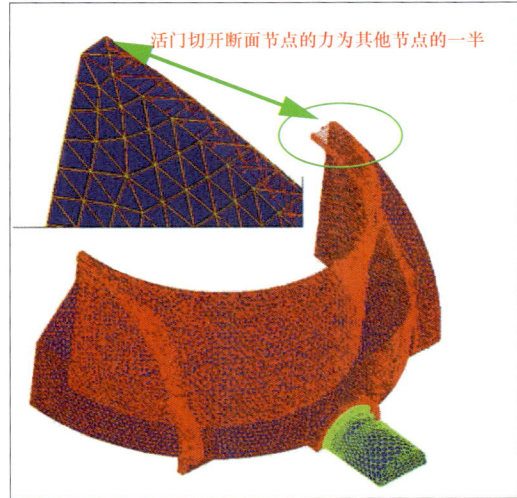

(b)

彩图 7-25　检修密封与工作密封载荷

（a）检修密封工况载荷；（b）工作密封工况载荷

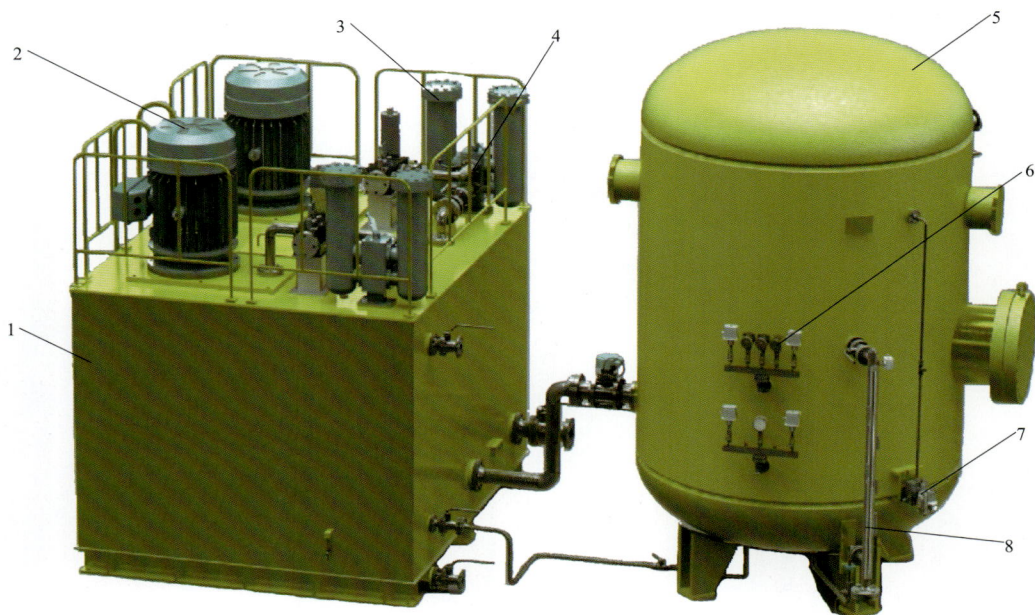

彩图 7-28　进水阀油压装置

1—回油箱；2—电机油泵组；3—过滤器；4—组合阀组；5—压力罐；
6—压力测量元件；7—自动补气装置；8—液位测量元件

彩图 7-61　球阀装配后试验示意图

彩图 7-62　带接力器的球阀动作试验示意图

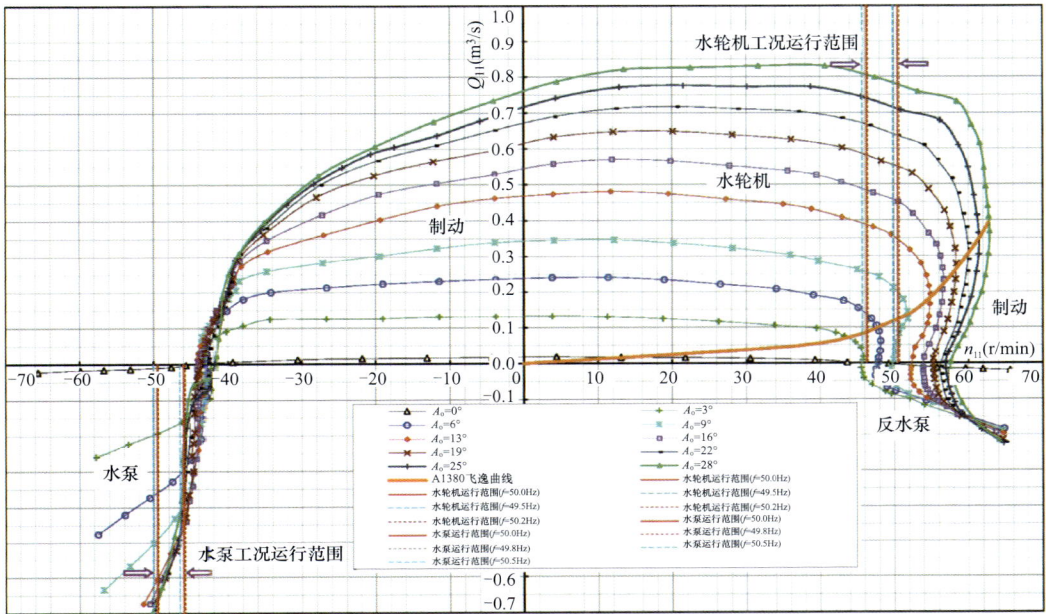

彩图 8-2　水泵水轮机全特性-流量特性曲线（Q_{11}-n_{11}）

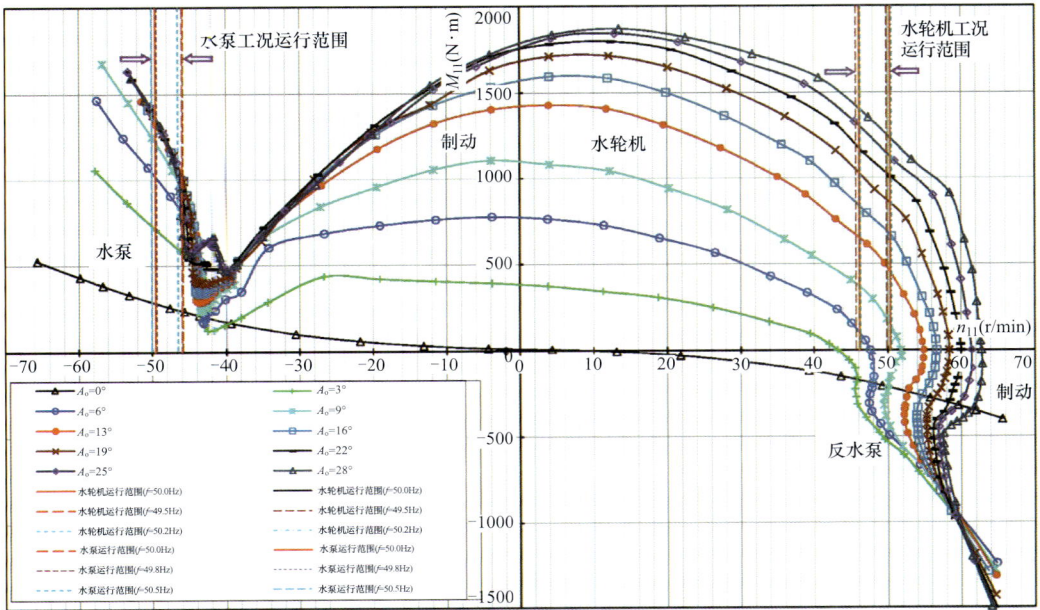

彩图 8-3　水泵水轮机全特性-力矩特性曲线（M_{11}-n_{11}）

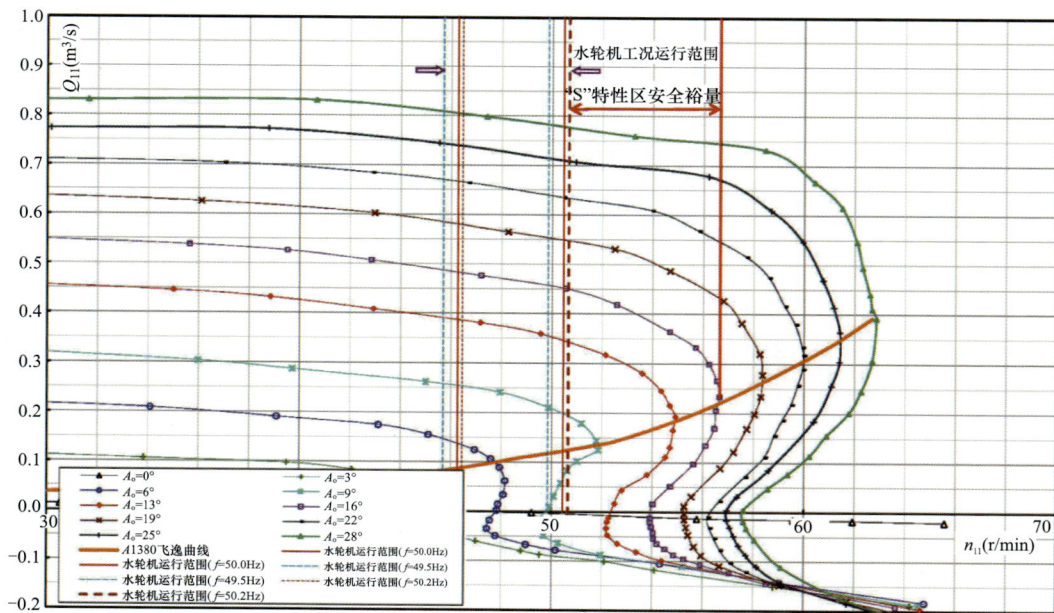

彩图 8-5　丰宁一期抽水蓄能电站"S"特性区安全裕量示意（流量特性曲线）

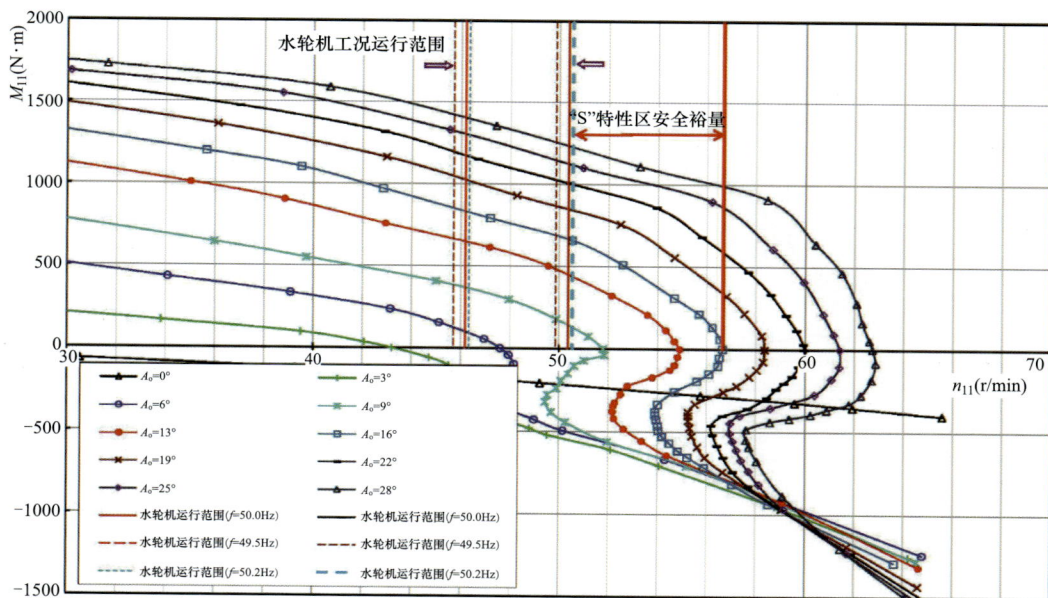

彩图 8-6　丰宁一期抽水蓄能电站"S"特性区安全裕量示意（力矩特性曲线）

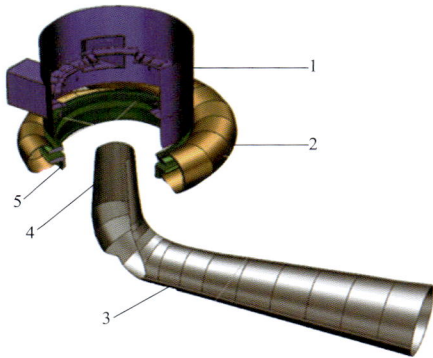

彩图 9-9　第一阶段埋入部件安装完毕后三维仿真图
1—基坑里衬；2—蜗壳；3—尾水管扩散段；
4—尾水管肘管；5—座环

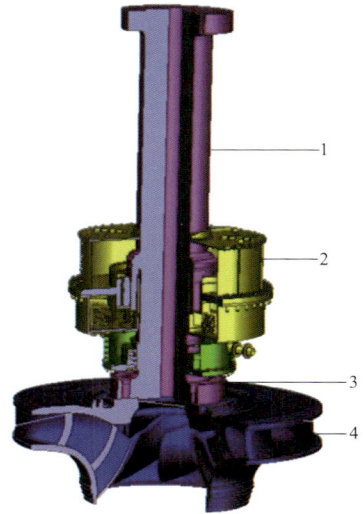

彩图 9-19　转动部分三维示意图
1—主轴；2—水导轴承；
3—主轴密封；4—转轮